Theorie und Empirie Lebenslangen Lernens

Reihe herausgegeben von

Olaf Dörner, Professur für Erziehungswissenschaft, Otto-von-Guericke-Universität Magdeburg, Magdeburg, Deutschland

Julia Franz, Professur für Erwachsenenbildung und Weiterbildung, Otto-Friedrich-Universität, Bamberg, Deutschland

Christiane Hof, Goethe-Universität, Frankfurt am Main, Deutschland

Burkhard Schäffer, Universität der Bundeswehr München, Neubiberg, Deutschland

Mit der Reihe verfolgen die HerausgeberInnen das Ziel, theoretisch und empirisch gehaltvolle Beiträge zum Politik-, Praxis- und Forschungsfeld Lebenslanges Lernen zu veröffentlichen. Dabei liegt der Reihe ein umfassendes Verständnis des Lebenslangen Lernens zugrunde, das gleichermaßen die System- und Organisationsebene, die Ebene der Profession sowie die Interaktions- und Biographieebene berücksichtigt. Sie fokussiert damit Dimensionen auf unterschiedlichen Aggregationsniveaus und in ihren wechselseitigen Beziehungen zueinander. Schwerpunktmäßig wird die Reihe ein Publikationsforum für NachwuchswissenschaftlerInnen mit innovativen Themen und Forschungsansätzen bieten. Gleichzeitig ist sie offen für Monographien, Sammel- und Tagungsbände von WissenschaftlerInnen, die sich im Forschungsfeld des Lebenslangen Lernens bewegen. Zielgruppe der Reihe sind Studierende, WissenschaftlerInnen und Professionelle im Feld des Lebenslangen Lernens.

Stefan Rundel

Begrenzte Beruflichkeit

Eine rekonstruktive Studie zu beruflichen Wechseln und Weiterbildungsbeteiligung im Alter 50+

Springer VS

Stefan Rundel
Otto-von-Guericke Universität Magdeburg
Esslingen, Deutschland

Bei der vorliegenden Studie handelt es sich um eine leicht überarbeitete Fassung meiner im Jahr 2024 an der Otto-von-Guericke-Universität Magdeburg eingereichten Dissertation.

ISSN 2626-689X ISSN 2626-6903 (electronic)
Theorie und Empirie Lebenslangen Lernens
ISBN 978-3-658-51887-5 ISBN 978-3-658-51888-2 (eBook)
https://doi.org/10.1007/978-3-658-51888-2

Die Deutsche Nationalbibliothek verzeichnet diese Publikation in der Deutschen Nationalbibliografie; detaillierte bibliografische Daten sind im Internet über https://portal.dnb.de abrufbar.

Diese Publikation wurde unterstützt durch den Open-Access-Publikationsfonds der Universität Magdeburg.

Planung/Lektorat: Marija Mann
Lektorat: Philipp Teichfischer
Springer VS ist ein Imprint der eingetragenen Gesellschaft Springer Fachmedien Wiesbaden GmbH und ist ein Teil von Springer Nature.
Die Anschrift der Gesellschaft ist: Abraham-Lincoln-Str. 46, 65189 Wiesbaden, Germany

Geleitwort

Berufsgruppenwechsel werden in öffentlichen, arbeitsmarktpolitischen und wissenschaftlichen Debatten häufig als Indikatoren eines tiefgreifenden Wandels von Arbeit und Beruf verhandelt. Sie gelten dabei oft als Belege für Flexibilisierungstendenzen, für das Verschwinden von sogenannten Normalbiografien oder für eine zunehmende Individualisierung beruflicher Lebenslagen. In der Erziehungswissenschaft und insbesondere in der Erwachsenenbildung werden berufliche Wechsel zwar im Kontext der Übergangsforschung aufgegriffen, jedoch bislang selten als eigenständiger Gegenstand systematisch untersucht – insbesondere dann nicht, wenn sie jenseits institutionalisierter Übergänge und in der Lebensmitte stattfinden.

An diesem Desiderat setzt die vorliegende Studie von Stefan Rundel in innovativer Weise an. Mit der Arbeit wird der Blick auf Berufsgruppenwechsel im Alter 50+ gerichtet. Damit wird eine Phase des Lebensverlaufs fokussiert, die durch eine besondere Gleichzeitigkeit von Rückschau, Standortbestimmung und Zukunftsorientierung gekennzeichnet ist. Berufsgruppenwechsel sind in dieser Phase kein selbstverständlicher Bestandteil der Berufsbiografie, sondern stellen voraussetzungsvolle Übergänge dar, die hergestellt, gedeutet und bewältigt werden müssen.

Die Arbeit ist an der Schnittstelle von Berufssoziologie, erziehungswissenschaftlicher Übergangsforschung und Erwachsenenbildung verortet. Gegenstandstheoretisch wird mit der Studie herausgearbeitet, dass Berufswechsel nicht mit einer Auflösung von Beruflichkeit einhergehen, sondern sie gerade auf deren anhaltende biografische Bedeutung verweisen, indem der Beruf auch im Falle eines Wechsels als zentrale Referenz für Identität, Anerkennung und soziale Positionierung fungiert. Grundlagentheoretisch wird aus praxeologisch-wissenssoziologischer Perspektive mit dem Konzept der konjunktiven Erfahrungsräume gezeigt, dass Berufsgruppenwechsel nicht primär als individuelle Entscheidungen gefasst werden, sondern in kollektiv geteilten Erfahrungszusammenhängen verankert sind.

Den empirischen Kern der Studie bildet die Rekonstruktion einer Typik von Berufsgruppenwechseln auf der Grundlage von sechs biographisch-narrativen Interviews und bildlichen Materialien. Ausgangspunkt dieser Typenbildung ist die Erfahrung beruflicher Begrenzung – etwa fehlende Entwicklungsperspektiven, ausbleibende Anerkennung oder strukturelle Barrieren. In der dokumentarischen Analyse werden drei idealtypische Modi des Umgangs mit diesen Erfahrungen rekonstruiert (Flexibilität, Kampf und Suche) und systematisch mit einer Weiterbildungstypik verschränkt, mit der wiederum drei Bedeutungszuschreibungen von Weiterbildung (Qualifikation, Neues und Wissen) beschrieben werden. Damit zeigt sich, dass Weiterbildung weit über eine funktionale Anpassung an Arbeitsmarktanforderungen hinausgeht, sondern als sinnhaft regulierte berufsbiografische Praxis fungiert. Durch die rekonstruktive Analyse wird die innere Struktur dieser Übergänge durch Berufsgruppenwechsel tiefgehend erschlossen.

Die Ergebnisse der Studie sind daher auch in vielerlei Hinsicht anschlussfähig und reichen über die Erwachsenenbildungsforschung hinaus. Sie betonen die biografische Bedeutung von Beruflichkeit für die Identitätsentwicklung im mittleren Erwachsenenalter und zeigen die Relation zu damit verknüpften Weiterbildungsprozessen im Lebenslauf auf. Die Studie eröffnet darüber hinaus insbesondere durch ihre tiefe empirische Rekonstruktion neue Perspektiven für die Übergangsforschung, die Berufssoziologie sowie für aktuelle Diskussionen um Weiterbildung in der Lebensmitte vor dem Hintergrund demografischen Wandels und beruflicher Neuorientierungen. Überzeugend ist nicht zuletzt die sorgfältige Verbindung von theoretischer Rahmung, methodologischer Reflexion und empirischer Analyse. Die Studie zeigt anschaulich, wie rekonstruktive Forschung komplexe Übergangsprozesse sichtbar machen kann, ohne sie zu vereinfachen. Bei der Studie von Stefan Rundel handelt es sich um einen grundlegenden und äußert anregenden Diskursbeitrag, mit dem die Theorie und Empirie Lebenslangen Lernens im Bereich der berufsbiografischen Übergänge und damit verbundenen Entwicklungs- und Weiterbildungsprozessen fortgeschrieben wird.

Julia Franz

Vorwort

Die Idee zu dieser Arbeit entstand während meiner früheren beruflichen Tätigkeit als Bildungsreferent im Bereich der Freiwilligendienste und im Rahmen des berufsbegleitenden Masterstudiums Erwachsenenbildung an der Otto-von-Guericke-Universität Magdeburg. Mit der Einführung des Bundesfreiwilligendienstes im Jahr 2011 war es erstmals auch für Personen über 27 Jahren möglich, einen Freiwilligendienst zu absolvieren. Eine zentrale Zielgruppe waren dabei Erwachsene, die sich beruflich neu orientieren wollten.

Im Anschluss an das Studium eröffnete sich mir die Möglichkeit, eine Stelle als wissenschaftlicher Mitarbeiter an der Universität der Bundeswehr München anzutreten und das Thema dort im Rahmen meiner Dissertation weiterzuverfolgen. Seither sind unzählige Stunden der Arbeit vergangen – begleitet von Momenten der Frustration und der Niedergeschlagenheit ebenso wie von Glück, Erkenntnis und Selbstzweifeln, verbunden mit der wiederkehrenden Frage, ob dieses Vorhaben jemals zu einem Abschluss kommen würde.

Dass das Buch nun vorliegt, ist auch den vielen Menschen in meinem Umfeld und ihrer Unterstützung zu verdanken. Es ist daher mehr als ein Ausdruck des Dankes, sie hier zu nennen – ohne sie wäre das vorliegende Buch in dieser Form nicht möglich gewesen.

Zunächst gilt mein Dank den Befragten selbst, die mir ihre Lebensgeschichten anvertraut haben.

Ein besonderer Dank gilt Olaf Dörner, der mir den Weg in die Wissenschaft erst eröffnet und mir das Feld wissenschaftlicher Forschung zugänglich gemacht hat. Er war maßgeblich daran beteiligt, dass ich die Dokumentarische Methode kennenlernen, erproben und einen eigenen Forschungsstil entwickeln durfte. Die gemeinsame Interpretation des empirischen Materials in seiner Forschungswerkstatt sowie sein analytischer Blick darauf waren für mich von großem Wert. Weiterhin möchte ich mich bei Sebastian Manhart bedanken, bei dem ich als wissenschaftlicher Mitarbeiter die notwendigen Freiräume erhielt, um diese Arbeit fertigzustellen. Vor allem die theoretischen Diskussionen mit ihm habe ich sehr geschätzt; einige Ideen der grundlagentheoretischen Rahmung gehen auf diese Gespräche zurück.

Durch die Höhen und Tiefen dieser Arbeit hat mich Carlin Alexander begleitet. Unsere fast täglichen Schreibzeiten per Skype waren mir nicht nur inhaltlich, sondern vor allem auch emotional eine wichtige Stütze in dieser Zeit. Mit Christoph Damm verbindet mich das Studium an der Otto-von-Guericke-Universität Magdeburg, die Arbeit am Lehrstuhl von Olaf Dörner und die gemeinsame Interpretation empirischen Materials in einer virtuellen Forschungswerkstatt. Mein Dank gilt in diesem Zusammenhang ebenso Stefanie Hoffmann, Julia Piel und Katharina Pongratz für die unzähligen Abende und eure Perspektiven auf das empirische Material. Diese Forschungswerkstatt zusammen mit euch hat mich über viele Jahre hinweg getragen. Solch eine Arbeit benötigt viel Kaffee und gute Gespräche, wofür ich Denise Klinge und Moritz Petzi für eure Begleitung und Impulse danken möchte.

Mein Dank gilt zudem meinen Eltern, ohne deren Unterstützung all dies nicht möglich gewesen wäre. Sie ermöglichten mir das Abitur und das Studium und bereiteten die Grundlage, auf der diese Arbeit erst entstehen konnte. Meinen Geschwistern Silke und Ralph danke ich dafür, dass sie mich auf meinem bisherigen Lebensweg begleitet haben und Silke besonders für ihre intensive und sorgfältige Durchsicht und ihre hilfreichen Anmerkungen.

Meiner Frau Sabine danke ich von Herzen, dass sie mich in dieser Zeit mit den immer wieder auftretenden gedanklichen Abwesenheiten ausgehalten und mir stets den Rücken freigehalten hat. Ebenso danke ich unseren Kindern Noemi, Joshua und Tabea, die mir mit ihrem Lächeln und ihrer Art jeden Tag ein großes Geschenk bereiten. Schließlich danke ich all den Freund:innen, die mich geprägt haben, die mich und uns in dieser Zeit unterstützt haben und ohne die das Leben nicht annähernd so farbenfroh wäre.

Stefan Rundel

Inhaltsverzeichnis

Abkürzungsverzeichnis

AES	Adult Education Survey
DFG	Deutsche Forschungsgemeinschaft
DGfE	Deutsche Gesellschaft für Erziehungswissenschaft
H. d. V.	Hervorhebung des Verfassers
H. i. O.	Hervorhebung im Original
IAB	Institut für Arbeitsmarkt- und Berufsforschung
ISCO	International Standard Classification of Occupations
o. J.	ohne Jahr
OECD	Organisation for Economic Co-operation and Development/ Organisation für wirtschaftliche Zusammenarbeit und Entwicklung
TiQ	Talk in Qualitative Social Research
UNESCO	United Nations Educational, Scientific and Cultural Organization/ Organisation der Vereinten Nationen für Bildung, Wissenschaft und Kultur
USA	United States of America
v. Chr.	vor Christus

Abbildungsverzeichnis

Tabellenverzeichnis

1 Berufsgruppenwechsel im Kontext von Arbeit, Beruf und Erwachsenenbildung – einleitende Bemerkungen

Beruflichen Wechseln kommt eine gesamtgesellschaftliche Relevanz zu. Sie werden als Indikatoren für eine Flexibilisierung des Arbeitsmarktes und damit als Beleg für die These vom Ende des Berufes herangezogen (vgl. Nisic & Trübswetter 2012: 1), instabil und flexibel gewordene berufliche Lebensverläufe legen die Vermutung von zunehmenden Unsicherheiten im beruflichen Lebensverlauf nahe (vgl. Mayer et al. 2010: 370), und aus erziehungswissenschaftlicher Perspektive werden die Herstellung und Bewältigung von Übergängen im Lebensverlauf betont (vgl. Walther 2015: 35). In der öffentlichen Debatte werden berufliche Wechsel mit (post-)modernen Werten verbunden und als mutiger Neuanfang oder radikale Veränderung thematisiert (vgl. beispielsweise Hockling 2014; May 2022), indem ein selbstständiger Weg gegangen, etwas Neues gewagt und das eigene Glück verfolgt wird. Weiterhin werden sie im Zuge des Fachkräftemangels als berufliche Quer- und Seiteneinstiege diskutiert. So wird im nationalen Bildungsbericht 2024 beispielsweise auf die Möglichkeit hingewiesen, mithilfe von beruflichen Wechseln Personalengpässen im Bildungsbereich zu begegnen (vgl. Autor:innengruppe Bildungsberichterstattung 2024: 22). Daran wird deutlich, dass berufliche Wechsel aus verschiedenen Perspektiven betrachtet und jeweils einzelne Aspekte betont werden: Sie werden zum Beleg für den Wandel der Erwerbsarbeit, als nicht institutionalisierte Übergänge müssten sie in einer institutionellen beruflichen Ordnung vom Subjekt bearbeitet werden, redensartlich kommt ihnen die Bedeutung zu, dass jede:r des eigenen Glückes Schmied sei, und als Instrument seien sie dazu geeignet, dem Fachkräftemangel entgegenzutreten.

Blickt man nun genauer auf berufliche Wechsel, so zeigt sich, dass sie weder neu noch selten sind (vgl. Behringer 2004: 72). Bereits Thomas von Aquin (2017 [um 1270]: 100) formuliert, dass „die Menschen keineswegs in gleicher Weise ihr ganzes Leben hindurch geeignet [sind], dieselben Aufgaben zu erfüllen."

S. Rundel, *Begrenzte Beruflichkeit*, Theorie und Empirie Lebenslangen Lernens,
https://doi.org/10.1007/978-3-658-51888-2_1

Historisch gesehen „scheinen [...] der oft erzwungene Wechsel von Arbeitsplatz, Tätigkeit und Beruf, das Verknüpfen unterschiedlicher Einkommensquellen zum (selten vom männlichen Ernährer allein gewährleisteten) Familieneinkommen und *Patchwork*-Biographien eher die Regel als die Ausnahme gewesen zu sein“ (Kocka 2000: 489, H. i. O.). Und über die Kohorten der letzten 100 Jahre hinweg hat nahezu konstant fast die Hälfte der Arbeitnehmer:innen ihren Beruf gewechselt (vgl. Mayer et al. 2010: 377). Dabei lohnt es sich zunächst, die in der Moderne berufsförmig organisierte Arbeit zu betrachten. Auf der einen Seite sichert sie als wiederholende Tätigkeit den Lebenserhalt (vgl. Arendt 2014 [1967]: 16), ist auf der anderen Seite jedoch selbst „gesellschaftlichen Wertungsprozessen unterworfen“ (Kraus 2007: 53).[1] Während sich der Bürger in der Antike noch von der Arbeit befreite, um der Polis zu dienen, wurde sie im Mittelalter aufgewertet und als Notwendigkeit aufgefasst (vgl. Arendt 2014 [1967]; Kurtz 2017). Im Rahmen einer entstehenden Arbeitsteilung wurde sie zu einem Dienst an der Gemeinschaft und damit zu einer Art Gottesdienst (vgl. Paulus 1926: 453). Die quasi-religiöse Überhöhung der Arbeit (vgl. Voß 2018: 36) wurde in der (Post-)Moderne fortgeführt, indem ihr Werte zugeschrieben wurden (und nach wie vor werden) wie Sinnstiftung oder Zufriedenheit. Dies spiegelt sich beispielsweise in einem *Work-Happiness-Report* des Software-Unternehmens Awork und des Marktforschungsinstitutes Appinio wider, in dem Personen danach befragt werden, was sie im Job glücklich macht. Das zentrale Konzept des „Arbeitsglückes“ geht dabei über die reine Zufriedenheit hinaus: „Es ist ein umfassendes Konzept, das sich aus dem *Sinnempfinden*, der *Selbstverwirklichung* und dem *Gemeinschaftsgefühl* zusammensetzt“ (Awork & Appinio 2024: 4, H. i. O.). Arbeit muss glücklich machen, so lautet das (post-)moderne Credo in der öffentlichen Debatte, und wenn dies nicht der Fall ist, gilt es, den Beruf zu wechseln, wie es in einer nahezu unüberschaubaren Anzahl an Ratgebern beinahe mantraartig formuliert wird (vgl. beispielsweise Alznauer 2021; Skubella 2021; du Bosque 2025; Huber 2025).

Diese (post-)moderne gesellschaftliche Wertung der Arbeit kritisiert Hannah Arendt (2014 [1967]: 13) und entwirft ein düsteres Bild für die heutige Arbeitsgesellschaft, indem dieser durch den technologischen Fortschritt „die Arbeit ausgegangen ist, also die einzige Tätigkeit, auf die sie sich noch versteht.“ Auch

[1] Neben dieser Form der Erwerbsarbeit sei noch auf andere Formen wie Sorgearbeit oder Freiwilligenarbeit hingewiesen, die in diesem Kontext jedoch nicht weiter beachtet werden (zu einer kritischen Betrachtung der Universalisierung von Arbeit vgl. Bermes 2008).

wenn mehr als 50 Jahre später der Wandel der Arbeitswelt durch Automatisierung und Digitalisierung immer noch thematisiert und diskutiert wird (vgl. unter anderem Arntz et al. 2022; Grienberger et al. 2024), ist die Arbeit (bisher noch) nicht „ausgegangen" (Arendt 2014 [1967]: 13). Vielmehr wird von einem „tiefgreifende[n] Wandel" (Kocka 2000: 487) der Erwerbsarbeit gesprochen, für den auch Berufsgruppenwechsel herangezogen werden. Der Beruf erodiert und wird zum Job, der jederzeit gewechselt werden kann, ein verlässlicher (beruflicher) Lebenslauf stellt die Ausnahme dar, und Unsicherheiten müssen vom Individuum bewältigt werden. Was der Arbeitskraft abverlangt wird, sei Flexibilität (vgl. Kocka & Offe 2000a: 11). Zugespitzt wird dies von Günter G. Voß und Hans J. Pongratz (1998) in ihrer These von einem Wandel der Grundform von Arbeitskraft hin zu einem Arbeitskraftunternehmer. Ein empirischer Blick auf diesen scheinbar grundlegenden Wandel der Arbeit im Lebenslauf fällt hingegen „ernüchternd" (Kohli 2000: 382) aus: Altersgrenzen weisen eine erstaunliche Beharrlichkeit auf, im Bildungssystem erlangte Qualifikationen verweisen nach wie vor auf Positionen im Beschäftigungssystem, und von einem Ende der Erwerbsarbeit kann keine Rede sein. Auch das heftig diskutierte Normalarbeitsverhältnis im Sinne einer für die soziale und materielle Sicherheit sorgenden lebenslangen Zugehörigkeit zu einem Beruf, dessen Erosion häufig als Beleg dafür herangezogen wird, kann empirisch entzaubert und als ein „Mythos" (Mayer et al. 2010: 377) bezeichnet werden. Berufsgruppenwechsel sind daher weniger die Ausnahme oder ein Hinweis auf das Ende des Berufes als vielmehr ein konstitutives Merkmal.

Berufliche Wechsel können dabei nach dem Grad der Freiwilligkeit, der Richtung der Mobilität und dem Zeitpunkt unterschieden werden. Im Gegensatz zu freiwilligen beruflichen Wechseln finden unfreiwillige beispielsweise aufgrund von Krankheit, Kündigung oder berufsstrukturellem Wandel statt (vgl. Behringer 2004: 73; Nisic & Trübswetter 2012: 4). In der Praxis sind Freiwilligkeit und Unfreiwilligkeit jedoch schwer voneinander abzugrenzen – vermehrte Gestaltungsmöglichkeiten in der Moderne gehen auch immer mit Gestaltungszwängen einher (vgl. Matthies 2021: 417). Beim Grad der Mobilität lassen sich vertikale berufliche Wechsel, die mit einer Veränderung des beruflichen Status, also Auf- oder Abstiegen, einhergehen, von horizontalen beruflichen Wechseln unterscheiden. Letztere sind verbunden mit einem Wechsel der Berufsgruppe, deren Häufigkeit jedoch stark von der Operationalisierung der Berufsgruppen abhängt (vgl. Velling & Bender 1994: 217). Trotz fundierter Kritik (vgl. Matthes et al. 2008; Hall 2010) wird oftmals die im Jahr 1957 eingeführte und seitdem dreimal aktualisierte International Standard Classification of Occupations (ISCO) herangezogen, in der Berufe zu Berufsgruppen zusammengefasst und hierarchisch gegliedert werden. Je nachdem wie die Berufsgruppen konzipiert werden, schwanken die Zahlen horizontaler beruflicher Wechsel zwischen knapp vier Prozent (vgl. Nisic & Trübswetter 2012: 2) und knapp 50 Prozent (vgl. Mayer et al. 2010: 377). Zudem können Berufsgruppenwechsel im Berufsverlauf unterschieden werden, wobei vor allem zwei Zeitpunkte interessant werden: Berufsgruppenwechsel in den ersten Jahren nach dem Berufseinstieg (vgl. Mayer et al. 2010) oder gegen Ende des Berufslebens, wenn bereits der Ruhestand in Aussicht ist. Anzunehmen wäre, dass mit zunehmender Berufserfahrung und mit steigendem Alter horizontale berufliche Wechsel abnehmen (vgl. Dütsch et al. 2013: 508), da diese auch mit sozialen und finanziellen Nachteilen verbunden sind (vgl. Seibert 2007). Und dennoch wird in der sogenannten Lebensmitte, die häufig mit dem Marker 50+ versehen wird (vgl. unter anderem Hockling 2014; Wörwag & Cloots 2018; Schmidt-Hertha 2018), der Beruf gewechselt. Dies betrifft aktuell die Generation der Babyboomer:innen (circa 1955–1970 geboren), die schon allein aufgrund ihrer Größe gesellschaftlich relevant ist und bei der unter anderem von Interesse ist, inwiefern die Einstellungen zur Arbeit und Weiterbildung die Phase des Ruhestands prägen werden (vgl. Schäffer et al. 2015: 273). Dabei zeigen Zahlen des aktuellen Trendberichts des Adult Education Surveys, dass die Weiterbildungsbeteiligung bei dieser Altersgruppe der 50- bis 64-Jährigen im Jahr 2022 bei 54 Prozent und damit 31 Prozentpunkte höher als noch bei derselben Altersgruppe im Jahr 1991 lag (vgl. Bundesministerium für Bildung und Forschung 2024: 13). Gleichzeitig zeichnet sich die Lebensmitte dadurch aus, dass sie eine Bilanzierung des bisherigen Lebens und einen Blick auf das zukünftige nahelegt (vgl. Alheit & Dausien 2006: 436). Daher fokussiert sich das vorliegende Forschungsprojekt auf die Lebensmitte und hierbei auf horizontale berufliche Wechsel, die im Gegensatz zu einer vertikalen beruflichen Mobilität (vgl. unter anderem Hradil & Pankoke 1997; Spiegler 2015) bisher noch kaum beachtet werden.

Für die Erziehungswissenschaft und die Erwachsenenbildung werden Berufsgruppenwechsel insofern relevant, als sie nach einer Erstausbildung und einer Phase der Berufstätigkeit stattfinden und über das Bildungssystem prozessiert werden. In einem qualifikationsbestimmten System wie in Deutschland wird der Zugang zu Berufen über Bildungstitel organisiert, wie auch im Bildungssystem erlangte Qualifikationen auf Positionen und Karrieren im Beschäftigungssystem verweisen (vgl. Müller & Shavit 1998: 525). Zwar wird in der beruflichen (Weiter-)Bildung unter anderem an die These vom Ende des Berufes angeschlossen und die Frage gestellt, inwiefern eine Abgrenzung von allgemeiner und beruflicher Bildung noch aufrechterhalten werden kann oder auch soll (vgl. Gieseke 1996; Arnold et al. 2018; Molzberger & Büchter 2022), empirisch zeigt sich jedoch nach wie vor eine Segmentierung der Arbeitsmärkte und eine berufsspezifische Verwertung von im Bildungssystem erworbenen Qualifikationen (vgl. Konietzka 1999; Seibert 2007). Damit wird die Frage virulent, inwiefern bei Berufsgruppenwechseln an (Weiter-)Bildung teilgenommen wird (oder eben auch nicht). Während für die Erklärung der Weiterbildungsbeteiligung häufig sozioökonomische Daten herangezogen werden oder eine milieuspezifische Perspektive eingenommen wird, problematisiert Jürgen Wittpoth (2018: 1156), dass dies nicht ausreiche und weitere Kontextfaktoren wie Raum, Betrieb oder Beruf betrachtet werden müssten. Diese Perspektive nehmen auch Olaf Dörner und Burkhard Schäffer (2010: 159, H. i. O.) in ihrem Alter(n)sbildprojekt ein und konzipieren Regulative als *„Sinn- und Bedeutungskonstellationen"*, in denen sich die (Nicht-)Teilnahme an Weiterbildung konstituiert. Eine Weiterbildungsteilnahme folgt nicht sozioökonomischen Daten, sondern wird in der Praxis hergestellt und muss daraus rekonstruiert werden.

Zudem kann an die neuere erziehungswissenschaftliche Übergangsforschung angeschlossen werden, die zunehmend auch nicht institutionalisierte Übergänge im Erwachsenenalter betrachtet (vgl. Walther 2015: 41 ff.). Ausgegangen wird von Lebensverläufen, die sowohl durch Statuspassagen als auch durch Unsicherheiten und Leerstellen geprägt sind. Übergänge sind in solch einer Perspektive nicht zwingend natürlich gegeben, sondern müssen sozial hergestellt und gestaltet werden (vgl. Maschke & Felden 2023: 457), oder wie Inga Truschkat (2013: 48) formuliert: Übergänge sind „zwar sozial gerahmt, zugleich aber stets auslegungsbedürftig." Zwar werden berufliche Übergänge in der erziehungswissenschaftlichen Übergangsforschung immer wieder thematisiert (vgl. Köttig 2013; Schittenhelm & Küchel 2013; Schicke 2014), jedoch nicht ein beruflicher horizontaler Wechsel im Alter 50+. In der Perspektive einer Transition (vgl. Welzer 1993) werden für diesen atypischen Übergang, der weder zu einem institutionalisierten Zeitpunkt noch auf einem direkten Weg stattfindet (vgl. Schittenhelm & Küchel 2013: 93), vor allem seine Herstellung und Bewältigung relevant.

Insgesamt wird deutlich, dass berufliche Wechsel „voraussetzungsvoll und komplex" (Schicke 2014: 87) sind. Wie Hildegard Matthies (2021: 439) in ihrer Studie zu Berufswechsler:innen aus einer Cooling-out-Perspektive zeigt, konstituieren sie sich zwischen individuellen Dispositionen und dem Feld und greifen auf biografische Erfahrungsaufschichtungen zurück. Und auch Michaela Köttig (2013: 994) fasst Übergangsprozesse als eine „Aushandlung zwischen individuellen Entwicklungs- und Handlungsvorstellungen, gesellschaftlichen Normalitätserwartungen und institutionalisierten Ablaufmustern sowie signifikanten

Anderen." In diesen Spannungsverhältnissen können Berufsgruppenwechsel und damit auch das Erkenntnisinteresse des vorliegenden Forschungsprojektes verortet werden: Warum wird im Alter 50+ noch der Beruf gewechselt? Inwiefern werden diese Berufsgruppenwechsel als Übergänge hergestellt und bewältigt? Und inwiefern findet dabei eine (Nicht-)Beteiligung an Weiterbildung statt?

Zunächst werden in Kapitel 2 Berufsgruppenwechsel als Gegenstand des Forschungsprojektes aus einer philosophischen, soziologischen und erziehungswissenschaftlichen Perspektive konstituiert. Ausgehend von der Arbeit als grundlegender Form des Berufes wird deren Wandel im Laufe der Zeit dargelegt und das dem Beruf inhärente Verhältnis von Bildung und Arbeit diskutiert. Eine Auseinandersetzung mit Berufsgruppenwechseln zeigt, dass damit kein Ende des Berufes einhergeht, sondern sie vielmehr als Merkmal des Berufes aufgefasst werden können. Aus einer erziehungswissenschaftlichen Perspektive werden Berufsgruppenwechsel schließlich im Anschluss an Debatten der Übergangsforschung und zu Regulativen der Weiterbildungsbeteiligung betrachtet. Sie finden, so die abschließende Erkenntnis der Auseinandersetzung, in einem *Zwischen* von subjektiven und strukturellen Dimensionen statt.

Die grundlagentheoretische Perspektive des Forschungsprojektes wird in Kapitel 3 expliziert. Im Anschluss an Karl Mannheims Wissenssoziologie und Ralf Bohnsacks Praxeologische Wissenssoziologie wird einerseits die Bedeutung der Praxis und andererseits die der Kollektivität sozialen Handelns betont. Handeln ist in konjunktive Erfahrungsräume eingebunden, in denen ein intuitives Verstehen stattfindet. Konjunktive Erfahrungsräume als zentraler Begriff der Praxeologischen Wissenssoziologie spannen sich dabei im Verhältnis von impliziten, konjunktiven Wissensbeständen zu expliziten, kommunikativen Wissensbeständen auf. In solch einer theoretischen Perspektive werden strukturidentische Erfahrungen bei Berufsgruppenwechseln und das Eingebundensein in kollektive Erfahrungsgemeinschaften relevant.

Kapitel 4 widmet sich den methodologischen Grundlagen des Forschungsprojektes. Die theoretische Begründung des empirischen Vorgehens verfolgt das Ziel, sowohl die Grenzen der Erkenntnisse zu erfassen als auch methodologische Begriffe weiterentwickeln zu können. Zunächst wird die Bedeutung von Begriffen und das Verhältnis von Erkenntnistheorie und Methodologie mit Rückgriff auf sprachphilosophische Überlegungen zu Beginn des 20. Jahrhunderts diskutiert. Gerade rekonstruktive Verfahren, wie die in diesem Forschungsprojekt verwendete Dokumentarische Methode, ermöglichen einen methodologisch begründeten und methodisch abgesicherten Zugang zur Handlungspraxis. Die Objektivierung der Handlungspraxis in Text und materialem Bild wird methodologisch betrachtet und deren Rekonstruktion in Bezug auf Berufsgruppenwechsel diskutiert. Schließlich werden die grundlegenden Begriffe der Dokumentarischen Methode dargestellt.

In Kapitel 5 wird das konkrete methodische Vorgehen des Forschungsprojektes vorgestellt und zunächst das Sampling erläutert. Danach werden die Erhebung und Interpretation der durchgeführten biografisch-narrativen Interviews sowie der von den Befragten zugesandten materialen Bilder zu ihrem früheren und zu ihrem aktuellen Beruf und was Beruf für sie allgemein bedeutet erörtert. Daran anschließend wird die Triangulation der beiden Materialsorten im Rahmen der dokumentarischen Typenbildung diskutiert. Eine Reflexion des Forschungsprozesses legt Grenzen und methodologische Konsequenzen offen. Abschließend wird auf Forschungswerkstätten eingegangen, die als wichtiges Instrument der Erkenntnisgenerierung in der qualitativen Sozialforschung angesehen werden können.

Die Ergebnisse des Forschungsprojektes werden in Kapitel 6 dargestellt. Hierbei werden zunächst die befragten Berufsgruppenwechsler:innen vorgestellt und die sich im empirischen Material dokumentierenden Tertia Comparationis. Davon ausgehend konnten die drei Typen *Flexibilität*, *Kampf* und *Suche* von Berufsgruppenwechseln in einer Berufstypik rekonstruiert und eine soziogenetische Interpretation vorgenommen werden. In Bezug auf die Frage nach Regulativen der Weiterbildungsbeteiligung ließen sich in einer Weiterbildungstypik die Typen *Qualifikation*, *Neues* und *Wissen* rekonstruieren. Beide Typiken werden abschließend in Form einer Typologie miteinander in Beziehung gesetzt.

Die Ergebnisse werden in Kapitel 7 sowohl in Bezug auf gegenstandstheoretische als auch grundlagentheoretische und methodologische Debatten diskutiert. Berufsgruppenwechsel, so eine zentrale Erkenntnis des Forschungsprojektes, bedeuten kein Ende des Berufes. Vielmehr behält der Beruf seine identitätsstiftende Funktion, indem Beruflichkeit nicht an Bedeutung verliert, sondern ihre Begrenzung geradezu ein konstitutives Merkmal von Berufsgruppenwechseln darstellt. Weiterbildung findet dann im Anschluss an die Entscheidung für einen Berufsgruppenwechsel statt. Zudem sind Berufsgruppenwechsel in soziale Kontexte eingebunden, bei denen vor allem auch signifikant Andere bedeutsam werden. Sie sind keine individuelle Entscheidung, die *einfach so* getroffen wird, sondern denen, wie sich eindrücklich im empirischen Material dokumentiert, strukturidentische Erfahrungen zugrunde liegen und die in konjunktive

Erfahrungsräume eingebunden sind. Für die grundlagentheoretische und methodologische Debatte werden die Bedeutung konjunktiver Erfahrungen als Zugang zur Handlungspraxis sowie die Relevanz des Verhältnisses von Norm und Praxis für konjunktive Erfahrungsräume und die soziogenetische Interpretation hervorgehoben. Die beiden Materialsorten Text und materiales Bild werden abschließend in Bezug auf die Mehrdimensionalität konjunktiver Erfahrungsräume diskutiert und Eckpunkten für eine dokumentarische Bildtheorie ausgearbeitet.

Im abschließenden Kapitel 8 werden die Grenzen der Studie sowie weiterführende Forschungsfragen formuliert.

2 Berufsgruppenwechsel als Gegenstand erziehungswissenschaftlicher Forschung

In diesem Kapitel wird der gegenstandstheoretischen Frage nachgegangen, wie Berufsgruppenwechsel begrifflich gefasst werden können. Ein Blick in die verschiedenen Debatten zeigt, dass Berufsgruppenwechsel unterschiedlich konzipiert werden: So wird in der öffentlichen Debatte vor allem die Unzufriedenheit als Bedingung eines Berufsgruppenwechsels herangezogen, weitere Bedingungen werden jedoch ausgeklammert. Im berufssoziologischen Diskurs werden Berufsgruppenwechsel als Indikatoren für eine Entberuflichung und eine Destandardisierung von Lebensläufen diskutiert und nicht als eigenständiger Gegenstand betrachtet. Und in der erziehungswissenschaftlichen Debatte werden Wechsel zwar als Übergänge in ihrer Komplexität und Nichtlinearität konzipiert, jedoch der Berufsgruppenwechsel nicht weiter in den Blick genommen. Während die berufssoziologische Auseinandersetzung in ihrer quantitativen Ausrichtung eher die makrostrukturelle Seite im Kontext der Entberuflichung in den Blick nimmt und Häufigkeiten von Berufsgruppenwechsel erhoben werden, rückt mit der erziehungswissenschaftlichen Übergangsforschung die Herstellung und Bewältigung von Berufsgruppenwechseln in den Fokus.

2.1 Das Ende vom Beruf? – Eine begriffliche Rahmung

Zunächst könnte man annehmen, dass Berufsgruppenwechsel – wie der Begriff bereits andeutet – vor allem innerhalb des Beschäftigungssystems eine Rolle spielen und hier prozessiert werden. Jemand übt nicht mehr die Tätigkeit als Architekt:in aus, sondern macht sich als Coach:in selbstständig oder ist nicht mehr Verwaltungsangestellte:r, sondern Lehrer:in. Bei genauerer Betrachtung zeigt sich jedoch, dass das Ausüben einer Tätigkeit im Beschäftigungssystem

S. Rundel, *Begrenzte Beruflichkeit*, Theorie und Empirie Lebenslangen Lernens,
https://doi.org/10.1007/978-3-658-51888-2_2

einerseits das Erlernen dieser Tätigkeit voraussetzt und dass andererseits eine spezifische soziale Positionierung damit einhergeht. Beide Funktionen, die der technischen und sozialen Reproduktion (vgl. Bourdieu & Boltanski 1981), sind in qualifikationsbestimmten Systemen (vgl. Müller & Shavit 1998) Aufgabe des Bildungssystems. Qualifikationsbestimmte Systeme zeichnen sich dadurch aus, dass „Bildungsqualifikationen in hohem Grade die berufliche Erstplatzierung und die spätere Karriere der Arbeitskraft" (Müller & Shavit 1998: 504) beeinflussen. Während in Ländern mit einem organisationsbestimmten System das Erlernen der Tätigkeiten *on the job* vollzogen wird, bereitet das Bildungssystem in Deutschland auf die Tätigkeiten im Beruf vor und verweist auf eine soziale Position. In einer in Deutschland seit den 1960er-Jahren geführten Debatte vom Ende des Berufes wird dieses Verhältnis infrage gestellt.[1] Dabei wird davon ausgegangen, dass Berufsgruppenwechsel auf eine Destandardisierung und Flexibilisierung der Arbeits- und Berufswelt hindeuten – sie wären ohne eine erneute Bildungsphase möglich, was die Erwachsenenbildung und ihre Legitimation vor ein großes Problem stellen würde. Allerdings lässt sich diese häufig vertretene These einer Entberuflichung in den seit Beginn des Jahrtausends durchgeführten empirischen Studien nicht bestätigen, weshalb das Verhältnis von Bildungs- und Beschäftigungssystem nach wie vor an Relevanz besitzt. Interessant ist dabei, dass eine Auseinandersetzung mit dem Beruf als zentraler Referenzkategorie der Erwachsenenbildung kaum stattfindet (vgl. Kutscha 1992: 536).

2.1.1 Arbeit als grundlegende Form des Berufes

Das für das Berufssystem spezifische Verhältnis von Beschäftigungs- und Bildungssystem ist weder universal noch unveränderlich, sondern hat sich historisch entwickelt und ist an gesellschaftliche Rahmenbedingungen geknüpft. Folgt man den Überlegungen von Thomas Kurtz (2015: 42 f.) zur Form des Berufes, so liegt diesem die Form der Arbeit als notwendiger Bestandteil menschlichen Daseins zugrunde, die erst in der Moderne in Form von Lohnarbeit durch den Beruf organisiert wird. Und auch Katrin Kraus (2007: 21) spricht von Arbeit als „Konzeptbegriff", der sowohl auf seine zentrale Stellung als auch seine Wandelbarkeit

[1] In radikaler Weise tritt dies beispielsweise im Stern-Report „Die Zeit von Berufen ist endgültig vorbei: Heute denkt man nicht mehr in Berufskategorien, heute sucht man einen Job" von 1963 zum Vorschein (vgl. unter anderem Lange 1999: 14), womit bereits die Verwendung des Begriffes *Job* angesprochen ist, in der sich dieser Wandel auszudrücken scheint (vgl. Dick et al. 2022: 11).

verweist. Obwohl es eine intensive und auch interdisziplinäre Auseinandersetzung mit dem Begriff der Arbeit gibt (vgl. Kocka & Offe 2000b; Türk 2000; Baecker 2002; Jäger & Röttgers 2008; Spittler 2016; Aßländer & Wagner 2017; Herzog 2019; Kleemann et al. 2019; Wischmann et al. 2022), erweist es sich als herausfordernd, zu bestimmen, was darunter verstanden werden kann. Einerseits ist der Arbeit begrifflich Mühsal und Anstrengung inhärent (vgl. Dick et al. 2022: 5), andererseits wird immer wieder problematisiert, dass sie überwiegend negativ bestimmt wird, als Gegenteil von Muße oder Freizeit (vgl. Bermes 2008; Röttgers 2008; Thomä 2017). Dabei legt Hannah Arendt (2014 [1967]) in ihrer *Vita activa* bereits eine Beschreibung des tätigen Lebens vor. Neben dem Herstellen von Dingen und dem Handeln zwischen Menschen erfüllt die Arbeit die Funktion des Lebenserhalts (vgl. Arendt 2014 [1967]: 16), wobei sich ihr zufolge das Versprechen als trügerisch herausstellt, dass in der heutigen Zeit die mühsame Arbeit zum Lebenserhalt von Maschinen übernommen werden kann. Vielmehr ist die Arbeit zur zentralen Tätigkeit geworden und höhere Tätigkeiten (bei ihr: politisches Handeln) sind in Vergessenheit geraten. „Was uns bevorsteht, ist die Aussicht auf eine Arbeitsgesellschaft, der die Arbeit ausgegangen ist, also die einzige Tätigkeit, auf die sie sich noch versteht“ (Arendt 2014 [1967]: 13). Auch der Philosoph Christian Bermes folgt dieser Analyse, indem er davon ausgeht, dass sich nicht der Mensch von der Arbeit befreit hat, sondern die Arbeit vom Menschen. Ziel muss es daher sein, wieder einen Arbeitsbegriff zu entwickeln, der sich jenseits der Utopie „Paradies auf Erden ohne Arbeit“ (Bermes 2008: 57) und alles ist Arbeit befindet. Damit zeigt sich die anthropologische Bedeutung von Arbeit: „Menschen arbeiten, und dies zeichnet sie als Menschen aus, wenngleich sie nicht ausschließlich arbeiten, und dies zeichnet sie auch als Menschen aus“ (Bermes 2008: 57). Er schlägt einen „qualitativen Arbeitsbegriff“ (Bermes 2008: 67) vor, der sich durch fünf Aspekte auszeichnet: Unabgeschlossenheit, Zeitgebundenheit, Optimierung, Expertenwissen und Beherrschbarkeit (vgl. Bermes 2008: 60). Im Folgenden wird diese Heuristik aufgegriffen, um den Arbeitsbegriff aus einer anthropologischen Perspektive auszuformulieren. Arbeit wird als universell angesehen, die sich in vielfältigen Formen zeigt, wie beispielsweise in der Moderne in Form der Lohnarbeit (vgl. Kurtz 2007; Spittler 2016).

Anders als das Herstellen eines Werkes ist die Arbeit unabgeschlossen und dient dem Erhalt des menschlichen Organismus. Dies hat bereits der antike Dichter Hesiod (2017) im späten achten beziehungsweise frühen siebten Jahrhundert vor Christus in seinem Lehrgedicht *Werke und Tage* beschrieben. So endet die landwirtschaftliche Arbeit nicht, sondern muss jährlich wiederholt werden. „Die Grundbedingung, unter der die Tätigkeit des Arbeitens steht, ist das Leben selbst“ (Arendt 2014 [1967]: 16). Wie die landwirtschaftliche Arbeit kann sie jederzeit unterbrochen und wieder fortgesetzt werden und ist gebunden an die Jahreszeiten. Durch diese „Zeitgebundenheit“ (Bermes 2008: 61) kommt ihr eine andere Qualität zu als beispielsweise der Muße. Für den Sozialphilosophen Kurt Röttgers (2008: 174) gibt es für die Tätigkeiten innerhalb der Muße „keinen Zweck, der außerhalb ihrer selbst läge.“ Ähnlich dem antiken Konzept des Kairos ist die Muße „unzeitlich“ (Meyer-Drawe 2007: 247) und vielmehr ein „Einschleusen, Einfädeln“ (Meyer-Drawe 2007: 246), ein zur richtigen Zeit am richtigen Ort sein. Demgegenüber zeichnet sich die Arbeit durch eine „Zweck-Mittel-Struktur rationalen Handelns“ (Röttgers 2008: 173) aus. Sie ist durch eine objektive Zeit strukturiert, die es ihr ermöglicht, gegenwärtige Mittel für ein zukünftiges Ziel einzusetzen. Mit dieser Zweck-Mittel-Relation geht der Aspekt der „Optimierung“ (Bermes 2008: 61) einher. Bei Hesiod (2017: 40) heißt es hierzu: „Wenn du aber jeglichen Vorrat richtig im Haus verwahrt hast, dann suche, das rate ich dir, einen Knecht ohne Hausstand und eine Magd ohne Kinder [...]. Schaff auch einen Hund mit scharfem Gebiß an.“ Optimierte Resultate ziehen zum Erhalt wiederum den Einsatz optimalen Personals nach sich. Schließlich ist es nur innerhalb der Tätigkeit der Arbeit möglich, sich ein „Expertenwissen“ (Bermes 2008: 62) anzueignen: Expert:innen verfügen über die Mittel, um ein Problem zu lösen. Lehrer:innen, beispielsweise als Expert:innen für die Vermittlung von Rechenoperationen, beherrschen ihre Arbeit, indem sie über didaktisches Know-how verfügen. Bei anderen Handlungen wie Erziehung oder Bildung kann es kein Expertenwissen geben, da sie sich gerade durch ihre Unbeherrschbarkeit auszeichnen. Diese „Beherrschbarkeit“ (Bermes 2008: 63) bezeichnet den letzten Aspekt von Arbeit: Mittel können einem technischen oder teleologischen Denken folgend zur Lösung des Problems eingesetzt werden.

Was als Arbeit angesehen werden kann, zeigt sich erst in der Tätigkeit und ist selbst „gesellschaftlichen Wertungsprozessen unterworfen“ (Kraus 2007: 53). Das Lesen eines Buches hat einen zeitlichen Beginn und ein zeitliches Ende (Zeitgebundenheit), es erfordert die Fähigkeit des Lesens (Expertenwissen), um es schließlich auch anwenden zu können (Beherrschbarkeit). Die Aspekte der Unabgeschlossenheit und der Optimierung unterscheiden Arbeit von Nichtarbeit. Wird ein Buch zur Muße gelesen, ist es an und für sich ein Zweck, es liegt kein Zweck außerhalb des Lesens. Das Lesen muss weder optimiert werden, noch muss es wiederholt werden. Dies unterscheidet das Lesen eines Buches als Muße beispielsweise von der Arbeit von Wissenschaftler:innen. Hier werden Bücher immer wieder gelesen, und das Lesen selbst wird durch Lesetechniken optimiert. Analog dazu kann nicht nur eine Tätigkeit der Muße zur Arbeit werden, sondern auch eine Arbeit zur Muße. Gilt Landwirtschaft allgemein als Arbeit, kann sie in der heutigen Zeit in Form eines gemeinsam genutzten Gartens zur Muße werden: Freunde pachten ein Stück Land und nutzen es als Freizeitbeschäftigung zum Anbau von Obst und Gemüse (sofern dies nicht unter Aneignung von Expertenwissen optimiert und dadurch zur Arbeit wird).

2.1.2 Arbeit und Beruf im Wandel

Während eine Tätigkeit über die Art und Weise ihrer Ausführung als Arbeit bestimmt werden kann, wird mit dem Begriff des Berufs die Organisation der Arbeit in der Moderne verstanden (vgl. Kurtz 2005, 2007; Thomä 2017). Der Arbeit kommt neben dem Lebenserhalt die Funktion der Integration in die Gesellschaft zu und sie verweist auf einen sozialen Status und die gesellschaftliche Arbeitsteilung (vgl. Honneth 2017; Herzog 2019). Mit dem Beruf wird zudem der Aspekt Ausbildung/Qualifikation und damit berufliches Wissen betont (vgl. Kurtz 2007: 497). Wie der folgende historische Blick zeigt, unterliegen sowohl die Bedeutung von Arbeit als auch Beruf einem Wandel (vgl. zu den folgenden Ausführungen unter anderem Kraus 2007; Arendt 2014 [1967]; Kurtz 2017a).

In der Antike galt Arbeit als etwas Widernatürliches, von dem man sich entledigen musste, um als freier Bürger[2] an der Polis teilnehmen zu können. Somit war es für den freien Bürger notwendig, eine Landwirtschaft zu unterhalten, die von Bauern geführt und von Sklaven bearbeitet wurde. Nicht Reichtum oder Mehrung des Besitzes waren das Ziel, sondern die Bereitstellung des Lebensnotwendigen. Da Unabhängigkeit und Ungebundenheit als die zentralen Wertvorstellungen galten, gliederte sich die Gesellschaft nach der Tugendhaftigkeit der Tätigkeiten. Sklaven als „beseeltes Werkzeug" (Aristoteles o. J. [322 v. Chr.], 13. Kapitel) standen außerhalb der Hierarchie.

Im Mittelalter veränderte sich mit dem Christentum die Bedeutung von Arbeit. In der Bibel werden alltägliche Arbeiten dargestellt und sowohl Jesus als auch seine Jünger gingen einem (Handwerks-)Beruf nach. Arbeit war damit nicht mehr etwas, von dem man sich befreien musste, sondern galt als Notwendigkeit (vgl. Kurtz 2017a: 100). Damit etablierte sich eine funktionale Arbeitsteilung zwischen den Ständen der Kleriker, der Ritter und der Arbeiter. Während die Kleriker für das Seelenheil des Volkes und die Arbeiter für die Herstellung des Lebensnotwendigen zuständig waren, sorgten die Ritter im Auftrag des Adels für Sicherheit.

[2] An dieser Stelle wird bewusst auf die weibliche Schreibweise verzichtet, da nur Männer an der Polis teilnehmen konnten und Berufe in der Antike den Männern vorbehalten waren. Hingewiesen werden kann hier auf Agnodike, die um 300 v. Chr. lebte, und zwar als Ärztin arbeitete, sich dafür jedoch als Mann verkleiden musste.

Gegen Ende des Spätmittelalters zeichnete sich mit der Entstehung von Städten erneut ein Wandel der Arbeit ab. Eine Rolle spielte dabei die Erfindung der Räderuhr gegen Ende des 13. Jahrhunderts, wodurch es den Kaufleuten möglich war, die Transportkosten und die Löhne exakter zu bestimmen (vgl. Aßländer 2001: 391). Neben der Sicherung des Lebensunterhalts und dem Dienst zum Wohl der Gesellschaft trachtete Arbeit als Selbstzweck nun nach Gewinn und Reichtum. Galt das Gewinnstreben in der Antike und dem frühen Mittelalter als untugendhaft oder eine Sünde, wurde es nun zunehmend zum Pfeiler der bürgerlichen Erwerbsmoral. Als Katalysator diente hierbei der Protestantismus, wie Max Weber (2004 [1904]) in seinem Werk *Die protestantische Ethik und der Geist des Kapitalismus* herausarbeitet. Damit wurde „die moderne Berufsidee zur Grundlage der rationalen Lebensführung des Unternehmers und Fachmenschentums“ (Kreutzer 1999: 61). Die fortschreitende technologische Entwicklung des Spätmittelalters führte zudem dazu, dass die erfahrungsbasierte Lehre in den Handwerkskorporationen nicht mehr den sich immer schneller verändernden Anforderungen nachkam. „Langsam erlangte in allen Arbeitsbereichen das theoretische Wissen den Vorrang vor dem praktischen Können“ (Kurtz 2017a: 102). Die Ausbildung zu einer Tätigkeit und die Tätigkeit selbst trennten sich, die berufliche Bildung wurde zur Umwelt des Betriebes (vgl. Kurtz 2002: 882). So wurde nun nicht mehr für die Tätigkeit in einem Betrieb ausgebildet, sondern für einen betriebsübergreifenden Beruf. Während protestantische Autoren, wie Weber, zu Beginn des 20. Jahrhunderts den Berufsbegriff auf Martin Luther (1483–1546) zurückführen, weist Nikolaus Paulus (1926) darauf hin, dass sich der Gedanke der Berufung bereits im Ruf zu einem Amt bei Thomas von Aquin (1225–1274) zeigt. Thomas von Aquin differenziert zwischen einer göttlich vorgesehenen Arbeitsteilung in Form verschiedener Ämter und im Menschen angelegten Neigungen und Anlagen zu diesen Ämtern. Der Mensch wird zu einem Amt hingezogen, die Ausführung dient dem Wohl der Gesellschaft und wird somit zu einem Gottesdienst (vgl. Paulus 1926: 453). Dem äußeren Beruf als Lebenserhalt wird ein innerer Beruf als Berufung zur Seite gestellt.

> „Der ursprüngliche deutsche Begriff ‚Beruf‘ hatte also zwei Bedeutungen, für die es in anderen Kulturkreisen mindestens zwei Begriffe gibt. Zum einen wurde mit dem Begriff eine dem Lebensunterhalt dienende spezielle Tätigkeit bezeichnet (Profession) und zum anderen die persönliche Berufung zu einer Aufgabe (Vocation), was mit der Unterscheidung von innerem und äußerem Beruf korrespondiert.“ (Kurtz 2017a: 107)

Mit dem Konzept des Rufs oder der Berufung von Luther wird Arbeit religiös fundiert und führt nach Günter G. Voß (2018) zu einer Überhöhung des Berufsgedankens. Arbeit ist somit die Grundform des Berufes (vgl. Kurtz 2005, 2015), beziehungsweise ist Beruf die Organisation oder Institutionalisierung der Arbeit (vgl. Thomä 2017).

Mit der Neuzeit und der Industrialisierung erfuhren Arbeit und Beruf einen erneuten Bedeutungswandel. Fabriken entstanden, die Produktionsweisen veränderten sich und die soziale Frage wurde gestellt. Frederick Taylor (1919) entwickelte das *scientific management*, indem er die Dauer eines jeden Arbeitsschrittes maß und den Produktionsablauf eines Produktes optimierte. Durch die Trennung von durchführenden (Hand) und planenden Tätigkeiten (Kopf) entstand das industrielle Proletariat sowie neue berufliche Formen, wie den Vorarbeiter oder die Verwaltungsfunktionen. Als „ökonomisch geprägte Funktionsorientierung" (Voß 2018: 37) fand nun nicht mehr eine Berufung durch eine transzendentale Instanz statt, sondern durch die Gesellschaft mit ihren Funktionserfordernissen. Mit dem zweiten Industrialisierungsschub Anfang des 20. Jahrhunderts etablierten sich proletarische Arbeiterberufe neben dem Handwerk, den Professionen und dem Bauerntum. Es entstand ein Berufssystem als ein „Muster von Fähigkeitskombinationen" (Voß 2018: 38), in dem industrielle Berufe mit Fachleistungen zunehmende Bedeutung erlangten und das sich gegenüber der traditionellen Berufszuweisung beispielsweise aufgrund von Geburt durch individualisierte und rechtlich abgesicherte freie Berufswahl auszeichnete. Der Beruf wurde damit einerseits durch das Einkommen und andererseits durch sein Prestige für die Subjekte zum „‚Nadelöhre' für ihre personale und soziale Identität sowie ihre Lebenslagen und Lebenswege und damit für soziale Ungleichheit" (Voß 2018: 39). Gerade die Bedeutung des Berufs in Bezug auf soziale Ungleichheit wurde in den 1970er-Jahren mit Klassen- und Schichtmodellen aufgegriffen (vgl. Burzan 2007; Kurtz 2015; Tippelt 2020).

Nach Voß (2018: 40 ff.) stößt in der heutigen Berufs- und Arbeitswelt die „tayloristische Logik der betrieblichen Organisation und Rationalisierung" an ihre Grenzen und es kommt im Rahmen einer „dritten Industrialisierung" zu einer zunehmenden Flexibilisierung und Entgrenzung von Arbeit. Damit einher geht eine Dysfunktionalität „gewohnter beruflicher Formen" (Voß 2018: 41) mit der Folge, dass das Berufssystem skeptisch betrachtet werden muss, wenn nicht sogar bedeutungslos wird. Es zeichnet sich nicht mehr durch ein starres Raster von Fähigkeitskombinationen der Erwerbstätigen und Qualifikationsmuster der Betriebe aus, sondern durch „hoch komplexe, möglichst entwicklungsoffene und vielfältig einsetzbare Qualifikationspotentiale stark individualisierter und flexibler

Arbeitspersonen“ (Voß 2018: 41). Diese These der Flexibilisierung und Entgrenzung wird in Zeitdiagnosen wie der von der „Risikogesellschaft“ (Beck 1986), vom „Arbeitskraftunternehmer“ (Voß & Pongratz 1998) oder vom „Flexiblen Menschen“ (Sennett 1998) betont. Der Beruf verliert die Identitätszuweisung, wie er sie noch im Mittelalter hatte, und in den Mittelpunkt rücken das Individuum und die Vermarktung der eigenen Arbeitskraft. „Die Fluidität der Arbeitsverhältnisse nimmt zu. Lebenslange Tätigkeit in ein und demselben Beruf ist nicht mehr die Regel. Das ‚Normalarbeitsverhältnis‘ erodiert. Was der Arbeitskraft abverlangt wird, ist ‚Flexibilität‘“ (Kocka & Offe 2000a: 11).[3]

In Zuge dessen wird die These vom Ende des Berufes formuliert: Der Beruf als Organisationsprinzip von Bildungs- und Beschäftigungssystem verliert seine Bedeutung durch flexibilisierte, entgrenzte und destandardisierte Arbeit. Diese Krise beziehungsweise das Ende des Berufes findet für Voß (2018: 40 f.) auf drei Ebenen statt:

1. Die Bedeutung berufsfachlicher Strukturen für die Ausübung einer Tätigkeit nimmt ab: Die schnelle Entwicklung des Wissens erfordert es auch später im Beruf, sich immer weiter fortzubilden. Ein einmal erlernter Beruf reicht nicht für das ganze Leben aus.
2. Eine traditionelle Beruflichkeit trägt nicht mehr für die lebenslange sozioökonomische Absicherung bei: Es besteht keine Garantie, dass ein einmal erlernter Beruf den Lebensunterhalt sichert.
3. Der Beruf bestimmt nicht mehr (ausschließlich) den sozialen Ort in der Gesellschaft: Andere Formen wie Freizeitverhalten oder Netzwerke tragen zur gesellschaftlichen Integration und Positionierung bei.

Betroffen ist sowohl die Berufsbildung als Vorbereitung auf den Beruf, Vermittlung berufsfachlicher Qualifikationen und Vergabe universaler Titel, die mit einer Stelle im Beschäftigungssystem korrespondieren, als auch die gesellschaftliche Funktion von Beruf im Sinne eines übergeordneten Organisationsprinzips von Arbeit und Bildung, der Integration des Einzelnen in die Gesellschaft und der Sicherung eines existenzsichernden Einkommens. So verweist die Philosophin Lisa Herzog (2019) auf die fehlende Integrationsleistung von Arbeit in der

[3] Dabei wird unter dem Normalarbeitsverhältnis in der Regel eine unbefristete, sozialversicherungspflichtige Vollzeitbeschäftigung in einem tariflich organisierten Betrieb verstanden (vgl. Kleemann et al. 2019: 27; Minssen 2019: 95). Das statistische Bundesamt zählt inzwischen auch Teilzeitbeschäftigungen ab 21 Wochenarbeitsstunden dazu (vgl. https://www.destatis.de/DE/Themen/Arbeit/Arbeitsmarkt/Erwerbstaetigkeit/Methoden/Erlaeuterungen/erlaeuterungen-normalarbeitsverhaeltnis.html, 08.07.2024).

Postmoderne durch eine fortschreitende Arbeitsteilung, und Klaus Harney und Heinz-Elmar Tenorth (1999: 7) schreiben zu Beginn im 40. Beiheft der *Zeitschrift für Pädagogik* zum Thema „Beruf und Berufsbildung“: „Dabei kann an den fundamentalen Veränderungsprozessen der Berufs- und Arbeitsverhältnisse überhaupt kein Zweifel sein“, und verweisen auf die Tertiärisierung und die Zunahme der Arbeitskräfte im Dienstleistungssektor sowie auf die sich daraus ergebenden Auswirkungen für das Bildungssystem.

2.1.3 Trotz Wandel kein Ende des Berufes

Im Kern der Debatte um das Ende vom Beruf geht es um die Frage, inwiefern der Beruf als „jene komplexe Kategorie sozialer Integration des Individuums“ (Baethge & Baethge-Kinsky 1998: 461) an Bedeutung verliert. Die im Anschluss durchgeführten empirischen Studien betrachten Ausschnitte der Kategorie Beruf und kommen je nach Betrachtungsweise zu unterschiedlichen Ergebnissen. Dabei lassen sich drei Ebenen unterscheiden:

1. Mikroebene: Auf der Ebene des Subjekts werden Diskontinuitäten in der Berufsbiografie in den Blick genommen, die ein Ende des lebenslangen Berufes und der Normalbiografie vorhersagen (Stichwort: Destandardisierung des Lebenslaufs).
2. Mesoebene: Auf der Ebene der Organisation werden Flexibilisierungstendenzen in Form räumlich und zeitlich entgrenzter Arbeitsverhältnisse diskutiert, wie beispielsweise das mobile Arbeiten oder die Einführung der Vertrauensarbeitszeit (Stichwort: Entgrenzung).
3. Makroebene: Auf einer gesellschaftlichen Ebene finden Erosionen des Verhältnisses von Bildungs- und Beschäftigungssystem insofern Einzug in die Debatte, als eine Ausbildung und das Erlangen universaler Titel nicht mehr Voraussetzung für eine Stelle im Beschäftigungssystem sind (Stichwort: Entberuflichung).

Martin Baethge und Volker Baethge-Kinsky (1998: 461 f.) verweisen dabei auf die Mikro- und Makroebene und unterstellen eine Erosion des Berufs als „lebenslanger Orientierungsrahmen für individuelle Erwerbs- sowie soziale Integrationsperspektiven“, jedoch nicht eine Erosion der Beruflichkeit „als institutionelle Regulationsform in der Ausbildung, der Betriebs- und Arbeitsorganisation sowie den sozialen Sicherungssystemen.“ Harney und Tenorth (1999: 7) formulieren ebenfalls, dass „der Beruf als Lebensberuf und mit ihm das duale System der

Berufsbildung – so die gängige These – ihre alte Bedeutung verloren haben und die Lebens- und Arbeitsverhältnisse neue Formen der Qualifizierung für den Beruf sowie ständige Weiterbildung im Lebenslauf nach sich ziehen." Damit einher geht eine „Kritik des Berufs als Form für Ausbildung und Arbeit" (Harney & Tenorth 1999: 7). Diese beiden Positionen deuten auf zwei Aspekte hin, die in der Debatte zum Ende des Berufes eine bedeutsame Position einnehmen und vor allem in der quantitativen Arbeitsmarktforschung untersucht werden: Erstens wird eine Veränderung der Mobilitätsmuster der Arbeitnehmer hin zu einer Flexibilisierung diskutiert, also eine Auflösung des Berufes als „lebenslanger Orientierungsrahmen" (Baethge & Baethge-Kinsky 1998: 461) für das Individuum und eine damit einhergehende Destandardisierung des Lebenslaufs. Dem liegt das Verständnis eines Normallebenslaufs zugrunde, wie es von Martin Kohli (1985) in seinem Aufsatz zur „Institutionalisierung des Lebenslaufs" formuliert wird. Demnach unterteilt sich dieser in eine Bildungs-, Erwerbs- und Ruhephase und gruppiert sich um die Taktgeber Familie und Beruf. Zweitens wird die These einer Erosion des Zusammenhangs von Bildungs- und Beschäftigungssystem in Bezug auf die Verwertung von Qualifikationen eingebracht, also eine Entberuflichung. Der Zugang zu einem Beruf wäre dann nicht mehr an die Vergabe von Titeln im Bildungssystem geknüpft, wie es noch Pierre Bourdieu und Luc Boltanski (1981) beschreiben, sondern davon unabhängig.[4]

In Bezug auf den ersten Aspekt der Mobilitätsmuster zeigen Olaf Struck, Michael Grotheer, Tim Schröder und Christoph Köhler (2007), dass die Beschäftigungsdauer in Betrieben in den 1990er-Jahren abgenommen hat. Deshalb sprechen sie von einer Zunahme instabiler Beschäftigung, jedoch nicht von Beschäftigungsunsicherheit, da sich gleichzeitig die Wahrscheinlichkeit direkter Betriebswechsel erhöht hat (vgl. Struck et al. 2007: 304). Demgegenüber zeigen Karl Ulrich Mayer, Daniela Grunow und Natalie Nitsche (2010) in ihrer Studie, dass Berufsverläufe nicht unsicherer und unsteter geworden sind, sondern sich die berufliche Mobilität in den letzten 100 Jahren kaum verändert hat und sie daher „erhebliche Zweifel an der These abnehmender Stetigkeit von Berufsbiografien" (Mayer et al. 2010: 399) haben. Und auch Johannes Giesecke und Jan Paul Heisig (2010) zeigen, dass zwischenbetriebliche Mobilität kaum

[4] Der Aspekt der Entgrenzung auf der Mesoebene wird vorrangig in der Industrie- und Arbeitssoziologie in Bezug auf veränderte Arbeitsbedingungen und Organisationsstrukturen diskutiert (vgl. Kleemann et al. 2019: 81 ff.), wie die Auswirkungen von *Lean Production* (vgl. Jäger 1999) oder mobiles Arbeiten (vgl. Minssen 2019: 79 ff.). In der Auseinandersetzung um das Ende vom Beruf spielt dies eine untergeordnete Rolle, da es nicht vorrangig das Verhältnis von Bildungs- und Beschäftigungssystem, sondern die Art und Weise der Beschäftigung betrifft.

zugenommen hat, „keine umfassenden Destabilisierungstendenzen“ nachgewiesen werden können und die Befunde gegen eine „weitreichende Destabilisierung von Erwerbsverläufen“ (Giesecke & Heisig 2010: 428) sprechen. Bezogen auf den zweiten Aspekt, also die Frage nach der Segmentierung von Arbeitsmärkten und dem Zusammenhang von Ausbildung und Beschäftigung, kommen Dirk Konietzka (1999) und Holger Seibert (2007) zu dem Schluss, dass der Arbeitsmarkt nach wie vor hochgradig segmentiert ist und der Zugang zu Berufen über Titel und Zertifikate vergeben wird. So werden „*allgemeine* Qualifikationen nur bedingt außerhalb des erlernten Berufes honoriert“ (Konietzka 1999: 396, H. i. O.), und ein Verlassen des Ausbildungsberufes erhöht auch im späteren Berufsverlauf die Wahrscheinlichkeit für einen beruflichen Abstieg. „Von einem zunehmenden Trend der Entberuflichung von Erwerbsmustern im Sinne von ‚zertifizierten Berufsverlaufsstrukturen‘ kann daher keine Rede sein“ (Konietzka 1999: 396). Demgegenüber vertreten Matthias Dütsch, Verena Liebig und Olaf Struck (2013: 505) die These, dass „die vormals enge Verknüpfung zwischen dem Bildungs- und Beschäftigungssystem erodiert“, da horizontale Mobilität beim Berufseinstieg und Wechsel auf inadäquate Statuspositionen zugenommen haben. „Folglich weist der in zunehmendem Maße nicht gelingende Transfer beruflicher Qualifikationen bei zwischenbetrieblicher Mobilität auf eine sinkende Bindekraft der Beruflichkeit und auf wachsende Risiken des Verlustes berufsfachlicher Qualifikationen hin“ (Dütsch et al. 2013: 505).

Aus diesen Studien lassen sich zwei zentrale Erkenntnisse ableiten: Die vom Bildungssystem vergebenen universalen Titel verweisen *erstens* nach wie vor auf Stellen im Beschäftigungssystem und erhöhen die Wahrscheinlichkeit einer adäquaten Berufs- und Statusposition. Zwar verändern sich individuelle Mobilitätsnormen hin zu einem Wunsch nach mehr Flexibilität (vgl. Mayer et al. 2010) und der Übergang in den Beruf nach der Ausbildung wird prekärer (vgl. Dütsch et al. 2013). Es kann jedoch nicht von einer Erosion des Berufes als übergeordnetes Organisationsprinzip von Arbeit und Bildung im Sinne einer Entberuflichung gesprochen werden. *Zweitens* zeigen sich keine umfassenden Destandardisierungstendenzen der beruflichen Lebensverläufe, weshalb nicht von einer Flexibilisierung ausgegangen werden kann. Zwar wechseln je nach Studie bis zu 50 Prozent der Beschäftigten mindestens einmal ihren Beruf, diese berufliche Mobilität hat in den letzten Jahrzehnten jedoch nicht zugenommen, was auf einen „Mythos“ vom lebenslangen Beruf hindeutet (Mayer et al. 2010: 377), wobei das Normalarbeitsverhältnis als übergeordneter Orientierungsrahmen erhalten bleibt (vgl. Minssen 2019: 98).

2.1.4 Zum Verhältnis von Beschäftigungssystem und Erwachsenenbildung

Auf der Seite des Beschäftigungssystems zeigt die in der Berufssoziologie stattfindende Debatte zum Ende des Berufes, dass der Zugang zu einer Berufsgruppe nach wie vor über das Bildungssystem organisiert wird. Dabei lassen sich in Bezug auf das Verhältnis von Bildungs- und Beschäftigungssystem drei Idealtypen identifizieren (vgl. Wolter 2016: 9):

1. Subordinationsthese: Das Bildungssystem ordnet sich unter die Anforderungen des Beschäftigungssystems und ist lediglich für die Ausbildung von Arbeitskräften zuständig.
2. Entkopplungsthese: Das Bildungssystem erlangt eine relative Autonomie durch die Vergabe universaler Titel. Diese verweisen auf Stellen im Beschäftigungssystem und gesellschaftliche Positionen. Sie sind auf Dauer gestellt und können universal eingelöst werden.
3. Auf struktureller Ebene wird der Fokus weniger auf das Verhältnis von Bildungs- und Beschäftigungssystem gelegt als vielmehr auf die Bildungsentscheidungen der Individuen.

Während bildungspolitische Programmatiken, wie beispielsweise das Lebenslange Lernen, in kritischer Perspektive eine zunehmende Unterordnung des Bildungssystems nahelegen (vgl. Klingovsky 2013), deuten die bereits genannten berufssoziologischen Studien auf eine nach wie vor vorherrschende relative Autonomie des Bildungssystems hin. Dabei zeigt sich auch, dass Veränderungen in einem System Auswirkungen auf das andere haben.

> „Besonders interessant ist für die Weiterbildung die Feststellung, dass die expansive Bewegung des Bildungs- und des Weiterbildungssystems sich mit zeitlichen Verzögerungen auch auf die Strukturen des Beschäftigungssystems auswirkt, dass aber auch Veränderungen des Beschäftigungssystems hin zu einer Höherqualifizierung – wiederum mit zeitlichen Verzögerungen – deutliche Spuren in der Weiterbildungsentwicklung und speziell bei der Weiterbildungsexpansion hinterlassen.“ (Tippelt 2018: 97)

Bildungs- und Beschäftigungssystem verweisen demnach nicht nur aufeinander, sondern sind auch von Entwicklungen im jeweils anderen System betroffen. Aufseiten des Bildungssystems ist bei Berufsgruppenwechseln die Erwachsenenbildung betroffen, da solche Wechsel nach einem Berufseinstieg und damit einer ersten Phase der Berufstätigkeit stattfinden. Die Institutionalisierung der Erwachsenenbildung begann bereits Ende des 19. Jahrhunderts mit einer Debatte um die Öffnung von Hochschulen und einer damit einhergehenden Bildung Erwachsener, wobei die Institutionalisierung in den 1960er-Jahren mit der Gründung von ersten Lehrstühlen beschleunigt und sie in den 1970er-Jahren schließlich zur vierten Säule im Bildungsbereich ernannt wurde. Seitdem hat sie sich zunehmend institutionalisiert und differenziert (vgl. Tippelt 2018: 93 f.). Als Gründe werden die steigende Nachfrage nach Fachkräften, die Bildungsexpansion oder auch die bildungspolitische Programmatik des Lebenslangen Lernens genannt. Während in den 1970er-Jahren die Zielgruppenorientierung im Fokus stand, musste die Erwachsenenbildung sich in den 1980er- und 1990er-Jahren auf dem Weiterbildungsmarkt bewähren (vgl. Siebert 2018). Ihr Ausbau zeigt sich auch an der Weiterbildungsbeteiligung. So heißt es gleich zu Beginn des aktuellen Trendberichts zum Adult Education Survey (AES): „Positiver Trend verstärkt sich: Die Weiterbildungsbeteiligung unter Erwachsenen steigt in Deutschland weiter an" (Bundesministerium für Bildung und Forschung 2021: 2). Während vor 30 Jahren 37 Prozent der Erwachsenen an Weiterbildung teilgenommen haben, sind es 2020 bereits 60 Prozent und damit mehr als die Hälfte der Erwachsenen (vgl. Bundesministerium für Bildung und Forschung 2021: 11).

In Bezug auf Beruf und Berufsgruppenwechsel weist die Erwachsenenbildung mindestens zwei Bezugspunkte auf: berufliche[5] und wissenschaftliche Weiterbildung. In der Berufspädagogik bildet der Beruf per se einen zentralen Bezugspunkt (vgl. unter anderem das Beiheft 40 (1999) der *Zeitschrift für Pädagogik* mit dem Thema „Beruf und Berufsbildung" oder das Beiheft 24 (2010) der *Zeitschrift für Berufs- und Wirtschaftspädagogik* mit dem Thema „Berufsforschung für eine moderne Berufsbildung"), der sich mit der Entstehung des Berufsbildungssystems ergeben hat (vgl. Kurtz 2015). Dabei wird auf der einen Seite an die These vom Ende des Berufes und den Veränderungen im Beschäftigungssystem angeschlossen (vgl. Kutscha 1992) und eine allgemeinere berufliche Bildung gefordert (vgl. unter anderem Gieseke 1996; Arnold et al. 2018). Dies führt bis hin zur Diskussion der Frage, inwiefern es überhaupt Unterschiede zwischen einer allgemeinen und beruflichen Bildung gibt (vgl. Molzberger & Büchter 2022). Da ein einmal erlernter Beruf nicht mehr für die gesamte Berufsbiografie ausreicht, muss das

[5] Berufliche Weiterbildung wird hier von betrieblicher Weiterbildung abgegrenzt, indem berufliche Bildung vorrangig auf die Karriere und betriebsunabhängiges Wissen abzielt, während die betriebliche Weiterbildung vom Betrieb initiiert wird und das Betriebskapital erhöht (vgl. Kurtz 2002, 2017b). Dieser Differenz entsprechend wird der Beruf zur Referenzgröße für die berufliche Weiterbildung, während bei der betrieblichen Weiterbildung der Betrieb die Referenzkategorie bildet.

Berufskonzept „die Tatsache der lebenslangen Weiterbildung konstruktiv in sich aufnehmen“ (Arnold et al. 2018: 943). Während in der Berufsgesellschaft mit der Ausbildung „Bildung auf Vorrat“ erlangt wird, wird in der Arbeitsgesellschaft Weiterbildung zur „just in time“-Qualifizierung (Arnold et al. 2018: 934). Damit löst sich die berufliche Bildung vom Berufskonzept und befähigt Menschen, mit dem Wandel in der Berufswelt mitzuhalten. Eine allgemeinere berufliche Bildung würde nicht mehr den Bildungsbedarf zwischen den Fähigkeiten und den Anforderungen ermitteln, sondern die Stabilität der Persönlichkeit in einer sich rasch verändernden Welt fördern. Antje Pabst (2022) stellt den Beruf in ihrer Dissertation in einen ökonomischen Kontext und analysiert anhand der Leiharbeit Veränderungen des Berufes und der Beruflichkeit sowie die Auswirkungen auf die Berufspädagogik. Dabei kommt sie zu dem Schluss, dass „berufliches Handeln nicht allein in Bezug auf das Arbeitshandeln im betrieblichen Kontext zu betrachten [ist], sondern die Beschäftigungsverhältnisse, die ebenso den beruflichen Handlungsrahmen mitbestimmen, hinsichtlich des hier erforderlichen Handelns der Arbeitenden und Berufsinhaber in den Blick zu nehmen“ (Pabst 2022: 335). Sie versteht Beruf als „ein mehrdimensionales und vielschichtig verankertes Phänomen“ (Pabst 2022: 337) und verweist auf das Konzept von Wolfgang Hendrich zur berufsbiografischen Gestaltungskompetenz. Zwar spricht Pabst von der Stärkung berufsbezogener Kompetenzen, aber auch von Emanzipation und „Ich-Stärke“, wobei sie an die Debatte um eine Veränderung beruflicher Bildung anschließt (vgl. Pabst 2022: 341). Auf der anderen Seite wird die Subjektivierung mit dem Begriff der Beruflichkeit aufgenommen (Kraus 2024) und im Sinne einer „Erwerbsorientierung“ die Frage gestellt „wie ein Mensch sich selbst zum eigenen Arbeitsvermögen und zur Erwerbstätigkeit ins Verhältnis setzt“ (Kraus 2022: 514). So nimmt Kraus (2007) in ihrer Arbeit zu einer „Pädagogik des Erwerbs“ Veränderungen im Beschäftigungssystem in den Blick, die mit einer Krise am Berufskonzept und einem Diskurs zur Employability markiert sind. Sie unterscheidet zwischen Arbeit, Erwerb und Pädagogik und stellt fest, dass in der Berufs- und Industriepädagogik nur Teilbereiche erfasst werden und die Arbeitspädagogik zu weit gefasst ist. Mit dem Begriff der „Pädagogik des Erwerbs“ verbindet sie schließlich die Befähigung zur Erwerbstätigkeit (vgl. Kraus 2007: 54) und ordnet das Bildungssystem nicht dem Beschäftigungssystem unter, sondern geht davon aus, dass es Veränderungen konstruktiv in den Blick nehmen muss.

Weiterhin ist der Beruf für die wissenschaftliche Weiterbildung ein zentraler Bezugspunkt (vgl. Teichler 2014). Während Universitäten um die Jahrhundertwende eine besondere Bedeutung spielten, indem sie „Vereine, Ausschüsse oder Gesellschaften für volkstümliche Hochschulkurse“ (Tietgens 2018: 35) bildeten, setzte sich in den 1960er-Jahren der Begriff der universitären Erwachsenenbildung durch, der inzwischen durch den Begriff der wissenschaftlichen Weiterbildung abgelöst wurde (vgl. Wolter 2011: 10). Der Beruf spielt für wissenschaftliche Weiterbildung insofern eine zentrale Rolle, als sie einerseits berufsqualifizierende Titel vergibt und andererseits an der Schnittstelle zwischen Wissenschaft und Gesellschaft/Beruf verortet werden kann (vgl. Alexander 2020). In den letzten Jahren wird die Debatte vor allem durch das bildungspolitische Programm „Offene Hochschulen" dominiert, das eine Öffnung der Hochschulen zum Ziel hat (vgl. Wolter et al. 2016; Damm et al. 2018). Für Ulrich Teichler und Andrä Wolter (2004: 66) gibt es dafür vier Motive: wünschenswerte Heterogenität der Studierenden, zunehmende Chancengleichheit, indem auch nicht traditionell Studierende aufgenommen werden, Zugangswege in die allgemeine Bildung aus der beruflichen Bildung heraus und schließlich die Möglichkeit der Aufnahme formaler Bildung auch in der späteren Bildungsbiografie als Idealtypus des Lebenslangen Lernens. Gerade die nicht traditionellen Studierenden erfahren eine besondere Aufmerksamkeit (vgl. Teichler & Wolter 2004; Banscherus & Pickert 2013; Wolter 2016; Wolter et al. 2016; Wolter et al. 2017; Lobe 2018), jedoch bleibt häufig unscharf, was darunter verstanden wird. So kann beispielsweise nach erschwerten Zugängen zu einem Studium (strukturtheoretische Aspekte) oder unkonventionellen Lebensläufen (biografietheoretische Aspekte) unterschieden werden, wobei Teichler und Wolter (2004: 71 ff.) vorschlagen, zwischen drei Kriterien zu unterscheiden:

1. Studierende, die nicht in der vorgesehenen zeitlichen lebenslauftypischen Abfolge ein Studium aufgenommen haben.
2. Studierende, die nicht die schulischen Zugangsvoraussetzungen erfüllen.
3. Studierende, die das Studium nicht in Vollzeit absolvieren.

Da Berufswechsler:innen eine Bildungsphase nach dem Berufseinstieg absolvieren, gelten sie per se als nicht traditionell Studierende. Ob sie dafür zudem Vorleistungen anerkennen lassen und das Studium in Vollzeit oder berufsbegleitend absolvieren, ist eine Frage, die empirisch geklärt werden muss. Daneben hat sich in der Debatte der Begriff der beruflich Qualifizierten etabliert (vgl. Wolter 2016; Lobe 2018). Diese zeichnen sich durch eine erste Bildungsphase und ein gewisses Maß an Berufserfahrung aus und nehmen im Laufe ihrer Berufsbiografie erneut an einer Weiterbildung teil. Dabei zeigt sich, dass diese Gruppe in sich bezüglich der Bildungs- und Berufsbiografie äußerst heterogen ist und nachfolgende Gruppen unterschieden werden können (vgl. Wolter 2016: 11):

1. Sogenannte Doppelqualifizierer, die eine Hochschulzugangsberechtigung besitzen, aber zunächst eine Ausbildung absolvieren und erst im Anschluss ein Studium.
2. Personen ohne Hochschulzugangsberechtigung, die eine Ausbildung absolvieren und erst im Anschluss eine schulische Hochschulzugangsberechtigung erwerben (beispielsweise über das Abendgymnasium).
3. Personen ohne Hochschulzugangsberechtigung, die eine Ausbildung absolvieren und über eine berufliche Fortbildungsprüfung (beispielsweise Meister:in) oder ein Eignungsfeststellungsverfahren ein Studium beginnen.
4. Länderspezifische Zugangsformen.

Zu beachten ist, dass beruflich Qualifizierte auch im Rahmen einer akademischen Erstausbildung eine Weiterbildung absolvieren. Ihnen gemeinsam ist eine erste Bildungsphase in Form einer beruflichen Ausbildung oder eines Studiums, eine erste Phase der Erwerbstätigkeit und dann eine akademische Weiterbildung.

2.1.5 Zwischenfazit: Relevanz von Berufsgruppenwechseln für die Erwachsenenbildung

Arbeit als anthropologisches Merkmal des Menschen dient dem Lebenserhalt und wird historisch unterschiedlich gedeutet und organisiert (vgl. Abbildung 2.1). In der Moderne hat sich eine Arbeitsteilung entsprechend den gesellschaftlichen Funktionserfordernissen entwickelt, die über den Beruf organisiert wird. Trotz Veränderungen im Beschäftigungssystem zeigen empirische Studien, dass der Beruf als soziales Ordnungsmodell nicht an Bedeutung verliert: Im Bildungssystem erlangte Titel verweisen auf Positionen im Beschäftigungssystem und damit zusammenhängend auf den sozialen Status. Zudem weist „der Lebenslauf als ganzheitliches Muster“ (Kohli 2003: 530) mit seinen zugrunde liegenden Altersgrenzen, wie dem Eintritt in die Schule, dem Beruf oder der Rente, eine hohe Beharrlichkeit auf. Der Beruf ist damit nach wie vor eine „der zentralen Tatsachen moderner Gesellschaften“ (Kreutzer 1999: 61). Die Thesen postmoderner Zeitdiagnosen können aufgrund der Studien daher infrage gestellt werden ebenso wie die Annahme spontaner oder willkürlicher Wechsel der Berufsgruppen. So formuliert auch Kohli (2003: 535): „Insgesamt fällt ein Durchgang durch die Empirie hinsichtlich eines Umbruchs der Arbeit im Lebenslauf eher ernüchternd aus.“

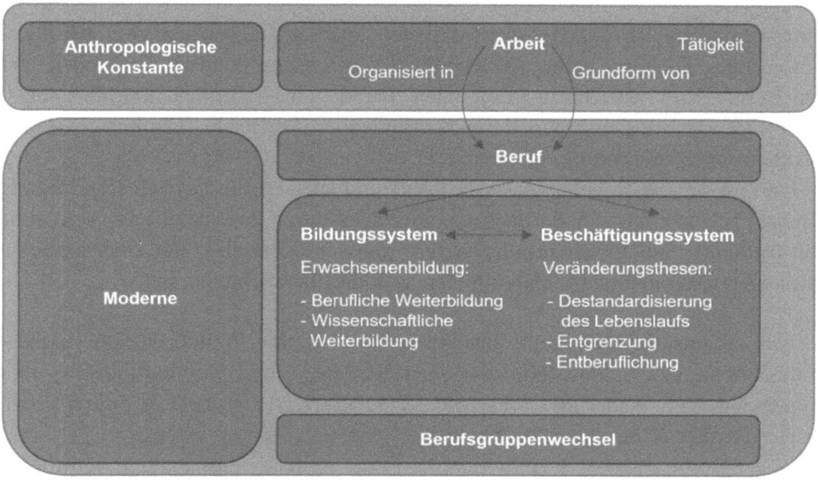

Abbildung 2.1 Zusammenhang von Arbeit, Beruf, Beschäftigungs- und Bildungssystem sowie Berufsgruppenwechseln

Dabei zeigt sich jedoch auch, dass ein einmal erlernter Beruf nicht zwingend bis zum Eintritt in den Ruhestand ausgeführt wird. Das Narrativ der Normalbiografie und des Normallebenslaufs, das sich Mitte der 1950er-Jahre entwickelt hat, kann insofern als „Mythos" (Mayer et al. 2010: 377) beschrieben werden. Gleichzeitig fungiert es weiterhin als übergeordnetes Muster, innerhalb dessen es zu Veränderungen kommt, wie beispielsweise durch die bildungspolitische Programmatik des Lebenslangen Lernens. „Eine berufliche Erstausbildung (stellt) nur noch selten eine Vorbereitung für einen Lebensberuf dar" (Tippelt 1990: 66 f.), weshalb die Weiterbildung zu einem konstanten Muster innerhalb des Lebenslaufs wird (vgl. Arnold et al. 2018: 933). Berufsgruppenwechsel stellen damit nicht den Beruf als übergeordnetes Organisationsprinzip von Arbeit und Bildung in der Moderne infrage, vielmehr sind sie konstitutives Merkmal dessen. Dass Berufsgruppenwechsel dabei kein genuin (post-)modernes Phänomen sind, zeigt sich einerseits daran, dass sich ihre Häufigkeit in den letzten 100 Jahren kaum verändert hat (vgl. Mayer et al. 2010) und dass bereits Thomas von Aquin (2017 [um 1270]: 100) davon spricht, dass „die Menschen keineswegs in gleicher Weise ihr ganzes Leben hindurch geeignet [sind], dieselben Aufgaben zu erfüllen." Es finden also Berufsgruppenwechsel statt, ohne dass der Beruf als „lebenslanger Orientierungsrahmen" (Baethge & Baethge-Kinsky

1998: 461) für das Individuum erodiert. Ausgehend von dieser begrifflichen Auseinandersetzung mit Beruf wird daher, auch im Gegensatz zum berufssoziologischen Diskurs, nicht von beruflichen Wechseln, sondern konkretisierend von Berufs*gruppen*wechseln gesprochen. Damit wird zwischen dem Ordnungsmodell des Berufes und den darin stattfindenden Wechseln, nämlich zwischen Berufsgruppen, begrifflich differenziert.

Dies ist für die Erziehungswissenschaft und speziell die Erwachsenenbildung insofern relevant, als ein Berufsgruppenwechsel durch das spezifische Verhältnis von Bildungs- und Beschäftigungssystem (notwendigerweise) mit einer erneuten Bildungsphase einhergeht. Dabei bieten sich drei Perspektiven an:

1. Aus organisationspädagogischer Perspektive werden Weiterbildungsorganisationen an der Schnittstelle zwischen Bildungs- und Beschäftigungssystem relevant (vgl. Weber 2012; Pätzold 2015; Kurtz 2017b; Feld & Seitter 2018; Herbrechter & Schrader 2018).
2. In der Berufspädagogik stellt sich die Frage nach der Ausrichtung beruflicher Bildung (vgl. Gieseke 1996; Arnold et al. 2018; Pabst 2022).
3. Für die Weiterbildungsforschung stellt sich die Frage nach Weiterbildungsbeteiligung, also der (Nicht-)Teilnahme an Weiterbildung (vgl. Dörner & Schäffer 2010; Reich-Claassen 2010; Wittpoth 2018).

Gerade der dritte Aspekt ist ein interessanter Forschungsgegenstand für die Erwachsenenbildung, der im Abschnitt 2.3 weiter ausgeführt wird. Hier rückt die Zielgruppe der beruflich Qualifizierten und nicht traditionell Studierenden in den Blick.

2.2 Berufsgruppenwechsel – Konzeption und Datenlage

Nicht nur in der öffentlichen, sondern auch in der wissenschaftlichen Debatte stellt sich die Frage, was ein Berufsgruppenwechsel ist. Während Einigkeit darüber herrscht, dass der Wechsel von Jurist:innen zu Köch:innen als solcher bezeichnet werden kann und ein Wechsel von Mitarbeiter:innen zu Teamleiter:innen nicht, stellt sich die Frage beispielsweise bei einem Wechsel von Verkäufer:innen in einem Supermarkt zu Verkäufer:innen in einem Schuhgeschäft oder bei einem Wechsel von Bäcker:innen zu Konditor:innen. Es stellt sich also die Frage, wie ein Berufsgruppenwechsel konzipiert und damit empirisch untersucht werden kann.

2.2.1 Operationalisierung und Häufigkeit von Berufsgruppenwechseln

In berufssoziologischen Studien wird zunächst zwischen vertikaler und horizontaler beruflicher Mobilität unterschieden. Vertikale Mobilität zeichnet sich durch einen Verbleib in der Berufsgruppe, aber eine Veränderung der Statusposition aus, wie beispielsweise bei Friseur:innen, die eine Meisterausbildung absolvieren, oder bei Teamleiter:innen, die zu Abteilungsleiter:innen werden. Dabei kann es auch zu zwischenbetrieblicher Mobilität kommen, indem eine Stelle als Abteilungsleiter:in in einem anderen Unternehmen angenommen wird. Während diese Auf- und Abstiegsprozesse häufiger in den Blick genommen werden (vgl. Hradil & Pankoke 1997; Spiegler 2015), wird die horizontale Mobilität hingegen weniger beachtet. Sie zeichnet sich durch einen „Wechsel zwischen verschiedenen beruflichen Tätigkeiten im Erwerbsleben“ (Matthes et al. 2008: 6) aus und wird durch einen Wechsel der Berufsgruppe operationalisiert. Hierfür wird häufig die International Standard Classification of Occupations (ISCO) herangezogen. Diese Berufssystematik wurde von der Internationalen Arbeitsorganisation entwickelt, um Statistiken zum Arbeitsmarkt international vergleichen zu können. Die ISCO-58-Klassifikation wurde im Jahr 1957 eingeführt und seitdem dreimal aktualisiert (ISCO-68, ISCO-88, ISCO-08), wobei sich die meisten berufssoziologischen Studien auf die ISCO-68-Klassifikation beziehen. Darin werden Berufe zu Berufsgruppen zusammengefasst und hierarchisch gegliedert. Zunächst wird zwischen sechs Berufsbereichen (Pflanzenbauer/Tierzüchter/Fischereiberufe, Bergleute/Mineralgewinner, Fertigungsberufe, Technische Berufe, Dienstleistungsberufe, Sonstige Arbeitskräfte) unterschieden, die sich in 33 Berufsabschnitte untergliedern. Auf der Ebene des sogenannten Zweistellers ergeben sich 86 Berufsgruppen, auf der Ebene des Dreistellers 334 Berufsordnungen und schließlich auf der letzten Ebene des Vierstellers 1991 Berufsklassen (vgl. Matthes et al. 2008: 9). So wäre auf der Ebene des Dreistellers bereits ein Wechsel vom „Elektroinstallateur“ (311) zum „Elektrogerätebauer“ (314), vom „Verkäufer“ (682) zum „Tankwart“ (686) oder vom „Backwarenhersteller“ (391) zum „Konditor“ (392) ein Berufsgruppenwechsel, während es auf der Ebene des Zweistellers erst ein Wechsel vom „Elektriker“ (31) zum „Schlosser“ (27), von den „Warenkaufleuten“ (68) zu den „Bank-, Versicherungskaufleuten“ (69) oder vom „Back-, Konditorwarenhersteller“ (39) zum „Fleisch-, Fischverarbeiter“ (40) wäre. Daran wird einerseits die starre Operationalisierung (vgl. Hall 2010: 159) und andererseits der unterschiedliche Homogenitätsgrad kritisiert (vgl. Matthes et al. 2008: 5). Die Kritik von Britta Matthes, Carola Burkert und Wolfgang Biersack (2008: 11) bezieht sich auf drei Aspekte:

1. Da sich die ISCO-Klassifikation vor allem auf den Wirtschaftsbereich bezieht (und nicht auf die ausgeübte Tätigkeit), wird ein Pferdepfleger auf dem Bauernhof als Tierpfleger und ein Pferdepfleger auf einem Reiterhof als Pferdewirt klassifiziert. Die Problematik ist offensichtlich: Die quantitative Arbeitsmarktforschung würde einen Berufsgruppenwechsel zählen, während die ausgeübte Tätigkeit dieselbe bleibt.
2. Zudem ist die ISCO-Klassifikation in einer Zeit entstanden, als es vermehrt industrielle und weniger dienstleistungsorientierte Berufe gab. Dementsprechend sind vor allem industrieberufliche Tätigkeiten als Dreisteller differenziert, während im Dienstleistungsbereich verschiedene Tätigkeiten häufig zu einem einzigen Dreisteller zusammengefasst sind. „Damit wird berufliche Mobilität zwischen Dienstleistungs- und Verwaltungsberufen systematisch unterschätzt und Mobilität zwischen Industrieberufen systematisch überschätzt" (Matthes et al. 2008: 11).
3. Während beispielsweise „Chemiker", „Chemielaboranten" und „Chemieassistenten" unterschieden werden, werden bei den „Datenverarbeitungsfachleuten" unterschiedliche (vertikale) Positionen zusammengefasst.

Trotz dieser Kritik und einer Neuordnung der Berufsgruppen von Matthes et al. (2008: 8) „nach einem empirisch fundierten, transparenten und nachvollziehbaren Verfahren anhand eines einheitlichen Homogenitätskriteriums zu empirisch analysefähigen beruflichen Einheiten" wird in den empirischen Studien vorwiegend die ISCO-Klassifikation herangezogen. Interessant ist dabei, dass die Studien in Bezug auf die Häufigkeit horizontaler Mobilität je nach Datengrundlage und Operationalisierung zu unterschiedlichen Ergebnissen kommen. Mit Bezug auf die Lebensverlaufsstudie kommen Mayer et al. (2010: 377) zu dem Ergebnis, dass 41 Prozent der männlichen und 38 Prozent der weiblichen Beschäftigten innerhalb der ersten Berufsjahre ihren Beruf wechseln (dreistellige ISCO-68-Klassifikation). Seibert (2007: 3) betrachtet Berufsgruppenwechsel am Übergang von Ausbildung in den Berufseintritt anhand von Daten der Beschäftigten- und Leistungsempfängerstatistik des Instituts für Arbeitsmarkt- und Berufsforschung (IAB) und differenziert entlang der Betriebsübernahme nach der Ausbildung (dreistellige ISCO-68-Klassifikation). Während 2004 im Schnitt über 25 Prozent der Männer und über 15 Prozent der Frauen einen Berufsgruppenwechsel vornahmen, zeigt sich mit Blick auf den Faktor der Übernahme, dass dieser vor allem bei Nichtübernahme und einer folgenden Arbeitslosigkeit stattfand (über 60 Prozent bei den Männern, über 40 Prozent bei den Frauen). Anja Hall (2010) bezieht sich auf die Erwerbstätigenbefragung des Bundesinstituts für Berufsbildung und der Bundesanstalt für Arbeitsschutz und Arbeitsmedizin von 2006 und fragt nach der subjektiven Einschätzung partieller und vollständiger Berufswechsel. Sie kommt zu dem Ergebnis, dass auf Basis des Kennziffernvergleichs (Zweisteller) 49 Prozent der Befragten die Berufsgruppe gewechselt haben, jedoch nur 32 Prozent der Berufstätigen von sich aus angeben, einen vollständigen Berufsgruppenwechsel vollzogen zu haben. Die Wechselquote wird dementsprechend auf der Grundlage des Kennziffernvergleichs um 17 Prozentpunkte überschätzt, was ihr zufolge an der fehlenden Abgrenzung der Berufsgruppen liegt. Dütsch et al. (2013) beziehen sich auf den Datensatz „Arbeiten und Lernen im Wandel" des IAB und ziehen die Neuabgrenzung der Berufsgruppen nach Matthes et al. (2008) heran. In ihren Ergebnissen zeigt sich, dass fünf Jahre nach dem Berufseinstieg 58 Prozent der Männer und 38 Prozent der Frauen in der Kohorte 1998–2002 ihre Berufsgruppe gewechselt haben. Basierend auf Daten des sozioökonomischen Panels kommt Friederike Behringer (2004: 79) zu dem Ergebnis, dass fast die Hälfte der Befragten zwischen 1984 und 1998 die Berufsgruppe gewechselt hat, wovon bei mehr als einem Viertel der Wechsel innerhalb der Berufsgruppe stattgefunden hat, die Hälfte die Berufsgruppe und circa 12 Prozent den Sektor (Industrie, Landwirtschaft, Dienstleistungssektor) gewechselt haben (basierend auf einer Klassifikation von Matheus 1995). Zu einem anderen Ergebnis kommen Natascha Nisic und Parvati Trübswetter (2012), die anhand des sozioökonomischen Panels Berufsgruppenwechsel auf der Ebene des Zweistellers der ISCO-68-Klassifikation untersuchen. Hiernach wechselten lediglich 3,4 Prozent der Berufstätigen die Berufsgruppe.

Je nach Studie lässt sich demnach feststellen, dass bis zu 50 Prozent der Berufstätigen einmal in ihrer Berufsbiografie ihre Berufsgruppe wechseln. Aufgrund der Operationalisierung entlang des Dreistellers der ISCO-68-Klassifikation zeigen sich hier deutlich höhere Berufsgruppenwechsel als in der Studie von Nisic und Trübswetter, die Berufsgruppenwechsel entlang des Zweistellers untersuchen. So stellen Johannes Velling und Stefan Bender (1994: 217) fest: „Das Ausmaß beruflicher Mobilität hängt entscheidend davon ab, wie die Abgrenzung der Berufe erfolgt."

2.2.2 Gründe für Berufsgruppenwechsel

Meist liegt den berufssoziologischen Untersuchungen die Frage nach der Entwertung des Humankapitals bei einem Berufsgruppenwechsel zugrunde. So wird davon ausgegangen, dass mit zunehmender Berufserfahrung und Fortbildungen auch die Produktivität der Arbeitskraft steigt. „Für den Allokationsprozess am Arbeitsmarkt leitet sich damit eine hohe Korrelation zwischen akkumuliertem

Humankapital und erzieltem Einkommen ab“ (Hall 2010: 161). Berufsgruppenwechsel würden dementsprechend einen Verlust des Humankapitals bedeuten, weshalb sich die Frage nach den Gründen stellt.

Laut statista[6] liegen die Hauptgründe für die Suche nach einem neuen Job in Faktoren wie Gehalt, Arbeitsbedingungen, Flexibilität, Branchenwechsel und Unternehmenskultur. Allerdings geht daraus nicht hervor, ob sich dies auch auf den Wechsel der Berufsgruppe bezieht. Die quantitativen Arbeitsmarktstudien differenzieren zunächst zwischen unfreiwilligen und freiwilligen Berufsgruppenwechseln. Während sich erstere beispielsweise auf einen berufsstrukturellen Wandel oder betriebliche Faktoren zurückführen lassen oder auch auf gesundheitliche Belastungen (vgl. Ohlbrecht 2022), spielen bei letzteren die „Entscheidungen der Individuen und individuellen Chancen auf dem Arbeitsmarkt eine bedeutende Rolle“ (Behringer 2004: 74). Behringer legt hier Rational-Choice-Annahmen zugrunde, um Berufsgruppenwechsel erklären zu können (beispielsweise bessere Arbeitsbedingungen, Verwertbarkeit von Qualifikationen, Zugänglichkeit im Zielberuf). Nisic und Trübswetter (2012: 5) untersuchen Lohnunterschiede vor und nach einem Berufsgruppenwechsel und kommen zum Ergebnis, dass sich freiwillige Wechsel in einer Lohnsteigerung bemerkbar machen, unfreiwillige Wechsel jedoch zu keinem Lohnabfall führen. Demgegenüber zeigt Hall (2010) in ihrer Studie, dass 40 Prozent der Berufsgruppenwechsel unfreiwillig sind und zu signifikanten Einkommensverlusten führen. Allerdings macht sich hier die Unterscheidung zwischen partiellen Berufsgruppenwechseln, also in verwandte Berufe, und vollständigen Berufsgruppenwechseln bemerkbar. Freiwillige Wechsel aufgrund eines höheren Einkommens führen auch zu Einkommenszugewinnen.

Zudem stellt sich die Frage nach dem Zeitpunkt des Berufsgruppenwechsels, wobei vor allem Wechsel nach einer Erwerbsunterbrechung betrachtet werden. Während Dütsch et al. (2013: 510) davon ausgehen, dass dann meist ein unfreiwilliger Wechsel vorliegt, unterscheiden Mayer et al. (2010: 372) direkte und indirekte Wechsel. Indirekte Wechsel, also nach einer Erwerbsunterbrechung, müssen ihrer Meinung nach nicht zwingend unfreiwillig sein und können „durch Motive der Selbstentfaltung bestimmt sein.“ Giesecke und Heisig (2010: 408) schlagen vor, nicht nur Erwerbsunterbrechungen, die mit gemeldeter Arbeitslosigkeit einhergehen, sondern „alle Übergänge in Erwerbslosigkeit“ zu betrachten. Dabei zeigt sich, dass der Zeitpunkt des Berufsgruppenwechsels davon abhängig ist, ob man nach seiner Ausbildung im Beruf verbleibt (vgl. Konietzka 1999: 392).

[6] https://de.statista.com/infografik/20680/gruende-eine-neue-stelle-zu-suchen/ (08.07.2024).

„Interessant ist, dass die Neigung, beruflich mobil zu sein, erst drei Jahre nach Aufnahme eines neuen Beschäftigungsverhältnisses signifikant sinkt. Erwartungsgemäß deutlich höher ist das Mobilitätsrisiko nach Phasen der Nicht-Erwerbstätigkeit und zwar bereits innerhalb der ersten 6 Monate ohne Job. Es zeigt sich also, dass mit Erwerbsunterbrechungen eine deutlich erhöhte Mobilitätsneigung verbunden ist." (Mayer et al. 2010: 383)

Neben der Veränderung des Einkommens und dem Zeitpunkt des Berufsgruppenwechsels werden weitere soziostrukturelle Merkmale genannt, die bei der Betrachtung von Mobilitätstrends relevant sind wie Arbeitsmarkterfahrung, Bildung, Firmengröße, Branche und Geschlecht (vgl. Giesecke & Heisig 2010: 408 ff.). Dabei kommen Giesecke und Heisig zu dem Schluss, dass sich Mobilitätstrends innerbetrieblich verändert haben und zwischen den Geschlechtern unterscheiden. Bei Dütsch et al. (2013) werden Such- und Matchingtheorien als Erklärung für Berufsgruppenwechsel (vor allem am Übergang von erster Ausbildung in Beruf) oder Karriereüberlegungen im späteren Berufsverlauf herangezogen. Dabei konstatieren sie, dass Gründe für einen Berufsgruppenwechsel bisher weitestgehend nicht berücksichtigt werden.

Insgesamt zeigt sich, dass Berufsgruppenwechsel schwer zu operationalisieren sind und dementsprechend zu unterschiedlichen Ergebnissen führen. Unfreiwillige ebenso wie vollständige Berufsgruppenwechsel führen häufiger zu Einkommensverlusten. Bei partiellen Berufsgruppenwechseln hingegen können erlernte Qualifikationen und Berufserfahrungen verwertet werden. Gründe für einen Berufsgruppenwechsel werden in den Studien jedoch nicht dezidiert erhoben, sondern häufig vorausgesetzt.

2.2.3 Zwischenfazit: Berufsgruppenwechsel als Indikatoren in der Berufssoziologie

In der quantitativen Arbeitsmarktforschung werden Berufsgruppenwechsel als horizontale Mobilität vor allem in Bezug auf die These der Entberuflichung als Indikatoren herangezogen und die Entwertung von Humankapital betrachtet. Es wird danach gefragt, inwiefern sich in der Bildungsphase akkumuliertes Kapital auch nach einem Berufsgruppenwechsel verwerten lässt. Berufsgruppenwechsel werden aus einer humankapitaltheoretischen Perspektive betrachtet und dabei zwischen freiwilligen und unfreiwilligen Wechseln unterschieden. Rational-Choice-Theorien folgend wird bei freiwilligen Wechseln davon ausgegangen, dass sie ein höheres Einkommen nach sich ziehen, während unfreiwillige Wechsel mit

Verlusten einhergehen. Die Gründe werden in den Studien jedoch eher gegenstandstheoretisch ausgearbeitet und antizipiert als empirisch erfasst. In Bezug auf die Häufigkeit von Berufsgruppenwechseln kann festgestellt werden, dass diese in hohem Maße von der Operationalisierung der Berufsgruppen abhängig sind. Je nach Klassifikation wechseln bis zu 50 Prozent der Berufstätigen mindestens einmal ihre Berufsgruppe.

Die Aufbereitung des Diskurses zu Berufsgruppenwechseln in der Berufssoziologie zeigt, dass solche Wechsel in den Studien mehr als Indikatoren denn als Gegenstand wissenschaftlicher Auseinandersetzung an der Schnittstelle zwischen Beschäftigungs- und Bildungssystem betrachtet werden. Zwar fragen Mayer et al. (2010) in ihrer Studie auch subjektive Mobilitätswünsche ab, dies bleibt jedoch auf einer kommunikativen Ebene und Gründe oder Bedingungen von Berufsgruppenwechseln werden nicht rekonstruiert. Die Studien von Ulrike Frosch (2020) und Hildegard Matthies (2021) bilden hier eine Ausnahme. Frosch (2020: 3 f.) betrachtet aus erziehungswissenschaftlicher Perspektive diskontinuierliche Erwerbsbiografien und fragt nach dem Typischen in atypischer Beschäftigung und inwiefern diese meist negativ konnotierten Beschäftigungsformen von den Beschäftigten selbst wahrgenommen werden. Anhand von elf biografisch-narrativen Interviews mit Männern in der Haupterwerbsphase, die sie mithilfe der Grounded Theory und der Narrationsstrukturanalyse auswertet, rekonstruiert sie das berufsbiografische Selbstverständnis der Befragten und darauf aufbauend drei Biografisierungsmodi: Konstatieren, Hinterfragen, Verinnerlichen (vgl. Frosch 2020: 195 ff.). Sie kommt zu dem Schluss, dass für die Bewältigung beruflicher Herausforderungen weniger die Beschäftigungsfähigkeit eine Rolle spielt als vielmehr biografische Arbeit, die bei Diskontinuitäten eine Kontinuität herstellen kann: „Gute Arbeit hat etwas damit zu tun, inwieweit Biographisierungsprozesse als sinnstiftend und identitätsbildend entfacht und erfolgreich initiiert werden können" (Frosch 2020: 228). Für das Subjekt sind berufliche Diskontinuitäten vor dem Hintergrund einer gesellschaftlichen Norm von Normalarbeit einerseits eine Herausforderung, die bearbeitet werden muss, andererseits bieten sie aber auch Potenziale zur Sinnstiftung jenseits der klassischen Erwerbsarbeit (vgl. Frosch 2020: 229). Matthies fokussiert in ihrer Studie Prozesse des Cooling-out als Abbrüche von Bildungs- und Berufskarrieren. Dieses Konzept „beschreibt ein Bündel von Strategien, mit deren Hilfe Organisationen und Personen eine heikle Diskrepanz zwischen den an eine Person gerichteten Rollenerwartungen und ihrer Selbstwahrnehmung auf behutsame Weise aufzulösen versuchen, um bei der betreffenden Person eine Identitätskrise mit negativen Folgen für alle Beteiligten zu verhindern" (Matthies 2021: 417). In dem Projekt wurden 22 biografisch-narrative Interviews erhoben und mithilfe der objektiven Hermeneutik ausgewertet. Dabei rekonstruiert Matthies (2021: 438 ff.) aus einer feld- und habitustheoretischen Perspektive nach Bourdieu zwei Mismatch-Konstellationen zwischen Feld und Habitus: Einerseits zeigt sich eine unzureichende Übereinstimmung zwischen der subjektiven Karriereaussicht und den gegebenen Möglichkeiten. Andererseits zeigt sich eine Diskrepanz zwischen Selbstverwirklichungsansprüchen und organisationalen Möglichkeiten. Aus der theoretischen Anlage der Studie heraus wird dabei jedoch eher die Nichtpassung von Habitus und Feld als die Herstellung und Bewältigung des Berufsgruppenwechsels betrachtet.

2.3 Berufsgruppenwechsel aus erziehungswissenschaftlicher Perspektive

Die vorgestellten Studien zeigen, dass in Deutschland Beschäftigungs- und Bildungssystem nach wie vor eng miteinander verwoben sind und bei Berufsgruppenwechseln eine erneute Bildungsphase notwendig wird. Dieser Wechsel von der früheren Berufsgruppe in eine (Weiter-)Bildung und in die neue Berufsgruppe kann dabei als Übergang konzipiert werden. Während Übergänge beispielsweise zwischen Schule, Ausbildung und erstem Beruf institutionalisiert sind und in einer Kohorte vollzogen werden, sind Berufsgruppenwechsel nicht an solch eine institutionalisierte Statuspassage (vgl. Glaser & Strauss 1971) gebunden und können daher als „a-typische Übergange“ (Schittenhelm & Küchel 2013: 93) bezeichnet werden. Sie finden weder zu einem institutionalisierten Zeitpunkt noch auf einem direkten Weg statt.

Die seit den 1960er-Jahren sich etablierende interdisziplinäre Übergangsforschung nimmt mit dem Konzept der „Transition“ (vgl. Welzer 1993) in der Perspektive eines „doing transitions“ (vgl. Walther 2015: 42; Maschke & Felden 2023: 463) solche nicht institutionalisierten Übergänge in den Blick, wobei es zu einer Hinwendung zum Subjekt kommt (vgl. Stauber et al. 2007). Vor dem Hintergrund zeitdiagnostischer Annahmen, wie beispielsweise der „reflexiven Moderne“ (Beck et al. 1996), wird von zunehmenden Unsicherheiten im Lebenslauf ausgegangen, die dazu führen, dass Übergänge nicht nur institutionalisiert vollzogen werden, sondern (auch) subjektiv hergestellt und bewältigt werden müssen. Dies stellt zwar eine Herausforderung für das Subjekt dar, jedoch kann es dadurch auch zu einem Bildungsanlass kommen (vgl. Klingovsky & Pawlewicz 2015: 63). Ein Berufsgruppenwechsel als eigenständiger Gegenstand wird jedoch kaum betrachtet (vgl. Sackmann & Rasztar 1998; Schröer et al. 2013).

Für die Erziehungswissenschaft und hier speziell die Erwachsenenbildung stellen diese Berufsgruppenwechsel jedoch einen interessanten Gegenstand dar. Eine Bildungsphase fungiert nicht nur als Vorbereitung auf einen lebenslangen Beruf, wie noch von Kohli (1985) im Rahmen des dreigliedrigen Lebenslaufs proklamiert, sondern ermöglicht es auch, gerade im Kontext der Programmatik des Lebenslangen Lernens, im weiteren Lebensverlauf in einen neuen Beruf einzusteigen. Aus einer Perspektive der Regulative (vgl. Wittpoth 2018) stellen sich damit Fragen nach Formen und Bedingungen der Weiterbildungsbeteiligung. Quantitativ erhobene Gründe, wie Unzufriedenheit im Job oder der Wunsch nach einem höheren Einkommen, reichen aus dieser Perspektive nicht aus, um einen Berufsgruppenwechsel und die damit verbundene Weiterbildungsbeteiligung zu verstehen. Vielmehr gilt es, die Bedingungskonstellationen (vgl. Dörner & Schäffer 2010), wie lebenslauftypische, berufs- oder gesellschaftsrelevante Ereignisse oder auch biografische Erfahrungshintergründe, in den Blick zu nehmen.

Vor allem die Personengruppe 50+ rückt aus zweierlei Gründen in den Fokus: *Erstens* befindet sie sich in der häufig benannten Krise der Lebensmitte und *zweitens* kann sie der Generation der Babyboomer:innen (circa 1955–1970 geboren) zugeordnet werden, die sich aktuell auf der „Plateauphase" (Schäffer et al. 2015) befindet – die Familienplanung ist abgeschlossen, eine berufliche Etablierung hat stattgefunden und der Blick geht in Richtung Ruhestand und zweite Lebenshälfte.

2.3.1 Berufsgruppenwechsel in der erziehungswissenschaftlichen Übergangsforschung

Die Übergangsforschung hat sich erst in den 1990er-Jahren mit einem eigenen „Selbstbeschreibungsprogramm" (Kutscha 1991: 113) etabliert. Zentral hierfür kann der 1988 an der Universität Bremen eingeführte und von der Deutschen Forschungsgemeinschaft (DFG) geförderte Sonderforschungsbereich 186 „Statuspassagen und Risikolagen im Lebensverlauf" genannt werden. Mit der Fragestellung, inwiefern Biografien nicht mehr in traditionelle Strukturen wie Herkunft, Geschlecht oder Alter eingebettet sind, sondern das Individuum mit Aushandlungsprozessen in neuen Strukturen wie Netzwerken oder Gelegenheitsstrukturen konfrontiert wird, hat er ein neues Feld betreten. Vor dem Hintergrund „krisenhafte[r] Modernisierungsprozesse […], verlieren die Übergänge im Lebensverlauf ihre institutionell verbürgte Kontinuität. Dadurch werden die Individuen dazu veranlasst, die Koordination von Statuspassagen selbst zu übernehmen" (Universität Bremen 2002: 7). Diesem Spannungsfeld zwischen institutionell strukturierten Lebensverläufen und deren subjektiver Bewältigung – vor dem Hintergrund einer zeitdiagnostischen Gesellschaftsanalyse – widmete sich der Sonderforschungsbereich aus einer interdisziplinär angelegten Perspektive. Dabei wurden verschiedene gesellschaftliche Übergangsstrukturen in den Blick genommen, wie der Übergang Ausbildung – Erwerbssystem – soziale Sicherung, Statuspassagen innerhalb der Erwerbsarbeit oder zwischen Reproduktions- und Erwerbsarbeit. Seitdem hat die Übergangsforschung an Relevanz gewonnen. So stand 2010 die Tagung der Kommission Grundschule der Deutschen Gesellschaft für Erziehungswissenschaft (DGfE) unter dem Thema „Grundlegende Bildung ohne Brüche". 2014 hatte die Jahrestagung der Sektion Erwachsenenbildung der DGfE das Thema „Transitionen in der Erwachsenenbildung", und der Kongress der DGfE 2018 betonte das Thema „Bewegungen". An der Universität Mainz wurde 2015 das Graduiertenkolleg „Leben in Übergängen" eingeführt und Ende 2016 an den Universitäten Tübingen und Frankfurt am Main das DFG-Graduiertenkolleg „doing transitions". Auf politischer Ebene führte das Bundesministerium für Bildung und Forschung von 2011 bis 2014 die Initiative „ANKOM – Übergänge von der beruflichen in die hochschulische Bildung" durch, und 2012 initiierte die Stiftung Mercator in Zusammenarbeit mit der Ruhr-Universität Bochum eine Konferenz zum Thema „Bildungsübergänge gestalten". Neben der Thematisierung von Übergängen auf Konferenzen und in Forschungszusammenhängen werden Übergänge interdisziplinär betrachtet: aus psychologischer Perspektive (Transitionen, vgl. unter anderem Welzer 1993; Griebel & Niesel 2002, 2004), soziologischer Perspektive (Lebenslauf- und Biografieforschung, vgl. unter anderem Fischer & Kohli 1987; Sackmann & Wingens 2001; Bolder et al. 2010: Köttig 2013) und erziehungswissenschaftlicher Perspektive (vgl. unter anderem Kutscha 1991; Felden & Schiener 2010; Felden et al. 2014; Ahrens 2014; Hof et al. 2014; Schmidt-Lauff et al. 2015; zur Bildungsforschung: Kucharz et al. 2011; Bellenberg & Forell 2013; Freitag et al. 2015).

Ganz allgemein beschäftigt sich die Übergangsforschung mit Zustandswechseln, also mit „dem Wechsel von Individuen aus eingelebten Lebensabschnitten und -zusammenhängen in andere" (Welzer 1993: 8). Als Ausgangspunkt wird dabei oftmals das Werk *Les rite de passage* von Arnold van Gennep (2005 [1907]) herangezogen (vgl. Felden 2010: 28; Walther 2015: 37; Maschke & Felden 2023: 453). Bei seiner Lektüre ethnologischer Studien in kulturvergleichender und generalisierender Art und Weise identifizierte van Gennep drei zentrale Phasen (Trennungs-, Schwellen- und Angliederungsphase) des Übergangs in archaischen Gesellschaften (vgl. Hoffmann 2015: 87). Dieses Drei-Phasen-Modell weist eine starke soziale Strukturiertheit auf und beruht auf der Reproduktion des Bestehenden. Mit dem Konzept der Statuspassagen von Barney G. Glaser und Anselm L. Strauss (1971), auf das sich auch der DFG-Sonderforschungsbereich 186 bezog, rücken erstmals nicht institutionalisierte Übergänge wie Krankheit oder Trauer in den Blick (vgl. Felden 2010: 29). Zwar halten sie an dem linearen Konzept von van Gennep fest, erweitern es jedoch durch die Perspektive, „wie individuelle Lebensverläufe mit dem Prozess sozialer Reproduktion koordiniert werden" (Walther 2015: 36) können, und betonen die aktive Mitgestaltung des Übergangs. Daran anschließend hebt Harald Welzer (1993) aus sozialpsychologischer Perspektive den Begriff der Transition hervor. Auf der Grundlage seiner Studie zu Übersiedler:innen aus der DDR kommt er zu dem Schluss, dass ein Übergang nicht isoliert von anderen Lebensumständen betrachtet werden kann, sondern dass sich Veränderungen gegenseitig bedingen. „Transitionen als verdichtete und akzelerierte biografische Wandlungsprozesse lassen sich zureichend nur als soziale Prozesse verstehen – das Subjekt verändert sich in den und mit den Beziehungsgeflechten, in denen es sich bewegt und von denen es ein Teil ist" (Welzer 1993: 284). Im Gegensatz zu van Gennep sowie Glaser und Strauss wird hier die Nichtlinearität und Nichtkausalität von Übergängen betont (vgl. Welzer 1993: 37) und der Übergang als relational konzipiert (vgl. Felden 2014: 64).

Gerade die neuere erziehungswissenschaftliche Übergangsforschung nimmt die Erkenntnisse des DFG-Sonderforschungsbereiches 186 und der Studien von Welzer auf und betrachtet Übergänge vor dem Hintergrund gesellschaftlicher Veränderungen als Spannungsfeld zwischen Struktur und Subjekt. So verstehen Andreas Walther und Barbara Stauber (2007: 19) in ihrer subjektorientierten Übergangsforschung Übergänge „als Vermittlungsaufgabe zwischen individuellem menschlichem Leben und gesellschaftlicher Struktur, die sich über die ganze Lebensspanne hinweg sowohl für die gesellschaftlichen Institutionen als auch die Subjekte stellt." Ausgegangen wird von einer „reflexiven Moderne" (Beck et al. 1996), die zu zunehmenden Unsicherheiten im Lebenslauf führt und dazu, dass Übergänge subjektiv hergestellt, bewältigt und biografisch bearbeitet werden müssen. Während sich Lebensläufe pluralisieren (vgl. Walther & Stauber 2007: 27) und traditionelle Lebenslaufmuster destabilisieren (vgl. Schicke 2014: 85), kommt der subjektiven Gestaltung der Übergänge und ihrer biografischen Deutung eine zentrale Funktion zu. So sind Übergänge „zwar sozial gerahmt, zugleich aber stets auslegungsbedürftig" (Truschkat 2013: 48), weshalb der Biografie eine besondere Bedeutung zukommt und sie als „sozialweltliches Orientierungsmuster" (Fischer & Kohli 1987: 26) es den Subjekten ermöglicht, in einer differenzierten Gesellschaft Kontinuität herzustellen. Damit wendet sich der Blick von einem auf die Institution des Lebenslaufs bezogenen hin zu einem, bei dem Übergänge hergestellt und bewältigt werden müssen (vgl. Maschke & Felden 2023: 457). Je nach biografischer Erfahrungsaufschichtung werden Impulse von außen ignoriert oder bearbeitet (vgl. Klingovsky & Pawlewicz 2015: 61). Jedoch liegt die

Bewältigung der Übergänge nicht allein in der Hand der Subjekte. Vielmehr sind Übergänge „Kristallisationspunkte gesellschaftlicher Reproduktion, weil sich hier Kontinuität und/oder Wandel gesellschaftlicher Strukturen, Praktiken und Normen in der Generationenabfolge entscheiden“ (Walther & Stauber 2013: 29). Dies betrifft sowohl bisher hochgradig institutionalisierte Übergänge, wie zwischen Schule und Ausbildung oder in den Beruf, als auch neuartige Übergänge, wie beispielsweise einen Berufsgruppenwechsel.

In der Übergangsforschung wurden in den letzten Jahren vor allem parallel stattfindende Übergänge, wie zwischen Ausbildung/Studium und erstem Beruf (vgl. Schiener 2010; Kreher & Lempp 2013; Lindemann 2015), innerbetriebliche Übergänge (vgl. Ebbers & Langangka 2013) oder Bildungsaufstiege (vgl. Thementeil „Bildungsaufstieg“ der *Zeitschrift für Pädagogik* 6/2017; Spiegler 2015) betrachtet. Atypische Übergänge, also Zustandswechsel zu untypischen Zeiten oder auf indirektem Wege (vgl. Schittenhelm & Küchel 2013: 93), wie ein Berufsgruppenwechsel, haben dabei noch wenig Beachtung gefunden. Und dies, obwohl Studien zu Übergängen über den gesamten Lebensverlauf in den letzten Jahren zugenommen haben, neue Vergesellschaftungsbereiche (Wohnübergänge, Familiengründung) und Lebensalter (frühe Kindheit, lebenslanges Lernen, Übergang in den Ruhestand) in den Blick geraten (vgl. Walther 2015: 41 ff.) und sich die Übergangsforschung vermehrt dem Subjekt und der subjektiven Bewältigung von Übergängen zuwendet (vgl. Felden & Schmidt-Lauff 2015: 12). Auch Hildegard Schicke (2014: 86) geht davon aus, dass der „gut strukturierte, lineare und durch sogenannte Agenten begleitete Übergang“ heute eine Ausnahme darstellt. Zwar differenziert sie zwischen „freiwillig im Sinne eines beruflichen Aufstiegs oder unfreiwillig und folglich häufig im Sinne eines beruflichen Abstiegs“ (Schicke 2014: 89), betrachtet jedoch nicht den Berufsgruppenwechsel in der Lebensmitte. Auch in dem ausführlichen *Handbuch Übergänge* (Schröer et al. 2013) sowie in der Publikation *Subjektorientierte Übergangsforschung* (Stauber et al. 2007) spielt der Berufsgruppenwechsel (jenseits von Bildungsaufstiegen) keine Rolle, und bei Reinhold Sackmann und Matthias Rasztar (1998: 32) wird der „Quereinstieg“ lediglich als Forschungslücke in der Berufssoziologie aufgezeigt. Zwar evaluieren Christine Göllner und Teresa Grauer (2015) ein Projekt „Erfolgreich studieren 40+“, jedoch zielt dieses auf berufsbegleitende Studiengänge ab, und Claudia Lobe (2015) untersucht aus biografietheoretischer Sicht die Teilnahme an wissenschaftlicher Weiterbildung, allerdings befindet sich hier nur ein Interviewteilnehmer in der Lebensmitte. Auch Carola Iller (2008) betrachtet in ihrer Studie Berufswechsler:innen im Verhältnis zur Weiterbildungsbeteiligung. Zwar steht hier die Gruppe 50+ im Fokus, jedoch werden weniger die Herstellung und Bewältigung des Übergangs erfasst.

Aus Perspektive einer erziehungswissenschaftlichen Übergangsforschung erscheinen Berufsgruppenwechsel damit als Übergänge beziehungsweise Transitionen, die vom Subjekt hergestellt und bewältigt werden müssen, aber auch durch gesellschaftliche Strukturen mitbestimmt sind. Diese atypischen Übergänge sind weder linear noch institutionalisiert, sondern eingebunden in komplexe Bedingungskonstellationen. Die Biografie wirkt hierbei als kontinuitätsstiftendes Moment zwischen Subjekt und (Gesellschafts-)Struktur vor allem bei Übergängen, die weniger institutionalisiert sind. Dabei folgt ein Berufsgruppenwechsel in der Lebensmitte einerseits der Programmatik des Lebenslangen Lernens und der Norm des bildungsaktiven Älteren, unterbricht aber andererseits den Normallebenslauf.

2.3.2 Berufsgruppenwechsel und erneute (Weiter-) Bildungsphase in der Lebensmitte

Heutzutage ist nahezu unumstritten, dass Bildung nach der Schule nicht aufhört und der Erwachsenenbildung eine größere Bedeutung zukommt. Zentral hierfür kann die bildungspolitische Programmatik des Lebenslangen Lernens (vgl. Hof 2013: 396 ff.) angesehen werden, die sich seit den 1970er-Jahren etabliert hat. Während in den Berichten der Organisation für wirtschaftliche Zusammenarbeit und Entwicklung (OECD) und der Organisation der Vereinten Nationen für Bildung, Wissenschaft und Kultur (UNESCO) 1972 „lebenslange Bildung zentraler Bestandteil einer Vision von einer Lerngesellschaft" (Schuetze 2005: 57) war, setzte sich in den 1990er-Jahren vor dem Hintergrund des Humankapitalansatzes und der Auffassung, dass lebenslanges Lernen „eine vornehmlich wirtschaftspolitische Notwendigkeit" (Schuetze 2005: 58) habe, der Begriff des Lebenslangen Lernens durch. Aus bildungspolitischer Sicht dient es vor allem zur Sicherung der Wettbewerbsfähigkeit, indem es gilt, „mehr und effektiver in Humankapital und in das lebenslange Lernen [zu] investieren zum Nutzen des Einzelnen, der Unternehmen, der Wirtschaft und der Gesellschaft" (Rat der Europäischen Union 2005: 26). Lebenslanges Lernen folgt damit dem Modell des „Lernens für einen sich wandelnden Arbeitsmarkt", in Abgrenzung zu den Modellen des „Lernens für alle", des „Lernens, um sich zu bilden" oder der „Lernmöglichkeiten für alle, die lernen wollen und können" (vgl. Schuetze 2005: 63 f.). Diese kritische Sicht nimmt auch Ulla Klingovsky (2013) ein, indem sie aus der Perspektive von Michel Foucault Lebenslanges Lernen als eine Regierungstechnologie begreift.

Aus einem lebenslangen Lernen-Dürfen und Lernen-Können wurde ein lebenslanges Lernen-Sollen und schließlich ein lebenslanges Lernen-Müssen (vgl. Pongratz 2010: 153 ff.).

Die Programmatik des Lebenslangen Lernens tritt damit mit dem von Kohli (1985) proklamierten dreigliedrigen Lebenslauf in ein Spannungsverhältnis. Bildungszeiten finden nicht mehr ausschließlich zu Beginn der Berufstätigkeit statt, sondern werden als informelles, nonformales und formales Lernen in die Berufsbiografie eingewoben (vgl. Schmidt-Hertha & Thalhammer 2016) und zugleich werden abwechselnde Phasen von Arbeit und Bildung diskutiert (vgl. Künemund & Hahmann 2020). Dabei spielt die soziale Zeit (im Gegensatz zur objektiv gegebenen Zeit, vgl. Schwarz 2019) eine bedeutsame Rolle bei der Herstellung von Bildungsphasen im Erwachsenenalter. So zeigt sich, dass es kaum noch „kollektive Zeitstrukturen des Lernens im Erwachsenenalter" (Schwarz et al. 2020: 3) gibt. Die Inanspruchnahme formaler Weiterbildung und damit auch der Zeitaufwand müssen von den Subjekten aktiv hergestellt werden. Es stellt sich also die Frage, inwiefern vor dem Hintergrund von „besonderen Restriktionen und Zeitkonkurrenzen" (Schwarz et al. 2020: 3), wie Arbeit, Familie oder Freizeit, im Erwachsenenalter die Entscheidung für eine Weiterbildung zustande kommt. Dabei wird bei einer empirischen Betrachtung deutlich, dass Bildungsphasen nicht permanent stattfinden, wie es die Programmatik des Lebenslangen Lernens nahelegt, sondern dass sie sich aufgrund spezifischer Weiterbildungsorientierungen an unterschiedlichen Lebens- und Altersphasen orientieren (vgl. Schäffer et al. 2015). Während sich in den Daten zeigt, dass auf der einen Seite die Zeitaufwendung für Weiterbildung und die Weiterbildungsbereitschaft im Alter abnehmen (vgl. Dörner & Schäffer 2010; Gönisch 2017), nimmt auf der anderen Seite die normative Erwartung an Ältere zu, an Weiterbildung teilzunehmen und ein (bildungs-)aktives Leben zu führen (vgl. Iller & Schmidt-Hertha 2020). Ebenso sind Erwachsene damit konfrontiert, sich im Alter an veränderte berufliche und betriebliche Rahmenbedingungen durch Lernen anzupassen. Hierfür wird häufig die formale Aus- und Weiterbildung als ein „Problemlöser zur Bewältigung der Herausforderungen des gesellschaftlichen und wirtschaftlichen Wandels angesehen" (Iller 2008: 67). Weiter zeigt Iller (2008: 83 f.) in ihrer Studie zu beruflicher Weiterbildung, dass „Gestaltungsmuster im Laufe der Erwerbsbiographie nicht konstant sind" und „dass Handlungsmuster im Lebensverlauf weiterentwickelt und den veränderten Anforderungen angepasst werden." Es kann also nicht davon ausgegangen werden, dass ein einmal eingeschlagener Pfad im Erwachsenenalter weiterverfolgt wird – vielmehr werden die Pläne dem Alter entsprechend angepasst und realisiert.

Während sich die Unterscheidung von informellem Lernen, das auf Erfahrungen und der Anwendung von Wissen basiert, und formalem Lernen in institutionalisierten Kontexten bis in die Antike zurückverfolgen lässt, wurde der Begriff des nonformalen Lernens vor allem in den 1950er- und 1960er-Jahren als Ergänzung zum formalen Lernen von der UNESCO stark gemacht (vgl. Rohs 2016: 13). So wird nonformales Lernen im UNESCO-Report *Learning to be: The World of Education Today and Tomorrow* (Faure et al. 1972) als wichtiges Element im Konzept des Lebenslangen Lernens und als Zugang zu Bildung verstanden (vgl. Rohs 2016: 14). Informelles Lernen gewinnt hingegen vor allem im Kontext des *Memorandums über Lebenslangens Lernen* (Kommission der Europäischen Gemeinschaften 2000) an Bedeutung und bezieht sich überwiegend auf arbeitsbezogenes Lernen (vgl. Overwien 2005: 351; Rohs 2016: 23 ff.), wobei es auch kritisch diskutiert wird (vgl. Gnahs 2016). Dabei handelt es sich um einen unscharfen Begriff, bei dem nach Bernd Overwien (2005: 385) zwei Perspektiven zu betrachten sind: Einerseits ein lernendes Subjekt, das die Initiative übernimmt und sich in der Konfrontation mit dem Alltag neue Inhalte erschließt, und andererseits die Lernumgebung, die als Lernanlass fungiert. Bernhard Schmidt-Hertha und Veronika Thalhammer (2016) entwickeln ein heuristisches Modell des informellen Lernens im Erwachsenenalter, das neben individuellen Dispositionen und Lernressourcen auch das soziale Netzwerk und die Lebensführung betrachtet. Informelles Lernen ist daher neben den individuellen Aspekten auch stark abhängig von Lernmöglichkeiten, die sich bieten und die wahrgenommen werden (Schmidt-Hertha & Thalhammer 2016: 310 f.). Dabei zeigt sich, dass mit zunehmendem Alter die formale und nonformale Weiterbildungsaktivität ab- und die Bedeutung des informellen Lernens zunimmt (vgl. Schmidt-Hertha & Thalhammer 2016: 305).

Durch die Programmatik des Lebenslangen Lernens und die Zunahme der Weiterbildungsbeteiligung hat es die Erwachsenenbildung zunehmend mit weiterbildungserfahrenen Älteren zu tun. Gerade die Altersgruppe 50+ befindet sich in einer wortwörtlich spannenden Lebensphase: Zum einen betrifft dies die Krise der Lebensmitte, die schon im 14. Jahrhundert bei Nonnen im Kloster festgestellt wurde (vgl. Grün 2022). Begreift man sein Leben als umgekehrte Parabel, so kommt es in der Lebensmitte zu einem Wendepunkt: Ging es bisher bergauf, blickt man nun bergab und hat das Ende des Lebens im Blick. Man wird mit dem Tod der Eltern konfrontiert, die eigenen Kinder werden selbstständiger, Routinen bestimmen das Leben. Vor diesem Hintergrund kommen Fragen auf wie: Was will ich in meinem Leben noch erreichen? oder Wie soll es weitergehen? Zum anderen betrifft dies die Generation[7] der Babyboomer:innen, die sich momentan in der Lebensmitte und nach Burkhard Schäffer, Olaf Dörner und Franz Krämer (2015) auf einer „Plateauphase“ befinden. „Nach einem mit Anstrengungen verbundenen Lebensaufstieg in den Jahren der familiären und beruflichen Etablierung setzt in dieser Phase ein Moment des Verharrens und der Reflexion ein“ (Schäffer et al. 2015: 273). Die Babyboomer:innen (circa 1955–1970 geboren) gelten als die Kinder der Bildungsexpansion und sind schon aufgrund der Größe ihrer Kohorte gesellschaftlich relevant. „Babyboomer werden allein aufgrund ihrer großen Zahl Einstellungen und Haltungen zu Lern- und (Weiter-)Bildungsprozessen in der zweiten Lebenshälfte, zum Übergang in die Nacherwerbsphase und zum Altern prägen“ (Schäffer et al. 2015: 273). Damit kommen sie als Adressat:innen für Weiterbildung in Betracht und zudem müssen sie in den nächsten Jahren ihren Übergang in den Ruhestand gestalten. Diese Generation 50+ wurde dabei schon umfassend betrachtet (vgl. unter anderem Wörwag & Cloots 2018), jedoch noch nicht der Berufsgruppenwechsel in den Blick genommen.

Aus der Programmatik des Lebenslangen Lernens lassen sich zwei Schlussfolgerungen für Berufsgruppenwechsel ziehen: *Erstens* werden sie durch ein lebenslanges Lernen-Dürfen und -Können erst ermöglicht. Der Ausbau der Erwachsenenbildung spielt hier eine zentrale Rolle. *Zweitens* folgen sie weniger dem Lebenslangen Lernen inhärenten bildungspolitischen Imperativ der Steigerung der Wettbewerbsfähigkeit, da durch eine erneute Bildungsphase hohe Investitionen notwendig sind, wie der Einsatz von Zeit, was wiederum als Hindernis für die Beteiligung an Weiterbildung gilt (vgl. Bilger et al. 2017). Die häufig zugrunde gelegten humankapitaltheoretischen Ansätze erklären damit weniger eine mit einem Berufsgruppenwechsel verbundene Weiterbildungsbeteiligung, als dass aus einer Perspektive der Regulative andere Faktoren in den Blick rücken: neben soziodemografischen Daten auch Kontextfaktoren wie Familie, Betrieb oder Beruf.

2.3.3 Regulative der Weiterbildungsbeteiligung

Während die Erwachsenenbildung vor allem aus einer institutions- und professionsorientierten Perspektive aufseiten der Organisation die Angebots- und

[7] Generation bezeichnet nicht nur Personen benachbarter Geburtsjahrgänge, sondern zeichnet sich durch „das Gefühl der gleichartigen Betroffenheit durch eine einzigartige geschichtliche und gesellschaftliche Situation“ (Bude 2007: 187) aus.

Programmplanung betrachtet (vgl. Wolter 2005; Reich-Claassen & Hippel 2018; Hippel & Fleige 2020), wurde die Seite der Teilnehmenden bisher weniger untersucht (vgl. Jütte & Schilling 2005). Diese bislang vernachlässigte Perspektive beschäftigt sich mit der Frage, warum Menschen überhaupt an Erwachsenenbildung teilnehmen (vgl. Lobe 2018). Zwar gibt es quantitative Bedarfsanalysen (vgl. Präßler & Voßbein 2014), mit dem kontinuierlich stattfindenden AES werden soziodemografische Daten erhoben und milieuorientierte Ansätze (vgl. unter anderem Barz & Tippelt 2004) liefern weitergehende Erklärungen für die Weiterbildungsbeteiligung jenseits soziodemografischer Daten. Am Ende lautet die Antwort dann jedoch meist, dass gut bezahlte Männer mit heller Hautfarbe und im mittleren Alter am häufigsten an Weiterbildung teilnehmen. Diese auch als Matthäus-Effekt[8] bezeichnete Erkenntnis stellt die Erwachsenenbildung vor zwei Probleme: *Erstens* wird die Erwachsenenbildung ihrem normativen Anspruch, auch bildungsferne Milieus zu erreichen, nicht gerecht (Stichwort: lebenslanges Lernen-Dürfen). Und *zweitens* wird deutlich, dass sie lediglich Beteiligung und weniger Nichtbeteiligung betrachtet (vgl. Dörner 2012b; Wittpoth 2018). Menschen sollen und müssen an Weiterbildung teilnehmen – warum sie nicht daran teilnehmen oder es auch ihr gutes Recht ist, Weiterbildung zu verweigern (vgl. Holzer 2017), bleibt eingeklammert. Dies problematisiert Jürgen Wittpoth (2018) und fordert, verschiedene Kontextfaktoren der Weiterbildungsbeteiligung (und auch Nichtbeteiligung) und deren Relation in den Blick nehmen. „Weitere Aufklärung über Regulative der Weiterbildungsbeteiligung kann man also erwarten, wenn man Zusammenhänge *(Kontextfaktoren)* untersucht, die *relativ* unabhängig von Personenmerkmalen bei der Entscheidung für/gegen eine Beteiligung an Weiterbildung bedeutsam sind“ (Wittpoth 2018: 1156, H. i. O.). Die Kontextabhängigkeit moderner Gesellschaften (vgl. Kurtz 2002: 880) zeigt sich hier bei der Frage nach der Weiterbildungsbeteiligung, indem beispielsweise auch der Raum, der Betrieb oder der Beruf darauf Einfluss haben (vgl. Wittpoth 2018: 1156 ff.). Damit distanziert sich die Perspektive der Regulative von monokausalen Ursachenzuschreibungen und nimmt weitere Faktoren zur Erklärung von Weiterbildungsbeteiligung in den Blick. „Unabhängig davon, ob es analytisch eher um Zusammenhänge und Relationen oder um Bedeutungen geht, wird Weiterbildung als ein Aspekt neben vielen anderen gesehen, der einerseits kontextuell reguliert ist und andererseits als Kontext selbst reguliert“ (Dörner & Schäffer 2010: 159).

[8] Darunter wird verstanden, dass vor allem diejenigen an Weiterbildung teilnehmen, die bereits gut situiert sind und dadurch ihre Chancen weiter erhöhen – wer hat, dem wird gegeben.

Diese Perspektive der Regulative wurde im Folgenden von einigen Forschungsprojekten in unterschiedlicher Intensität aufgenommen. In ihrem Forschungsprojekt zu Alter(n)sbilder verstehen Dörner und Schäffer Regulative als „*Sinn- und Bedeutungskonstellationen*" (Dörner & Schäffer 2010: 159, H. i. O.) und untersuchen für die Generation der Babyboomer:innen, inwiefern Alters-, Alterns- und Altenbilder als Regulative, also als Bedingungsfaktoren, die Teilnahme an Weiterbildung beeinflussen. Grundlegende Annahme ist dabei, dass die „kollektiven Altersphasenbilder [...] mit Orientierungen im Hinblick auf Weiterbildungsaktivitäten zusammenhängen, ja sich in manchen Fällen auch bedingen" (Dörner & Schäffer 2014a: 134). Sie identifizieren vier typische Relationen von Weiterbildungsorientierungen und Altersbildern (vgl. Dörner & Schäffer 2014a: 137 ff.): „Ohne wenn und aber", „nur für Jüngere", „nicht alles im Leben" und „mehr Weiterbildung kriegen sie nicht". Dabei zeigt sich, dass Weiterbildungsorientierung und Lebensphase eng miteinander gekoppelt sind und die Weiterbildung sich als eine Norm erweist, mit der umgegangen werden muss (vgl. Dörner & Schäffer 2014a: 146). Auch Bernhard Schmidt (2010) beschäftigt sich mit Regulativen der Weiterbildungsbeteiligung in Bezug auf Bildungsverhalten und Motive Erwachsener. Auf der Grundlage seiner Studie kommt er zu dem Schluss, dass Erfahrungen im früheren Berufs- und Bildungsverlauf einen Einfluss auf den Bildungsweg und die Wahl von Weiterbildungen haben. „Es zeigt sich, dass ältere Erwerbstätige, die Weiterbildung als Möglichkeit zur konstruktiven Neugestaltung des eigenen Lebens und zur Korrektur unbefriedigender Berufsverläufe erlebt haben, dieser auch viele Jahre später aufgeschlossener gegenüberstehen und deren Rendite insgesamt höher einschätzen" (Schmidt 2010: 142). Er legt eine Rational-Choice- und Humankapitaltheorie zugrunde, die Weiterbildungsaktivitäten als Investition in das auf dem Arbeitsmarkt verwertbare Humankapital beziehungsweise in das persönliche Glück versteht, wenn es sich um eine individuelle Weiterbildungsaktivität handelt. In der Festschrift zum 60. Geburtstag von Wittpoth fasst Peter Faulstich (2012: 202) Regulative als „eine Kraft, die von außen auf ein System einwirkt oder innen in einem System die Wirkung der einzelnen Elemente kombiniert." Damit wird einerseits die bindende Kraft von Regeln und andererseits die Komplexität der nach innen wirkenden Kräfte umrissen. Er bezieht dies auf das Feld der wissenschaftlichen Weiterbildung, der er eine intermediäre Funktion zuspricht (vgl. Faulstich 2012: 209). Darauf verweist auch Jutta Reich-Claassen, die in ihrer Dissertation Einstellungen zu Weiterbildung und Bildungserfahrungen als Regulative für die Weiterbildungsbeteiligung untersucht. Anhand von Gruppendiskussionen und problemzentrierten Interviews, die sie mithilfe der qualitativen Inhaltsanalyse und der Grounded Theory auswertet, kommt sie zu dem Ergebnis, dass sowohl die Einstellung zu Weiterbildung als auch die Erfahrungen schulischen Lernens als Regulativ der Weiterbildungsbeteiligung wirken (vgl. Reich-Claassen 2010: 368 ff.). Ewelina Mania (2018) nimmt in ihrer Dissertation die Perspektive der Regulative in Bezug auf die Weiterbildungsbeteiligung bildungsferner Gruppen ein. So wird der Anspruch an die Arbeit formuliert, „ein mehrdimensionales und integrierendes Modell von Regulativen der (Nicht-)Teilnahme an organisierter Weiterbildung als Beitrag für die Weiterbildungsforschung zu entwickeln und zu diskutieren" (Mania 2018: 11). Im Anschluss an eine raumtheoretische Verortung untersucht sie bildungsferne Gruppen auf ihre Weiterbildungsbeteiligung im organisierten Bereich der Erwachsenenbildung. Dabei bezieht sie sich auf eine Teilstudie des Projekts „Lernen im Quartier – Bedeutung des Sozialraums für die Weiterbildung" und nutzt problemzentrierte Interviews und sozialraumorientierte Analysemethoden, die sie mittels der Grounded Theory auswertet. Anhand des „SONI-Schemas" identifiziert sie verschiedene Regulative der Weiterbildungsbeteiligung bildungsferner Gruppen. Zwar spricht sie mithilfe der „Jenga-Metapher" davon, dass dadurch „die Komplexität des Zustandekommens des Weiterbildungsverhaltens ausgedrückt" (Mania 2018: 174) und somit ein umfassendes Modell entworfen werden kann. Im Gegensatz zu der Studie von Dörner und Schäffer bleibt es hier jedoch bei einer Beschreibung der Regulative ohne weitere Ausführungen dazu, wie diese zustande kommen beziehungsweise in einer Geschlechts-, Milieu- oder Alterstypik verortet werden können.

Die Perspektive der Regulative ermöglicht es, weitere Faktoren jenseits soziodemografischer Daten oder milieuorientierter Ansätze für die Erklärung von Weiterbildungsbeteiligung in den Blick zu nehmen. Den bisherigen Ausführungen folgend werden vor allem berufliche Erfahrungen für die Teilnahme an Weiterbildung bei Berufsgruppenwechseln relevant.

2.3.4 Zwischenfazit: Berufsgruppenwechsel als Übergang und berufliche Erfahrungen als Regulativ der Weiterbildungsbeteiligung

Mit der erziehungswissenschaftlichen Übergangsforschung rückt eine Perspektive in den Fokus, die Berufsgruppenwechsel nicht nur an der Schnittstelle von Beschäftigungs- und Bildungssystem verortet, sondern auch zwischen Subjekt und Struktur. „Das Spannungsfeld der Transitionsforschung wird geprägt von der Prämisse, dass Übergänge, auch wenn sie von Einzelnen vollzogen und gestaltet werden, doch zugleich unter den vorherrschenden normativen Orientierungen gesellschaftlich reguliert und häufig institutionell gerahmt sind"

(Klingovsky & Pawlewicz 2015: 60 f.). In den Fokus rückt die Transition, das heißt die Veränderung eingelebter Zustände vor dem Hintergrund gesellschaftlich institutioneller Rahmung. Zwar müssen Berufsgruppenwechsel als atypische Übergänge von den Subjekten hergestellt und bewältigt werden, da institutionalisierte Statuspassagen nicht vorliegen, jedoch wirkt der Beruf als soziales Ordnungsmodell auch bei Berufsgruppenwechseln. So muss nicht nur die Zeit für die Beteiligung an Weiterbildung als Voraussetzung für den Zugang zu neuen Berufsgruppen aktiv in Anspruch genommen, sondern auch strukturelle Rahmenbedingungen wie Familien- oder Lebenslaufnormen beachtet werden – Berufsgruppenwechsel finden also nicht *einfach so* statt. Mit der Perspektive der Regulative kommen dabei Kontextfaktoren und ihre Bedingungskonstellationen für eine Weiterbildungsbeteiligung bei Berufsgruppenwechseln in den Blick.

2.4 Berufsgruppenwechsel im *Zwischen*

Berufsgruppenwechsel werden in verschiedenen Debatten immer wieder thematisiert: In der öffentlichen Debatte werden sie als Möglichkeit für mehr Zufriedenheit im Beruf verhandelt, in der Berufssoziologie als Indikatoren für eine Entberuflichung und hierfür diskontinuierliche Berufsbiografien herangezogen und in der Übergangsforschung als atypische Übergänge betrachtet. Dabei fehlt jedoch eine systematische Auseinandersetzung mit dem Gegenstand des Berufsgruppenwechsels. Für die Erziehungswissenschaft und die Erwachsenenbildung bilden Berufsgruppenwechsel insofern einen Forschungsgegenstand, als empirisch keine Entberuflichung nachgewiesen werden kann und der Zugang zu einer Berufsgruppe nach wie vor über das Bildungssystem – und hier nach einer ersten Phase der Berufstätigkeit über die berufliche oder wissenschaftliche Erwachsenenbildung – organisiert wird. Hier rücken in einer Perspektive der Regulative verschiedene Kontextfaktoren in den Blick, die einen Berufsgruppenwechsel und die damit verbundene Teilnahme an Weiterbildung erklären.

Berufsgruppenwechsel konstituieren sich in Anlehnung an Michaela Köttig (2013) in einem *Zwischen* von einerseits subjektiven Dimensionen in Form individueller Handlungsvorstellungen und signifikant Anderer[9] sowie andererseits

[9] Während der Begriff „signifikant Andere" häufig mit George Herbert Mead in Verbindung gebracht wird, weist Andreas Pettenkofer (2013: 80) darauf hin, dass dieser den Begriff nicht verwendet. In seinem Hauptwerk *Geist, Identität und Gesellschaft aus der Perspektive des Sozialbehaviorismus* spricht Mead (1934: 154) vom „generalized other". Den Begriff des „signifikant Anderen" haben Peter L. Berger und Thomas Luckmann (2004 [1980]) in ihrem Werk *Die gesellschaftliche Konstruktion der Wirklichkeit* verwendet. Sie verweisen darin auf

strukturellen Dimensionen wie gesellschaftlichen Normalitätserwartungen und institutionellen Ablaufmustern (vgl. Abbildung 2.2). Hergestellt und bewältigt werden muss das „Dazwischen" (Walther 2015: 36) dieses nicht institutionalisierten Übergangs letztlich von den Subjekten.

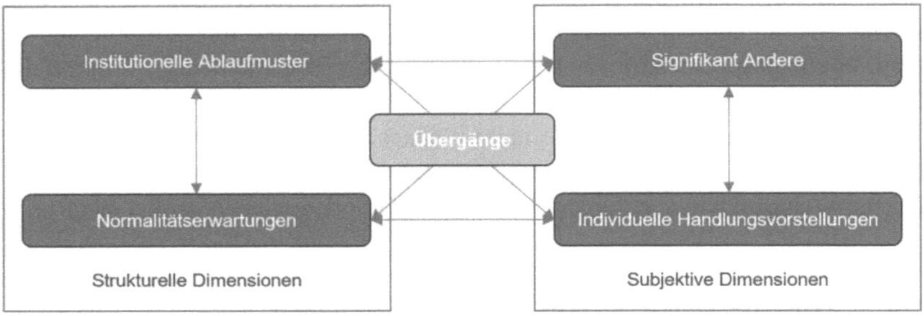

Abbildung 2.2 Übergänge im Zwischen, eigene Darstellung nach Köttig (2013)

Auf struktureller Seite treten die Norm eines Normallebenslaufs und die Programmatik des Lebenslangen Lernens mit ihren dazugehörigen institutionellen Ablaufmustern in ein Spannungsverhältnis. Während der von Kohli (1985) proklamierte Lebenslauf eine Bildungs-, Aktivitäts- und Ruhephase vorsieht, wird diese Gliederung durch die Programmatik des Lebenslangen Lernens in Form weiterer Bildungsphasen unterbrochen. Dabei zeigt sich empirisch einerseits, dass die Weiterbildungsbereitschaft zwar über den Lebensverlauf hinweg abnimmt, der Normallebenslauf jedoch durch die normative Erwartung eines bildungsaktiven Älteren und zunehmende Weiterbildungsbeteiligung in höherem Alter infrage gestellt wird. Andererseits weisen die Altersnormen des Normallebenslaufs (wie Eintritt in die Schule, den Beruf, den Ruhestand) eine hohe Beharrlichkeit auf und sprechen für die Wirksamkeit des Normallebenslaufs. Da weder eine Auflösung des Normallebenslaufs noch eine radikale Durchsetzung der Programmatik des Lebenslangen Lernens beobachtet werden kann, muss ein Berufsgruppenwechsel als atypischer Übergang in einer Perspektive der Transition im Rahmen der

---

die Theorie der Sozialisation von Mead und verstehen darunter Folgendes: „Jeder Mensch wird in eine objektive Gesellschaftsstruktur hineingeboren, innerhalb derer er auf jene ‚signifikanten Anderen' trifft, denen seine Sozialisation anvertraut ist. Diese signifikant Anderen sind ihm auferlegt" (Berger & Luckmann 2004 [1980]: 141). Im Kontext von Berufsgruppenwechseln werden darunter nicht nur Personen der primären Sozialisation verstanden, wie die Eltern, sondern solche, die einen prägenden Einfluss auf den weiteren beruflichen Weg haben.

Übergangsforschung subjektiv hergestellt und bewältigt werden. Er ist demnach sowohl eingebunden in subjektive Dimensionen wie individuelle Vorstellungen, die auch durch signifikante Andere beeinflusst werden, als auch gerahmt durch strukturelle Dimensionen wie Normalitätserwartungen, die mit institutionellen Ablaufmustern einhergehen.

Gerade die Perspektive der Regulative kann diese Komplexität in den Blick nehmen, indem nicht von monokausalen Erklärungsansätzen für die Weiterbildungsbeteiligung ausgegangen wird. Berufliche Erfahrungen spielen bei Berufsgruppenwechseln dann ebenso eine Rolle wie Zeit, Familie oder auch Gelegenheitsstrukturen. Inwiefern ein Berufsgruppenwechsel hergestellt und bewältigt wird und welche Rolle dabei der Weiterbildung zukommt, gilt es demnach empirisch zu rekonstruieren.

3 Konjunktive Erfahrungsräume als Strukturierung der Alltagswelt – eine theoretische Perspektive auf Berufsgruppenwechsel

Der Gegenstandskonstitution von Berufsgruppenwechseln im letzten Kapitel folgt nun die Darstellung der theoretischen Perspektive. Nach Burkhard Schäffer und Olaf Dörner (2022: 17) gilt es, Gegenstand, Theorie, Methodologie und Methode aufeinander abzustimmen. Dabei rücken je nach theoretischer Perspektive unterschiedliche Aspekte in den Fokus, womit gleichzeitig andere nicht beachtet werden können (vgl. Przyborski & Wohlrab-Sahr 2022: 111).

> „Grundlagentheorien […] stellen begriffliche Mittel zur Verfügung, mit deren Hilfe Gegenstandstheorien überhaupt erst konstituiert werden können. Denn es macht einen Unterschied, ob man Teilnehmende aus einer an Bildung oder an Biografie orientierten Perspektive erforscht und damit auf grundlagentheoretische Konzepte der Bildungs- und Biografieforschung zurückgreift – oder ob man z. B. auf habitustheoretischen Prämissen aufbaut oder – wieder anders – das Ganze system- oder im Rahmen gouvernementalitätstheoretischer Ansätze machttheoretisch fundiert." (Dörner & Schäffer 2012: 16)

Die Explikation von Begriffen als begrifflichen Mitteln einer Grundlagentheorie ist für die empirische Forschung unausweichlich (vgl. Bohnsack 2005: 70; Bollnow 2013 [1968]: 35), „um einen Weg zwischen der Skylla einer empirielosen Theorie und der Charybdis einer theorielosen Empirie zu finden" (Bohnsack 2021b: 88). Denn erst dadurch können sie von Kolleg:innen oder der Empirie angezweifelt und weiterentwickelt werden (vgl. Nohl 2016: 112). So ist im Rahmen einer erziehungswissenschaftlichen Forschung, in der sich auch das vorliegende Forschungsprojekt verortet, eine Sozialtheorie notwendig, bei der Erkenntnistheorie und Methodologie Hand in Hand gehen (vgl. Bohnsack 2021b: 90). Dies wird mit der Praxeologischen Wissenssoziologie als Erkenntnistheorie und der Dokumentarischen Methode als Methodologie erreicht, wobei deutlich wird, dass es sich um „zwei Seiten derselben Medaille" (Bohnsack 2021b: 88)

S. Rundel, *Begrenzte Beruflichkeit*, Theorie und Empirie Lebenslangen Lernens,
https://doi.org/10.1007/978-3-658-51888-2_3

handelt. Während die Dokumentarische Methode auf der Ebene methodologisch-methodischer Reflexion ein Begriffsinstrumentarium zur Verfügung stellt, das im nächsten Kapitel behandelt wird, setzt sich dieses Kapitel mit den Begriffen der Praxeologischen Wissenssoziologie auseinander.

3.1 Alltag, Wissen und Praxis: eine praxeologisch-wissenssoziologische Perspektive

Grundlegend für die sozialwissenschaftliche Forschung ist die Frage, wie das Handeln von Menschen erklärt und verstanden werden kann. Der Lebenswelt und dem Alltag kommt dabei eine besondere Bedeutung zu, indem Handeln nicht isoliert, sondern in einer bereits geordneten Alltagswelt stattfindet. Erlebnisse in dieser Alltagswelt sind wiederum kollektiv gerahmt, in einen „Erlebnisstrom" (Mannheim 1980: 81) eingebunden und konstituieren eine je spezifische „Weltanschauung" (Mannheim 1980: 88). Dieser Aspekt der Kollektivität schließt an Überlegungen von Karl Mannheim an und wird von Ralf Bohnsack in seiner Praxeologischen Wissenssoziologie aufgegriffen.

3.1.1 Soziales Handeln in einer bereits geordneten Alltagswelt

Ausgangspunkt der theoretischen Überlegungen bildet das Konzept des sozialen Handelns, das für Max Weber den zentralen Tatbestand der Soziologie darstellt.

> „‚Handeln' soll dabei ein menschliches Verhalten (einerlei ob äußeres oder innerliches Tun, Unterlassen oder Dulden) heißen, wenn und insofern als der oder die Handelnden mit ihm einen subjektiven *Sinn* verbinden. ‚Soziales' Handeln aber soll ein solches Handeln heißen, welches seinem von dem oder den Handelnden gemeinten Sinn nach auf das Verhalten *anderer* bezogen wird und daran in seinem Ablauf orientiert ist." (Weber 2005 [1922]: 3, H. i. O.)

Damit basiert soziales Handeln auf zwei Prämissen: Erstens unterscheidet es sich von reinem Verhalten oder Tun, da es mit einem Sinn versehen ist. Zweitens ist dieses Handeln sozial bedingt, also auf andere bezogen. Die anderen können dabei „Einzelne und Bekannte oder unbestimmt Viele und ganz Unbekannte sein" (Weber 2005 [1922]: 16). Anders als in der Psychologie wird damit der Fokus nicht auf die Motivation oder Intention des Einzelnen gelegt, sondern darauf, welcher geteilte Sinn sich im Handeln zeigt. So sehr Alfred Schütz (1932: 4) die Arbeit von Weber hervorhebt, kritisiert er an ihm die fehlende Ausarbeitung theoretischer Begriffe und den Fokus auf konkrete Probleme seines Forschungsgebietes. Hier setzt er mit seiner Phänomenologie an und verweist darauf, dass bei Weber die Frage offenbleibt, was diesen Sinn ausmacht (vgl. Schütz 1932: 5). Dabei geht er davon aus, dass jeglichem Handeln ein Entwurf zugrunde liegt und sich Handeln als menschliches Verhalten auf der Grundlage dieses Entwurfes von einer Handlung als der Ausführung des dem Handeln zugrunde liegenden Entwurfes unterscheidet (vgl. Schütz 1971: 77). Jede Handlung stellt für ihn einen „Sinnzusammenhang" dar, „weil sie sich nach Entwurf vollzieht, in Bezug auf die sich phasenweise aufbauenden Akte des Handelns" (Schütz 1932: 80). Diese Handlungen, „so das Axiom seiner [von Schütz, SR] Soziologie, seien wesentlich mit Sinn verknüpft und müssten deswegen von den Wissenschaften, die diese Handlungen erklären möchten, zuerst verstanden werden" (Knoblauch 2014: 351). Dabei wendet sich Schütz von einem Erfahrungsbegriff ab und legt den Sinn in die Handlung selbst. „Denn der Sinn, aus dem das Wissen zehrt, erhält seine Bestätigung nicht aus einer ihm zugrunde liegenden Erfahrung, sondern erweist sich als relevant, weil er Handlungen leitet" (Knoblauch 2014: 351). Dieser Sinn konstituiert sich, im Gegensatz zur philosophisch verorteten Phänomenologie Edmund Husserls, bei welcher der andere bereits im eigenen Bewusstsein mitgedacht wird, im Erleben des anderen (vgl. Knoblauch 2007: 119), in einer Sozialwelt, die „als Gegenstand der Sozialwissenschaften bereits aufgebaut und konstituiert" (Schütz 1932: 7) ist. Intersubjektivität wird also nicht in das einzelne Subjekt gelegt, sondern findet in einer bereits bestehenden Sozialwelt statt. In Begegnungen mit den anderen bilden sich Strukturen der Lebenswelt,[1] in der sich Typisierungen und Relevanzsysteme entwickeln, die auf Dauer gestellt an andere weitergegeben werden können (vgl. Knoblauch 2007: 121). Fertigkeiten, Gebrauchs- oder Rezeptwissen können somit in Kommunikationsakten als praktischer Sinn vermittelt werden. Gerade durch diesen Aspekt der sozialen Vermittlung unterscheidet sich bei Schütz der Sinn von Wissen: *„Wissen ist, so könnte man vereinfachend sagen, der sozial gewordene Sinn"* (Knoblauch 2014: 353, H. i. O.). Während nach Schütz dementsprechend der Sinn in der Handlung zu suchen ist, liegt bei Wissen ein auf Dauer und durch andere vermittelter Sinn vor.

[1] Während Schütz (1932) von Sozialwelt beziehungsweise Alltagswelt (1971) spricht, bezieht sich Hubert Knoblauch (2007, 2009) in seinen Ausführungen auf den Begriff der Lebenswelt nach Husserl.

Wie ausgeführt, ist soziales Handeln nach Schütz in eine bestehende Sozial- oder Alltagswelt eingebunden, beziehungsweise alles Erfahren findet in dieser Lebenswelt statt (vgl. Knoblauch 2009: 301). Sie ist „die dem einzelnen vortheoretisch gegebene, bereits geordnete und das heißt auch sich ihm entgegenstellende Wirklichkeit“ (Fischer & Kohli 1987: 27). Während es noch andere Erfahrungsweisen gibt, wie den Traum oder religiöse Erfahrungen, bleibt die alltägliche Lebenswelt „die ‚vorherrschende Wirklichkeit‘, weil hier Handeln stattfindet, weil hier Wirkungen in der Umwelt auch für andere erzielt werden und weil wir hier mit anderen verkehren“ (Knoblauch 2007: 121). Wie Husserl und Schütz betonen, wird diese Alltagswelt als selbstverständlich hingenommen (vgl. Gurwitsch 1971: XVI). Handeln findet also nicht nur bezogen auf andere statt und ist mit einem subjektiven Sinn versehen, sondern geschieht zudem in einer bereits bestehenden und als selbstverständlich erlebten Ordnung (dem Alltag). Die Phänomenologie von Schütz, die zunächst auf der philosophisch verorteten Phänomenologie Husserls aufbaut, schafft damit über Weber die Brücke zur Soziologie (vgl. Knoblauch 2009: 304): Dem Menschen ist ein Bewusstseinsstrom gegeben, durch den er seine Umwelt wahrnehmen kann. Seinem Handeln liegt ein Sinn zugrunde, das zu einem sozialen Handeln wird, wenn es auf andere bezogen ist. Dieser Sinn kann als Wissen weitervermittelt werden.

3.1.2 Karl Mannheims Wissenssoziologie: Seinsverbundenheit des Wissens und Aspektstruktur der Erkenntnis

Während sich Schütz (1971: 77) dem Sinnzusammenhang der Handlung zuwendet und ihm einen Entwurf zugrunde legt, zeichnet sich Mannheims Wissenssoziologie vor allem dadurch aus, dass sie sich dem Denken und Wissen widmet, das dem Handeln zugrunde liegt und dieses an soziale Bedingungen und die sie prägenden (gesellschaftlichen) Strukturen knüpft. Für Mannheim (1969: 256) ist die Struktur des Denkens sowohl durch die „Konstitution des Vitalwesens“ als auch „die Art der Struktur der Lebensdurchdringung“ und „die Eigenart des Lebensraumes“ geprägt. Es ist kein individueller Vorgang, sondern ein sozialer, der an die soziale und historische Lage des Subjekts gebunden (vgl. Mannheim 1969: 228) und als ein kollektiver Prozess zu verstehen ist. Als Kultursoziologe wendet sich Mannheim daher den *„Beziehungen des Subjektes zu den geistigen Gebilden“* (Mannheim 1980: 40, H. i. O.) zu, wobei Letztere erlebt und nicht theoretisch erfasst werden können, wie für ihn am Beispiel der Herrschaft deutlich wird (vgl. Mannheim 1969: 260).[2] Zentraler Erkenntnisgegenstand ist die Ordnung des Erlebens – schlicht das „gelebte Leben“ (Mannheim 1980: 40):

> „Aufgrund seiner geistigen Struktur nämlich denkt der Mensch nicht nur, sondern *erlebt* auch hierarchisch, d. h. es ist ständig ein zumeist unreflektiertes ‚System‘ der inner- und der umweltlichen Dinge vorhanden, an dem man sich beim Handeln, Leben und Erleben orientiert – eine Ordnung der weltlichen und auch der überweltlichen Dinge, in der ein Glied oder eine ganze Region der Gegenständlichkeiten als Höchstes aufgefaßt, besonders akzentuiert wird, von dem aus die übrigen Elemente des Vorhandenen sich ordnen und von dem her sie ihren letzten Sinn empfangen.“ (Mannheim 1980: 40, H. i. O.)

Dies fasst Mannheim (1980: 77) mit dem Begriff des „Erlebniszusammenhang[es]“, in den der Mensch eingebunden ist. Hierin findet die Auseinandersetzung mit den Dingen statt, und dies geschieht weder willkürlich noch unstrukturiert. „Einmal in die Bahn eines Erlebniszusammenhangs eingestellt, können nur relativ neuartige Erlebnisse auftreten“ (Mannheim 1980: 80). Mehrere miteinander strukturell verbundene Erlebniszusammenhänge bilden dabei „zugleich für eine Vielheit von Individuen die gemeinsame Basis ihrer Lebenserfahrung und Lebensdurchdringung“ (Mannheim 1980: 101), was von Mannheim

---

[2] In dem zwar bei den *Jahrbüchern für Soziologie* eingereichten, aber nicht angenommenen und von Volker Meja und Nico Stehr 1982 veröffentlichten Text „Ideologische und soziologische Interpretation der geistigen Gebilde“ unterscheidet Mannheim einerseits zwischen einer theoretischen Herangehensweise an Naturgegenstände und andererseits dem Erleben und Erfassen der geistigen Gebilde „‚von innen‘ und ‚von außen‘ her“, wobei dies eine „vortheoretische, das Gesamtsubjekt betreffende Angelegenheit ist“ (Mannheim 1982: 214). Dieses Erfassen von innen her kann so verstanden werden, „daß es ein vom Subjekt aus erfolgendes bedingungsloses Vollziehen der Setzungen ist, die im Sinngehalt vorgeschrieben sind“ (Mannheim 1982: 214), und verweist damit auf die Selbstverständlichkeit des erlebten Lebensraumes. Theorien markieren nach Mannheim hingegen, wie am Eingang des Kapitels bereits beschrieben, die wissenschaftliche Betrachtung eines Gegenstandes, während für die Wissenschaft das Erleben und Erfassen geistiger Gebilde des Gesamtsubjekts, die vortheoretische Ebene, bedeutsam wird.

(1980: 88) als eine „Weltanschauung",[3] eine „umfassendere Totalität" bezeichnet wird.

Diesen kollektiven Weltanschauungen liegt Mannheim zufolge ein Wissen zugrunde, das im Sinne einer ideologischen Interpretation von innen her einer logischen Struktur folgt, während sich eine soziologische Interpretation von außen her dem tragenden Sein zuwenden muss (vgl. Endreß 2007: 80). Obwohl Wissen dazu neigt, vom Individuum objektiviert zu werden (vgl. Mannheim 1980: 81), muss der Forschende gerade die Partikularität des Wissens aufzeigen und sich einer kontinuierlichen Revisionsbedürftigkeit des Wissens bewusst sein (vgl. Endreß 2007: 89 f.). Oder mit anderen Worten: Das ideologische Wissen einer Weltanschauung ist in sich stimmig und logisch aufgebaut, während Wissenssoziolog:innen gerade dieser Logik und der damit einhergehenden Absolutheit des Wissens nicht verfallen dürfen und das der Weltanschauung zugrunde liegende Sein rekonstruieren müssen. Damit rekurriert Mannheim in seiner Theoriearchitektur auf unterschiedliche Traditionen seiner Zeit (unter anderem Karl Marx und Max Scheler) und sucht das Verbindende im Sein (vgl. Endreß 2007; Raith 2020) – es ist das Wissen und die damit einhergehende *Seinsverbundenheit des Wissens*, die in den Blick genommen werden müssen (vgl. Mannheim 1969: 229). Dieses Sein bestimmt Mannheim im Gegensatz zur Ideologielehre, die auf Lüge und Verhüllung ausgerichtet ist, als die „verschieden geartete Bewußtseinsstruktur der verschieden gelagerten Subjekttypen im historisch-sozialen Raum" (Mannheim 1969: 228). So prägen „außertheoretische Faktoren [...] als ‚Seinsfaktoren'" (Mannheim 1969: 230) die Entstehung und Gestaltung des Denkens, die Sozialprozessen zugeordnet werden können. Wie beim eingangs erwähnten Beispiel der Herrschaft gilt es nicht, die Kategorie der Herrschaft theoretisch zu bestimmen oder dem ideologischen Gehalt einer bestimmten Gruppe zu folgen, sondern die Entstehung von Herrschaft bzw. die Entstehung der Kategorie Herrschaft an die sozialen Bedingungen rückzubinden. Mannheim (1969: 231) verweist in einem weiteren Beispiel darauf, dass „hinter genialen Einfällen [...] der Ductus eines dem denkenden Individuum vorgegebenen kollektiv historischen Erfahrungszusammenhanges" steht oder dass die einer Theorie zugrunde liegende

[3] Mannheim übernimmt den Begriff der Weltanschauung von Wilhelm Dilthey (1968 [1911]: 84 f.), der bereits darauf hinweist, dass „Weltanschauungen ein Erzeugnis der Geschichte" sind und „nicht Erzeugnisse des Denkens". Im Folgenden geht Dilthey (1968 [1911]: 85) dann auf das „Lebensverhalten" und die „Lebenserfahrung" ein, welche die Weltanschauung konstituieren. Damit orientiert sich Mannheim an einer antirationalistischen Strömung, die nicht das Irrationale, sondern das Atheoretische betrachtet (vgl. Kettler et al. 1990: 120; Bohnsack 2017: 30).

Erkenntnistheorie an historisch-soziale Bedingungen geknüpft ist, wie er am Beispiel der exakten Naturwissenschaften erläutert (vgl. Mannheim 1969: 249 f.). Mit der Seinsverbundenheit des Wissens zeigt Mannheim, dass Denken und Wissen zwar vom Individuum (ideologisch) als absolut gesetzt werden, jedoch an historisch-soziale Gegebenheiten geknüpft sind. Aufgabe der Wissenssoziologie ist es daher, die Entstehung von Wissen im Kontext kollektiver, sozialer und historischer Zusammenhänge zu rekonstruieren.

Neben der Seinsverbundenheit des Wissens gilt es, die *Aspektstruktur der Erkenntnis* hervorzuheben (vgl. Mannheim 1969: 230). „Aspektstruktur bezeichnet in diesem Sinne die Art, wie einer eine Sache sieht, was er an ihr erfaßt und wie er sich einen Sachverhalt im Denken konstruiert" (Mannheim 1969: 234). Der gleiche Begriff (beispielsweise Freiheit), die gleiche Kategorie (beispielsweise Konservatismus) oder das gleiche Denkmodell (beispielsweise exakte Naturwissenschaft) erhält von verschieden sozial gelagerten Menschen eine unterschiedliche Bedeutung. Damit ist die Perspektive auf Welt an die Weltanschauung und damit an bestimmte soziale Gruppen, wie Generation, Milieu, Berufsgruppe oder Ähnliches, gebunden (Mannheim 1969: 237) und verbleibt immer aspekthaft. Aus Kategorien, Denkmodellen und Begriffen lässt sich daher kein Wahrheitsgehalt ablesen, sondern sie konstituieren sich in einem „historisch-sozialen Raum" (Mannheim 1969: 228). Wenn Weber, so Mannheim (1969: 261), zweckrationales von traditionalem Handeln unterscheidet, „so liegt der Ursprung gerade dieser Abstraktionsausgerichtetheit in der konkreten Situation der Epoche, die das Phänomen Handeln eben in dieser Richtung thematisch machte."

Die Wissenssoziologie von Mannheim ist dadurch geprägt, dass sie „auf die komplexen Verhältnisse zwischen Wissensstrukturen und sozialen Strukturen" (Endreß 2007: 80) zugeschnitten ist. Sie geht davon aus, dass das Denken nicht das Sein überwindet, sondern an sozial-historische Bedingung gebunden ist (vgl. Mannheim 1969: 261). Mannheim stellt damit „den notwendigen Bezug jeden Wissens auf umfassende Weltsichten sozialer Gruppen" (Endreß 2007: 77) heraus. „In diesem Zusammenhang wird es ferner immer klarer sichtbar, daß man einen großen Teil von Denken und Wissen gar nicht richtig versteht, sofern man diese ihre Seinsverbundenheit, dieses ihr Vorhandensein für das Kollektivum nicht miterfaßt" (Mannheim 1969: 231). Für seine Zeit entwickelt Mannheim eine Perspektive auf Gesellschaft, gemäß welcher der Einzelne aus der „Selbstverständlichkeit des In-Sich-Ruhens immer mehr herausgescheucht" (Mannheim

1969: 240) wird und die Moderne sich durch die Pluralität verschiedener Totalitäten auszeichnet (vgl. Endreß 2007: 79).[4] Indem verschiedene Weltanschauungen zunehmend aufeinandertreffen, wäre es notwendig, nicht aneinander vorbeizureden, sondern den Standort des anderen und das der Weltanschauung zugrunde liegende Wissen zu erfassen.[5]

Mannheims Werk – unter anderem sein Buch *Ideologie und Utopie* (1929) – führte seinerzeit zu starken Kontroversen (vgl. Kettler et al. 1990: 121; Hofmann 1996: 8; Neun 2022: 164). Vor allem in Bezug auf seine Auffassung einer dynamischen Wissenssoziologie (vgl. Mannheim 1929: 42) identifiziert Martin Endreß (2007: 86 f.) zwei Richtungen der Kritik: Erstens wird Mannheim ein Relativismus vorgeworfen, der mit seinem absoluten Anspruch verschiedener Wahrheiten verbunden ist (vgl. Schelting 1982 [1934]: 782). So verwirft Mannheim die Annahme von einer einzig wahren und gültigen Weltsicht (vgl. Kettler

[4] Dilthey (1968 [1911]: 84 f.) spricht von der „Mannigfaltigkeit der Weltanschauungen" und geht von einem Streben „nach innerer Festigkeit" aus. Daran ist eine Debatte entbrannt, inwiefern Weltanschauungen als Strukturmerkmal dauerhaft gültig sind. In seiner Auseinandersetzung mit Dilthey betont Otto Friedrich Bollnow (1932: 234), dass er dabei nicht ein „festes Gerüst" von Weltanschauungen vor Augen hat, sondern ihn vor allem ihr Wesen interessiert, und er davon ausgeht, dass eine Äußerung immer einer je spezifischen Weltanschauung angehört. Mannheim (1980: 139) grenzt sich mit seinem Weltanschauungsbegriff von Dilthey insofern ab, als er die Einmaligkeit historischer Situationen betont und sich von einer generalisierenden Typenbildung abwendet, wie Dilthey gelesen werden kann, wenn er davon spricht, dass „ihre [die der Weltanschauungen, SR] großen Typen [...] selbstmächtig, unbeweisbar und unzerstörbar nebeneinander aufrecht da[stehen]" (Dilthey 1968 [1911]: 86 f.).

[5] Diese Aufgabe kommt Mannheim (1929: 123) zufolge einer „freischwebenden Intelligenz" zu, die sich als eine „relativ klassenlose Schicht" durch Bildung auszeichnet (den Begriff führt Mannheim auf seinen Habilitationsvater Alfred Weber zurück, der ihn jedoch selbst nie benutzt hat, vgl. Neun 2022: 160). Grundlegend dafür sind die von Mannheim (1929) in seinem Buch *Ideologie und Utopie* identifizierten unterschiedlichen politischen Haltungen im Spannungsverhältnis von Theorie und Praxis (vgl. Tillich 1982 [1929]: 452). Mannheim (1929: 119 ff.) stellt sich dabei die Frage, inwiefern eine Synthese und damit neue politische Denkstile möglich werden: So zeigt er erstens, dass sich auch Denkstile verschiedener Standorte verbinden können (ohne von einer absoluten Synthese auszugehen), und zweitens, dass der Ort solch einer Synthese verschiedener Einsichten bei einer freischwebenden Intelligenz zu suchen ist. Während die am ökonomischen Prozess Beteiligten aufgrund ihrer zugewiesenen sozialen Lagerung eine spezifische Weltanschauung aufweisen, lässt sich die freischwebende Intelligenz nicht so einfach zuordnen beziehungsweise zeichnet sie sich gerade dadurch aus (vgl. Mannheim 1929: 123). In der Folge relativiert Mannheim den Ausdruck zunächst, und erst nach seiner Emigration bekommt er wieder die Bedeutung „als das zentrale Organ der sozialen Planung und Kontrolle" (König 2022 [1959]: 41).

et al. 1990: 122), beziehungsweise dass es überhaupt etwas Wahres im politisch-sozialen Raum gebe (vgl. Hofmann 1996: 13). Vielmehr offenbaren „alle Dinge und Positionen ihre Relativität" (Mannheim 1929: 40 f.). Dabei betont Mannheim (1929: 41, H. i. O.), dass eine „wertfreie Ansicht von der Geschichte [...] nicht unbedingt zu einem Relativismus [führt], sondern zu einem *Relationismus.*" Damit versucht er nach Endreß (2007: 87), eine wertneutrale Analyse im Sinne Webers zu ermöglichen, indem er aufgrund seines „totalen Ideologiebegriffs" (Mannheim 1929: 10) alles Wissen als ideologisch versteht. Wenn Alexander von Schelting (1982 [1934]: 859) am Ende seiner Abhandlung zu Mannheims Wissenssoziologie schreibt: „Wer Wissenschaft treibt, strebt nach Wahrheit", dann wird gerade daran seine Kritik an Mannheims Relationismus und seinem pluralen Wahrheitsbegriff deutlich. Zweitens kam es zu einer Kritik in einer marxistischen Tradition. So kritisiert Max Horkheimer (1982 [1930]: 482) ebenfalls den Anspruch verschiedener Wahrheiten und moniert, dass Mannheim „ohne den Halt einer dogmatischen Metaphysik" nicht auskommt. Während Marx „die Philosophie in eine positive Wissenschaft und Praxis verwandeln" wollte, verfolgt die Wissenssoziologie von Mannheim „eine *philosophische* Endabsicht" (Horkheimer 1982 [1930]: 479, H. i. O.). Damit wird die fehlende normative Wertung kritisiert. So ist es nach Horkheimer (1982 [1930]: 484) der Mensch „selbst", der leidet und in der Welt tätig ist und kein dahinterliegendes Wesen. Während bei Mannheim alles vom „Sein" abhängig ist, bleibt dieser Begriff für Horkheimer (1982 [1930]: 492) „völlig im unklaren". Dies verdeutlicht er an einem Beispiel, in dem Mannheim (1929: 52) von einem „falschen Bewusstsein" ausgeht, wenn ein Gutsbesitzer in einem kapitalistischen Betrieb das Verhältnis zu seinen Arbeiter:innen noch in patriarchalischen Kategorien auslegt. Für Horkheimer (1982 [1930]: 493) hingegen wird die normative Frage relevant, inwiefern die „Gestaltung des tatsächlichen Verhältnisses zwischen Gutsbesitzer und Landarbeiter gleichfalls einen Mangel bedeutet." So bleibt für ihn die Zuordnung zu konkreten Gruppen eine Leerstelle im Werk von Mannheim. Daran schließt Paul Tillich (1982 [1929]) mit seiner Kritik am Konzept der „freischwebenden Intelligenz" (Mannheim 1929: 123) an. Ihm zufolge widerspricht Mannheim damit seiner Idee des Relationismus und der Synthese, indem er einer einzigen Gruppe einen *„absoluten Standort"* (Tillich 1982 [1929]: 455, H. i. O.) zuspricht. Damit zog Mannheim die Kritik der Vertreter der Kritischen Theorie auf sich, da er den Marxismus selbst als Ideologie verstand (vgl. Endreß 2007: 87). Neben diesen beiden Kritikpunkten wird zudem Kritik an seinem Desinteresse gegenüber einer empirischen Perspektive auf seine wissenssoziologischen Thesen geübt (vgl. Klingemann 2000: 231).

3.1.3 Ralf Bohnsacks Praxeologische Wissenssoziologie: Praxistheorie im Spannungsverhältnis von Norm und Praxis

Bohnsack (2017) knüpft in seiner Praxeologischen Wissenssoziologie an die Überlegungen Mannheims zur Kollektivität des Wissens und dessen Gebundenheit an soziale und historische Bedingungen sowie an Schütz' Phänomenologie und Harold Garfinkels Ethnomethodologie an. Gegenüber Schütz betont Bohnsack (2007: 182, 2017: 36, 2020: 22) die Gemeinsamkeit mit Mannheim in Bezug auf den rekonstruktiven Zugang, kritisiert jedoch erstens die fehlende Differenzierung des Common Sense, der im Sinne Mannheims bei Schütz auf der Ebene des Kommunikativen verbleibt. Somit eignet sich seine Theorie vor allem zur Erklärung institutionalisierten und rollenförmigen Handelns (vgl. Bohnsack 2012: 121). Zweitens kritisiert er, dass die Überlegungen von Schütz keinen Zugang zum inkorporierten Wissen ermöglichen, da ihm zufolge einer Handlung die Ausführung eines Entwurfes zugrunde liegt und damit inkorporierte Praktiken ausgeklammert werden (vgl. Bohnsack 2017: 37). Drittens kritisiert er schließlich bei Schütz die Verhaftung am Menschenbild eines „rational man" (Garfinkel 1967: 280). Auch wenn Schütz von Konstruktionen zweiten Grades spricht und die Rekonstruktion betont, so rekurriert er dennoch auf ein zweckrationales Handlungsmodell (vgl. Bohnsack 2021b: 89). Diese Kritik an der Verhaftung am Modell des ‚rationalen Menschen' wird für Bohnsack von der Ethnomethodologie aufgegriffen, indem sie sich den Praktiken des Alltags zuwendet und die Vagheiten in der alltäglichen Kommunikation herausarbeitet. Bekannt geworden sind die Krisenexperimente von Garfinkel (1967: 42 ff.), die zeigen, wie prekär alltägliche Situationen sind und wie das Infragestellen von Hintergrundannahmen zu Desorientierung und Krisen führen kann (vgl. Abels 2020: 221 f.). So „identifiziert Garfinkel eine Logik der alltäglichen Praktiken, die aus rationalistischer Perspektive als alogisch oder irrational erscheinen muss" (Bohnsack 2017: 31). Handeln kann nicht auf der Grundlage eines rationalen Menschenbildes erklärt werden, sondern der Kontext muss betrachtet werden, auf den eine Äußerung indexikal verweist. Die der alltäglichen Praxis zugrunde liegende Logik bezeichnet Garfinkel (1967: 76) als „dokumentarische Methode der Interpretation".[6] Die Leistung der Ethnomethodologie liegt darin, dass sie sich den Vagheiten alltäglicher Praktiken widmet und sich gegen die dem normativen Paradigma (vgl. Wilson 1981)

[6] Garfinkel versteht hierunter eine grundlegende Methode von Akteur:innen im Umgang mit dem Alltag, während sich Mannheim (1970a) mit der dokumentarischen Methode der Interpretation auf ein wissenssoziologisches Vorgehen von Wissenschaftler:innen bezieht (vgl. Gerst et al. 2019: 7).

zugrunde liegende Vorstellung eines nomologisch-deduktiven Verfahrens wendet (vgl. Bohnsack 2017: 32). Zudem macht sie deutlich, dass sich die Bedeutung einer Handlung erst in Relation zum Kontext ergibt. „Die Bedeutung, die Signifikanz einer Handlung wird nicht auf Intentionen eines Akteurs reduziert, welche diesem attribuiert, in ihn hineinprojiziert werden, sondern ist aus dem wechselseitigen Bezug der aufeinander bezogenen Handlungen zu erschließen“ (Bohnsack 2017: 34). Jedoch verbleibt der Fokus auf der Ebene der vereinzelten Interaktion, und es „blieb damit die Frage unbeantwortet, wie denn nun das alltagspraktische Handeln selbst in adäquater Weise zu beschreiben und zu ‚erklären‘ sei“ (Bohnsack 2007: 182). So ist für Bohnsack (2018a: 213) die Rationalismuskritik und die Hinwendung zum Performativen von Garfinkel nicht konsequent fortgeführt worden.

Dies geschieht in den Praxistheorien,[7] die aus den Kulturtheorien hervorgegangen sind und „sich von einem strukturalistischen, normativen Kulturverständnis abwenden und stattdessen die praktische Handhabung und Produktion von Kultur im Handeln der Akteure in den Vordergrund stellen“ (Elias et al. 2014: 3). Damit grenzen sie sich sowohl von einem strukturalistischen Verständnis als auch von einem methodologischen Individualismus ab (vgl. Hillebrandt 2009a: 370) und modifizieren grundlegend das Verständnis des „Sozialen“ (Reckwitz 2003: 282). Im Fokus stehen weder das intendierte Handeln des Individuums, die Vorstellung eines „rational man“ (Garfinkel 1967: 280), noch eine Ableitung des Handelns aus Strukturen, sondern die Praktiken, die von den Akteur:innen[8] im Handeln hergestellt und reproduziert werden.

> „Für die Praxistheorien sind der Ort des Sozialen und die kleinste Einheit der sozialwissenschaftlichen Analyse stattdessen die ‚sozialen Praktiken‘ (die Praktik des Verhandelns, des Konsumierens, eines wissenschaftlichen Diskurses etc.) – diese werden als routinisierte Formen körperlicher ‚performances‘ und sinnhafter Verstehensleistungen begriffen, welche in der Praxis untrennbar aneinander gekoppelt auftreten.“ (Reckwitz 2004: 318)

---

[7] In Anlehnung an die Kategorisierung von Andreas Reckwitz (2004) stellt die Ethnomethodologie den Übergang von den mentalistischen Kulturtheorien zu den Praxistheorien dar, indem sie die Überlegungen von Mannheim aufnimmt, aber sich noch an Schütz orientiert (vgl. Bohnsack 2017: 38).

[8] Die Praxistheorie verwendet einen „strikt soziologischen Begriff des sozialen Akteurs“ (Hillebrandt 2009a: 390). Akteur:innen agieren selbst unter bestimmten Bedingungen und aktualisieren und reproduzieren diese damit gleichermaßen in der Praxis. „Akteure werden folglich als sozialisierte Köper gefasst“ (Hillebrandt 2009a: 390).

Während die Ethnomethodologie zwar die Relation einer Äußerung zu ihrem Kontext hervorhebt, bezieht sie sich jedoch vor allem auf die vereinzelte Interaktion und nicht auf die Frage danach, inwiefern der Kontext selbst, die Praxis, hergestellt wird und handlungsleitend wirkt. Damit bleibt, wie Mannheim (1969: 229) gerade mit der „Seinsverbundenheit des Wissens“ aufzeigt, die „Eigenlogik jener milieuspezifischen Handlungspraxen und Lebenswirklichkeiten“ (Bohnsack 2017: 45) unbeachtet. In einer praxeologischen Perspektive wiederum rückt der Modus Operandi als generative Formel, die Herstellung der Praxis und das ihr zugrunde liegende handlungspraktische Wissen in den Vordergrund (vgl. Bohnsack 2020: 27). Während sich Bohnsack (siehe unter anderem 2012) zunächst vor allem atheoretischen Wissensbeständen zuwendet, denen er handlungsleitende Qualitäten zuschreibt, schlägt er in seiner Praxeologischen Wissenssoziologie mit Bezug auf die von Mannheim (1980: 296) formulierte „Doppeltheit der Verhaltensweisen in jedem einzelnen, sowohl gegenüber Begriffen als auch Realitäten“ die Unterscheidung zwischen dem Erfahren von Normen mit einer propositionalen Logik[9] und dem Modus Operandi der Handlungspraxis selbst mit einer performativen Logik vor (vgl. Bohnsack 2017: 54 ff.). Kommunikatives Wissen als die Erfahrung exterior gegebener Normen, Rollen und Identitätsnormen tritt in ein Spannungsverhältnis zum konjunktiven Wissen als geteilte, implizite Wissensbestände durch ein gemeinsames Erleben (vgl. Bohnsack 2017: 103 ff.). Gerade dieses Spannungsverhältnis zwischen kommunikativem und konjunktivem Wissen beziehungsweise propositionaler und performativer Logik[10] konstituiert den „konjunktiven Erfahrungsraum“ (Mannheim 1980: 271) als zentralen Begriff

[9] Hier kann auf eine intensiv geführte Debatte zum Stellenwert des kommunikativen Wissens innerhalb der Dokumentarischen Methode verwiesen werden, die beispielsweise ihren Ausdruck in zwei Schwerpunktbeiträgen des dritten Heftes des *Jahrbuchs Dokumentarische Methode* (2020) findet.

[10] Bohnsack verwendet in seiner Praxeologischen Wissenssoziologie mehrere Begriffe synonym, wie an dieser Stelle den in früheren Texten (siehe unter anderem 2012) herausgearbeiteten Begriff des Orientierungsschemas zum kommunikativen Wissen und der propositionalen Logik und den Begriff des Orientierungsrahmens zum konjunktiven Wissen und der performativen Logik. Letzteren erweitert er in den Orientierungsrahmen im engeren Sinne als geteiltes konjunktives Wissen und den Orientierungsrahmen im weiteren Sinne, der synonym zum konjunktiven Erfahrungsraum verwendet wird (vgl. Bohnsack 2017: 103). In der grundlagentheoretischen Auseinandersetzung wird auf die beiden Begriffe des Orientierungsschemas und Orientierungsrahmens verzichtet, da mit dem kommunikativen/konjunktiven Wissen und der propositionalen/performativen Logik vor allem die handlungsleitende Qualität des Wissens und die Kollektivität hervorgehoben werden sollen. In der methodologischen Auseinandersetzung in Kapitel 4 wird nochmals detaillierter auf die beiden Begriffe eingegangen, da sie anfangs eine zentrale Bedeutung innerhalb der Dokumentarischen Methode eingenommen haben.

der Praxeologischen Wissenssoziologie von Bohnsack. Dabei identifiziert er drei Formen des Verhältnisses von Normen zur Handlungspraxis: erstens „die Relation der in den Common-Sense-Theorien explizierten Motivkonstruktionen zur Handlungspraxis", zweitens „die Relation der Handlungspraxis zu den institutionalisierten Normen" und drittens die Relation von Norm und Praxis, welche die Identitätsnormen betrifft (Bohnsack 2017: 54). Handlungspraktische Relevanz kommt damit nicht mehr nur dem atheoretischen Wissen zu, sondern der Bewältigung des Spannungsverhältnisses von Handlungspraxis und dem Erfahren exterior gegebener Normen. „Der empirische Zugang zu diesem komplexen Verhältnis führt über die Rekonstruktion des ‚konjunktiven Erfahrungsraumes' der Erforschten" (Bohnsack 2018a: 214).

Kritisch kann bei Praxistheorien auf drei Ambivalenzen verwiesen werden (Reckwitz 2003: 297 ff.): *Erstens* stellt sich die Frage, inwiefern Praktiken reproduziert werden, wobei zwischen „einem Modell unendlicher sozial-kultureller Reproduktion" und „einem Modell unendlicher ‚spielerischer' Offenheit" (Reckwitz 2003: 297) unterschieden werden kann. Auch das Konzept des konjunktiven Erfahrungsraumes lässt beide Spielarten zu. Einerseits strukturiert er die „Weltanschauung" (Mannheim 1980: 88) aufgrund strukturidentischer Erfahrungen. Andererseits wirkt er nicht deterministisch auf die Akteur:innen und lässt einen Handlungsspielraum offen. Letztlich gilt es, die *„Bedingungen"* (Reckwitz 2003: 297, H. i. O.) zu spezifizieren, unter denen eine Reproduktion beziehungsweise Variation stattfindet. *Zweitens* stellt sich die Frage nach der Bedeutung von Artefakten. So wird im Rahmen post-humanistischer Ansätze diskutiert, inwiefern Artefakte, beispielsweise Smartphones und Apps (vgl. Klinge 2019), humanen Akteur:innen gleichgesetzt werden können. Zwar nimmt Bohnsack (2017: 148) Bezug zum „Zeuggebrauch" von Martin Heidegger (1977 [1935–1936]: 18), jedoch in dem Sinne, dass sich die Bedeutung erst in der Ausführung konstituiert und weniger darin, inwiefern das „Zeug" selbst handlungsleitend wirkt. *Drittens* wird schließlich das Verhältnis von Diskurs und Praktiken diskutiert. Aus Perspektive der Praxistheorie „kann ein Diskurs nichts anderes denn eine spezifische soziale Praktik sein" (Reckwitz 2003: 298), womit sich das Programm einer praxeologischen Diskursanalyse ergeben würde.

3.2 Konjunktive Erfahrungsräume

Innerhalb von konjunktiven Erfahrungsräumen findet ein intuitives Verstehen statt, das sich vom Modus der Interpretation unterscheiden lässt (vgl. Mannheim 1980: 272). Dies greift Bohnsack in seiner Praxeologischen Wissenssoziologie auf und verweist auf die „notorische Diskrepanz“ (Bohnsack 2017: 104) von propositionaler und performativer Logik. Interessant ist, dass sich sowohl Mannheim als auch Bohnsack auf den Begriff der Erfahrung beziehen, ohne diesen näher zu betrachten oder zu konkretisieren. Erfahrungen können dabei als Auseinandersetzung mit der Alltagswelt verstanden werden, die nicht vereinzelt gemacht werden, sondern von konjunktiven Erfahrungsräumen kollektiv gerahmt werden und maßgeblich konjunktives Verstehen bedingen. Sie sind grundlegend, um Handeln zu verstehen und können daher als primordial angesehen werden.

3.2.1 Verstehen und Interpretieren als zentrale Modi der Verständigung

Für Mannheim sind das kollektive Erleben und die kollektive Bedingtheit der Struktur des Denkens zentrale Gegenstände seiner Wissenssoziologie. „Der Mensch ist aber ein gesellschaftliches Wesen“ (Mannheim 1980: 80). Zwar ist das „*erlebende* Individuum“ dazu geneigt, einzelne Erlebnisse „*seinem individuellen* Erlebnisstrom“ (Mannheim 1980: 81, H. i. O.) zuzurechnen, jedoch zeigt Mannheim (1980: 270), dass das Erleben in einen „gemeinschaftlichen Erfahrungszusammenhang“ eingebunden ist. Als Kultursoziologe wendet er sich, wie in Abschnitt 3.1.2 beschrieben, diesem Erleben der in der Umwelt bereits existierenden Ordnung, der „*Beziehungen des Subjekts zu den geistigen Gebilden* [...] *als* Kulturphänomene“ (Mannheim 1980: 40, H. i. O.), zu. Dabei bestimmt er das Verhältnis der „Objektivitäten“ dieser Gebilde zu den „Subjektivitäten“ (Mannheim 1980: 269) auf zweifache Art und Weise: erstens als „vorreflexiv“, indem sie aktualisiert oder reproduziert werden, und zweitens als „theoretisch-reflexiv“.[11] Das erste Verhältnis bedeutet für Mannheim (1980: 269) ein „‚in den Gebilden leben‘“ oder ein Eindringen „in den existenziellen Hintergrund des Erfahrungsraumes“ (Mannheim 1980: 276)[12] und korrespondiert mit der Verständigung im Modus des Verstehens: „Verstehen bedeutet also [...] das Eindringen in einen gemeinschaftlich gebundenen Erfahrungsraum, in dessen Sinngebilde und deren existenziellen Unterlagen“ (Mannheim 1980: 272). Verstehen sich

[11] Bereits in Abschnitt 3.1.2 wurde das Erfassen dieser „geistigen Gebilde“ mit den Begriffen „von innen“ und „von außen“ (Mannheim 1982: 214) bezeichnet.

[12] Die im methodologischen Teil in Kapitel 4 ausgearbeitete Sinn- und Soziogenese basiert auf dieser Unterscheidung: Während es sich beim Erfassen des Vordergrundes geistiger Gebilde – „von außen“ (Mannheim 1982: 214) – um die Sinngenese handelt, ist es in Bezug auf das Eindringen in den Hintergrund – „von innen“ (ebd.) – die Soziogenese (vgl. Bohnsack 2018b: 315; Bohnsack et al. 2019: 35).

Einzelne, so basiert dies auf eben diesem gemeinschaftlichen Erfahrungsraum, auf strukturidentischen Erfahrungen und auf der erwähnten vorreflexiven Ebene. Das Erleben wird konjunktiv geteilt, und das Handeln muss weder noch kann es expliziert werden. Diese „Kollektivvorstellungen, [...] d. h. auf einen bestimmten Erfahrungsraum bezogenen konjunktiven Erfahrungen [...] sind nur erfaßbar und gelten in diesem Sinne nur für jene, die an ihnen in Existenz teilhaben“ (Mannheim 1980: 231). Eine Geste, eine Gebärde oder eine Wortwahl wird in ihrer tieferliegenden Bedeutsamkeit intuitiv und ohne Notwendigkeit einer weiteren Explikation in einem geteilten – und nur in diesem – Erfahrungsraum verstanden und verweist damit gleichermaßen auf diesen. Davon unterscheiden lässt sich das zweite „theoretisch-reflexive“ Verhältnis der „Objektivitäten“ zu den „Subjektivitäten“ (Mannheim 1980: 269), das mit dem Modus des Interpretierens verdeutlicht werden kann: Unter Interpretieren versteht Mannheim (1980: 272) die „niemals erschöpfende theoretisch-reflexive Explikation des Verstandenen.“ Die vorreflexive Beziehung zu den oben erwähnten „geistigen Gebilden“, die sich in vertrauten Gesten oder Wörtern dokumentiert, kann dem anderen mit Rückgriff auf theoretische Wissensbestände expliziert werden. Dabei erschöpft jedoch eine solche theoretisch-reflexive Explikation niemals die tieferliegende Bedeutsamkeit der Geste oder des Handelns, und die „geistigen Gebilde [...] verschwinden“ (Mannheim 1980: 269), sobald man sich ihnen in dieser abstrakten Art und Weise nähert. Während der Modus des Verstehens auf atheoretische, konjunktive, implizite Wissensbestände zurückgreift und auf strukturidentischen Erfahrungen basiert, wird im Modus des Interpretierens auf theoretische, kommunikative, explizite Wissensbestände in Form von Common-Sense-Typisierungen beziehungsweise allgemein geteilten Auffassungen zurückgegriffen.[13] Die kollektive Handlung des Aufstehens und Hinkniens in einem Gottesdienst ist Katholik:innen nicht fremd, sondern sie verstehen diese Handlung auf der Grundlage ihrer Erfahrung, also ihres Eingebundenseins in einen katholischen konjunktiven Erfahrungsraum. Fremde hingegen können das Tippen mit dem Zeigefinger auf die Stirn, die Brust und die Schultern nicht verstehen, sie teilen nicht die Erfahrung des Kreuzes als Symbol der Zugehörigkeit in ihrer tieferliegenden Bedeutsamkeit.

[13] Die Begriffe atheoretisch/theoretisch, implizit/explizit, konjunktiv/kommunikativ werden teilweise synonym gebraucht. Bohnsack (2017: 144) verweist darauf, dass er mit Bezug auf Mannheim atheoretisch und implizit in früheren Arbeiten synonym verwendet, dann den Begriff des Atheoretischen als Oberbegriff gewählt hat und nun den Begriff des Impliziten nutzt. Kommunikativ und konjunktiv verweisen hingegen eher auf die Dimension des Wissens (imaginativ/imaginär versus inkorporiert/habitualisiert).

Ihnen muss die Geste expliziert werden. Letztlich verbleibt die Bedeutung, eingebettet in einen konjunktiven Erfahrungsraum und basierend auf Erfahrungen, jedoch auf einer nicht explizierbaren Ebene.

Mannheim (1980: 270) plädiert nun dafür, sich dem „konjunktiv bedingten, gemeinschaftlichen Erfahrungszusammenhang" und der „Erfassung der konkreten Fülle der geistigen Gehalte" zuzuwenden. Wie ein Gegenstand betrachtet und erlebt wird (und damit die Struktur des Denkens prägt), liegt nicht (nur) an der „Konstitution des Vitalwesens" (Mannheim 1969: 256), wie in Abschnitt 3.1.2 gezeigt, sondern auch an der Umwelt. Denn: Wie die Welt wahrgenommen und erlebt wird, welche Bedeutung den Dingen gegeben wird, hängt vom Umfeld und der Ordnung der Dinge darin ab. Dabei muss nicht unbedingt eine direkte Begegnung mit den anderen stattfinden, an denen sich das Handeln orientiert, wie auch Weber (2005 [1922]: 16) betont, sondern es können „Einzelne und Bekannte oder unbestimmt Viele und ganz Unbekannte sein." In diesen kollektiven Zusammenhängen (wie beispielsweise Milieu, Generation oder Geschlecht) konstituieren sich aufgrund strukturidentischer Erfahrungen konjunktive Erfahrungsräume, mit je spezifischen Weltanschauungen, findet ein Verstehen statt, und es wird Dingen gegenüber auf ähnliche Art und Weise gehandelt. Daraus folgt für die Wissenssoziologie ein Wechsel der Analyseeinstellung vom *Was* zum *Wie*. Bedeutsam ist nicht mehr, *was* gesagt wird oder auf einem Bild abgebildet ist oder welcher abstrakte Begriff dafür verwendet wird (im Modus der Interpretation), sondern das *Wie*, also in welchen Erfahrungszusammenhang es eingebettet ist. „Nicht das ‚Was' eines objektiven Sinnes, sondern das ‚Daß' und das ‚Wie' wird von dominierender Wichtigkeit" (Mannheim 1970a: 134). Die Bedeutsamkeit einer Äußerung, einer Geste oder Gebärde kann dementsprechend erst im Kontext des konjunktiven Erfahrungsraumes verstanden werden. Wie Mannheim (1980: 73) am Beispiel des Herstellens eines Knotens erläutert, rückt damit die Herstellungspraxis in den Fokus: Er liegt als Resultat vor und kann mit Rückgriff auf Common-Sense-Theorien und theoretisches Wissen als Knoten bezeichnet werden. Die Herstellungspraxis basiert jedoch auf Erfahrung, unterscheidet sich in der Art und Weise, geschieht intuitiv und alltagspraktisch, ist kaum reflexiv zugänglich und verweist auf kollektive Zusammenhänge. „Die Bedeutung einer Handlung, einer Äußerung oder Geste, eines Begriffes erfasse ich dann, wenn ich jenen existentiellen sozialen Zusammenhang, jene Handlungspraxis mir rekonstruktiv vergegenwärtige, für welche diese Äußerung einerseits Ausdruck ist, deren Bestandteil sie andererseits aber zugleich darstellt" (Bohnsack 2007: 181). Mannheim (1970a: 105) unterscheidet hierbei den „Dokumentsinn", der auf die Herstellungspraxis verweist, vom immanenten Sinngehalt einer Handlung, dessen Intention nicht beobachtbar ist und als „Objektsinn" vom Beobachtenden auf einer Was-Ebene wahrgenommen werden kann. Eine Äußerung oder Geste tritt uns als Objektsinn (was wir sehen oder wahrnehmen) entgegen, verweist als Dokument (in welchem Kontext sie geäußert oder abgebildet wird, also dem Wie) jedoch auf den dahinterliegenden Erfahrungszusammenhang (vgl. Schäffer 2012: 199 f.; Nohl 2017: 4 f.). Erst darin wird sie als Äußerung oder Geste verständlich. „Immer muss eine *Totalität identifiziert* werden, die auf der Grundlage einer auch nur in Teilen vorfindbaren ‚Objektivation' interpretiert wird" (Schäffer 2012: 200, H. i. O.).

3.2.2 Zur notorischen Diskrepanz von Norm und Praxis

In seiner Praxeologischen Wissenssoziologie differenziert Bohnsack (2017) in Anlehnung an die Wissenssoziologie von Mannheim zwischen dem handlungsleitenden, konjunktiven Wissen als inkorporiertes oder habitualisiertes Wissen und dem kommunikativen Wissen als Common-Sense-Theorien sowie normativen Erwartungen. Norm und Praxis treten dabei in eine „komplexe Relation" (Bohnsack 2017: 102) zueinander, die er als „notorische Diskrepanz" (Bohnsack 2017: 104) bezeichnet und die den konjunktiven Erfahrungsraum aufspannt. „Ich bezeichne also dasjenige Erfahrungswissen, welches diese komplexe Relation von habitualisierter Praxis und normativen (und identitätsbezogenen) Erwartungshorizonten insgesamt umfasst, als konjunktiven Erfahrungsraum" (Bohnsack 2017: 102). Dabei handelt es sich nicht nur um unterschiedliche Wissensbestände, sondern auch um unterschiedliche Logiken der Sozialität (vgl. Bohnsack 2017: 103 f.): Die Sozialität des Kommunikativen zeichnet sich durch eine aufwendige Herstellung von Intersubjektivität im Sinne von Schütz aus (Perspektivenübernahme, Vortäuschung von Übereinstimmung) und setzt die Konstitution von Subjekten voraus. Die Sozialität des Konjunktiven wiederum ist Voraussetzung für die Konstitution von Subjekten und wird von Bohnsack (2017: 105, H. i. O.) als *„transsubjektiver"* Modus bezeichnet. In dieser primordialen Sozialität herrscht „gesichertes Wissen" (Bohnsack 2017: 105) aus derselben Praxis oder strukturidentischen Erfahrungen. Bohnsack (2017: 143) unterscheidet dabei das habitualisierte Wissen in Form von verbalen Praktiken vom inkorporierten Wissen als körpergebundenem Wissen.[14] Während in seinen früheren Arbeiten noch die gemeinsame Erlebnisschichtung die Grundlage für konjunktive Erfahrungsräume

---

[14] Bohnsack (2017: 143) weist darauf hin, dass er den Begriff des habitualisierten Wissens auch als Oberbegriff für inkorporiertes und habitualisiertes Wissen in der hier dargestellten Differenzierung verwendet.

bildete (vgl. Bohnsack 2012: 127), ist es in seiner Praxeologischen Wissenssoziologie das Spannungsverhältnis zwischen diesen beiden Logiken (Abbildung 3.1). „Der konjunktive Erfahrungsraum [...] zeichnet sich also weitergehend aus durch die Erfahrung eines gemeinsam oder strukturidentisch erlebten Spannungsverhältnisses zwischen der habitualisierten Handlungspraxis einerseits und den institutionalisierten Normen sowie den Identitätsnormen und auch den (Common-Sense-) Theorien andererseits" (Bohnsack 2017: 107). Die Norm im Sinne Émile Durkheims (1984 [1895]: 105 ff.), die dem Einzelnen als exterior gegebener Zwang entgegentritt, erhält damit im Rahmen der Praxeologischen Wissenssoziologie die Wendung, dass sie erfahren wird und in ein spezifisches Spannungsverhältnis zur habitualisierten Praxis tritt (vgl. Bohnsack et al. 2019: 25 f.).[15] Wenn Durkheim (1984 [1895]: 105) von den „Pflichten als Bruder, Gatte oder Bürger" spricht, dann besteht die praxeologische Wendung darin, dass diese Normen, diese Pflichten, nicht deterministisch wirksam werden, sondern der Umgang, die Praxis und das Erfahren der Normen relevant werden. Diese Erfahrung der Diskrepanz zwischen Norm und Praxis schließlich und die handlungspraktische Bewältigung können nicht expliziert, wohl aber in „Erzählungen oder Beschreibungen zur *Darstellung* gebracht werden" (Bohnsack 2017: 107, H. i. O.).[16] Gleichzeitig handelt

---

[15] Bohnsack baut hier auf die Differenzierung „geistiger Realitäten" von Mannheim (1980: 257 f.) auf: Von der Institution im Sinne Durkheims unterscheidet er „jene Sinngebungen, die die naturale Umwelt und Innenwelt in ein Sinngebilde verarbeiten" (Mannheim 1980: 258). Allerdings erscheint bei Mannheim (1980: 235) die Institution als Kollektivvorstellung im Durkheim'schen Sinne als „objektiv", auch wenn er betont, dass sie an soziale und historische Gegebenheiten gebunden ist. Während diese beiden Typen primordial gegeben sind, wird das „Werk" erschaffen. „Während die sinnvoll gewordene Innen- und Außenwelt für das Einzelindividuum vorfindlich ist, weil es in diese hineinwächst und die Sinngebung zumeist als Bestimmtheit, Eigenschaft der Natur selbst erfaßt (ist doch diese Sinngebung ‚hinter seinem Rücken' entstanden), so entsteht das Sinngebilde, das ‚Werk' sozusagen vor seinen Augen und in seinen Händen" (Mannheim 1980: 258). Aber auch das Werk ist „nicht allein Werk und Ausdruck seines Gestalters, sondern (in allem, was Technik, Stilwollen usw. betrifft) arbeitet in ihm das kollektive Ich der Gemeinschaft" (Mannheim 1980: 258).

[16] Letztlich kann die Handlungspraxis lediglich zur Darstellung gebracht und diese im Sinne Mannheims (1980: 272) „interpretiert", jedoch niemals vollumfänglich erfasst werden. Die „geistigen Gebilde [...] verschwinden" (Mannheim 1980: 269), sobald man versucht, sie in abstrakte theoretische Begriffe zu fassen, beziehungsweise sind konjunktive Erfahrungen eben „nur für jene [erfaßbar], die an ihnen in Existenz teilhaben" (Mannheim 1980: 231). Es gilt daher, sprachliche und bildhafte Darstellungen als Dokument für den konjunktiven Erfahrungsraum, den „konjunktiv bedingten, gemeinschaftlichen Erfahrungszusammenhang" (Mannheim 1980: 270) und die ihm je spezifische handlungspraktische Bewältigung der Diskrepanz von Norm und Praxis zu begreifen. Auch Bohnsack (2020: 28, H. i. O.) ist sich dieses Dilemmas bewusst, wenn er schreibt: „Es erscheint ausgesprochen kompliziert, wenn nicht sogar unmöglich, diesen Herstellungsprozess, das genetische Prinzip

es sich hierbei um eine analytische Trennung, denn empirisch treten Norm und Praxis zusammen auf (vgl. Bohnsack 2017: 104).

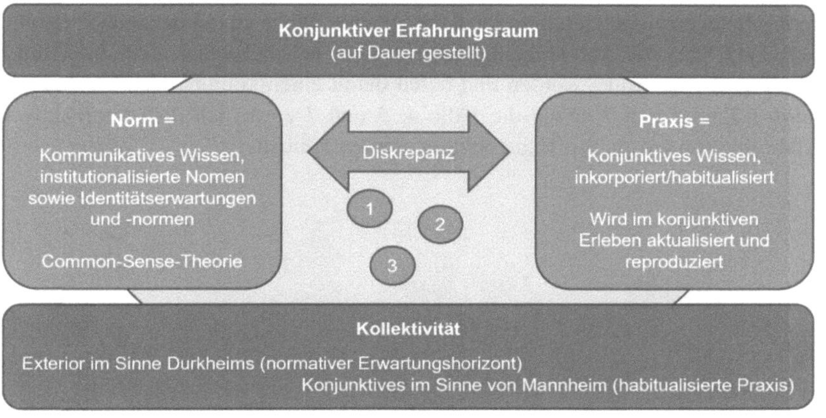

Abbildung 3.1 Notorische Diskrepanz zwischen Norm und Praxis des konjunktiven Erfahrungsraumes

Die methodologischen Konsequenzen dieser theoretischen Fundierung werden im nachfolgenden Kapitel ausgeführt. An dieser Stelle sei bereits darauf hingewiesen, dass Subjekte konjunktive Erfahrungsräume mit anderen teilen und gleichzeitig in mehreren konjunktiven Erfahrungsräumen verortet sein können. Dabei muss es nicht zu einem direkten Erleben voneinander kommen. So kann beispielsweise ein generationaler konjunktiver Erfahrungsraum mit anderen geteilt werden, die sich noch nie begegnet sind. Fokus der Rekonstruktion

---

also, in adäquater Weise *begrifflich-theoretisch zu explizieren.*“ Die besondere Bedeutung der Praxeologischen Wissenssoziologie, wie Joachim Renn (2019: 375) in seiner Rezension herausstellt, liegt gerade darin, dass Bohnsack vor dieser Paradoxie von kommunikativem Wissen mit einer propositionalen Logik und konjunktivem Wissen mit einer performativen Logik nicht kapituliert. Die methodologischen Konsequenzen werden in Kapitel 4 diskutiert und durch die Unterscheidung von Real- und Idealtypen gelöst. Idealtypen versuchen nach Weber (1922 [1904]: 194) nicht die Realität möglichst genau abzubilden, sondern bestimmte Aspekte zu einem „widerspruchslosen Ganzen“ (Kreitz 2020: 108) in Form theoretisch abstrakter Begriffe zu verbinden. Der Idealtypus ist damit ein *„Grenzbegriff“*, an dem die Wirklichkeit anhand bestimmter bedeutsamer Aspekte *„gemessen […] verglichen“* (Weber 1922 [1904]: 194, H. i. O.) werden kann.

ist damit nicht der einzelne Fall, sondern der Typ, der konjunktive Erfahrungsraum, der mit dem Fall nicht weitestgehend zur Deckung gebracht werden muss. Vielmehr geht es bei der Generalisierungsleistung darum, „dass die Grenzen des Geltungsbereichs des Typus bestimmt werden können, indem fallspezifische Beobachtungen aufgewiesen werden, die anderen Typen zuzuordnen sind“ (Bohnsack 2005: 76). Wie Abbildung 3.2 zeigt, können beispielsweise die Fälle 2 und 3 dem Typ D zugeordnet werden und teilen damit einen konjunktiven Erfahrungsraum, während Fall 3 sowie die Fälle 4, 5 und 7 zusätzlich dem konjunktiven Erfahrungsraum vom Typ E zugeordnet werden können.

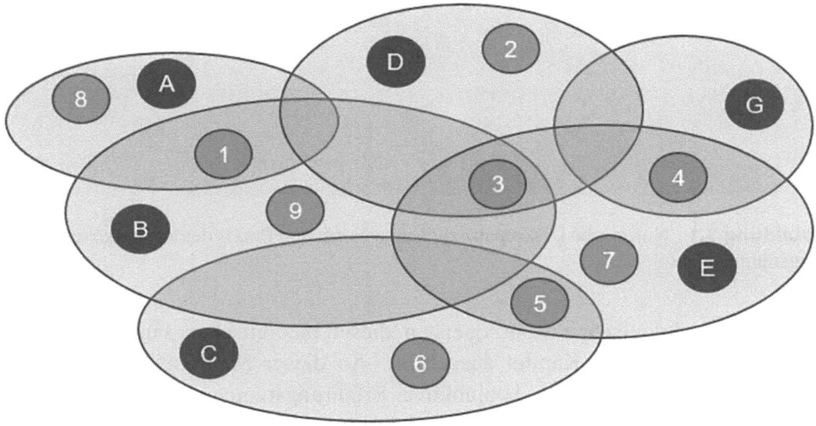

Abbildung 3.2 Eingebundensein in unterschiedliche konjunktive Erfahrungsräume

3.2.3 Erfahrung als grundlegendes Prinzip der Auseinandersetzung mit Welt

Während Mannheim und Bohnsack zwar auf den Erfahrungsbegriff aufbauen, wird dieser bei ihnen und auch im Diskurs um die Dokumentarische Methode und Praxeologische Wissenssoziologie jedoch kaum weiter ausgeführt. Obwohl es ein hoffnungsloses Unterfangen sein dürfte, Erfahrung letztgültig bestimmen zu wollen (vgl. Dieckmann 1997: 744), ist es dennoch unerlässlich, sich damit zu beschäftigen, wenn man von *Erfahrungs*zusammenhängen (Mannheim 1969) und konjunktiven *Erfahrungs*räumen (Mannheim 1980; Bohnsack 2017) ausgeht.

Ganz grundlegend verweist der Begriff der Erfahrung neben Alltagsverständnissen oder unterschiedlichen Dimensionen des menschlichen Erkennens (beispielsweise Wahrnehmen, Beobachten, Erleben) auf eine bereits seit Langem geführte wissenschaftliche Debatte, wobei historisch gesehen unterschiedliche Aspekte betont werden (vgl. Dieckmann 1997: 745). Eine erste Begriffsbestimmung[17] geht auf Aristoteles zurück, der Erfahrung im Sinne von Wissen als *„erworbene Fähigkeiten"*, ein *„Geübtsein"* und ein *„Vertrautsein"* verwendet (Ritter 1972: 609, H. i. O.). Mehrere Erinnerungen an eine Sache führen zu einer Fähigkeit, aus der jedoch keine generellen Urteile abgeleitet werden können. In der neuzeitlichen Wissenschaftstheorie ist es Francis Bacon, bei dem sich dieses Verständnis ändert, indem er zwischen der *experientia vaga* und der *experientia ordinata* unterscheidet: Während er unter ersterer zufällige Erlebnisse versteht, die zu generellen Sätzen führen, ist für ihn letztere ein methodisches Vorgehen, das aus experimentellen Ergebnissen die Rückführung auf fundamentale Naturgesetze erlaubt und eine Systematisierung der Versuchsordnung erfordert. Erfahrung wird zum „Ergebnis menschlicher Arbeit" (Ritter 1972: 612) in Form des naturwissenschaftlichen Experiments. Diese Sichtweise wurde im Folgenden immer wieder kritisiert, beispielsweise durch John Locke, da für ihn bei Bacon Wahrnehmung und Erfahrung gleichgesetzt werden. Die Frage, „woher wir das ‚gesamte Material des Denkens und Wissens' [...] nehmen, [beantwortet Locke, SR] bündig mit ‚in one word, from experience'" (Ritter 1972: 612). Erfahrung wird also nicht mehr auf die Ableitung naturwissenschaftlicher Erkenntnis aus systematisch geordneten Experimenten bezogen, sondern darauf, wie auch von Rudolf Carnap (1974 [1928]: X) vertreten, „daß alle Begriffe und Urteile aus der Zusammenwirkung von Erfahrung und Vernunft hervorgehen." Dieser Abgrenzung zu Bacon folgt auch David Hume, indem er davon ausgeht, dass sich Erfahrung aus erworbenen Kenntnissen zusammensetzt, die über Regelmäßigkeiten zur Gewohnheit werden und damit Prognosen über die Wirkung von Handlungen ermöglichen. Während für Bacon durch das Experiment Einblick in das Wesen der Dinge genommen werden kann, geht Georg Wilhelm Friedrich Hegel davon aus, dass die Sicht auf einen Gegenstand, auf das Wesen des Gegenstandes, nicht vorab gegeben ist, sondern in Auseinandersetzung mit dem Gegenstand neu erarbeitet und modifiziert wird. „Diese *dialektische* Bewegung, welche das Bewußtsein an ihm selbst, sowohl an seinem Wissen, als an seinem Gegenstande ausübt, *insofern ihm der neue wahre Gegenstand* daraus *entspringt*, ist eigentlich dasjenige, was *Erfahrung* genannt wird" (Hegel 1964 [1807]: 73, H. i. O.). Ein Gegenstand kann

[17] Dieser Absatz basiert auf dem Eintrag „Erfahrung" des *Historischen Wörterbuchs der Philosophie* (Ritter 1972: 609 ff.).

nicht im *„Ansich“* betrachtet werden, sondern in der Erfahrung mit ihm wird es zu einem *„Für-es-sein dieses Ansich“* (Hegel 1964 [1807]: 73, H. i. O.), und erst dies entspricht dem Wesen des Gegenstandes.[18] Diese Erfahrung ist nach Husserl wiederum in einer Lebenswelt verortet, die den Boden jeglicher Erfahrung darstellt. Während sich Bacon damit beschäftigt, inwiefern aus der Erfahrung der Welt universale Erkenntnisse durch das naturwissenschaftliche Experiment abgeleitet werden können, sind es Locke, Husserl und Hegel, die Erfahrung als Form der Auseinandersetzung mit der Welt konzipieren. Diese Form der Erfahrung kann eben nicht wie das Experiment berechnet und herbeigeführt werden (vgl. Bollnow (2013 [1968]: 31).

In der Erziehungswissenschaft taucht der Erfahrungsbegriff unter anderem in einem Richtungsstreit zwischen einer empirischen Erziehungswissenschaft und einer philosophisch-geisteswissenschaftlichen Richtung in den 1960er-Jahren auf, wobei hier auf die fehlende Auseinandersetzung mit dem Begriff hingewiesen wird (vgl. Bollnow 2013 [1968]: 20). Versucht man im Folgenden den Erfahrungsbegriff zu systematisieren, so werden verschiedene Dimensionen deutlich:

Erlebnis und Erfahrung: Während die Erfahrung auch zukünftiges Handeln leitet und sich aus mehreren Erlebnissen beziehungsweise deren Wiederholung (vgl. Brinkmann 2015: 536) konstituiert, wird beim Erleben die Einmaligkeit betont. „Während das Erlebnis ganz in sich selber ruht und nicht über sich selber hinausweist, so daß am Schluß nur die Erinnerung an das Erlebnis zurückbleibt, bewirken die Erfahrungen eine bleibende Veränderung des betreffenden Menschen“ (Bollnow 2013 [1968]: 25).

Zeitlichkeit von Erfahrung: Einzelne Erlebnisse werden erst dann zu einer Erfahrung, „wenn der Mensch eine allgemeine Lehre daraus zieht“ (Bollnow 2013 [1968]: 24). Zentral wird damit sowohl der Zeitaspekt der Erfahrung (vgl. Nittel & Kilinc 2023: 195) als auch ihre *„Horizonthaftigkeit“* (Brinkmann 2015: 536, H. i. O.): Erfahrungen finden immer im Kontext von bereits gemachten Erfahrungen und Vorwissen statt.

[18] Mannheim orientierte sich lange an Hegel (vgl. Kettler et al. 1990: 126) und nimmt seine Unterscheidung zwischen der wissensmäßigen Erfassung des Gegenstandes („Ansich“) und der Erfahrung des Gegenstandes, durch die das Wesen bestimmt wird („Für-es-sein dieses Ansich“), mit auf, wie in Abschnitt 3.2.1 anhand der Kategorie der Herrschaft gezeigt wurde. Er erweitert es jedoch um eine kollektive und historische Dimension: „Dieses konjunktive Erkennen, wenn es auf die Erkenntnis der Welt ausgeht, erfaßt stets diese geistigen Realitäten und nicht irgendwie die Welt *an sich*, wie sie da sein könnte, sondern die Welt, wie sie in einem bestimmten Stadium des Schicksals und des Werdeprozesses der Gemeinschaft da ist“ (Mannheim 1980: 265, H. i. O.).

Leiblichkeit von Erfahrung: Neben diesem Zeitaspekt wird zudem auf die Gebundenheit der Erfahrung an den Leib[19] hingewiesen (vgl. Fischer & Kohli 1987; Knoblauch 2009; Meyer-Drawe 2012; Bollnow 2013 [1968]; Peskoller 2013; Brinkmann 2015). So bildet der Leib „den Nullpunkt des Erfahrens" (Knoblauch 2009: 305), und Käte Meyer-Drawe (2012: 11) schließt an die Gewohnheit an, die unserem routinierten Handeln zugrunde liegt: „Sie [die Gewohnheiten, SR] sind daher gleichsam ein Wissen des Leibes, der seine Welt nicht als bloßes Gegenüber hat, sondern sie bewohnt (habitat)." Wie Norbert Elias und Michel Foucault zeigen, ist der Leib dabei nicht nur durch die Erfahrung mit der dinglichen Welt geprägt, sondern auch durch soziale und kulturelle Ordnungen zivilisiert und diszipliniert (vgl. Meyer-Drawe 2012: 12). Auch Bohnsack hebt diese Dimension des inkorporierten Wissens hervor und verweist darauf, dass dieses vor allem in Form der Bildanalyse rekonstruiert werden kann (vgl. Bohnsack 2013a, 2017).

Doppelcharakter von Erfahrung: Der Erfahrung wird einerseits ein hinderndes Element zugeschrieben, indem man sich darauf berufen kann und so neue Erfahrungen verhindert. Andererseits ist es der „Mut zur Erfahrung" (Bollnow 2013 [1968]: 27) oder das „Lernen aus Leidenschaft" (Meyer-Drawe 2012), die Gewohnheiten irritieren und ein Lernen ermöglichen. Erst auf der Grundlage gemachter Erfahrungen können diese irritiert und durch eine „negative Erfahrung" (Brinkmann 2015: 537) neue hervorgebracht werden. Diese letzte Form der Erfahrung ist, wie Otto Friedrich Bollnow (2013 [1968]: 23) mit Bezug auf Hans-Georg Gadamer herausarbeitet, schmerzhaft, da sie Gewohnheitsmäßiges irritiert.

Hervorbringung von Erfahrung: Im Gegensatz zum *„Erfahrung-Machen"* wird auf das *„Erfahrung-Haben"* (Nittel & Kilinc 2023: 195, H. i. O.) oder das „hervorbringen-Können" (Gutmann 2007: 347), also die Reproduktion einer Tätigkeit in einer bestimmten Art und Weise mit Bezug auf erfahrene Professionelle, wie beispielsweise einer:m erfahrenen Handwerker:in, verwiesen. Während für Bollnow (2013 [1968]: 27 ff.) die Erfahrung als ein Können nicht im Wissen verortet ist, verweist Mathias Gutmann (2007: 348) darauf, dass man sich Wissen über bestimmte Tätigkeiten aneignet, die dann abgerufen werden können.

Teilen von Erfahrungen: Erfahrungen wie die Geburt des eigenen Kindes oder die Leere und Trauer beim Tod von Angehörigen können kaum zum Ausdruck gebracht werden – es fehlen wortwörtlich die Worte (zum Begriff der nicht

---

[19] Mit Bezug auf eine phänomenologische Perspektive kann zwischen dem Körper (haben) und dem Leib (sein) differenziert werden, wobei Letzterer auf die soziale Bedingtheit verweist. Malte Brinkmann (2015: 538 f.) spricht in diesem Zusammenhang von einer „Verkörperung [...] als Ausdruck einer Stellungnahme zu sich selbst, zu Anderen und vor Anderen."

begrifflichen Erfahrung vgl. Bromand & Kreis 2010: 13; Bartels 2010: 219). So betont Bernhard Dieckmann (1997: 745), dass es gemeinsame Erfahrungen benötigt, um sich verstehen zu können. Auf diesen kollektiven Aspekt der Erfahrung im Gegensatz zur individuellen Erfahrung verweisen auch Dieter Nittel und Marlena Kilinc (2023: 201) mit Bezug zu John Dewey.

Erfahrung und Wissen: Die Beziehung von Wissen und Erfahrung gestaltet sich dermaßen, dass jegliches Wissen in Erfahrung gründet und Erfahrungswissen sich als bereits typisierte Erfahrung auszeichnet (vgl. Ritter 1972: 612; Knoblauch 2009: 305).

Anhand dieser Aspekte wird deutlich, dass der Begriff der Erfahrung auf eine Auseinandersetzung des Subjekts mit der Welt verweist. Im Gegensatz zum Erleben verweist die Erfahrung über diesen Moment hinaus, sie ist primordial gegeben, an den Leib gebunden, ihr kommt eine handlungsleitende Relevanz zu und sie kann durch neuartige Erlebnisse irritiert werden (vgl. Nohl et al. 2015). Schließlich entzieht sich die Erfahrung der sprachlichen Artikulation – „es ist ein Zirkel von Vorgängigkeit und Nachträglichkeit" (Brinkmann 2015: 531).

3.2.4 Erfahrung im Kontext konjunktiver Erfahrungsräume

Während sich der Erfahrungsbegriff in der historisch-philosophischen und der erziehungswissenschaftlichen Debatte vor allem auf die Auseinandersetzung des Subjekts mit der Welt bezieht, betonen Mannheim und Bohnsack sowohl den kollektiven Moment der Erfahrung als auch ihr Gebundensein an historische und soziale Bedingungen. Erfahrungen finden weder willkürlich noch zufällig statt, sondern sind in einer bereits geordneten Alltagswelt oder – in den Worten von Mannheim (1980: 270) – in einen „gemeinschaftlichen Erfahrungszusammenhang" eingebunden, der die Wahrnehmung und das Handeln bedingt. Wenn Bollnow davon spricht, dass jedem Menschen „nur ein beschränkter Umkreis von Erfahrungen zugänglich ist" (Bollnow 2013 [1968]: 38), verweist dies gerade auf die selektive Funktion des konjunktiven Erfahrungsraumes. Dabei ist dieser Erfahrungszusammenhang nicht universal, sondern historisch einmalig (vgl. Mannheim 1980: 139). Der „historisch-soziale Raum" (Mannheim 1969: 228) bedingt strukturidentische Erfahrungen, die einen konjunktiven, primordial gegebenen Erfahrungsraum konstituieren, der nicht nur das Machen von Erfahrungen, sondern auch die Art und Weise des Habens von Erfahrungen strukturiert. Dies drückt sich nicht nur in der Sprache aus, sondern auch im Leib. Gesten, Gebärden, die Art und Weise der Haltung oder des Gehens werden sowohl innerhalb eines konjunktiven Erfahrungsraumes entsprechend kollektiv geprägt als auch intuitiv verstanden.

Die besondere Bedeutung des konjunktiven Erfahrungsraumes wird deutlich, wenn der Kultursoziologe Mannheim (1980: 230) schreibt: „Aber auch noch heute spielt sich nicht nur unser alltägliches Leben im konjunktiven Erfahrungsraume ab, sondern dieser ist auch die Stätte unserer ganzen Kulturschöpfung.“ Er spannt sich auf zwischen der habitualisierten, im Leib eingeschriebenen, gewohnheitsmäßigen Praxis und dem Erfahren der exterior gegebenen Normen, die in einer „notorischen Diskrepanz“ (Bohnsack 2017: 104) zueinanderstehen. Um Handeln zu verstehen, gilt es daher, den es rahmenden konjunktiven Erfahrungsraum, die ihm zugrunde liegenden strukturidentischen Erfahrungen, zu rekonstruieren. Wie bereits angesprochen, können Erfahrungen und die darauf aufbauende Handlungspraxis weder sprachlich noch bildhaft zum Ausdruck gebracht, sondern lediglich dargestellt werden. Gerade das Einschreiben von Erfahrungen in den Leib, beispielsweise durch Gewohnheiten oder Disziplinierung, findet auf einer Ebene jenseits der Sprache statt.[20] Eine Rekonstruktion der Erfahrung und eine theoretische Explikation des darauf basierenden kollektiven intuitiven Verstehens bleiben damit immer aspekthaft.

3.3 Konjunktive Erfahrungsräume von Berufsgruppenwechseln

Im Anschluss an das eingangs erwähnte Zitat von Dörner und Schäffer (2012: 16) stellen Grundlagentheorien Begriffe zur Verfügung, die den Gegenstand mitkonstituieren. Mit der vorgestellten praxeologisch-wissenssoziologischen Perspektive gewinnt vor allem die kollektive Praxis von Berufsgruppenwechseln an Bedeutung, die im Rahmen des Berufes als übergeordnetes Prinzip von Bildungs- und Beschäftigungssystem (vgl. Kapitel 2) stattfinden. Wie Mannheim (1969: 269) in Bezug auf die Kategorie der Herrschaft zeigt, kann die Kategorie des Berufes nicht als eine theoretische Kategorie (vor-)gefasst werden, sondern erst im Erleben und in seiner Gebundenheit an soziale und historische Bedingungen. Damit rücken das „gelebte Leben“ (Mannheim 1980: 40), die Handlungspraxis, die Erfahrungen in und mit dem Beruf in den Fokus. Diese Erfahrungen und das darauf basierende berufliche Handeln sind nach Mannheim und Bohnsack in konjunktive (berufliche) Erfahrungsräume eingebunden. Diese beruhen auf

[20] An dieser Stelle sei bereits auf die Auseinandersetzung in Kapitel 4 zu Bild und Sprache verwiesen. Während Erfahrungen kaum in Sprache beschrieben werden können, eignen sich sowohl Bilder als auch bildhafte, sprachliche Metaphern, um die Erfahrung im Medium der Ikonizität zur Darstellung zu bringen (vgl. Bohnsack 2011: 29; Schäffer 2013: 231).

strukturidentischen Erfahrungen, die wiederum ein intuitives Verstehen ermöglichen. (Berufsbezogene) Normen treten in ein Spannungsverhältnis zu einer (berufsbezogenen) Praxis, die handlungspraktisch bewältigt werden muss. Ein Berufsgruppenwechsel findet aus dieser theoretischen Perspektive daher nicht willkürlich oder *einfach so* statt, sondern ist selbst in einen „gemeinschaftlichen Erfahrungszusammenhang" (Mannheim 1980: 270), in die primordiale Sozialität des Konjunktiven (vgl. Bohnsack 2017: 105), eingebunden. Damit werden neben der berufsbezogenen Praxis als der Herstellung und Bewältigung des Berufsgruppenwechsels die berufsbezogenen Normen und die damit einhergehende handlungspraktische Bewältigung dieses Spannungsverhältnisses relevant.

Auch wenn davon ausgegangen werden kann, dass bei einem Berufsgruppenwechsel vor allem berufliche Erfahrungen eine Rolle spielen, gilt es, diese im Kontext weiterer „Seinsfaktoren" (Mannheim 1969: 230) zu betrachten. Darunter können einerseits die von Mannheim (1969: 237) beispielhaft angeführten „sozialen Einheiten" wie Generation oder Berufsgruppen verstanden werden, wodurch konjunktive Erfahrungsräume an soziale und historische Bedingungen geknüpft werden.[21] Und andererseits darf der ebenfalls für den Beruf zentrale Aspekt der (Weiter-)Bildung bei Berufsgruppenwechseln nicht vernachlässigt werden. Hier wird unter anderem die Frage danach virulent, warum jemand an einer Weiterbildung teilnimmt (vgl. Abschnitt 2.3.3). In einer Perspektive der Regulative rücken im Gegensatz zu monokausalen Erklärungsmodellen verschiedene „Kontextfaktoren" (Wittpoth 2018: 1156) wie beispielsweise Betrieb, Raum oder Familie in den Vordergrund. Somit kann davon ausgegangen werden, dass beruflichen Erfahrungen zwar eine bedeutende Rolle bei der Beteiligung an Weiterbildung im Kontext von Berufsgruppenwechseln zukommt, jedoch auch weitere Faktoren berücksichtigt werden müssen. Konjunktive berufliche Erfahrungsräume rahmen damit nicht nur die Praxis des Berufsgruppenwechsels, sondern ebenfalls die daran anknüpfende Weiterbildungsbeteiligung.

Im Anschluss an die gegenstandstheoretische Konstitution und die grundlagentheoretische Ausarbeitung lassen sich *erstens* Fragen in Bezug auf die Herstellung und Bewältigung des Berufsgruppenwechsels formulieren:

---

[21] Hierauf wird im folgenden methodologischen Kapitel nochmals näher eingegangen, indem zwischen einer Sinngenese und einer Soziogenese unterschieden wird (vgl. unter anderem Bohnsack et al. 2019: 35). Während sich eine sinngenetische Typenbildung an der handlungspraktischen Bewältigung des einem konjunktiven Erfahrungsraum inhärenten Spannungsverhältnisses von Norm und Praxis orientiert, sucht die soziogenetische Typenbildung nach dem „Hintergrund" (Mannheim 1980: 276), d. h. den sozialen und historischen Bedingungen.

1. *Inwiefern basieren Berufsgruppenwechsel auf strukturidentischen Erfahrungen und sind damit eingebunden in konjunktive (berufsspezifische) Erfahrungsräume?*
2. *Inwiefern können dabei berufsbezogene Normen, eine berufsbezogene Praxis und die Bewältigung dieses Spannungsverhältnisses rekonstruiert werden?*

Zweitens lassen sich daran anschließend Fragen in Bezug auf die Beteiligung an Weiterbildung stellen:

3. *Inwiefern lassen sich Kontextfaktoren der Beteiligung an Weiterbildung bei Berufsgruppenwechseln rekonstruieren?*
4. *Inwiefern ist die Weiterbildungsbeteiligung eingebunden in konjunktive (berufsspezifische) Erfahrungsräume?*

4 Methodologische Überlegungen zu den empirischen Materialsorten Text und materiales Bild und den Begriffen der Dokumentarischen Methode

Die Dokumentarische Methode und die in Kapitel 3 vorgestellte Praxeologische Wissenssoziologie bilden die dem Forschungsprojekt zugrunde liegende Sozialtheorie. In diesem Kapitel wird daher sowohl auf die Grundbegriffe der Dokumentarischen Methode eingegangen als auch deren methodologische Fundierung betrachtet. Hierfür wird zunächst anhand der Sprachphilosophie zu Beginn des 20. Jahrhunderts verdeutlicht, dass Begriffe nur bestimmte Aspekte eines Gegenstandes erfassen. Diese selektive Funktion ist nicht nur bei Begriffen von Bedeutung, sondern auch dem der qualitativen Forschung zugrunde liegenden empirischen Material. Text und materialem Bild als vorrangigen Materialsorten ist eine je eigene Logik inhärent, die auf unterschiedliche Wirklichkeitsaspekte verweist.

4.1 Zu den Bedingungen wissenschaftlicher Erkenntnis

Wissenschaft ist notwendigerweise auf Texte und Begriffe angewiesen. Dabei zeigen die sprachphilosophischen Überlegungen von Walter Benjamin, Ernst Cassirer und Ludwig Wittgenstein zu Beginn des 20. Jahrhunderts, dass Begriffe diffus, vage und aspekthaft sind. Dies trifft auf grundlagentheoretische und methodologische Begriffe zu, das Verhältnis wissenschaftlicher Begriffe zur sozialen Wirklichkeit und auch auf die Begriffsbildung in der Alltagswelt. Während in Abschnitt 4.3.1 die Wirklichkeitskonstitution durch Sprache, also letzterer Aspekt, beleuchtet wird, sollen im vorliegenden Kapitel zunächst die Eigenschaften wissenschaftlicher Begriffe diskutiert werden.

S. Rundel, *Begrenzte Beruflichkeit*, Theorie und Empirie Lebenslangen Lernens,
https://doi.org/10.1007/978-3-658-51888-2_4

4.1.1 Zum Verhältnis von wissenschaftlichen Begriffen und Wirklichkeit

Wissenschaftliche Begriffe können und müssen verwendet und diskutiert werden. Allerdings gilt es festzuhalten, dass sie nicht als Abbild des Seins beziehungsweise der Wirklichkeit zu verstehen sind, sondern als „selbstgeschaffene intellektuelle Symbole“ (Cassirer 2001 [1923]: 3). Sie erfassen das Sein in der Sprache der Wissenschaft mit ihrer je eigenen Logik. Daraus folgt, dass je nach Richtung der Betrachtung und je nachdem, welche Begriffe verwendet werden, unterschiedliche Aspekte eines Gegenstandes erfasst werden.

> „Wenn die Definition, die Bestimmung des Erkenntnisgegenstandes immer nur durch das Medium einer eigentümlichen logischen Begriffsstruktur erfolgen kann, so ist die Folgerung nicht abzuweisen, daß einer Verschiedenheit dieser Medien auch eine verschiedene Fügung des Objekts, ein verschiedener Sinn ‚gegenständlicher‘ Zusammenhänge entsprechen muß.“ (Cassirer 2001 [1923]: 5)

So macht es einen Unterschied, ob der Wechsel einer Berufsgruppe, wie in Kapitel 2 dargestellt, mit dem Begriff einer diskontinuierlichen Erwerbsbiografie erfasst wird, also das biografische Moment und durch den Begriff der Diskontinuität die Unterbrechung einer Kontinuität betont werden, oder als Entberuflichung, also als Auflösung des Berufssystems, das mit einer Ausbildung auf einen lebenslangen Beruf vorbereitet. Gegenstände, wie der Wechsel einer Berufsgruppe, sind damit nicht vollumfänglich begrifflich zu erfassen, sondern es werden notwendigerweise einzelne „Merkmale“ betont, und es wird deutlich, „daß die Sprache niemals einfach die Objekte, die wahrgenommenen Gegenstände als solche, sondern die vom Geist selbsttätig gebildeten Begriffe bezeichnet, wobei die Art dieser Begriffe stets von der Richtung der intellektuellen Betrachtung abhängt“ (Cassirer 1959 [1922]: 100 f.). Benjamin (1991 [1923]: 14) macht dies in seinem Text *Die Aufgabe des Übersetzers*, der seiner Übersetzung des Gedichtes *Tableaux parisienes* von Charles Baudelaire vorangestellt ist, an der Differenz von Begriffen in unterschiedlichen Sprachen deutlich: Die Begriffe „pain“ und „Brot“ beziehen sich auf denselben Gegenstand, das „Gemeinte“; die „Art des Meinens“, also die damit zusammenhängende Bedeutung, unterscheidet sich jedoch. Lediglich in einer „reinen Sprache“ (Benjamin 1991 [1923]: 19) könnte der Gegenstand vollumfänglich ausgedrückt werden. Eine wissenssoziologische Reflexion wissenschaftlicher Begriffe bringt zum Vorschein, dass der „objektive Sinn“ (Mannheim 1970a: 106) nicht vollumfänglich bezeichnet werden kann, sondern es zu erfassen gilt, was sich darin *„dokumentiert“* (Mannheim 1970a: 108, H. i. O.). Wissenschaft hat damit die Aufgabe, sowohl Begriffe reflektiert zu verwenden und zu klären als auch aufzuzeigen, welche Aspekte dadurch zum Vorschein kommen. Wittgenstein (1922: 101 f., H. i. O.) differenziert in seinem *Tractatus Logico-Philosophicus* zwischen dem Nennen und Zeigen: „3.221 Die Gegenstände kann ich nur nennen. Zeichen vertreten sie. Ich kann nur von ihnen sprechen, sie aussprechen kann ich nicht. Ein Satz kann nur sagen, wie ein Ding ist, nicht was es ist.“ Und weiter: „3.262 Was in den Zeichen nicht zum Ausdruck kommt, das zeigt ihre Anwendung. Was die Zeichen verschlucken, das spricht ihre Anwendung aus.“ Gegenstände können demnach zwar in Form von Zeichen (als Wörter, Begriffe) genannt werden, jedoch nicht abschließend – es kann nicht gesagt werden, *was* sie sind, sondern lediglich *wie* sie sind. All das, was nicht genannt werden kann, zeigt sich vielmehr in der Praxis. Einen Satz zu verstehen heißt, zu wissen, was der Fall ist, also worauf der Satz sich bezieht (vgl. Wittgenstein 1922: 109). Letztlich weist Wittgenstein (1922: 162) darauf hin, dass derjenige, der ihn „versteht, am Ende als unsinnig erkennt“, was er sagt, denn dies lässt sich wiederum nicht in Sprache ausdrücken. Mit den in Abschnitt 3.2.1 vorgestellten Modi des Interpretierens und Verstehens (vgl. Mannheim 1980: 272) wird deutlich, dass auch Begriffe in einer Praxis wurzeln. Sie können zwar theoretisch expliziert werden, ihr letzter Bedeutungsgehalt ist jedoch in einer nicht sprachlichen spezifischen Praxis und dem Eingebundensein in eine Erfahrungsgemeinschaft fundiert. Dies bezieht sich sowohl auf die Begriffsbildung in der Alltagswelt der Beforschten als auch auf diejenige der Forschenden: Erkenntnistheoretisch kann die Perspektive auf Welt und methodologisch die metatheoretische Fundierung des empirischen Zugangs im Modus des Interpretierens in Form von Begriffen theoretisch-reflexiv expliziert werden (vgl. Kapitel 3 und 4), der Modus des Verstehens basiert jedoch auf einem „existenziellen Hintergrund des Erfahrungsraumes“ (Mannheim 1980: 276), auf gemeinsamen Erfahrungen in der Forschungspraxis und entzieht sich einer erschöpfenden theoretischen Explikation. Dieses gemeinsame Verständnis einer Forschungspraxis entwickelt sich beispielsweise auf Konferenzen oder in Forschungswerkstätten (vgl. Abschnitt 5.6). Den Forschenden bleibt daher nichts anderes übrig, als die auf gemeinsamen Erfahrungen basierende und mit anderen Forschenden geteilte Forschungspraxis mit ihrem Modus des Verstehens in Begriffe zu fassen und im Modus der Interpretation zu explizieren. Und auch wenn die Explikation in Form von Begriffen unumgänglich ist (vgl. Bohnsack 2005: 73), bleibt es ein Versuch, wobei die Forschenden ihrem jeweiligen Standort verhaftet sind (vgl. Abschnitt 4.4.5). Die Begriffe bleiben dabei notwendigerweise diffus. Diese Diffusität von Begriffen wird auch von

Reinhart Koselleck (1972: XXIII) aufgenommen, der ihr Aufkommen in einem historischen Zusammenhang betrachtet: „Ein Begriff kann also klar, muss aber vieldeutig sein. [...] Überspitzt formuliert: ,Wortbedeutungen können durch Definitionen exakt bestimmt werden, Begriffe können nur interpretiert werden'." So ist auch die Explikation der Begriffe in diesem methodologischen Kapitel als Versuch zu lesen, die Forschungspraxis und das dem methodischen Vorgehen zugrunde liegende Verständnis in Worten und logischen Sätzen zu explizieren, ohne jedoch ihren erfahrungsbasierten Bedeutungsgehalt erschöpfend angeben zu können. Zwar gilt: „Was sich überhaupt sagen lässt, lässt sich klar sagen; und wovon man nicht reden kann, darüber muss man schweigen" (Wittgenstein 1922: 91), die Interpretation der Begriffe obliegt jedoch den Lesenden auf der Basis ihrer eigenen Erfahrungen. Und wenn Wittgenstein (1922: 91) seine Abhandlung mit den folgenden Worten beginnt: „Dieses Buch wird vielleicht nur der verstehen, der die Gedanken, die darin ausgedrückt sind – oder doch ähnliche Gedanken – schon selbst einmal gedacht hat", dann kann dies als Verweis darauf gelesen werden, dass Zeichen (als Wörter und Begriffe) interpretiert werden müssen, sie auf etwas *zeigen*, sich in ihnen etwas *dokumentiert* und sie erst auf der Grundlage gemeinsamer Erfahrungen *verstanden* werden können. Aus diesen sprachphilosophischen Ausführungen lässt sich für die methodologischen Überlegungen Folgendes zusammenfassen:

1. Wissenschaftlicher Sprache beziehungsweise wissenschaftlichen Begriffen ist eine eigene Logik inhärent. Sie bilden Wirklichkeit nicht ab, sondern erfassen sie begrifflich in ihrem eigenen System.
2. Gegenstände können mit Begriffen nicht vollumfänglich erfasst werden, sondern Begriffe verweisen lediglich auf einzelne Aspekte dieser Gegenstände.
3. Begriffe können nicht abschließend geklärt werden, sondern ihnen liegt eine Erfahrungsdimension zugrunde, was sowohl für die Alltagswelt als auch die Wissenschaft gilt. Sie können expliziert und diskutiert werden, letztlich können sie aber nur aufgrund geteilter Erfahrungen *verstanden* werden oder müssen *interpretiert* werden.

Daraus folgen für das vorliegende Forschungsprojekt methodologische Konsequenzen:

1. Wissenschaftliche Ergebnisse übersetzen Wirklichkeit in die Sprache der Wissenschaft. Wie Alfred Schütz (1971: 7) formuliert, sind sie „Konstruktionen zweiten Grades", die adäquat zu den Konstruktionen der Beforschten sein sollen (vgl. Abschnitt 4.2). Solch eine Übersetzung bezieht sich dann jeweils auf

die „Art des Meinens“ (Benjamin 1991 [1923]: 14) beziehungsweise auf das, was sich darin dokumentiert.

2. Der Erkenntnisgegenstand ist nicht natürlich gegeben, sondern selbst eine Konstruktionsleistung der Forschenden. Je nach Betrachtungsweise, je nachdem welche Begriffe verwendet werden, werden andere Aspekte betont. Dies gilt es gegenstandstheoretisch zu explizieren (vgl. Kapitel 2).
3. Begriffe sind vage und diffus. Ihnen liegt eine Erfahrungsdimension zugrunde, die sich in der Praxis bildet, beispielsweise in Forschungswerkstätten oder Forschungszusammenhängen (vgl. Abschnitt 5.6). Die damit einhergehende Standortgebundenheit (vgl. Abschnitt 4.4.5) kann nicht aufgehoben, sondern lediglich reflektiert werden. Letztlich verstehen Lesende die Begriffe auf der Grundlage strukturidentischer Erfahrungen oder müssen sie entsprechend interpretieren. Eine *abschließende* begriffliche Klärung ist damit unmöglich.

4.1.2 Zum Verhältnis von Erkenntnistheorie und Methodologie

Während die Erkenntnistheorie theoretische Begriffe zur Verfügung stellt, die sich auf den Gegenstand, in diesem Fall Berufsgruppenwechsel, beziehen und diesen mitkonstituieren, fungiert die Methodologie mit ihren Begriffen als eine metatheoretische Fundierung der Methode in Bezug auf den empirischen Zugang (vgl. Bohnsack 2021b: 90).

> „Methodologien klären auf über die Bedingung der Möglichkeit wissenschaftlicher Erkenntnis. Sie schaffen überhaupt erst die Voraussetzung dafür, dass wissenschaftliche Methoden entwickelt werden können, über deren Praktikabilität, Verlässlichkeit oder Güte sich hernach nur vor dem Hintergrund ihrer methodologischen Vorannahmen streiten lässt.“ (Strübing & Schnettler 2004: 9)

Die Explikation der dem empirischen Vorgehen zugrunde liegenden Methodologie mit ihren theoretischen Begriffen ist daher notwendig, um etwas über die Güte, die Bedingungen und die Grenzen der durch das methodische Vorgehen gewonnenen wissenschaftlichen Erkenntnisse erfahren zu können. So impliziert die Wahl eines Paradigmas mit seinen erkenntnistheoretischen und methodologischen Begriffen bereits eine spezifische Perspektive auf Welt und lenkt den Blick auf bestimmte Aspekte sozialen Handelns (vgl. Bohnsack 2020: 22). Damit ist jedoch nicht gemeint, dass die Begriffe des Paradigmas als theoretische Kategorien an das empirische Material angelegt werden. Vielmehr gilt es, die dem empirischen Vorgehen zugrunde liegenden „meta-theoretischen Kategorien" (Bohnsack 2005: 70) zu explizieren, wie beispielsweise bei der Dokumentarischen Methode die des Orientierungsrahmens (vgl. Abschnitt 4.4.2), um über die methodologischen Vorannahmen, wie von Jörg Strübing und Bernt Schnettler gefordert, streiten und diese weiterentwickeln zu können. Dies entspricht insofern der Auffassung von Karl R. Popper (1994 [1934]: 71, H. i. O.), wonach „Basissätze" als *„Festsetzungen"* formuliert werden müssen, also theoretische Vorarbeit geleistet werden muss, die dann durch die Empirie falsifiziert (und dadurch auch weiterentwickelt) werden kann. Während sich Popper (1994 [1934]: 72) damit von einer Induktionslogik abgrenzt und eine Trennung von Theorie (klarer Fragestellung) und Empirie (Überprüfung) vertritt, folgt die Dokumentarische Methode (vgl. Abschnitt 4.4.4.2) wechselnden Phasen von Induktion (aus dem Material heraus), Deduktion (Überprüfen der Hypothesen am Material) und Abduktion (plötzliche Erkenntnisse bei der Arbeit mit dem Material). Die Begriffe der Dokumentarischen Methode als streitbare Festsetzungen werden in Abschnitt 4.4 weiter erörtert. Im Rahmen einer „theoretischen Empirie" (Kalthoff et al. 2019) entstehen somit nicht nur Erkenntnisse in Bezug auf den Gegenstand, sondern es wird durch die Empirie auch eine Theoriebildung ermöglicht.

> „In dieser Hinsicht lässt sich von einer reziprok reflexiven Beziehung zwischen Grundbegriffen und empirischer Analyse sprechen: Wenn die empirische Analyse die Ebene des Einzelfalles verlässt, fallübergreifende Muster identifiziert und Typologien konstruiert, wird sie stark genug, damit theoretische Grundbegriffe in ihrer Angemessenheit angezweifelt und neue entwickelt werden können." (Nohl 2016: 119)

Die vom Gegenstand abstrahierten theoretischen Begriffe der Erkenntnistheorie und der Methodologie bilden das „Skelett", das durch empirische Forschung „mit dem Fleisch" (Nohl 2016: 110) gefüllt werden muss. Gerade dieses Verhältnis theoretischer Begriffe zur Empirie hat Ralf Bohnsack (2017: 11, H. i. O.) im Sinn, wenn er davon spricht, dass „derzeit eine theoriegeschichtliche Forschung [im Vordergrund steht, SR], welche eine hohe Komplexität erreicht, ohne dass aber eine empirische Fundierung und eine aus der eigenen Forschungs*praxis* geschöpfte methodologische Reflexion dem zu entsprechen vermag." Für die Forschungspraxis folgt daraus eine wechselseitige Auseinandersetzung von Theorie und Empirie, wobei die erkenntnistheoretischen und methodologischen Annahmen sowohl den Blick auf das empirische Material leiten als auch durch die empirischen Ergebnisse eine Weiterentwicklung der theoretischen Begriffe ermöglicht wird. Hierbei gilt die von Barney G. Glaser und Anselm L. Strauss

(2017 [1969]: 37) formulierte Auffassung, dass empirische Forschung ohne Vorannahmen ins Feld gehen muss, inzwischen als überholt (vgl. Nohl 2016: 105). So können Forschende ihre theoretischen Vorannahmen bei der Analyse des Materials nicht einfach zur Seite legen, sondern es gilt die eigene Standortgebundenheit im Rahmen der Interpretation zu reflektieren (vgl. Abschnitt 4.4.5 und 5.6).[1]

Die Wahl der Methodologie und Methode wird in der Forschungspraxis häufig pragmatisch getroffen, wie Burkhard Schäffer und Olaf Dörner (2022: 17) problematisieren, sollte jedoch der Theorie und dem Gegenstand angemessen sein. Im vorliegenden Forschungsprojekt ermöglicht die Dokumentarische Methode als Methodologie mit einem entsprechenden methodischen Vorgehen einen empirischen Zugang zur Praxis von Berufsgruppenwechseln und den ihr zugrunde liegenden strukturidentischen Erfahrungen. Damit rücken mit der Entscheidung für die Praxeologische Wissenssoziologie als Erkenntnistheorie und der Dokumentarischen Methode als Methodologie gerade diese berufliche Praxis, die Herstellung und Bewältigung von Berufsgruppenwechseln und deren Eingebundensein in „konjunktive Erfahrungsräume" (Mannheim 1980: 271) in den Blick.

4.2 Rekonstruktive Verfahren

Während in der empirischen Sozialforschung oft zwischen quantitativen, hypothesenüberprüfenden und qualitativen, hypothesengenerierenden Verfahren unterschieden wird (vgl. unter anderem Brüsemeister 2008; Reichertz 2016; Strübing 2018; Flick 2021; Baur & Blasius 2022), schlägt Bohnsack (2005) eine Unterscheidung von rekonstruktiven und standardisierten Verfahren vor. Unter den rekonstruktiven Verfahren fasst er beispielsweise die objektive Hermeneutik, die Narrationsanalyse oder auch die Dokumentarische Methode. Ihnen gemeinsam ist, dass sie einen Zugang zur Handlungspraxis suchen und an den sie leitenden Strukturen oder Mustern interessiert sind (vgl. Reichertz 2016: 23).[2] Sie lassen sich damit dem interpretativen Paradigma (vgl. Wilson 1981: 58 ff.) zuordnen, das sich vom normativen Paradigma unterscheidet (vgl. Marotzki 1996: 56). Während standardisierte Verfahren von einer bestehenden, unabhängigen und objektiven Welt ausgehen, die von den Forschenden in Form von Hypothesen erfasst und

[1] Entsprechend der grundlagentheoretischen Ausarbeitung können sich auch Forschende nicht der Aspektstruktur ihrer Erkenntnis entziehen (vgl. Abschnitt 3.1.2).

[2] Dass der Handlungspraxis Strukturen zugrunde liegen, wird wiederum aus einer phänomenologischen Perspektive kritisiert, indem es dort nicht um das Verstellte, das Hinter dem Seienden Seiende, geht (vgl. Brinkmann 2015: 532).

empirisch-deduktiv überprüft werden kann, setzt das interpretative Paradigma an der Alltagswelt der Beforschten an (vgl. Felden 2012: 335). Demzufolge müssen „die Bedeutungen dieser Objekte so ermittelt werden, wie sie sich für den Handelnden darstellen" (Wilson 1981: 61 f.). Dem liegen nach Schütz (1971: 7) Konstruktionen zugrunde, die von den Forschenden beobachtet und rekonstruiert werden können, wobei es sich dabei um „idealtypische Konstruktionen" (Schütz 1932: 261) und „sozusagen Konstruktionen zweiten Grades" (Schütz 1971: 7) der Forschenden handelt.

> „Die Erfassung der subjektiven Sinnzusammenhänge erfolgt von einem vorgegebenen obersten Deutungsschema her, das deren Einordnung in den objektiven Sinnzusammenhang der Wissenschaft dadurch besorgt, daß es durch Feststellung des Invarianzbereiches der zu bildenden idealtypischen Konstruktionen das wissenschaftlich Relevante von dem wissenschaftlich Irrelevanten scheidet." (Schütz 1932: 283)

Die hier zitierten idealtypischen Konstruktionen orientieren sich für Schütz also einerseits an den subjektiven Sinnzusammenhängen der Handelnden, die er einer Handlung zugrunde legt (vgl. Abschnitt 3.1.1), und sind andererseits, wie zuvor gesehen, als Konstruktionen zweiten Grades der Forschenden zu verstehen. Sie bilden nicht die Wirklichkeit ab, sondern werden von den Forschenden im Kontext ihrer spezifischen wissenschaftlichen Erkenntnisinteressen hervorgebracht (vgl. Abschnitt 4.1.1). Dabei unterscheiden sich rekonstruktive Verfahren darin, worauf sich diese idealtypischen Konstruktionen beziehen: Subjektivistische Ansätze im Anschluss an die Phänomenologie von Schütz zielen auf den subjektiv gemeinten Sinn, während die objektive Hermeneutik von objektiv gegebenen Strukturmerkmalen ausgeht, die von den Forschenden rekonstruiert werden müssen und die sich damit jenseits des Erfahrungswissens der Akteur:innen[3] befinden (vgl. Bohnsack 2005: 74). Die Dokumentarische Methode verfolgt einen Mittelweg, indem sie einerseits von einer durch konjunktive Erfahrungsräume (vgl. Abschnitt 3.2) strukturierten Alltagswelt ausgeht und andererseits das handlungsleitende Wissen bei den Akteur:innen verortet – auch wenn es diesen durch dessen Struktur kaum oder nur schwer reflexiv zugänglich ist. Dadurch beansprucht sie im Gegensatz zur objektiven Hermeneutik keinen privilegierten Zugang zur Realität, womit den Forschenden keine hierarchische, sondern eine heterarchische Position zukommt (vgl. Bohnsack 2018a: 215 f.). Diese stellen sich mit ihrem Wissen nicht über das der Beforschten, sondern die Praxis wird aus der Praxis heraus rekonstruiert. Indem sich rekonstruktive Verfahren zudem aus der eigenen Forschungspraxis heraus entwickeln, sind sie auf zweierlei Art

[3] Zum Begriff der Akteur:innen im Rahmen der Praxistheorie siehe Abschnitt 3.1.3.

und Weise in der Praxis fundiert (vgl. Bohnsack 2005: 73). Damit rückt neben der Handlungspraxis der Beforschten auch die Forschungspraxis der Forschenden in den Fokus und zugleich die Frage, welche Interpretation, welche Rekonstruktion, die *passende* ist, also der Handlungspraxis gerecht wird. Während es in der Tradition der objektiven Hermeneutik gilt, die objektiv wahre oder richtige Interpretation zu finden (vgl. Mey & Mruck 2014: 297), geht die Dokumentarische Methode diesbezüglich von einer Vielfältigkeit aus. Welche Interpretation sich letztlich als sinnvollste herausstellt, ist diejenige, bei der sich „die größte Fassungskraft, die größte Fruchtbarkeit dem empirischen Material gegenüber" (Mannheim 1969: 259), zeigt.

In der qualitativen Sozialforschung gibt es seit ihrer Wiederentdeckung in den 1960er-Jahren eine Debatte darüber, wie sich die Qualität sicherstellen lässt (vgl. Flick 2022: 533), vor allem auch vermehrt in den letzten Jahren im Hinblick auf eine zunehmende Methodenvielfalt (vgl. Reichertz 2019: 1). Jo Reichertz (2000: 8) geht in einer wissenssoziologischen Reflexion dem nach und stellt vier Idealtypen heraus, auf die sich die Gültigkeit wissenschaftlicher Aussagen beziehen kann: Autoritäten, Vernunft, persönliche Hellsichtigkeit, empirische Forschung. Seines Erachtens lässt sich die Güte qualitativer Sozialforschung jedoch nur über die empirische Forschung herstellen, die sich ihrerseits an den Gütekriterien der Zuverlässigkeit, Repräsentativität und Generalisierbarkeit zu orientieren hat. Zuverlässigkeit wird durch möglichst natürliche Daten hergestellt, Repräsentativität durch ein *theoretical sampling* und Generalisierung durch die Überprüfung der Hypothesen anhand der Daten und der Validierung in Forschungskontexten (vgl. Reichertz 2000: 70 ff.). Dabei stellt er auch heraus, dass empirische Forschung notwendigerweise mit Ungenauigkeiten leben muss: „Deshalb sind Ungenauigkeiten nicht nur eine Not, sondern auch und vor allem eine Tugend" (Reichertz 2000: 21). Bohnsack (2005) wiederum reformuliert diese für standardisierte Verfahren geltenden Gütekriterien der Gültigkeit, Zuverlässigkeit und Generalisierbarkeit für rekonstruktive Verfahren: Eine Interpretation ist erstens dann *gültig*, wenn die Konstruktionen zweiten Grades der Forschenden adäquat zu den Konstruktionen der Beforschten sind. Unter *Zuverlässigkeit* versteht er zweitens, dass die Forschenden die formalen Strukturen des empirischen Materials kennen, beispielsweise von Bild oder Sprache. Für die Sprache formuliert Bohnsack (2005: 67): „Erst die Kenntnis der im Common Sense, in der alltäglichen Verständigung, gültigen kommunikativen Regeln oder Standards (nach Art der formalen Pragmatik) ermöglicht den Forschenden einen methodisch kontrollierten Zugang zu ihrem Gegenstandsbereich." Durch dieses kontrollierte Fremdverstehen, durch die Kenntnis der formalen Struktur, wird ein Zugang zur „Weltanschauungstotalität" (Mannheim 1970a: 109) der Befragten ermöglicht (vgl. Bohnsack 2005: 69).

Und schließlich gilt es drittens *Generalisierbarkeit* nicht über Repräsentativität wie bei den standardisierten Verfahren herzustellen, sondern über die Bildung von Idealtypen im Sinne Max Webers (1922 [1904]: 194), die „auf die Repräsentanz tieferliegender Sinnstrukturen" (Bohnsack 2005: 76) zielen. Damit geht einher, dass der Fall nicht vollumfänglich, sondern nur aspekthaft erfasst werden kann (vgl. Bohnsack 2005: 76).

4.3 Zur formalen Struktur der empirischen Materialsorten Text und materiales Bild

Die Grundlage jeglicher qualitativen Forschung stellt empirisches Material dar. Denn Forschende können die Gegenstände und das Handeln ihnen gegenüber in der Alltagswelt nie in ihrem „nackten Ansich" oder unmittelbar erfassen und sind deshalb auf eine „Objektivierung" als „Vermittlung" (Cassirer 2001 [1923]: 4) angewiesen. In der qualitativen Sozialforschung geschieht dies vor allem in Form des Textes als objektivierte Sprache und des materialen Bildes als objektiviertes Bild. Im Zuge des „linguistic turn" (Rorty 1992 [1967]) und aufbauend auf Popper (1994 [1934]: 61, H. i. O.), wonach „alles, was wir über die Welt der Tatsachen wissen, müssen wir daher auch in Form von Sätzen über unsere Erlebnisse aussprechen können", kam es zunächst zu einer Fokussierung auf textbasiertes[4] Material (vgl. Bohnsack 2005: 75; 2021a: 159; Reichertz 2016: 9). Meistens wird dieses sprachlich erhoben, beispielsweise im Rahmen eines Interviews oder einer Gruppendiskussion, und anschließend durch Transkription in Form des Textes objektiviert und wissenschaftlich zugänglich gemacht.[5] Gegenüber dieser Annahme von der Textförmigkeit sozialer Wirklichkeit, in der es gilt, das „Handeln wie einen fixierten Text" (Ricœur 1985: 92) zu betrachten, beziehungsweise von der Notwendigkeit, Sprache in Text zu objektivieren, finden sich als weiterer

[4] Im Folgenden wird der Begriff des Textes und beispielsweise nicht der Begriff der Schrift genutzt. Text ist in diesem Sinne etwas anderes als Schrift oder eine Aneinanderreihung von Zeichen – er ist die objektivierte Sprache, in ihm manifestiert sich der Bedeutungsgehalt der Sprache. So heißt es bei Detlef Garz und Klaus Kraimer (1994: 7): „Dem Menschen ist mit der Sprache die Möglichkeit zur Transzendierung naturgegebenen Seins eröffnet; in der textlichen Manifestation von Sprache schließlich liegt die Voraussetzung für deren Interpretation durch den Forscher." Christa Dürscheid (2002: 22) versteht dabei unter Text das „Resultat des schriftlichen Fixierens von Äußerungen" im Gegensatz zur Schrift als „Inventar von Schriftzeichen". Und auch Bohnsack (2012: 126) stellt den materialen Bildern den Text gegenüber.

[5] Eine Ausnahme bilden bereits vorliegende Texte, wie beispielsweise bei einer Dokumentenanalyse (vgl. Salheiser 2022: 1507).

Zugang zur Handlungspraxis in der qualitativen Sozialforschung materiale Bilder,[6] beispielsweise als Fotografie oder Zeichnung, denen die Logik des Bildes zugrunde liegt. Eine umfassende Hinwendung zum Bild in den Sozialwissenschaften und der qualitativen Sozialforschung blieb im Anschluss an den „iconic turn" (Boehm 2006b [1994]) allerdings aus (vgl. Bohnsack 2017: 190; 2021a: 157). Dabei gilt es anzumerken, dass bestimmte Aspekte des Handelns eher in Sprache und objektiviert in Text zugänglich gemacht werden können und andere eher über Bild und materiales Bild, wie sich am Beispiel des Knotenknüpfens zeigt (vgl. Bohnsack 2020: 28).

Um dem Aspekt der Zuverlässigkeit qualitativer Interpretationen gerecht zu werden (vgl. Abschnitt 4.2), widmet sich das vorliegende Kapitel der formalen Struktur von empirischem Material wie Text oder materialem Bild. Dieses empirische Material basiert auf Sprache und Bild als Formen der Welterschließung. Denn durch solche Kulturerzeugnisse bildet sich „die passive Welt der bloßen *Eindrücke*, in denen der Geist zunächst befangen scheint, zu einer Welt des reinen geistigen *Ausdrucks*" (Cassirer 2001 [1923]: 10, H. i. O.) um. Dieser reine geistige Ausdruck im Gegensatz zu den bloßen Eindrücken wird der Wissenschaft in seiner Objektivierung durch Text und materiales Bild zugänglich.[7] Daher ergeben sich für eine methodologische Betrachtung drei notwendige Verhältnisbestimmungen: *erstens* zwischen Wirklichkeit, Sprache und Text; *zweitens* zwischen Wirklichkeit, Bild und materialem Bild; *drittens* zwischen Sprache/Text und Bild/materialem Bild.

---

[6] Bohnsack (2012: 126, H. i. O.) spricht von „*materialen* Bildern", Schäffer (2010: 212, H. i. O.) von „Abbildern" als „*materielle[n] bildhafte[n] Darstellungen*", W. J. T. Mitchell (2018: 10, H. i. O.) von „materiellen Entitäten *(pictures)*" ebenso wie Charles Sanders Peirce (1983: 64) von einem „materiellen Bild". Um der Annahme zu entgehen, Wirklichkeit könnte in materialen Bildern *abgebildet* werden, also als ein Abbild der Wirklichkeit verstanden werden, und um den Aspekt der Objektivierung zu betonen, wird im Folgenden im Anschluss an Bohnsack von materialen Bildern gesprochen, wenn Fotografien, Zeichnungen, Kunstwerke oder Ähnliches gemeint sind.

[7] An dieser Stelle sei darauf verwiesen, dass es neben Sprache und Bild einerseits weitere Formen der Welterschließung und des geistigen Ausdrucks gibt, wie Tanz oder Musik, und andererseits andere Erhebungsformen, wie Beobachtung oder Videografie. Und auch wenn beispielsweise bei videografischen Untersuchungsdesigns mehrere Ebenen wie Ton, Sprache, verschiedene nachfolgende Sequenzen betrachtet und eigene Auswertungsdesigns entwickelt wurden, so sind doch auch diese Erhebungsformen auf Text und materiales Bild, beispielsweise in Form von Videotranskripten und Fotogrammen, angewiesen (vgl. Bohnsack 2010; Hampl 2010; Asbrand & Martens 2018).

4.3.1 Zum Verhältnis von Wirklichkeit, Sprache und Text

Galt bis zum 20. Jahrhundert ein Empirismus, der auf Beobachtung fußt und davon ausgeht, dass eine wissenschaftliche Erkenntnis gültig ist, weil sie dem Beobachteten entspricht, übte die Sprachphilosophie zu Beginn des 20. Jahrhunderts massive Kritik an dieser Vorstellung (vgl. Reichertz 2016: 4). Sie macht deutlich, dass Begriffe (und damit auch wissenschaftliche Begriffe) nicht den Gegenständen *entsprechen*, sondern lediglich auf sie verweisen (vgl. Abschnitt 4.1.1). Gegenstände können genannt werden und Zeichen vertreten sie, aber „sie aussprechen kann ich nicht“ (Wittgenstein 1922: 101, H. i. O.). Sprache fasst somit Sinneswahrnehmungen sowie Erfahrungen mit und in der Alltagswelt in Begriffe, um sie anderen mitzuteilen, ohne sie jedoch vollumfänglich erfassen zu können. Dies bezieht sich nicht nur auf das Verhältnis vom Nennen der Gegenstände zu den Gegenständen selbst, sondern auch auf die wirklichkeitskonstituierende Funktion von Sprache.

4.3.1.1 Sprache und Zeichen: Annahme einer sprachlichen Wirklichkeit und Auswirkungen auf die qualitative Sozialforschung

Cassirer (2001 [1923]: 1) sucht in seiner *Philosophie der symbolischen Formen* nichts weniger als den „Anfang und Ursprung, de[n] letzte[n] ‚Grund‘ alles Seins“, den er in den Symbolen, den Zeichen, findet. Diese bilden ihm zufolge einerseits eine logische Einheit und verbinden damit die verschiedenen Bereiche der Sprache, der Kunst und des Mythos, können sich jedoch andererseits in den einzelnen Bereichen auch genügend voneinander unterscheiden. Sie ermöglichen es, dass sinnliche Eindrücke, denen der Mensch ausgesetzt ist, ihren Ausdruck in Sprache, Kunst oder Religion finden. „So zeigt etwa der Prozeß der Sprachbildung, wie das Chaos der unmittelbaren Eindrücke sich für uns erst dadurch lichtet und gliedert, daß wir es ‚benennen‘ und es dadurch mit der Funktion des sprachlichen Denkens und des sprachlichen Ausdrucks durchdringen“ (Cassirer 2001 [1923]: 18). Sprache in dieser Perspektive ist nicht nur Mitteilung oder Abbild der Wirklichkeit, sondern fungiert selbst als Strukturierung der Wirklichkeit. Wie wir sprechen und was wir benennen, strukturiert unsere Weltansicht, unseren Umgang in und mit der Welt. Das Zeichen repräsentiert damit nicht den Inhalt, den Gegenstand, sondern die Reproduzierbarkeit des Inhalts ist an die Produktion des Zeichens insofern gebunden, als sich das einmalige sinnliche Erleben in seiner Form manifestiert und in der Erinnerung nicht die sinnliche Qualität reproduziert wird, sondern die Bedeutung dem Zeichen zukommt (vgl. Cassirer 2001 [1923]: 21). Das Erleben der Welt, das in ihr Handeln, ist ein sinnlicher

Akt, der durch das Zeichen seine (je spezifische) Bedeutung erhält. Der Sprache kommt damit eine wirklichkeitskonstituierende Bedeutung zu.

> „In Wahrheit aber zeigt die Analyse der Sprache – insbesondere wenn man nicht von der bloßen Einzelheit des Wortes, sondern von der Einheit des Satzes ausgeht –, daß jeder sprachliche Ausdruck, weit entfernt, ein bloßer Abdruck der gegebenen Empfindungs- oder Anschauungswelt zu sein, vielmehr einen bestimmten selbständigen Charakter der ‚Sinngebung' in sich faßt." (Cassirer 2001 [1923]: 43)

Während lange Zeit der Sprache die vorherrschende Bedeutung zukam (vgl. Dürscheid 2002: 18), wurde in der qualitativen Sozialforschung die zentrale Bedeutung des Textes unter anderem auf die Prämissen von Popper (1994 [1934]: 66) zurückgeführt, wonach Wirklichkeit in „Basissätzen" vorliegen muss, um wissenschaftliche Relevanz zu besitzen (vgl. Bohnsack 2021a: 159). „Als letzte – nicht mehr hintergehbare – Grundlage des wissenschaftlichen Zugangs zur Wirklichkeit gelten auch hier [in der rekonstruktiven Sozialforschung, SR] Texte" (Bohnsack 2003: 241). Mit dem „linguistic turn" (Rorty 1992 [1967]) setzte sich diese textförmige Dominanz in der qualitativen Sozialforschung durch. Da jedoch Texte auf irgendeine Art und Weise erzeugt werden müssen und die qualitative Sozialforschung vorwiegend auf sprachlichen Erhebungsformen fußt, wie beispielsweise Interviews oder Gruppendiskussionen, stellt sich die Frage, inwiefern das Verhältnis von wirklichkeitskonstituierender Sprache und Text bestimmt werden kann. Ist die geschriebene Sprache, also der Text, ein Abbild der gesprochenen Sprache (Dependenzthese) oder stehen beide jeweils für sich (Autonomiethese) (vgl. Dürscheid 2002: 38 ff.)? Inwiefern gehen in der qualitativen Sozialforschung Aspekte der Sprache bei der Transkription in Text verloren? Und welche Bedeutung haben technische Aufnahmegeräte?

Christa Dürscheid (2002: 29) identifiziert zehn prototypische Merkmale von gesprochener und geschriebener Sprache: Im Gegensatz zum fixierten Text ist für sie die gesprochene Sprache flüchtig (1). Gesprochene Sprache ist an eine Kommunikationssituation gebunden, also in Zeit und Raum verortet (2). Gesprochene Sprache verläuft synchron, die Hörenden können direkt intervenieren, was bei den Lesenden nicht möglich ist (3). In der gesprochenen Sprache können deiktische Ausdrücke verwendet werden, in der geschriebenen Sprache sollte auf diese weitgehend verzichtet werden, was sie klarer und präziser macht (4). Bei der gesprochenen Sprache gibt es noch weitere Informationen, wie Mimik oder Gestik (5). Gesprochene Sprache geht der geschriebenen Sprache voraus (6). Für die geschriebene Sprache wird ein Werkzeug benötigt (Computer, Stift) (7). Die gesprochene Sprache ist häufig fehlerhaft, sprunghaft und durch Selbstkorrekturen geprägt (8). Die gesprochene Sprache erstreckt sich in der Zeit, die geschriebene Sprache im Raum (9). Während die geschriebene Sprache monologisch orientiert ist, ist die gesprochene Sprache meist dialogisch (10). Anhand dieser Differenzen wird deutlich, dass der gesprochenen Sprache eine andere Logik zugrunde liegt als der geschriebenen Sprache beziehungsweise dem Text. Die gesprochene Sprache ist in einer Kommunikationssituation verortet, die vor allem zeitlich und dialogisch orientiert ist, sich durch weitere Informationen auszeichnet, wie Mimik oder Gestik, und die sich auf andere Anwesende richtet.[8] Will sie wissenschaftlich zugänglich gemacht und in Text transformiert werden, muss sie zunächst beispielsweise durch Aufnahmegeräte technisch fixiert und anschließend in Text objektiviert werden. Dadurch wird versucht, die „flüchtige und flüssige Gestalt von Gesprächen und Diskursen dauerhaft in graphische Repräsentationen [zu] verwandeln" (Dittmar 2004: 9). Dies geschieht in der qualitativen Sozialforschung häufig durch Audioaufnahmegeräte, welche die gesprochene Sprache aufzeichnen, und eine anschließende Transkription. Dabei sind „Transkriptionen [...] die Verschriftlichung von mündlicher Kommunikation nach bestimmten formalisierten Regeln mit dem Ziel, das kommunikative Handeln der Beteiligten hinreichend genau für eine wissenschaftliche Ausdeutung zu fixieren und aufzubereiten" (Reichertz 2016: 223). Auch wenn durch Transkriptionssysteme versucht wird, die Sprache möglichst detailliert in Text zu objektivieren, sind Transkriptionen immer auch Interpretationen (vgl. Reichertz 2016: 224), Reduktionen (vgl. Dresing & Pehl 2020: 3) und somit eine Konstruktionsleistung der Forschenden. Zwar können Intonation, Lautstärke und nonverbale Äußerungen, wie Lachen oder Räuspern, verschriftlicht werden, jedoch nicht in ihrer umfänglichen Differenzierung, ebenso wenig wie die Kommunikationssituation, die sich durch Forschende und Beforschte als Hörende und Sprechende ergibt (vgl. Dittmar 2004: 34). So bleibt in der qualitativen Sozialforschung die Interviewsituation, die sich durch Körper und Sprache ausdrückt, oftmals unberücksichtigt (vgl. Demmer 2016: 9).

4.3.1.2 Text als objektivierte Sprache

Paul Ricœur (1985) folgt in seinem Beitrag *Der Text als Modell* der Annahme, dass Texte *den* Gegenstand der Humanwissenschaften darstellen. So zeigt er, dass der Sprache der „Charakter des Fließens" (Ricœur 1985: 85) eigen ist und sich

---

[8] Insbesondere durch die Coronapandemie wurden Erhebungsformen notwendig, die ihrerseits medial vermittelt sind, beispielsweise durch die digitalen Anwendungen Zoom oder Skype. Diese folgen zwar der gesprochenen Sprache, Mimik oder Gestik, sind jedoch eingeschränkt, ebenso wie die unmittelbare Anwesenheit der Leiblichkeit. Diese Aspekte gilt es methodisch und methodologisch zu reflektieren (vgl. Hinzke & Paseka 2022; Klinge 2022).

hierbei das Problem der Fixierung ergibt. Sprache taucht auf und entschwindet wieder, „es [das Sprachsystem, SR] kommt für sich genommen gar nicht vor" (Ricœur 1985: 86). In Texten wird jedoch der „Bedeutungsgehalt des Sprachereignisses" (Ricœur 1985: 86) festgehalten, das sich durch einen lokutionalen oder propositionalen Akt auszeichnet, der in einem Satz exteriorisiert werden kann. Zudem umfasst das Sprachereignis einen illokutionalen Akt, der zwar durch grammatikalische Formen ausgedrückt werden kann, aber sich auch durch Mimik und Gestik konstituiert, sowie einen perlokutionale Akt, der sich darauf bezieht, was durch die Rede erreicht werden soll und nicht ausgedrückt werden kann. Diese drei Akte können bei einer hermeneutischen Textinterpretation rekonstruiert werden, da sie sich jeweils im Text dokumentieren. Damit ist für Ricœur ein Zugang zu dem von Weber formulierten sinnhaften sozialen Handeln (vgl. Abschnitt 3.1.1) über eine Objektivation (vgl. Ricœur 1985: 92), eine Fixierung der Sprache in Text, möglich, wobei zu betonen ist, dass dies nicht in einem abbildenden Verhältnis gedacht ist, sondern der Text selbst eine Welt darstellt, die es zu erschließen gilt (vgl. Ricœur 1985: 113). Wie auch bei der Dokumentarischen Methode (vgl. Abschnitt 4.4) schlägt Ricœur (1985: 102 ff.) ein sequenzielles Vorgehen vor, indem die „Mehrstimmigkeit" des Textes erschlossen werden muss und die Sätze nicht für sich allein stehen, sondern gemeinsam das Ganze, den Text, ausmachen. Die objektive Hermeneutik folgt diesen Überlegungen und geht in einer radikalen Variante davon aus, dass sich nicht nur Wissenschaft auf Texte bezieht (wie ursprünglich von Popper formuliert), sondern jegliche Verständigung textförmig zu verstehen sei (vgl. Bohnsack 2003: 241). Somit bezieht sich die objektive Hermeneutik alleinig auf den Text und löst darin das Verhältnis von Wirklichkeit und Text auf:

> „Die Wirklichkeit zeigt sich demnach für den Wissenschaftler immer nur in substantiierter Form, als Text bzw. – technisch formuliert – als Protokoll. Jenseits von Texten hat die Wissenschaft ihr Recht verloren, da wissenschaftliche Aussagen erst dann formuliert werden können, wenn und insoweit Ereignisse einen Niederschlag gefunden bzw. eine Spur hinterlassen und diese wiederum eine Interpretation (im Sinne der objektiven Hermeneutik oder verwandter Vorstellungen) erfahren haben." (Garz & Kraimer 1994: 8)

Im Text zeigen sich also „Spuren" (Garz & Kraimer 1994: 9) der Wirklichkeit, und er stellt damit *das* empirische Material dar. Um diese Wirklichkeit, die durch das „Nadelöhr des Textes muss" (Bohnsack 2003: 241), möglichst unmittelbar zu erfassen, bezieht sich Wissenschaft vor allem auf Originaltexte, „‚naturwüchsige' sowie ‚gemachte' Texte sozialer Abläufe" (Garz & Kraimer 1994: 13), beispielsweise in Form möglichst detaillierter Transkriptionen, die nahe an der gesprochenen Sprache und damit den Beforschten sind. Mit dem *„Prinzip der universellen Vertextbarkeit“* wird davon ausgegangen, dass „die soziale Wirklichkeit in ihrer textförmigen Erscheinung analysiert wird“ (Garz & Kraimer 1994: 13, H. i. O.). Die Dokumentarische Methode bezieht sich zwar ebenfalls auf Texte, spricht ihnen jedoch keine wirklichkeitskonstituierende Bedeutung zu. Vielmehr dokumentiert sich in ihnen die Handlungspraxis, die „Weltanschauung“ (Mannheim 1980: 88), durch die Art und Weise der Verwendung von Begriffen.

4.3.1.3 Biografien als empirischer Zugang zu konjunktiven Erfahrungsräumen

Als Zugang zu den Erfahrungen und der Handlungspraxis eignet sich die Biografieforschung, die sich seit den 1970er-Jahren in Deutschland etabliert hat (vgl. Nittel 2018; Dörner & Rundel 2023b; Krüger & Deppe 2023).[9] Dabei kann schwerlich von *einer* Biografieforschung gesprochen werden. Vielmehr sind daran verschiedene Disziplinen beteiligt, wie Erziehungswissenschaft, Soziologie oder Psychologie (vgl. Krüger 2006: 14; Schulze 2006: 49), in denen unterschiedliche Konzepte von Biografie diskutiert werden. Gerade in der Erziehungswissenschaft hat sich eine erziehungswissenschaftliche Biografieforschung etabliert (vgl. Marotzki 1999; Krüger & Marotzki 2006; Schulze 2006; Nittel et al. 2023). Im Gegensatz zu einer häufig quantitativ ausgerichteten Lebenslaufforschung geht es der Biografieforschung nicht um den Lebenslauf, die Abfolge unterschiedlicher institutioneller Passagen, sondern um die „subjektiv-sinnhafte Organisation des biographischen Erfahrungsstroms“ (Nittel 2018: 146). Dies drückt sich im Begriff der *„‚Biographisierung‘* der Lebensführung“ (Fischer & Kohli 1987: 41, H. i. O.) als biografische Verarbeitung einer Optionenvielfalt aus. Zwar wirkt die Institutionalisierung des Lebenslaufs nach wie vor, Leerstellen müssen jedoch zunehmend vom Subjekt bearbeitet werden (vgl. Fischer & Kohli

[9] Biografien stellen kein modernes Phänomen dar. Bereits im 18. Jahrhundert liegt mit *Emile* von Jean-Jacques Rousseau ein biografisch angelegtes Werk vor (vgl. Krüger & Deppe 2013: 62). Als erstes empirisches Beispiel für die Biografieforschung wird oftmals das Werk *The Polish Peasant in Europe and America* von William Isaac Thomas und Florian Znaniecki (1918) genannt, das neben einer Dokumentenanalyse zu Migrationsprozessen die Biografie eines polnischen Migranten interpretiert. Das neuerliche Interesse an Biografien ist darauf zurückzuführen, dass gesellschaftliche Prozesse komplexer werden und „das Biographie-Konzept den in der Sozialwelt ablaufenden Orientierungen adäquater ist“ (Fischer-Rosenthal & Rosenthal 1997b: 408). So konstatiert auch Karl Mannheim, dass die Biografie die zunehmende Optionenvielfalt in der Moderne fassen kann (vgl. Endreß & Srubar 2000: 10).

1987: 42). Damit wendet sich die Biografieforschung einer subjektiven Sichtweise zu, ohne dabei allein das Individuelle von Lebensverläufen zu betrachten (vgl. Maschke & Felden 2023: 457).

Wolfgang Fischer und Martin Kohli (1987: 30 f.) beziehen sich in ihrer soziologischen Auseinandersetzung mit Biografie auf die Begriffe Erfahrung, Handlung und Struktur als „allgemeine soziale Aspekte der Weltaneignung und Weltkonstitution", die sich im Biografiekonzept wiederfinden. *Erstens* werden damit Ereignisse in der Lebenswelt betrachtet, die „in der nachträglichen Verarbeitung, in der Hineinnahme in das eigene Leben [...] zur Erfahrung" (Bollnow 2013 [1968]: 36) werden. Vorgegebene biografische Muster werden zunächst affirmativ als „valide Orientierungen ‚einverleibt' [...] und als implizites Wissen weiter genutzt" (Fischer & Kohli 1987: 32). Stoßen diese Orientierungen auf Grenzen in der Sozialwelt, werden sie transformiert („autonome Konstitution"). Damit wird der „Aspekt der Reversibilität der Biographie" (Fischer & Kohli 1987: 32) deutlich, indem Erfahrungen ein „doppelter Zeithorizont" (Fischer & Kohli 1987: 31) zukommt: Sie tragen einerseits Vergangenes in sich und ermöglichen damit einen Umgang mit der Sozialwelt, und andererseits kann es zu einer Auflösung von Orientierungen und einem neuen Umgang kommen.

> „‚Erfahrung' steht also für den gleichzeitig ‚Altes' aufnehmenden und variierenden wie ‚Neues' schaffenden Umgang mit Wirklichkeit. [...] ‚Erfahrung' eröffnet den Erwartungshorizont einer gelingenden künftigen Orientierung auf der Basis gültiger Folgerungen aus vergangenen Handlungs- oder Wahrnehmungssituationen." (Fischer & Kohli 1987: 31)

Ohne auf Karl Mannheim zu verweisen, wird hier die Unterscheidung von impliziten und expliziten Wissensbeständen aufgegriffen. Valide Orientierungen als implizites Wissen wirken stillschweigend handlungsleitend, während eine Veränderung vormals gültiger Orientierungen den Akteur:innen bewusst und damit theoretisch-explizit zugänglich wird (vgl. Fischer & Kohli 1987: 32). Aufgrund dieser beiden Aspekte, der Affirmation und der autonomen Konstitution, ist der „für einzelne konkrete Erfahrungsraum der Alltagswelt [...] also gleichzeitig bestimmt und unbestimmt, ‚voll' und ‚leer', strukturiert und diffus, konsistent und kontingent" (Fischer & Kohli 1987: 29).

Zweitens wird mit dem Blick auf die Temporalstruktur von Handlungen deutlich, dass sie in der Gegenwart geschehen, während sich die Erfahrung erst danach bildet (vgl. Fischer & Kohli 1987: 35). In Anlehnung an Schütz schreiben Fischer und Kohli (1987: 36) dem Handeln im Gegensatz zur Erfahrung eine Irreversibilität zu, da es sich in der Gegenwart erstreckt – auch wenn sich die dem Handeln zugrunde liegende Regelhaftigkeit durch neue Erlebnisse verändern kann. „Wir verstehen ‚Biographie' als alltagsweltliches Konstrukt, das die lebensweltliche Ambiguität vorgegebener Regelhaftigkeit und Emergenz gleichermaßen beinhaltet" (Fischer & Kohli 1987: 35). Handeln ist damit einerseits normiert und andererseits noch offen (vgl. Fischer & Kohli 1987: 39).

Schließlich zeigen Fischer & Kohli (1987: 44) *drittens* mit Bezug auf die objektive Hermeneutik, dass sich im Einzelfall die allgemeine Struktur sequenziell ausbildet und als „Erzeugungsregel" verstanden werden kann. „Das Subjekt kann eben nicht als autonome, der Lebenswelt gegenüber stehende Einheit gedacht werden, sondern das Soziale geht mitten durch das Biographische hindurch, wird zum existenziellen Grund, vor dem sich die biographische Figur als Eigenes (vordergründig) abheben kann" (Hanses 2010: 252).[10] Biografie vereint damit die Ambiguität zwischen Strukturen und den „eigensinnigen Brechungen" (Hanses 2010: 253). Oder in anderen Worten: Die Biografie ermöglicht sowohl einen Zugriff auf die Erfahrungen und deren sinnhafte Organisation als auch auf die sie bedingende Struktur.

> „Die Konzeption der Biographie als soziales Gebilde, das sowohl soziale Wirklichkeit als auch Erfahrungs- und Erlebniswelten der Subjekte konstituiert, und das in dem dialektischen Verhältnis von lebensgeschichtlichen Ereignissen und Erfahrungen und gesellschaftlich angebotenen Mustern sich ständig neu affirmiert und transformiert, bietet die Chance, den Antworten auf eine der Grundfragen der Soziologie, nämlich dem Verhältnis von Individuum und Gesellschaft, näher zu kommen." (Fischer-Rosenthal & Rosenthal 1997a: 138 f.)

Die in den 1970er-Jahren wieder aufkommende Auseinandersetzung mit der Biografieforschung ist auch an die Entwicklung methodischer Ansätze geknüpft, wie beispielsweise des biografisch-narrativen Interviews von Fritz Schütze (vgl. Nohl et al. 2015: 12). Damit kann zwischen der „Biographie als reale[m] Leben", also der sinnhaften Organisation von Ereignissen und Erfahrungen, und der „Biographie als Text" differenziert werden (Schulze 2006: 37 ff.). So geht Schütze (1983: 284) davon aus, dass Ereignisse im Lebensverlauf gedeutet werden müssen und sich „Prozeßstrukturen des individuellen Lebenslaufs" formen, die in Erzählungen

[10] Andreas Hanses (2010: 253) stellt einer strukturalistischen Perspektive die Befunde aus dem empirisch-biografischen Material gegenüber und kommt zu der Erkenntnis, „dass die Praxen der Sozialisation, der Normierungen, der Zuweisungen nicht ungebrochen funktionieren, sondern eine eigenwillige Brechung und Selbstsetzung der BiographInnen herausfordern, die wiederum nicht nur unter dem Label besonders subtiler Subjektivierungspraxen zu subsumieren sind." Dieses Phänomen nennt er „Eigensinn".

identifiziert werden können. Im biografischen Interview gilt es daher, Erzählungen zu den in der Handlungspraxis fundierten Erfahrungen „hervorzulocken“ (Nohl 2017: 16), denn diese fungieren als „Artikulation ‚atheoretischen Wissens‘ und ‚konjunktiver Erfahrung‘“ (Nohl 2017: 19). Es kann jedoch nicht von einer Homologie zwischen Erzählkonstitution und Erfahrungskonstitution ausgegangen werden, wie die daran anschließende Debatte thematisiert (vgl. Bude 1985). „Schützes Analysen zeigen die Korrespondenz der Erzählstrukturen mit den Erlebensstrukturen, der Strukturen der Erfahrungsaufschichtung mit denen des Erzählaufbaus, was keineswegs eine Homologie von Erzähltem und Erlebtem impliziert“ (Rosenthal 1995: 17). Gabriele Rosenthal (1995, 2010) nimmt in ihrer Weiterentwicklung der Biografietheorie diesen Aspekt auf und weist auf die Differenz von erlebter und erzählter Lebensgeschichte hin. Im Gegensatz zum Erleben besteht die erzählte Lebensgeschichte in der Deutung aus der Gegenwart heraus, ist jedoch nicht unabhängig von den Erfahrungen in der Vergangenheit. „Vielmehr bestimmt die Gegenwart des Erzählens oder biographischen Schreibens den Rückblick auf die Vergangenheit und erzeugt eine jeweils spezifische erinnerte Vergangenheit“ (Rosenthal 2010: 198). Auch Peter Alheit (1989) greift die Differenz zwischen „Erinnerungsschemata“, die sich auf Ereignisse und Erlebnisse beziehen, und „Deutungsschemata“, die von den Ereignissen unabhängig sind, auf und bezieht beides auf unterschiedliche Wissensformationen (vgl. Hanses 2010: 251). Damit werden biografische Erzählungen jedoch nicht irrelevant, sondern in ihnen dokumentiert sich gerade die Relevanzstruktur der Befragten: Was wie erzählt wird, verweist auf den „Erlebnisstrom“ (Mannheim 1980: 81), eine je spezifische Weltanschauung.

Für die Erziehungswissenschaft werden biografische Prozesse des Lernens, der Bildung, der Erziehung und der Sozialisation bedeutsam. Heinz-Hermann Krüger und Ulrike Deppe (2013: 65 f.) identifizieren dabei drei Richtungen von Studien und Projekten: erstens Studien, die sich historisch mit Erziehungs- und Sozialisationsprozessen befassen, zweitens Studien im Bereich der organisierten Bildung und drittens Studien, die sich mit biografischen Problemstellungen in den jeweiligen Teildisziplinen beschäftigen. Gerade in der Erwachsenenbildung kommt der Biografie in Zeiten der Unsicherheit und Optionenvielfalt eine bedeutende Rolle zu (vgl. Alheit & Dausien 2006: 432). Dieter Nittel (2018: 146) versteht darunter Ansätze, „die langfristige Prozesse des Handelns und des Erleidens rekonstruieren, hierbei insbesondere Phänomene der Bildung, der Erziehung, der Sozialisation und des Lernens im Kontext der Lebensspanne in den Blick nehmen und i. d. R. gegenstandsbezogene Theorien mittlerer Reichweite generieren.“

Zusammenfassend zeigt sich, dass für die Biografieforschung nicht zuvorderst das Subjekt mit seinen Intentionen oder Motiven von Interesse ist, sondern das „soziale Konstrukt ‚Biographie'" (Fischer & Kohli 1987: 26). Dieses vereint in sich einerseits die Ereignisse im Lebensverlauf, die durch die „Hineinnahme in das eigene Leben" (Bollnow 2013 [1968]: 36) zu Erfahrungen werden und das weitere Handeln leiten beziehungsweise sich durch die Auseinandersetzung mit der Alltagswelt transformieren. Daher ist es auch notwendig, sich theoretisch dem Begriff der Erfahrung zuzuwenden (vgl. Nittel & Kilinc 2023: 207). Andererseits konstituieren sich Erfahrungen in der Auseinandersetzung mit Strukturen, gesellschaftlichen Mustern als Erzeugungsregeln für das Handeln. Wissenssoziologisch gewendet dokumentiert sich in der Biografie damit einerseits handlungsleitendes, erfahrungsbasiertes und implizites Wissen, das sich andererseits in der Auseinandersetzung mit Normen und Strukturen konstituiert. Biografien ermöglichen somit einen Zugang zu konjunktiven Erfahrungsräumen durch die ihnen inhärente „notorische Diskrepanz" (Bohnsack 2017: 104) von Praxis und Norm (vgl. Abschnitt 3.2.2).

4.3.2 Zum Verhältnis von Wirklichkeit, Bild und materialem Bild

Mit dem nahezu zeitgleich ausgerufenen „iconic turn" (Boehm 2006b [1994]) beziehungsweise „pictorial turn" (Mitchell 1994) wurde versucht, in den Geistes- und Sozialwissenschaften einen Paradigmenwechsel hin zum Bild herbeizuführen. Dafür wurde explizit an den von Richard Rorty (1992 [1967]) ausgerufenen „linguistic turn" angeschlossen (vgl. Baader 2019: 187).[11] Ausgangspunkt war die Feststellung einer „Erscheinungsvielfalt des Bildlichen im 20. Jhd." (Boehm 2014: 24), einer „diffusen Allgegenwart des Bildes" (Boehm 2006a [1994]: 11), das auf völlig verschiedenen Ebenen unsere Alltagswelt durchdringt (vgl. Burri

[11] Dies wurde in der Folge in verschiedenen Disziplinen aufgegriffen, wie beispielsweise in der Soziologie im Kontext eines „visual turn" (Burri 2009) oder in den Kommunikationswissenschaften, in denen eine Debatte zur „visuellen Kommunikation" (Lobinger 2019) entstand. Ebenfalls kam es zum Versuch, eine transdisziplinäre Bildwissenschaft unter einem gemeinsamen begrifflichen Rahmen sowie einer gemeinsamen Forschungspraxis zu etablieren (vgl. unter anderem Belting 2001, 2007; Sachs-Hombach 2003a, 2003b, 2005, 2009; Sachs-Hombach & Rehkämper 2004a; Sachs-Hombach & Totzke 2011; Hensel 2011; Rimmele et al. 2014).

2008: 342; Bredekamp 2010: 15).[12] So verlagert sich im Internet die textbasierte zu einer bildbasierten Kommunikation (vgl. Scheibel 2003: 133), was an Social-Media-Plattformen[13] wie Instagram, TikTok oder YouTube deutlich wird; Politik wird zunehmend von „Techniken der Geschäftsreklame" (Arendt 1972: 80) durchdrungen; und seit dem Vietnamkrieg werden Kriege nicht mehr nur mit Waffen, sondern auch mit Bildern geführt (vgl. Mitchell 2007: 243 f.; Müller & Knieper 2014: 152). Diese kurze und nicht abschließende Aufzählung zeigt, dass unter Bildern mehr verstanden werden kann als nur „Bilder im Sinne der bildenden Kunst" (Boehm 2006a [1994]: 12) und daher in den Sozialwissenschaften zunächst die „grundsätzliche Frage nach dem Bild" (Baader 2019: 186) gestellt werden muss. Dies bezieht sich sowohl auf das Verhältnis von Wirklichkeit und Bild, die Frage danach, was ein Bild ausmacht (auch im Gegensatz zu Sprache und Text), sowie die verschiedenen Formen von Bildern, deren Objektivierung und Materialität an historische und damit auch technische Bedingungen geknüpft ist (vgl. Belting 2001: 19).

4.3.2.1 Zum geistigen oder inneren Bild: Annahme einer bildhaften Wirklichkeit und Auswirkungen auf die qualitative Sozialforschung

„Wir leben mit Bildern und verstehen die Welt in Bildern" (Belting 2001: 11). Während in diesem Zitat des Bildwissenschaftlers Hans Belting einerseits die materialen Bilder zum Ausdruck kommen, die im nachfolgenden Kapitel betrachtet werden, wird andererseits deutlich, dass das Verstehen der Welt, die Wahrnehmung der Gegenstände und das darauf basierende Handeln bildhaft geschehen. Dies zeigt sich unter anderem in der intensiven Auseinandersetzung zu inneren Bildern[14] (vgl. Sachs-Hombach 2003a; Burri 2008; Mitchell 2018; Bohnsack 2021a). Zunächst wird darunter die Verarbeitung von Sinnesdaten in Form

---

[12] Dabei kann nicht von einer neuartigen oder spezifisch modernen Hinwendung zum Bild ausgegangen werden. Vielmehr macht Mitchell (2009: 320, H. i. O.) deutlich, dass es sich hierbei um eine *„Trope"*, eine wiederkehrende Denkfigur, handelt, die es schon zu früheren Zeiten gab.

[13] https://de.statista.com/statistik/daten/studie/181086/umfrage/die-weltweit-groessten-social-networks-nach-anzahl-der-user/ (08.07.2024).

[14] Während Bohnsack (2021a: 161) von inneren im Gegensatz zu äußeren Bildern spricht, sind dies bei Mitchell (2018: 20) die „geistigen" und „graphischen" Bilder, und Eva Schürmann (2023: 75) spricht von „mentalen Bildern", die Bohnsack (2020: 28) wiederum synonym zu inneren Bilder verwendet. Klaus Sachs-Hombach (2003a: 37) verwendet die Begriffe externe und interne Bilder, womit sich eine Differenz zwischen den inneren, mentalen, geistigen Bildern und den äußeren, materialen, weltlichen Bildern eröffnet. Im Folgenden wird die Differenz von Bohnsack zwischen den inneren und äußeren Bildern als materiale, objektivierte Bilder aufgenommen. Eine historische Betrachtung der Entwicklung innerer Bilder findet sich in Sachs-Hombach 2003a: 37 ff.

von inneren Vorstellungen verstanden und der Bildbegriff auf das Psychische übertragen (vgl. Sachs-Hombach 2003a: 37). Demgegenüber schreibt Bohnsack (2021a: 161, H. i. O.) Bildern eine sozialwissenschaftliche, eine *„handlungsleitende Qualität"* zu. Sie repräsentieren nicht nur gesellschaftliche Wirklichkeit, sondern konstituieren sie, indem „die *Deutung* der Welt sich wesentlich im Medium der Ikonizität vollzieht" (Bohnsack 2021a: 161, H. i. O.). In der alltäglichen Verständigung werden Mimik, Körperhaltung und Gesten auf der Grundlage erfahrungsbasierter, innerer Bilder verstanden und dementsprechend gehandelt. Mit Rückgriff auf semiotische Überlegungen von Roland Barthes (1981: 34), der von Ferdinand de Saussure die Unterscheidung zwischen Signifikant (Ausdrucksebene) und Signifikat (Inhaltsebene) eines Zeichens übernommen hat, geht Bohnsack (2021a: 161) davon aus, dass das zu einem Signifikanten gehörende Signifikat ein inneres Bild darstellt: „[D]as Signifikat des Wortes Ochs ist nicht das Tier Ochs, sondern sein psychisches Bild" (Barthes 1981: 37). In der Auseinandersetzung mit der Welt konstituieren sich solche inneren Bilder, auf deren Grundlage Welt interpretiert und entsprechend gehandelt wird. In dieser Perspektive bezieht sich beispielsweise der abstrakte Begriff des Berufes nicht auf den Beruf, sondern auf innere Bilder vom Beruf. Diese konstituieren sich, indem sich zunächst, um beim Beispiel des Berufes zu bleiben, sinnliche Wahrnehmungen im beruflichen Alltag „entkörperlichen" (Belting 2001: 21), um sie dann als innere Bilder „neu zu verkörpern". Sie sind weder exakte Abbilder der Welt, noch haben sie dieselbe Intensität wie die sinnliche Wahrnehmung (vgl. Mitchell 2018: 40) oder entsprechen solchen Bildern, wie wir sie in Form von materialen Bildern kennen (vgl. Sachs-Hombach 2003a: 40). Vielmehr repräsentieren sie das Äußere in typisierter Art und Weise auf der Grundlage von Erfahrungen (vgl. Mitchell 2018: 39). Schäffer (2010: 212) erfasst dies mit dem Begriff des „Erfahrungsbildes" als „innere bildliche Repräsentation", das er als Teil des konjunktiven Wissens versteht, das in konjunktiven Erfahrungsräumen angeeignet wird. Will man Handeln verstehen, kommt gerade ihnen eine besondere Aufmerksamkeit zu.

Damit wird deutlich, dass die Konstitution innerer Bilder „als das Resultat einer persönlichen oder kollektiven Symbolisierung" (Belting 2001: 11) zu verstehen ist und sie nicht nur auf individueller Erfahrung basieren, sondern ihnen eine kollektive Dimension eigen ist. Erwin Panofsky (2002 [1955]: 36 f.) zeigt dies am Beispiel des Hutziehens: Als „Tatsachenbedeutung" fasst er das Objekt („Herr") und das Ereignis („Hutziehen"), die miteinander in Beziehung gebracht werden, und als „ausdruckshaft" die Gefühle und Emotionen, welche die Handlung hervorrufen. Beides bildet „die Klasse primärer oder natürlicher Bedeutungen." Davon unterscheidet er die Erkenntnis, dass das Hutziehen für ein

Grüßen steht und nennt diese Bedeutung „sekundär oder konventional", die nicht sinnlich, sondern intellektuell vermittelt wird. Sie ist als ein Überrest des mittelalterlichen Rittertums zu verstehen, in der das Helmabnehmen ein friedliches Miteinander bedeutete, und basiert somit auf einer abendländischen Tradition. Schließlich unterscheidet er von diesen zwei Bedeutungsarten den „Gehalt" oder die „eigentliche Bedeutung", denn das Hutziehen als ein Grüßen ist eingebunden in Raum und Zeit. Ein *Verstehen* (vgl. Abschnitt 3.2.1) findet dann statt, wenn das sinnlich Wahrgenommene sich auf geteilte, konjunktive Wissensbestände, d. h. auf kollektive innere, erfahrungsbasierte Bilder, bezieht. „Die kollektiven Bilder bedeuten deshalb, daß wir die Welt nicht nur als Individuen wahrnehmen, sondern dies auf eine kollektive Weise tun, welche unsere Wahrnehmung einer aktuellen Zeitform unterwirft" (Belting 2001: 21). Panofsky überträgt dies im Weiteren auf materiale Bilder und differenziert zwischen vorikongrafischer, ikonografischer und ikonologischer Interpretation. Dies wird beim methodischen Vorgehen der Bildinterpretation in Abschnitt 5.3 näher betrachtet.

Auch wenn innere Bilder nicht wahrnehmbar sind und sich die Frage stellt, ob es sie tatsächlich gibt, versucht W. J. T. Mitchell (2018: 34) sie in seiner Bildtheorie zu „entmystifizieren" und den Verdacht zu beschwichtigen, „geistige Bilder seien irgendwie uneigentliche oder illegitime Nachbildungen der ‚wirklichen Dinge'." Vielmehr sind Bilder, wie Eva Schürmann (2023: 77) zeigt, „als performative Vollzugsformen ernst zu nehmen", die „als tätige Produktionen wechselnder Weltbezüge" (Schürmann 2023: 85) weder abgeschlossen noch Abbilder der Wirklichkeit sind. Sie leiten unser Handeln und verändern sich aufgrund neuer Erfahrungen. Dies folgt einer Vorstellung von Bildern, denen eine aktive Rolle eigen ist (vgl. Bredekamp 2015: 60) beziehungsweise die auf einer instruktiven Bildlichkeit „Handlungsoptionen" vorbereiten, im Gegensatz zu einer immanenten Bildlichkeit, die sich auf das artefaktbezogene Bild bezieht (vgl. Bohn 2012: 60).[15]

An diesen Ausführungen wird deutlich, dass eine „Verständigung *über* Bilder" von einer „Verständigung *durch* Bilder" (2021a: 160, H. i. O.) unterschieden werden kann. Während erstere sich auf materiale Bilder bezieht und auf Sprache angewiesen ist, bedeutet letztere eine „bildhafte Verständigung" (Bohnsack 2011: 29). Als Verdeutlichung übernimmt Bohnsack (2020: 28) das Beispiel des

[15] An solch einer Vorstellung, wie sie Horst Bredekamp (2015) in seiner Theorie des Bildaktes oder auch Mitchell (2005) in seinem Buch *What do pictures want?* vertreten, wurde immer wieder Kritik geübt, die sich vor allem darauf bezieht, dass Bildern ein eigenes Leben zugesprochen werde, sie sprechen und handeln könnten und eigene Gefühle hätten (vgl. Treiber 2020: 8).

Knüpfens eines Knotens von Mannheim (1980: 75): Handeln, wie der Herstellungsprozess des Knotens, geschieht intuitiv, basiert auf inneren Bildern und ist inkorporiert, sobald dafür weder innere noch materiale Bilder vergegenwärtigt werden müssen. Solch ein Herstellungsprozess kann kaum begrifflich-theoretisch expliziert werden, sodass das Knotenknüpfen letztlich nur bildhaft durch Vormachen oder in Form materialer Bilder (oder sprachlicher Bilder in Form von Metaphern, vgl. Schäffer 2013: 234) zur Darstellung gebracht werden kann (vgl. Bohnsack 2017: 107). Für eine Verständigung in diesem Bereich des Konjunktiven, das kaum theoretisch-reflexiv ausgedrückt werden kann, erscheint das Bild besonders geeignet (vgl. Bohnsack 2012: 125). So werden Gesten oder Gebärden, soziale Situationen oder Szenerien bildhaft erlernt, im Medium des Bildes erinnert und „in wesentlicher Hinsicht bildhaft im Gedächtnis sedimentiert" (Bohnsack 2011: 28). Empirisch dokumentieren sich diese inneren Bilder innerhalb von Erzählungen vor allem in dichten Passagen in Form von Metaphern, aber zuvorderst im Medium des objektivierten, materialen Bildes selbst (vgl. Bohnsack 2011: 29). Damit setzte sich in der qualitativen Sozialforschung die Erkenntnis durch, dass menschliches Sein sich nicht nur in Sprache ausdrückt, sondern auch in Bildern, und dadurch soziale Wirklichkeit konstituiert (vgl. Hoggenmüller & Raab 2022: 1582; Bohnsack 2011: 28). Wir erinnern uns in Bildern (vgl. Belting 2001: 21), Gegenstände der äußeren Welt werden in inneren Bildern repräsentiert (vgl. Mitchell 2018: 40) und wir verständigen uns *durch* Bilder (vgl. Bohnsack 2021a: 160).

Seit den 1990er-Jahren sind Bilder in der qualitativen Sozialforschung immer wieder Gegenstand der Auseinandersetzung und Grundlage für die empirische Forschung (vgl. Dörner 2012a: 292). Basierend auf den kunstgeschichtlichen Bildreflexionen von Hans Belting, Gottfried Boehm, W. J. T. Mitchell und Erwin Panofsky, den semiotischen Überlegungen von Roland Barthes und Umberto Eco sowie den philosophischen Auseinandersetzungen unter anderem von Michel Foucault entwickelt Bohnsack (2017: 190) eine Dokumentarische Bildinterpretation, die Bilder für die sozialwissenschaftliche Analyse zugänglich macht. Im Zuge dessen kam es innerhalb der Dokumentarischen Methode, die als eine der ersten qualitativen Methoden von „einer grundlegenden Eigengesetzlichkeit des Mediums Bild ausgeht" (Przyborski & Slunecko 2013: 189), zu einigen Forschungsarbeiten (vgl. unter anderem Schäffer 2009, 2011; Michel 2010, 2013; Bohnsack 2011; Dörner 2011a, 2012a; Dörner et al. 2011; Endress 2011; Bohnsack et al. 2013, 2015; Przyborski & Slunecko 2013; Hoffmann 2015; Maschke 2015; Asbrand & Martens 2018; Böder & Pfaff 2018a, 2018b; Klinge 2019; Stützel 2019; Pallesen & Matthes 2020; Rundel 2021b). In den Erziehungswissenschaften nahm schon früh Klaus Mollenhauer (1997: 247) diese Spur auf und nannte drei Gründe, warum es sich lohnt, das Bild zu betrachten: Es ist und war schon immer Teil des Menschen, im Bild liegt ein anderer Sinn als in der Sprache, und Bilder werden in der Gegenwart zunehmend bedeutsamer. Als Teil einer transdisziplinären Bildwissenschaft ergeben sich für die Erziehungswissenschaft zwei relevante Themenfelder (vgl. Schäffer 2005: 213): einerseits bildhafte Darstellungen von Bildung und Erziehung und andererseits die Bedeutung von Bildern bei Sozialisations-, Erziehungs- und Bildungsprozessen, also deren „pädagogische Wirkung". Ulrike Pilarczyk und Ulrike Mietzner (2005: 20 ff.) gehen in ihrer umfassenden Betrachtung von Fotografien in den Erziehungswissenschaften davon aus, dass diese sowohl „als geistige Akte wie als Anschauungsmittel zu verstehen" sind, und differenzieren zwischen einer historisch ausgerichteten Bildwissenschaft, der Betrachtung von Bildern in der Pädagogik und dem pädagogischen Wissen im fotografischen Bild. Eine bildwissenschaftliche Erwachsenenbildungsforschung kann nach Sigrid Nolda (2011a) an vier Bereichen ansetzen: Programmforschung, Teilnehmerforschung, Kursforschung und Wissens(-vermittlungs-)forschung sowie Konzeptforschung. Damit rücken neben Bildern in der institutionellen Werbung und Bildern als Objekte der Selbstpräsentation auch die Wissensvermittlung durch neue Medien sowie diese Medien als eigener Gegenstand in den Fokus (vgl. Nolda 2015: 19 f.). Auch Dörner (2012a: 293) identifiziert eine qualitative Programmforschung, die Bilder in Programmen der Erwachsenenbildung betrachtet (vgl. Nolda 2011b), und eine qualitative Diskursforschung, welche die Bedeutung der Bilder in einzelnen Diskursen in den Blick nimmt (für den Diskurs zum Lebenslangen Lernen vgl. Dörner 2011b; Schäffer 2011).

Jedoch kann weiterhin konstatiert werden, dass die textförmige Dominanz in den Sozialwissenschaften und der qualitativen Sozialforschung nicht gebrochen werden konnte (vgl. Bohnsack 2005: 75; Reichertz 2016: 9) und auch noch 30 Jahre später von einer „Marginalisierung des Bildes" (Bohnsack 2021a: 159) gesprochen werden kann (vgl. Burri 2008: 343; Bohnsack 2017: 190).[16] Sprach- und textbasierte Forschungsdesigns überwiegen, qualitative Studien mit und zu Bildern sind nachrangig, und deren grundlagentheoretische und methodologische Auseinandersetzung steht immer noch am Anfang (vgl. Bohnsack 2017: 190). Nach wie vor herrscht Skepsis dem Bild gegenüber, was zum einen mit der Textförmigkeit von Wissenschaft als Garanten für Intersubjektivität einhergeht

[16] Dies zeigt sich nicht zuletzt auch darin, dass in dem umfangreichen *Handbuch Methoden der qualitativen Sozialforschung* von Nina Baur und Jörg Blasius (2022) Bilder unter „weitere Datentypen" geführt werden, während verschiedene sprachliche Erhebungsformen in einem eigenen Kapitel gebündelt werden.

(vgl. Abschnitt 4.3.1), und zum anderen werden Bilder immer noch als eher irrational und subjektiv angesehen (vgl. Bohnsack 2011: 25 ff.; Hoggenmüller & Raab 2022: 1581). Und dies, obwohl Bilder „schon immer zum sinnhaften und symbolischen Repertoire menschlichen Handelns, Denkens und Wahrnehmens" (Dörner 2012a: 291) gehören, mit dem *iconic turn* die Bedeutung des Bildes sowie seine dominante kulturelle und philosophische Rolle hervorgehoben werden (vgl. Bredekamp 2019: 73 f.), das Bild in der heutigen Zeit nicht mehr wegzudenken ist und durch die zunehmende Digitalisierung noch an Bedeutung gewinnt, beispielsweise durch soziale Medien wie Tinder (vgl. Kamelski 2022) oder durch Bildungsapps (vgl. Klinge 2019). Wenn das Bild eine Rolle spielt, wird entweder die Notwendigkeit einer Hinwendung zum Bild proklamiert (vgl. Krüger & Deppe 2023: 88 für die Biografieforschung), oder es kommt weniger zu einem Paradigmenwechsel, wie er sich im Zuge des *linguistic turn* in der qualitativen Sozialforschung vollzog, als vielmehr zu einer Ergänzung des textförmigen Materials (vgl. Nolda 2015: 19).

4.3.2.2 Zum materialen oder äußeren Bild: Was ist ein Bild?

Während sich erfahrungsbasierte, handlungsleitende innere Bilder der sinnlichen Wahrnehmung entziehen, trifft dies auf materiale Bilder nicht zu. Als *„animal symbolicum"* im Gegensatz zum *„animal rationale"* (Cassirer 1990 [1944]: 51, H. i. O.) oder als *„homo symbolicus"* (Mitchell 2018: 78, H. i. O.) ist es dem Menschen möglich, materiale Bilder herzustellen. Diese können aus einer anthropologischen Perspektive als menschliche Artefakte angesehen werden (vgl. Günzel & Mersch 2014: 19) und die menschliche Bilderpraxis als eine der ältesten Kulturtechniken (vgl. Sachs-Hombach 2003a: 31). Methodologisch stellen sich damit Fragen in zwei Richtungen: Inwiefern kann einerseits das Verhältnis innerer Bilder zum materialen Bild bestimmt werden? Also inwiefern kann das auf inneren Bildern basierende Handeln empirisch im Medium des materialen Bildes erfasst werden? Und daran anschließend: Was dokumentiert sich andererseits im materialen Bild? Also welche Logik liegt dem materialen Bild zugrunde und inwiefern ist es sozialwissenschaftlich relevant? Damit wird folgende Fragestellung zentral: Was dokumentiert sich *im* objektivierten, materialen Bild und welches Verhältnis zum inneren Bild ergibt sich *im* objektivierten, materialen Bild? Diesen Fragen soll im Folgenden unter vier Aspekten nachgegangen werden: Was sind Bilder (1)? Wie kann das Verhältnis von inneren Bildern zu materialen Bildern bestimmt werden (2)? Was zeichnet ein materiales Bild aus (3)? Und wie lässt sich das Verhältnis von materialem Bild zur Sprache bestimmen (4)?

Unter Bildern kann *erstens* mehr verstanden werden als nur Gemälde oder Kunstwerke. Im Zuge des *iconic turn* wurden diese bereits in der Kunsthistorik untersuchten Bilder um weitere Bildarten ergänzt und ähnlich dem „Sprachspiel" von Wittgenstein (1999 [1945]: Nummer 67) nach „Familienähnlichkeiten" zusammengefasst (vgl. Boehm 2006a [1994]: 13). Mitchell (2018: 20) unterscheidet in seiner Genealogie materiale Bilder als „graphische" Bilder von Spiegelungen („optisch"), Sinnesdaten („perzeputell"), Metaphern („sprachlich") oder Träumen beziehungsweise Vorstellungsbildern („geistig"). Regula Valérie Burri (2008: 242 f.) hingegen differenziert „artefaktbezogene Bilder" von „inneren Bildern", „physischen Ausdrucksformen" oder einer „Auffassung der ‚Welt als Bild'". Und Sachs-Hombach (2003a: 191 ff.) unterscheidet zwischen darstellenden Bildern, Strukturbildern und reflexiven Bildern. Diese Bildformen lassen sich wiederum in Bezug auf das „Trägermedium" (Belting 2001: 12) differenzieren, wobei beide, Bild und Trägermedium, in einem wechselseitigen Verhältnis zueinander stehen. Belting (2001: 15) schließt mit dem Begriff des Mediums an die Unterscheidung von Mitchell (1986: 9) zwischen „picture" und „image" an. Während es sich beim *picture* um ein konkretes Objekt, um „materielle Entitäten" (Mitchell 2018: 10) handelt, wird mit dem *image* das Bild bezeichnet, das im *picture* repräsentiert wird. So bildet beispielsweise der Körper das Trägermedium für geistige oder innere Bilder wie Fantasien oder Vorstellungen (vgl. Belting 2001: 13) sowie auch für physische Ausdrucksformen wie Gesten oder Gebärden. Materiale Bilder zeichnen sich durch ein Trägermedium aus, das es dem Bild ermöglicht, sowohl sinnlich wahrgenommen zu werden als auch relativ dauerhaft in der äußeren Welt vorhanden zu sein (vgl. Mitchell 2018: 25). Darunter fallen durch den Menschen bearbeitete Objekte wie Skulpturen, Gemälde oder Zeichnungen, Fotografien oder digitale Bilder. Diese teilen ein materiales Trägermedium, unterscheiden sich jedoch in der Art und Weise desselben.[17]

Während sich *zweitens* geistige oder innere Bilder der sinnlichen Wahrnehmung entziehen (vgl. Mitchell 2018: 25), kann daraus nicht gefolgert werden, dass es sie nicht gibt, sondern lediglich, dass darauf nicht gezeigt werden kann (vgl. Mitchell 2018: 32). Zugänglich gemacht und objektiviert werden können sie vom Menschen als Homo symbolicus in Form des materialen oder sprachlichen[18] Bildes, womit sich die Frage nach dem Wechselverhältnis „zwischen der mentalen und der materialen Bildproduktion einer Zeit, wobei die letztere

[17] Dabei lässt sich auch die Beschäftigung mit Bildern historisch unterscheiden. Während in der Antike ein ontologischer Bildbegriff vorherrschte, also das Bild als Ding betrachtet wurde, entstand im 19. Jahrhundert ein phänomenologischer Bildbegriff, der das Verhältnis von Bild und Bildbetrachtenden in den Mittelpunkt stellte (vgl. Fellmann 2004: 188).

[18] Darin zeigt sich auch die besondere Bedeutung von Fokussierungsmetaphern, die im praktischen Vorgehen bei der Dokumentarischen Methode eine besondere Rolle spielen (vgl. Abschnitt 5.2.2).

als externe Repräsentation anzusehen wäre“ (Belting 2001: 20), stellt. Das Verhältnis zwischen mentaler und materialer Bildproduktion umfasst Schäffer (2010: 212) mit seiner Unterscheidung zwischen (i) „Erfahrungsbilder[n]“ als „innere[n] bildliche[n] Repräsentationen“ und (ii) „Abbildern“ als „materielle[n] bildhafte[n] Darstellungen“, wie Gemälden, Fotos oder Skulpturen, sowie (iii) „Denkbildern“ als „begrifflich fassbare[n] Vorstellungen“, wie beispielsweise Stereotypen. Diese Trias von Abbild, Denkbild und Erfahrungsbild lässt sich nicht zu einer Seite hin auflösen, sondern bedingt sich wechselseitig (vgl. Schäffer 2010: 213). Innere bildliche Repräsentationen von Erfahrungen prägen Abbilder und Denkbilder, und gleichzeitig sind Erfahrungsbilder durch Ab- und Denkbilder geprägt. Während sich Ab- und Denkbilder auf explizites, theoretisches Wissen beziehen, das den Personen reflexiv zugänglich ist, sind Erfahrungsbilder auf der Ebene des impliziten, atheoretischen Wissens verortet, das handlungsleitend wirkt und nur bedingt reflexiv zugänglich ist. Ein empirischer Zugang zu Erfahrungsbildern wird daher über Abbilder eröffnet, indem dort kommunikatives Wissen zunächst suspendiert werden muss, um daraus konjunktives, handlungsleitendes Wissen, rekonstruieren zu können (vgl. Bohnsack 2011: 45).

Die materiale Bildproduktion beziehungsweise die Repräsentation innerer Bilder in materialen Bildern ist zudem an die Zeit gebunden. Anhand einer Miniatur im Codex Egberti zur Gefangennahme von Jesus zeigt Max Imdahl (2006: 8) diesen ikonologischen Sinn eines Bildes „als eine [...] Ausdrucksform für solche historisch bedingten Geisteshaltungen, die zur Entstehungszeit des Bildes in der Malerei wie auch sonst in religiösen, philosophischen und poetischen Ideen hervortreten.“ Panofsky (2002 [1955]: 40) spricht hierbei von der „eigentlichen Bedeutung oder Gehalt“ eines Bildes, der erfasst wird, „indem man jene zugrundeliegenden Prinzipien ermittelt, die die Grundeinstellung einer Nation, einer Epoche, einer Klasse, einer religiösen oder philosophischen Überzeugung enthüllen.“ So gibt „es im Kunstgestalten genau datierbare Stile [...], weil jedes Gestaltungselement nur zu einem bestimmten historischen Zeitpunkt möglich war und dessen Merkmale in sich enthält“ (Mannheim 1969: 233). Bei Martin Heidegger (1977 [1935/1936]: 4) heißt es hierzu: „Das Kunstwerk ist zwar ein angefertigtes Ding, aber es sagt noch etwas anderes, als das bloße Ding selbst ist.“ Während in der gegenständlichen Kunst das „Ding“ zumindest noch auf einer ikonografischen Ebene identifiziert werden kann, wird die Bedeutung des ikonologischen Bildsinns bei zeitgenössischer, nicht gegenständlicher Kunst sichtbar (vgl. Imdahl 1996: 316). Wenn beispielsweise Yves Klein die Farbe Blau in einem blauen Bild darstellt, dann geht es nicht darum, was abgebildet wird, sondern worauf das Bild verweist und welche Zeit sich in dem Bild dokumentiert (vgl. Endress 2022: 138).

In den bisherigen Ausführungen wurde immer wieder auf den Begriff der Repräsentation verwiesen: Innere Bilder bilden die Welt nicht ab, sondern repräsentieren sie ebenso, wie sich innere Bilder oder bestimmte Vorstellungen einer Zeit in materialen Bildern repräsentieren. Dem liegt ein repräsentationalistischer Bildbegriff zugrunde, wie ihn auch Platon vertrat, gemäß dem Bilder eine Sache repräsentieren, aber nicht verkörpern – im Gegensatz zu einer kultisch-magischen Auffassung, wonach der Bildreferent im Bild zugegen ist (vgl. Sachs-Hombach 2003a: 30 f.).[19] Mitchell (2018: 83 f.) unterscheidet in seiner Bildtheorie drei Typen solcher Repräsentationsbeziehungen zwischen dem Repräsentierten und dem zu Repräsentierenden, die auf der Unterscheidung von Peirce (1983: 64 ff.) zwischen Ikon, Index und Symbol basieren:

1. Ähnlichkeit: Das Repräsentierte ähnelt dem zu Repräsentierenden in der Art und Weise der Darstellung. So repräsentiert beispielsweise das Bild eines Stuhles den Stuhl dadurch, dass er vier Beine, eine Sitzfläche und eine Rückenlehne hat. Er ähnelt dem Stuhl in der äußeren Welt.
2. Symbolisch: Das Repräsentierte steht symbolisch für das zu Repräsentierende, ohne ihm „im geringsten zu ähneln“ (Mitchell 2018: 84). Diese Repräsentationsbeziehung kann erst auf der Basis einer sozialen Übereinkunft verstanden werden. U-Bahn-Pläne repräsentieren beispielsweise symbolisch die Streckenführung, wobei ein Wissen vorhanden sein muss, um sie lesen zu können (vgl. Piehl 2005: 155).
3. Indexikalisch: Hier ist die Beziehung als ein „Ursache-Wirkung-Verhältnis“ (Mitchell 2018: 84) zu verstehen. Mitchell nennt das Beispiel einer Haarsträhne oder eines Fingerabdrucks, die für einen Detektiv auf die:den Täter:in verweisen können.

Bilder können zudem mehrere Repräsentationsbeziehungen vereinen (vgl. Mitchell 2018: 84). So kann ein dargestellter Stuhl nicht nur Ähnlichkeit mit einem Stuhl in der äußeren Welt aufweisen, sondern ihm kann auch eine symbolische oder indexikalische Bedeutung zukommen. Damit wird für eine rekonstruktive Forschung vor allem die Art und Weise der Darstellung im materialen Bild relevant, also nicht *was*, sondern *wie* es dargestellt wird. „Das ‚Wie‘ ist die genuine Mitteilung, ist die echte Sprachform des Bildes“ (Belting 2001: 12).

[19] Zur historischen Entwicklung des Bildbegriffs, auch im Zusammenhang mit einer Bilderfeindlichkeit, die sich in sogenannten Bilderstürmen ausdrücken konnte, siehe Sachs-Hombach 2003a: 31 ff.

Erst durch den Kontext, durch das Erfassen der symbolischen und indexikalischen Repräsentation werden Bilder „singulär" (Sachs-Hombach & Rehkämper 2004b: 124).

Nun stellt sich *drittens* die Frage, was ein materiales Bild auszeichnet. Boehm (2006a [1994]) bezieht sich in seiner philosophischen Auseinandersetzung unter anderem auf Jacques Derrida und Friedrich Nietzsche. Er schließt sich der Kritik am Logozentrismus, dem „Imperialismus des Logos" (vgl. Derrida 2016 [1967]), an und konzeptualisiert im Anschluss an Nietzsche das Bild als „Mittelglied" (Boehm 2006a [1994]: 16) zwischen Welt und Mensch. Zunächst betrachtet er die Metapher als solches Mittelglied in der Sprachwissenschaft, welche die Abkehr von der einen Realität hin zur Mehrdeutigkeit symbolisiert. „Denn sie [die Metapher, SR] verbindet auf eine schöpferische Weise, ihre luftigen Konstrukte schwingen sich über die Abgründe des logisch scheinbar Verbindungslosen hinweg" (Boehm 2006a [1994]: 16). Auch das Bild erfüllt dieses Schöpferische der Verbindung zwischen Welt und Mensch, jedoch auf eine andere Art und Weise als die Metapher. Als materiales Bild zeichnet es sich nicht durch mehrere Kontraste aus, sondern durch einen „einzigen Grundkontrast" (Boehm 2006a [1994]: 30). Es ist auf eine begrenzte und überschaubare Gesamtfläche begrenzt, das „anschauliche Ganze" (Boehm 2006a [1994]: 30), während darin als Einzelbestimmungen Binnenereignisse eingeschlossen sind. Es ist immer darauf angewiesen, auszuwählen und die mehrdimensionale Wahrnehmung der Sinnesorgane in einen begrenzten Bereich zu übertragen. Erst durch den ikonischen Kontrast (vgl. Boehm 2006a [1994]: 32), die Gleichzeitigkeit von flach und tief, opak und transparent, materiell und völlig ungreifbar, wird das Dargestellte zum Bild und gewinnt an Sichtbarkeit und Präsenz. Im Sichtbarmachen von etwas bringt es mehr Sinn hervor (Boehm 2006a [1994]: 33) und erzeugt dadurch mit seinen begrenzten Mitteln einen Überschuss an Sinn (Boehm 2006a [1994]: 38) – den ikonischen Sinn. Während in der Sprache der Begriff und das Erscheinungsbild auseinanderfallen (ein Baum kann begrifflich ausgedrückt werden, aber unterschiedliche Erscheinungsformen annehmen), erscheint der Baum im Bild in seinem Sein – Darstellung und Sein fallen in eins.

> „Daß nicht nur dieses und jenes im Bild vorkommt, sondern mit dem System seiner Repräsentanz simultan hervortritt, verleiht dem Bilde jenen Zuwachs an Potentialität, welcher es aus der Dienstfunktion einer Abbildlichkeit befreit und zu einem Element der Erkenntnis macht, in dem sich was überhaupt ‚ist', auf eine anschauungsbezogene Weise, als ein Sichtbares darstellt." (Boehm 1985: 466, H. i. O.)

Entscheidend dabei ist, dass es sich beim Bild „nie um pure Wiederholungen (Abbildungen) dessen handeln kann, was man auch sonst sieht“ (Mollenhauer 1997: 250). Damit erzeugen Bilder aus sich selbst heraus einen Überschuss an Sinn (vgl. Boehm 2006a [1994]: 38) und sind im besten Fall „ein Muster an Wirklichkeit, eine kleine Welt“ (Boehm 2006a [1994]: 21). Im „Werk“ tritt das Seiende des Dings „in die Unverborgenheit seines Seins heraus“ (Heidegger 1977 [1935/1936]: 21). Diese „kleine Welt“ (Boehm 2006a [1994]: 21) konstituiert sich dabei nicht über die figürlichen Dinge in einem Bild, also die abgebildeten Gegenstände, beziehungsweise darüber, *was* dargestellt wird, sondern sie konstituiert sich durch die Grenzen und die Kontraste zueinander. Das Besondere sind die Unbestimmtheiten zwischen den Grenzen, die Leerstellen, die das Bild als Bild erscheinen lassen. „Das ikonisch Dichte ist das (von der verbalen Sprache aus gesehen) Leerste am Bilde: die Nicht-Figur, d. h. die gleichzeitige Beziehungsform von Figur zu Figur, von Figur zu Komposition, zu Farbaufbau etc.“ (Boehm 1985: 463, H. i. O.). Diesen Aspekt betont auch Cassirer in seiner Auseinandersetzung in Bezug auf Zeichen und das Bild in der Kunst:

> „Von ihnen allen läßt sich in gewissem Sinne sagen, daß sie [die Zeichen, SR] ihren Wert nicht sowohl in dem besitzen, was sie vom konkret-sinnlichen Einzelinhalt und seinem unmittelbaren Bestand festhalten, als in dem, was sie von diesem unmittelbaren Bestand unterdrücken und fallen lassen.“ (Cassirer 2001 [1923]: 43)

Damit ermöglicht das Bild (auch im Gegensatz zur Sprache) eine eigene und besondere Form der Darstellung, die sich in den folgenden drei Aspekten zeigt:

1. „Sinnkomplexität des Übergegensätzlichen“ (Imdahl 1996: 107): An einem Bild von Giotto zur Gefangennahme von Jesus zeigt Imdahl, dass Jesus im Bild gleichzeitig unterlegen und überlegen ist, was auf die planimetrische Komposition des Bildes zurückzuführen ist. „Diese Sinnkomplexität des Übergegensätzlichen ist sprachlich nur schwer fassbar, und ihre sprachliche, intersubjektiv verständliche Vermittlung gelingt nur im direkten Verweis auf das Bild“ (Bohnsack 2011: 36).
2. „Simultanstruktur“ (Imdahl 1996: 23): Während es beim Text ein Davor und Danach gibt und daher eine Sequenzanalyse geeignet ist, erscheint das Bild in seiner Totalität simultan beziehungsweise als „anschauliche[s] Ganzes“ (Boehm 2006a [1994]: 30).
3. „Polysemie“ (Bohnsack 2011: 45): Während relativ eindeutig ist, was auf einem Bild dargestellt wird, ist „auf der Ebene des *konjunktiven* Wissens, also im Hinblick auf die je besondere Geschichte, welche ‚das Bild erzählt‘,

eine nahezu unendliche Polysemie möglich, wenn der Interpret sein eigenes standortgebundenes Wissen in naiver Weise an das Bild heranträgt" (Bohnsack 2011: 45, H. i. O.). Dies gilt es durch empirische Vergleichsfälle methodisch zu kontrollieren (vgl. Abschnitt 4.4.3).

Schließlich ergibt sich *viertens* die Frage nach dem Verhältnis von Bild und Text beziehungsweise Sprache. Während Sprache beispielsweise nach einem Interview in Text objektiviert werden kann, liegt beim materialen Bild eine zweifache Übersetzung vor: Die handlungsleitenden inneren Bilder werden erstens im materialen Bild mit seiner bildlichen Logik repräsentiert, die dann zweitens wiederum von den Forschenden in Sprache und Text übersetzt werden muss. Wie solch eine Übersetzungsleistung geschehen kann, zeigt Benjamin (1991: 9 f.) in seinem Text *Die Aufgabe des Übersetzers* am Beispiel der Übersetzung eines Textes in eine andere Sprache: So gilt es, weder die „Mitteilung" des Ausgangstextes zu übersetzen noch ihn wortwörtlich in die andere Sprache zu übertragen, sondern sein „Wesen" zu erfassen. Dies bedeutet für eine Übersetzung von materialen Bildern in Text, dass weder das, was in einem Bild dargestellt wird, in Sprache und Text zu fassen ist noch die einzelnen Gegenstände oder Elemente, sondern sein Wesen, das *Bild an sich*. „Das Bild ist Grund einer Einsicht, die es ausschließlich aus sich selbst schöpft" (Boehm 2006a [1994]: 21). Eine gelungene Übersetzung zeigt sich deshalb darin, dass das Bildhafte nicht in Sprache und Text verschwindet, sondern es sich darin aufhebt. „In der gelungenen Übersetzung der beiden Medien stellt sich jene Ambiguität ein, bei der nicht länger ein (sprachliches) Original einer (bildlichen) Verdeutschung überzuordnen wäre" (Boehm 1985: 467). Dies ist für Boehm (1985: 447, H. d. V.) dadurch möglich, dass Sprache und Bild einen gemeinsamen Grund teilen, die Bildlichkeit, die nicht hinter einem Bild liegt, sondern sowohl dem Bild als auch der Sprache eigen ist und bei einer gelungenen Übersetzung mitübersetzt wird, wobei es zu erfassen und zu klären gilt, „*wie* Bild und Sprache an einer gemeinsamen Ebene der ‚Bildlichkeit' partizipieren." Bild und Sprache lösen sich also nicht in der Bildlichkeit auf oder verschmelzen miteinander, sondern erhalten ihre Eigenständigkeit dadurch, dass ein Verbindendes gefunden wird. Hierauf nimmt auch Schäffer (2013) Bezug, der sich gegen eine scharfe Trennung von Bild und Sprache ausspricht. So muss bei der Annäherung an Bilder immer auf kommunikative Wissensbestände und die Sprache zurückgegriffen werden. Gleichzeitig ist das Bild nicht als Text zu verstehen, sondern muss in seiner Eigenlogik interpretiert werden. Implizite Wissensbestände auf der Ebene der Bildlichkeit kommen schließlich „im Medium von Bild und Sprache gewissermaßen zur Welt" (Schäffer 2013: 231). Dabei problematisiert Schäffer die im Diskurs vorherrschende Überhöhung des Bildlichen, denn durch die Simultaneität im Bild kann einerseits die Prozesshaftigkeit des Sozialen nicht erfasst werden, und andererseits kann auch Übergegensätzliches sprachlich in Form der Metapher ausgedrückt werden (vgl. Schäffer 2013: 231 ff.). Somit ergibt sich sowohl über materiale Bilder als auch über Metaphern ein Zugang zu der vorgelagerten Ebene der Bildlichkeit. Damit gilt es, weder ikonischen und sprachlichen Sinn gleichzusetzen noch einen von beiden durch den anderen zu ersetzen. Vielmehr unterscheiden sie sich fundamental. „Die Rede vom Ikonischen meint nie, dass es sich der Sprache *entzieht*, sie meint vielmehr, dass eine *Differenz* gegenüber der Sprache ins Spiel kommt“ (Boehm 2014: 23, H. i. O.).

4.3.2.3 Fotografien und digitale Bilder als empirischer Zugang zu konjunktiven Erfahrungsräumen

Für eine sozialwissenschaftliche Forschung, die sich dem Alltagshandeln zuwendet, werden als empirischer Zugang Fotografien und mit dem Aufkommen des Digitalen auch bereits vorhandene (digitale) Bilder interessant. Auf dieser Grundlage sind in der Dokumentarischen Methode einige Forschungsarbeiten entstanden, die entweder Bild und Sprache in Form von Fotogruppendiskussionen miteinander verbinden (vgl. Schäffer 2010; Dörner et al. 2011; Dörner & Schäffer 2014b; Pallesen & Matthes 2020) oder als zwei eigenständige Materialsorten betrachten (vgl. Hoffmann 2015; Maschke 2015; Stützel 2019; Rundel 2021a). In ersterem Fall dient ein materiales Bild als Stimulus, und der Fokus liegt auf der verbalen Bearbeitung beziehungsweise den Rezeptionsprozessen (vgl. Bohnsack 2011; Michel 2013). Die Bildgehalte werden von den Personen zunächst „vor dem Hintergrund ihrer konjunktiven inneren Erfahrungsbilder“ (Schäffer 2010: 227) simultan erfasst und dann in die sequenzielle Abarbeitung im Medium der Sprache übersetzt. Aspekte des materialen Bildes, die innerhalb eines konjunktiven Erfahrungsraumes verstanden werden, führen somit zu Sinnaktualisierungsprozessen, während solche, die nicht unmittelbar verstanden werden, interpretiert werden müssen und zu Sinnbildungsprozessen führen (vgl. Schäffer 2010: 227). Von Bedeutung ist damit vor allem die sprachliche Bearbeitung des materialen Bildes, wobei dieses weniger als eigenständige Erkenntnisquelle berücksichtigt wird. In den letzteren Fällen wird das materiale Bild als eigenständiges Material neben dem Text verstanden. So fotografierte beispielsweise Nora F. Hoffmann (2015) Personen auf Festivals und führte Gruppendiskussionen durch, oder Porträtfotografien wurden bei Sabine Maschke (2015) im Verhältnis zu Interviews ausgewertet. Nur wenige Forschungsarbeiten beziehen sich ausschließlich auf Bilder (vgl. unter anderem Kanter 2016).

Die in der sozialwissenschaftlichen Forschung verwendete Fotografie[20] wird seit dem 19. Jahrhundert genutzt und diente zunächst der Validierung von Beobachtungen im Rahmen einer Visual Anthropology (vgl. Brändle 2007: 88; Daston & Galison 2014: 325; Hoggenmüller & Raab 2022: 1583). Später war sie Grundlage mehrerer Forschungen zur Verdeutlichung sozialer Deprivation in den USA, während in Deutschland in den 1920er-Jahren die Porträtfotografien von August Sander (2019 [1929]) Berühmtheit erlangten (vgl. Hoggenmüller & Raab 2022: 1584). Sie ermöglichten einen Zugang zum alltagsästhetischen Lebensstil, der neben der sozioökonomischen Ausstattung für die soziale Stellung bedeutsam wurde. So beschäftigte sich auch Pierre Bourdieu (1983) mit der Fotografie, beispielsweise im Rahmen eines zusammen mit Luc Boltanski, Robert Castel, Jean-Claude Chamboredon, Gerard Lagneau und Dominique Schnapper herausgegebenen Sammelbandes. Auch Erving Goffman (1979), der sich mit Geschlechterbildern in der Reklame auseinandersetzte (vgl. Burri 2009: 25; Hoggenmüller & Raab 2022: 1584 f.), untersuchte Fotografien. Die Fotografie lässt sich (auch im Gegensatz zu einem Gemälde oder Kunstwerk) als gemeinsames Produkt „der abbildenden und abgebildeten Bildproduzent(inn)en" (Bohnsack 2011: 49) verstehen, wobei beide als kollektive Akteur:innen betrachtet werden können (vgl. Bohnsack 2003: 248). Einerseits dokumentieren sich in der Fotografie durch Disziplinierung oder Zivilisation eingeschriebene inkorporierte Wissensbestände in Form von Körperhaltungen, Gesten oder Kleidungsstilen. „Es wirkt dann, als hätten sich Spuren des abgebildeten Körpers in die Fotografie eingeprägt, als wohne dem medialen Bildträger eine körperliche Präsenz der mittels ihm erinnerten Personen inne" (Brändle 2007: 97). Andererseits weist Ilka Brändle (2007: 84) in ihrer grundsätzlichen Betrachtung der Fotografie auf die Rolle der abbildenden Bildproduzent:innen hin: Es wird in der Fotografie nicht die Welt beziehungsweise die Wirklichkeit abgebildet, wie häufig vermutet, sondern diese ist kulturell bedingt. Dies zeigt sich beispielsweise in der Inszenierung, der Auswahl des Sujets oder im Umgang damit, womit die Fotografie nicht nur einen Kunstgegenstand darstellt, sondern auf eine spezifische Praxis verweist (vgl. Stiegler 2023: 159).

Mit dem Aufkommen des Smartphones und dem digitalen Bild verändert sich erneut das Trägermedium. Digitale Bilder werden analog zur Fotografie aufgenommen, jedoch nicht in einem aufwendigen Prozess (man denke an die

[20] Dabei lässt sich differenzieren zwischen dem „fotografischen Prozess", also der (technischen) Generierung des materialen Bildes, und dem „Produkt", also der fertigen Fotografie (Brändle 2007: 85). Der technische Prozess soll hier nicht weiterverfolgt werden (für eine historische Entwicklung der technischen Fotografie vgl. Daston & Galison 2014: 317 ff.; Günzel & Mersch 2014: 201 ff.).

Porträtfotografie Anfang des 20. Jahrhunderts), sondern jederzeit in beliebiger Anzahl, mit der Möglichkeit der nachträglichen Bearbeitung und einfachen Verteilung. Dabei weist Mitchell (2007: 241) darauf hin, dass digitale Bilder durch die Möglichkeit der Bearbeitung nicht illegitim oder weniger glaubwürdig wären, sondern sie Wirklichkeit in viel größerem Ausmaß realitätsgetreu herstellen können.[21]

> „Was den Unterschied zwischen einem ‚genuinen' und einem ‚manipulierten' Bild betrifft, so handelt es sich um eine paranoide Phantasie, denn jede auf traditionelle Weise hergestellte Photographie war gleichfalls ein Produkt von Manipulation im Sinne technischer und materieller Standards, von Entscheidungen darüber, was vor welchem Hintergrund aufzunehmen und wie es zu entwickeln und zu drucken ist. Der Begriff des ‚genuinen' Bilds ist ein ideologisches Phantasma." (Mitchell 2007: 243)

In seiner bereits 1992 erschienenen umfassenden Auseinandersetzung mit dem digitalen Bild zeigt Mitchell, dass in beiden Formen die Möglichkeit der Manipulation gegeben ist, sei dies durch die Perspektive oder die Fotomontage. Der Unterschied zur Fotografie liegt beim digitalen Bild vielmehr in der „Zirkulation und Dissemination" (Mitchell 2007: 245). Es kann sofort weitergeleitet und somit innerhalb kürzester Zeit einer Vielzahl an Menschen zugestellt werden. Daher gilt es, digitale Bilder nicht als unecht oder unwirklich zu behandeln, sondern sie in ihrer Erstellung, Bearbeitung und Verteilung sowie in dem, wie etwas dargestellt wird, als Dokument einer bestimmten Zeit zu erfassen. Unter digitale Bilder fallen auch sogenannte Symbolbilder, beispielsweise aus dem Internet ausgewählte materiale Bilder oder Memes, die kulturell bekannte Phänomene in Form von Text und Bild in einen pointierten anderen Zusammenhang bringen (vgl. Klinge & Müller 2023: 318). Hierbei wird weniger die Fotografie als Bildprodukt abbildender und abgebildeter Personen relevant als vielmehr der Auswahlprozess und der damit einhergehende Sinnaktualisierungsprozess der auswählenden Person.

Wie bisher argumentiert wurde, bilden Bilder nicht nur ab, sondern sie sind grundlegend für eine bildhafte Verständigung, ihnen kommt handlungsleitende Qualität zu und sie konstituieren Wirklichkeit. Objektivierte, materiale Bilder entstehen nicht zufällig, sondern sind an konjunktive Erfahrungen, zeitgeschichtliche Geisteshaltungen und spezifische Weltanschauungen gebunden. Daher lassen sich an ihnen *erstens* in Bezug auf eine ikonologische Interpretation aufgrund des Stils sowie der Art und Weise der Darstellung Rückschlüsse auf die Epoche ziehen (vgl. Mannheim 1969: 233; Panofsky 2002 [1955]: 40 f.; Imdahl 2006:

---

[21] Man denke hierbei an sogenannte Deepfakes, mit denen Personen digital nachgebildet werden können, oder Virtual-Reality-Umgebungen.

306 ff.). *Zweitens* kommt ihnen ein eigener Sinn zu, sie sind, wie Boehm (2006a [1994]: 21) es ausdrückt, „ein Muster an Wirklichkeit, eine kleine Welt". Bei solch einem wissenschaftlichen Zugang wird im Unterschied zu einem alltäglichen Verständnis relevant „was das Bild im ganzen mitteilt, über diejenigen, die es hervorgebracht haben und die es vielleicht auch ‚abbildet', über seine Bedeutung innerhalb einer besonderen kulturellen Lage, innerhalb einer bestimmten historischen Formation" (Mollenhauer 1997: 248). Neben den Erfahrungen der Abbildenden dokumentiert sich *drittens* in Fotografien das inkorporierte Wissen der Abgebildeten. Gerade Praxistheorien (vgl. Abschnitt 3.1.3) betonen die „Körperlichkeit der Praktiken" (Reckwitz 2003: 290), zu denen dadurch ein empirischer Zugang ermöglicht wird. *Viertens* wird mit dem Aufkommen der digitalen Bilder eine weitere materiale Bildsorte relevant. Mit dem Selfie fallen Abbildende und Abgebildete in eins, digitale Programme ermöglichen eine nahezu unbegrenzte Bearbeitung des Bildes, Bilder können über digitale Netzwerke innerhalb kürzester Zeit verbreitet, geteilt und kommentiert werden und mit dem Smartphone können sie jederzeit aufgenommen, gespeichert und erst später verwendet werden. Auch stellt das Internet eine nahezu unbegrenzte Anzahl an Bildern zur Verfügung. Bei dieser Bildsorte wird daher die Auswahl durch die Befragten relevant (vgl. Bohnsack 2017: 194).

4.3.3 Sprache oder Bild? Text und materiale Bilder als Dokumente konjunktiver Erfahrungsräume

Die Handlungspraxis und ihr Eingebundensein in konjunktive Erfahrungsräume sind den Forschenden nie unvermittelt zugänglich. Diese sind für die Rekonstruktion auf empirisches Material angewiesen, wobei sich qualitative Sozialforschung vor allem auf Text und materiale Bilder stützt. Aus diesen Dokumenten kann jene „Totalität identifiziert werden, die auf der Grundlage einer auch nur in Teilen vorfindbaren ‚Objektivation' interpretiert wird" (Schäffer 2012: 200). Damit dokumentiert sich in ihnen nicht der konjunktive Erfahrungsraum in Gänze: Erfahrungen werden in Sprache repräsentiert, und diese kann nicht umfänglich in Text dargestellt werden, ebenso wie nur Teile von inneren Bildern in materialen Bildern repräsentiert werden können. Gleichzeitig ist das Zeichen „keine bloß zufällige Hülle des Gedankens, sondern sein notwendiges und wesentliches Organ" (Cassirer 2001 [1923]: 17). In Form von Bild oder Sprache konstituieren beide Wirklichkeit, wodurch ein Zugang zur Wirklichkeitskonstitution ermöglicht wird (vgl. Schubbach 2012: 90). Schließlich zeigen die methodologischen

Ausführungen zu Sprache/Text und Bild/materiales Bild, dass nicht eine Materialsorte einen privilegierten Zugang zu den Erfahrungen, zum Handeln und zum konjunktiven Erfahrungsraum für sich beanspruchen kann, sondern beide dies auf je unterschiedliche Art und Weise ermöglichen. „Das System der mannigfachen Äußerungen des Geistes ist für uns nicht anders erfaßbar als dadurch, daß wir die verschiedenen Richtungen seiner ursprünglichen Bildkraft verfolgen" (Cassirer 2001 [1923]: 20). Diese Bildkraft des Geistes äußert sich in vielem, in einer „Mannigfaltigkeit von Gestaltungen, die doch zuletzt durch eine Einheit der Bedeutung zusammengehalten werden" (Cassirer 2001 [1923]: 42). Bild und Sprache als Äußerungen des Geistes drücken damit in ihrer je besonderen Eigenart Unterschiedliches aus, ebenso wie sie anderes verstärken. In ihnen dokumentiert sich der konjunktive Erfahrungsraum in der Art und Weise der Darstellung und des Ausdrucks, wodurch sie auf unterschiedliche Dimensionen des Erfahrungsraumes verweisen (vgl. Abschnitt 3.2).

Für das Erkenntnisinteresse des vorliegenden Forschungsprojektes bieten sich nun Berufsbiografien, also die sinnhafte Organisation beruflicher Erfahrungen, sowie Berufsbilder an. Während mit Ausnahme des Bildbandes *Bilder der Arbeit* von Klaus Türk (2000) bisher kaum materiale Bilder von Beruf betrachtet wurden, werden Berufsbilder in der Debatte vor allem als Denkbilder verhandelt. Darunter fallen bestimmte Vorstellungen oder Stereotype von einem Beruf, wie spezifische Anforderungsprofile, allgemeine Tätigkeiten, mögliche Karrierewege oder auch von außen an den Beruf gestellte Anforderungen (vgl. unter anderem Dörfler-Dierken & Kümmel 2010; Gesing & Weber 2017). Auch in der Berufspädagogik wird der Begriff des Berufsbildes vor allem auf einer theoretischen, kommunikativen Wissensebene verwendet und darunter ein Bündel an Qualifikationen oder Anforderungen an einen Beruf wie Kompetenzen, Kenntnissen und Einstellungen verstanden (vgl. Reetz & Seyd 2006; Sloane 2010; Severing 2014; Meyer 2015). Diese zeigen sich in der Ausbildungsordnung, der Art der Tätigkeit und den Aufstiegs- und Weiterbildungsmöglichkeiten. Unter anderem wurde bisher das Berufsbild von Lehrer:innen (vgl. Rothland 2009), von Lehrerbildner:innen (vgl. Dengerink et al. 2015) oder von Trainer:innen (vgl. Manz 2007) betrachtet. Fotografien oder digitale Bilder, in denen sich Erfahrungsbilder von Beruf als „innere bildliche Repräsentation" (Schäffer 2010: 212) auf symbolische oder indexikalische Art und Weise dokumentieren, haben bisher noch wenig Beachtung gefunden. So konstatieren Krüger und Deppe (2013: 68), dass „die Elaboration der bildhermeneutischen Auswertungsmethoden für biographische Materialien wie Fotografien, Bilder und Filme noch an den Anfängen" steht. Diese Berufsbilder werden für die Erziehungswissenschaft insofern relevant, als sie das Verhältnis der Erwachsenen zum Beruf und damit „das Bild, das die Erwachsenen von sich selbst haben“ (Mollenhauer 1997: 253), thematisieren.

Materiale Bilder von Beruf und Berufsbiografien als Text ermöglichen einen Zugang zu den Erfahrungen in und mit dem Beruf, dem darauf aufbauenden beruflichen Handeln und dem rahmenden konjunktiven Erfahrungsraum. Diese zeigen sich nicht explizit-theoretisch in den materialen Bildern oder den Texten, sondern es gilt, sie aus Letzteren heraus zu rekonstruieren. Mit der Dokumentarischen Methode liegen eine Methodologie und ein methodisches Vorgehen vor, das beide Materialsorten unter einem methodologischen Dach zu interpretieren vermag.

4.4 Dokumentarische Methode

Die Dokumentarische Methode als ein rekonstruktives Verfahren ist von Bohnsack in der Auseinandersetzung mit seiner eigenen Forschungspraxis ausgearbeitet und seitdem vielfach differenziert und weiterentwickelt worden. Sie ist einerseits die methodologische Grundlage des vorliegenden Forschungsprojektes und bietet andererseits ein methodisches Vorgehen, das im nächsten Kapitel vorgestellt wird (vgl. Kapitel 5). Wie in Abschnitt 4.2 gezeigt wurde, wenden sich rekonstruktive Verfahren der Handlungspraxis und dem ihr zugrunde liegenden Typischen zu. Hierfür operiert die Dokumentarische Methode mit unterschiedlichen Begriffen (vgl. Abbildung 4.1).

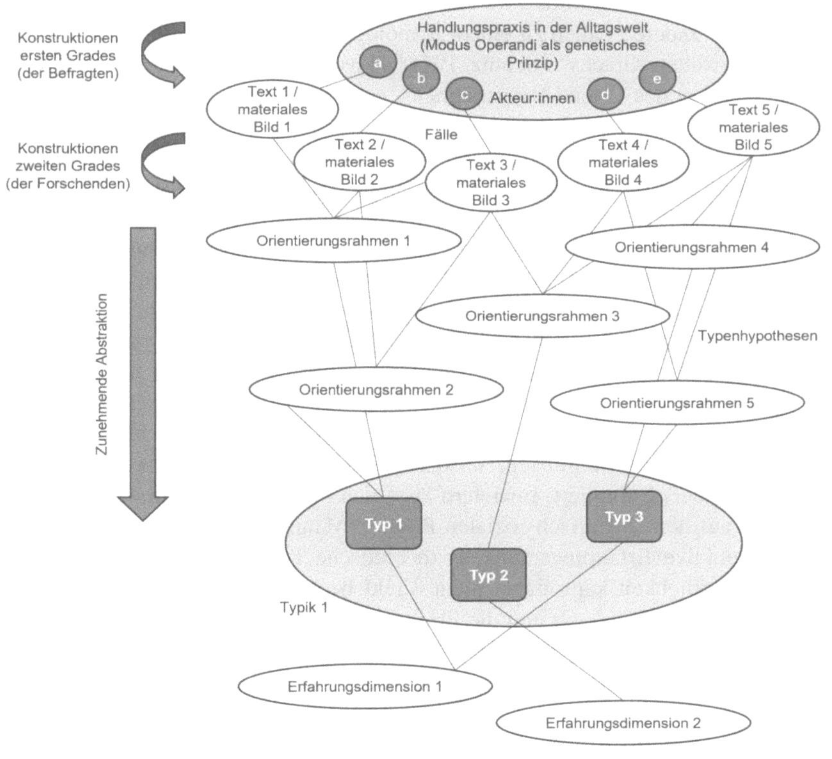

Abbildung 4.1 Begriffe der Dokumentarischen Methode

Ausgegangen wird von einem Modus Operandi (vgl. Abschnitt 4.4.1), einem genetischen Prinzip der Handlungspraxis, das von den Forschenden nicht unvermittelt beobachtet, sondern aus dem empirischen Material (beispielsweise Text oder materialem Bild) rekonstruiert werden muss. Einen Zugang zur Handlungspraxis bekommen die Forschenden über den Fall,[22] aus dem „Typenhypothesen"

[22] Als Fall werden im Folgenden die Befragten verstanden, die für die Forschenden in Form von empirischem Material (Text oder materiales Bild) relevant werden. Der Fall ist damit bereits eine doppelte Konstruktion der Forschenden, da erstens nur von bestimmten Akteur:innen empirisches Material vorliegt und dies zweitens in objektivierter Form (beispielsweise Text oder materiales Bild, vgl. hierzu Abschnitt 4.3). Weiter sind für die Forschenden im Kontext rekonstruktiver Verfahren nicht die einzelnen Befragten und das

(Schäffer 2020: 28) gebildet werden können, die im Zuge der komparativen Analyse mit anderen Fällen zu einem homologen Orientierungsrahmen als „Konstruktion zweiten Grades“ (Schütz 1971: 7) verdichtet werden. Erst durch die Rekonstruktion des Orientierungsrahmens, so die Grundannahme der Dokumentarischen Methode, kann eine Handlung verstanden werden (vgl. Abschnitt 4.4.2). Diese rekonstruierten Orientierungsrahmen bilden bei der Typenbildung als „eines der wesentlichen methodologischen Merkmale der Dokumentarischen Methode“ (Stützel 2020: 49) die Grundlage der einzelnen Typen, indem sie im Rahmen der komparativen Analyse spezifiziert beziehungsweise voneinander abgegrenzt werden (vgl. Abschnitt 4.4.3). Über ein Tertium Comparationis werden die Typen in Beziehung zueinander gesetzt und bilden somit eine (Basis-)Typik. Werden nun mehrere Typiken wiederum auf der Grundlage eines Tertium Comparationis aufeinander bezogen, kann von einer Typologie gesprochen werden. Im Gegensatz zu dieser sinngenetischen Typenbildung blickt die soziogenetische Typenbildung auf die Erfahrungsdimension der Typen (vgl. Abschnitt 4.4.4). Sie fragt nach den strukturidentischen Erfahrungen, auf deren Grundlage sich die Typen konstituieren. Oder anders formuliert: Inwiefern lässt sich das Zustandekommen der Typen in Bezug auf den „historisch-sozialen Raum“ (Mannheim 1969: 228) verstehen? Der konjunktive Erfahrungsraum als theoretische Kategorie der Strukturierung sozialer Wirklichkeit kann dabei nicht direkt beobachtet werden, sondern muss über Typ, Typik, Typologie und die Erfahrungsdimensionen empirisch rekonstruiert werden. Dabei ermöglicht der Fall lediglich den Zugang zum konjunktiven Erfahrungsraum.

> „Das bedeutet, dass wir dort, wo wir uns im empirischen Forschungsprozess durch das Individualinterview oder auch die Gruppendiskussion die Grunddaten unserer Analyse zu verschaffen suchen, dem Rechnung zu tragen haben, dass nicht das Individuum – sei dies nun die Person der Interviewten oder die konkrete Diskussionsgruppe – den elementaren Gegenstand der Analyse bildet, sondern jene Kollektive oder konjunktiven Erfahrungsräume, welche durch das Individuum repräsentiert werden.“ (Bohnsack et al. 2019: 27)

Grundsätzlich folgen die methodologischen Überlegungen der für die Praxeologische Wissenssoziologie konstitutiven Trennung von explizitem und implizitem

einzelne empirische Material von Interesse, sondern das daraus rekonstruierte Typische, beispielsweise in Form von Orientierungsrahmen. „Insofern ist ein Fall nicht für sich relevant, sondern ausschließlich hinsichtlich der mit ihm generierten theoretischen Kategorien oder Typen“ (Nohl 2013: 273).

Wissen.[23] Einerseits ist es notwendig, den Orientierungsrahmen (hier im engeren Sinn verstanden, vgl. Bohnsack 2017: 104) und das ihm zugrunde liegende implizite, handlungsleitende Wissen, das auch als Erfahrungswissen bezeichnet wird, zu rekonstruieren, um eine Handlung zu verstehen – dieses Wissen ist das auf gemeinsamen, konjunktiven Erfahrungen basierende Wissen (vgl. unter anderem Bohnsack 2012: 127; 2017: 106; Schäffer 2012: 197 f.; Bohnsack et al. 2013: 12). Andererseits konstituiert sich eine Handlung jedoch erst im Zusammenspiel mit dem expliziten Wissen, das dem Orientierungsschema zugrunde liegt. Dieses bereits im Rahmen der Praxeologischen Wissenssoziologie ausgearbeitete Spannungsverhältnis (vgl. Abschnitt 3.2.2) wird bei der Dokumentarischen Methode im Rahmen der Typenbildung aufgegriffen, indem die am Fall rekonstruierten Orientierungsschemata und Orientierungsrahmen sowie die handlungspraktische Bewältigung dieser „notorischen Diskrepanz" (Bohnsack 2017: 104) zunehmend vom Fall abstrahiert und in einen Typ überführt werden. Die so rekonstruierten Typen bilden wiederum bei der komparativen Analyse über ein Tertium Comparationis die Grundlage für eine Typik beziehungsweise auf einer weiteren Abstraktionsstufe für eine Typologie. Jedoch erst mit der Frage nach dem historisch-sozialen Raum, in dem sich ein Typ konstituiert, also der Rekonstruktion der Erfahrungsdimension, kann der konjunktive Erfahrungsraum annähernd beschrieben werden.

Abschließend sei noch auf die Einklammerung des Geltungscharakters und die Standortgebundenheit der Forschenden hingewiesen (vgl. Abschnitt 4.4.5). So ist nicht von Interesse, *was* jemand sagt oder was *wahr* ist, sondern *wie* die Praxis hergestellt wird und *wie* sie sich im Material dokumentiert. Zudem sind auch die Forschenden mit ihrem Standort verbunden, den es im Rahmen der Interpretation methodisch zu kontrollieren gilt. Am Ende von Abschnitt 4.4 werden die methodologischen Konsequenzen und Grenzen herausgearbeitet (vgl. Abschnitt 4.4.6).

---

[23] An dieser Stelle sei nochmals darauf hingewiesen, dass Bohnsack mehrere Begriffe synonym verwendet. Er benutzt den Begriff des habitualisierten Wissens als Oberbegriff für selbiges und inkorporiertes Wissen und bezeichnet beides auch als implizites Wissen (vgl. Bohnsack 2017: 143; Abschnitt 3.1.3 und 3.2.2). Während in der grundlagentheoretischen Auseinandersetzung die von ihm in seiner Praxeologischen Wissenssoziologie verwendeten Begriffe des konjunktiven Wissens mit einer performativen Logik und des kommunikativen Wissens mit einer propositionalen Logik ausgearbeitet wurden, womit die Kollektivität und die handlungsleitende Dimension betont werden, werden in der methodologischen Auseinandersetzung die oft verwendeten Begriffe des implizit-atheoretischen und explizit-theoretischen Wissens benutzt. Dies ist darin begründet, dass sich die meisten früheren Arbeiten der Dokumentarischen Methode auf dieses Begriffspaar stützen (vgl. unter anderem Dörner 2010: 60; Bohnsack et al. 2013: 12; Nohl 2017: 6).

4.4.1 Modus Operandi

Der Modus Operandi stellt das genetische Prinzip der Handlungspraxis, die zugrunde liegende Regelhaftigkeit oder Strukturgesetzlichkeit, dar. Handeln findet nicht willkürlich oder zufällig statt, sondern basiert auf typischen Mustern, die dadurch überhaupt erst rekonstruiert werden können, womit die Dokumentarische Methode der Tradition der Sozialphänomenologie folgt. So geht Schütz (1932: 93 ff.) davon aus, dass einer Handlung ein Entwurf in Form von generalisierten und typisierten Um-zu-Motiven zugrunde liegt. Ein Postbote ist beispielsweise dazu veranlasst, typische Handlungen auszuführen und Briefe in den Briefkasten zu werfen, *um* seiner beruflichen Pflicht *zu* genügen, womit Handeln auf reziproken Verhaltenserwartungen beruht (vgl. Bohnsack 2020: 24). Gleichzeitig grenzt sich die Dokumentarische Methode von der Vorstellung des Entwurfes ab, insofern dieser zwar für rollenförmiges und institutionalisiertes Handeln herangezogen werden kann, ihm jedoch eine deduktive Logik inhärent ist und ein zweckrationales Handlungsmodell zugrunde liegt und er auf dem subjektiv gemeinten Sinn basiert, wie bereits in Abschnitt 3.1.3 dargelegt wurde (vgl. Bohnsack 2020: 24). Gerade dieser subjektiv gemeinte Sinn, die Intentionen oder Motive einer Handlung sind den Forschenden nicht zugänglich und können von den Beforschten erst im Nachhinein als theoretisch-begriffliches, explizites Wissen vermittelt werden (vgl. Nohl 2017: 5). Sie werden daher von den Forschenden nicht beobachtet, sondern vielmehr attribuiert, weshalb die Dokumentarische Methode den Blick auf die Handlungs*praxis* richtet. Diese ist eingebunden in einen kollektiven Wissenszusammenhang, wobei jedoch das Wissen bei den Akteur:innen verortet ist (vgl. Bohnsack et al. 2013: 12).

Abbildung 4.2 Rekonstruktion der Handlungspraxis über Sprache und Bild

Wie in Abbildung 4.2 dargestellt, ist der Modus Operandi der Handlungspraxis, die ihr zugrunde liegende Regelhaftigkeit, den Forschenden nicht unvermittelt zugänglich, sondern findet seinen Ausdruck in Sprache und Bild (vgl. Bohnsack 2005: 74; Bohnsack 2012: 125 f.). Über mentale Bilder in Form bildhafter

Erzählungen oder die Beobachtung der Performanz der Interaktion im Medium materialer Bilder wird ein Zugang zur Struktur der Handlungspraxis möglich (vgl. Bohnsack 2012: 125 f.). Während Ersteres auf die Rekonstruktion des impliziten oder habitualisierten Wissens zielt, ist es bei Letzterem das inkorporierte Wissen. Der Modus Operandi, das handlungsleitende, implizite Wissen, dokumentiert sich somit in Sprache und Bild, wird in Text und materialen Bildern wie Fotografien objektiviert (vgl. Abschnitt 4.3) und kann auf deren Grundlage vom Forschenden als „Konstruktion zweiten Grades" (Schütz 1971: 7) rekonstruiert werden.

4.4.2 Orientierungsschema und Orientierungsrahmen

Die Handlungspraxis wird nach Bohnsack durch Orientierungsrahmen[24] eingefasst, weshalb eine Handlung erst innerhalb dieser Rahmen verständlich wird. So kann die von Panofsky (2002 [1955]: 36 f.) angeführte Geste des Hutziehens erst als ein Grüßen identifiziert werden, wenn der Orientierungsrahmen expliziert wird. Indem man beispielsweise den westlichen Erfahrungsraum teilt, *versteht* man die Geste als ein Grüßen und sie muss dadurch nicht weiter expliziert werden. Der Orientierungsrahmen stellt ein „Sinnmuster des handlungsleitenden Wissens" (Bohnsack 2020: 32) dar, basiert als ein die „Praxis orientierendes Muster" (Bohnsack 2012: 119) auf strukturidentischen Erfahrungen und einer kollektiv geteilten Handlungspraxis (vgl. Bohnsack 2012: 133) und damit auf konjunktivem Wissen (vgl. Bohnsack 2012: 122). Die Rekonstruktion des Orientierungsrahmens und des ihm zugrunde liegenden impliziten, handlungsleitenden Wissens kann in Bezug auf den hermeneutischen Zirkel nach Wilhelm Dilthey (1900: 201 f.) als die Relation von Einzeläußerung und Kontext, als ein „zirkelhaftes Oszillieren zwischen den Einzelelementen und der Sinnstruktur des Gesamtkontextes" (Bohnsack 2012: 128 f.), verstanden werden. Orientierungsrahmen dokumentieren sich somit „nicht in einer einzelnen Sequenz, sondern im Bezug verschiedener Sequenzen zueinander" (Nohl 2013: 281), und sind dann homolog, wenn einer ersten Sequenz eine adäquate zweite folgt, die durch eine

---

[24] In seiner Praxeologischen Wissenssoziologie verwendet Bohnsack (2017: 103) den Begriff des Orientierungsrahmens im weiteren Sinne synonym zum konjunktiven Erfahrungsraum und bezeichnet den Orientierungsrahmen in seinen früheren Arbeiten als Orientierungsrahmen im engeren Sinne. In der vorliegenden Arbeit wird der konjunktive Erfahrungsraum in der grundlagentheoretischen Auseinandersetzung (vgl. Kapitel 3) als zentraler Begriff herausgearbeitet, weshalb in der methodologischen Auseinandersetzung als Orientierungsrahmen immer der Orientierungsrahmen im engeren Sinne verstanden wird.

dritte ratifiziert wird, beziehungsweise wenn Orientierungsrahmen an unterschiedlichen Fällen rekonstruiert werden können (vgl. Bohnsack et al. 2019: 30). Der die Handlungspraxis einfassende Orientierungsrahmen kann damit sowohl über die sich in Texten dokumentierende Performanz (habitualisiertes Wissen) als auch über Gesten oder Gebärden in materialen Bildern (inkorporiertes Wissen) rekonstruiert werden (vgl. Bohnsack 2012: 126).

Dem Orientierungsrahmen stellt Bohnsack (2012: 122) das Orientierungsschema gegenüber, das sich auf kommunikatives Wissen bezieht. Damit sind im Sinne der Um-zu-Motive von Schütz (1932: 93 ff.) Meinungen, Bewertungen und Überzeugungen gemeint, die sich auf die Theoriekonstruktionen des Common Sense, institutionalisiertes und rollenförmiges, also normorientiertes Handeln sowie die Konstruktion sozialer Identitäten beziehen (vgl. Bohnsack et al. 2019: 23). Sie können auch als Kollektivvorstellungen im Sinne Émile Durkheims verstanden werden (vgl. Bohnsack 2012: 133). Orientierungsschemata gewinnen jedoch erst vermittelt über das handlungsleitende Wissen, „also innerhalb des Orientierungsrahmens, ihre handlungspraktische Relevanz und somit ihren spezifischen Wirklichkeitscharakter“ (Bohnsack 2012: 128). Während sich Praxistheorien den Praktiken zuwenden und sich vom zweckrationalen Handlungsmodell abwenden (vgl. Abschnitt 3.1.2), wird mit der Berücksichtigung des Orientierungsschemas die Komplexität sozialer Wirklichkeit empirisch aufgenommen (vgl. Bohnsack et al. 2019: 24 f.). Als Beispiel nennt Bohnsack (2012: 122 f.) den „Allgemeinbegriff“ (Mannheim 1980: 220) der Familie, dem sowohl allgemeingültige Normen zugrunde liegen (Orientierungsschemata), als auch eine konkrete Praxis, die konjunktiv geteilt wird (Orientierungsrahmen). Mannheim (1970a: 105 ff.) unterscheidet zwischen dem objektiven Sinn einer Handlung, wie beispielsweise einem Almosen für einen Bettler, das in dem sozialen Zusammenhang von Gebendem und Nehmendem als „Hilfe“ expliziert werden kann, dem Ausdruckssinn, der dem Beobachtenden nicht zugänglich ist, und dem Dokumentsinn, der sich in der Geste dokumentiert und dadurch beispielsweise auch als „Heuchelei“ interpretiert werden kann. Damit wird deutlich, dass erst durch die Rekonstruktion des Dokumentsinns die Handlung verstanden werden kann.

4.4.3 Komparative Analyse und Tertium Comparationis

Die komparative Analyse ist nicht nur eine Methode, sondern sie durchzieht die gesamte Forschung (vgl. Nohl 2013: 273; Schäffer 2020: 28). Sie ist ein zentrales Merkmal, „denn nur auf der Basis von Vergleichs beziehungsweise wechselseitigen Gegenhorizonten lässt sich Typisches beziehungsweise Verallgemeinerbares herausarbeiten“ (Schäffer 2012: 206). So lassen sich erst durch das Heranziehen mehrerer Vergleichsfälle typische Merkmale im empirischen Material zeigen, der Modus Operandi der Handlungspraxis rekonstruieren und eine Generalisierbarkeit (vgl. Abschnitt 4.2) herstellen. Eine in empirischen Vergleichsfällen fundierte komparative Analyse verhindert zudem eine „Nostrifizierung“ (Matthes 1992: 84) bei der „[d]as Unbekannte, zu Erforschende, in das Muster der eigenen Selbstverständlichkeiten [der Forschenden, SR] eingeordnet“ (Nohl 2013: 272) wird. Durch sie wird die Sichtweise der Forschenden, ihr eigener Standort, methodisch kontrolliert (vgl. Abschnitt 4.4.5), da der Vergleich auf empirischem Material basiert. Mit der Hinzunahme neuer Fälle können sich zudem neue Vergleichsdimensionen ergeben. „Empirisch fundierte Theoriebildung ist insofern ein Prozess des ‚interpretativen Aufschaukelns‘“ (Nohl 2013: 279).

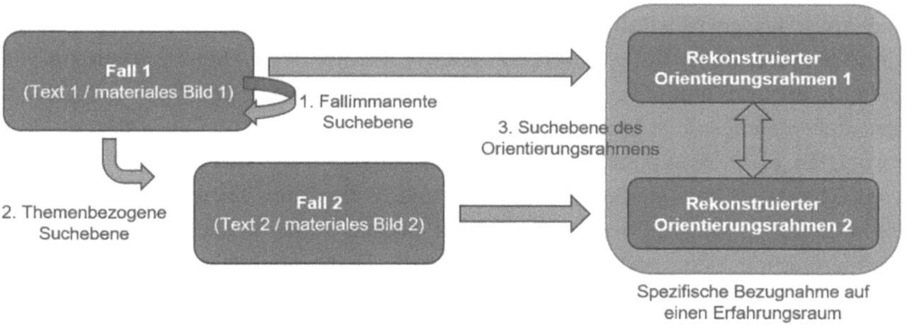

Abbildung 4.3 Suchebenen nach Vergleichsfällen

Daran schließt sich die Frage an, was überhaupt wie miteinander verglichen wird und inwiefern die empirischen Vergleichsfälle miteinander in Beziehung gesetzt werden können. Genau dies problematisiert Robert Kreitz (2020: 117), indem er darauf hinweist, dass zunächst geklärt werden muss, *was* miteinander verglichen wird und welche Merkmale sich in verschiedenen Typen auf unterschiedliche Art und Weise zeigen. Für die Dokumentarische Methode schlägt Arnd-Michael Nohl (2013: 273 ff.) auf der Grundlage seiner eigenen Forschungsarbeit drei Suchebenen für die komparative Analyse vor (vgl. Abbildung 4.3):

1. Auf der fallimmanenten Suchebene werden die von den Befragten explizit selbst genannten Bezüge zu anderen Fällen (Personen, Gruppen, Milieus etc.)

herangezogen. Dies folgt dem immanenten Sinngehalt und dient lediglich einer Orientierung im Feld.
2. Auf der themenbezogenen Suchebene werden gemeinsame Themen der Fälle identifiziert und in Bezug zueinander gesetzt. Dies ist vor allem im Kontext der Rekonstruktion des Orientierungsrahmens relevant, der sich auf die unterschiedliche Art und Weise der Bearbeitung eines Themas stützt.
3. Auf der Suchebene des Orientierungsrahmens werden die herausgearbeiteten Orientierungsrahmen mit anderen Orientierungsrahmen in Bezug gesetzt und deren je spezifische Erfahrungsdimension herausgearbeitet. Denn: „In der Typenbildung müssen nämlich nicht nur Orientierungsrahmen voneinander abgrenzbar sein, sondern auch eindeutig in ihrer Verknüpfung mit spezifischen Erfahrungen aufgewiesen, d. h. einer Erfahrungsdimension bzw. einem Erfahrungsraum zugeordnet werden können" (Nohl 2013: 275).

Quer dazu lassen sich fallinterne und fallexterne Vergleiche unterscheiden (vgl. Schäffer 2012: 206): Bei ersteren werden unterschiedliche Themen in einem Fall gesucht, die auf ähnliche Art und Weise behandelt werden. „Auf der Grundlage der ersten, meist gedankenexperimentellen reflektierenden Interpretation werden so erste Komponenten im Orientierungsrahmen des ersten Falles herausgearbeitet, d. h. eine spezifische Art und Weise, ein Thema zu bearbeiten" (Nohl 2013: 276). Bei letzteren werden andere Fälle gesucht, in denen das Thema ähnlich oder anders bearbeitet wird. Während beim fallinternen Vergleich die Vergleichshorizonte der Forschenden eine Rolle spielen und damit ihre Standortgebundenheit (vgl. Abschnitt 4.4.5), werden diese beim fallexternen Vergleich durch empirische Vergleichsfälle ersetzt (vgl. Nohl 2013: 276). Im Rahmen der komparativen Analyse wird es damit möglich, Orientierungsrahmen mithilfe empirischer Vergleichsfälle zu spezifizieren und zu kontrastieren und in einer Erfahrungsdimension zu verorten. „Die Suche nach fallübergreifend gemeinsamen Orientierungsrahmen gründet auf der Kontrastierung jeweils anderer Rahmen sowie der Verortung aller Orientierungsrahmen in Erfahrungsdimensionen" (Nohl 2013: 278). Die komparative Analyse endet nicht bei der fallübergreifenden Rekonstruktion der Orientierungsrahmen, sondern setzt diese wiederum zueinander ins Verhältnis, indem sie sie auf der Grundlage unterschiedlicher Erfahrungsdimensionen voneinander abgrenzt (zur soziogenetischen Interpretation siehe Abschnitt 4.4.4.1). Damit wird deutlich, warum die komparative Analyse keinen methodischen Schritt innerhalb der Dokumentarischen Methode darstellt, sondern als methodologisches Prinzip angesehen werden kann.

Die methodologischen Überlegungen sowie die Erhebungs- und Auswertungsdesigns der Dokumentarischen Methode basieren überwiegend auf textbasiertem

Material, obwohl im Rahmen des „iconic turn“ (Boehm 2006b [1994]) die Bedeutung des Bildes herausgearbeitet wurde (vgl. Abschnitt 4.3.2). Die komparative Analyse spielt dabei insofern eine Rolle, als um das zu betrachtende materiale Bild andere Bilder gruppiert werden (vgl. Mollenhauer 1997: 251): So können materiale Bilder mit einem ähnlichen Thema beispielsweise aus der gleichen Epoche, aus derselben Region oder entsprechend der Selbstdeutung der Produzent:innen miteinander verglichen werden. Es gilt auch hier, eine Vergleichbarkeit durch ähnliche Merkmale herzustellen, um das Typische rekonstruieren zu können.

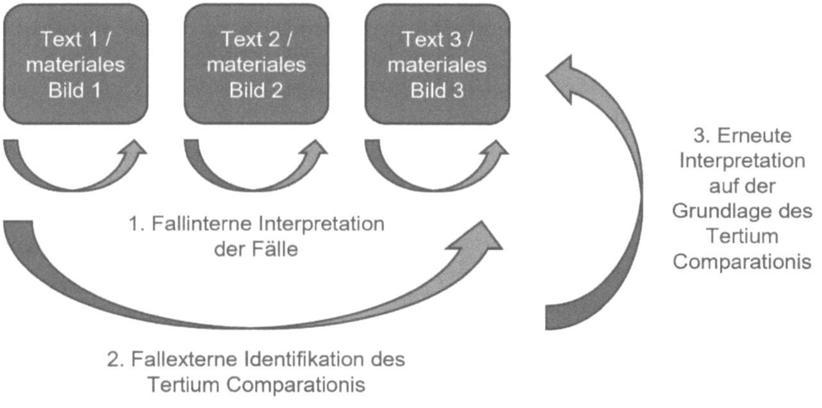

Abbildung 4.4 Tertium Comparationis als das den Vergleich strukturierende Dritte

Eine zentrale Bedeutung kommt dem Tertium Comparationis als dem den Vergleich strukturierenden Dritten zu (vgl. Abbildung 4.4). „Die Ergiebigkeit und Validität eines Vergleichs steigt mit der Präzision, mit der sein Tertium Comparationis definiert bzw. rekonstruiert werden kann“ (Nohl 2013: 279). Dabei liegt es weder objektiv vor, noch ergibt es sich aus gegenstandstheoretischen Überlegungen oder dem Interesse der Forschenden, sondern ist selbst das Ergebnis einer empirischen Rekonstruktion (vgl. Wäckerle 2018: 329). Und auch wenn Begriffe theoretisch geklärt werden, sind es nicht die daraus entstehenden theoretischen Kategorien, die den Vergleich strukturieren, sondern das sich in der Auseinandersetzung mit dem empirischen Material ergebende Tertium Comparationis (vgl.

Nohl 2013: 286). Bei der Identifikation des Tertium Comparationis nutzt Schäffer (2020: 26) den Begriff der „abduktiven Blitze“[25] von Reichertz (1993: 273), und Nohl (2013: 279) spricht in Bezug auf Joachim Matthes (1992: 96) von einem „Denkraum“, der sich im Zuge der komparativen Analyse immer wieder verändert und erweitert. Je nachdem, nach welchem Kriterium, also nach welchem Tertium Comparationis, die Forschenden das Material miteinander in Bezug setzen, verändert sich der Blick auf das Material. Dabei werden im Laufe des Forschungsprozesses mehrere Tertia Comparationis gebildet, die sich hinsichtlich ihrer Abstraktion unterscheiden (vgl. Nohl 2013: 280 ff.):

1. Zunächst werden Sequenzen innerhalb eines Falles verglichen und erste Komponenten eines Orientierungsrahmens rekonstruiert, die mit thematisch ähnlichen Sequenzen des Falles verglichen werden (fallinterner Vergleich).
2. Der fallexterne Vergleich findet auf zwei Ebenen statt: Erstens können verschiedene Fälle hinsichtlich der Art und Weise der Bearbeitung eines Themas miteinander verglichen und so Orientierungsrahmen rekonstruiert werden. Diese können zweitens wiederum auf der Grundlage eines Tertium Comparationis miteinander in Beziehung gesetzt werden – das Tertium Comparationis bezieht sich dann nicht mehr auf die fallinternen thematischen Sequenzen oder die fallexterne Bearbeitung eines Themas, sondern auf die Ebene des Vergleichs der Orientierungsrahmen.[26]

[25] Kreitz (2020: 117) geht in seiner Kritik an der komparativen Analyse davon aus, „dass das Einzige, was die Token eines Types miteinander verbinde, die Tatsache sei, dass sie Token eines Types seien“ und dass erst durch die Festlegung der gemeinsamen Eigenschaften das Bezugssystem entstehe. Er widerspricht damit der Annahme, dass das Tertium Comparationis aus dem empirischen Material heraus identifiziert werden kann und spricht sich für eine theoretische Festlegung aus. Bei der Dokumentarischen Methode geht es hingegen weniger darum, jeglichen theoretischen Bezug auszuklammern und sich lediglich auf das empirische Material zu beziehen, als sich vielmehr auf den Forschungsprozess, der sich zwischen Theorie und Empirie abspielt (vgl. Kalthoff et al. 2019), zu konzentrieren. So reflektiert Schäffer (2020: 32 ff.) an seiner eigenen Forschungsarbeit, wie sich das Tertium Comparationis plötzlich in einem Gespräch ergab oder in der Auseinandersetzung mit einer Theorie.

[26] Hier wird der Orientierungsrahmen zum Fall. Um diese Begriffsdiffusion zu vermeiden, die auch Kreitz (2020: 113) problematisiert, wird in der vorliegenden Arbeit die befragte Person als Fall bezeichnet und der fallübergreifend rekonstruierte Orientierungsrahmen mündet in einem Typ, der in eine Typik überführt wird (vgl. Abschnitt 4.4.4). Genau genommen ergibt sich ein die Fälle vergleichendes Tertium Comparationis (sowohl fallintern als auch fallextern) sowie bei der Bildung der Typik ein die Typen vergleichendes Tertium Comparationis.

Die fallinterne und fallexterne komparative Analyse des Materials und die Suche nach dem Tertium Comparationis verschränken sich damit mit der erneuten komparativen Analyse in Bezug auf ein Tertium Comparationis.

4.4.4 Typ, Typik, Typologie – zur dokumentarischen Typenbildung

Wie in Abschnitt 4.2 behandelt, gilt es für rekonstruktive Verfahren, neben dem Gütekriterium der Gültigkeit über die Adäquanz der „Konstruktionen zweiten Grades“ (Schütz 1971: 7) der Forschenden zu den Konstruktionen der Beforschten (in der Dokumentarischen Methode über die Rekonstruktion des Orientierungsrahmens, vgl. Abschnitt 4.4.2) und dem Gütekriterium der Gültigkeit über die Kenntnis der formalen Struktur des empirischen Materials (vgl. Abschnitt 4.3), dem Gütekriterium der Generalisierbarkeit gerecht zu werden. Dies geschieht bei der Dokumentarischen Methode über die breit diskutierte dokumentarische Typenbildung (vgl. unter anderem Bohnsack 2005, 2012, 2018b, 2020, 2021a; Schäffer 2012, 2020; Bohnsack et al. 2013, 2018, 2019; Amling & Hoffmann 2013; Nohl 2013; Nentwig-Gesemann 2013; Ecarius & Schäffer 2020; Stützel 2018, 2020). Dabei lässt sich eine Typenbildung des Common Sense nach Schütz, die auf der Rekonstruktion des dem Handeln zugrunde liegenden Entwurfs im Sinne von generalisierten und typisierten Um-zu-Motiven basiert, von einer praxeologischen Typenbildung nach Mannheim unterscheiden, die sich der Handlungspraxis zuwendet und versucht, „die Strukturprinzipien dieser Praxis typologisch zu verdichten“ (Bohnsack 2020: 23). Bei der praxeologischen Typenbildung geht es nicht zuvorderst um das explizite, dem Handeln vorausgehende Wissen wie bei einer Typenbildung im Common Sense, sondern um das implizite, den Handlungsvollzug leitende Wissen. Dieses kann von den Forschenden dadurch gewonnen werden, dass sie „durch die Eigentheorien des Falles und dessen Orientierung an der Norm, also durch die Semantik einer Typenbildung des Common Sense, hindurch[gehen], um dann zur praxeologischen Typenbildung, zur Typisierung der Praxis zu gelangen“ (Bohnsack 2020: 29). Indem die Relation des Einzelnen zum Kontext betrachtet wird, bewegt sich die praxeologische Typenbildung zwischen der Interpretation am Fall und der Identifikation verallgemeinerbarer Kriterien (vgl. Nentwig-Gesemann 2013: 295). Bei der Textinterpretation geschieht dies durch eine sequenzielle und bei der Bildinterpretation durch eine simultane Relation (vgl. Bohnsack 2020: 29 f.). Eine praxeologische Typenbildung und eine des Common Sense schließen sich dabei nicht aus, sondern sind als einander ergänzend zu betrachten, um der Komplexität sozialer Wirklichkeit gerecht zu werden (vgl. Bohnsack et al. 2019: 22). Beide betonen den rekonstruktiven Charakter und nehmen ihren Ausgangspunkt in der Bildung von Idealtypen als einem „erklärende[n] Verstehen" nach Weber (2005 [1922]: 6).[27]

Dabei kann für die dokumentarische Typenbildung eine Verbindung zu den von Mannheim (1969: 241 ff.) für seine wissenssoziologische Analyse identifizierten drei Grundoperationen des Distanzierens, Relationierens und Partikularisierens gezogen werden. Durch diese Operationen wird das Ziel der wissenssoziologischen Analyse ermöglicht, dass sich Forschende nicht von der Totalität der Weltanschauung der Befragten täuschen lassen, sondern „ihn [den Beforschten, SR] zu verstehen, indem er [der Forschende, SR] zunächst seine Sichtweise fixiert und als Funktion seines Standortes erfasst" (Mannheim 1969: 240). Für eine *Distanzierung* vom eigenen Standort führt Mannheim (1969: 241 f.) das Beispiel eines Bauernsohnes an, der sein Handeln erst dann als „dörflich" erfassen kann, wenn er eine „städtische" Sichtweise als Kontrast hat – wobei dies entweder dadurch geschehen kann, dass der Bauernsohn sein Milieu verlässt, die ganze Gruppe sich verändert oder innerhalb der Gruppe verschiedene Weltauslegungsarten miteinander ringen. Forschende müssen zunächst ihren eigenen Standort fixieren, um sich dadurch von den Aussagen der Beforschten distanzieren und so ihre Weltanschauung erfassen zu können. Unter dem Phänomen des *Relationierens* versteht Mannheim weiter, dass die dadurch gewonnenen neuen Standorte wiederum abhängig von sozialen Bedingungen sind, die vom Forschenden mitbedacht werden müssen. Er verweist dabei auf den historisch-sozialen Raum, der Denken und Handeln maßgeblich konstituiert (vgl. Abschnitt 3.1.2). Mit dem Prozess des *Partikularisierens* weist er darauf hin,

[27] Während Realtypen über statistische Verfahren und Korrelationen versuchen die Realität möglichst genau abzubilden, können Idealtypen als theoretische, begriffliche Konstruktionen verstanden werden, mit denen Handeln erfasst wird (vgl. Nentwig-Gesemann 2013: 298 f.). Der Idealtypus „ist ein *Gedankenbild*, welches nicht die historische Wirklichkeit oder gar die ‚eigentliche' Wirklichkeit *ist*, welches noch viel weniger dazu da ist, als ein Schema zu dienen, *in* welches die Wirklichkeit als *Exemplar* eingeordnet werden sollte, sondern welches die Bedeutung eines reinen idealen *Grenz*begriffs hat, an welchem die Wirklichkeit zur Verdeutlichung bestimmter Bestandteile ihres empirischen Gehaltes *gemessen*, mit dem sie *verglichen* wird'" (Weber 1922 [1904]: 194, H. i. O.). Es handelt sich hierbei also nicht um eine Darstellung der Realität, sondern vielmehr um eine Verbindung verschiedener Merkmale, die dann ein „widerspruchsloses Ganzes" (Kreitz 2020: 108) ergeben. „Typen im Weberschen Sinne müssen nicht wahr sein, sondern geeignet und relevant" (Kreitz 2020: 109). Auch Cassirer (2001 [1923]: 8) schreibt: „Jede echte geistige Grundfunktion hat mit der Erkenntnis den einen entscheidenden Zug gemeinsam, daß ihr eine ursprünglich bildende, nicht bloß eine nachbildende Kraft innewohnt."

dass die Geltungskraft der Analyse stets eingeschränkt ist. Während beim Relationieren beispielsweise die städtische Sichtweise als absolut gesetzt wird, muss jedoch festgestellt werden, dass auch diese Sichtweise partikular und damit nur eine von vielen ist. „Im Partikularisieren transzendiert also die wissenssoziologische Analyse die ursprüngliche Faktizitätsfeststellung, auf die sich das bloße Relationieren noch beschränkt" (Mannheim 1969: 244). Für die dokumentarische Typenbildung bedeuten diese drei Schritte, dass *erstens* eine Distanzierung durch andere empirische Vergleichsfälle erreicht werden kann und damit das jeweils Spezifische der Standorte deutlich wird (vgl. Abschnitt 4.4.3). Zudem müssen die Forschenden ihre Standorte methodisch kontrollieren, damit sich die Rekonstruktion auf die Konstruktionen der Beforschten bezieht (vgl. Bohnsack 2020: 23; Abschnitt 4.4.5). *Zweitens* ist im Rahmen der soziogenetischen Typenbildung (vgl. Abschnitt 4.4.4.1) die Gebundenheit an die je spezifischen historischen und sozialen Strukturen zu rekonstruieren (Relationieren). Und *drittens* ist schließlich zu beachten, dass solch eine Analyse stets beschränkt ist (Partikularisieren).

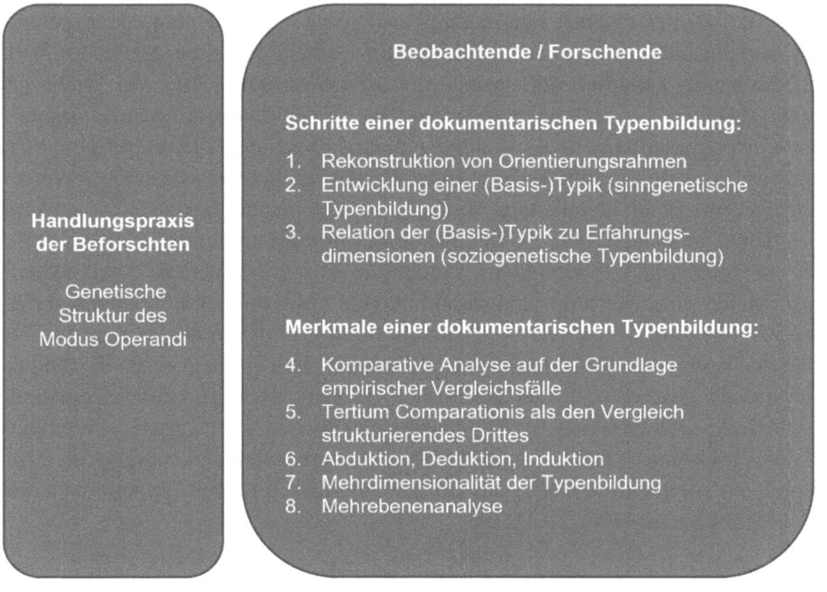

Abbildung 4.5 Schritte und Merkmale einer dokumentarischen Typenbildung

Im Folgenden werden die zentralen Schritte und Merkmale der dokumentarischen Typenbildung eingehend betrachtet (vgl. Abbildung 4.5). Wie bereits in Abschnitt 4.4.1 dargestellt, wird der Modus Operandi als genetisches Prinzip der Handlungspraxis vorausgesetzt, dessen typische Merkmale es in der Typenbildung zu rekonstruieren und typologisch zu verdichten gilt. Bereits vorgestellte Merkmale, wie beispielsweise die komparative Analyse, werden im Rahmen der dokumentarischen Typenbildung nochmals aufgegriffen.[28]

4.4.4.1 Vom Fall zum Typ – Schritte einer dokumentarischen Typenbildung

In einem ersten Schritt werden fallintern gemeinsame Themen und deren Bearbeitungsweise identifiziert und „Typenhypothesen" (Schäffer 2020: 28) gebildet. Im Rahmen einer „Typenbildenden Interpretation" (Schäffer 2020: 28) können hierbei bereits sinn- und soziogenetische Aspekte notiert werden. Diese Typenhypothesen werden in der weiteren komparativ angelegten Interpretationsarbeit zu Orientierungsrahmen abstrahiert. Zeigen sich diese als homologes Muster fallübergreifend, kann von einem Typ gesprochen werden (vgl. Bohnsack et al. 2019: 32). Dieser zeichnet sich dadurch aus, „dass in zwei Fällen ein homologer Orientierungsrahmen gefunden wird, der auf Gemeinsamkeiten der beiden Fälle innerhalb einer Erfahrungsdimension hinweist" (Nohl 2013: 286). Ein Typ basiert damit nicht nur auf der gleichen Art und Weise der Bearbeitung eines Themas, also einem gemeinsamen, die Handlungspraxis rahmenden Orientierungsrahmen, sondern ist auch in einer gemeinsamen Erfahrungsdimension fundiert. Werden verschiedene Typen identifiziert, die sich nicht aufeinander beziehen lassen, kann dies darauf hindeuten, dass sie in anderen Erfahrungshintergründen wurzeln. Bei der sinngenetischen Typenbildung werden die so rekonstruierten Typen schließlich anhand eines Tertium Comparationis (vgl. Abschnitt 4.4.3) kontrastierend ausgearbeitet und in eine (Basis-)Typik überführt (vgl. Bohnsack et al. 2019: 33). „Sie [die sinngenetische Typenbildung, SR] begibt sich auf dem Wege der Abduktion auf die Suche nach dem genetischen Prinzip, nach dem modus operandi, welcher die Alltagspraxis in deren unterschiedlichen Bereichen in homologer Weise strukturiert" (Bohnsack 2020: 34). Mehrere aufeinander bezogene Typiken bilden wiederum in Bezug auf ein gemeinsames Tertium Comparationis eine Typologie (vgl. Schäffer 2020: 29).

[28] Auf die prozessanalytische (vgl. hierzu Nohl 2015) und die relationale Typenbildung (vgl. hierzu Nohl 2013) wird an dieser Stelle nicht weiter eingegangen. Zu den Unterschieden und Gemeinsamkeiten der verschiedenen Weiterentwicklungen der dokumentarischen Typenbildung vgl. Stützel 2020.

Mit Bezug auf Mannheim (1980: 276) lässt sich die Sinngenese, die auf den Vordergrund „geistiger Realitäten" verweist, von der Soziogenese, dem „existenziellen Hintergrund", einem dahinterliegenden Erfahrungsstrom, unterscheiden (vgl. Bohnsack 2018b: 315). In der Soziogenese wird bestimmt, „welchem spezifischen Erfahrungsraum, welcher Erfahrungsdimension oder welcher sozialen Lagerung eine generelle Orientierung zuzurechnen ist, *wofür* sie also typisch ist" (Bohnsack 2013b: 270, H. i. O.). Es wird also nach dem Erfahrungsraum gesucht, „innerhalb dessen die Genese einer Orientierung [...] zu vermuten ist" (Bohnsack et al. 2019: 35). Mit anderen Worten geht es darum, inwiefern das Verhältnis des Typs zu Erfahrungsdimensionen wie Geschlecht, Generation oder Milieu hergestellt werden kann und dadurch „eine Verbindung zwischen Orientierungsrahmen und ihrer Soziogenese transparent gemacht werden kann" (Nentwig-Gesemann 2013: 297). Die soziogenetische *Interpretation* geht dabei zirkulär vor und versucht die Genese des Typs zu explizieren, also welche Erfahrungsdimension den Typ konstituiert. Sie ist damit zuvorderst auf den Fall bezogen und nicht auf eine soziogenetische Typologie (vgl. Bohnsack 2018b: 317). Die soziogenetische *Typenbildung* geht hingegen den Weg der „doppelten Negation" (Bohnsack et al. 2019: 36): Bei der komparativen Analyse setzt sie einerseits die in der soziogenetischen Interpretation hervorgebrachte Genese des Typs so ins Verhältnis, dass sich bei anderen Typen diese Form der Genese *nicht* zeigt, also über den Ausschluss (vgl. Bohnsack 2018b: 312). Andererseits zeigt sich die Validität und Generalität einer soziogenetischen Typik darin, dass sie mit anderen soziogenetischen Typiken, wie Geschlecht, Milieu oder Generation, ins Verhältnis gesetzt wird und gezeigt werden kann, dass ein Typ in einer anderen Typik *nicht* vorkommt, also typisch für eine Typik ist (vgl. Bohnsack 2018b: 326). „Das Niveau der Generalisierbarkeit eines Typus, des typenhaft erfassten genetischen Prinzips, ist also abhängig von seiner Reproduzierbarkeit in der Kombination mit diesen anderen Typen und genetischen Prinzipien bzw. in der wechselseitigen Durchdringung mit diesen" (Bohnsack et al. 2019: 37). Die Frage danach, in welchen Erfahrungen die Typen wurzeln, lässt sich über die Selbstbeschreibung der Befragten beziehungsweise die objektiven Daten herausfinden (vgl. Nohl 2013: 281) oder durch eine erneute Interpretation des empirischen Materials in Bezug auf konjunktive Erfahrungsräume (vgl. Amling & Hoffmann 2013: 189).

4.4.4.2 Merkmale einer dokumentarischen Typenbildung

Wie bereits in Abschnitt 4.4.3 dargestellt, kommt der komparativen Analyse und der Identifizierung der Tertia Comparationis in den verschiedenen Schritten der Typenbildung eine bedeutsame Rolle zu. Die komparative Analyse sichert die

Generalisierbarkeit der Typenbildung auf der Grundlage empirischer Vergleichsfälle und läuft damit nicht Gefahr einer „Nostrifizierung" (Matthes 1992: 84) durch die Forschenden. Die Tertia Comparationis explizieren die Grundlage, auf der die Fälle miteinander verglichen werden, denn je nach Tertium Comparationis verändert sich der Blick auf das Material (vgl. Schäffer 2020: 32). Sowohl die Identifikation der Typen als auch der Tertia Comparationis wird weder induktiv aus dem Material herausgearbeitet noch deduktiv an das Material herangelegt. Vielmehr folgen sie einem *Heureka*-Moment, einem „abduktiven Blitz" (Reichertz 1993: 273), als Formulierung einer vorläufigen These, der nicht planbar ist oder methodisch herbeigeführt werden kann und von dem man getroffen wird (Reichertz 2013a: 19). Die häufig absolute Stellung des Abduktiven in der qualitativen Sozialforschung wird von Schäffer (2020: 24 ff.) in Bezug auf seine forschungspraktischen Arbeiten aber infrage gestellt: So geht er zwar auch davon aus, dass durch Abduktion vorläufige Hypothesen gewonnen werden, die dann jedoch häufig innerhalb des Falles und fallübergreifend deduktiv überprüft werden – und dies im Sinne einer „Als-ob-Deduktion" (Schäffer 2020: 24), da keine aus der Theorie abgeleiteten Hypothesen an das Material angelegt werden, sondern eben vorläufige aus dem Material heraus gebildete Hypothesen. Schließlich findet eine empirische Absicherung im Sinne einer pragmatischen Induktion statt. Während bei der Typenbildung zudem mit den Metaphern des hermeneutischen Zirkels oder einer spiralförmigen Bewegung ein kontinuierlicher Verlauf nahegelegt wird, verweisen die *abduktiven Blitze* jedoch auf eine plötzliche und neue Lesart, die den gesamten Blick auf das Material verändert (vgl. Schäffer 2020: 26 f.), wie Mannheim (1970a: 105 ff.) auch am Beispiel des Bettlers zeigt (vgl. Abschnitt 4.4.2). Abduktion, Induktion und Deduktion können damit als sich abwechselnde Prozesse bei der Typenbildung angesehen werden, die sich im forschungspraktischen Vorgehen nicht voneinander trennen lassen. Vielmehr sind es ineinandergehende Suchbewegungen, die sich mal am Material orientieren, mal von einer Theorie inspiriert sind, bei denen eine Idee kurz vor dem Schlafengehen oder beim Spazierengehen kommt oder bei denen die aus dem empirischen Material heraus gebildeten Thesen an anderen Stellen überprüft werden. Letztlich gilt es in der Auseinandersetzung mit dem Material und anhand empirischer Vergleichsfälle, abstrahierte Orientierungsrahmen als Typen im Sinne von Idealtypen zu gewinnen, deren Differenz und Gemeinsamkeit innerhalb einer Typik herauszuarbeiten und deren Eingebundensein in Erfahrungsdimensionen im Zuge der soziogenetischen Typenbildung methodisch kontrolliert und nachvollziehbar zu machen.

Dabei wird die dokumentarische Typenbildung der Komplexität konjunktiver Erfahrungsräume durch eine mehrfache Mehrdimensionalität gerecht (vgl.

Bohnsack 2018a: 220 ff.): *Erstens* werden durch die Rekonstruktion des impliziten, handlungsleitenden Wissens, des expliziten Wissens, also der Eigentheorien der Beforschten, sowie der normativen Erwartungsstruktur und ihrer Identitätskonstitution mehrere Kategorien miteinander ins Verhältnis gesetzt und deren Spannungsverhältnis rekonstruiert und damit eine mehrdimensionale Kategorienbildung vorgenommen.

> „Die Analyse dieser komplexen Relation [zwischen Norm und Praxis, SR] setzt die Rekonstruktion der Beziehung zwischen dem habitualisierten Erfahrungswissen, also jener Dimension voraus, die wir grundlegend mit der Kategorie des Habitus fassen, und jener anderen Dimension, die wir grundlegend mit den Kategorien der Norm und der Identität fassen. Vorausgesetzt ist also eine Mehrdimensionalität der Kategorienbildung." (Bohnsack 2017: 107)

Weder wird nur das explizite Wissen im Sinne einer Common-Sense-Typenbildung betrachtet noch alleinig das implizite, handlungsleitende Wissen, wie es Praxistheorien nahelegen. Vielmehr werden explizites und implizites Wissen zueinander ins Verhältnis gesetzt und das dem konjunktiven Erfahrungsraum inhärente Spannungsverhältnis von Norm und Praxis und dessen handlungspraktische Bewältigung im Rahmen einer mehrdimensionalen Kategorienbildung rekonstruiert (vgl. hierzu auch Abschnitt 3.2.2). Neben dieser Mehrdimensionalität der Kategorienbildung berücksichtigt die dokumentarische Typenbildung *zweitens* die Mehrdimensionalität[29] des Orientierungsrahmens.

> „Die Einzelfälle werden dabei in ihre verschiedenen Dimensionen bzw. Erfahrungsräume ‚zerlegt', so dass die im Anschluss gebildeten Typiken eine Komposition aus einzelnen Dimensionen mehrerer Einzelfälle darstellen. Nur durch diesen Zugang zu einander überlagernden konjunktiven Erfahrungsräumen eines Falles und durch die komparative Analyse mit den erlebnisgebundenen Orientierungsrahmen anderer Fälle ist es dann möglich, in der Typologie nicht allein auf die Struktur von Fällen aufzubauen, sondern zur Struktur von konjunktiven Erfahrungsräumen vorzudringen." (Nentwig-Gesemann 2013: 309)

An einem Fall werden nicht nur verschiedene Kategorien miteinander in Beziehung gesetzt, sondern es dokumentieren sich in einem Fall zudem verschiedene Orientierungsrahmen, beziehungsweise ein Fall ist gleichzeitig Teil mehrerer, sich überlagernder konjunktiver Erfahrungsräume (vgl. Bohnsack 2018a: 221).

[29] Im Rahmen der Systemtheorie wird von „Polykontexturalität" gesprochen (vgl. Bohnsack 2012: 131).

Eine Typik umfasst damit nicht konkrete Fälle, sondern: „Der Fall […] repräsentiert unterschiedliche Typiken und dies nicht in additiver Weise, sondern in ihrer logischen Beziehung zueinander, die nicht lediglich theoretisch postulierbar, sondern in methodisch kontrollierter Weise empirisch rekonstruierbar ist" (Bohnsack 2020: 39). Gleichzeitig lässt sich ein Fall, mit Bezug auf die von Mannheim herausgearbeitete Aspekthaftigkeit der Erkenntnis (vgl. Abschnitt 3.1.2), niemals vollumfassend rekonstruieren. Je nach Vergleichshorizont und Materialart rücken unterschiedliche Aspekte des Orientierungsrahmens beziehungsweise des konjunktiven Erfahrungsraumes in den Vordergrund. „Die Gemeinsamkeiten des Orientierungsrahmens, die sich in zwei Fällen etablieren lassen, beziehen sich also nie auf den ganzen Fall, sondern immer nur auf eine spezifische Erfahrungsdimension bzw. auf einen spezifischen Erfahrungsraum" (Nohl 2013: 276). Bereits durch das Sample wird die Auswahl auf bestimmte Erfahrungsdimensionen beschränkt (vgl. Nohl 2013: 278). Dies ist unumgänglich und gilt es methodisch insofern zu kontrollieren, als die Vergleichshorizonte (bestenfalls anhand anderer empirischer Fälle) und das den Vergleich strukturierende Dritte expliziert werden (vgl. Abschnitt 4.4.3).

> „Mehrdimensional ist also nicht nur der jeweilige Erfahrungsraum resp. die jeweilige Typik in der Weise, dass sie durch andere Typiken überlagert und modifiziert wird. Mehrdimensional ist zugleich auch der einzelne Fall, das Individuum, indem an ihm unterschiedliche Typiken oder Erfahrungsräume aufweisbar sind." (Bohnsack et al. 2019: 41)

Im Rahmen der Mehrebenenanalyse können schließlich *drittens* die rekonstruierten konjunktiven Erfahrungsräume auf mehreren Ebenen unterschieden werden: Interaktion, Organisation und Gesellschaft (vgl. Bohnsack et al. 2019: 24).

Zusammenfassend sind konjunktive Erfahrungsräume nur in ihrer Komplexität zu rekonstruieren und die Trennung der Dimensionen analytischer Art (vgl. Schäffer 2012: 203). Die dokumentarische Typenbildung zielt auf die von Mannheim (1970a: 109) herausgearbeitete Analyse der „Weltanschauungstotalität", und zwar nicht in dem Sinne, dass sie lediglich den einzelnen Fall betrachtet, „sondern vielmehr die Totalität der unterschiedlichen Erfahrungsräume, an denen das Individuum teilhat. Denn diese konstituiert sich immer erst in der Überlagerung unterschiedlicher Weltanschauungen, d. h. unterschiedlicher (konjunktiver) Erfahrungsräume, als deren (einzigartige) Kombination oder Konstellation" (Bohnsack et al. 2019: 41).

4.4.5 Einklammerung des Geltungscharakters und Standortgebundenheit

Abschließend sei auf die Einklammerung des Geltungscharakters und die Standortgebundenheit verwiesen. Der konstitutiven Trennung von immanentem und dokumentarischem Sinngehalt folgend (vgl. Schäffer 2012: 198) ist für die dokumentarische Forschung nicht von Interesse, *was* jemand sagt und ob dies der Wahrheit oder dem tatsächlichen Handeln entspricht, sondern vielmehr, was sich darin dokumentiert, indem nach dem *Wie* gefragt wird (vgl. Abschnitt 3.2.1). Es gilt also, den Geltungscharakter des immanenten Sinngehalts zu suspendieren (vgl. Bohnsack 2021a: 67). Relevant wird dann dasjenige, was übrig bleibt, nämlich „jene[r] unaufhebbare[r] Rest von Willensmäßigem im Wissen, der auch dann noch vorhanden ist, wenn man alle bewußten und expliziten Wertungen und Stellungnahmen abgebaut hat" (Mannheim 1969: 254). Wie bereits mehrfach angesprochen, ist das Ziel der Rekonstruktion nicht der immanente, uns entgegentretende Sinngehalt, sondern das sich darin dokumentierende, das implizite, handlungsleitende Wissen und der „existenzielle Hintergrund" (Mannheim 1980: 276). „‚Ich habe meine Gründe vergessen' scheint uns ein jedes Gebilde zu sagen, sofern es uns in originärer Einstellung entgegentritt" (Mannheim 1980: 79).

Zudem gilt es, das Problem der Standortgebundenheit beziehungsweise der Seinsverbundenheit des Wissens (vgl. Abschnitt 3.1.2) zu beachten, das sich auch auf die Forschenden bezieht. So wird zunächst grundsätzlich ein Gegenstand aus der eigenen Perspektive, vom eigenen Standort aus, betrachtet. Dies findet sich bereits in der Vorschule der Phänomenologie bei Edmund Husserl:

> „Bei der Beschreibung oder Beobachtung der Sachen, die wahrgenommen und erfahren werden, sollte man das Beobachten selbst reflexiv beobachten. Denn, so seine [Husserls, SR] These, selbst bei der einfachsten Wahrnehmung innerer oder äußerer Gegenstände konstruieren die Beobachter selbst das mit, was sie beobachten." (Knoblauch 2009: 300)

Somit können sich die Beobachtenden, also auch die Forschenden, ihres eigenen Standortes nicht entziehen und konstruieren den Gegenstand aus ihrer Perspektive und auf der Grundlage ihrer eigenen Erfahrungen mit. Verlässt man sich bei der Rekonstruktion von Erfahrungen auf die eigenen Erfahrungen, verhindert dies gerade das Entdecken neuer Erfahrungen (vgl. Bollnow (2013 [1968]: 45 ff.). „Derart gewonnene wissenschaftliche Erfahrungen der Forschenden stellen Erfahrungen von Erfahrungen dar" (Bohnsack 2005: 66). Die Forschung wird nicht mehr dem Gütekriterium der Gültigkeit gerecht, indem sich die Rekonstruktion auf die Konstruktionen der Beforschten bezieht. Es gilt also, eine Distanz zwischen dem Alltagsverständnis der Forschenden und den Beforschten aufzubauen, wie es auch Schütz gefordert hat (vgl. Nohl 2016: 110). Methodisch wird dies bei der Dokumentarischen Methode durch das Heranziehen von empirischen Vergleichsfällen im Rahmen der komparativen Analyse (vgl. Abschnitt 4.4.3) erreicht. „Je mehr ich die von meinem Standort abhängigen (intuitiven) Vergleichshorizonte durch empirische Vergleichsfälle ersetze, desto mehr werden nicht nur meine Interpretationen und Typenbildungen intersubjektiv überprüfbar" (Bohnsack et al. 2019: 42). Zudem kommt der Arbeit in Interpretationsgruppen (vgl. Abschnitt 5.6) eine besondere Aufmerksamkeit zu. In diesen Gruppen kann über verschiedene Standorte der Teilnehmenden eine Perspektivenvielfalt erreicht und so eine Interpretation gewonnen werden, welche „die größte Fassungskraft, die größte Fruchtbarkeit dem empirischen Material gegenüber" (Mannheim 1969: 259) hat. Dabei gilt es zu problematisieren, dass sich auch in Interpretationsgruppen ein konjunktiver Erfahrungsraum und ein intuitives Verstehen etablieren, was den Blick auf das empirische Material beeinflusst – sei dies durch kontinuierlich stattfindende Treffen oder indem man den Erfahrungsraum der Wissenschaft teilt (vgl. Hoffmann & Rundel 2022: 377). Diese „Soziabilitätsantinomie" (Hoffmann & Rundel 2022: 380), der Widerspruch, dass durch ein intuitives Verstehen der Modus des Interpretierens (im Sinne von Mannheim als ein theoretisch-reflexives Explizieren, vgl. Abschnitt 3.2.1) durch den Modus des Verstehens zurückgedrängt wird und gleichzeitig dafür zwingend notwendig ist, muss schließlich durch auf Dauer gestellten Reflexionsmomente methodisch kontrolliert werden. „Die dokumentarische Methode ist insofern nicht nur ‚methodisch kontrolliertes Fremdverstehen', sondern immer zugleich auch auf eine methodische Kontrolle der eigenen Standortgebundenheit als Forschende/r ausgerichtet" (Schäffer 2012: 196 f.).

4.4.6 Zu den Grenzen der Dokumentarischen Methode und methodologische Konsequenzen

Aus den methodologischen Überlegungen ergeben sich mehrere Konsequenzen:

1. Wenn davon ausgegangen wird, dass Weltanschauungen nicht in ihrer Totalität erfasst werden können, da die „geistigen Gebilde" konjunktiver Erfahrungsräume einerseits „verschwinden" (Mannheim 1980: 270), sobald man sich ihnen in theoretisch-reflexiver Weise zuwendet (vgl. Abschnitt 3.2.1), und

andererseits die erfassten Standorte immer als partikular angesehen werden müssen (vgl. Mannheim 1969: 244), bilden die rekonstruierten Typen als Idealtypen im Sinne Webers (1922 [1904]: 194) niemals vollumfänglich die Wirklichkeit ab.

2. Die sich in einem Fall dokumentierenden konjunktiven Erfahrungsräume gilt es empirisch in ihrer mehrfachen Mehrdimensionalität zu erfassen (vgl. Abschnitt 4.4.4.2). Dies bezieht sich einerseits auf die Mehrdimensionalität der Kategorienbildung. So eignet sich weder die von Schütz (1932: 93 ff.) entwickelte Kategorie des Entwurfes, die nach Bohnsack (2020: 24) vor allem institutionalisiertes oder rollenförmiges Handeln erklärt, noch der von Praxistheorien vertretene Blick lediglich auf Praktiken. Vielmehr gilt es, Norm und Praxis sowie die handlungspraktische Bewältigung des Spannungsverhältnisses auch empirisch zu rekonstruieren (vgl. Abschnitt 3.2.2). Andererseits überlagern sich im einzelnen Fall mehrere konjunktive Erfahrungsräume. Von Interesse ist damit nicht der Fall, sondern die sich darin dokumentierenden konjunktiven Erfahrungsräume.
3. Der Handlungspraxis liegt ein genetisches Prinzip, der Modus Operandi, zugrunde. Handeln erfolgt nicht individuell, einmalig oder zufällig, sondern regelgeleitet. Diese Regelhaftigkeit ist nicht an Einzelne gebunden (auch wenn das implizite, handlungsleitende Wissen bei den Akteur:innen zu verorten ist), sondern kann als kollektiv angesehen werden. Von Bedeutung wird damit die sich im Fall dokumentierende kollektive Handlungspraxis.
4. Diese Rekonstruktion der Handlungspraxis kann als „Konstruktion zweiten Grades“ (Schütz 1971: 7) der Forschenden im Gegensatz zur alltagspraktischen Bewältigung der Beforschten als Konstruktion erstens Grades angesehen werden. Die Rekonstruktionen sind dann gültig, wenn die Konstruktionen der Forschenden adäquat zu den Konstruktionen der Beforschten sind (vgl. Bohnsack 2005: 66). Da sich auch Forschende ihrem Standort nicht entledigen können, gilt es, empirische Vergleichsfälle heranzuziehen und die Gebundenheit der Interpretation an den eigenen Standort über Interpretationsgruppen methodisch zu kontrollieren.
5. Die in konjunktive Erfahrungsräume eingebundene Handlungspraxis ist niemals unvermittelt zugänglich. Vielmehr kann sie über Sprache oder Bild (vgl. Abschnitt 4.3), objektiviert in Text und materialem Bild, rekonstruiert werden. Dabei stellt sich die Frage, inwiefern unterschiedliche Materialsorten auf unterschiedliche Aspekte des konjunktiven Erfahrungsraumes verweisen.

4.5 Konjunktive Erfahrungsräume in Text und materialem Bild

Dieses Kapitel diente der methodologischen Fundierung des Forschungsprojektes, indem die Begriffe der Dokumentarischen Methode expliziert wurden, um eine Theoriebildung durch die Empirie zu ermöglichen und über die Begriffe diskutieren zu können – auch wenn sie notwendigerweise diffus und vage bleiben. Mit der Entscheidung für die Dokumentarische Methode rücken daher bestimmte Aspekte in den Blick, während andere nicht erfasst werden können. Ziel der Dokumentarischen Methode ist die dokumentarische Typenbildung, indem aus dem Material heraus Typen gebildet, miteinander ins Verhältnis gesetzt und in einer Erfahrungsdimension fundiert werden. Den Fokus der Rekonstruktion bildet daher nicht das Individuum, sondern vielmehr der konjunktive Erfahrungsraum, der sich im Fall dokumentiert. Hierfür ermöglichen die empirischen Materialsorten Text und materiales Bild einen Zugang zur (beruflichen) Handlungspraxis, den Normen und der handlungspraktischen Bewältigung dieser „notorischen Diskrepanz" (Bohnsack 2017: 104), und zwar in dem Sinne, dass sie Handeln nicht abbilden, sondern dieses sich darin dokumentiert. So kommen der Sprache und dem Bild eine wirklichkeitskonstituierende Funktion zu, indem sie die sinnlichen Eindrücke relativ dauerhaft in Zeichen fassen und dies in Text und materialem Bild objektiviert werden kann. Ein Zugang zu den Erfahrungsbildern und der Handlungspraxis erfolgt nicht darüber, *was* abgebildet oder erzählt wird, sondern *wie* es sich darstellt.

Für das vorliegende Forschungsprojekt werden Berufsbilder als materiale Bilder sowie Berufsbiografien als Text herangezogen. Biografien ermöglichen eine Rekonstruktion beruflicher Handlungspraxen und deren lebensgeschichtliche Genese – sie sind vor allem geeignet, einen Zugang zur Prozesshaftigkeit des Sozialen zu ermöglichen. Berufliche Tätigkeiten schreiben sich in den Körper ein (beispielsweise das Schleifen eines Holzstückes von einem Schreiner, das Abscannen von Lebensmitteln an der Supermarktkasse, das Halten von Vorträgen bei Dozierenden, der Umgang mit Kindern in Kindertageseinrichtungen) und verweisen nach wie vor auf einen bestimmten Status. Dies dokumentiert sich in Fotografien in Form des inkorporierten Wissens (Körperhaltung, Gesten), aber auch in der Bildkomposition (Auswahl des Sujets, Bildausschnitt, Kleidungsstil). Auch hier kann das Prozesshafte erfasst werden, indem Fotografien zu verschiedenen Zeitpunkten interpretiert werden, jedoch nicht so detailliert wie in der erzählten Lebensgeschichte. Bei Symbolbildern hingegen werden der ikonische Sinn des materialen Bildes und der damit einhergehende Sinnaktualisierungsprozess der auswählenden Person relevant. Was sich in den verschiedenen Materialsorten dokumentiert, kann auf unterschiedliche Dimensionen (beruflicher) konjunktiver Erfahrungsräume verweisen oder einzelne Aspekte verstärken.

Bezogen auf das Erkenntnisinteresse gilt es, zum einen berufliche Typen zu rekonstruieren und mit ihren Erfahrungsdimensionen in einer Berufstypik zu verorten, also der Frage nachzugehen, inwiefern Berufsgruppenwechsler:innen gemeinsame konjunktive Erfahrungsräume teilen, und zum anderen eine Weiterbildungstypik zu erstellen, also der Frage nach den damit einhergehenden Weiterbildungsorientierungen nachzugehen.

Zum methodischen Vorgehen des Forschungsprojektes 5

Dieses Kapitel widmet sich dem methodischen Vorgehen und fokussiert sich auf die zentralen methodischen Aspekte und deren Bedeutung für das Forschungsprojekt.[1]

5.1 Sampling: Berufsgruppenwechsel in der Generation 50+

Beim Sampling stellt sich die Frage nach dem Untersuchungsfeld und nach der Auswahl der Fälle, wobei sich Ersteres aus dem Erkenntnisinteresse heraus ergibt. Dies betrifft Personen, die einen freiwilligen horizontalen Berufsgruppenwechsel vollzogen haben (vgl. Abschnitt 2.2.1) und sich im Alter 50+ befinden. Diese Personengruppe wird daher fokussiert, da *erstens* der Marker 50+ häufig in der öffentlichen Debatte verwendet wird, wie beispielsweise in der Überschrift „Neustart im Job mit über 50 Jahren" (Hockling 2014). *Zweitens* ist die idealtypische Altersgrenze 50+ von besonderem Interesse für die Erwachsenenbildung, „weil sie häufig besonders hart mit Übergangserfahrungen (Ausscheiden aus dem Beruf, Verlust des Partners etc.) konfrontiert ist, die biographische Bilanzierung nahelegen" (Alheit & Dausien 2006: 436). *Drittens* befinden sich diese Personen (mehr oder weniger) in der Lebensmitte: Die erste Hälfte des Lebens ist vorbei, die zweite Hälfte steht bevor (vgl. Abschnitt 2.3.2).

[1] Das methodische Vorgehen der Dokumentarischen Methode wurde sowohl hinsichtlich der Interpretation textbasierten (vgl. unter anderem Nohl 2005, 2017; Bohnsack 2007, 2021a; Schäffer 2012; Bohnsack et al. 2013, 2019; Nohl et al. 2015) als auch bildbasierten (vgl. unter anderem Bohnsack 2003, 2011, 2012, 2013a, 2021a; Schäffer 2009, 2010; Dörner 2011a, 2012a; Dörner et al. 2011; Michel 2013; Przyborski & Slunecko 2013; Bohnsack et al. 2015) Materials bereits umfassend beschrieben.

S. Rundel, *Begrenzte Beruflichkeit*, Theorie und Empirie Lebenslangen Lernens,
https://doi.org/10.1007/978-3-658-51888-2_5

Damit einher geht *viertens*, dass eine gewisse berufliche Etablierung stattgefunden hat und berufliche Suchprozesse nach der Ausbildung oder dem Studium abgeschlossen sind. Matchingtheorien (vgl. Abschnitt 2.2.2) können hier nur bedingt als Erklärung für einen Berufsgruppenwechsel herangezogen werden. Zum Zeitpunkt der Interviews betrifft dies *fünftens* die Generation der Babyboomer:innen (geboren zwischen 1955 und 1970), die bereits vielfach betrachtet wurde (vgl. Dörner & Schäffer 2014a, 2014b; Oertel 2021). Diese Generation ist schon aufgrund ihrer Größe gesellschaftlich relevant. „Babyboomer werden allein aufgrund ihrer großen Zahl Einstellungen und Haltungen zu Lern- und (Weiter-)Bildungsprozessen in der zweiten Lebenshälfte, zum Übergang in die Nacherwerbsphase und zum Altern prägen“ (Schäffer et al. 2015: 273). Populärwissenschaftlich wird vom „Sieg der Silberrücken“ (Daniels et al. 2013) gesprochen und damit das erfahrungsbasierte Wissen der Älteren aufgewertet. Berufliche Orientierungen sind damit nicht nur für die Erwerbsphase relevant, sondern auch für die Nacherwerbsphase, die von Einstellungen zur Arbeit und der (Weiter-)Bildung geprägt ist.

In Bezug auf die Auswahl der Fälle erfolgte ein offener Feldzugang, das heißt, die Anzahl der Fälle wurde nicht im Voraus bestimmt, sondern ergab sich während der Erhebungsphase (vgl. Akremi 2022: 408). Solch ein Vorgehen bei der Fallauswahl bedeutet zwar eine gewisse Selektivität (vgl. Akremi 2022: 410), allerdings kann im Rahmen der methodologischen Verortung des Forschungsprojektes in der rekonstruktiven Sozialforschung davon ausgegangen werden, dass sich im einzelnen Fall kollektive Muster und Typisches dokumentieren und dies von den Forschenden rekonstruiert werden kann (vgl. Marotzki 1996: 73). Zunächst wurde ein Anschreiben, indem das Forschungsprojekt vorgestellt wurde, an Kolleg:innen, Freund:innen und Bekannte versendet, wie auch an Coach:innen, die bei einer Internetrecherche nach Berufsgruppenwechseln gefunden wurden, und an Zeitungen, die solche Berufsgruppenwechsler:innen interviewt haben. Weder von den Coach:innen noch von den Zeitungen erfolgte eine Rückmeldung, sodass die sechs Befragten der Generation 50+ letztlich alle über persönliche Kontakte gefunden wurden.[2] Aufgrund der Aussagen der Bekannten wurde eruiert, ob es sich um einen freiwilligen, horizontalen Berufsgruppenwechsel handelt. Konnten unfreiwillige Wechsel ausgeschlossen werden, wurde ein telefonischer Kontakt hergestellt, bei dem das Vorgehen vorgestellt wurde, ohne auf den Inhalt des Forschungsprojektes einzugehen. Schließlich

[2] Insgesamt wurden neun Interviews geführt, wobei zwei Befragte als Kontrastgruppe jünger als 50 Jahre waren und eine Befragte zwar eine Selbstständigkeit aufgenommen hatte, jedoch noch in ihrem alten Beruf arbeitete, weshalb nicht von einem horizontalen Berufsgruppenwechsel ausgegangen wurde. Das Sample wird ausführlich in Abschnitt 6.1 vorgestellt.

wurde ein Termin für das Interview vereinbart, und im Anschluss wurden die Befragten darum gebeten, drei Bilder zu ihrem Beruf per E-Mail zu senden.

Bezüglich der Identifikation geeigneter Interviewpersonen stellte sich vor allem das Merkmal eines freiwilligen Berufsgruppenwechsels als herausfordernd dar, denn diesem liegt als „a-typischer Übergang“ (Schittenhelm & Küchel 2013: 93) keine institutionalisierte Übergangsphase zugrunde, an der Interviewpartner:innen hätten gefunden werden können (wie beispielsweise bei betrieblichen Weiterbildungen oder dem Übergang von einer Ausbildung zum Beruf). Die Erhebung von zwei Interviews (plus den zwei Interviews mit den jüngeren Interviewpartner:innen sowie dem Interview, in dem sich kein horizontaler Berufsgruppenwechsel gezeigt hat) entstammt einer ersten Erhebungsphase im Jahr 2016, vier Interviews einer zweiten Erhebungsphase im Jahr 2018. Der Stimulus für das biografisch-narrative Interview wurde dabei nicht verändert. Die Erhebung materialer Bilder wurde bei der zweiten Erhebungsphase eingeführt und für die erste Erhebungsphase im Nachhinein durchgeführt.

5.2 Biografisch-narrative Interviews als Zugang zu konjunktiven Erfahrungsräumen

Das biografisch-narrative Interview wurde im Rahmen einer Gemeindestudie in den 1970er-Jahren von Fritz Schütze entwickelt und in den 1980er-Jahren als Erhebungsform für die Biografieforschung entdeckt (vgl. Bohnsack 2021a: 103). Die zunehmende Bedeutung der Biografieforschung und die methodischen Entwicklungen sind in Deutschland parallel verlaufen und haben sich gegenseitig beeinflusst (vgl. Abschnitt 4.3.1.3). Seitdem hat das biografisch-narrative Interview in der qualitativen Sozialforschung eine breite Verwendung sowie eine vielfältige Differenzierung und Anwendung gefunden (vgl. Felden 2012: 334). Die ursprünglich an Gruppendiskussionen entwickelte Dokumentarische Methode hat sich in diesem Zuge auch dem biografisch-narrativen Interview zugewendet und eine spezifische Auswertungsmethode entwickelt (vgl. Nohl 2005, 2017). Zentrales Merkmal ist die Rekonstruktion des sich in biografischen Erzählungen dokumentierenden impliziten, erfahrungsbasierten, handlungsleitenden Wissens sowie des konjunktiven Erfahrungsraumes.

5.2.1 Erhebung biografisch-narrativer Interviews

Das biografisch-narrative Interview bietet die Möglichkeit, die von Schütze (1983: 285) geforderte Frage „nach den zeitlichen, den sequenziellen Verhältnissen des Lebenslaufs“ zu erheben und „die Ereignisverstrickungen und die lebensgeschichtliche Erfahrungsaufschichtung des Biographieträgers so lückenlos [zu] reproduzieren, wie das im Rahmen systematischer sozialwissenschaftlicher Forschung überhaupt nur möglich ist.“ Um dies zu erreichen, gliedert es sich in drei Teile (vgl. Marotzki 1996: 62 f.): Durch einen möglichst offenen Erzählstimulus werden die Befragten in einem ersten Teil zu einer Selbstpräsentation in Form einer Stegreiferzählung aufgefordert. „Das Stegreiferzählen ist ein schöpferischer Akt, es gestaltet den Strom der gemachten Erfahrungen weit über die anfänglichen Erwartungen und Vorabbilder des Erzählers hinaus“ (Schütze 1987: 184). Die Erzählenden reproduzieren ihre Lebensgeschichte möglichst frei vom Einfluss der Forschenden, so wie sie selbst sie erlebt haben. Damit wird ein „Raum der Gestaltentwicklung“ (Fischer-Rosenthal & Rosenthal 1997a: 142) ermöglicht, indem das erzählt werden kann, was für die Befragten relevant, konstitutiv für ihre Identität und damit auch handlungsrelevant ist (vgl. Bohnsack 2021a: 96). Lediglich durch Inkonsistenzen kann aus dem Erzählvorgang ausgebrochen werden, wobei diese „Stümpfe der Erfahrung“ (Schütze 1983: 286) wiederum auf dahinterliegende Erfahrungen verweisen. Für eine Auswertung wird somit nicht so sehr bedeutsam, *was*, sondern *wie* es gesagt wurde, wie es gerahmt wird und auch, was nicht gesagt wurde (zum Wechsel der Analyseeinstellung vom *Was* zum *Wie* vgl. Abschnitt 3.2.1). Werner Kallmeyer und Fritz Schütze (1977: 162) haben dabei „Zugzwänge der Sachverhaltsdarstellung“ herausgearbeitet, die der Stegreiferzählung zugrunde liegen und damit als formale Regeln die Intersubjektivität sichern (vgl. Bohnsack 2021a: 97): So sind die Beforschten zunächst gezwungen, ihre Geschichte zu einem verständlichen und sinnvollen Ende zu bringen (Gestaltschließungszwang). Zudem können sie nicht ihre gesamte Geschichte erzählen, weshalb sie selektieren, sich auf das Wesentliche festlegen und Erzählungen verdichten und kondensieren müssen (Relevanzfestlegungs- und Kondensierungszwang). Schließlich ist es notwendig, relevante Informationen zum Verständnis der Erzählung zu liefern (Detaillierungszwang). Dies führt letztendlich zu einer schlüssigen Erzählung, die eine besondere Nähe zu den Erfahrungshintergründen der Befragten aufweist (vgl. Nohl 2005: 12), ohne dabei von einer Homologie von Erzählung und Erlebtem auszugehen (vgl. Abschnitt 4.3.1.3). Durch das narrative Interview wird es so möglich,

> „zu den *Orientierungsstrukturen* vergangenen Handelns und Erleidens vorzudringen, also zu jener mit (auch weit zurückliegendem) biographischem Handeln unmittelbar verbundenen Erfahrung, welcher von der zum Zeitpunkt der Erzählung sich vollziehenden Erfahrungsrekapitulation zwar überformt ist [...], diese Überformung aber [...] als solche erkennbar bleibt“ (Bohnsack 2021a: 106 f., H. i. O.).

Diese Phase soll von den Forschenden so wenig wie möglich gesteuert und die Erzählung lediglich durch *mh* oder Nicken unterstützt werden.

> „Das Ergebnis ist ein Erzähltext, der den sozialen Prozeß der Entwicklung und Wandlung einer biographischen Identität kontinuierlich, d. h. ohne exmanente, aus dem Methodenzugriff oder den theoretischen Voraussetzungen des Forschers motivierte Interventionen und Ausblendungen, darstellt und expliziert.“ (Schütze 1983: 286)

Zwar ist es nicht möglich, den Einfluss des Forschenden bei einem Interview komplett zu eliminieren, durch die Offenheit des biografisch-narrativen Interviews wird jedoch versucht, ihn so weit wie möglich zu minimieren. Während dieser ersten Phase der Stegreiferzählung machen sich die Forschenden Notizen in der Reihenfolge der von den Beforschten genannten Punkte. Diese Notizen dienen im zweiten Teil der immanenten Nachfragen dazu, auf Erzählangebote, Inkonsistenzen, Vagheiten, mangelnde Plausibilität, querliegende Erzählfäden oder Erzählstümpfe der Stegreiferzählung näher einzugehen, wobei auch hier die Nachfragen so gestellt werden sollten, dass Erzählungen generiert werden (vgl. Schütze 1983: 285). Wolfram Fischer-Rosenthal und Gabriele Rosenthal (1997a: 146 f.) unterscheiden drei Grundtypen narrativen Nachfragens: So kann *erstens* eine bestimmte Lebensphase durch die Nachfrage angesteuert werden (beispielsweise Kindergarten oder Berufseinstieg), *zweitens* eine in der Stegreiferzählung benannte Situation betrachtet werden (beispielsweise ein Streit mit den Eltern oder ein Krankenhausaufenthalt) oder *drittens* eine Erzählung zu einem Argument herausgefordert werden (beispielsweise wenn argumentiert wird, dass Kinder ja grundsätzlich anstrengend sind). Im dritten Teil des Interviews – bei den exmanenten Nachfragen – können schließlich Fragen bezogen auf das Forschungsthema gestellt werden, bei denen die Beforschten als Expert:innen adressiert werden.

Kritik erhält das narrative Interview auf zwei Ebenen: Zum einen stellt sich die Frage, inwiefern Erzählkompetenz von Milieu, Kultur, Alter und Gesundheitszustand abhängig ist. Zum anderen stellt sich die Frage nach dem bereits diskutierten Zusammenhang von Erzählung und Erlebtem. Beides gilt es bei der Auswertung zu berücksichtigen.

5.2.2 Dokumentarische Interpretation biografisch-narrativer Interviews

Für die qualitative Forschung ist das biografisch-narrative Interview deshalb so bedeutsam geworden, „weil sich mit ihm längere Erlebnisabschnitte bis hin zu Lebensgeschichten aus der Erfahrungsperspektive der interviewten Personen heraus in ihrer Sequentialität erheben lassen" (Nohl 2005: 3). Die im Anschluss entwickelte Narrationsanalyse (vgl. Schütze 1983) oder Fallrekonstruktion (vgl. Fischer-Rosenthal & Rosenthal 1997a; Rosenthal 2015) orientiert sich an dieser Sequenzialität und konzentriert sich auf die Gesamtformung der einzelnen Biografie (vgl. Nohl 2005: 4 f.). Als Einzelfallanalyse wird damit jedoch weniger die für die Dokumentarische Methode relevante kollektive Dimension durch den komparativen Vergleich in den Blick genommen (vgl. Bohnsack 2021a: 99). Vor allem Arnd-Michael Nohl (2017: 31 ff.) hat dies mit seiner Unterscheidung von formaler und semantischer Ebene bei der reflektierenden Interpretation aufgenommen und das biografisch-narrative Interview für die Dokumentarische Methode fruchtbar gemacht. Auf der formalen Ebene schließt er an die in der Narrationsanalyse entwickelte Textsortentrennung von Erzählung, Beschreibung und Argumentation an (vgl. Schütze 1987: 146 ff.): Während Erzählungen einen Anfangs- und Endpunkt haben und aus einem früheren ein späteres Ereignis hervorgeht, handelt es sich bei Beschreibungen um wiederkehrende Handlungsabläufe oder feststehende Sachverhalte. Bei Argumentationen werden (alltags-) theoretische Motive oder Gründe für eigenes oder fremdes Handeln expliziert. Relevant sind dann vor allem Erzählungen und Beschreibungen, die an die Handlungspraxis der Beforschten anschließen, und zwar so, dass das handlungspraktische Wissen nicht expliziert, sondern erzählt oder beschrieben wird, sich also darin dokumentiert (vgl. Nohl 2005: 12). Demgegenüber steht das explizite Wissen, das in der Textsorte der Argumentation zur Darstellung gebracht wird.[3] „Ein solches gesellschaftlich geteiltes Wissen ist notwendiger Weise abstrakt und damit von der Handlungspraxis abgehoben" (Nohl 2005: 13). In der biografischen Erzählung sind dabei „mehrere ineinander verschachtelte *Hintergrund-Vordergrund-Verhältnisse* denkbar" (Nohl 2017: 24, H. i. O.), wie beispielsweise

[3] Häufig wird der 1983 erschienene Text *Biographieforschung und narratives Interview* von Schütze herangezogen und die alleinige Bedeutung der Erzählung kritisiert. In einem 2016 erschienen Nachtrag stellt Schütze hingegen heraus, dass bei narrativen Interviews nicht lediglich Erzählungen relevant sind, sondern auch Argumentationen interpretiert werden können. Er differenziert die Bedeutung von Argumentationen im Hinblick auf Distanzierungen gegenüber dem Forschenden, aufwendigen Hintergrundkonstruktionen und Ergebnissicherungskommentaren (vgl. Schütze 2016: 66).

indem eine Erzählung durch eine Hintergrundkonstruktion im Modus der Erzählung detailliert oder im Modus der Argumentation dem Forschenden gegenüber deutlich gemacht wird. Im *Wie* der Erzählung mit verschiedenen Hintergrundkonstruktionen dokumentiert sich der Orientierungsrahmen. Im Gegensatz zu dieser formalen Ebene der Interpretation, die an Schütze anschließt, unterscheidet sich die Dokumentarische Methode auf der semantischen Ebene durch die komparative Sequenzanalyse (vgl. Nohl 2005: 14). Hierbei werden „Typenhypothesen" (Schäffer 2020: 28) fallintern und fallübergreifend zu homologen Orientierungsrahmen verdichtet (vgl. Bohnsack 2018b: 314 ff.). Es wird davon ausgegangen, dass sich in der Erzählung eine implizite Regelhaftigkeit zwischen einer ersten und einer zweiten Äußerung dokumentiert, die in weiteren Sequenzen und anderen Fällen überprüft und abstrahiert werden kann (vgl. Nohl 2017: 35 ff.).

Beim methodischen Vorgehen lassen sich für die dokumentarische Interpretation biografisch-narrativer Interviews die formulierende und reflektierende Interpretation sowie die Typenbildung unterscheiden (vgl. Nohl 2017: 30 ff.): Im Rahmen der *formulierenden Interpretation* wird zunächst ein thematischer Verlauf der Interviews angefertigt, anhand dessen relevante Themen und Textstellen identifiziert werden können. Dies kann sich nach dem Forschungsinteresse, nach Themen, die sich im komparativen Vergleich mit anderen Interviews ergeben, oder nach „Fokussierungsmetaphern" (Bohnsack 2021a: 48) richten, wobei unter Letzteren metaphorisch dichte Erzählungen verstanden werden können (vgl. Schäffer 2013: 235 f.). Neben der Transkription dieser Textstellen werden bei biografisch-narrativen Interviews zudem die Eingangserzählungen transkribiert, die sich durch einen geringen Einfluss vonseiten der Forschenden auszeichnen. Die transkribierten Textstellen werden einer formulierenden Feininterpretation unterzogen, indem Themenwechsel identifiziert und Ober- und Unterthemen gebildet werden. Dies dient auch der Kontrolle der Standortgebundenheit der Forschenden (vgl. Abschnitt 4.4.5), da sie sich damit auf die Relevanz der Beforschten einlassen und eine Distanz zum Text aufbauen. Die Interpretation folgt hier nahe am Text, dem Propositionalen und Thematischen, und verbleibt beim kommunikativen Wissen (vgl. Bohnsack 2018b: 314). Dennoch ist die Identifikation und Benennung von Ober- und Unterthemen bereits eine Interpretationsleistung der Forschenden. Bei der *reflektierenden Interpretation* wird zunächst im Zuge der formalen Interpretation eine Textsortentrennung im Anschluss an die Trennung von explizitem, kommunikativem (Argumentation) und implizitem, konjunktivem Wissen, das sich in Erzählungen und Beschreibungen dokumentiert, vorgenommen. Im Rahmen der semantischen Interpretation folgt eine komparative Sequenzanalyse, bei der die Regelhaftigkeit der Äußerungen fallintern und fallübergreifend rekonstruiert wird. Während bei der formulierenden Interpretation relevant ist, *was* gesagt wurde, ist es bei der reflektierenden Interpretation, *wie* etwas gesagt wurde, also in welchem Orientierungsrahmen. Die in den Interviews rekonstruierten Orientierungsrahmen werden schließlich im Rahmen der dokumentarischen Typenbildung (vgl. Abschnitt 4.4.4) zu Typen abstrahiert, spezifiziert und differenziert[4] sowie mithilfe eines Tertium Comparationis in eine Typik überführt. Werden die Typen zudem in Erfahrungsdimensionen verortet, kann von einer soziogenetischen Interpretation beziehungsweise soziogenetischen Typenbildung gesprochen werden.

Forschungspraktisch sind diese Schritte als eine analytische Trennung zu verstehen. Textstellen werden formulierend und reflektierend interpretiert, neue hinzugezogen, komparativ fallintern und fallübergreifend verglichen, Typenhypothesen gebildet, in einem abduktiven Prozess erste Typen formuliert, in einer „Als-ob Deduktion" (Schäffer 2020: 24) am Material überprüft und pragmatisch induktiv abgesichert. Diese Prozesse sind zudem in eine Wissenschaftspraxis eingebunden, indem Interpretationen und Typenbezeichnungen beispielsweise auf Konferenzen oder in Forschungswerkstätten vorgestellt und diskutiert werden (vgl. Abschnitt 5.6).

5.2.3 Biografisch-narrative Interviews im Forschungsprojekt

Mithilfe des biografisch-narrativen Interviews wird ein Zugang zu den kollektiven beruflichen Erfahrungen von Berufsgruppenwechsler:innen in ihrer lebensgeschichtlichen Aufschichtung ermöglicht. Strukturidentische Erfahrungen, die sich in den Biografien dokumentieren, lassen Rückschlüsse auf einen konjunktiven beruflichen Erfahrungsraum zu. Entsprechend den grundlagentheoretischen Ausführungen in Kapitel 2 wurde nicht nur das *„handlungspraktische Wissen"* (Schäffer 2012: 198, H. i. O.) rekonstruiert, das den Befragten in der Handlungspraxis kaum reflexiv zugänglich ist, sondern auch die damit einhergehenden Normen. Ein konjunktiver beruflicher Erfahrungsraum spannt sich dann anhand der handlungspraktischen Bewältigung der „notorischen Diskrepanz" (Bohnsack 2021a: 104) von Norm und Praxis in Bezug auf Arbeit und Beruf auf. Zudem wurden soziogenetische Aspekte als der „existenzielle Hintergrund des Erfahrungsraumes" (Mannheim 1980: 276), erfasst, die sich in den Biografien

[4] Dieses Vorgehen folgt den in Abschnitt 4.4.4 ausgearbeiteten wissenssoziologischen Grundoperationen des Distanzierens, Relationierens und Partikularisierens (vgl. Mannheim 1969: 240 ff.).

dokumentieren: Aus den Erzählungen zu Familie, Kindheit und Jugend, Bildungsweg und Alltag lassen sich milieu-, geschlechts- oder generationsspezifische Aspekte rekonstruieren, die im Rahmen der soziogenetischen Interpretation zur Erklärung der rekonstruierten Typen herangezogen wurden.

Die biografisch-narrativen Interviews wurden mit folgendem Erzählstimulus eröffnet, der einerseits so offen formuliert ist, dass die Relevanzsetzung den Befragten überlassen wird, aber andererseits auch bereits das Forschungsthema aufgreift, um weniger Irritationen hervorzurufen (vgl. Fischer-Rosenthal-Rosenthal 1997a: 141):

> „Im Rahmen des Forschungsprojektes beschäftige ich mich mit Personen zwischen 40–55 Jahren.[5] In diesem Alter kommt es vor, dass man über berufliche Veränderungsprozesse nachdenkt. Dabei interessiert mich nicht nur die Berufsrolle, sondern ich möchte die Menschen kennen lernen. Ich möchte Sie daher bitten, mir Ihre Lebensgeschichte zu erzählen, also nicht nur den Abschnitt der beruflichen Veränderung, sondern über Ihre gesamte Lebensgeschichte. Sie können sich dazu so viel Zeit nehmen, wie Sie möchten. Ich werde Sie erst einmal nicht unterbrechen, mir nur gelegentlich Notizen machen und später noch darauf zurückkommen.“

Die Interviews wurden mithilfe eines Audiogerätes aufgenommen, und direkt im Anschluss an das Interview wurde ein Dokument mit den Eindrücken, den wahrgenommenen zentralen Themen sowie der Atmosphäre angefertigt. Entsprechend der Vorgehensweise der Dokumentarischen Methode wurden sodann thematische Verläufe angefertigt und thematisch relevante oder erzählerisch sehr dichte Textstellen markiert. Entweder wurde das gesamte Interview entsprechend den Talk in Qualitative Social Research (TiQ)-Regeln (vgl. Bohnsack 2021a: 255) transkribiert oder die Eingangserzählung mit den identifizierten Textstellen. Daran schlossen sich die formulierende und reflektierende Interpretation sowie die Typenbildung an. Die Strukturierung der Interpretation der Interviews erfolgte mithilfe der Software MAXQDA (zur Vorgehensweise vgl. Damm 2016). Personenbezogene Merkmale wurden für die Veröffentlichung pseudonymisiert (vgl. § 3 Absatz 6a Bundesdatenschutzgesetz).

[5] Diese Altersspanne bezieht sich noch auf die erste Erhebungsphase, in der auch zwei Interviews mit Personen unter 50 Jahren geführt wurden. Der Stimulus wurde der Vergleichbarkeit wegen in der zweiten Erhebungsphase nicht angepasst, auch wenn sich hier alle Personen im Alter 50+ befunden haben.

5.3 Materiale Bilder als Zugang zu konjunktiven Erfahrungsräumen

Vor allem die Arbeiten von Max Imdahl (1996, 2006) zur Ikonik machen deutlich, dass Bildern ein eigener Sinn innewohnt. Weder bilden materiale Bilder Gegenstände lediglich ab, noch bezieht sich ihr ikonischer Sinn darauf, *was* zu sehen ist, sondern darauf, *wie* sich das Dargestellte zueinander verhält. In der Wendung der Dokumentarischen Methode (vgl. unter anderem Bohnsack 2011: 49) zeigen sich in diesem *Wie* einerseits die Weltanschauungen der abbildenden Personen als kollektive Akteur:innen, und andererseits dokumentiert sich gerade in Fotografien das inkorporierte Wissen der abgebildeten Personen. Fotografien ermöglichen damit über den Eigensinn des Bildes einen Zugang zu diesen beiden Wissensdimensionen, während Symbolbilder einen Zugang zur Weltanschauung der Person über die Authentisierung der Auswahl ermöglichen (vgl. Bohnsack 2017: 194). Es kann daher davon ausgegangen werden, dass sich in materialen Bildern andere Dimensionen des konjunktiven Erfahrungsraumes dokumentieren als im Text (vgl. Abschnitt 4.3.3). Dennoch sind Bilder nach wie vor in der qualitativen Sozialforschung marginalisiert (vgl. Bohnsack 2021a: 159), obwohl mit der Dokumentarischen Methode ein methodisch kontrolliertes Vorgehen der Bildinterpretation vorliegt.

5.3.1 Erhebung materialer Bilder

Im Zuge des „iconic turn" (Boehm 2006b [1994]) fand in der qualitativen Sozialforschung eine Hinwendung zu Bildern statt. Dabei wurden nicht nur Bilder im Sinne der bildenden Kunst betrachtet, sondern beispielsweise auch innere Bilder (vgl. Abschnitt 4.3.2.2). Während sich diese einer für die qualitative Sozialforschung notwendigen Materialität entziehen, eignen sich Skizzen, Zeichnungen, Fotografien oder auch digitale Bilder als Erhebungsform. Gerade Fotografien wurden in den Sozialwissenschaften Ende des 20. Jahrhunderts relevant. Dienten sie zunächst der Validierung der Beobachtung, ermöglichten sie zu Beginn des 21. Jahrhunderts die Betrachtung alltagsästhetischer Merkmale. Hervorzuheben ist der Bildband *Antlitz der Zeit* von August Sander (2019 [1929]), in dem sich 60 Porträtfotografien von verschiedenen Berufsgruppen und Generationen finden. In seinem Vorwort geht Alfred Döblin (2019 [1929]: 15 f.) auf die besondere Leistung von Sander ein, indem er drei Formen von Fotografien differenziert: *erstens* Fotografien, die ästhetischen Ansprüchen genügen, *zweitens* solche, die versuchen, eine Ähnlichkeit mit der Wirklichkeit herzustellen, und *drittens* jene wie die von Sander, die in der einzelnen Fotografie das Typische, das Allgemeine, erfassen und somit einen Zugang zu kollektivem Wissen ermöglichen. Gerade für letztere benötigen Fotograf:innen sowohl technisches Wissen als auch Feinfühligkeit und Sensibilität für das darzustellende Allgemeine. Während sich dies auf die Perspektive der Abbildenden bezieht, dokumentiert sich in der Fotografie aufseiten der Abgebildeten inkorporiertes Wissen in Form von Körperhaltungen, Kleidungsstil und Aussehen. So zeigen die Fotografien von Sander beispielsweise das von Natur und Arbeit auf dem Acker gezeichnete Gesicht von Bauern im Gegensatz zu dem eines auf einem Stuhl sitzenden Großindustriellen. Fotografien bilden damit nicht Wirklichkeit ab, vielmehr dokumentieren sich in ihnen kollektive Aspekte, sowohl in Bezug auf die abbildenden als auch die abgebildeten Bildproduzent:innen (vgl. Bohnsack 2003: 248).

Digitale Bilder hingegen, die mit der Entwicklung digitaler Technologien einhergehen, können jederzeit aufgenommen, bearbeitet und auch erst später verwendet werden. Als Symbolbilder können solche aus dem Internet bezeichnet werden, die von den Befragten nicht selbst erstellt, sondern lediglich ausgewählt werden. In ihnen dokumentiert sich nicht inkorporiertes Wissen der Abgebildeten, sondern der Auswahlprozess kann als ein „Sinnaktualisierungsprozess" (Schäffer 2010: 227) verstanden werden. Der ikonische Sinn des Bildes wird im Rahmen des eigenen konjunktiven Erfahrungsraumes intuitiv verstanden. Das Bild, das den Forschenden überlassen wird, ist dann dazu geeignet, das Thema „in *authentischer* Weise zu repräsentieren" (Bohnsack 2017: 194, H. i. O.).

Je nachdem, welche Art von materialen Bildern erhoben wird, ob also Fotografien, Skizzen, Selfies, Zines als Verbindung von Text und materialem Bild (vgl. Böder & Pfaff 2018b) oder Symbolbilder, muss deren jeweils besondere Logik beachtet werden. Die Dokumentarische Methode kann dieser Vielfalt insofern gerecht werden, als mit der Ikonik die Eigenlogik des Bildes (vgl. Bohnsack 2017: 187) und durch den Analyseschritt der Ikonotopie (vgl. Dörner 2011b, 2013) der Bildort und die Verwendungsweise betrachtet werden.

5.3.2 Dokumentarische Interpretation materialer Bilder

Für die dokumentarische Interpretation von materialen Bildern hat Ralf Bohnsack (unter anderem 2003, 2011, 2013a, 2017, 2021a) in Auseinandersetzung mit Erwin Panofsky und Max Imdahl ein grundlagentheoretisch und methodologisch fundiertes methodisches Vorgehen entwickelt. Dieses folgt der konstitutiven Trennung von explizitem und implizitem Wissen beziehungsweise propositionaler und performativer Logik im Rahmen der formulierenden und reflektierenden

Interpretation. Die *formulierende Interpretation* schließt an die vorikonografische und ikonografische Ebene der Schichtentheorie von Panofsky (2002 [1955]: 49) an, indem zunächst beschrieben wird, was zu sehen ist. Während sich die vorikonografische Beschreibung auf die „praktische Erfahrung" der Interpret:innen bezieht, in dem Sinne, dass Gegenstände erkannt werden, vertraut die ikonografische Beschreibung auf die Kenntnis von Themen und Vorstellungen (vgl. Panofsky 2002 [1955]: 48 ff.). Forschungspraktisch werden häufig beide Ebenen zusammengefasst und die (vor-)ikonografische Interpretation entlang der Differenzierung von Bildvordergrund, Bildmittelgrund und Bildhintergrund vorgenommen. In der ikonologischen Interpretation wird die „eigentliche Bedeutung" oder der „Gehalt" (Panofsky 2002 [1955]: 48) des Bildes durch Vergleichshorizonte herausgearbeitet und somit das Bild als Dokument einer Epoche betrachtet. Sie bezieht sich darauf, in welchem Zeitalter das Bild entstanden ist und welches Wissen sich über die Epoche rekonstruieren lässt (vgl. Bohnsack 2013a: 78).

Demgegenüber hat sich Imdahl gefragt, wo bei Panofsky das Besondere am Medium des Bildes zu finden ist, wenn letztendlich nur die Abbildungen der Gegenstände betrachtet werden. „Für Panofsky ist dagegen das Bild – sei es nun ein Kunstwerk oder auch nicht – nichts anderes als die Veranlassung eines wiedererkennenden, Gegenstände identifizierenden Sehens" (Imdahl 1996: 89). Imdahl (1996: 26) stellt diesem *wiedererkennenden Sehen* das *sehende Sehen* gegenüber, „durch welches die Form- und Farbgebung nicht primär mit Bezug auf die dargestellten Gegenständlichkeiten, sondern mit Bezug auf die Gesamtkomposition und die Totalität des Bildes ihre Bedeutung gewinnt" (Bohnsack 2021a: 165). Die Besonderheit des Bildes, seine Formalstruktur, kann im Rahmen der ikonischen Interpretation in den Blick genommen werden, die Imdahl (1996: 17 ff.) anhand der Ereignisbilder von Giotto in kritischer Auseinandersetzung mit Panofsky entwickelt hat. Auf die drei von ihm herausgearbeiteten Schritte der *planimetrischen Komposition*, der *szenischen Choreografie* und der *perspektivischen Projektion* bezieht sich die *reflektierende Interpretation* der Dokumentarischen Methode (vgl. Bohnsack 2013a: 85 ff.): Durch die perspektivische Projektion wird die Sichtweise der Abbildenden deutlich, indem je nach Perspektive Gegenstände unterschiedlich groß sind, unterschiedlich betont werden und auf unterschiedliche Stellen im Bild rücken. „Es wird damit eine Gesetzmäßigkeit in das Bild hineingetragen, die im wahrsten Sinne Einblicke in die Perspektive der abbildenden Bildproduzent(inn)en und ihre Weltanschauung, ihren Habitus eröffnet" (Bohnsack 2011: 38). Dieser Interpretationsschritt macht vor allem dort Sinn, wo der Abbildende in den Fokus rückt (vgl. Bohnsack 2011: 39). Bei der szenischen Choreografie wird die Konstellation der Bildelemente beschrieben, und es werden beispielsweise Körperhaltungen oder Kleidungsstile berücksichtigt. Hier problematisiert Bohnsack (2011: 39), dass die Beschreibung der dargestellten Arrangements und ihrer sozialen Bezogenheit weit mehr auf die Sprache und die (vor-)ikonografische Ebene angewiesen ist als die Perspektive oder die Planimetrie. Die planimetrische Komposition nimmt schließlich die (Farb-)Flächen, dominante Linien und den Aufbau des Bildes in den Blick und damit die formale Struktur des Bildes – ihr kommt die entscheidende Bedeutung für die ikonische Interpretation zu.[6]

Die ikonografisch-ikonologische und die ikonische Interpretation werden in der Weiterentwicklung der Dokumentarischen Methode von Olaf Dörner (2011b, 2013) durch die ikonotopische Interpretation ergänzt. Hierbei wird auch der Bildraum, in dem das Bild auftaucht, in die Interpretation einbezogen und „Bilder immer als Bilder an einem Ort verstanden" (Dörner 2012a: 298). Der Text beispielsweise auf einer Internetseite oder Bildunterschriften rahmen das Bild ebenso wie andere Bilder bei einer Internetsuche. Während sich die meisten Arbeiten innerhalb der Dokumentarischen Methode nach wie vor auf textbasierte Dokumente beziehen (vgl. Abschnitt 4.3.2.1), wird das implizite und inkorporierte Wissen, das sich in materialen Bildern dokumentiert, nach wie vor vernachlässigt. „Dem Umstand, dass Fotos aber auch über diese intendierten Aussagen der Akteure hinausweisen, wird dabei häufig nicht Rechnung getragen" (Hoffmann 2015: 328).

5.3.3 Materiale Bilder im Forschungsprojekt

Neben den Berufsbiografien wurden daher im Forschungsprojekt auch Berufsbilder erhoben. In der Perspektive der Praxeologischen Wissenssoziologie und der Dokumentarischen Methode sind darunter nicht „Denkbilder" von Beruf zu verstehen, also Stereotype, sondern materiale Bilder von Beruf, die einen empirischen Zugang zu den „Erfahrungsbildern" als „innere[n] bildliche[n] Repräsentationen" (Schäffer 2010: 212) von Beruf ermöglichen. Einerseits wird

[6] Innerhalb der Erziehungswissenschaft schlägt Theodor Schulze (2013) mit der pädagogisch-ikonologischen Bildinterpretation in Anlehnung an Panofsky ein anderes Vorgehen vor. Er verweist stärker auf den Aspekt der Kontextinformationen beziehungsweise Entstehungsbedingungen und damit auf kommunikatives Wissen (warum wurde das Bild ausgewählt, wer ist der Urheber, wann ist es entstanden?) und widerspricht einer Analyse, in der das Bild in Worte gefasst wird (vgl. Schulze 2013: 537). Hierfür schlägt er die Schritte der Bildbeschreibung und Bildanalyse, der Kontextanalyse sowie der komparativen und historischen Analyse vor. Diese Form der Bildinterpretation wird an dieser Stelle nicht weitergeführt.

entsprechend den methodologischen Überlegungen davon ausgegangen, dass sich in materialen Bildern (hier vor allem in Fotografien) inkorporiertes Wissen dokumentiert – die berufliche Handlungspraxis schreibt sich in den Körpern ein. Andererseits repräsentieren sich in ihnen die inneren, handlungsleitenden Bilder der Erstellenden in der Art und Weise der Darstellung beziehungsweise der Auswahl. Materiale Bilder, ebenso wie Text, verweisen damit auf Dimensionen des konjunktiven Erfahrungsraumes, wobei empirisch geklärt werden muss, ob sich Text und materiales Bild ergänzen, verstärken oder ob sie auf unterschiedliche Dimensionen verweisen.

Im Forschungsprojekt wurden die Befragten im Anschluss an das Interview gebeten, dem Forschenden drei Bilder zukommen zu lassen: vom früheren Beruf, dem aktuellen Beruf und davon, was Beruf im Allgemeinen für sie bedeutet. Dieser Aufforderung sind zwei propositionale Gehalte inhärent: *Erstens* enthält sie eine Zeitlogik (früh – spät) und eine Art Konklusion (allgemeine Bedeutung). *Zweitens* ist sie offen gestellt, und es obliegt den Befragten, ob sie eine eigene Fotografie oder Zeichnung erstellen, vorhandene materiale Bilder auswählen oder Symbolbilder verwenden. Während die materialen Bilder zunächst einzeln entsprechend den Schritten der dokumentarischen Bildinterpretation interpretiert wurden, wurden die Art des materialen Bildes, die Auswahl durch die Befragten und die Zuordnung zu den drei Themenbereichen bei der ikonotopischen Interpretation berücksichtigt. Im Ergebnisteil werden die materialen Bilder in die Reihenfolge des Impulses mit seiner Zeitlogik gebracht. Zudem wurden die einzeln zugesandten materialen Bilder jeweils auf eine Höhe skaliert (damit passten die drei materialen Bilder jeweils nebeneinander in eine Reihe) und mithilfe von orangefarbenen Linien interpretiert. Sowohl die Reihenfolge der materialen Bilder als auch deren Skalierung auf eine bestimmte Höhe sowie die Farbe der Linien stellen bereits eine Konstruktionsleistung des Forschenden dar, die reflektiert werden muss. Durch die Sequenzialität des Textes müssen jedoch eine bestimmte Anordnung und Größe der materialen Bilder gewählt werden. Die Pseudonymisierung gestaltete sich bei den Bildern deutlich schwieriger. Die Verpixelung eines Gesichts oder das Überlegen eines Smileys würde die Bildsprache grundlegend verändern. Im Anschluss an Überlegungen von Tobias Kamelski und Francisco Olivos (2025) zu AI-Replicas wurden identitätsbezogene Merkmale, wie das Gesicht, aus den Bildern ausgeschnitten, mithilfe des lokal installierten Modells *DeepPrivacy* verändert und wieder in das Bild eingesetzt. Dabei verblieben die Bilder permanent auf einem lokalen Speicher. Eine Veränderung des Gesichts (wie auch eine Veränderung von Namen oder Orten bei Texten) hat unweigerlich Auswirkungen auf den Bildeindruck. Jedoch wurde darauf geachtet, dass die Proportionen und der Ausdruck der pseudonymisierten Gesichter sich ähnlich zum Ausgangsbild verhalten.

5.4 Triangulation von Text und materialem Bild im Rahmen der Typenbildung

Mit der Erhebung von zwei Materialsorten stellt sich unweigerlich die Frage, inwiefern diese miteinander ins Verhältnis gesetzt werden können. Sabine Maschke (2015: 235) schlägt in ihrer Arbeit zu Porträtfotografien und Interviews ein triangulierendes Verfahren mit einer „wechselseitigen, zirkulären Bezugnahme von Interview und Fotoinszenierung" vor, während Nora F. Hoffmann (2015: 337), die auf Festivals Fotografien erstellte und die Abgebildeten interviewte, den Weg einer „spiralförmigen Bezugnahme auf die beiden unterschiedlichen Materialsorten" geht. Der Fall wird dadurch zunehmend aufgefächert, da „durch den Bezug auf die unterschiedlichen Materialsorten ein verschieden konstituiertes Wissen über den Fall generiert wird, welches aber jeweils nur eine seiner Dimensionen oder Typiken betrifft" (Hoffmann 2015: 339). Damit folgt die Triangulation weder dem Aspekt der Validierung der Ergebnisse durch andere Methoden oder Materialsorten, noch wird der Erkenntnisgegenstand objektiver oder wahrer erfasst. Vielmehr wird eine „Pluralisierung und Perspektivierung" (Marotzki 1996: 79) erreicht, und es kommt zu einer Verbreiterung und Vertiefung (vgl. Schäffer 2016: 44). Die Erkenntnisse aus der Interpretation materialer Bilder und Text können somit im Rahmen der Typenbildung miteinander ins Verhältnis gesetzt werden, wobei sich erst dann zeigt, ob sie sich ergänzen, bestimmte Aspekte differenzieren oder auf unterschiedliche Dimensionen des rekonstruierten konjunktiven Erfahrungsraumes beziehungsweise auf verschiedene Ebenen, wie Interaktion, Organisation oder Milieu, verweisen (vgl. die Mehrdimensionalität und Mehrebenanalyse der Typenbildung in Abschnitt 4.4.4.2; Schäffer 2016: 45). Kevin Stützel (2019: 63) unterscheidet hierbei im Rahmen der sinngenetischen Typenbildung eine „horizontale komparative Analyse" von einer „vertikalen komparativen Analyse": Während sich erstere auf dieselbe Materialsorte bezieht, diese jedoch fallintern und fallübergreifend interpretiert wird, werden bei letzterer beide Materialsorten eines Falles komparativ analysiert.

In dem vorliegenden Forschungsprojekt wurden zunächst entsprechend dem methodischen Vorgehen der Dokumentarischen Methode materiale Bilder und Text unabhängig voneinander interpretiert und im Rahmen der sinngenetischen Typenbildung miteinander ins Verhältnis gesetzt. Bei den dadurch gebildeten Typen wurden zudem im Rahmen der soziogenetischen Interpretation strukturidentische Erfahrungen rekonstruiert. Grundlage für die Verortung der Typen in Erfahrungsdimensionen bildeten vor allem die Erzählungen in den biografisch-narrativen Interviews.

5.5 Reflexion des Forschungsprozesses und Grenzen der Methode

Im Folgenden werden die Grenzen der Erkenntnisse reflektiert, die sich einerseits auf das forschungspraktische Vorgehen beziehen und andererseits auf die Entscheidung für die Dokumentarische Methode als Methodologie und als methodisches Vorgehen. Die Rekonstruktion konjunktiver Erfahrungsräume im Rahmen der Typenbildung folgte *forschungspraktisch* einem iterativen Prozess zwischen Theorie und Empirie, der in der hier vorliegenden Arbeit nicht dargestellt werden kann. So leitete zwar die Trennung in Gegenstand (vgl. Kapitel 2), Grundlagentheorie (vgl. Kapitel 3), Methodologie (vgl. Kapitel 4) und Methode (vgl. Kapitel 5) den Forschungsprozess, die Bereiche verschränkten sich jedoch immer wieder in der Forschungspraxis und sind daher in der hier vorgestellten Form als analytische und strukturierende zu verstehen. Entsprechend dem Ansatz einer theoretischen Empirie, bei der Theorien als „beobachtungsleitende Annahmen" (Kalthoff 2019: 12) verstanden werden und Theorie und Empirie „zugleich in einem komplementären und Konkurrenzverhältnis zueinander" stehen (vgl. Kalthoff 2019: 19), wechselten sich Phasen der Theoriearbeit und der Arbeit am empirischen Material ab. Mit neuen Erkenntnissen aus der theoretischen und methodologischen Arbeit veränderte sich jeweils die Perspektive auf das empirische Material, neue Textstellen wurden relevant, und neue Aspekte des materialen Bildes kamen in den Blick. Mit der Arbeit am empirischen Material wiederum stellten sich theoretische und methodologische Fragen, die geklärt werden mussten. „Die Beobachtungsperspektive des empirischen Forschers präformiert das Feld, die Auswahl des zu untersuchenden Materials sowie die Perspektive darauf" (Brinkmann 2015: 529). Diese eigene Standortgebundenheit (vgl. Abschnitt 4.4.5) ist innerhalb eines Forschungsprozesses nicht zu vermeiden und muss reflektiert und methodisch kontrolliert werden (vgl. Abschnitt 5.6).

Mit der Entscheidung für die Dokumentarische Methode als rekonstruktives Verfahren ergeben sich *methodologisch-methodisch* folgende Einschränkungen der Erkenntnisse: *Erstens* wurde bereits darauf hingewiesen, dass keine quantitative Repräsentativität erreicht werden kann und auch nicht soll. Im Gegensatz zu Realtypen wurden bei diesem Forschungsprojekt Idealtypen gebildet, die in ihrer (idealtypischen) Darstellung nicht die Realität abbilden, sondern als begriffliche wissenschaftliche Konstruktionen zu verstehen sind (vgl. Abschnitt 4.4.4; Weber 1922 [1904]: 194; Nentwig-Gesemann 2013: 298 f.; Kreitz 2020: 109). Sie fußen in den erhobenen Fällen, aus denen bei der komparativen Analyse das Typische herausgearbeitet wurde. Mit dem Konzept der Mehrdimensionalität konjunktiver Erfahrungsräume (vgl. Abschnitt 4.4.4.2) wird *zweitens* deutlich, dass nicht ein Fall (eine befragte Person) ausschließlich einem konjunktiven Erfahrungsraum zuzuordnen ist oder sich alle Dimensionen des Erfahrungsraumes in gleicher Art und Weise in einem Fall dokumentieren. Analytischer Fokus war die Rekonstruktion von Erfahrungsräumen, die sich in den einzelnen Fällen dokumentieren und deren Dimensionen sich über das empirische Material in den Fällen auffächern lassen (vgl. Abschnitt 5.4). Die Zuordnung der Personen zu den Typen im Ergebnisteil ist daher eine analytische, da sich in ihnen der Erfahrungsraum in dominanter Art und Weise dokumentiert. Schließlich werden *drittens* die Typen im Rahmen der soziogenetischen Interpretation in ihren Erfahrungsdimensionen verortet, also die der Genese des Typs zugrunde liegende Erfahrung rekonstruiert, ohne jedoch aussagen zu können, ob diese typisch für die Genese dieses Typs ist. Hierfür bräuchte es im Rahmen einer soziogenetischen Typenbildung Kontrastfälle aus anderen Generationen, Milieus oder Geschlechtern, um auf dem Weg einer „doppelten Negation“ (Bohnsack et al. 2019: 36) die Verortung in eben nur dieser Erfahrungsdimension herauszuarbeiten (vgl. Abschnitt 4.4.4.1).

5.6 Exkurs: Forschungswerkstätten

Mit den *Science Studies* hat sich eine Forschungsrichtung etabliert, die ihr Augenmerk auf den Prozess der Entstehung wissenschaftlicher Erkenntnisse und auf deren Eingebundensein in eine Forschungspraxis richtet (vgl. Hillebrandt 2009b: 16). Ihr Fokus liegt damit weniger darauf, welche wissenschaftstheoretischen Grundlagen wissenschaftlicher Erkenntnisse zugrunde liegen, sondern vielmehr darauf, wie sie in der Forschungspraxis hervorgebracht werden (vgl. Hillebrandt 2009a: 371). In der qualitativen Sozialforschung spielen dabei Interpretationsgruppen eine besondere Rolle (vgl. Reichertz 2013b; Hoffmann & Rundel 2022;

Nittel et al. 2022). In ihnen finden eine *Ideengenerierung* und eine *Ideenplausibilisierung* statt, sodass sie auch die Möglichkeit bieten, die Standortgebundenheit und die blinden Flecken der Forschenden methodisch zu kontrollieren. In Bezug auf den ersten Punkt kann einerseits die Interpretationsgruppe dafür genutzt werden, anhand einzelner Passagen induktiv aus dem Material und in einem abduktiven Prozess erste „Typenhypothesen" (Schäffer 2020: 28) zu formulieren, die von den Forschenden am weiteren Material deduktiv verifiziert, differenziert oder verworfen werden können (Aspekt der Ideengenerierung). Andererseits kann die Interpretationsgruppe dafür herangezogen werden, die von den Forschenden erstellten Interpretationen auf Nachvollziehbarkeit und Konsistenz zu überprüfen (Aspekt der Ideenplausibilisierung). Damit findet eine Validierung der Interpretation sowohl in einem Forschungszusammenhang als auch am Text statt (vgl. Reichertz 2000: 72). Mit Bezug auf die Wissenssoziologie von Karl Mannheim (1980) lässt sich zweitens feststellen, dass die Interpretationsgruppe sowohl dazu dient, den blinden Fleck der Forschenden zu kontrollieren und Perspektivenvielfalt herzustellen, als auch damit problematisiert werden kann, dass sich in kontinuierlichen Interpretationsgruppen ein konjunktiver Erfahrungsraum konstituiert, in dem sich ein Verstehen etabliert (vgl. Hoffmann & Rundel 2022: 376 ff.). Nur indem die eigene Forschungspraxis immer wieder expliziert und reflektiert wird, können dieser blinde Fleck und die eigene Standortgebundenheit methodisch kontrolliert werden.

Dafür können die unterschiedlichen Formate von Interpretationsgruppen genutzt werden: In einmaligen Workshops, wie Summer Schools oder Methodenworkshops, wird das methodische Vorgehen einer Methodologie vorgestellt und anhand von eingebrachtem Material exemplifiziert. Hier stehen die Methode mit ihren methodologischen Grundlagen sowie das Expertenwissen der Leitungen im Vordergrund und weniger die intensive, auf Dauer gestellte Arbeit am Material. In institutionalisierten Forschungswerkstätten bieten Mitarbeitende an Lehrstühlen oder Professor:innen eine auf Dauer gestellte Forschungswerkstatt an, in denen es zu einer Einschulung in Praktiken der gemeinsamen Interpretation kommt (vgl. Mey & Mruck 2014: 300). Dies ist insofern notwendig, da empirische Methoden oder Methodologien nicht aus Lehrbüchern gelernt werden können, sondern dies einer Praxis, eines Forschungszusammenhangs, bedarf (vgl. Reichertz 2019: 16). Dabei kann problematisiert werden, dass sich die Teilnehmenden häufig in einem Abhängigkeitsverhältnis zu den Werkstattleitenden befinden und damit das Merkmal des „hierarchiefreien Raumes" (Mey & Mruck 2014: 293) kaum erfüllt werden kann. Inwiefern trotz der Wissensasymmetrie zwischen Werkstattleitenden und Teilnehmenden Offenheit und Perspektivenvielfalt hergestellt werden, wie in der Schütz'schen Tradition gefordert (vgl. Mey & Mruck 2014:

297), ist eine Frage, die empirisch geklärt werden muss. Schließlich lassen sich davon selbstorganisierte Interpretationsgruppen unterscheiden, bei denen sich Forschende in ähnlichen Situationen (beispielsweise in der Promotionsphase) zusammenschließen und gemeinsam am Material arbeiten. Hier werden in einem Peer-to-peer-Prozess Fragen an die Methode diskutiert. Zudem wird bei Herausforderungen unterstützt, kontinuierlich am Material gearbeitet und damit auch ein eigener Forschungsstil entwickelt. Letztlich ermöglichen die Formate unterschiedliche Perspektiven auf das Material, um sowohl zu einer Interpretationsvielfalt und -plausibilität zu kommen als auch die eigene Standortgebundenheit reflexiv einzuholen.

Eine Berufs- und Weiterbildungstypik von Berufsgruppenwechseln

6

In diesem Kapitel werden die Ergebnisse der dokumentarischen Interpretation der Berufsbiografien und Berufsbilder vorgestellt. Die Typenbildung folgt dabei dem Erkenntnisinteresse des Forschungsprojektes (vgl. Bohnsack et al. 2019: 32), also der Frage nach strukturidentischen Erfahrungen bei Berufsgruppenwechseln in Form einer Berufstypik und der Frage nach Regulativen der Weiterbildungsbeteiligung in Form einer Weiterbildungstypik. Die Darstellung der Typen innerhalb der Berufstypik erfolgt zunächst anhand der dokumentarischen Interpretation der materialen Bilder,[1] daran anschließend anhand der dokumentarischen Interpretation der biografisch-narrativen Interviews, und schließlich finden eine Triangulation der beiden empirischen Materialsorten sowie die soziogenetische Interpretation statt. An dieser Stelle sei noch auf drei methodologisch-methodische Einschränkungen hingewiesen (vgl. Abschnitt 4.4.4 und 5.5): *Erstens* wurden in einem induktiven, abduktiven und deduktiven Prozess aus dem Material heraus Typenhypothesen gebildet, abstrahiert, spezifiziert und so zu den drei Typen verdichtet. Im Gegensatz zu diesem forschungspraktischen Vorgehen – ausgehend vom empirischen Material hin zur Typenbildung – werden die Ergebnisse in diesem Kapitel entlang der rekonstruierten Typen vorgestellt und anhand der Fälle[2] plausibilisiert. Damit folgt die Darstellung der Ergebnisse der umgekehrten Reihenfolge des empirischen Vorgehens.[3] Die rekonstruierten

[1] Im methodologischen Kapitel 4 werden Bilder je nach Trägermedium differenziert – es wird von materialen Bildern gesprochen, wenn Fotografien, digitale Bilder und Kunstwerke gemeint sind. Der Lesbarkeit halber werden in der Ergebnisdarstellung die von den Befragten eingereichten materialen Bilder in einer Common-Sense-Vorstellung als *Bilder* bezeichnet.

[2] Entsprechend den methodologischen Ausführungen (vgl. Abschnitt 4.4.3) werden unter *Fällen* die befragten Personen verstanden.

[3] Im Ergebnisteil werden die verdichteten Ergebnisse dargestellt. Auf eine detaillierte Darstellung der formulierenden und reflektierenden Interpretation bei den Berufsbiografien

S. Rundel, *Begrenzte Beruflichkeit*, Theorie und Empirie Lebenslangen Lernens,
https://doi.org/10.1007/978-3-658-51888-2_6

Typen sind *zweitens* im Sinne von Idealtypen als begriffliche, wissenschaftliche Konstruktionen zu verstehen, die nicht Wirklichkeit abbilden, sondern mit denen Handeln idealtypisch erfasst wird (vgl. Abschnitt 4.4.4; Weber 1922 [1904]: 194; Nentwig-Gesemann 2013: 298 f.; Kreitz 2020: 109). Mit der Mehrdimensionalität konjunktiver Erfahrungsräume (vgl. Abschnitt 4.4.4.2) geht *drittens* einher, dass die Fälle nicht ausschließlich einem Typ beziehungsweise Erfahrungsraum zugeordnet werden können, sondern dieser lediglich anhand der Fälle dargestellt wird. Die Analyseebene ist damit nicht der Fall, sondern der zu rekonstruierende konjunktive Erfahrungsraum (vgl. Kapitel 2).

6.1 Fallbeschreibungen

Im Folgenden werden anhand der biografisch-narrativen Interviews die (Berufs-)Biografien und die Berufsgruppenwechsel der Befragten vorgestellt.

6.1.1 Fritz Blau: Vom Architekten zum Coach

Fritz Blau wurde in einer ostdeutschen Mittelstadt[4] geboren und ist das dritte von vier Kindern. Sein Vater absolvierte das Abitur und arbeitete als Lehrer, seine Mutter schloss die Schule mit einem der mittleren Reife vergleichbaren Abschluss ab und war Hausfrau. Im Gegensatz zu seinen Geschwistern, die alle auf das Gymnasium gingen, besuchte Fritz Blau nach der Grundschule zunächst die Realschule und erst im Anschluss daran das Gymnasium, das er mit dem Abitur abschloss. Der Grund lag ihm zufolge an seinem Asthma und der daraus folgenden Notwendigkeit, durch den Besuch der Realschule näher bei seiner Mutter sein zu können. Nach seinem Zivildienst studierte er Betriebswirtschaftslehre, brach das Studium jedoch nach zwei Semestern ab und studierte Architektur. Das Architekturstudium schloss er nach 20 Semestern ab. Bereits während des Studiums begann er eine Tätigkeit in einem Verkehrsplanungsbüro, die er nach dem Studium fortführte. Obwohl er sich zunächst bewusst für die Verkehrsplanung und gegen eine Arbeit als Architekt entschieden hatte, verließ er das Verkehrsplanungsbüro, als es zu Umstrukturierungsmaßnahmen kam. Er hätte infolgedessen

sowie der (vor-)ikonographischen und ikonologischen Interpretation bei den Berufsbildern wird dabei jedoch verzichtet. Detaillierte Falldarstellungen inklusive der konkreten Vorgehensweise mit den einzelnen Interpretationsschritten der dokumentarischen Bild- bzw. Textinterpretation finden sich beispielsweise bei Rundel 2021b; Dörner & Rundel 2023a, b.

[4] 20 001–99 999 Einwohner:innen.

nicht mehr freiberuflich arbeiten können und eine Qualifikation zum Verkehrsplaner absolvieren müssen. In der Übergangsphase arbeitete er halbtags in dem Verkehrsplanungsbüro, um Projekte abzuschließen, und halbtags in einem Architekturbüro, bevor er dort schließlich in Vollzeit als Architekt arbeitete. Nach kurzer Zeit kam es zu Unstimmigkeiten mit dem Vorgesetzten, weshalb ihm gekündigt wurde und er sich als Architekt selbstständig machte. Er arbeitete vier Jahre als selbstständiger Architekt, wohnte in dieser Zeit mit seiner Frau in einer westdeutschen Millionenstadt, wurde Vater und hatte genügend Aufträge. Als der Markt im Osten zusammenbrach, vermehrt Architekt:innen in den Westen kamen und die Auftragslage dadurch schwieriger wurde, schaute er sich nach einem festen Arbeitsverhältnis um. Er bewarb sich bei mehreren Unternehmen und fand schließlich eine Beschäftigung in einem Mobilitätskonzern[5] im Bereich Immobilien. Innerhalb dieses Konzerns wechselte er immer wieder die Arbeitsbereiche und Positionen und war auch in verschiedenen deutschen Städten tätig. Als seine Frau zwei weitere Kinder bekam, nahm er 2,5 Jahre Elternzeit. Danach arbeitete er wiederum auf unterschiedlichen Positionen in dem Mobilitätskonzern, unter anderem auch als Führungskraft. Da die Unzufriedenheit in dem Konzern zunahm, absolvierte er ein Coaching und bewarb sich erfolglos auf verschiedene Stellen außerhalb des Konzerns. Aufgrund eines zweiten Coachings erkannte er bei sich selbst eine Hochbegabung und sein Bedürfnis, mit Menschen zu arbeiten. Er absolvierte eine Ausbildung zum systemischen Organisationsberater sowie zum systemischen Coach, kündigte sein Arbeitsverhältnis im Konzern und machte sich schließlich mit 58 Jahren als Coach selbstständig. Das Interview dauerte 03:15 Stunden. Fritz Blau war zum Zeitpunkt des Interviews 58 Jahre alt.

6.1.2 Bruno Gelb: Vom Ingenieur zum Berufsschullehrer

Bruno Gelb ist als zweites Kind in einer westdeutschen Landstadt[6] aufgewachsen. Sein Vater hatte einen Volksschulabschluss, absolvierte in einem Chemiekonzern eine Ausbildung und arbeitete dort bis zum Ruhestand, zuletzt als REFA-Ingenieur.[7] Seine Mutter hatte ebenfalls einen Volksschulabschluss, war in der Zeit der Kindererziehung Hausfrau und arbeitete danach in der

[5] Weltweit über 100 000 Mitarbeitende.

[6] Weniger als 5000 Einwohner:innen.

[7] Der REFA – Verband für Arbeitsgestaltung, Betriebsorganisation und Unternehmensentwicklung e. V. ist eine Organisation, die mit Weiterbildungen die Themenbereiche Arbeitsgestaltung, Betriebsorganisation und Unternehmensentwicklung in den Blick nimmt. Der REFA-Ingenieur ist ein Aufbaustudium auf die REFA-Industrial-Engineer-Ausbildung, das

Gemeindeverwaltung. Bruno Gelb wohnte mit seinen Eltern und Großeltern in einem Dreigenerationenhaushalt. Im Anschluss an die Grundschule besuchte er das Gymnasium, erwarb die Hochschulreife, absolvierte seinen Zivildienst im Rettungsdienst und studierte 13 Semester Maschinenbau. Seine Diplomarbeit schrieb er bei einer Beratungsfirma in einem Kooperationsprojekt mit einem Automobilkonzern.[8] Da er im Anschluss aufgrund der damaligen schlechten wirtschaftlichen Situation keine Beschäftigung bei der Beratungsfirma erhielt, arbeitete er zunächst für ein paar Monate bei einem kleinen Betrieb. Schließlich bekam er doch noch ein Angebot von der Beratungsfirma und zog aufgrund dessen zusammen mit seiner Frau in eine süddeutsche Großstadt.[9] Dass sie deshalb die mitteldeutsche Großstadt verlassen haben, in der er studiert hatte und in der er sich mit seiner Frau sehr wohl fühlte, war ihm zufolge auch ein Grund für die Trennung von seiner Frau, die damals gegen den Umzug war. Nach wenigen Monaten als externer Berater in dem Automobilkonzern wurde ihm eine Stelle direkt im Konzern angeboten. Er arbeitete dort 19 Jahre auf verschiedenen Positionen, unter anderem auch als Führungskraft und in internationalen Projekten. Obwohl ihm der Konzern gute Arbeitsbedingungen bot (beispielsweise Gehalt oder Dienstwagen), fragte er sich, welchen Nutzen und welchen Sinn es hat, dass der Konzern durch seine Arbeit noch mehr verdient. Zu dieser Zeit traf er 25 Jahre nach dem gemeinsamen Studium einen ehemaligen Kommilitonen, der nach seinem Studium Berufsschullehrer wurde und ihn auf die Idee brachte, sich über diesen Beruf zu informieren. Bruno Gelb verließ das Unternehmen mit 50 Jahren im Zuge einer Abfindungsrunde, da für ihn finanzielle Sicherheit sehr wichtig war, und begann seine Tätigkeit als Berufsschullehrer. Hierfür benötigte er keine Weiterbildung vorab, sondern wurde während seiner Lehrtätigkeit qualifiziert. Das Interview dauerte 02:51 Stunden. Bruno Gelb war zum Zeitpunkt des Interviews 51 Jahre alt.

6.1.3 Peter Grau: Vom Juristen zum Koch

Peter Grau ist das älteste von drei Kindern und wurde in einer süddeutschen Großstadt geboren. Er kommt aus einem bürgerlichen Haus, sein Vater war Chefarzt und Professor, sein Großvater väterlicherseits Fabrikant und sein Großvater

sich aus einer gesamtheitlichen Perspektive auf das Betriebsgeschehen fokussiert (vgl. https://refa.de/ausbildungen/refa-ingenieur, 08.07.2024).

[8] Weltweit über 100 000 Mitarbeitende.

[9] Über 100 000 Einwohner:innen.

mütterlicherseits Medizinprofessor. Das Verhältnis zu seinem Vater beschreibt Peter Grau als schwierig, und auch seine Mutter hatte mit psychischen Problemen zu tun. Aufgrund der beruflichen Entwicklung seines Vaters zog die Familie während seiner Schulzeit in eine norddeutsche Großstadt und nach fünf Jahren gegen den Willen seiner Mutter in eine süddeutsche Mittelstadt, in der sein Vater eine Stelle als Chefarzt bekam. Dort machte Peter Grau sein Abitur, absolvierte seine Wehrpflicht bei der Bundeswehr und begann auf Anraten seines Vaters ein Chemiestudium. Er trat in eine nicht schlagende und nicht farbentragende akademische Studentenverbindung ein, in der bereits sein Vater und Großvater waren, und kam durch seine Verbindungsbrüder auf die Idee, Jura zu studieren. Er wechselte vom Chemiestudium zum Jurastudium, das er nach acht Jahren mit dem ersten Staatsexamen im zweiten Versuch abschloss. Sein Referendariat absolvierte er in der Kanzlei eines Verbindungsbruders und schaffte das zweite Staatsexamen ebenfalls im zweiten Anlauf. Daran anschließend wechselte er kurz nach dem Mauerfall in eine Kanzlei in Ostdeutschland und arbeitete dort für zwei Jahre im Bereich Familienrecht, bevor er von seinem Verbindungsbruder das Angebot bekam, erneut in dessen Kanzlei zu wechseln. Dort arbeitete er knapp 20 Jahre als selbstständiger Anwalt im Bereich Familien- und Sozialrecht, kaufte sich eine Wohnung und ein eigenes Auto, wobei bereits nach zehn Jahren erste Zweifel kamen, ob er nicht noch etwas anderes machen sollte, und die Unzufriedenheit wuchs. Zudem war er als selbstständiger Anwalt privat krankenversichert und machte sich Sorgen über die steigenden Beiträge, die er bei seinen Eltern sah. Auf einer Reise lernte er schließlich ein älteres Ärzteehepaar kennen. Im Gespräch über seine berufliche Unzufriedenheit bestärkten sie ihn darin, beruflich noch einmal etwas anderes zu machen. Nach der Reise machte ihn ein Freund auf einer gemeinsamen Radtour auf einen Zeitungsartikel aufmerksam, in dem über ein idyllisch gelegenes Restaurant in seiner Nähe mit einem bekannten Koch berichtet wurde. Mit 55 Jahren rief Peter Grau in dem Restaurant an, vereinbarte ein Praktikum, bekam einen Ausbildungsplatz zum Koch, kündigte seine Beschäftigung in der Anwaltskanzlei, zog in ein kleines Zimmer in dem Restaurant und schloss die Ausbildung erfolgreich ab. Da die Arbeit in der Küche zunehmend körperlich anstrengend wurde, begann er eine Ausbildung zum Konditor, die er zwar schulisch abschloss, aber zum Zeitpunkt des Interviews die Gesellenprüfung nicht mehr machen wollte. Das Interview dauerte 03:05 Stunden. Peter Grau war zum Zeitpunkt des Interviews 58 Jahre alt.

6.1.4 Anna Grün: Von der Erzieherin zur Buchhändlerin

Anna Grün wurde als zweites von drei Kindern in einer süddeutschen Mittelstadt geboren. Ihr Vater war staatlich geprüfter Landwirt, der große Höfe verwaltete, jedoch aufgrund gesundheitlicher Probleme eine Umschulung zum Bankkaufmann machte und dort bei verschiedenen Arbeitgebern tätig war. Ihre Mutter war Sekretärin, die aufgrund der Umschulung ihres Mannes arbeiten gehen musste, weshalb Anna Grün in ihren ersten fünf Lebensjahren bei ihren Großeltern mütterlicherseits aufwuchs. Die Großeltern waren aus Ungarn vertrieben worden und wohnten in einer ungarisch-deutschen Siedlung. Später eröffnete ihre Mutter einen Tante-Emma-Laden, gab diesen jedoch wieder auf und arbeitete erneut als Sekretärin, bevor sie mit 40 Jahren eine Ausbildung zur Religionslehrerin machte. Nach der Grundschule ging Anna Grün aufs Gymnasium, rebellierte während ihrer Pubertät und hörte auf zu lernen. Ihre Eltern stellten sie vor die Wahl, entweder das Abitur auf einem anderen Gymnasium, in einer kirchlichen Einrichtung zusammen mit einer Hauswirtschaftsausbildung zu machen oder auf ein kirchliches Internat zu gehen, was Anna Grün schließlich wählte. Aufgrund einer Oberstufenreform und weil sie damals bereits mit ihrem jetzigen Mann zusammen war, entschied sie sich nach der elften Klasse, die Schule abzubrechen und ihr Abitur am Gymnasium in ihrem Heimatort zu absolvieren. Dies wurde ihr jedoch von ihren Eltern verwehrt, die sie erneut vor die Wahl stellten, entweder das Abitur im Internat abzuschließen oder eine Ausbildung zu beginnen. Anna Grün entschied sich für eine Ausbildung zur Krankenschwester, was ihre Eltern ablehnten, weshalb sie eine Ausbildung zur Erzieherin in einer kirchlichen Einrichtung begann. In dieser Zeit wurde sie von ihrem Freund schwanger, wobei es zu einer Fehlgeburt kam. Da sie die Ausbildung in der kirchlichen Einrichtung aufgrund der unehelichen Schwangerschaft unterbrechen musste, kündigte sie die Ausbildung nach der Fehlgeburt und wollte Gärtnerin werden, was ihr wiederum von ihren Eltern verwehrt wurde. Sie heiratete ihren Freund und schloss ihren Eltern zuliebe die Ausbildung zur Erzieherin in einer anderen kirchlichen Einrichtung ab. Nach der Ausbildung wurde sie erneut schwanger und bekam noch zwei weitere Kinder, weshalb sie nicht mehr als Erzieherin arbeitete. Als das jüngste Kind etwa zwei Jahre alt war, wollte sie wieder in ihren Erzieherinnenberuf in Teilzeit einsteigen, was jedoch damals nicht möglich war. In dieser Zeit traf sie eine ehemalige Schulkameradin und erfuhr dabei von einer Weiterbildung zur Religionspädagogin für den Schuldienst. Sie absolvierte die Weiterbildung und arbeitete im Anschluss daran 17 Jahre als Religionslehrerin, bis sie ihren Beruf krankheitsbedingt nicht mehr ausüben konnte. Bei ihrem Träger erkämpfte sie eine Stelle in einer Bibliothek, in der sie weitere zehn Jahre arbeitete. Aufgrund von Unstimmigkeiten mit einem neuen Vorgesetzten kündigte sie und bekam eine Stelle im Buchhandel, in dem sie zum Zeitpunkt des Interviews tätig war. Das Interview dauerte 03:12 Stunden. Anna Grün war zum Zeitpunkt des Interviews 58 Jahre alt.

6.1.5 Petra Orange: Von der Drogistin zur selbstständigen Deutschlehrerin

Petra Orange wurde als erstes von zwei Kindern geboren. Ihre Mutter war ungelernt und ihr Vater Huf- und Wagenschmied. Nach der Grundschule wollten ihre Eltern, dass sie auf die Hauptschule ging. Sie bekam jedoch von ihrer Lehrerin eine Empfehlung für die Realschule, auf die sie auch wechselte. Aufgrund einer Erkrankung ihrer Mutter, die sich auf ihre Schulleistungen auswirkte, musste sie nach einem Jahr auf die Hauptschule wechseln. Sie machte ihren Hauptschulabschluss und wechselte danach auf eine hauswirtschaftliche Mädchenschule, die sie mit dem Realschulabschluss beendete. Danach wollte sie auf eine kaufmännische Realschule gehen, im Anschluss das Abitur machen und studieren, was ihr jedoch beides von ihrem Vater verboten wurde. Sie absolvierte eine von ihren Eltern gewählte unliebsame Ausbildung zur Drogistin und arbeitete im Anschluss daran etwa zwei Jahre in diesem Beruf, bevor sie in ein Büro als Sachbearbeiterin wechselte. Nach etwa 2,5 Jahren bekam sie zwei Kinder und hörte auf zu arbeiten. Sie blieb fünf Jahre zu Hause und begann danach wieder an zwei Tagen in der Woche als Drogistin zu arbeiten. Als ihre Kinder älter waren, wollte sie eine Weiterbildung zur Buchhändlerin machen, was jedoch durch ihre dritte Schwangerschaft verhindert wurde. In dieser Zeit hatte sie mit ihrem Mann zusammen ein Haus gebaut und musste, um den Kredit bedienen zu können, einen bestimmten Betrag durch ihre Arbeit beisteuern. Deshalb nahm sie verschiedene Jobs in der Bäckerei, im Obst- und Gemüseverkauf oder als Zeitungsausträgerin an. Als das jüngste Kind vier Jahre alt war, ging sie zum Arbeitsamt und fragte nach einer Wiedereingliederung. Da sie hierfür jedoch eine Betreuung ihrer Kinder und für einen Betreuungsplatz einen Arbeitsplatz nachweisen musste, bekam sie keine Unterstützung. Nach einem weiteren Jahr zu Hause begann sie eine Arbeit an einer Rezeption und wurde von dort auf eine Sekretariatsstelle abgeworben. Hier bekam sie zum ersten Mal eine Festanstellung und arbeitete sich in die digitale Stundenerfassung ein. Jedoch kündigte sie diese Anstellung aufgrund eines Vorgesetztenwechsels, der mit Mobbing einherging, schrieb wieder Bewerbungen und arbeitete in der Bäckerei, trug Zeitungen aus und übte verschiedene weitere Tätigkeiten aus. Als sie 50 Jahre alt wurde, brachte sie ihre Tochter auf die

Idee, am Abendgymnasium das Abitur nachzuholen. Sie informierte sich darüber, bewarb sich und bekam schließlich einen Platz an einem Abendgymnasium in ihrer Nähe. In dieser Zeit nahm sie zudem an einer Weiterbildung zur Sprachförderkraft und zur Konzentrationstrainerin teil und gab Sprachkurse für Geflüchtete. Mit ihrem Bildungsweg stieß sie in ihrem Freundes- und Bekanntenkreis ebenso wie in ihrer Familie auf Unverständnis, was dazu führte, dass sie nahezu alle ihre Freundinnen verlor. Zum Zeitpunkt des Interviews hatte sie sich gerade für das Studium Bildungswissenschaft eingeschrieben und sich dazu entschlossen, ein Weiterbildungsinstitut zu eröffnen. Das Interview dauerte 02:22 Stunden. Petra Orange war zum Zeitpunkt des Interviews 55 Jahre alt.

6.1.6 Karl Rot: Vom Personaler zum Winzer

Karl Rot wurde als zweites von drei Kindern in einer mitteldeutschen Landstadt geboren. Sein Vater war Straßenwärter und seine Mutter Hausfrau und Sopranistin. Nach der Grundschule absolvierte er das Abitur und studierte Chemieingenieurwesen. Während des Studiums wurde bei ihm Epilepsie festgestellt, weshalb für ihn eine Tätigkeit im Labor nicht infrage kam und er das Zweitstudium Wirtschaftsingenieurwesen begann. Im Anschluss an das Doppelstudium bewarb sich Karl Rot bei einem Konsumgüterkonzern[10] auf eine Personalreferentenstelle, die er zwar nicht bekam, ihm jedoch eine Teamleiterstelle in der Produktion angeboten wurde. Nach vier Jahren stieg er zum Produktionsleiter auf, wobei der nächste Schritt zum Werksleiter für ihn keine Option darstellte. Stattdessen bewarb er sich auf eine Stelle als Personalmanager in einem anderen Werk, wurde jedoch von der Personalchefin darauf hingewiesen, dass er keine Erfahrung im Personalbereich vorweisen konnte. Er machte ihr den Vorschlag, ein Projekt zu leiten und bei erfolgreichem Abschluss die Stelle als Personalmanager zu bekommen. Dies schaffte er mit einem Projekt zur Entwicklung von Mitarbeiterentwicklungsgesprächen. Nach drei Jahren wurde ihm eine neue Stelle angeboten, und zwar als Personalleiter das Werk zu schließen, in dem er als Team- und Produktionsleiter gearbeitet hatte. Nach der Abwicklung der Werkschließung bekam er zunächst keine Weiterbeschäftigung, es kam zudem zur Trennung von seiner Frau, und er überlegte, den Konzern zu verlassen. Allerdings bekam er dann eine Stelle als Personalmanager an einem anderen Standort des Konzerns angeboten. Er nahm diese an und wechselte nach relativ kurzer Zeit auf die Position Personalchef für Deutschland und Österreich. Nach fünf Jahren überlegte sich Karl

[10] Weltweit über 100 000 Mitarbeitende.

Rot, etwas anderes zu machen, beispielsweise im Verkauf. Ihm wurde dann aber ein Angebot als Personalchef in einer anderen Sparte des Konzerns unterbreitet, in der er für deutlich mehr Mitarbeitende verantwortlich war. Nach drei Jahren trieb ihn erneut die Frage um, möglicherweise etwas Neues zu machen und den Konzern verlassen zu wollen. Wieder war es ein Angebot des Konzerns, das ihn dort weiterarbeiten ließ. Europaweit sollte er in leitender Position ein Einstellungssystem für Mitarbeitende aufbauen. Nach fast 20 Jahren verließ Karl Rot den Konzern und stieg bei einem anderen Konzern[11] im Konsumgüterbereich als weltweiter Personalchef ein. Dabei kam es zu Konflikten im Vorstand und er verließ den Konzern nach etwa zwei Jahren wieder. Es folgte eine Freistellungsphase von einem Jahr, bis Karl Rot einen Anruf von einem Onlineversandhändler[12] bekam und Personalchef für Europa wurde. Diese Tätigkeit führte er zwei Jahre aus und stellte sich dann die Frage, ob er diese hochintensive Arbeit auf Dauer machen könne. Da er in einem Weinanbaugebiet wohnt, kam ihm die Idee, etwas mit Wein zu machen, er kündigte seine Tätigkeit und absolvierte einen Masterstudiengang in Weinbau und Önologie[13] in Frankreich. Nach seinem Abschluss kaufte er sich mit 50 Jahren in ein Weingut in Deutschland ein und arbeitet dort als Winzer und Geschäftsführer. Nebenher ist er als Berater im Bereich der digitalen Führung tätig. Das Interview dauerte 03:26 Stunden. Karl Rot war zum Zeitpunkt des Interviews 51 Jahre alt.

6.1.7 Übersicht der Fälle

Im Folgenden werden die Fälle des Forschungsprojektes in einer Übersicht dargestellt (vgl. Tabelle 6.1).

[11] Weltweit über 100 000 Mitarbeitende.

[12] Weltweit über 100 000 Mitarbeitende.

[13] Önologie befasst sich mit dem gesamten Spektrum der Weinherstellung. Dazu gehört auch der wirtschaftliche Bereich, wie die Führung und Leitung eines Weingutes.

Tabelle 6.1 Übersicht der Fälle

	Fritz Blau	Bruno Gelb	Peter Grau	Anna Grün	Petra Orange	Karl Rot
Geburtsjahr	1960	1967	1957	1960	1967	1967
Beruf der Eltern	Lehrer (Vater) Hausfrau (Mutter)	REFA-Ingenieur (Vater) Hausfrau und Verwaltungsangestellte (Mutter)	Chefarzt (Vater) Hausfrau (Mutter)	Landwirt und Bankkaufmann (Vater) Sekretärin und Religionslehrerin (Mutter)	Huf- und Wagenschmied (Vater) Hausfrau (Mutter)	Straßenwärter (Vater) Hausfrau und Sopranistin (Mutter)
Schulabschluss	Abitur	Abitur	Abitur	Realschulabschluss	Realschulabschluss	Abitur
Ausbildung/ Studium	Betriebswirtschaftslehre (abgebrochen) Architektur	Maschinenbau	Chemie (abgebrochen) Jura	Erzieherin	Drogistin	Chemieingenieurwesen Wirtschaftsingenieurwesen
Berufstätigkeit vor dem Berufsgruppenwechsel	Selbstständiger Architekt Verschiedene Positionen in einem Mobilitätskonzern im Bereich Immobilien	Verschiedene Positionen in einem Automobilkonzern	Freiberuflicher Anwalt	Religionslehrerin Mitarbeit in Bibliothek	Drogistin Sachbearbeiterin Sekretärin Bäckerei, Zeitungen austragen und verschiedene weitere Tätigkeiten	Verschiedene Positionen in einem Konsumgüterkonzern Vorstand in einem Konsumgüterkonzern Personalchef für Europa bei einem Onlineversandhändler
Berufsgruppenwechsel: Alter und Beruf Institutioneller Kontext der Weiterbildung	58 Jahre zum Coach Berufliche Weiterbildung (systemischer Organisationsberater und Coach)	50 Jahre zum Berufsschullehrer Berufsbegleitende betriebliche Weiterbildung	55 Jahre zum Koch Berufliche Weiterbildung	30 Jahre zur Religionslehrerin (berufliche Weiterbildung) 48 Jahre in die Bibliothek 58 Jahre in den Buchhandel	50 Jahre Abitur Wissenschaftliche Weiterbildung (Studium Bildungswissenschaft)	50 Jahre zum Winzer Wissenschaftliche Weiterbildung (Studium Önologie)

In Tabelle 6.2 sind die vertikale und die horizontale Mobilität vor dem Berufsgruppenwechsel im Alter 50+ der Befragten dargestellt. Dabei wird ausschließlich *berufliche* Mobilität *nach* dem Berufseinstieg erfasst (also weder Ferienjobs oder Elternzeit noch Arbeitsstellen während des Studiums wie beispielsweise ein Referendariat). Horizontale Mobilität entspricht dem Wechsel einer Berufsgruppe (vgl. Abschnitt 2.2.1). Vertikale Mobilität entspricht einem Auf- oder Abstieg, also einer Veränderung des Status, und ist nicht gleichzusetzen mit einem Arbeitgeberwechsel.

Tabelle 6.2 Vertikale und horizontale Mobilität der Befragten vor dem Berufsgruppenwechsel im Alter 50+

(x) = Anzahl der Arbeitgeber nach Berufseinstieg		Vertikale berufliche Mobilität		
		Nie	Einmalig	Mehrmalig
Horizontale berufliche Mobilität	Nie		Peter Grau (2)	Fritz Blau (4) Bruno Gelb (3)
	Einmalig			Karl Rot (3)
	Mehrmalig			Anna Grün (2) Petra Orange (4)

Peter Grau, Fritz Blau und Bruno Gelb ist gemeinsam, dass sie nach dem Studium in ihrem erlernten Beruf arbeiteten und daher keine horizontale Mobilität stattfand. Während sich Peter Grau zum Fachanwalt für Familienrecht weiterbildete, weshalb es zu einer einmaligen vertikalen Mobilität kam, lässt sich bei Fritz Blau und Bruno Gelb mehrmalige vertikale Mobilität nachzeichnen. Sie stiegen innerhalb des Konzerns auf, wechselten in verschiedene Projekte mit unterschiedlichem Status. Diese mehrfache vertikale Mobilität haben sie mit Karl Rot gemeinsam, der jedoch einmalig von der Produktion in das Personal wechselte (horizontale Mobilität). Anna Grün und Petra Orange haben eine mehrmalige horizontale und vertikale Mobilität gemeinsam. Anna Grün wechselte von der Erzieherin zur Lehrerin und von dort in eine Bibliothek. Und Petra Orange arbeitete als Drogistin, Sachbearbeiterin, Sekretärin und an einer Rezeption. Diese Wechsel waren auch immer wieder mit einer Veränderung des Status verbunden (seien dies Auf- oder Abstiege).

6.2 Die *Begrenzung beruflichen Handelns* und der *Berufsgruppenwechsel* als Tertia Comparationis für die Berufstypik und Weiterbildungstypik

Gemeinsames Merkmal der Befragten ist, dass dem Beruf eine identitätsstiftende Bedeutung zukommt und wenn diese in Gefahr gerät, die Mühen eines Berufsgruppenwechsels auf sich genommen werden (beispielsweise zusätzliche Fortbildung, Einarbeitung in ein neues Themenfeld, finanzielle Einbußen). Wird berufliches Handeln begrenzt, beispielsweise aufgrund von zunehmender Routine, veränderten Rahmenbedingungen wie einem Vorgesetztenwechsel oder lebenslaufspezifischen Veränderungen wie dem Tod der Eltern, entsteht der Gedanke an etwas Neues. Es werden neue berufliche Optionen eruiert und der Berufsgruppenwechsel handlungsrelevant. Das Tertium Comparationis der Berufstypik ergibt sich dadurch, dass die eigenen Ansprüche an den Beruf nicht (mehr) erfüllt sind (oder noch nie waren), bisherige berufliche Handlungsroutinen nicht mehr wirksam sind und damit die Suche nach einem neuen beruflichen Handlungsfeld virulent wird. Differenzieren lassen sich die drei rekonstruierten Typen *Flexibilität*, *Kampf* und *Suche* anhand von vier Dimensionen, die entsprechend einem iterativen Vorgehen von Empirie und Theorie (vgl. Abschnitt 5.5) in der Auseinandersetzung mit dem empirischen Material und mit den grundlagentheoretischen Überlegungen entstanden sind: *erstens* anhand berufsbezogener Normen, *zweitens* anhand einer biografisch aufgeschichteten, berufsbezogenen Praxis, *drittens* anhand der Herstellung und Bewältigung des Berufsgruppenwechsels und *viertens* anhand der Bedeutung signifikant Anderer (vgl. Abschnitt 2.4).

Ausgehend vom Erkenntnisinteresse in Bezug auf Fragen der (Nicht-) Beteiligung an Weiterbildung konnte zudem eine Weiterbildungstypik rekonstruiert werden. Als Tertium Comparationis zeigt sich im empirischen Material der bereits entschiedene Berufsgruppenwechsel, womit dem Beruf eine regulative Funktion zukommt (vgl. Abschnitt 2.3.3). Der Berufsgruppenwechsel folgt nicht auf eine Weiterbildung, sondern die Weiterbildung ist Folge des Berufsgruppenwechsels. Hierbei dokumentieren sich im Material unterschiedliche Typen der Beteiligung an Weiterbildung, die als *Qualifikation*, *Neues* und *Wissen* bezeichnet werden.

6.3 Berufstypik: *Flexibilität, Kampf* und *Suche* als Modi des Umgangs mit der Begrenzung beruflichen Handelns

Im empirischen Material lassen sich unterschiedliche Formen und Bedingungen des Umgangs mit der Begrenzung beruflichen Handelns als Tertium Comparationis der Berufstypik und des Übergangs in einen neuen Beruf rekonstruieren, die mit *Flexibilität*, *Kampf* und *Suche* bezeichnet werden. Die rekonstruierten Typen werden zunächst anhand der Bild- und Textinterpretation der einzelnen Fälle sowie einer Zusammenfassung mit ersten soziogenetischen Interpretationsthesen vorgestellt.[14]

6.3.1 Typ *Flexibilität*: offensiv-gestaltend

Diesem Typ lassen sich die Fälle Bruno Gelb und Karl Rot zuordnen. Sie teilen die Erfahrung einer vielfachen vertikalen beruflichen Aufwärtsmobilität in einem großen Konzern im Modus einer Karriereorientierung, die immer dann stattfindet, wenn es zu einem „more of the same" (KR, 385)[15] bei den beruflichen Tätigkeiten kommt. Obwohl die Konzerne einen „goldenen Käfig" (BG, 834) aufbauen, sind die Suche nach neuen Herausforderungen und ihr offensives Ergreifen konstitutiv für diesen Typ – Routinen und ein Einhegen der eigenen Gestaltungsmöglichkeiten tauchen als negative Gegenhorizonte auf. Beim horizontalen Wechsel wird diese Erfahrung schließlich auf die Berufsgruppe bezogen, die Frage gestellt, wo die eigenen „Werte besser reflektiert sind" (KR, 1149), und neue Herausforderungen in einer anderen Berufsgruppe gesucht. Der Beruf bleibt als Hintergrund, als zentrale Identitätskonstitution der eigenen Person, erhalten.

---

[14] An dieser Stelle sei nochmals darauf hingewiesen, dass sich das Verhältnis von Typ und Fall (im Sinne der Befragten) über die Mehrdimensionalität konjunktiver Erfahrungsräume (vgl. Abschnitt 3.2.2 und 4.4.4.2) insofern darstellt, als ein Fall in mehrere Erfahrungsräume eingebettet sein kann. Die Zuordnung eines Falles zu einem Typ ist daher als eine idealtypische zu verstehen.

[15] Zitate aus den Transkripten werden mit dem ersten Buchstaben des anonymisierten Vor- und Nachnamens, sowie der Zeilennummer gekennzeichnet: Fritz Blau = FB, Bruno Gelb = BG, Peter Grau = PG, Anna Grün = AG, Petra Orange = PO, Karl Rot = KR.

6.3.1.1 Bildinterpretation: Vom Grau zur Farbe

In den Bildern[16] von Bruno Gelb und Karl Rot (vgl. Abbildung 6.1 und 6.2) dokumentieren sich vier dominante Orientierungen: eine *Personenzentrierung*, eine *Orientierung an Lebendigkeit*, ein *verbindendes Getrenntsein von Beruf und Person* und eine *Zielorientierung*.

Abbildung 6.1 Bilder zum früheren Beruf, aktuellen Beruf und allgemeiner Bedeutung von Beruf (Karl Rot; von links nach rechts)

Bilder zum früheren und aktuellen Beruf: Personenzentrierung

In den drei Bildern von Karl Rot dokumentiert sich einerseits eine harmonische Gesamtkomposition, die planimetrisch dadurch erreicht wird, dass sie vertikal halbiert und horizontal gedrittelt werden (vgl. Abbildung 6.3). Andererseits fällt in der szenischen Choreografie die zentrale Positionierung der Person auf, die als Karl Rot identifiziert werden kann. Beim Bild zum früheren und aktuellen Beruf ist der Befragte zentral in der Mitte des Bildes platziert, und bei der allgemeinen Bedeutung von Beruf füllt er nahezu die komplette rechte Seite. Betrachtet man die Dimension der perspektivischen Projektion, so zeigt sich, dass die Bilder in einer Normalperspektive aufgenommen wurden und die Person den Bildbetrachter frontal anschaut. Durch die halb nahe Perspektive wird die Aufmerksamkeit voll auf die dargestellte Person gelenkt. Damit dokumentiert sich im fallinternen Vergleich der Bilder eine Kontinuität sowohl aufgrund der planimetrischen Komposition als auch der szenischen Choreografie.

---

[16] Zur Anordnung und Größe der Bilder als Konstruktionsleistung des Forschenden bzw. den Farben der Linien bei der Bearbeitung vgl. Abschnitt 5.3.3.

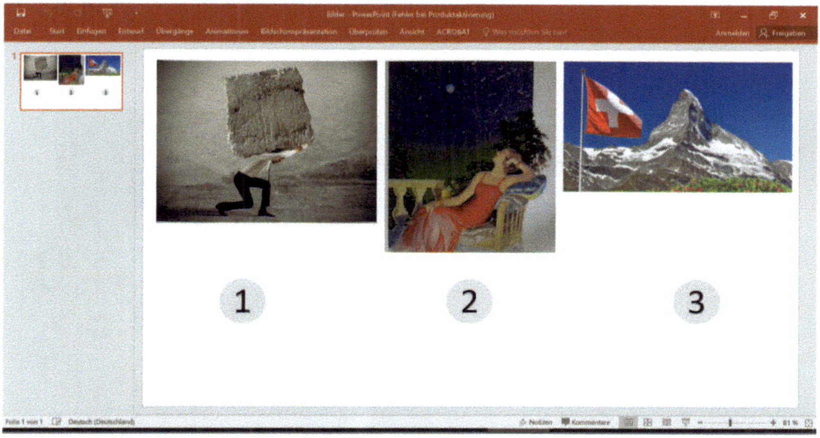

Abbildung 6.2 Bilder zum früheren Beruf (1), aktuellen Beruf (2) und allgemeiner Bedeutung von Beruf (3) (Bruno Gelb; vom Befragten in dieser Form in einer PowerPoint zugesandt)

Abbildung 6.3 Person in zentraler Position (Karl Rot; planimetrische Komposition über alle drei Bilder)

Auch bei den Bildern zum früheren und aktuellen Beruf von Bruno Gelb nehmen Personen eine zentrale Position ein (vgl. Abbildung 6.4). Zwar sind diese nicht so dominant wie bei Karl Rot, jedoch sind auch sie bildmittig positioniert und stellen in der szenischen Choreografie ein zentrales Bildelement dar. Zudem tauchen sie in Relation zu einem anderen Gegenstand auf: Beim Bild zum früheren Beruf sind die Person und der Stein, den sie schultert, die einzigen zwei

Bildelemente. Und beim Bild zum aktuellen Beruf lassen sich die Person und der Stuhl als zentrale Bildelemente im Bildvordergrund identifizieren.

Abbildung 6.4 Person in zentraler Position (Bruno Gelb; planimetrische Komposition im Ausschnitt der Bilder zum früheren und aktuellen Beruf)

Personen nehmen in den Bildern zum früheren und aktuellen Beruf von Karl Rot und Bruno Gelb planimetrisch eine dominante Position ein und sind in eine harmonische Gesamtkomposition (Karl Rot) beziehungsweise in Relation zu einem anderen Gegenstand (Bruno Gelb) eingebunden.

Bilder zum früheren und aktuellen Beruf: Orientierung an Lebendigkeit

Bei den Bildern zum früheren und aktuellen Beruf von Bruno Gelb und Karl Rot dokumentiert sich in einer zeitlichen Logik eine Orientierung hin zu mehr Lebendigkeit. In beiden Fällen wird das Bild zum früheren Beruf von Grautönen dominiert und bei Bruno Gelb zudem von eckigen Formen. Das Bild zum aktuellen Beruf zeichnet sich hingegen durch lebendige, harmonische Farben und bei Bruno Gelb zudem durch runde Formen aus. Im fallübergreifenden komparativen Vergleich fällt auf, dass bei den Bildern zum aktuellen Beruf die bildmittig positionierte Person ein rotes Kleidungsstück trägt und von Natur umgeben wird – Sinnbild für Lebendigkeit und Leben. In der szenischen Choreografie wird deutlich, dass sich bei den Bildern von Karl Rot lediglich das Kleidungsstück und der Hintergrund verändern, die Person jedoch nahezu unverändert bleibt (gerade Haltung des Kopfes, direkter Blick zu den Bildbetrachtenden, beide Schultern sichtbar, Lächeln, ähnliche Brille). Demgegenüber wechselt bei den Bildern von

Bruno Gelb neben der Haltung der Person auch deren Geschlechtlichkeit. Das Schultern einer schweren Last im Bild zum früheren Beruf schließt an einen antiken Mythos an, gemäß dem Atlas zur Strafe das Himmelsgewölbe zu tragen hat. Und die laszive Haltung der Frau und deren kurze Haare im Bild zum aktuellen Beruf erinnern an die goldenen und frivolen 1920er-Jahre als zeitgeschichtliche Epoche der Lust, des Hedonismus und der Aufsässigkeit. Damit deckt sich die Veränderung der Person von der Last tragenden zur versinnbildlichten Muße mit dem planimetrisch herausgearbeiteten Wechsel von grauen Farbtönen und eckigen Formen hin zu runden Formen und lebendigen Farben.

Die berufliche Veränderung in einer zeitlichen Logik bedeutet eine Hinwendung zu mehr Farbe, harmonischeren Formen und mehr Lebendigkeit. Während sich dies bei Karl Rot vor allem in der Veränderung des Hintergrundes hin zur Natur dokumentiert, ändert sich bei Bruno Gelb das gesamte Sujet von einer männlichen, gebückten, tragenden Haltung hin zu einer weiblichen, lasziven, entspannten Haltung.

Bild zum aktuellen Beruf: Verbindendes Getrenntsein von Person und Beruf
Betrachtet man das Bild zum aktuellen Beruf von Karl Rot, das sich schon aufgrund seines Formates von den beiden anderen Bildern abhebt, dokumentiert sich darin in der planimetrischen Komposition eine spezifische Art und Weise des verbindenden Getrenntseins von Beruf und Person.[17] In Bezug auf die farbliche Gestaltung des Bildes fällt auf, dass die grünen Blätter des Rebstocks zusammen mit dem grünen Bildmittel- und -hintergrund die Person komplett umschließen und einen Kontrast zu ihrem lachsfarbenen Poloshirt bilden. Die Komplementärfarben Rot und Grün sind in ihrer Geltung aufeinander angewiesen, da sie sich gegenseitig verstärken, ohne sich jedoch zu überreizen. Sie stehen nicht direkt nebeneinander, sondern sind sowohl durch den Pfosten als auch durch den verschwommenen Bildmittelgrund voneinander getrennt. Dieses Verhältnis des verbindenden Getrenntseins dokumentiert sich auch in der szenischen Choreografie der beiden Elemente im Bildvordergrund, Person und Rebstock (vgl. Abbildung 6.5): Die in der Bildmitte platzierte Person und der Rebstock bilden die zwei zentralen Elemente, wobei der Pfosten, auf den die Person ihre Hand legt, beide gleichermaßen trennt und verbindet – er ist das vermittelnde Dritte der verbunden-getrennten Einheit. Dabei ragt der Rebstock etwas über den Pfosten hinaus sowie der Arm der Person in den Rebstock hinein. Der Draht, der den

[17] Die Interpretation des Bildes von Karl Rot zum aktuellen Beruf ist an eine bereits erschienene angelehnt (vgl. Rundel 2021b).

Pfosten abspannt, unterstützt diese szenische Choreografie, indem er auf die Person zuläuft und den Pfosten hält, der beide Sphären voneinander trennt. Beide, Rebstock und Person, sind voneinander getrennt, an ihrer Peripherie gehen sie jedoch in die andere Sphäre über und geben sich gegenseitig Halt. Betrachtet man die perspektivische Projektion, so wird einerseits der Blick über den rechten Ellbogen, parallel zu den Schultern, in den Rebstock hinein gelenkt (vgl. Abbildung 6.6). Folgt man andererseits dem Draht, der den Pfosten hält, so ergibt sich ein Fluchtpunkt innerhalb des Rebstockes, und zwar dort, wo der andere Ellbogen vermutet werden kann. Dies unterstreicht die Verbindung von Person und Rebstock, ohne dass sich diese ineinander auflösen.

Abbildung 6.5 Verbindendes Getrenntsein (1) (Karl Rot; szenische Choreografie des Bildes zum aktuellen Beruf)

Abbildung 6.6 Verbindendes Getrenntsein (2) (Karl Rot; perspektivische Projektion des Bildes zum aktuellen Beruf)

Die Person ist damit in die sie umschließende Natur eingebunden, und zwar auf zwei spezifische Art und Weisen des verbindenden Getrenntseins:

1. Der Mensch und die Natur, als zwei anthropologische Grundfiguren, befinden sich in einem symbiotischen Verhältnis, indem sie aufeinander angewiesen und gleichzeitig eigenständig und voneinander getrennt sind. Die zentrale Stellung nimmt der Mensch ein, der die Natur einhegt, sie von seiner Sphäre trennt (durch den Pfosten), aber gleichzeitig von ihr umschlossen wird. Der Mensch gesteht ihr einen Platz zu, in dem die Natur wuchern und die Grenzen leicht überragen kann. Der Übergang zwischen Natur und Mensch ist an der jeweiligen Peripherie möglich, ein Eingriff in die Sphäre des anderen bleibt ausgeschlossen.
2. Im Kleidungsstil der Person und der Art und Weise, wie sie ihre Hand auf den Pfosten legt, dokumentiert sich die Unverbundenheit mit der Umgebung. Diese Selbstbezogenheit beschränkt sich nicht nur auf die Person, sondern wird auch der Umgebung zugesprochen. Trotz der Trennung beider Sphären ist der Aspekt des Aufeinander-Angewiesenseins zu betonen. Erst durch die Umgebung kommt die Person zur Geltung und erst durch die Person kann die Umgebung umschließen. Die Anerkennung des So-Gewordenseins kann

also als Voraussetzung für das gegenseitige Zur-Geltung-Bringen angesehen werden.

Im Bild zum aktuellen Beruf werden die Person (als Berufstätiger) sowie die sie umgebende Natur und der Rebstock (als Beruf) als zwei getrennte Sphären dargestellt, die gleichzeitig miteinander verbunden sind. Der Beruf umschließt die Person und wird zur vollumfänglichen Lebensumgebung. Im Vordergrund stehen weder das Handeln oder das Tätigsein in einem Beruf, noch verschwimmt die Person mit dem Beruf. Der Beruf ist mehr ein Hintergrund, der dafür benötigt wird, die eigene Person zur Geltung zu bringen. Hierfür ist es notwendig, dass beide ihre Eigenständigkeit erhalten und sich die Person (sogar bildlich durch den Pfosten) vom Beruf abgrenzt. Lediglich in der Peripherie überlappen sie sich und ragen in die andere Sphäre hinein. Die Art des Kleidungsstils unterstreicht dies: Einerseits weist die Freizeitkleidung darauf hin, dass der Beruf das Private der Person einschließt, andererseits grenzt sie sich damit vom Beruf ab. Von dieser abgrenzenden Verbindung profitieren beide. Indem sich die Person vom Beruf umschließen lässt, bringt sie ihn zur Geltung, wie auch sie dadurch zur Geltung gebracht wird. Dies wird durch die harmonische Gesamtkomposition unterstrichen. Unterstellt man eine Zeitlichkeit aufgrund der Proposition des Stimulus, ein Bild vom früheren und aktuellen Beruf bereitzustellen, so dokumentiert sich ein Beibehalten der Bedeutung der Person, jedoch eine veränderte Umgebung, die wiederum Einfluss auf die Person hat. Die Person passt sich nicht in die Umwelt ein, sondern grenzt sich von ihr ab, benötigt sie jedoch, um selbst zur Geltung zu kommen.

Abbildung 6.7 Verbindendes Getrenntsein (Bruno Gelb; planimetrische Komposition im Ausschnitt des Bildes zum aktuellen Beruf)

Im fallübergreifenden Vergleich zeigen sich Homologien zwischen den Bildern zum früheren und aktuellen Beruf von Karl Rot und Bruno Gelb, indem bei den Bildern zum früheren Beruf die Personen durch die Farben ihrer Kleidung zwar auch in die Umgebung eingebunden sind, jedoch nicht durch Komplementärfarben, sondern durch Farbnuancen (Schwarz, Grau, Weiß). Sie sind damit stärker mit dem Hintergrund verbunden, während sich im Bild zum aktuellen Beruf über die Komplementärfarben der Modus des verbindenden Getrenntseins herausbildet. Diese spezifische Art und Weise dokumentiert sich auch im Bild zum aktuellen

Beruf von Bruno Gelb (vgl. Abbildung 6.7). Könnte zunächst angenommen werden, dass die Blickrichtung der Person auf den hellen Stern am Himmel gerichtet ist, der als Logo seines früheren Arbeitgebers identifiziert werden kann, zeigt sich in der planimetrischen Komposition des Bildes, dass die Blickrichtung knapp darunter vorbeigeht. Die Person und der Stern sind hier sowohl getrennt, da der Blick nicht darauf gerichtet ist, als auch miteinander verbunden, da er in diese Richtung weist. Eine parallele Linie zur Blickrichtung durch den Stern trifft am rechten Bildrand auf die Balustrade und unterstreicht damit nochmals die Gleichzeitigkeit von Trennung und Verbindung. Homolog zum Pfosten im Bild von Karl Rot trennt und verbindet die Balustrade Beruf und Person. Beruf, symbolisiert durch den Stern und die Person bilden damit erneut eine verbindende, aber notwendig getrennt seiende Beziehung.

Bild zur allgemeinen Bedeutung von Beruf: Zielorientierung
Betrachtet man die drei Bilder von Bruno Gelb als ein von ihm erstelltes und kuratiertes Ensemble, da sie von ihm in dieser Form in einer PowerPoint zur Verfügung gestellt wurden, dokumentiert sich darin die besondere Bedeutung des Berufes im Sinne einer Zielorientierung (vgl. Abbildung 6.8).

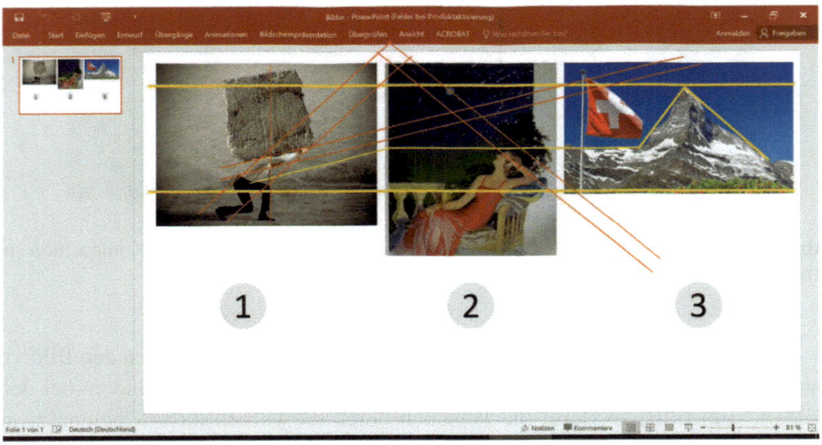

Abbildung 6.8 Zielorientierung (Bruno Gelb; planimetrische Komposition in dem vom Befragten in Form einer PowerPoint zugesandten Bild)

Bei der planimetrischen Komposition des Ensembles zeigen sich drei dominante Linien (in gelber Farbe), welche die Bilder in ihrer Anordnung trotz ihrer unterschiedlichen Größe miteinander verbinden. So werden sie über die untere gelbe Linie durch den Übergang vom Boden zur Wand (Bild 1), der Balustrade (Bild 2) sowie der Unterkante des Bildes 3 miteinander verbunden. Zudem werden sie durch die Bergspitze (Bild 3), den hellen Stern (Bild 2) und die linke Ecke des Quaders (Bild 1) von oben her miteinander verbunden. Die Bergspitze im Bild 3 wird in einen Berggrat überführt, der über den Haaransatz der Frau im Bild 2 parallel zur Balustrade verläuft und in eine parallele Linie zu den Armen des Mannes im Bild 1 übergeht, die auch dem Farbübergang im Hintergrund entspricht (mittlere gelbe Linie). Während die obere und untere Linie die Bilder miteinander verbinden und die mittlere Linie begrenzen, dokumentiert sich in letzterer, die stetig nach oben bis zur Bergspitze führt, eine Zielorientierung im Sinne einer Karriereorientierung. Dies wird nochmals besonders im Bild zur allgemeinen Bedeutung von Beruf deutlich: In diesem Bild lässt sich sowohl eine Schweizer Flagge, die für finanzielle Unabhängigkeit steht,[18] als auch der Berg als Matterhorn identifizieren, einer der bedeutendsten Berge Europas. Beruf wird damit mit finanziellen Aspekten, mit einer großen Bedeutung und auch mit einer Anstrengung und einem Blick auf einen Gipfel verbunden, dessen Aufstieg lohnenswert ist, wobei aber auch immer die Gefahr droht, ihn nicht zu erreichen.

[18] Hier ergibt sich im komparativen Vergleich eine Homologie zur weiter unten dargestellten Textinterpretation, indem für Bruno Gelb eine finanzielle Sicherheit bedeutsam ist und er erst dann seinen Beruf wechselt, als es zu einer Abfindungsrunde kommt.

Abbildung 6.9 Last, getragen in einer nach vorn gerichteten Aufwärtsbewegung (Bruno Gelb; planimetrische Komposition im Ausschnitt des Bildes zum früheren Beruf)

Dieser berufliche Bergaufstieg wird gerahmt von Bild 1, das den früheren Beruf als eine Last darstellt, die getragen werden muss (vgl. Abbildung 6.9). Hier lassen sich in der szenischen Choreografie zwei Bildelemente identifizieren, die als eine Person in einer bürotypischen Kleidung und als ein Steinblock beschrieben werden können. Während zunächst angenommen werden könnte, dass der Steinblock die darunter stehende Person erdrückt (schon allein aufgrund der Größe), ergibt die planimetrische Komposition eine andere Interpretation: Die zwei parallelen Linien, die einerseits den Rücken und andererseits den Bauch und die Ferse des rechten Beines verlängern, zeigen eine Aufwärtsbewegung, ebenso wie die beiden parallelen Linien entsprechend der Unterkante des Steinblockes und des rechten Oberarmes eine Vorwärtsbewegung ausdrücken. Der Steinblock erdrückt hier also nicht die Person, sondern er wird aktiv in eine nach vorn und oben gerichtete Bewegung versetzt. Die Mühsal der Arbeit, symbolisiert durch den Steinblock, wird aktiv durch die Person bewältigt. Im Vergleich von Bild 1 und Bild 3 muss ganz sinnbildlich zunächst eine Last in Form eines Steinblocks aktiv getragen werden, bevor man den Gipfel erreicht und darauf stehen kann.

Diese Einheit im Sinne einer Aufwärtsbewegung wird nun durch Bild 2 gebrochen. Die Frau nimmt im Gegensatz zu dem Mann in Bild 1 eine entspannte, ruhende Position ein. Als Bild zum aktuellen Beruf ist hier das berufliche Ziel erreicht, und es gibt keine Anzeichen dafür, dass der Weg zum Berggipfel auf sich genommen wird. Ausgehend von diesem Bild 2 ergeben sich mit Bild 1 und Bild 3 zwei negative Gegenhorizonte: erstens der frühere Beruf, der mit Anstrengung und großer Last verbunden ist, und zweitens die allgemeine Bedeutung von Beruf, der eine Karriereorientierung und Aufstiegslogik inhärent ist. Gerade in der planimetrischen Komposition dieses Ensembles dokumentiert sich die Sinnkomplexität des Übergegensätzlichen (vgl. Abschnitt 4.3.2.2): Bild 2 bricht die Dynamik von Bild 1 und Bild 3, indem es den Aufstieg unterbricht und gleichzeitig in das Ensemble integriert ist. Die berufsbezogene Norm des mit Anstrengung verbundenen Aufstiegs wird nicht durch die Muße abgelöst, sondern ist Teil des neuen Verständnisses von Beruf als einer entspannten Tätigkeit. Oder anders formuliert: Erst durch den beruflichen Aufstieg, die Last und die Anstrengung wird die Muße hervorgebracht.[19] Der Lebensabend wird hier also nicht mit dem Ruhestand in Verbindung gebracht, sondern mit einer weiteren, erfüllenden Tätigkeit, die jedoch nicht einem anstrengenden Aufstieg folgt.

Abbildung 6.10 Zielorientierung (Karl Rot; perspektivische Projektion des Bildes zur allgemeinen Bedeutung von Beruf)

[19] Dieses Bild korrespondiert mit der Schöpfungsgeschichte: Nachdem Gott in sechs Tagen sein Werk vollbracht hatte, ruhte er am siebten – jedoch nicht um sich auszuruhen, sondern um sein Werk zu betrachten.

Während sich bei Karl Rot eine harmonische Gesamtkomposition über die drei Bilder dokumentiert, sind es bei Bruno Gelb die mit einer Karriere verbundenen Auf- und Abstiege. Aber auch im Bild zur allgemeinen Bedeutung von Beruf dokumentiert sich bei Karl Rot eine Fokussierung auf einen Punkt hin: Er steht bei diesem Bild vor Weinfässern, wobei sich in der perspektivischen Projektion ein Fluchtpunkt außerhalb des Bildes ergibt (vgl. Abbildung 6.10). Homolog zur Bergspitze von Bruno Gelb läuft auch bei Karl Rot der Beruf auf einen spezifischen Punkt hinaus, der hier jedoch nicht zwingend mit einem Aufstieg verbunden sein muss.

Zusammenfassung der Bildinterpretation
In den Bildern von Bruno Gelb und Karl Rot dokumentieren sich fallintern und fallübergreifend homologe Orientierungen. Es kann eine Personenzentrierung rekonstruiert werden, bei der die Person eine dominante Position einnimmt. In einer zeitlichen Logik zeigen sich bei der planimetrischen Komposition der Bilder zum früheren und aktuellen Beruf ein Farb- und ein Formwechsel von tristen Farben (Grautönen) und eckigen Formen hin zu lebendigen, harmonischen Farben und runden Formen. Dem Berufsgruppenwechsel kommt hier geradezu sprichwörtlich die Bedeutung zu, dem Leben wieder mehr Farbe zu geben. Die Beziehung von Person und Beruf kann als eine verbindende, notwendig getrennt seiende bezeichnet werden. Einerseits werden Beruf und Person getrennt (beispielsweise durch einen Pfosten oder die Balustrade), andererseits wird der Hintergrund benötigt, um die Person zur Geltung zu bringen (beispielsweise durch die Komplementärfarben Grün und Rot im Bild zum aktuellen Beruf von Karl Rot). Vor allem im Ensemble von Bruno Gelb dokumentiert sich eine Zielorientierung im Modus einer Karriereorientierung. Zunächst ist der berufliche Aufstieg, der sich in den beiden Bildern zum früheren Beruf und zur allgemeinen Bedeutung von Beruf dokumentiert, das Ziel. Dies wird mit dem Bild zum aktuellen Beruf gebrochen, wobei der Beruf jedoch nicht an Bedeutung verliert, sondern ein neues Ziel fokussiert wird. Die Muße, symbolisiert im Bild zum aktuellen Beruf, wird erst durch den früheren Beruf und die Bedeutung von Beruf hervorgebracht und ermöglicht.

6.3.1.2 Textinterpretation: Herausforderungen als Möglichkeit, sich selbst zu beweisen

Bei der Interpretation des Textes lassen sich bei Bruno Gelb und Karl Rot eine Orientierung an einer *innovativen (Projekt-)Arbeit und neuen Herausforderungen* rekonstruieren, *eine Offenheit für und ein offensives Ergreifen von Möglichkeiten* sowie in Bezug auf den Berufsgruppenwechsel ein *Ende der Karriere und die*

Suche nach Neuem und eine *Bestätigung des Berufsgruppenwechsels durch das soziale Umfeld.*

Innovative (Projekt-)Arbeit und neue Herausforderungen
In den vielfältigen Konzernpositionen von Bruno Gelb und Karl Rot geht es immer wieder darum, Innovatives und Neues in Form von Projektarbeit zu erzielen. Dem physikalischen Grundsatz der Leistung folgend, wird mit einer sehr intensiven Arbeit in möglichst kurzer Zeit etwas erreicht. So hat Karl Rot auf seiner ersten Stelle als Teamleiter mit einem älteren und berufserfahreneren Teamleiter Dinge „nach vorne pushen" (KR, 168) können und hat „viel verändert in ganz kurzer Zeit" (KR, 168 f.). Hier spielt nicht nur der Teamgedanke eine Rolle, der gemeinsame Gestaltungsspielräume möglich macht, sondern auch die Zeitdauer, indem die Veränderungen umgehend umgesetzt wurden. Dieses Verständnis zeigt sich homolog an weiteren Projekten von ihm, wie beispielsweise der Entwicklung neuartiger europaweiter Maßnahmen zur Einstellung von Mitarbeitenden, „talent management" (KR, 362 f.) oder der Einführung von Mitarbeitendengesprächen. Die Orientierung an innovativer und neuer Projektarbeit geht einher mit einem Reiz an immer wieder neuen Herausforderungen, was exemplarisch an der Schließung des Werkes deutlich wird, in dem er als Teamleiter arbeitete. Als er dafür angefragt wurde, hat er keine „zehn Sekunden gebraucht hab ich gesagt ja mach ich" (KR, 221 f.). Obwohl zunächst davon ausgegangen werden könnte, dass dies für ihn eine emotionale Herausforderung bedeuten würde, nahm er ohne große Überlegungen das Angebot an. Dieses Projekt wird im Folgenden als eine Erfolgsgeschichte erzählt, die seine Leistung hervorhebt: Bei der Werkschließung wurden „Outplacement-Maßnahmen" (KR, 243) ergriffen und vom Land eine Förderung in Millionenhöhe erhalten, was dazu führte, dass fast alle Mitarbeitenden einen neuen Job bekamen. Für Karl Rot galt es hier nicht nur die Werkschließung abzuwickeln, sondern die Herausforderung gab ihm die Möglichkeit, etwas zu leisten und den Mitarbeitenden entsprechend seiner eigenen Orientierung eine neue Chance zu bieten. Dabei hebt er auch immer wieder den Nutzen für die Organisation hervor. „So und in in den Unternehmen wo ich sein konnte hab ich das dann so lange gedreht bis es in die Richtung ging wo ich glaube das macht am meisten Sinn für die company und nicht für den Menschen, der da jetzt gerade denkt sein Ego so spielen zu müssen" (KR, 1052 ff.). Seine Leistung will er nicht als ein egoistisches Handeln verstanden wissen, sondern vielmehr im Sinne der Organisation. In dem Ausdruck „sein konnte" dokumentiert sich, dass er nicht nur eine Position in der Organisation ausfüllte, sondern als Person die Organisation mitgeprägt hat und in seinem Sinne

und dem der Organisation die Dinge „gedreht“ hat. Auch nach seinem Berufsgruppenwechsel bleiben der Gestaltungswille und die Herausforderung erhalten. So will Karl Rot „top Wein“ (KR, 1573) machen und „dran arbeiten () konsistent immer top Niveau [zu] bringen“ (KR, 1576). Während sich die Berufsgruppe verändert, bleibt der Modus erhalten – der Beruf ist gewissermaßen das Spielfeld, auf dem in Form von Projekten innovative Dinge ausprobiert werden können und Herausforderungen dazu dienen, etwas zu leisten und zu erreichen.

Diese Orientierung dokumentiert sich homolog bei Bruno Gelb. Auf seiner ersten Position beschreibt er, wie sie ein Optimierungsprojekt mithilfe von externen Berater:innen umsetzten, das sehr „herausfordernd“ (BG, 810) war, aber auch „super Spaß gemacht“ (BG, 814) hat. Herausforderungen werden spielerisch und mit Spaß angegangen und ermöglichen eine hohe Zufriedenheit. Dies führt schließlich dazu, dass sie erfolgreich abgeschlossen werden und zunehmend Expertise in einem Bereich angehäuft wird. So wurde er auf seiner letzten Position im Konzern ein „etablierter Fachmann“ (BG, 830), was in seiner Berufsbiografie den Berufsgruppenwechsel rahmt: Die Routinen nahmen überhand und es gab nur noch wenig neue Erfahrungen. Mit dem Wechsel zum Berufsschullehrer beginnt wiederum eine neue Herausforderung mit neuen Gestaltungsspielräumen. So beschreibt Bruno Gelb diese neue Herausforderung damit, dass es im Lehrer:innenberuf wenig vorhandene Strukturen gibt und er sich alles selbst erarbeiten muss. Dies geschieht jedoch nicht im Modus der Überforderung, sondern in einem reflektierenden Modus, in dem nach Lösungsmöglichkeiten gesucht wird. Er fragt bei seinen Kolleg:innen nach, nimmt das Feedback durch die berufsbegleitende Weiterbildung auf, hospitiert bei seinem Mentor und erfährt selbst, wie er für die Berufsschüler:innen im Unterricht zu schnell vorangeht. Dass der Berufsgruppenwechsel nicht zuvorderst mit der Berufstätigkeit zusammenhängt, dokumentiert sich in seinem Resümee im Anschluss an die Erzählung zu Situationen aus seiner Lehrertätigkeit:

> „Ja also (1) ich sag mal der Wechsel in der Lebensmitte war überwiegend nicht getrieben von dem Wunsch unbedingt Lehrer zu werden (1) sondern war getrieben von dem Wunsch äh noch mal was Neues zu machen ich hätte auch was Anderes gemacht ich hab auch überlegt Postbote zu werden.“ (BG, 1035 ff.)

Der Berufsgruppenwechsel orientiert sich demnach vor allem daran, etwas „Neues zu machen“, das mit neuen Herausforderungen, neuen Gestaltungsspielräumen und neuen Möglichkeiten sich auszuprobieren einhergeht. Und homolog dazu: „Also es wäre jetzt total vermessen zu sagen tief in mir drin hab ich immer gewusst Lehrer werden zu wollen das wäre totaler Blödsinn ist auch nicht so“ (BG, 856 ff.).

Offenheit für und offensives Ergreifen von Möglichkeiten

Sowohl in der Berufsbiografie von Bruno Gelb als auch bei Karl Rot lässt sich fallintern und fallübergreifend eine Offenheit für neue Möglichkeiten und eine offensive berufliche Handlungsorientierung rekonstruieren. Neue sich bietende Optionen werden wahrgenommen und zunächst einer Karriereorientierung folgend offensiv ergriffen. Nachdem Karl Rot Produktionsleiter geworden war, wäre für ihn der nächste Schritt Werksleiter gewesen. Diesen Schritt schloss er aus, da sich für ihn auf dieser Position „auch nicht viel mehr“ (KR, 181) geändert hätte, und bewarb sich stattdessen auf eine offene Stelle als Personalmanager. In der folgenden erzählerisch dichten Passage geht er auf das Gespräch mit der Personalchefin ein, worin sich gerade diese offensive, an der Karriere orientierte berufliche Handlungsorientierung dokumentiert.

> „Ähm da suchte sie [die Personalchefin, SR] jemanden der da Personalmanager wird. Ähm fand aber eigentlich dass ich ja keine Ahnung habe von Personal, womit sie natürlich auch recht hatte. (1) Aber ich hab ihr dann hab ihr dann klar gemacht ja kann sein ich will da aber we- ich will nicht als Referent da rüber gehen weil die Stelle war auch frei also Referent also ein Level da drunter sondern wenn dann gehe ich da rüber (meinetwegen) als Referent und du sagst mir das wichtigste Projekt was da zu machen ist und wenn ich das abgeschlossen hab nun dann werd ich Personalmanager.“ (KR, 189 ff.)

Obwohl Karl Rot bewusst war, dass er nicht ausreichend für die offene Stelle als Personalmanager qualifiziert war, brachte er sich dennoch ins Spiel, indem er der Personalchefin offensiv einen Deal anbot. Ein Karriererückschritt stellte für ihn keine Option dar, weshalb er ihr vorschlug, ein Projekt durchzuführen, um zu beweisen, dass er für diese Stelle qualifiziert ist. Dies deutet auf dreierlei hin: Erstens dokumentiert sich hier eine Überzeugung in die eigenen Fähigkeiten, da er davon ausgeht, ohne Kenntnisse in diesem Bereich ein Projekt zur Zufriedenheit der Personalchefin erfolgreich abschließen zu können. Es geht hier weniger um erlerntes, zertifiziertes Wissen als um das Vertrauen in die eigenen Fähigkeiten. Zweitens dokumentiert sich hier die offensive Handlungsorientierung dieses Typs. In seiner Offenheit für neue Möglichkeiten nahm er diese wahr und ergriff sie offensiv, beispielsweise indem er sein Gegenüber von seinen Fähigkeiten überzeugte. Drittens wird eine Karriereorientierung deutlich, da ein Rückschritt für ihn keine Option darstellte.

Die Offenheit für und das Ergreifen von Möglichkeiten im Sinne einer Karriereorientierung zeigen sich homolog bei Bruno Gelb, der mehrmals innerhalb des Konzerns wechselte, wenn sich neue Möglichkeiten ergaben. Dieser Orientierung nach oben folgte Bruno Gelb so lange, bis ihm die Stelle als Abteilungsleiter verwehrt wurde. In diesem Kontext kam bei ihm „dann irgendwann mal so die Frage auf ist=es das" (BG, 841). Während er im Konzern Karrieremöglichkeiten wahrnahm, öffnete sich mit dem Ende der Karriereleiter der Blick für neue Optionen außerhalb des Konzerns. Nach einem Treffen mit einem ehemaligen Kommilitonen reifte bei ihm die Idee, Berufsschullehrer zu werden. Er wartete ab, bis sich eine Abfindungsrunde abzeichnete und informierte sich beim Regierungspräsidium über den Beruf des Berufsschullehrers. Dieses bestätigte ihm, dass er die Voraussetzungen erfülle, woraufhin er sich eine Schule suchte und dort hospitierte. Als die Abfindungsrunde schließlich kam, ergriff er die sich ihm bietende Möglichkeit und vollzog den Berufsgruppenwechsel. Bruno Gelb hat nicht nur sprichwörtlich die Augen nach etwas Neuem offengehalten, sondern die Möglichkeit dann auch offensiv ergriffen.

Das Ende der Karriere und die Suche nach Neuem

Auslöser bei Bruno Gelb und Karl Rot für den Berufsgruppenwechsel war das Ende ihrer Karriere. Bruno Gelb war zu alt für den nächsten Karriereschritt, obwohl er gern noch Abteilungsleiter geworden wäre. Und Karl Rot stieg bis in den Vorstand eines weltweit agierenden Konsumgüterkonzerns auf, überwarf sich dann aber mit dem neuen Vorstandsvorsitzenden. Mit dem Ende der beruflichen Karriere begann ein jahrelanger Ablösungsprozess, bevor es schließlich zum Berufsgruppenwechsel kam. Karl Rot behielt zunächst das Aufgabenfeld Personal bei, wechselte jedoch in einen anderen Konzern. Dabei merkte er, dass es dort keine neuen Herausforderungen gab und es wieder „more of the same" (KR, 1018 f.) war. Bezog sich das „more of the same" davor auf die Routinen in einem Arbeitsbereich und konnten neue Herausforderungen durch vertikale berufliche Mobilität oder horizontale berufliche Mobilität im Konzern gefunden werden, wurde mit dem Wechsel des Arbeitgebers deutlich, dass nun die Berufsgruppe keine neuen Herausforderungen mehr bot, weshalb als Gestaltungsspielraum eine neue Berufsgruppe gesucht werden musste. Daneben erfuhr er, dass die Geschwindigkeit in dem neuen Konzern sehr hoch war, und er glaubte, dass er die „Taktung [nicht mehr, SR] weiterlaufen lassen kann" (KR, 1036). Hier werden in mechanischen Metaphern die Verschleißerscheinungen durch die hohe Leistung beschrieben. Zwar wird auch diese Arbeit als „toll" (KR, 1007) und „innovativ" (KR, 1008) beschrieben, bei der man „unheimlich viel treiben"

(KR, 1008 f.) konnte, jedoch kommt als limitierender Faktor die eigene Gesundheit hinzu. Ein Herunterfahren des Arbeitspensums und ein Aussitzen bis zum Ruhestand stellten für ihn hingegen keine Optionen dar, denn „du willst jetzt so nicht aufhören" (KR, 1042 f.). Der Wechsel des Arbeitgebers kann daher als eine Art Moratorium für den Berufsgruppenwechsel beschrieben werden, bei dem es sich „dann eigentlich nur noch [um] so ein Verlängern dieses Weggehens" (KR, 1101 f.) handelte. Auf diesen Prozess folgte „das irgendwo anders hingehen finde ich dann aber schwierig, weil was ist denn das woanders hingehen" (KR, 1045 f.). Die Suche nach dem „irgendwo anders hin" orientierte sich dabei an seinen Vorstellungen eines zukünftigen Lebens, wobei die Wiederherstellung einer „work life balance" (KR, 1154) und die Suche danach, welche „Werte besser reflektiert sind in so nem Job als vorher" (KR, 1149) zentral wurden. Das Neue wurde dabei passend zum eigenen Selbst ausgesucht und konkret die neue Berufsgruppe des Winzers biografisch mit seinem Studium verbunden, indem er „weiß das wies Technik geht, weiß wie so ne Produktion funktioniert" (KR, 1064 f.). Gleichzeitig fand auch eine Verbindung mit dem eigenen Lebensstil statt. „Und dann fand ich glaub ich eben das Weinumfeld, das Geschäftsfeld ziemlich hip. Weil Wein trinken konnt man schon, ja also hat man schon gelernt" (KR, 1069 ff.).

Auch bei Bruno Gelb fand vor dem Berufsgruppenwechsel ein jahrelanger Ablösungsprozess statt. Nachdem für ihn klar war, dass er aufgrund seines Alters nicht mehr Abteilungsleiter werden konnte, hatte er „da so drei vier Jahre bestimmt äh immer wieder damit auch gehadert" (BG, 1605 f.). Grundlegend war wie auch bei Karl Rot, dass er seinen Beruf „geliebt" (BG, 1048) und innerhalb seiner Projekte eine hohe Zufriedenheit erfahren hat. Im Gegensatz zu Karl Rot trat bei ihm nicht die Gesundheit als limitierender Faktor auf, sondern der Konzern und die Frage danach, inwiefern sich für ihn seine Leistung bezahlt machte. „Und irgendwann hab=ich gemerkt pff:: ob dieser Konzern jetzt sieben Milliarden Gewinn macht oder neunkommafünf das ist mir doch egal" (BG, 843 ff.). Die vormalige Identifikation mit der Organisation begann zu bröckeln, und es stellte sich ihm die Frage, ob er nochmals etwas Neues machen oder sich in dem „goldenen Käfig" (BG, 834) zur Ruhe setzen wollte. Dabei kam Letzteres für ihn nicht infrage, da er „das was ich mache mache ich gut ähm und wenn = ich irgendwann keine Lust mehr hab dann mach=ich was anderes" (BG, 1621 f.). In diesem Ablösungsprozess wurde ein Treffen mit einem ehemaligen Kommilitonen bedeutsam, der direkt nach dem Studium Berufsschullehrer wurde. Während zeitlich gesehen Karl Rot nach dem Ende seiner Karriere zunächst in derselben Berufsgruppe verblieb und dann entschied, etwas Neues zu machen, waren es bei Bruno Gelb parallel verlaufende Prozesse: Mit dem Ende der Karriere hielt er parallel Ausschau nach neuen Tätigkeiten, die er erst dann ergriff, als die finanzielle Sicherheit durch eine Abfindungsrunde gewährleistet war und er sich dadurch seine „Freiheit erkaufen“ (BG, 1041) konnte.

In homologer Weise ist der Auslöser der Berufsgruppenwechsel bei Bruno Gelb und Karl Rot jeweils das Ende ihrer vormaligen Karriere, dem ein jahrelanger Ablösungsprozess folgt. Während Karl Rot bei einem neuen Arbeitgeber keine neuen Herausforderungen mehr findet und die Gesundheit als limitierender Faktor hervortritt, sind es bei Bruno Gelb die Frage nach dem Nutzen seiner Arbeit und eine bevorstehende Abfindungsrunde, die ihm finanzielle Sicherheit gewährleistet. Ein Wechsel des Unternehmens in derselben Berufsgruppe ist dabei für beide keine Option. „Weil ic- also zu [Firma 1] zu wechseln oder zu [Konzern 3] das hab ich gesagt ne das ist mir zu ähnlich da kann ich auch dableiben“ (BG, 902 f.). „Ja also andere Firma war relativ schnell nee gleiches more of the same machste nicht ja“ (KR, 1046 f.). Diese Phase kann daher als ein Moratorium beschrieben werden, in dem bereits der Berufsgruppenwechsel vorbereitet, aber noch nicht vollzogen wird.

Bestätigung des Berufsgruppenwechsels durch das soziale Umfeld
Signifikant Andere nehmen bei diesem Typ zwei Funktionen ein: Einerseits fungieren singuläre Begegnungen als Informant:innen für die neue Berufsgruppe, wie beispielsweise ein ehemaliger Kommilitone von Bruno Gelb oder Winzer:innen in der Heimatregion von Karl Rot. Andererseits kommt dem sozialen Umfeld die Funktion der Bestätigung zu. Dies dokumentiert sich in einer Passage von Karl Rot, in der es darum geht, wie seine Frau die Idee eines Studiums ihren Freunden an Silvester erzählte. Karl Rot befand sich in dem Moment zwar erst im Bewerbungsprozess, und dennoch meinte seine Frau, „wir müssen euch noch was erzählen“ (KR, 1118). Die Idee wurde an einem symbolträchtigen Ereignis wie Silvester, an dem das Alte abgeschlossen und das Neue begonnen wird, als eigenes Thema in das soziale Umfeld eingebracht. Obwohl Karl Rot zunächst verwundert war, dass seine Frau dieses Thema ansprach, war dies „schon der richtige Kreis, das zu sagen, das auch noch mal zu diskutieren“ (KR, 1128 f.). Im Freundeskreis wurden die potenziell lebensverändernden Entscheidungen nicht nur mitgeteilt oder Freund:innen vor vollendete Tatsachen gestellt, sondern sie wurden in den Prozess miteinbezogen. Dabei fand eine Art Bewährung oder Bestätigung durch die Freund:innen statt, wobei die Reaktion abgewartet wurde. Als diese positiv ausfiel, hat „dieser Zug eben grade de- die Station verlassen“ (KR, 1124 f.). Die Entscheidung, sich für das Studium zu bewerben, wurde zwar von Karl Rot und seiner Frau getroffen (um in der Metapher des Zuges zu bleiben: sie haben die Station betreten), der Zug fuhr aber erst dann ab, als

sie die Zustimmung ihrer Freund:innen erhielten. Dies dokumentiert sich auch bei Bruno Gelb, dessen Umfeld ebenfalls positiv auf den Berufsgruppenwechsel reagierte. „Also die- da war die da war die äh Reaktion durchweg positiv bei meinen Freunden“ (BG, 1745).

Zusammenfassung der Textinterpretation
Relevant werden bei diesem Typ berufliche Herausforderungen, die es den jeweiligen Personen ermöglichen, ein Aufgabenfeld zu gestalten. Geschieht dies zunächst im Rahmen einer vertikalen Mobilität und einer Karriereorientierung, indem neue Herausforderungen mit dem beruflichen Aufstieg verbunden werden, kommt es mit dem Ende der Karriere zum Berufsgruppenwechsel. Es folgt zunächst ein jahrelanger Ablösungsprozess von der alten Berufsgruppe, bei dem Verschleißerscheinungen aufgrund der hohen Arbeitsleistung in Form gesundheitlicher Fragen beziehungsweise der Frage nach dem Nutzen der eigenen Arbeit virulent werden. Handlungsleitend bei der Suche nach einer neuen Berufsgruppe ist dann weder die Art der Tätigkeiten noch eine geringere Arbeitsintensität (so wird fast noch mehr gearbeitet), sondern die Passung zur eigenen Person oder, wie es Karl Rot formuliert, welche „Werte besser reflektiert sind“ (KR, 1149). Hergestellt wird der Berufsgruppenwechsel schließlich entsprechend der offensiven Handlungsorientierung, die sich berufsbiografisch immer wieder dokumentiert. Die Offenheit für neue Möglichkeiten schafft Raum dafür, sich über neue Optionen beziehungsweise die neue Berufsgruppe zu informieren und diese im richtigen Augenblick zu ergreifen. Bei Bruno Gelb ist das Treffen mit einem ehemaligen Kommilitonen relevant, er telefoniert mit dem Regierungspräsidium, hospitiert in einer Schule und vollzieht den Wechsel im Rahmen einer Abfindungsrunde, und Karl Rot spricht mit Winzer:innen und informiert sich über das Studium. Signifikant Anderen kommt einerseits die Funktion als Ideen- und Informationslieferant:innen zu, und andererseits fungiert das soziale Umfeld als Bestätigung für die Entscheidung des Berufsgruppenwechsels. Hier wird erprobt, ob der neue Beruf zum sozialen Umfeld passt – bei Karl Rot ist es der Wein, der in seinem Milieu als „hip“ (KR, 1070) gilt, und bei Bruno Gelb der Lehrerberuf, der zu seiner Kulturaffinität passt. Der Berufsgruppenwechsel fügt sich bei diesem Typ in das eigene Milieu und die Berufsbiografie ein und wird nicht krisenhaft gerahmt, sondern als Möglichkeit angesehen, sich neuen Herausforderungen zu stellen und Gestaltungsspielräume zu nutzen.

6.3.1.3 Dimensionen des Typs *Flexibilität* und soziogenetische Interpretation

Bei diesem Typ lassen sich strukturidentische Erfahrungen in Bezug auf eine *berufsbezogene Norm* rekonstruieren, die sich an Leistung und neuen Herausforderungen orientiert. Dabei kommt der Person *die* zentrale Position zu, wie anhand der Berufsbilder deutlich wird. Sie leistet, wie sich in der Berufsbiografie dokumentiert, in einer Organisation in kurzer Zeit hochintensive Arbeit und bringt damit etwas voran. Routinen und „more of the same" (KR, 385, 1018 f.), zunächst in Bezug auf die Tätigkeiten und dann auf die Berufsgruppe, treten als negativer Gegenhorizont auf, wobei Herausforderungen angenommen und gemeistert werden. Das Verhältnis von Person und Beruf kann als eine komplexe verbindende, notwendig getrennt seiende Beziehung beschrieben werden, die dadurch charakterisiert ist, dass sich Person und Beruf gegenseitig ergänzen und bedingen, aber auch voneinander getrennt sind. Die Person stellt ihre Arbeitsleistung in den Nutzen der Organisation, die wiederum die Person aufgrund ihrer Leistung zur Geltung bringt – der Beruf wird zum Hintergrund der eigenen Identitätskonstitution. Wie das Bild zum aktuellen Beruf bei Bruno Gelb und Karl Rot zeigt, gehen Person und Beruf dabei nicht ineinander auf, sondern die Grenze ist gerade konstitutiv für das Zur-Geltung-Bringen der eigenen Person. Die *berufsbezogene Praxis* ist geprägt durch eine Offenheit für neue Möglichkeiten und das offensive Ergreifen von sich bietenden Möglichkeiten im Sinne einer Zielorientierung. Zunächst ist dabei die eigene Karriere das Ziel, mit dem Ende der Karriereleiter werden dann neue Berufsgruppen anvisiert und Möglichkeiten für den Berufsgruppenwechsel aktiv ergriffen. Der *Herstellung und Bewältigung des Berufsgruppenwechsels* geht ein jahrelanger Ablösungsprozess voraus. Konnten davor neue Herausforderungen entsprechend einer Karriereorientierung durch vertikale Mobilität hergestellt werden, ist dies mit dem Ende der Karriere nicht mehr möglich. Zudem kommt es durch die hohe Arbeitsintensität zu Verschleißerscheinungen, wodurch die Frage nach dem Nutzen (Bruno Gelb) oder gesundheitliche Fragen (Karl Rot) virulent werden. Die Suche nach neuen Berufsgruppen orientiert sich dabei nicht zuvorderst an den spezifischen Tätigkeiten einer Berufsgruppe oder einer geringeren Arbeitsintensität, sondern an einer beruflichen Tätigkeit, die als komplementärer Hintergrund für die eigene Person dient. So hat sich in den Berufsbildern von Karl Rot die Person durch den Berufsgruppenwechsel kaum verändert und bleibt zentral in der Bildmitte – lediglich der Hintergrund hat gewechselt. *Signifikante Andere* dienen einerseits als Informant:innen für die neue Berufsgruppe, und andererseits ist der Freundeskreis der Ort der sozialen Bestätigung. Hier wird erprobt, inwiefern die neue Berufsgruppe in das eigene soziale Umfeld passt. Bedeutsam für diesen Typ sind bei einem *Beruf* nicht die Tätigkeiten (diese können angeeignet werden, wie es sich beispielsweise in der Erzählung von Karl Rot beim Wechsel zum Personalmanager dokumentiert), sondern vielmehr, dass dieser als Hintergrund die Person zur Geltung bringt. Geschieht dies zunächst aufgrund der Karriereorientierung und der erbrachten Leistung, muss die neue Berufsgruppe am Ende der Karriereleiter die eigenen Werte und den Lebensstil widerspiegeln.

Soziogenetisch dokumentieren sich bei Bruno Gelb und Karl Rot strukturidentische Erfahrungen in Bezug auf den Erfahrungsraum Organisation sowie milieuspezifische Aspekte. Sie werden beide beruflich in einem großen Konzern sozialisiert und folgen darin einer Karriereorientierung durch mehrfache vertikale Mobilität. Die Organisation fördert diese Orientierung und bringt die Mitarbeitenden dadurch zu Höchstleistungen. So stellt sich Bruno Gelb resümierend die Frage: „[W]ie schafft es dieser Konzern dass die Leute eben immer weiterkommen wollen“ (BG, 1639 f.). Entsprechend ihrer offensiven Handlungsorientierung ergreifen sie die Möglichkeiten, die ihnen immer wieder von der Organisation geboten werden. Die Organisation schafft dabei einen „goldenen Käfig“ (BG, 834), indem sie sichere Rahmenbedingungen bietet, aber gleichzeitig auch den Handlungsspielraum begrenzt. Eine Milieuspezifik dieses Typs zeigt sich durch das Aufwachsen in einem ländlichen Raum, das in beiden Interviews als „behütet“ (BG, 36; KR, 817) bezeichnet wird. Die finanzielle Existenz war durch das Einkommen der Väter abgesichert, das „nicht übermäßig gut aber gut [war] ähm war alles da was man brauchte“ (BG, 57), und die Mütter sorgten für den Haushalt und die Kindererziehung, gingen jedoch auch noch einer weiteren Tätigkeit nach. Insgesamt wird die familiäre Situation als sehr harmonisch und unterstützend beschrieben, „wenig spektakulär aber angenehm wild“ (BG, 38 f.). In der Schule folgten sie einem „Minimaxprinzip“ (KR, 36) und waren nicht darauf aus, „da=ein Einserabitur zu machen“ (BG, 297 f.). Sie engagierten sich in Vereinen, später verdienten sie ihr eigenes Geld mit Zeitungaustragen oder in einer Försterei. Zusammen mit den Eltern, die Dinge ermöglichten und unterstützend tätig waren, ergaben sich Freiheiten, mithilfe derer sie sich ausprobieren, Spielräume nutzen und wirksam werden konnten. Sie erfuhren schon früh ein Gefühl der Sicherheit, aus dem heraus Dinge und Herausforderungen angegangen und gemeistert werden konnten.

6.3.2 Typ *Kampf*: begrenzt-widerständig

Diesem Typ lassen sich die Fälle Anna Grün und Petra Orange zuordnen. Beide teilen die Erfahrung einer fremdbestimmten Wahl ihrer Ausbildung durch die Eltern und einer fremdbestimmten Aufgabe ihrer Berufe durch die selbstverständliche Übernahme von Familienarbeit. Dies führt zu einer krisenhaften Begrenzung, gegen die angekämpft und schließlich neben der Familienarbeit eine selbstbestimmte berufliche Entwicklung verfolgt wird. Es findet sowohl eine Emanzipation von der fremdbestimmt übernommenen Rolle als Hausfrau statt als auch die Erfahrung von Bestätigung durch das Einbringen eigener Fähigkeiten jenseits von Familie und Haushalt. Berufsgruppenwechsel finden bei diesem Typ immer erst dann statt, wenn sich Rahmenbedingungen krisenhaft ändern und die berufsbezogene Praxis begrenzen. Diese Begrenzungen werden jedoch nicht von sich aus überwunden, sondern es wird so lange darin verharrt, bis es zu einem „Komplettausfall" (AG, 2720) kommt. Signifikant Andere eröffnen als temporäre Wegbegleiter:innen in diesen Situationen neue Möglichkeiten, die aktiv angenommen werden.

6.3.2.1 Bildinterpretation: Entwicklung in begrenzten Räumen

In den Bildern von Anna Grün und Petra Orange (vgl. Abbildung 6.11 und 6.12) dokumentieren sich drei dominante Orientierungen: *Aufgehobensein des früheren Berufes*, *strukturierte Ermöglichung von Entwicklung* und *Beruf als kraftgebender Raum.*

Abbildung 6.11 Bilder zum früheren Beruf, aktuellen Beruf und allgemeiner Bedeutung von Beruf (Anna Grün; von links nach rechts)

Abbildung 6.12 Bilder zum früheren Beruf, aktuellen Beruf und allgemeiner Bedeutung von Beruf (Petra Orange; von links nach rechts)

Bild zum früheren Beruf: Aufgehobensein des früheren Berufes
In den Bildern von Anna Grün und Petra Orange dokumentiert sich ein Aufgehobensein des Berufes, indem dieser vergangen ist und gleichzeitig als Ausgangspunkt für Neues dient. Das Bild zum früheren Beruf von Petra Orange ist eine Fotografie zweier Fotografien, die mit den Worten „Bilder 1977 beim Putzen im Lager der Drogerie. Die einzigen aus diesem Zeitraum" unterschrieben sind. Der frühere Beruf wird als Erinnerung gerahmt, der sowohl bewahrt als auch abgeschafft wird, indem es die „einzigen Bilder aus der Zeit" sind. Zu sehen sind auf den beiden Bildern Tätigkeiten von Petra Orange in ihrem früheren Beruf. Im linken Bild dokumentiert sich in der planimetrischen Komposition eine Dominanz des Raumes, indem es von Linien strukturiert wird, die sich auf den Raum im Bildhinter- und -mittelgrund beziehen (vgl. Abbildung 6.13). Dies wird von der szenischen Choreografie unterstützt. Das Arbeitsgerät und Petra Orange in Arbeitsbekleidung bilden die zwei Elemente im Bildvordergrund, die in einen umgebenden Raum eingeschlossen sind. Ein Entkommen aus diesem Raum ist sinnbildlich durch die hohen und mit Vorhängen verdeckten Fenster nicht möglich. Zudem dokumentiert sich eine bildmittige Trennung von Person (Petra Orange) und Arbeit (durch das obere Ende eines Stabes, der vermutlich zu einem Schrubber gehört), die durch die Hände miteinander verbunden werden – zentral wird die Arbeit als *Hand*arbeit. Homolog dazu wird das rechte Bild in der planimetrischen Komposition von den Linien des Raumes im Bildhintergrund dominiert sowie bildmittig geteilt. In der szenischen Choreografie ist in der rechten Hälfte Petra Orange zu sehen, deren Hand sich (vermutlich) erneut an einem Arbeitsgerät befindet, ohne dass das Arbeitsgerät selbst auf dem Bild zu sehen ist (die gebückte Haltung deutet auf eine Spülmaschine hin). In der linken Bildhälfte wird eine zweite Person bedeutsam, die in die Kamera schaut, wodurch der Eindruck bekräftigt wird, dass Petra Orange spontan bei der Arbeit durch die Kamera unterbrochen wurde. Der frühere Beruf in Form der Handarbeit ist damit einerseits in einen bestehenden, sie umgebenden Raum eingebunden und andererseits aufgehoben, indem er zwar noch als Erinnerung bedeutsam für die eigene Biografie ist, aber keine Gültigkeit mehr besitzt.

Abbildung 6.13 Dominanz des Raumes (Petra Orange; planimetrische Komposition im Ausschnitt des Bildes zum früheren Beruf)

Das Aufgehobensein des Berufes dokumentiert sich fallübergreifend im Bild zum früheren Beruf von Anna Grün. Sie sandte dem Forschenden ein Bild zu, auf dem im Bildvordergrund eine Pusteblume und im Bildmittel- und -hintergrund Blätter abgebildet sind. Die planimetrische Komposition zeichnet sich durch zwei leicht verschobene, ineinander liegende Kreise aus, die von einer Linie geteilt werden. Während die Kreise für den ewigen Kreislauf von Beginn, Ende und Neubeginn stehen, steht die Linie für die Möglichkeit der Unterbrechung dieses Kreislaufes, die Fragilität des Kreises (vgl. Abbildung 6.14). In der szenischen Choreografie bilden die Pusteblume und die Blätter die zentralen Bildelemente. Als Symbol für Fragilität und Neubeginn, da ein einziger Windstoß sie zerstören könnte, sie sich aber auch im letzten Stadium des Verblühens und vor dem Aussenden der Samen befindet, wird die Pusteblume im Bildvordergrund relevant, die sich auch vom Bildhinter- und -mittelgrund abhebt. Dies wird in der perspektivischen Projektion durch die Vogelperspektive unterstrichen, bei welcher der Stiel, der Blume und Blätter, also Bildvordergrund, Bildmittelgrund und Bildhintergrund, miteinander verbindet, nicht sichtbar ist. Im Bild zum früheren Beruf dokumentiert sich damit sowohl die Vergänglichkeit des früheren Berufes, also das Verschwinden, als auch die Möglichkeit, dass daraus etwas Neues entsteht und dadurch bewahrt wird.

Abbildung 6.14 Unterbrechung Kreis (Anna Grün; planimetrische Komposition des Bildes zum früheren Beruf)

Bild zum aktuellen Beruf: Strukturierte Ermöglichung von Entwicklung
Die Bilder zum aktuellen Beruf von Anna Grün und Petra Orange zeichnen sich durch einen begrenzten Raum aus, in dem es Möglichkeiten für Entwicklung gibt. In der planimetrischen Komposition des Bildes von Anna Grün dokumentiert sich eine geordnete Grundstruktur. Das Bild wird dominiert von rechteckigen Formen (die der Box, des Daches, der Befestigung der Box sowie der Bretterwand im Bildhintergrund), wobei in die rechteckige Form der Box runde Formen eingelassen sind, die sich jeweils auf einer Linie befinden (vgl. Abbildung 6.15). In der szenischen Choreografie wird die Biene relevant, die an der Kante eines der Löcher der Box sitzt, die als Insektenhotel identifiziert werden kann. Dort kann sie brüten und wohnen, wodurch das Insektenhotel einen sicheren Ort schafft, an dem Neues entstehen kann. Im Bild zum aktuellen Beruf dokumentiert sich

somit auf der einen Seite eine Begrenzung des Berufes (in Form des dominanten Rechteckes) und eine geordnete Grundstruktur, innerhalb derer es auf der anderen Seite vorgesehene Entwicklungsmöglichkeiten gibt (in Form der Kreise), die genutzt werden können. Im fallinternen Vergleich zeigt sich eine Differenz zum früheren Beruf, bei dem zwar auch die runde Form der Pusteblume mit ihren Samen zentral gesetzt ist (und damit die Entstehung von Neuem), jedoch (noch) die Fragilität betont wird und eine begrenzende, Sicherheit gebende Struktur fehlt.

Abbildung 6.15 Begrenzte Entwicklung (Anna Grün; planimetrische Komposition des Bildes zum aktuellen Beruf)

Abbildung 6.16 Begrenzte Entwicklung (Petra Orange; planimetrische Komposition des Bildes zum aktuellen Beruf)

Abbildung 6.17 Aufwärtsbewegung (Petra Orange; planimetrische Komposition des Bildes zum aktuellen Beruf)

Abbildung 6.18 Ermöglichung von Lernen (Petra Orange; szenische Choreografie des Bildes zum aktuellen Beruf)

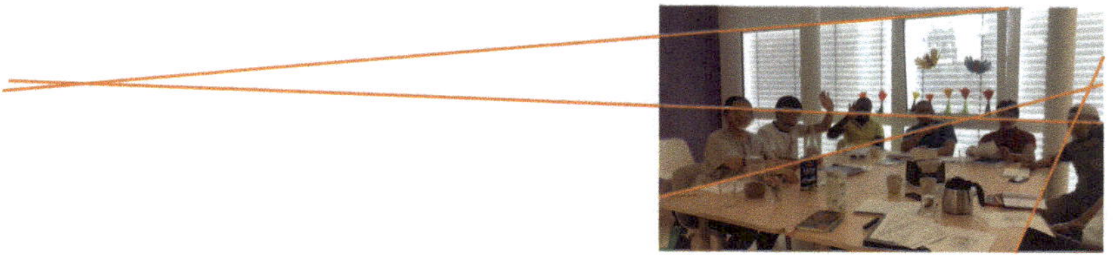

Abbildung 6.19 Blickführung von der unwissenden zur wissenden Gruppe (Petra Orange; perspektivische Projektion des Bildes zum aktuellen Beruf)

Im Bild von Petra Orange zum aktuellen Beruf dokumentiert sich homolog zum Bild von Anna Grün eine Entwicklung in einer begrenzten und geordneten Struktur, hier jedoch im Sinne eines Zuwachses von neuem Wissen, das heißt als ein Lernen. In der planimetrischen Komposition des Bildes wird zum einen durch die rechteckigen Fenster und die einfarbige Wand eine geordnete Struktur im Bildhintergrund deutlich. Diese Struktur wird im Bildmittel- und -vordergrund durch die runden Körper der Personen und verschiedenartige Gegenstände auf dem Tisch gebrochen (vgl. Abbildung 6.16). Zum anderen ergeben sich drei dominante Linien (vgl. Abbildung 6.17), die das Bild horizontal und vertikal halbieren und damit die Ordnung des Bildes unterstreichen und wodurch dem Bild eine Aufwärtsbewegung von rechts unten nach links oben eigen ist. In der szenischen Choreografie verbinden diese dominanten Linien die im Bild dargestellten Personen auf dreierlei Art und Weise: Die Linie entlang der Fensterunterkante im Bildhintergrund verbindet die Augen der Personen miteinander, worin sich ein Auf-Augenhöhe-Sein dokumentiert. Durch die zweite vertikale Linie werden die Personen in zwei Gruppen à drei Personen geteilt. Dadurch ergibt sich am linken Bildrand einerseits ein offener Raum, und andererseits wird der rechte Bildrand durch eine abgeschnittene Person geschlossen. Der Raum ist also zugleich begrenzt und offen für Neues, was sich auch durch den leeren Stuhl im Bildhintergrund dokumentiert. Die Gruppe hat sich gefunden, jedoch können weitere Personen dazukommen und sich sozusagen mit an den Tisch setzen. Eine weitere dominante Linie verbindet die Hände der Personen miteinander. Diese ist von rechts unten nach links oben gerichtet, folgt also einer Aufwärtsbewegung, wobei sie mit einer Hand auf dem Tisch beginnt, einer Hand an einem Zettel, einer Hand an einem halb gestreckten Arm, einer Hand an einem zögerlich gestreckten Arm und mit einer Hand an einem gestreckten Arm endet. Interpretiert man die Situation als eine Lernsituation, so zeigt sich hierin eine Entwicklung von einer zuhörenden Haltung zu einer sich aneignenden Haltung (anhand des Zettels), zu einer zögernden Bewegung hin zu einem Wissen und einer ausgestreckten Hand. Die Ermöglichung von Entwicklung als ein Lernen und Zuwachs von Wissen wird deutlich, wenn man sich die Personengruppen im Bild anschaut (vgl. Abbildung 6.18): Zunächst kann am rechten Bildrand eine Gruppe aus zwei Personen identifiziert werden, wobei von einer Person nur die Hände und die Knie zu sehen sind. Eine zentrale Personengruppe in der Bildmitte besteht aus drei Personen, die durch die Person ganz links mit der dritten Personengruppe auf der linken Seite des Bildes verbunden wird. Diese Person rückt damit in den Mittelpunkt des Bildes. Sie ist diejenige, die zögernd die Hand hebt und so den Übergang von der wissenden Personengruppe (symbolisiert durch das Handheben) zur unwissenden Personengruppe (symbolisiert durch die Hände am Blatt Papier beziehungsweise auf dem Tisch) darstellt. Im Bild dokumentiert sich damit die Ermöglichung einer Entwicklung, eines Lernens vom Nichtwissen hin zum Wissen. Dies wird auch von der perspektivischen Projektion unterstützt, indem der Blick über die Fluchtlinien des Tisches zunächst auf die nicht wissende Gruppe gelenkt wird und über die Fensterfront zur wissenden Gruppe (vgl. Abbildung 6.19). Im fallinternen Vergleich zum Bild des früheren Berufs sind auch beim Bild des aktuellen Berufs Tätigkeiten in einem Raum dargestellt. Allerdings ist hier der Raum geöffnet (durch die großen Fenster, das gekippte Fenster und die Schlitze der Jalousie, durch die Licht hereinkommt) und nicht geschlossen – der Raum ermöglicht durch seine Struktur eine Entwicklung. Fallübergreifend dokumentiert sich bei diesem Typ homolog eine geordnete Struktur, wobei der Raum bedeutsam für das Entstehen von Neuem wird. Während sich dies bei Petra Orange auf die Ermöglichung einer Entwicklung hin zu mehr Wissen bezieht, ist es bei Anna Grün das Leben, das darin entsteht.

Bild zur allgemeinen Bedeutung von Beruf: Beruf als kraftgebender Raum
Homolog zum Bild des aktuellen Berufs dokumentiert sich in den Bildern zur allgemeinen Bedeutung von Beruf die Ermöglichung von Entwicklung in einer strukturierten Ordnung, wobei hier die kraftgebende Funktion des Raumes betont wird. Die planimetrische Komposition des Bildes von Anna Grün zeichnet sich durch zwei Kreise aus, die durch Linien miteinander verbunden sind und sich in der Mitte des Bildes treffen (vgl. Abbildung 6.20). Ähnlich einem Trichter zentriert sich somit der Blick auf die Mitte des Bildes. Während sich das Bild zum früheren Beruf ebenfalls durch zwei Kreise auszeichnet, die jedoch durch eine Linie halbiert werden, fungieren hier die Kreise als Fokussierung auf einen Punkt. In der szenischen Choreografie stellen die Blüte, das Wasserglas und das Wasser im Glas die drei zentralen Bildelemente dar. Der Fokus liegt jedoch nicht auf der Blüte, sondern auf dem Wasser im Glas, das sowohl für das Blühen der Blüte notwendig ist als auch vom Wasserglas begrenzt wird. Die Blüte kann dabei als eine Akelei identifiziert werden, der im Mittelalter eine liebesfördernde Wirkung zugeschrieben wurde. Homolog zum Bild des früheren Berufs ist auch hier die perspektivische Projektion eine Vogelperspektive, mit der auf die Blüte geschaut wird. Während dadurch die gesamte Blüte und das Wasser auf dem Bild zu sehen sind, ist die obere Kante des Wasserglases lediglich in den Ecken zu sehen und reicht sonst über das Bild hinaus. In diesem Bild zur allgemeinen Bedeutung von Beruf dokumentiert sich der Beruf als eine Blüte, wobei der Fokus auf das lebensspendende, zum Blühen bringende Wasser gerichtet ist, wofür ein zugleich begrenzter und offener Raum benötigt wird.

Abbildung 6.20 Zentrierung innerhalb des Kreises (Anna Grün; planimetrische Komposition des Bildes zur allgemeinen Bedeutung von Beruf)

Der Raum nimmt auch im Bild zur allgemeinen Bedeutung von Beruf bei Petra Orange eine bedeutsame Rolle ein. In der planimetrischen Komposition wird das Bild erneut von rechteckigen Formen dominiert und strukturiert (vgl. Abbildung 6.21). Zentrales Bildelement ist in der szenischen Choreografie Petra Orange hinter einem Stehpult. Sie fügt sich mit ihrer schwarzen Kleidung in ein Arrangement aus schwarzem Stehpult und schwarzer Lautsprecherbox ein und ist damit im fallinternen Vergleich zum Bild des früheren Berufs nicht von der Arbeit getrennt, sondern bildet den Mittelpunkt der Tätigkeit. Auch hier wird Petra Orange durch die Fotografie in ihrer Tätigkeit unterbrochen, jedoch dokumentiert sich kein erschrockener Geschichtsausdruck, sondern ein lächelnder. Die

Abbildung 6.21 Geordnete Grundstruktur (Petra Orange; planimetrische Komposition des Bildes zur allgemeinen Bedeutung von Beruf)

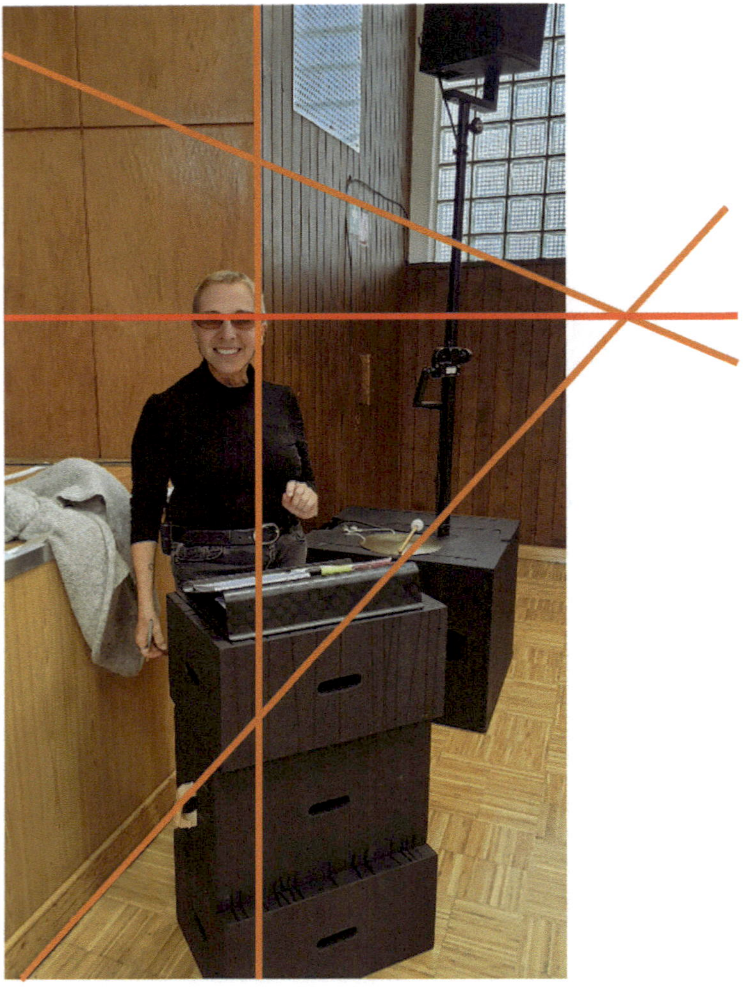

Abbildung 6.22 Verbindung von Person und Raum (Petra Orange; perspektivische Projektion des Bildes zur allgemeinen Bedeutung von Beruf)

Verbindung von Raum und Person wird nochmals durch die perspektivische Projektion unterstrichen (vgl. Abbildung 6.22). Der Fluchtpunkt liegt außerhalb des Bildes, der Raum wird jedoch über die Brille von Petra Orange mit ihr verbunden. Der sowohl offene als auch begrenzende Raum ermöglicht, wie fallübergreifend auch bei Anna Grün, ein Lächeln und Blühen.

Zusammenfassung der Bildinterpretation
In den Bildern von Anna Grün und Petra Orange dokumentiert sich in homologer Art und Weise *erstens* ein Aufgehobensein des früheren Berufes in dem Sinne, dass dieser sowohl als Erinnerung bewahrt wird und daraus durch eine Entwicklung etwas Neues entstanden ist als auch, dass ihm nicht mehr nachgegangen wird. Dieser frühere und vergangene Beruf bildet damit gewissermaßen den Ausgangspunkt und die Grundlage für die weitere berufliche Entwicklung. Bei Petra Orange lässt sich dies anhand der beiden einzigen Bilder zum früheren Beruf rekonstruieren und bei Anna Grün durch das Zusenden einer Pusteblume. *Zweitens* zeigt sich in den Bildern zum aktuellen Beruf, dass eine Entwicklung in einer begrenzten und geordneten Grundstruktur ermöglicht wird. Im Gegensatz zum früheren Beruf werden hier nicht die Fragilität und das Aufgehobene betont, sondern die Entstehung des Neuen, für das jedoch Grenzen konstitutiv sind. Die Bedeutung der Grenzen und des dadurch entstehenden Raumes wird *drittens* noch einmal bei den Bildern zur allgemeinen Bedeutung von Beruf betont. Bei Anna Grün wird das Wasser fokussiert, das erst in seiner Begrenzung durch das Glas einer Blüte das lebensnotwendige Wasser zur Verfügung stellen kann, und bei Petra Orange rahmt der Raum die Tätigkeit, die sie lächelnd ausübt. Zentrale Orientierung bei diesem Typ ist damit die Ermöglichung von Entwicklung, von Neuem, wofür jedoch ein begrenzter und geordneter Raum benötigt wird.

6.3.2.2 Textinterpretation: Fremdbestimmte Begrenzungen des beruflichen Handelns

Bei der Interpretation des Textes lassen sich bei Anna Grün und Petra Orange eine Orientierung an der *Arbeit als existenzieller Tätigkeit* rekonstruieren, *Begrenzungen als konstitutives Merkmal für aktives Handeln*, in Bezug auf den Berufsgruppenwechsel *krisenhaft auftretende Begrenzungen* sowie *signifikant Andere als Wegbegleiter:innen bei der Überwindung dieser Begrenzungen.*

Arbeit als existenzielle Tätigkeit
Der Arbeit und dem Beruf kommt bei diesem Typ eine existenzielle Bedeutung zu. Dies zeigt sich gleich am Anfang der Erzählung der Lebensgeschichte von Anna Grün, die damit beginnt, dass sie bei ihren Großeltern aufgewachsen ist,

weil ihre Eltern arbeiten mussten. Ihr Vater konnte aus gesundheitlichen Gründen seinen erlernten Beruf nicht mehr ausüben und musste daher eine Umschulung machen, weshalb ihre Mutter arbeiten ging und sich nicht um ihre Tochter kümmern konnte. Arbeit und der damit einhergehende Lohnverdienst sind nicht nur so existenziell, dass die Tochter in die Hände der Großeltern gegeben wurde, sondern auch Ausgangspunkt der eigenen Biografie. Diese zentrale Bedeutung von Arbeit taucht in der weiteren Erzählung ihrer Lebensgeschichte immer wieder auf. Der Tante-Emma-Laden, den ihre Mutter führte, „war halt immer vorrangig" (AG, 963), weshalb ihre Eltern sich am Wochenende um den Laden und nicht um die Kinder kümmerten. Ihr Vater arbeitete am Wochenende als Hausmeister neben seinem Beruf als Bankkaufmann, und ihre Großmutter hatte „alle möglichen Putzjobs" (AG, 655), weil ihr Großvater nicht mehr in seinem Beruf als Steinmetz arbeiten konnte. Neben der Arbeit zum Geldverdienst und zur Sicherung des Lebensunterhalts dokumentiert sich noch ein weiterer Aspekt in den Erzählungen: Auf die Frage nach Situationen mit ihrer Großmutter beschreibt Anna Grün, wie sie mit dieser abends zum Putzen in eine Drogerie gehen durfte und dort „die ganzen Flaschen bewundert" (AG, 667) und „wahrscheinlich meine Liebe zu Flakons entwickelt" (AG, 657) hat. Arbeit wird hier auch mit etwas Schönem verknüpft (versinnbildlicht durch die Flakons in der Drogerie), das zwar zunächst unerreichbar ist, aber durch Arbeit erreicht werden kann. Dies dokumentiert sich in einem Arbeitsethos, das Anna Grün als „Vorwärtskommen" (AG, 650, 863) bezeichnet.

Der existenzielle Aspekt von Arbeit zeigt sich homolog in den Erzählungen von Petra Orange. Da sie sich zusammen mit ihrem Ehemann bei einem Hauskauf verschuldete und Geld aus ihrer Arbeit für das Abbezahlen des Kredits beisteuern musste (dieser Betrag wurde von ihr im Voraus berechnet), musste sie immer wieder Jobs annehmen, die sie als „Hassjobs" (PO, 71) betitelt. „So das heißt es musste Geld verdient werden. Ich hab dann Zeitung austrage war im Obst und Gemüseverkauf hab äh was habe ich denn noch gemacht beim Bäcker beim Bäcker gearbeitet" (PO, 69 ff.). Gegenüber diesen einfachen Tätigkeiten tauchen bei ihr Tätigkeiten auf, die sie interessierten, in denen sie ihre Fähigkeiten einbringen konnte und Bestätigung erfuhr. So formuliert sie, dass sie „immer verkannt oder für dumm ghalte" (PO, 274) wurde und das Gefühl hatte, „dass ich eigentlich mehr könnt" (PO, 275 f.). Nach dem zweiten Kind wollte sie aufgrund ihrer „Liebe zur zum Lesen und zum zur Deutschsprache" (PO, 52 f.) eine Weiterbildung zur Buchhändlerin machen, konnte dies jedoch aufgrund ihrer dritten Schwangerschaft nicht umsetzen. Erst nach dem dritten Kind fand sie eine Sekretariatsstelle, in der sie „das erste Mal so richtige Bestätigung" (PO, 122) erfuhr. Arbeit als Bestätigung und Möglichkeit, eigene Fähigkeiten einzubringen, entfaltet sich fallübergreifend vor der biografischen Erfahrung von Arbeit als Geldverdienst und Notwendigkeit zur Sicherung des Lebensunterhalts. Durch sie kann etwas erreicht werden, wie in einer Bibliothek, in der Anna Grün zusammen mit anderen Kolleg:innen „eine kleine Erfolgsgeschichte geschrieben" (AG, 128) hat.

Begrenzungen als konstitutives Merkmal für aktives Handeln
Konstitutiv für die aktive, auch widerständige (berufliche) Handlungspraxis von Anna Grün und Petra Orange sind Begrenzungen. Bereits bei der Wahl der Schule war es bei Petra Orange so, „dass ich nicht die Schule besuchen durfte die ich wollte" (PO, 25). So wollten die Eltern, dass sie nach der Grundschule die Hauptschule besucht, sie jedoch auf Anraten ihrer Grundschullehrerin auf die Realschule gehen durfte. Aufgrund der Erkrankung ihrer Mutter konnte sie jedoch nicht die erforderten Leistungen erbringen, weshalb sie auf die Hauptschule wechselte (was ihre Eltern als Bestätigung für die von ihnen präferierte Schulart ansahen) und erst danach eine hauswirtschaftliche Schule besuchen und dort den Realschulabschluss machen durfte. Im Anschluss an die Realschule hätte sie gern Abitur gemacht und studiert, dies wurde ihr jedoch von ihren Eltern untersagt. Die von ihnen bestimmte Ausbildung als Drogistin hat sie „vom ersten Tag an gehasst" (PO, 34). Bereits früh machte sie die Erfahrung, dass ihr beruflicher Weg, sowohl bei der Wahl der Schule als auch der Ausbildung, von außen, konkret den Eltern, bestimmt war und nicht ihren eigenen Wünschen entsprach. Diese Erfahrung teilt sie mit Anna Grün, deren Bildungsweg ebenfalls von den Eltern bestimmt wurde. Während der Pubertät hörte sie auf zu lernen, worauf sie von ihren Eltern vor die Wahl gestellt wurde, das Abitur in einer von drei anderen Einrichtungen abzuschließen. Sie entschied sich für ein kirchliches Internat, wobei sie nach der elften Klasse wieder auf das Gymnasium in ihrem Ort wechseln wollte. Dies wurde ihr erneut von ihren Eltern verwehrt, und sie wurde vor die Wahl gestellt, entweder das Abitur im Internat zu beenden oder eine Ausbildung zu beginnen. Nachdem sie sich für eine Ausbildung zur Krankenschwester entschieden hatte, waren ihre Eltern „geschockt die waren geschockt" (AG, 1527 f.). Im Gegensatz zu Petra Orange fügte sich Anna Grün zunächst nicht den Wünschen der Eltern, sondern ging in den Konflikt – jedoch setzten sich auch hier wieder die Eltern durch.

> „Und dann hab ich erst wollte=ich Krankenschwester werden da hat meine Mutter ist dann voll ausgerastet aus welchen Gründen auch immer und nie und nimmer und (da hab ich gesagt) ich bin achtzehn ich kann das selber entscheiden dann hat=sie meinen

> Onkel der ist Anästhesist mobilisiert der hat da ja schon im Krankenhaus gearbeitet und hat dann gesagt erzähl ihr vom Krankenhaus von den Leichen und von von von von von wenn sie abends wenn=es Nachtschicht hat hat er mir lauter Gruselgeschichten erzählt das hat mich jetzt nicht so beeindruckt. Aber es war mir klar wenn meine Mutter sich so verhält und ich mach die Ausbildung dann kann=ich sie die nächsten drei Jahre nicht besuchen. Also ich war eigentlich eher unter Druck ich wollte=es einfach. Ich wollte auch keinen Bruch (1) ich wollte jetzt keinen Bruch wegen irgendeiner Ausbildung da hab=ich gesagt gut dann mach=ich halt Erzieherin auch schön.“ (AG, 1531 ff.)

Mit dem Verweis auf ihre Volljährigkeit versuchte Anna Grün zunächst ihre Entscheidung durchzusetzen und ging in einen Konflikt mit ihrer Mutter. Da sich diese nicht unmittelbar durchsetzen konnte, „mobilisiert“ (AG, 1534) sie ihren Onkel, der ihr „Gruselgeschichten erzählt“ (AG, 1537). Obwohl das bei ihr keine Wirkung erzielte, fügte sie sich schließlich doch. Die Begrenzung durch ihre Mutter wurde zwar infrage gestellt und dagegen angekämpft, jedoch letztlich nicht überwunden. Als Handlungsoption wurden nur die beiden extremen Pole „Bruch“ (AG, 1540) der Beziehung zu ihrer Mutter oder Nachgeben erkannt – eine Alternative dazwischen stand nicht zur Auswahl. Auch in einer späteren Passage, als sie die Ausbildung zur Erzieherin in einer Einrichtung aufgrund einer unehelichen Schwangerschaft abbrach und Gärtnerin werden wollte, dokumentiert sich eine homologe Erfahrung. Hier versuchte der Pfarrer auf Hinwirken ihrer Mutter im Traugespräch ihr deutlich zu machen, dass eine Gärtnerinnenausbildung „unter meinem Niveau“ (AG, 1727) sei. Während sie in der oben zitierten Stelle keinen Bruch mit ihrer Mutter wollte, war es hier der Vater, dem zuliebe sie die Idee der Ausbildung zur Gärtnerin verwarf. Er sagte ihr, dass ihre Mutter „so durchgedreht“ (AG, 1755) sei, dass „er hält=es fast nicht=mehr aus er dreht fast durch“ (AG, 1759). Sowohl bei Petra Orange als auch bei Anna Grün lassen sich bei der Berufswahl zwei gegensätzliche Vorstellungen rekonstruieren – einerseits die eigenen und andererseits diejenigen der Eltern, wobei letztlich der von den Eltern vorgegebene Weg gegangen wurde.

Die in ihren Biografien immer wieder auftauchenden Begrenzungen werden von Anna Grün und Petra Orange sowohl infrage gestellt und dagegen angekämpft als auch letztlich angenommen und nicht überwunden. *Innerhalb* der Begrenzung wird dann jeweils nach einer Lösung gesucht. Diese sich fallintern und fallübergreifend dokumentierende aktiv-widerständige Handlungsorientierung innerhalb von Begrenzungen zeigt sich eindrücklich an einer homologen Erfahrung von Anna Grün und Petra Orange in Bezug auf die Geburt ihrer Kinder, wobei hier das Gesundheitswesen und verschiedene Ärzt:innen die begrenzende Institution darstellten. Während der zweiten Schwangerschaft von Petra Orange stellte der Frauenarzt fest, dass das Kind zu klein sei und sie daher liegen bleiben müsste. Sie führte „n ewigen Streit mitm Frauenarzt" (PO, 209), weil sie der Meinung war, dass ihr Bauch dicker war als beim letzten Kind. Daraufhin wies der Frauenarzt sie zwei Monate vor der Geburt ins Krankenhaus ein. Dort hat sie „das ganze Krankenhaus aufgemischt bis zum Chefarzt" (PO, 210). Mit ihm einigte sie sich schließlich darauf, dass sie immer wieder zum Messen kommen durfte und er einen Blick auf sie warf. Die Begrenzung durch den Frauenarzt und innerhalb des Krankenhauses wurde nicht von ihr selbst überwunden und nach anderen Möglichkeiten gesucht, sondern so lange gekämpft, bis es zur Einweisung in das Krankenhaus und zu einem Gespräch mit dem Chefarzt kam. Diese durch Begrenzung hervorgebrachte aktiv-widerständige Handlungsorientierung dokumentiert sich homolog bei Anna Grün. Als ihr erster Sohn mit einem offenen Bauch zur Welt kam und sie daher öfters im Krankenhaus war, musste sie erst einmal „ein bisschen dran arbeiten" (AG, 2057), dass sie im Krankenhaus bleiben durfte. Sie kämpfte dafür und sagte beim ersten Krankenhausaufenthalt, „dann schlaf=ich auf=dem Stuhl und sie müssen mich raustragen" (AG, 2058 f.). Beim dritten Aufenthalt, bei dem ihr Sohn operiert wurde, drohte Anna Grün dem Krankenhaus mit der Öffentlichkeit und damit, dass sie sich „jetzt an=den Stern und an den Spiegel" (AG, 2069) wendet. Daraufhin gab es ein Gespräch mit dem Chefarzt, der ihr schließlich ein Zimmer mit einem Bett für sie anbot. Dieser Umgang mit Begrenzungen dokumentiert sich nochmals fallintern, als sie krankheitsbedingt nicht mehr als Lehrerin arbeiten konnte und bei der Krankenkasse einen „Sitzstreik" (AG, 2444) machte, ihr „Vesper" (AG, 2446) mitbrachte und so lange dortblieb, bis sie Hilfe bei der Suche nach einem neuen Beruf in Form eines Gesprächs mit einem Sozialberater erhielt. Die Begrenzungen, beispielsweise durch die Eltern, das Krankenhaus oder krankheitsbedingt, wurden nicht infrage gestellt oder nach alternativen Möglichkeiten Ausschau gehalten, sondern innerhalb dieser die eigenen Ziele aktiv-widerständig verfolgt.

Krisenhaft auftretende Begrenzungen

Ein Berufsgruppenwechsel findet bei diesem Typ dann statt, wenn sich Rahmenbedingungen krisenhaft verändern. So musste Anna Grün krankheitsbedingt ihren Beruf als Religionslehrerin oder ihre Stelle in der Bibliothek aufgrund eines Vorgesetztenwechsels aufgeben. In diesen Situationen findet nicht von sich aus eine Trennung von den Tätigkeiten statt, sondern es wird so lange darin verharrt, bis ein Weitermachen nicht mehr möglich ist. Dies zeigt sich beispielhaft an einer Situation mit ihrem neuen Vorgesetzten in der Bibliothek.

> „Ähm hab=ich ihm dann halt geschrieben ja:: das und das sei jetzt eigentlich Zeit das zu machen wer genau macht das jetzt damit ich dann die Daten oder das was man dazu braucht der entsprechenden Person geben kann. Kam dann erst mal nichts dann musste=ich noch mal nachfragen und sagen ja es muss jetzt erledigt werden und dann kam zurück ganz großzügig ja Frau [Grün] dann machen Sie das doch. Also ich fand das einfach furchtbar anstrengend weil zum Schluss also irgendwann wusste=ich definitiv nicht mehr was darf ich jetzt machen und was darf ich nicht machen." (AG, 2680 ff.)

Die Arbeit in der Bibliothek, die sie „quasi geleitet" (AG, 118) hat und die von ihr als ihr „Baby" (AG, 125) bezeichnet wird, wurde krisenhaft durch ihren neuen Vorgesetzten begrenzt, indem er ihr Aufgaben wegnahm und es im Unklaren blieb, wer diese Aufgaben erledigen sollte. Aufgrund der hohen Bedeutung der Bibliothek für sie brachte sie sich jedoch weiterhin ein und erinnerte ihren Vorgesetzten an anstehende Aufgaben, was letztlich als „furchtbar anstrengend" (AG, 2685 f.) erfahren wurde. Sie verharrte in dieser Tätigkeit, bis sie von ihrer Ärztin mitgeteilt bekam: „[I]ch hab jetzt nur noch die Option Krankenhaus oder Komplettausfall" (AG, 2720). Die Arbeit übernimmt bei ihr eine so zentrale Bedeutung, dass sie auch aufgrund der anstrengenden Zeit mit ihrem neuen Vorgesetzten nicht von sich aus kündigte, sondern erst, als ihr die Gesundheit keine andere Möglichkeit mehr ließ. Dies zeigt sich homolog bei Petra Orange, die auch erst dann ihre Tätigkeit im Sekretariat kündigte, als es aufgrund eines Vorgesetztenwechsels zum systematischen Mobbing kam, bei dem „alle krank" (PO, 130) wurden.

Von besonderer berufsbiografischer Bedeutung sind bei diesem Typ der Übergang in die Ausbildung und die Unterbrechung durch Familienarbeit. In beiden Fällen werden diese Übergänge als krisenhafte Begrenzung der beruflichen Entwicklung[20] im Sinne einer Fremdbestimmung erfahren. Waren es bei der Wahl der Ausbildung die Eltern, ist es später der Ehepartner.

> „Ich war damals ich sehe mich noch mit meinem Mann auf dem Balkon sitzen da war ich dreiundzwanzig er hat sich entschieden n Meister zu machen und ich habe mich entschieden n Betriebswirt zu machen. Ähm und habe mich damals zurückgenommen. Und immer habe ich gesagt ich hätte das Abitur geschafft ich bin ganz sicher und mein Weg wäre ganz anders geworden wenn ich mich damals durchgesetzt hätte." (PO, 136 ff.)

[20] Berufliche Entwicklung wird bei diesem Typ nicht im Sinne einer vertikalen Mobilität, also einer Karriere, verstanden, sondern vielmehr als Entwicklung der eigenen Fähigkeiten in einem beruflichen Kontext.

In dieser Passage von Petra Orange dokumentiert sich zweierlei: Erstens wird deutlich, wie selbstverständlich die beruflichen Ambitionen ihres Mannes Vorrang haben und sie ihre eigenen zurückstellt. Implizit zeigt sich dies, indem in der Situation auf dem Balkon im Anschluss an ihre Entscheidung, eine Weiterbildung zu machen, keine Diskussion und auch kein Aushandlungsprozess erzählt wird, sondern lediglich der Satz anschließt, dass sie sich „zurückgenommen" (PO, 139) hat. Auch auf eine Nachfrage im späteren Verlauf des Interviews kann sie sich nicht erklären, warum sie dafür nicht gekämpft und dies einfach hingenommen hat. Zweitens dokumentiert sich darin eine Fremdbestimmung, indem sie einen beruflichen Weg gehen wollte, der jedoch von den Eltern und dann vom Ehepartner begrenzt worden ist. Mit der Geburt der Kinder zeigt sich diese Fremdbestimmung erneut: Die Übernahme der Familienarbeit durch sie stellt eine unhinterfragte Selbstverständlichkeit dar, die mit der Aufgabe des Berufes einhergeht. Deshalb war sie weder von ihrer ersten Schwangerschaft noch von ihrer dritten Schwangerschaft begeistert, da sie dadurch ihren Wunsch nach einer Ausbildung zur Buchhändlerin nicht umsetzen konnte. Resignativ resümiert sie: „Das wars dann wieder mal" (PO, 58 f.). Es erfolgten keine Abwägungsprozesse mit ihrem Ehepartner oder Suchbewegungen zur Vereinbarkeit von Familie und Beruf, um damit einen Weg der selbstbestimmten beruflichen Entwicklung zu finden, sondern es wird implizit deutlich, dass es aus ihrer Sicht keine andere Option gab, als sich in die Rolle als Hausfrau einzupassen.

Auch Anna Grün fügte sich zunächst dieser Rolle und übernahm wie selbstverständlich die Familienarbeit. „Also ich wollte- ich hab immer gedacht ja wenn ich Kinder hab dann bleibe ich daheim und dann mache ich alles schön" (AG, 2167 f.). Jedoch wurde dies auch bei ihr zu einer krisenhaften Begrenzung, indem sie die Erfahrung machte, dass sie darin nicht aufblühte. „Aber ich hab dann halt gemerkt dass das nicht mein Leben sein kann also da gehe ich ein wie eine Primel" (AG, 2171 f.). In dieser Metapher der eingegangenen Primel dokumentiert sich, dass ihr die Familienarbeit nicht das notwendige Wasser zum Aufblühen zur Verfügung stellt.[21] Erst mit den weniger werdenden Sorgepflichten konnte sie sich an ihrer selbstbestimmten beruflichen Entwicklung orientieren. Dabei blieb ihre als fremdbestimmt erfahrene Rolle als Hausfrau bestehen, die auch weiterhin ihre berufliche Entwicklung begrenzte, weshalb beide miteinander verhandelt werden mussten. Die Begrenzung wurde einerseits beim beruflichen Wiedereinstieg aufrechterhalten. Anna Grün wollte als Erzieherin einsteigen, jedoch in Teilzeit, um die Familienarbeit weiterhin leisten zu können, was zur damaligen Zeit nicht

[21] Hier dokumentiert sich eine Homologie zum Bild allgemeine Bedeutung von Beruf, indem das Wasser zentral für das Blühen der Blüte wird.

möglich war. Homolog dazu wurde Petra Orange auf dem Arbeitsamt gesagt, dass sie nur unterstützt werden könne, wenn sie einen Betreuungsplatz für die Kinder hätte, und diesen hätte sie nur bekommen, wenn sie einen Arbeitsplatz gehabt hätte. „Und wieder platzte ein Traum" (PO, 87). Andererseits blieb die fremdbestimmte Begrenzung durch ihre Ehepartner bestehen. Als Anna Grün eine Weiterbildung zur Religionslehrerin machen wollte und ihrem Mann von ihren Plänen berichtete, war dieser „überhaupt gar nicht begeistert der war dem hat das nicht gefallen. Gar nicht" (AG, 2194 f.). Sie begann die Weiterbildung dennoch und organisierte das Lernen neben der Betreuung der Kinder und dem Haushalt. Krisenhaft wurde diese Begrenzung aufgrund der fehlenden Unterstützung ihres Ehepartners durch den nicht zu leistenden Aufwand von Lernen und Familienarbeit. Nach einem Jahr „bin=ich einfach fast zusammengebrochen weil ich halt (2) der eine Puzzle Unterstützungsteil von meinem Mann hat gefehlt" (AG, 2229 f.). In dieser krisenhaften Situation brach sie die Weiterbildung beinahe ab, bekam aber dann nach einem Gespräch mit ihrem Mann doch seine Unterstützung. Homolog dazu bekam auch Petra Orange bei der Suche nach einem Arbeitsplatz und später beim Nachholen des Abiturs keine Unterstützung von ihrem Mann. Als das Arbeitsamt die Wiedereingliederung an einen Betreuungsplatz band und umgekehrt, sagte ihr Mann nur, „na ja dann ist halt so" (PO, 88). Und als sie auf das Abendgymnasium ging, erfüllte auch sie weiterhin die fremdbestimmte Rolle als Hausfrau und organisierte neben dem Lernen noch Familie und Haushalt. „Familie Haushalt gearbeitet Schule gelernt meine Eltern meine Mutter die schwer krank wurde und des Jahr hatte ich=wars dann einfach zu viel" (PO, 184 ff.). Wie Anna Grün, kämpfte sie sich durch, wiederholte ein Jahr und machte dann ihren Abschluss. In ihrem sozialen Umfeld stieß ihre Orientierung an der eigenen beruflichen Entwicklung dabei auf wenig Verständnis. Ihrem Mann wurde gesagt, „dass du des deiner Frau erlaubst so was" (PO, 167), und ihr Freundeskreis dezimierte sich auf wenige Freundinnen. Sie stellte sich gegen die Norm ihres sozialen Umfeldes, um einen „Töpferkurs" (PO, 173) in der Volkshochschule zu besuchen oder „Wellness" (PO, 174) zu machen. So hatte ihr Mann auch „immer gehofft habe ich auch gesagt dass ich mal wieder normal werd und vielleicht einfach nur im Lidl an der Kasse sitz" (PO, 191 f.).

Die besondere Bedeutung der Arbeit und des Berufes dokumentiert sich homolog bei Anna Grün in der Bibliothek und bei Petra Orange im Sekretariat. Beide erschließen sich neue Tätigkeiten, die sie fordern und für die sie sich auch außerhalb der Arbeitszeiten Kenntnisse aneignen.

> „[U]nd hatte ein Vorstellungsgespräch und dann hat der zu mir gesagt können Sie sich das eigentlich vorstellen. Dann hab ich gesagt ja. Ja und wie siehts mit Rechner und so Computer bediene aus. Da sag ich kann ich nicht aber lerne ich." (PO, 97 ff.)

Petra Orange besuchte Computerkurse, konzipierte ein neues System der Stundenerfassung und entwickelte zusammen mit einer Softwarefirma ein eigenes Programm. Anna Grün eignete sich nicht nur autodidaktisch mithilfe einer Freundin, die Bibliothekswesen studiert hatte, Fähigkeiten für die Arbeit in der Bibliothek an, sondern erlernte mithilfe ihrer Kinder auch den Umgang mit dem Computer, wurde Systembetreuerin des neuen Ausleihsystems und schulte Mitarbeiter:innen in anderen Bibliotheken. Arbeit erfüllte nicht mehr nur den Zweck der Sicherung des Lebensunterhalts, sondern bot die Möglichkeit, eigene Fähigkeiten einzubringen, sich von der Rolle als Hausfrau zu emanzipieren und eine Bestätigung jenseits von Haushalt und Familie zu erhalten. So spricht Petra Orange davon, dass sie zum ersten Mal in ihrem Leben eine Festanstellung „mit eigenem Aufgabengebiet" (PO, 121) hatte und es „das erste Mal so richtige Bestätigung [war]. Ja das kannst du. Also es war ganz toll" (PO, 122 f.).

Signifikant Andere als Wegbegleiter:innen bei der Überwindung von Begrenzungen
Krisenhafte Begrenzungen werden bei diesem Typ nicht von selbst überwunden, sondern es werden dafür signifikant Andere benötigt. Als Anna Grün in ihrer Tätigkeit als Religionslehrerin immer wieder müde war, nicht mehr richtig sehen konnte und schief an der Tafel schrieb, ging sie nicht von sich aus zum Arzt, sondern sie benötigte dafür eine Freundin.

> „Und dann @hab=ich eine Freundin gehabt@ die war sehr resolut und die hat dann gesagt wenn du morgen nicht einen Arzttermin hast beim Doktor sowieso dann ruf ich an und melde dich da an und hole dich persönlich und schleife dich in das Auto @(.)@. Und ich so okay okay okay ich rufe an @(.)@." (AG, 2327 ff.)

Obwohl sich die Rahmenbedingungen durch die gesundheitlichen Einschränkungen krisenhaft veränderten, verharrte sie in der Situation, bis eine Freundin sie dazu brachte, sich Hilfe zu holen. Die Bedeutung von anderen innerhalb solcher krisenhaften Situationen wird nochmals in der daran anschließenden Zeit deutlich. Da Anna Grün aufgrund einer ernsthaften Krankheit nicht mehr ihren Beruf ausüben konnte, erwirkte sie durch einen „Sitzstreik" (AG, 2444) bei der Krankenkasse einen Termin mit einem Sozialberater. Zusammen mit ihrem Rentenberater kam es schließlich zu einem Termin mit dem Träger, wobei die beiden „mich dann mitgenommen eingepackt mitgenommen [haben] dann gab=es ein großes großes Gespräch und alle Bedingungen und so weiter wurden geklärt und plötzlich hatte ich eine Stelle“ (AG, 2478 ff.). Weder wurde die neue Stelle von ihr selbst ausgewählt noch der berufliche Übergang gestaltet, sondern sie suchte sich andere, die ihr dabei helfen konnten. Im Übergangsprozess selbst war sie passiv, sie wurde „eingepackt mitgenommen“ (AG, 2478) und hatte aufgrund eines Gespräches „plötzlich“ (AG, 2480) eine neue Stelle. Diese Erfahrung dokumentiert sich fallintern in der darauffolgenden Tätigkeit, als es nach zehn Jahren zu einem Wechsel des Vorgesetzten kam und sich die Situation erneut krisenhaft veränderte. Auch hier verharrte sie so lange in der Situation, bis ihr eine Ärztin attestierte, dass es „jetzt nur noch die Option Krankenhaus oder Komplettausfall“ (AG, 2719 f.) gäbe. Erst dann kündigte sie ihr Arbeitsverhältnis. In solchen Situationen fungieren außenstehende Personen als temporäre Wegbegleiter:innen und Impulsgeber:innen, durch die sich erst neue Perspektiven ergeben.

> „Für mich sind das dann- ich nenne für mich die Leute immer Wegbegleiter die mich dann entweder ein Stück bewegen also eine gewisse Zeit oder einfach nur eine eine einzige kurze Begegnung das re das reicht oft aus um mal auch irgendwie die Perspektive im Denken zu wechseln.“ (AG, 2873 ff.)

Fallübergreifend dokumentieren sich auch bei Petra Orange krisenhaft veränderte Rahmenbedingungen, die zu einem von signifikant Anderen initiierten Berufsgruppenwechsel führen. Sie musste, homolog zu Anna Grün, ihre Stelle im Sekretariat aufgrund eines Vorgesetztenwechsels und damit einhergehendem Mobbing kündigen, woraufhin eine „furchtbare Zeit“ (PO, 131 f.) begann. „Die Zeit verging ich bin wieder zurückgefallen. Bäcker Zeitung austrage putze gehe Bewerbungen schreibe Weiterbildungen mache Business Englisch ähm (2) Bewerbungsseminare Versuch mit Selbstständigkeit und dann wurde ich fünfzig“ (PO, 133 ff.). Ihr Versuch, beruflich Fuß zu fassen, war erneut gescheitert, und ähnlich der Erfahrung, als sie zum dritten Mal schwanger wurde und ihren Traum nicht verwirklichen konnte, ist sie wieder „zurückgefallen“ (PO, 133). Erst mit dem lebensphasenspezifischen Ereignis ihres 50. Geburtstags wurde diese krisenhafte Situation mithilfe eines signifikant Anderen, nämlich ihrer Tochter, überwunden. „Ich wurde fünfzig meine Tochter hat gesagt Mama jetzt machsch dei Abi“ (PO, 141 f.). Bevor Petra Orange diesen Schritt ging, musste ihre Tochter jedoch zudem ihre Zweifel entkräften. Erst mit deren Hilfe und Impuls wagte sie schließlich den Weg aus der krisenhaften Situation in einen neuen beruflichen Weg.

Zusammenfassung der Textinterpretation
Konstitutiv für diesen Typ sind fremdbestimmte Begrenzungen, die zu krisenhaften Situationen führen. Dies betrifft berufsbiografisch die fremdbestimmte Wahl der Ausbildung durch die Eltern, die unhinterfragte Übernahme der Rolle als Hausfrau (die hier als Identitätsnorm aufgerufen wird, vgl. Abschnitt 3.2) und im Beruf dann Krankheiten oder den Wechsel von Vorgesetzten. Diese Situationen werden als gegeben angenommen und darin so lange verharrt und aktiv-widerständig gehandelt, bis signifikant Andere bei der Überwindung der krisenhaften Begrenzung helfen. Diese fungieren als Wegbegleiter:innen und Impulsgeber:innen, die neue Perspektiven und Optionen ermöglichen. Dabei wird dreierlei relevant: *Erstens* kommt der Arbeit (und damit dem Beruf) eine existenzielle Bedeutung zu. Sie sichert nicht (mehr) nur den Lebensunterhalt, sondern ermöglicht das Einbringen eigener Fähigkeiten, eine Emanzipation von der fremdbestimmten Rolle als Hausfrau und dadurch eine Bestätigung jenseits von Familie und Haushalt. So hat Petra Orange ihren Töchtern „eibläut" (PO, 242), dass sie einen Beruf erlernen sollen, bei dem es nicht wie bei ihr zu einer Abhängigkeit in Form einer „Versorgerehe" (PO, 246) kommt, bei der sie „ein Mann braucht um überhaupt äh existieren zu können" (PO, 244). *Zweitens* wird gegen die Fremdbestimmung zwar angekämpft, wie beispielsweise bei Anna Grün in Bezug auf die Wahl der Ausbildung durch die Eltern. Jedoch erst mit den weniger werdenden Sorgepflichten gewinnt die Orientierung an der eigenen beruflichen Entwicklung an Bedeutung. Die Begrenzung durch die Rolle als Hausfrau (und die Orientierung an dieser Identitätsnorm) fällt dabei nicht weg, sondern der selbstbestimmte berufliche Weg wird handlungspraktisch neben Familie und Haushalt organisiert. *Drittens* tritt diese Orientierung an einer selbstbestimmten beruflichen Entwicklung in ein Differenzverhältnis zum sozialen Umfeld, durch das es zu Konflikten sowohl mit dem Freundeskreis als auch vor allem mit dem Ehepartner kommt. Unterstützung wird (wenn überhaupt) nur zögerlich gewährt und Haushalt und Familie müssen weiterhin nebenher organisiert werden.

6.3.2.3 Dimensionen des Typs *Kampf* und soziogenetische Interpretation

Bei diesem Typ lassen sich strukturidentische Erfahrungen in Bezug auf eine *berufsbezogene Norm* rekonstruieren, die sich neben der Sicherung des Lebensunterhalts auf das Einbringen eigener Fähigkeiten, eine damit einhergehenden Bestätigung jenseits von Haushalt und Familie und die Möglichkeit der Emanzipation von der Rolle als Hausfrau bezieht. Als zentrale Orientierung kann dabei die selbstbestimmte berufliche Entwicklung angesehen werden, die immer wieder krisenhaft begrenzt wird – sei es durch die Eltern bei der Wahl der Ausbildung, durch die Geburt der Kinder, die mit der selbstverständlichen Übernahme der Familienarbeit einhergeht, durch den Ehepartner beim beruflichen Wiedereinstieg oder beim späteren Beruf dann durch Krankheiten oder den Wechsel von Vorgesetzten. Gerade durch diese Begrenzungen konstituiert sich bei diesem Typ eine aktiv-widerständige *berufsbezogene Praxis*. So wird innerhalb der Begrenzung für neue Möglichkeiten gekämpft, ohne diese jedoch von selbst zu überwinden. Als Anna Grün krankheitsbedingt ihren Beruf als Religionslehrerin nicht mehr weiterführen kann, macht sie einen „Sitzstreik" (AG, 2444) bei ihrer Krankenkasse, um Unterstützung für ihren Berufsgruppenwechsel zu erhalten. Und Petra Orange besucht auch weiterhin das Abendgymnasium, obwohl sich nahezu ihr gesamter Freundeskreis von ihr abwendet und sie auch von ihrem Ehepartner keine Unterstützung erhält. Berufliche Mobilität und ein Berufsgruppenwechsel werden bei diesem Typ daher nur dann *hergestellt und bewältigt*, wenn Begrenzungen so krisenhaft werden, dass es keine andere Möglichkeit mehr gibt. So hält Anna Grün auch nach einem Wechsel des Vorgesetzten an ihrer Stelle in der Bibliothek fest, bis sie von einer Ärztin vor die „Option Krankenhaus oder Komplettausfall" (AG, 2719 f.) gestellt wird. Diese Übergänge aus krisenhaften Situationen werden nicht selbst hergestellt und bewältigt, sondern es werden *signifikant Andere* benötigt. Diese nehmen die Rolle als temporäre Wegbegleiter:innen und Impulsgeber:innen ein, wie die Tochter von Petra Orange, die sie auf die Idee bringt, am Abendgymnasium das Abitur nachzuholen, oder eine Freundin von Anna Grün, die ihr von einer Ausbildung zur Religionslehrerin erzählt. Der *Beruf* bietet damit, wie in den Bildern zum aktuellen Beruf und der allgemeinen Bedeutung von Beruf deutlich wird, einerseits eine feste Struktur, in der sich etwas entwickeln, Neues entstehen kann, und andererseits die notwendigen Ressourcen für ein Aufblühen. Er schafft einen Raum, in dem die eigenen Fähigkeiten eingebracht und ein biografisches Schließen ermöglicht wird. So resümiert Petra Orange, dass sie mit dem Abschluss des Abiturs „langsam wieder dahin [kommt] wo ich war mit achtzehn" (PO, 158), als sie eigentlich auf das Gymnasium gehen wollte, dies jedoch von ihrem Vater verboten wurde.

Soziogenetisch dokumentieren sich bei Anna Grün und Petra Orange strukturidentische Erfahrungen in Bezug auf den Erfahrungsraum Milieu. Beide wachsen in einem religiös geprägten Milieu mit traditionell-konservativen Werten auf. Petra Orange war in ein freikirchliches Umfeld eingebunden, und Anna Grün spricht immer wieder davon, dass sie sowohl in der Jugend „in kirchlichen Kreisen irgendwie aktiv" (AG, 85) war und später dann sowohl im Internat als auch in der Erzieherinnenausbildung mit Ordensschwestern zu tun hatte. Die traditionell-konservativen Werte dieses Milieus dokumentieren sich bei Anna Grün beispielsweise darin, dass sie während der Erzieherinnenausbildung von ihrem Freund schwanger wurde und die Leitung der kirchlichen Einrichtung ihr mitteilte, dass sie die Ausbildung noch so lange weiterführen könne, wie man nichts von ihrer unehelichen Schwangerschaft sehe. Und als es zu einer Fehlgeburt kam und sie ihren Freund heiratete, meinten alle, dass die Heirat jetzt nicht mehr notwendig sei, da sie nicht mehr schwanger wäre. An dieses Milieu sind geschlechtstypische Vorstellungen gebunden, mit denen die Selbstverständlichkeit der fremdbestimmten beruflichen Entwicklung durch die Eltern und die Übernahme der Rolle als Hausfrau erklärt werden können. So beschreibt Petra Orange, wie ihre Mutter am Übergang zur Ausbildung der Meinung war, dass sie „was von Haushalt lernen" (PO, 26 f.) sollte. Und Anna Grün beschreibt in der Eingangserzählung: „[H]ab dann ne Erzieherausbildung gemacht geheiratet ganz klassisch alles Kinder bekommen" (AG, 75 f.). Gegen diese „ganz klassisch" (AG, 75) weiblich-geschlechtstypische und sie begrenzende Vorstellung entwickeln beide bereits in der Pubertät ihre aktiv-widerständige Handlungspraxis. Wie bereits gezeigt wurde, setzen sie sich jedoch damit nicht durch, sondern es bleibt bei einem Ausprobieren innerhalb der Begrenzung. Anna Grün will zwar das Abitur machen, wählt dann aber die Ausbildung und fügt sich den Wünschen ihrer Eltern, ebenso wie Petra Orange, die ihre fremdbestimmte Ausbildung „vom ersten Tag an gehasst" (PO, 34) hat. Dieses geschlechtstypische Rollenverständnis reproduziert sich in der eigenen Ehe und führt dazu, dass Anna Grün und Petra Orange zunächst ihren Beruf für ihren Mann und ihre Kinder aufgeben und selbst nach dem Berufseinstieg vor der Aufgabe stehen, Beruf, Lernen, Kinder und Haushalt zusammen zu organisieren. Mit ihrer selbstbestimmten beruflichen Entwicklung (im Sinne der Emanzipation von der Rolle als Hausfrau und des Einbringens eigener Fähigkeiten), die sie sich auch gegen Begrenzungen erkämpfen, stoßen sie nicht nur auf Unverständnis in ihrem sozialen Umfeld, sondern auch bei ihren Ehepartnern. So hat der Ehepartner von Petra Orange gehofft, dass „ich mal wieder normal werd und vielleicht einfach nur im Lidl an der Kasse sitz" (PO, 191 f.). Und ihr Kampf dagegen zeigt sich darin, wenn sie fortführt: „Nein mach ich nicht" (PO, 192).

6.3.3 Typ *Suche*: passiv-anpassend

Diesem Typ lassen sich die Fälle Fritz Blau und Peter Grau zuordnen. Beide teilen die Erfahrung einer Nichtpassung zu ihrem erlernten Beruf und einer Suche nach einem Platz in der Berufswelt. Aufgrund milieuspezifischer und familiärer Erwartungen erlernen sie einen Beruf, der ihnen jedoch fremd ist. Durch ein Initialereignis, wie den Tod des Vaters und eine Reise oder eine Elternzeit und das Treffen mit einem Coach, lösen sie sich davon und suchen einen Beruf, der zu ihnen passt.

6.3.3.1 Bildinterpretation: Die Suche nach dem richtigen Platz

In den Bildern von Fritz Blau und Peter Grau (vgl. Abbildung 6.23 und 6.24) dokumentieren sich zwei dominante Orientierungen: *Gleichbleibende Form bei Veränderung der Struktur* und eine *Kongruenz von Person und Umgebung.*

Abbildung 6.23 Bilder zum früheren Beruf, aktuellen Beruf und allgemeiner Bedeutung von Beruf (Fritz Blau; von links nach rechts)

Abbildung 6.24 Bilder zum früheren Beruf und aktuellen Beruf (Peter Grau; von links nach rechts)

Bilder zum früheren und aktuellen Beruf: Gleichbleibende Form bei Veränderung der Struktur

Bei diesem Typ lässt sich ein Beibehalten der Form bei gleichzeitiger Veränderung der Struktur zwischen früherem und aktuellem Beruf rekonstruieren. Betrachtet man zunächst das Bild zum aktuellen Beruf von Fritz Blau, so dokumentiert sich in der planimetrischen Komposition eine geordnete Struktur, die sich durch die farblich voneinander getrennten Textblöcke ergibt (vgl. Abbildung 6.25). In der szenischen Choreografie wird diese Ordnung durch das systematische Zusammenspiel der Farben auf dem Flipchart zwischen Überschrift, Textkörper und Aufzählungszeichen unterstrichen, ebenso wie in der perspektivischen Projektion. Das Bild ist in einer Frontalperspektive aufgenommen, wodurch das Flipchart leicht gekrümmt ist und sich zwei Fluchtpunkte am linken und rechten Rand des Bildes ergeben, die es horizontal teilen (vgl. Abbildung 6.26). Demgegenüber ist beim Bild zum früheren Beruf ebenfalls ein Flipchart zu sehen, hier jedoch mit einem chaotischen Inhalt. Die farblichen Blöcke werden immer wieder durch andere Farben unterbrochen, und auch die Linienführung ist nicht eindeutig. In der perspektivischen Projektion ergibt sich ein Fluchtpunkt außerhalb des Bildes, wodurch der Blick vom Inhalt des Flipcharts weggelenkt wird (vgl. Abbildung 6.27). Bei den Bildern von Fritz Blau zum früheren und zum aktuellen Beruf dokumentieren sich damit durch das jeweilige Flipchart einerseits eine gleichbleibende Form und andererseits ein Wechsel von einer chaotischen zu einer geordneten Struktur, wobei gleichzeitig auch beim aktuellen Beruf chaotische Momente erhalten bleiben. So wechselt zwar die Schriftfarbe unter der ersten Überschrift, bleibt jedoch bei der zweiten Überschrift identisch, ebenso wie die Stifte am unteren Rand des Bildes ungeordnet nebeneinanderliegen.

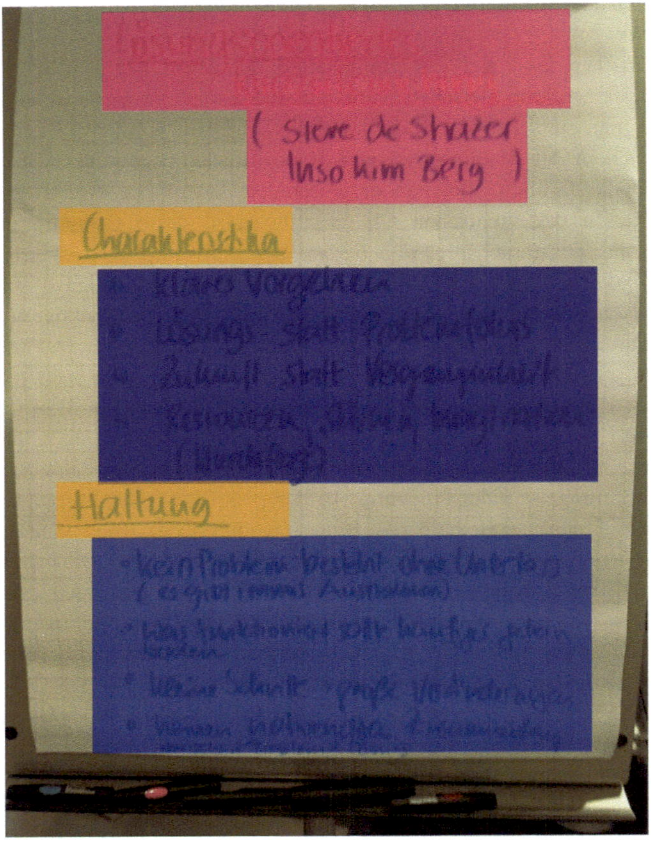

Abbildung 6.25 Ordnung (Fritz Blau; planimetrische Komposition des Bildes zum aktuellen Beruf)

Fallübergreifend zeigt sich bei Peter Grau in den Bildern zum früheren und aktuellen Beruf dieser Modus des Beibehaltens der Form und des Wechsels der Struktur, hier jedoch vor allem bezogen auf die Tätigkeiten und die Uniformierung. Zunächst dokumentiert sich in der planimetrischen Komposition im Bild zum früheren Beruf durch die eckigen Formen im Bildhintergrund eine geordnete Grundstruktur (vgl. Abbildung 6.28). In der szenischen Choreografie wird

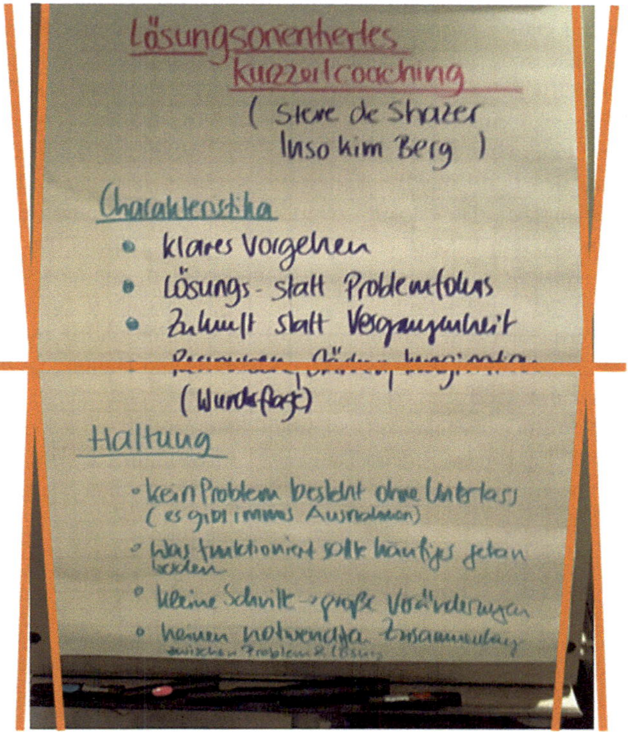

Abbildung 6.26 Mittig (Fritz Blau; perspektivische Projektion des Bildes zum aktuellen Beruf)

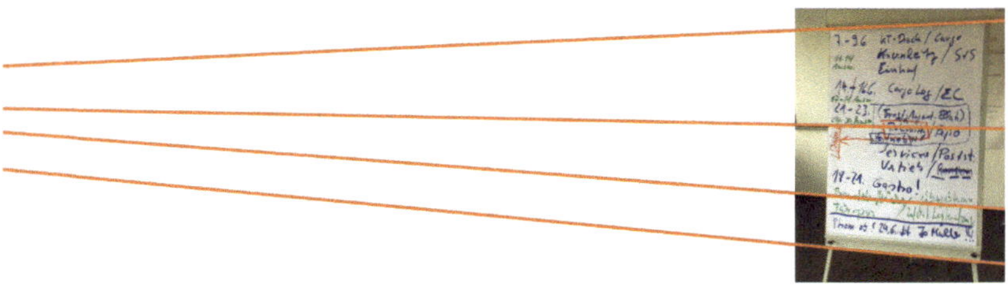

Abbildung 6.27 Außerhalb (Fritz Blau; perspektivische Projektion des Bildes zum früheren Beruf)

die Person im Bildvordergrund mit Sakko, Krawatte und Hemd sowie einer akkuraten Frisur und glatten Rasur im Verhältnis zu den Büchern im Bildhintergrund relevant. Der Kleidungsstil, die aufrechte, statische Haltung, das Auflegen des Armes und das Bücherregal entsprechen dabei einer Common-Sense-Vorstellung eines etablierten akademischen Berufes in einem Büro. Dominiert beim Bild zum früheren Beruf Peter Grau als Bildmittelpunkt (vgl. Abbildung 6.29), sind es beim Bild zum aktuellen Beruf die Tätigkeiten des Kochens, die eine Verbindung mit den Personen eingehen. Dies dokumentiert sich in der planimetrischen Komposition, indem in den drei Bildern den dominanten Linien folgend die Abfolge der Tätigkeiten dargestellt wird (kochen, anrichten, servieren; von rechts nach links). Die Personen sind dabei sowohl durch die Augen als auch durch die Hände miteinander verbunden (vgl. Abbildung 6.30). Auch hier sind in der szenischen Choreografie Personen mit berufstypischer Kleidung und Haltung zu erkennen.

Während sich im Bild zum früheren Beruf von Peter Grau durch die statische Haltung vor dem Bücherregal eine Denkarbeit dokumentiert, ist es beim Bild zum aktuellen Beruf eine handwerkliche Tätigkeit – die Struktur hat sich geändert, die Form, die Uniformierung und das Ausüben einer beruflichen Tätigkeit bleiben dagegen erhalten.

Abbildung 6.28 Ordnung (Peter Grau; planimetrische Komposition des Bildes zum früheren Beruf)

Abbildung 6.29 Person (Peter Grau; szenische Choreografie des Bildes zum früheren Beruf)

Abbildung 6.30 Verbindung Tätigkeit und Person (Peter Grau; planimetrische Komposition des Bildes zum aktuellen Beruf)

Bild zur allgemeinen Bedeutung von Beruf: Kongruenz von Person und Umgebung
Hier wird lediglich das Bild von Fritz Blau zur allgemeinen Bedeutung von Beruf herangezogen, da Peter Grau kein Bild zu dieser Fragestellung zur Verfügung gestellt hat.[22] Im Vergleich zu den beiden anderen Bildern von Fritz Blau sticht dieses sowohl aufgrund des Formates heraus (Querformat im Gegensatz zum Hochformat der beiden anderen Bilder) als auch dadurch, dass auf diesem Bild der Befragte selbst zu sehen ist.

[22] Peter Grau sandte dem Forschenden trotz mehrmaligen Nachfragens kein Bild zur allgemeinen Bedeutung von Beruf zu.

Abbildung 6.31 Geordnete Bildkomposition (Fritz Blau; planimetrische Komposition des Bildes zur allgemeinen Bedeutung von Beruf)

In der planimetrischen Komposition[23] fallen bei diesem Bild die dominanten horizontalen Linien, die sich durch den Schrank ergeben, als auch die dominanten vertikalen Linien, die sich durch die Person ergeben, auf (vgl. Abbildung 6.31). Dies lässt zunächst eine geordnete Bildkomposition vermuten. Zeichnet man noch weitere sich im Bild ergebende vertikale und horizontale Linien ein (vgl. Abbildung 6.32), so wird deutlich, dass die rechteckige Struktur des Bildes zwar eine Ordnung impliziert, diese jedoch durch die ungleichmäßige Größe der Rechtecke gebrochen wird. Es dokumentiert sich eine spezifische Art und Weise der unordentlichen Ordnung. Dies wird durch die szenische Choreografie des Bildes unterstrichen. So entsteht zwar auf den ersten Blick der Eindruck, dass die Ordnung der Gegenstände nicht gebrochen wird, indem beispielsweise Nase,

[23] Die Interpretation des Bildes von Fritz Blau zur allgemeinen Bedeutung von Beruf ist an eine bereits erschienene angelehnt (vgl. Rundel 2021a).

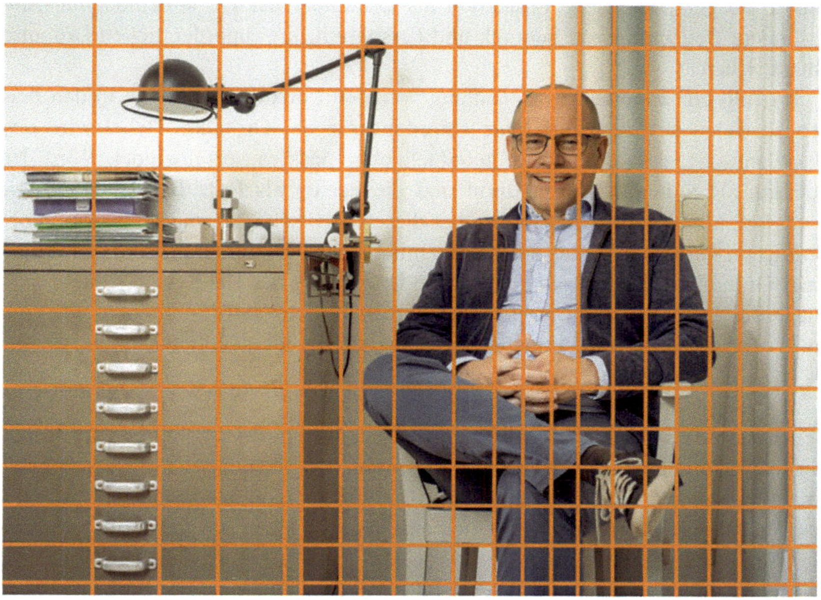

Abbildung 6.32 Unordentliche Ordnung (Fritz Blau; planimetrische Komposition des Bildes zur allgemeinen Bedeutung von Beruf)

Knopfleiste des Hemdes, Daumen und Knie auf einer vertikalen Linie zu liegen scheinen. Und auch die Kleidungsstücke der Person scheinen aufeinander abgestimmt zu sein (hellblaues Hemd, dunkelblaue Weste, blaue Hose), ebenso wie die Gegenstände auf dem Schrank anscheinend akkurat angeordnet sind und der Stuhl scheinbar symmetrisch vor den Rohren im Bildhintergrund steht. Bei genauerer Betrachtung zeigt sich jedoch, dass Daumen und Knie auf einer Linie liegen sowie Nase und Knopfleiste auf einer anderen. Bei der Weste, dem Hemd und der Hose sowie dem Vorhang am rechten Bildrand sind mehrere Falten sowie am Schrank und an der Tapete im Bildhintergrund Abnutzungsspuren zu sehen. Und auch während die Zeitschriften zunächst als geordnet erscheinen, ist eine Zeitschrift aufgeschlagen und umgeklappt. Diese Unordnung irritiert jedoch bei den beiden zentralen Elementen des Bildes, Person und Schrank, nicht. Die Person lächelt den Betrachter direkt an, hat ihre Arme entspannt auf die Lehnen des Stuhls und sich selbst nach hinten gelegt. Die unordentliche Ordnung tritt damit in ein kongruentes Verhältnis zur unordentlichen Ordnung des Schrankes.

Durch die perspektivische Projektion als Zentralperspektive wird nochmals die besondere Bedeutung von Schrank und Person mit ihrer unordentlichen Ordnung unterstrichen.

Im Bild zur allgemeinen Bedeutung von Beruf dokumentiert sich in den beiden zentralen Bildelementen eine Unordnung in der Ordnung. Dabei wird das Unordentliche, das Chaotische, geordnet, ohne dass es verschwindet. Wird der Schrank als Symbol für den Beruf und die Person als Fritz Blau interpretiert, decken sich nun Person und Beruf über diese spezifische Art und Weise der unordentlichen Ordnung. Weder das Unordentliche der Person tritt in Widerspruch zu einer Ordnung des Berufes, noch tritt die Unordnung des Berufes in Widerspruch zur Ordnung der Person. Fritz Blau hat seinen Platz im Beruf gefunden, was sich auch in seiner entspannten und lächelnden Haltung dokumentiert.

Zusammenfassung der Bildinterpretation
Bei diesem Typ dokumentiert sich *erstens* ein Wechsel der Struktur vom früheren zum aktuellen Beruf, wobei die Form erhalten bleibt. Bei Fritz Blau findet eine Veränderung von einer chaotischen Bildkomposition hin zu einer geordneten statt, wobei auch hier chaotische Elemente und die Form des Flipcharts erhalten bleiben. Bei Peter Grau findet ein Wechsel von einer Personenzentrierung hin zu einer Bildkomposition statt, bei der Person und Tätigkeit eine Einheit bilden, wobei die berufstypische Uniformierung erhalten bleibt. *Zweitens* nimmt das Bild von Fritz Blau zur allgemeinen Bedeutung von Beruf den Bruch des Geordneten durch unordentliche Elemente beziehungsweise die Ordnung des Unordentlichen auf. Über die beiden zentralen Bildelemente des Schrankes und der Person wird eine Kongruenz durch eine spezifische unordentliche Ordnung hergestellt. Damit wird ein Platz in der Berufswelt gefunden, versinnbildlicht durch den auf einem Stuhl sitzenden, lächelnden Fritz Blau, indem Person und berufliche Umgebung zur Deckung gebracht werden.

6.3.3.2 Textinterpretation: Arbeit als Ort sozialer Anerkennung

Bei der Interpretation des Textes lassen sich bei Fritz Blau und Peter Grau eine Orientierung an einem *Rausch der Arbeit* rekonstruieren, eine *Orientierungslosigkeit und Passivität* sowie in Bezug auf den Berufsgruppenwechsel eine *Suche nach Passung,* wobei der Berufsgruppenwechsel durch ein *Initialereignis als Bruch* mit dem erlernten Beruf hergestellt wird und *signifikant Andere als Orientierungsgebende* fungieren.

Der Rausch der Arbeit

Eine zentrale Orientierung bei diesem Typ ist die Suche nach einer Arbeit, durch die man in einen „Rausch" (FB, 1339) versetzt wird oder die einen „total high" (PG, 401) macht. Gleichzeitig wird die Gleichförmigkeit der Arbeit als anstrengend und erschöpfend erlebt. Diese leidvolle Seite der Arbeit dokumentiert sich bei Fritz Blau in Bezug auf sein Studium der Architektur. Er rahmt das Studium als „ne Katastrophe" (FB, 36), in dem er „nur gelitten" (FB, 36) hat, das er „ganz grausam" (FB, 39) fand und in dem er sich „ziemlich gequält" (FB, 860) hat. Er hätte das Studium fast abgebrochen, da er „ganz viele stupide Arbeiten" (FB, 918) durchführen musste, die sich auf das Zeichnen am Zeichenbrett bezogen. Auch im Hinblick auf seine spätere Tätigkeit im Konzern formuliert Fritz Blau: „Es hat angefangen mich zu langweilen weil die Projekte immer wieder ähnlich sind und dann äh und es hat auch ziemlich Kraft gekostet (1) sehr viel Kraft gekostet" (FB, 114 ff.). Demgegenüber steht der Rausch der Arbeit. Seine Freiberuflichkeit nach dem Studium beschreibt er zwar ebenfalls als leidvoll, jedoch war es auch

> „ne gute Zeit weil ich hab äh ich hab mich äh ich hab äh glaub ich das erste Mal wirklich alles aus mir rausgeholt was rauszuholen ist (1) an Fähigkeiten an Möglichkeiten an Kraft an Energie an Durchhaltevermögen und so weiter und (1) das war ein Stück weit wie so ein Rausch war das." (FB, 1336 ff.)

Die Arbeit versetzte ihn in einen „Rausch" (FB, 1339), in dem er aus sich alles „rausgeholt [hat] was rauszuholen ist" (FB, 1337). In dieser Bezeichnung der Arbeit als Rausch dokumentiert sich dreierlei: Erstens bedeutet Rausch eine Ekstase, die einen über die normalen Fähigkeiten und über sich selbst hinaushebt, was bei Fritz Blau durch die Arbeit erreicht wurde. Zweitens möchte man diesen Rausch immer wieder erleben, weshalb weitergearbeitet wird. Und drittens benötigt es dafür bestimmte Substanzen. Bei Fritz Blau waren dies nicht die Tätigkeiten, sondern das gemeinsame Erleben der Arbeit mit anderen, wie sich in Bezug auf gemeinsame Projekte mit einem Freund zeigt.

> „Irgendwie morgens um drei aus der Arbeit raus dann noch ne Stunde in so ne Disco gestellt bei Wasser und bisschen was anderes erleben dann irgendwie drei Stunden in die Kiste und dann waren wir um acht Uhr waren wir wieder auf der Arbeit ne. Und das war irgendwie (1) geil das muss ich sagen." (FB, 1343 ff.)

Damit orientiert sich Arbeit nicht an einer strategischen Karriereplanung oder einer Gewinnoptimierung, so hat er es „nie geschafft damit Geld zu verdienen" (FB, 1348), sondern ihr kommt ein hedonistisches Motiv zu, indem sie zugleich

„geil“ (FB, 1346) ist und mit Erfolgserlebnissen verknüpft wird. Im Studium wurde seine „geile Arbeit“ (FB, 909) belohnt und die Mühe kompensiert, indem er eine „fette Eins gekriegt“ (FB, 910) hat. Und bei seinem Berufsgruppenwechsel orientierte er sich daran, was ihn so „richtig auch hypen“ (FB, 190) würde. Zu diesen rauschhaften Zuständen durch die Arbeit kam ein Freiheitsbedürfnis hinzu, das für ihn eine besondere Bedeutung hatte. Der Verbleib und die Möglichkeit, sich innerhalb eines Verkehrsplanungsbüros nach seinem Studium zu entwickeln, waren daran geknüpft, dass er seine Freiberuflichkeit hätte aufgeben und sich anstellen lassen müssen. „Und das (1) da sind mir die Nackenhaare hoch gegangen ne. Hab ich gesagt das geht nicht. Das kann ich nicht. Ich kann meine Freiheit nicht aufgeben. Das geht auf gar keinen Fall“ (FB, 1288 ff.). Die Beschränkung seiner Freiheit war für ihn nicht nur ein widerständiger Gedanke, sondern führte metaphorisch zu einer körperlichen Reaktion. Dies wird in seiner Erzählung dadurch unterstrichen, dass dies gleich drei Mal betont wird. Als allerdings der Markt für freiberufliche Architekt:innen einbrach, wechselte Fritz Blau in eine Festanstellung. Er resümiert, dass er dies glücklicherweise vorhergesehen und sich rechtzeitig neu orientiert hat. Im Konzern wechselte er auf verschiedene Positionen, wobei er immer wieder die Erfolgserlebnisse und den rauschhaften Zustand der Arbeit suchte. „War viel unterwegs. Hat mir auch total Spaß gemacht“ (FB, 111 f.).

Bei Peter Grau dokumentiert sich eine homologe Erfahrung anhand einer Arbeit, die einerseits mit Mühsal und andererseits mit „Spaß“ (PG, 166) verbunden wird. So evaluiert er seine Arbeit in einer Kanzlei in Ostdeutschland als eine anstrengende Zeit, in der er aber auch Spaß mit den Richter:innen hatte: „[D]a haben wir dann so das Familienrecht mal bisschen durchgespielt ((lacht)) durchgerechnet“ (PG, 136 f.). Die Arbeit wurde vor dem Hintergrund fehlender Strukturen nach dem Mauerfall zu einer Art Spiel, bei dem er mit anderen etwas auf die Beine stellen konnte. Auch bei der daran anschließenden Arbeit in der Kanzlei eines Freundes blieb diese inhärente Spannung von Mühsal und Freude aufrechterhalten. Sie war sehr anstrengend, da er „sehr lange im Büro [war]. Also ich hab dann morgens um acht angefangen kurz vor achte und kam ein bisschen später. Und meistens war es dann abends sieben halb acht auch dann also waren schon immer elf zwölf Stunden wenig Pause“ (PG, 223 ff.). Den Arbeitszeiten kommt hier eine besondere Bedeutung zu, indem die Menge an Arbeit betont und diese als mühevoll gerahmt wird. Jedoch wird die Arbeit auch wiederum als „ganz toll“ (PG, 166), „ganz spannend“ (PG, 173), „ne coole Zeit“ (PG, 222) evaluiert, wobei ihr eine anerkennende Funktion zukommt, indem er positive Rückmeldungen erhält und die Kolleg:innen und Klient:innen mit ihm und seiner Arbeit zufrieden sind. Homolog zu Fritz Blau ließ sich auch Peter

Grau nicht anstellen, sondern arbeitete als selbstständiger Anwalt in der Kanzlei. Der Berufsgruppenwechsel fand bei ihm statt, als er merkte, dass es „jetzt auf=auf Dauer ist es ja einfach echt immer so=immer der gleiche Schwachsinn und immer der gleiche Scheiß. Und dann waren diese Unterhaltsberechnung die wurden dann enorm auch extrem aufwendig" (PG, 289 ff.). Es überwog die Mühsal der Arbeit, die seine Freiheit eingrenzte, wobei die Freude durch die Gleichförmigkeit der Arbeit abnahm. Im Zusammenhang damit, dass er sich in dieser Situation auf etwas Neues – eine Ausbildung zum Koch – eingelassen hat, benutzt Peter Grau homolog zu Fritz Blau eine Rauschmittelmetapher: „[D]a war ich dann total high drauf" (PG, 401).

Orientierungslosigkeit und Passivität

Fallintern und fallübergreifend dokumentiert sich bei diesem Typ eine (berufliche) Handlungsorientierung, die durch Passivität gekennzeichnet ist und der eine Orientierungslosigkeit zugrunde liegt. Dies zeigt sich bei Fritz Blau in einer Beschreibung eines bestimmten Zeitpunkts in der Realschule, zu dem nicht klar war, ob er die zehnte Klasse bestehen würde und Abitur machen könnte oder sich eine Lehrstelle suchen müsste.

> „Äh (1) und ich war völlig überfordert. Völlig überfordert. Ich wusste überhaupt nicht was ich kann ich wusste nicht was ich wollte ich wusste nicht was man machen kann ich war da irgendwie total lost und es hat mir auch keiner geholfen ne. (2) Also wenn ich da mal an irgendwas dran war dann hat mein Vater gesagt ja gut dann fahr ich mal mit dir da hin. Aber das wars. Es gab keine Diskussion dadrum keine Unterstützung kein kei=keine Ahnung ne dass mir da recherchiert hätte oder irgendwie so was." (FB, 328 ff.)

In dieser Phase der Unsicherheit erlebte Fritz Blau eine Überforderung, in der er sich zwar Unterstützung von seinen Eltern gewünscht hätte, diese aber nicht bekam und somit auf sich selbst gestellt war. Dabei konnte er sich weder selbst einschätzen noch eine Zukunftsperspektive aufbauen. Seine Eltern waren für ihn, wenn überhaupt, dann nur funktional da, wie sein Vater, der ihn zu den Lehrstellen fuhr. Diese Erfahrung der Orientierungslosigkeit und Passivität dokumentiert sich homolog auch an weiteren Übergangsphasen. Die Idee für sein erstes Studium bekam er, als er mit einem Freund „dieses Berufe aktuell rauf und runter" (FB, 803) gegangen ist und „irgendwann wars so ja Betriebswirtschaft" (FB, 809). Die Wahl des Studiums war also keineswegs inhaltlich orientiert, sondern nach Durchsicht der Zeitschrift *Berufe aktuell* entschied er sich schließlich für Betriebswirtschaft, ohne die Grundlage seiner Entscheidung näher explizieren zu können. Es gab weder eine gezielte Auswahl des Studiums noch eine Antizipation des

Zukünftigen: „[D]a konnten wir uns so alles und gar nix drunter vorstellen“ (FB, 809 f.). Bereits nach einem Semester merkte er, dass er sich in diesem Studium nicht wohlfühlte und folgte einem Freund ins Architekturstudium. Im Gegensatz zu seiner eigenen Passivität und Orientierungslosigkeit tauchten in diesem Studium die anderen Studierenden als positiver Gegenhorizont auf, denn sie „waren klar die waren geradeaus die wussten was sie wollten die sind rein haben gelernt sin=Prüfungen war wieder raus so“ (FB, 856 f.). Auch beim späteren Übergang von seiner Freiberuflichkeit zu einer Festanstellung orientierte er sich nicht an bestimmten Tätigkeiten, sondern hatte „einfach irgendwie wahllos nach Anzeigen gegriffen und mich beworben“ (FB, 1407 f.). Und beim Berufsgruppenwechsel folgte er einem Coach, der „irgendwie Coaching an die Tafel geschrieben“ (FB, 165) hatte. Obwohl er diese Tätigkeit konsequent ablehnte und sagt, „mit Menschen arbeite ich nicht. Kommt nicht infrage“ (FB, 169), orientierte er sich an dem Coach, änderte seine Meinung, nahm den Vorschlag an und wechselte in diese Berufsgruppe. Auch im Privaten zeigt sich diese Passivität. So schwamm er während seines Studiums auf einer „Biowelle“ (FB, 985) mit, wobei sich in der Metapher der Welle eine durch andere hervorgerufene Bewegung dokumentiert. Auch seine Wohnsituation zeichnete sich durch Orientierungslosigkeit und Passivität aus. Bei seinen insgesamt 35 Umzügen ist er mal im Zimmer von seinem Bruder „gelandet“ (FB, 1170) oder – nach der Trennung von seiner Frau – mal bei einem Freund auf dem Sofa. Dieser hat ihn dann erneut „an nen Freund weitergegeben“ (FB, 1204).

Bei Peter Grau werden diese Orientierungslosigkeit und Passivität homolog am Übergang zum Studium deutlich.

> „[H]abe dann neunundsiebzig in [Stadt 1] angefangen mitm Chemiestudium weil ich da einfach ratlos war ((lacht)) und mein Vater hat dann gemeint ja also des mit Chemie des Biochemie des wär ja was was Tolles eben hat er für sich gedacht eben aber nicht für mich aber er hat für mich mitgedacht eben da ich ja so gläubig war hab ich des dann auch so natürlich angenommen.“ (PG, 75 ff.)

Während auch Peter Grau in dieser Übergangsphase „ratlos war“ (PG, 77), war er jedoch im Unterschied zu Fritz Blau nicht auf sich allein gestellt, sondern sein Vater empfahl ihm ein Studium und dachte für ihn mit. Im Ausdruck „da ich ja so gläubig war“ (PG, 78) schimmert bereits die kommende Erfahrung durch, dass ihm dieser Gehorsam nur wenig Nutzen brachte. Er begann zwar das Studium und trat in eine Verbindung ein, in der bereits sein Großvater und sein Vater waren, wechselte dann jedoch aufgrund seiner Verbindungsbrüder zum Jurastudium. Auf seine erste Arbeitsstelle ist er „einfach wie die Jungfrau zum

Kind gekommen“ (PG, 154). In dieser Metapher, die auf die jungfräuliche Geburt von Jesus anspielt, dokumentiert sich idealtypisch die passive Rahmung seiner Handlungen. So bekam er, wie auch Maria, der als Jungfrau ohne eigenes Zutun ein Kind von Gott geschenkt wurde und die sich in dieses Schicksal fügte, eine Arbeitsstelle durch einen befreundeten Anwalt. Nach einigen Jahren wechselte er zurück in die Kanzlei seines Freundes, in der er bereits sein Referendariat gemacht hatte, da dieser ihn fragte, ob er nicht wieder bei ihm arbeiten möchte, „und dann dachte ich ja klasse coole Geschichte mach ich mit“ (PG, 128 f.). Auch hier wird die Passivität deutlich, indem es die „Geschichte“ seines Freundes war, in der er lediglich mitwirkte.

Suche nach Passung

In den Biografien zeigt sich fallübergreifend eine Suche nach Anerkennung durch das soziale Umfeld in dem Sinne, dass man zu diesem Umfeld passt und als Teil einer Gemeinschaft anerkannt wird. Dabei gibt es die Option zwischen einem Draußen- und einem Drinsein, was sich in einer Passage aus der Kindheit von Fritz Blau dokumentiert, als dieser aufgrund seines Asthmas nicht auf den Sportplatz durfte. „(Na) hatte immer aus dem Fenster konnte ich immer auf den Sportplatz kucken. Da war dann die halbe Schule nachmittags aufm Sportplatz Freizeitaktivitäten (manche) und ich hab von drinnen zugekuckt“ (FB, 544 ff.). Fritz Blau fehlte nicht nur bei den Aktivitäten der anderen, sondern wurde sogar räumlich von der Schulgemeinschaft getrennt. Während sich diese Fremdheitserfahrung in der Realschule reproduzierte, veränderte sich dies mit dem Wechsel aufs Gymnasium. Er fand eine „Clique“ (FB, 465), trat in einen Volleyballverein ein, in dem sich „ne neue Familie etabliert[e]“ (FB, 461) und dadurch „ne ganz andere Atmosphäre“ (FB, 466) entstand. Er war nun eingebunden in eine Gemeinschaft, deren Bedeutung für ihn sich in der Benutzung von emotionalen Begriffen dokumentiert. Dies änderte sich erneut mit der Aufnahme seines ersten Studiums, in dem er wieder von seiner Gemeinschaft getrennt wurde und diese nicht mehr für ihn erreichbar war.[24]

> „Und dann war ich eben auch und dann dazu kam eben auch dass ich immer diese äh in dieses Studium gefahren bin und (1) dieses Betriebswirtschaft und ((lacht kurz)). Irgendwie auch (1) irgendwie auch sofort auch total einsam war. Weil wir hatten dann (1) da ist der Audimax in [Großstadt 1] der hat irgendwie Platz für (kei=Ahnu) achthundert Leute oder so. Tatsächlich waren zu den Vorlesungen aber in den Erstsemestern da waren tausenddreihundert Leute da. Das heißt da waren statt achthundert

[24] Die Interpretation der Textstelle von Fritz Blau ist an eine bereits erschienene angelehnt (vgl. Rundel 2021a).

> Leute waren tausend Leute im Saal und dreihundert aber draußen auf der Treppe gesessen und haben per äh per Lautsprecher mitgehört. Und alle also in meiner Wahrnehmung alle so ordentlich und Schlips Krawatte Anzug und äh Aktenkoffer und Handelsblatt gelesen und so also ganz viele jedenfalls. Und der Einzige der noch lange Haare und n selbstgestrickten Pulli und Birkenstocksandalen hatte den konnte ich immer ganz da hinten sehen da unten. Aber ich kam nicht an den ran. Ich kam nicht an den ran. Ich=der äh haben uns irgendwann mal zugewinkt und dann hab ich auch nichts verstanden von dem was da an Fächern gelehrt wurde und so. Und dann war ich da alleine (1) einsam mit (1) nem Studium was ich nicht verstanden hab in=mit=in Gesellschaft von Tausenden von Leuten die mir nichts ges=gebracht und gesagt haben denen ich gar nicht anschlussfähig war." (FB, 773 ff.)

Im Modus einer Beschreibung beginnt er über sein erstes Studium zu sprechen. Bereits in der Formulierung „dass ich immer diese äh in dieses Studium gefahren bin" (FB, 774 f.) dokumentiert sich eine Distanzierung. Er lebte nicht vor Ort, sondern fuhr von einem anderen Ort dorthin. Es folgt eine Evaluation, dass er dort „sofort auch total einsam" (FB, 776) war. In Form einer Hintergrundkonstruktion im Modus der Beschreibung wird dies durch eine Situation im Hörsaal weiter detailliert. Zu seiner Zeit gab es mehr Studierende als Plätze im Hörsaal, wodurch Studierende auch auf der Treppe sitzen mussten. Neben dem Umstand, dass er physisch keinen Platz fand, fehlte auch die Passung zwischen ihm und den anderen Studierenden. Er beschreibt weiter, wie „alle so ordentlich und Schlips Krawatte Anzug und äh Aktenkoffer" (FB, 781 f.) trugen und es nur noch einen einzigen weiteren Studierenden gab, „der noch lange Haare und n selbst gestrickten Pulli und Birkenstocksandalen" (FB, 783) hatte. Hier wird eine unüberwindbare Distanz zum einzigen zu ihm passenden Studierenden ausgedrückt. Die Barriere war so groß, dass sie sich lediglich „irgendwann mal zugewinkt" (FB, 785) haben. Die Passage endet im Modus der Evaluation, dass er im Studium nicht „anschlussfähig" (FB, 789) war. Der einzige Zugang zum Studium, ein weiterer unordentlicher Studierender, blieb ihm verwehrt. Mit seiner Art und Weise passte er nicht in das Studium, er war „einsam" (FB, 787), sowohl was das Thema des Studiums als auch die Personen darin betraf. Diese Erfahrung wiederholte sich in seinem zweiten Studium, dem der Architektur, in dem er ebenfalls wieder „alleine" (FB, 854) war und „keinen Kontakt zu den Leuten gekriegt" (FB, 854) hat. Die Differenz zwischen ihm und den anderen wird erneut daran deutlich, dass sie, homolog zur Erfahrung mit den Studierenden im ersten Studium, „ein ganz anderes Leben als ich" (FB, 856) hatten. Auch später beschreibt er, wie es ihm auf einer Stelle im Konzern nicht gefallen hat. „Also so rei::::n ich hab mich da nicht wohlgefühlt als Mensch so besonders. Hab das ver=bin da nicht warm geworden richtig" (FB, 1424 f.). Durch emotionale

Begriffe wie „wohlgefühlt“, „warm geworden“ oder „als Mensch“ wird deutlich, dass es nicht nur um die Tätigkeiten der Arbeit geht, sondern auch um die Anerkennung der eigenen Person durch die anderen. Für ihn wird damit die Passung zu seinem Beruf und seinem Umfeld zur zentralen berufsbiografischen Aufgabe.

Auch bei Peter Grau dokumentiert sich eine Nichtpassung zu seinem sozialen Umfeld, wobei homolog zu Fritz Blau der Kleidung während des Studiums eine eigene Passage gewidmet wird.

> „Ja ich habe mal so Hosen gehabt wo also das war so so so so Karottenhosen damals. Und da hab ich eine in Senfgelb gehabt und in=eine in so so Grün so so lila grüne und ich denke mir a::h ne::. Und dann hab ich so eine=eine so eine Lederhose gehabt. Eine so=so eine=eine=eine aber nicht so eine hübsche wie heute. Hirschleder so das war so eine die war aus der Kindheit noch die habe ich auch ganz viel getragen und dazu immer so bloß T-Shirts und die anderen waren halt hatten dann halt Flin=Flinthosen an oder helle Hosen schöne Hemden und so weiter.“ (PG, 1149 ff.)

Zunächst beschreibt Peter Grau die Art und die Farbe seiner Hosen während seines Studiums. Mit „Senfgelb“ (PG, 1150) und „lila grüne“ (PG, 1150) werden zwei Farben aufgerufen, die Aufmerksamkeit erzeugen und schon farblich herausstechen. Zudem evaluiert er seine Lederhose als „nicht so eine hübsche“ (PG, 1152), sondern eine aus der Kindheit. Darin dokumentiert sich sein Noch-nicht-im-Erwachsenenalter-angekommen-Sein im Gegensatz zu den anderen. Diese Differenz zwischen ihm und seinen Mitstudierenden zeigt sich auch in Bezug auf seine Verbindungsbrüder: „[I]ch sag mal in diesen Kreisen also ich hab mich auch da nie wohlgefühlt“ (PG, 1162). Während er nachts in Discos geht und bis in die frühen Morgenstunden feiert, gehen dort aus Sicht seiner Verbindungsbrüder nur „Assis“ (PG, 1169) hin, von denen sie sich abgrenzen. Peter Grau ist damit geteilt zwischen der Zugehörigkeit zu seinen Verbindungsbrüdern und seiner familiären Herkunft, der gegenüber er sich fremd fühlt, und einer Szene, die von seinen Verbindungsbrüdern und seinem sozialen Umfeld abgelehnt wird.

Initialereignisse als Bruch

Der Berufsgruppenwechsel findet bei diesem Typ durch ein Initialereignis statt, wie den Tod des Vaters und eine Reise (Peter Grau) oder ein Coaching, durch das es zu einer Reformulierung der eigenen Biografie kommt (Fritz Blau). Obwohl Fritz Blau immer wieder formuliert, dass er ein „Karrierebedürfnis“ (FB, 99) hatte und er „eigentlich immer Karriere machen wollte“ (FB, 1595 f.), erweist sich dies als eine Common-Sense-Vorstellung von Beruf, die nicht handlungsleitend war. Zwar übernahm er anfallende Arbeiten, die er auch erledigte, allerdings erfolgte dies nicht zielgerichtet und strategisch, wie es für eine erfolgreiche Karriere notwendig gewesen wäre. So hätte er in seiner Arbeit nach dem Studium die Möglichkeit gehabt, eine Abteilung aufzubauen, was er aber ausschlug, da er dafür erneut ein Studium hätte absolvieren müssen. Möglichkeiten, die sich boten, wurden nicht ergriffen, sondern aufgrund eigener Bedürfnisse abgelehnt. Als er schließlich im Konzern doch eine Führungsposition erreichte, kam „aber wie so n Handkantenschlag kam diese Unzufriedenheit wieder (2) dusch in den Nacken“ (FB, 130 f.). Seine berufliche Unzufriedenheit bezieht sich damit nicht auf die Karriere, sondern vielmehr auf die Nichtpassung zu seinem Beruf. Für den Berufsgruppenwechsel wurden nun zwei Ereignisse relevant: Erstens entschloss er sich, Elternzeit zu nehmen, als seine zweite Frau schwanger wurde. Diese wirkte wie eine Art Karenzzeit und hat ihn aus seinem „Karrierebedürfnis herausgeholt“ (FB, 99 f.). Er kam in einen neuen Rhythmus, wie sich in der folgenden fast schon verklärenden Passage dokumentiert:

> „Also das das äh (2) das ist ne sehr markant weil ich seh das immer in mit Sonnenschein und immer mit Garten und immer mit den krabbelnden Kindern und (1) immer irgendwie nie langweili=immer Bewegung immer einer der in die Hose geschissen hat oder der sich äh=grade heult oder der irgendwie seine Sprache entdeckt.“ (FB, 1666 ff.)

Diese für ihn sonnige Zeit zeichnete sich durch einen von den Kindern vorgegebenen Rhythmus aus, in dem anstehende Aufgaben sofort erledigt werden können und die nächsten schon bevorstehen. Dadurch war es „nie langweili=immer Bewegung“ (FB, 1668 f.), und diese Zeit bildete damit den positiven Gegenhorizont zu einer Arbeit, die man nicht „in den Tag hinein machen“ (FB, 1688) kann. Obwohl Fritz Blau sich in der Elternzeit dazu entschied, den Konzern zu verlassen und etwas Neues zu machen, nahm er danach erneut eine Tätigkeit im Konzern auf, wurde an eine andere Abteilung „verliehen“ (FB, 109) und arbeitete dort in mehreren Projekten, durch die sich wiederum Erschöpfung und Unzufriedenheit einstellten. Mithilfe eines Coaches versuchte Fritz Blau sich zweitens auf eine andere Stelle zu bewerben, was jedoch nicht erfolgreich war. An diesem Punkt begann er ein weiteres Coaching, das schließlich zu seinem Berufsgruppenwechsel führte. Der neue Coach sagte ihm, dass er „ein wahrer Führer [wäre] so hat er sich da ausgedrückt. Und (ich würd) seines Erachtens alles richtig machen“ (FB, 141 f.). Diese Sichtweise führte bei ihm zu einer Reformulierung der eigenen Biografie, indem seine Unzufriedenheit und sein Scheitern nicht mehr seiner eigenen Person, sondern dem Umfeld zugeschrieben wurden. Zudem formulierte der

Coach, dass Fritz Blau hochbegabt wäre, was sich in einem daran anschließenden Test auch bestätigte. In der Folge kam es zu einem „Perspektivwechsel" (FB, 149), und er betrachtete sein Leben nunmehr aus einem neuen Blickwinkel. Dieses zweite Ereignis führte schließlich zum Bruch mit seiner bisherigen Berufsbiografie und seinem erlernten Beruf und letztlich dazu, dass er sich in die neue Berufsgruppe des Coaches einarbeitete, seine Stelle im Konzern kündigte, eine Fortbildung besuchte und mit seiner Selbstständigkeit begann.

Auch bei Peter Grau kam es zu einem Bruch mit seinem vormals erlernten Beruf, wobei homolog zu Fritz Blau sowohl Unzufriedenheit als auch ein bestimmtes Initialereignis eine bedeutsame Rolle spielten. Obwohl die Arbeit für ihn zunehmend anstrengender wurde, blieb er seinem Vater zuliebe und aufgrund des mit seinem alten Beruf verbundenen Prestiges zunächst bei diesem Beruf: „[H]abe ich mir gedacht nee jetzt bleibts halt dabei bei dem und quälst dich halt durch" (PG, 217). Nach dem Tod des Vaters erzählte er auf einer Reise einem Arztehepaar von seiner Unzufriedenheit im Beruf und seinem Wunsch, etwas Neues zu machen.

> „[U]nd da hat die gesagt ha dann dann hör doch auf dann mach was anderes. Da dachte ich tatsächlich ah mmhmm ((lacht)) Scheiße. Ja also die hat dann so das war für die so völlig klar. Also mach dann was anderes hör auf. Da dachte ich scheiße. Die hat echt völlig recht." (PG, 368 ff.)

Es brauchte ebenfalls eine Bestärkung von außen durch andere, bevor ein eigener, neuer beruflicher Weg begonnen wurde. Auf dieses Ereignis folgte, wie auch bei Fritz Blau, ein zweites, das sich nicht auf die Ablösung vom erlernten Beruf bezieht, sondern auf die neue Berufsgruppe. Bei einer Radtour mit Freunden las er in einer Zeitung einen Artikel über ein Lokal in seiner Nähe, das von einem renommierten Koch geleitet wurde. Das Neue wurde nun mit seiner bereits vorhandenen Leidenschaft fürs Kochen verknüpft, was dazu führte, dass er in dem Lokal anrief und ein Probearbeiten vereinbarte. Er wohnte in dem Landgasthof in einem einfachen Zimmer mit Bett und Tisch – „das Leben kann so einfach sein" (PG, 709 f.). Er beschreibt in ausufernden, fast schon romantischen Passagen das Restaurant, die Umgebung, die Küchenorganisation, die Produkte, die Kundschaft und die Köche. Das Neue brach mit dem Vorherigen damit auf zweierlei Art und Weise: einerseits mit dem tristen Arbeitsalltag und andererseits mit seinem materiellen Leben (von seinem Gehalt kaufte er sich beispielsweise einen Mercedes und schöne Bücher).

Signifikant Andere als Orientierungsgebende

Sowohl in Phasen der Orientierungslosigkeit als auch beim Berufsgruppenwechsel nehmen signifikant Andere als Orientierungsgebende eine zentrale Position ein. Fritz Blau orientierte sich bei der Wahl seiner beiden Studiengänge jeweils an seinen Freunden und beim späteren Berufsgruppenwechsel an seinem Coach. Auch bei den Beziehungen zu seinen Freundinnen wird immer wieder diese Abhängigkeit relevant. Bei seiner ersten Freundin hatte er ihr nach einem Urlaub „das Heft überlassen" (FB, 1104 f.) und damit metaphorisch das Schreiben seiner Lebensgeschichte, wobei er diese Abhängigkeit zwar als „bequem" (FB, 1112), aber auch als „nicht selbstbestimmt" (FB, 1114) beschreibt. Und auch mit Blick auf eine spätere Freundin beschreibt Fritz Blau, dass er seine „Person äh auch immer=wie äh da an Haken gehängt hab" (FB, 1450 f.) und „ihr Leben was wir da gelebt haben nicht meins" (FB, 1451 f.) war.

Auch bei Peter Grau nehmen signifikant Andere eine orientierungsgebende Funktion ein, hier jedoch nicht in dem Sinne, dass er sich von ihnen leiten lässt, sondern sie als positive Gegenhorizonte zu seiner eigenen Person auftauchen. Sie werden von ihm als „Kochlegende" (PG, 759), „kluge lebenskluge Frau" (PG, 361) oder „sehr kluger Mensch" (PG, 112) bezeichnet. Diese haben „alles im Griff" (PG, 1023), denken „strategisch" (PG, 1043) und sind für ihn ein „Vorbild" (PG, 740). Dabei bleiben sie jedoch unerreichbar, was sich darin dokumentiert, dass sie in Abgrenzung zu ihm eingeführt werden. Die „lebenskluge Frau" wird sogleich in Relation zu seiner Mutter gesetzt, die eben nicht lebensklug war, der Freund als „sehr kluger Mensch" hat ihm deshalb die Stelle angeboten, um ihn als Mitarbeiter zu gewinnen, und der unerreichbaren „Kochlegende" eiferte er nicht nach, sondern hat sie „gefoppt" (PG, 781) und war ihr gegenüber „respektlos" (PG, 779). Er tritt damit nicht in Konkurrenz zu diesen Vorbildern, indem er ihnen nachstrebt, sondern sucht nach ihrer Anerkennung. Indem er formuliert, dass sie ihn „geliebt" (PG, 777) haben, wird gerade an diesem Begriff, der normalerweise Beziehungen im privaten Bereich vorbehalten ist, deutlich, dass eine zwischenmenschliche Anerkennung im Arbeitskontext gesucht wird. Der Beruf und die signifikant Anderen werden von Peter Grau zu den relevanten signifikanten Anderen in seinem Leben, ohne sie jedoch jemals zu erreichen.

Zusammenfassung der Textinterpretation

Dieser Typ zeichnet sich zunächst durch Orientierungslosigkeit und Passivität aus, was sich sowohl an Übergangspassagen und dem beruflichen Verlauf als auch im Privaten dokumentiert. Signifikant Andere spielen insofern eine bedeutsame Rolle, als sie Orientierung geben. Gleichzeitig dokumentiert sich in den Biografien eine Suche nach Passung zum sozialen Umfeld, einer Anerkennung in dem

Sinne, Teil einer Gemeinschaft zu sein. Dabei kommt es immer wieder zu Differenzen, wobei sich die Nichtpassung homolog in den Erzählungen zur Kleidung im Studium dokumentiert. Während es Fritz Blau nicht gelingt, zum einzigen Studierenden mit dem gleichen Kleidungsstil Kontakt aufzunehmen, sind es bei Peter Grau die Hosen, die nicht zur Kleidung seiner Verbindungsbrüder passen. Mit dem Berufsgruppenwechsel findet ein Bruch statt, der wiederum durch signifikant Andere initiiert wird. Obwohl die Arbeit durch das Ausbleiben eines „Rausches" (FB, 1339), also des Gefühls, mit Leidenschaft bei der Sache zu sein, zunehmend als anstrengend erfahren wird, braucht es bei Peter Grau eine Reisebekanntschaft und bei Fritz Blau einen Coach, die sie in dieser Übergangsphase bestärken. Fritz Blau kann dadurch seine Biografie reformulieren, und Peter Grau löst sich nach dem Tod seines Vaters von dessen Erwartungen. Die Berufsbiografien von Peter Grau und Fritz Blau zeichnen sich daher vor allem durch eine Suche nach Passung von Person und (beruflichem) sozialem Umfeld aus, wobei den signifikant Anderen eine orientierungsgebende Funktion zukommt.

6.3.3.3 Dimensionen des Typs *Suche* und soziogenetische Interpretation

Bei diesem Typ lassen sich strukturidentische Erfahrungen in Bezug auf eine *berufsbezogene Norm* rekonstruieren, die sich einerseits an einem rauschhaften Zustand orientiert, der durch eine gute und zufriedenstellende Arbeit zusammen mit anderen erreicht wird. Andererseits taucht als negativer Gegenhorizont die anstrengende und gleichförmige Arbeit als Mühsal auf. Die *berufsbezogene Praxis* konstituiert sich vor dem Hintergrund einer Orientierungslosigkeit, die von Passivität gerahmt wird. Berufliche Tätigkeiten werden nicht inhalts- oder karrierebezogen gewählt, sondern es wird das (hin-)genommen, was von anderen angeboten wird. In dieser Orientierung an anderen kommt es immer wieder zur Nichtpassung zwischen Person und sozialem Umfeld, wobei die Zugehörigkeit zu einer Gemeinschaft gesucht wird. Dies dokumentiert sich in homologer Art und Weise bei Fritz Blau und Peter Grau in ihren Erzählungen über ihre Kleidung im Studium, die zum zentralen Merkmal der Differenz zwischen der eigenen Person und dem studentischen Umfeld wird. Der Berufsgruppenwechsel wird schließlich durch ein Initialereignis *hergestellt und bewältigt.* Beide erfahren ihren Beruf zunehmend als anstrengende Last, wobei bei Fritz Blau der Elternzeit und dem Coaching und bei Peter Grau dem Tod seines Vaters und einer Reise die Funktion als Initialereignis und Bruch mit dem erlernten Beruf zukommt. Wie sich in den Bildern dokumentiert, bleibt die Form des früheren Berufes über die Uniformierung (Peter Grau) oder die Arbeit am Flipchart (Fritz Blau) erhalten, während sich die Struktur ändert. Der aktuelle Beruf orientiert sich an handwerklichen Tätigkeiten (Peter Grau) oder es dokumentiert sich im Bild eine Ordnung (Fritz Blau) und wird damit in eine stimmige Gesamtkomposition überführt. Hier nehmen wiederum *signifikant Andere*, der Coach (Fritz Blau) und die Reisebegleitung (Peter Grau), eine zentrale Rolle ein, indem sie Orientierung geben und der Berufsgruppenwechsel erst dadurch hergestellt wird. Dem *Beruf* kommt damit einerseits ein hedonistisches Motiv zu, indem das Neue einen „total high" (PG, 401) macht und so „richtig auch hypen" (FB, 190) muss. Andererseits dokumentiert sich gerade in dem von Fritz Blau erstellten Bild zur allgemeinen Bedeutung von Beruf, dass es um die Herstellung einer Kongruenz von Beruf und Person geht – sowohl das Umfeld als auch Fritz Blau zeichnen sich durch eine unordentliche Ordnung aus, womit er bildlich gesprochen seinen Platz gefunden hat.

Soziogenetisch dokumentieren sich bei Fritz Blau und Peter Grau strukturidentische Erfahrungen in Bezug auf den Erfahrungsraum Milieu. Beide kommen aus einem bürgerlichen Milieu: Der Vater von Peter Grau war Chefarzt und sein Großvater Unternehmer, der Vater von Fritz Blau war Lehrer und sein Großvater ebenfalls erfolgreicher Unternehmer. Das Familienmodell, in dem beide aufwachsen, lässt sich als ein klassisch bürgerliches Familienmodell beschreiben, bei dem der Vater für die Ernährung der Familie und vor allem das Finanzielle zuständig ist, sich jedoch kaum in das Familienleben einbringt oder sich um die Kinder kümmert. „Er hat mir weder schwimmen beigebracht nochs Fahrrad fahren (2) der hat mit mir nichts gemacht der ist mit mir nirgends wo hin (2) der hatte kein offenes Ohr" (FB, 646 f.). Bei beiden war jeweils die Mutter für die Kinder zuständig, wobei Fritz Blau und Peter Grau die Erfahrung teilen, dass es zu Konflikten zwischen ihnen und ihren Müttern kam. So formuliert Peter Grau, dass seine Mutter „ziemlich verrückt" (PG, 919) war und „desorganisiert die konnte nix" (PG, 928). Und auch Fritz Blau gibt an, dass sie gar „nicht geschaffen [ist] für Familie" (FB, 249). Später kommt es bei Fritz Blau zu einem handgreiflichen Konflikt mit seiner Mutter, als sie die Autoschlüssel vor ihm versteckte und es so weit kam „dann tatsächlich (3) dass es irgendwie mal einen Streit gab wo ich meine Mutter gewürgt habe" (FB, 760 f.). Bei beiden findet daher eine intensive Auseinandersetzung mit der eigenen Familie statt, die sich beispielsweise bei Peter Grau darin zeigt, dass er auf die Frage nach seiner Lebensgeschichte erst einmal nicht auf seine eigene Biografie eingeht, sondern sich in Bezug auf seine Geschwister in die Familie einsortiert und sich eine lange Erzählpassage des familiären Hintergrundes seiner Eltern und der Beziehung von ihm und seinen Geschwistern zu ihnen anschließt. Die Familie hat sich dem beruflichen Werdegang seines Vaters untergeordnet, weshalb sie zunächst wegen seiner Stellung als Oberarzt nach Norddeutschland und schließlich wieder nach Süddeutschland zog. Auch später wird sein Vater immer wieder an biografischen Stationen eingewoben. Deutlich wird hier ein Wunsch nach Unterstützung, die es jedoch nicht gab. Andere „Vaterfiguren" (PG, 1020) wurden berufsbiografisch bei Peter Grau wichtig, und er versuchte deren Anerkennung zu bekommen. So war es für ihn bedeutsam, sich beruflich als Anwalt zu etablieren und die bürgerlichen Werte seiner Familie zu reproduzieren, um den Erwartungen seines Vaters gerecht zu werden. Dies dokumentiert sich erneut in der Beschreibung seiner Kleidung: „[D]as war für mich damals auch ganz wichtig am Anfang natürlich so was ich Anzüge schöne Krawatten zu kaufen schöne Schuhe und so. Und ja war auch wichtig wichtig alles in pling pling" (PG, 301 ff.). Und auch seine Wohnung richtete er entsprechend seinem Herkunftsmilieu ein, wie eine Tante bemerkte, die ihn besuchte und sagte: „[B]ei = bei dir sieht es aus wie bei euch zu Hause" (PG, 318 ff.). Mit dem Berufsgruppenwechsel nach dem Tod des Vaters kam es zwar einerseits zur Loslösung vom Herkunftsmilieu, andererseits wurde aber auch daran angeschlossen, in dem ein renommierter Landgasthof für die Ausbildung ausgesucht wurde.

6.3.4 Konjunktive Erfahrungsräume von Berufsgruppenwechseln

In diesem Kapitel werden die drei Typen der Berufstypik im komparativen Vergleich diskutiert. Dabei wird zunächst die für konjunktive Erfahrungsräume konstitutive handlungspraktische Bewältigung der „notorischen Diskrepanz" (Bohnsack 2017: 104) von berufsbezogener Norm und berufsbezogener Praxis betrachtet. Im empirischen Material hat sich zudem gezeigt, dass Berufsgruppenwechsel nicht *einfach so* stattfinden, sondern eine komplexe Bedingungskonstellation rekonstruiert werden kann, bei der signifikant Andere eine zentrale Bedeutung einnehmen.

6.3.4.1 Dimensionen konjunktiver Erfahrungsräume von Berufsgruppenwechseln

Sowohl in der Arbeit mit dem empirischen Material als auch in der Auseinandersetzung mit der Praxeologischen Wissenssoziologie als Grundlagentheorie konnten verschiedene Dimensionen konjunktiver Erfahrungsräume bei Berufsgruppenwechseln rekonstruiert werden.[25] Zum einen sind dies je spezifische

[25] Die rekonstruierten Dimensionen leiteten die empirische Arbeit, wie sie gleichzeitig auch wiederum aus dieser entstanden sind (zu den Überlegungen einer theoretischen Empirie

berufsbezogene Normen und zum anderen je spezifische berufsbezogene Praxen, die in der handlungspraktischen Bewältigung ihrer „notorischen Diskrepanz" (Bohnsack 2017: 104) den konjunktiven Erfahrungsraum aufspannen. Berufsbezogene Normen sind dabei nicht lediglich als Common-Sense-Vorstellungen von Beruf zu verstehen, sondern als handlungswirksame Aspekte (als „proponierte Performanz", Bohnsack 2017: 151) der komplexen Kategorie Beruf (vgl. Kapitel 2 zu den Aspekten von Arbeit und Beruf). Die berufsbezogene Praxis wiederum basiert auf Erfahrungen und kann durch den sie rahmenden Orientierungsrahmen verstehend erklärt werden. Berufsgruppenwechsel sind in diesen beruflichen Erfahrungsräume eingebettet und finden daher nicht plötzlich und unvermittelt statt. Neben dem Tertium Comparationis, dass berufliches Handeln begrenzt wird und berufsbiografisch aufgeschichtete Erfahrungen wirksam werden, ist bei allen Befragten relevant, dass der Beruf und die Arbeit biografisch eine zentrale Rolle spielen und daher eine innere Kündigung oder ein Ausstieg keine Option darstellen.[26] So spricht beispielsweise Anna Grün davon, dass sie nach einer Krankheit berentet hätte werden können, aber „ich wollt nicht berentet werden" (AG, 109), und auch im Zusammenhang mit ihrer sich daran anschließenden Arbeitsstelle kommt dieser Gedanke: „[A]ber eigentlich wollt ich das dann halt doch auch nicht" (AG, 133). Dem könnte eine Generationstypik der Babyboomer:innen zugrunde liegen, insofern sich diese Generation durch eine Arbeitsorientierung auszeichnet, bei der man lebt, um zu arbeiten (vgl. Oertel 2021). An dieser Stelle müssten jedoch weitere Untersuchungen ansetzen, die in einem komparativen Vergleich auch andere Generationen in den Blick nehmen. Nachstehend werden die drei Typen entsprechend den Dimensionen berufsbezogene Norm und berufsbezogene Praxis resümiert, im komparativen Vergleich diskutiert und erste Hinweise auf eine soziogenetische Milieutypik dargestellt (vgl. Abbildung 6.33).

---

vgl. Kalthoff et al. 2019; Abschnitt 5.5). Die Ausformulierung der Dimensionen erfolgte schließlich auf Basis des empirischen Materials.

[26] Dies ist auch der Samplebildung geschuldet, die lediglich Personen mit einem Berufsgruppenwechsel in den Blick nimmt, die also im Beruf verbleiben und nicht ausgestiegen sind. Allerdings dokumentiert sich bei den Befragten, dass ein Ausstieg entweder explizit abgelehnt oder als eine mögliche Option nicht einmal angedacht wird und sich daher außerhalb des Erfahrungsraumes befindet.

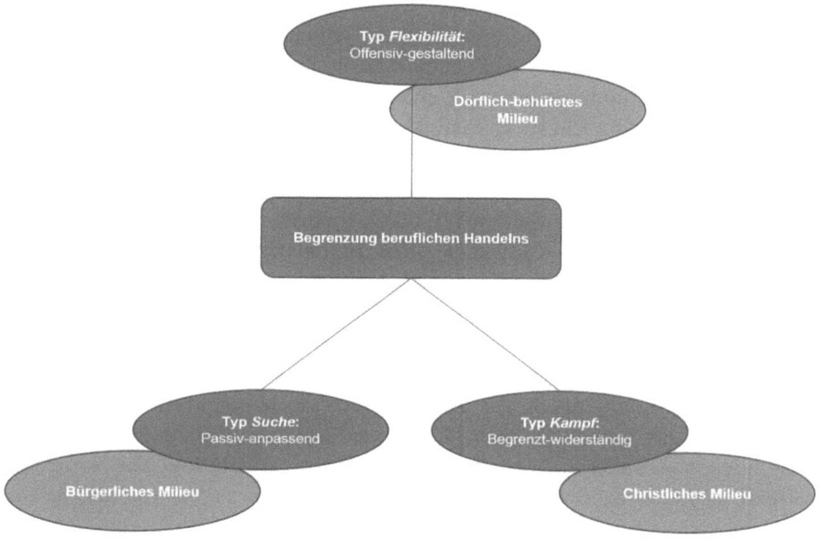

Abbildung 6.33 Berufstypik von Berufsgruppenwechseln

Das Verhältnis von berufsbezogener Norm und berufsbezogener Praxis lässt sich im Erfahrungsraum des Typs *Flexibilität* als komplementär beschreiben. In Bezug auf die berufsbezogene Norm herrscht bei diesem Typ eine Leistungsorientierung vor, wobei Arbeitsprojekte in kurzer Zeit und hoher Intensität absolviert werden. Berufliches Handeln findet im Orientierungsrahmen eines offensiv-gestaltenden Tätigseins statt und gleicht nahezu einem Spielfeld, auf dem gestaltet und gemeinsam etwas bewegt werden kann sowie Herausforderungen gesucht werden. Nehmen Routinen überhand beziehungsweise nimmt der Gestaltungsspielraum ab, wird nach neuen Möglichkeiten Ausschau gehalten. Sobald sich solche bieten, werden sie offensiv ergriffen. Berufsbezogene Norm und berufsbezogene Praxis sind daher komplementär, da neue Möglichkeiten der Leistungserbringung offensiv ergriffen werden, sobald eine Orientierung an der berufsbezogenen Norm nicht mehr möglich ist. Hintergrund und zentrale Orientierung ist die eigene Person, die erst in diesem komplementären Verhältnis zur Geltung gebracht werden kann. Wird der berufliche Gestaltungsspielraum eingeschränkt, beispielsweise durch Routinen oder das Ende der Karriere, kommt es zu einer Diskrepanz, die (vorübergehend) durch berufliche Mobilität – zunächst vertikal, mit dem Ende der Karrieremöglichkeit dann durch einen horizontalen

Wechsel – aufgelöst wird. Berufliche Mobilität ist dementsprechend konstitutiv für diesen Typ. Dem Erfahrungsraum liegt ein Milieutyp zugrunde, der sich durch ein behütetes und gesichertes Aufwachsen auszeichnet. Der Vater ist jeweils mit einem guten Beruf und mit festem Einkommen der Versorger der Familie, während die Mutter für die Kinder zuständig ist, aber später dann selbst wieder einem Beruf nachgeht. In diesem Umfeld ist es möglich, sich bereits als Kind auszuprobieren, Freiheiten zu erfahren und zu nutzen und Gestaltungskraft zu entwickeln. Zudem lässt sich ein Organisationstyp rekonstruieren, der sowohl neue Herausforderungen durch interne Karrieremöglichkeiten als auch ein adäquates Umfeld zum Gestalten bietet.

Im Erfahrungsraum des Typs *Kampf* dokumentiert sich ein komplexes Verhältnis von berufsbezogener Norm und berufsbezogener Praxis. Die berufsbezogene Norm orientiert sich zunächst biografisch bedingt an der Sicherung des Lebenserhalts. Daneben ermöglicht der Beruf jedoch auch einen Raum für eigene Entwicklung, das Einbringen von Fähigkeiten und eine Emanzipation von der zugeschriebenen Rolle als Hausfrau. Neben dieser berufsbezogenen Norm lässt sich eine begrenzt-widerständige berufsbezogene Praxis rekonstruieren, bei der Begrenzungen bedeutsam werden. Einerseits bieten sie Sicherheit und eine Ordnung, werden sie jedoch zu eng oder verändern sich Rahmenbedingungen, kommt es andererseits zu einem aktiven Widerstand innerhalb der Begrenzung. Dies betrifft sowohl betriebliche Grenzen wie den Wechsel von Vorgesetzten, als auch gesellschaftliche Normen wie die zugeschriebene Rolle als Hausfrau. Gegen diese Begrenzungen wird zwar angekämpft, jedoch ohne sie von selbst zu überwinden und andere Optionen zu schaffen. Vielmehr wird so lange innerhalb der Begrenzungen verharrt, bis signifikant Andere neue Möglichkeiten aufzeigen und somit helfen, die krisenhafte Situation zu überwinden. Die berufsbezogene Norm im Sinne der Entwicklung eigener Fähigkeiten tritt hier in ein komplexes Verhältnis zur aktiv-widerständigen Handlungspraxis. Einerseits findet ein Sich-Einfügen in die Rolle als Hausfrau statt (bzw. eine Orientierung an dieser Identitätsnorm) und damit ein Ende des beruflichen Weges. Andererseits wird immer wieder dagegen opponiert. Erst nachdem die Sorgearbeiten weniger werden, gewinnt die Orientierung an der eigenen beruflichen Entwicklung wieder an Bedeutung, wobei diese handlungspraktisch neben Haushalt und Familie organisiert wird – die fremdbestimmte, zugeschriebene Rolle als Hausfrau wird im Beruf aufgehoben. Berufliche Mobilität findet in diesem Erfahrungsraum krisenhaft statt, und zwar nur dann, wenn es keine andere Option mehr gibt. Dem Erfahrungsraum liegt ein Milieutyp zugrunde, bei dem durch das christliche Umfeld ein traditionelles Rollenbild erfahren wird. Sowohl der Schul- und weitere Bildungsweg wird entsprechend dem traditionell-konservativen weiblichen Rollenbild durch die Eltern bestimmt, als auch später die berufliche Entwicklung der des Mannes untergeordnet.

Der berufsbezogenen Norm und berufsbezogenen Praxis im Erfahrungsraum des Typs *Suche* liegt ein differentes Verhältnis zugrunde. Als berufsbezogene Norm lässt sich ein Changieren zwischen Mühsal und Ekstase rekonstruieren. Einerseits wird Arbeit als anstrengend erlebt, wenn sie gleichförmig wird, andererseits wird sie als etwas Rauschartiges erfahren. Demgegenüber steht eine berufsbezogene Praxis in einem passiv-anpassenden Orientierungsrahmen, dem eine Orientierungslosigkeit sowohl bei Übergangspassagen als auch im Privaten und Beruflichen zugrunde liegt. Die berufsbezogene Norm an einer Arbeit als Rausch tritt in ein differentes Verhältnis zur passiv-anpassenden berufsbezogenen Praxis, indem der Rausch der Arbeit zwar als etwas Erstrebenswertes erfahren, jedoch nicht weiterverfolgt wird, sondern vielmehr eine passive Orientierung an anderen stattfindet. Damit folgt auch die berufliche Mobilität nicht rauschhaften Tätigkeiten, sondern anderen, wodurch dieser Zustand eher zufällig erfahren wird und mit der zunehmenden Gleichförmigkeit der Arbeit schwindet. So kommt es immer wieder zu einer Nichtpassung von Umfeld und eigener Person sowie einer Suche nach dem passenden Platz. Diesem Erfahrungsraum liegt ein Milieutyp zugrunde, der als bürgerlich beschrieben werden kann. Die Väter und Großväter haben gesellschaftlich angesehene Berufe, die Familien sind regional bekannt. Dabei sind die Väter beruflich eingespannt und für die Kinder kaum zu greifen, die Mütter für die Kindererziehung zuständig, jedoch häufig überfordert. Durch die daraus resultierende fehlende Unterstützung durch die Eltern entsteht schon früh (auch in Bezug auf die Berufswahl) Orientierungslosigkeit. Orientierungsgebend ist dann auf dem beruflichen Weg einerseits der familiäre bürgerliche Hintergrund (der jedoch von Beginn an als fremd erfahren wird), andererseits sind es signifikant Andere, die stellenweise auch die Rolle als „Vaterfigur" (PG, 1042) übernehmen.

Im komparativen Vergleich dokumentiert sich in Bezug auf Berufsgruppenwechsel in den Erfahrungsräumen der Typen *Flexibilität* und *Kampf* eine Orientierung an den immer wieder auftauchenden, für diese Typen konstitutiven Begrenzungen, wodurch es zu beruflicher Mobilität kommt. Während sie im Erfahrungsraum *Flexibilität* den Gestaltungsspielraum aufgrund von Routinen begrenzen und dann offensiv neue Möglichkeiten angenommen werden, beziehen sie sich im Erfahrungsraum *Kampf* auf Normen oder veränderte Rahmenbedingungen, die zu eng und krisenhaft werden und innerhalb derer so lange weitergearbeitet wird, bis eine Intervention durch signifikant Andere geschieht.

Der horizontale Berufsgruppenwechsel im Alter von 50+ wird bei diesen Typen mithilfe der berufsbiografisch aufgeschichteten Mobilitätserfahrung bewältigt. Im Erfahrungsraum des Typs *Suche* hingegen kommt dem horizontalen Berufsgruppenwechsel eine andere Funktion zu. Hier eröffnen biografische Ereignisse, wie eine Elternzeit oder der Tod der Eltern, neue Räume, die eine berufliche Veränderung ermöglichen. Berufliche Mobilität findet zwar auch davor schon statt, im Zuge des horizontalen Berufsgruppenwechsels wird jedoch mit dem erlernten, fremden Beruf gebrochen und die Suche endet (zunächst).

6.3.4.2 Komplexe Bedingungskonstellation von Berufsgruppenwechseln

Berufsgruppenwechsel finden nicht *einfach so* statt, sondern sind eingebunden in eine komplexe Bedingungskonstellation, bei der berufsbezogene Normen, berufsbezogene Praxen, spezifische Ereignisse sowie signifikant Andere bedeutsam werden. Einerseits findet dabei eine existenzielle Begrenzung bisherigen beruflichen Handelns statt. Andererseits ist der Berufsgruppenwechsel nicht an eine institutionelle Statuspassage gebunden, sondern muss von den Personen selbst hergestellt und bewältigt werden. Im empirischen Material zeigt sich, dass institutionelle Agenten, wie Jobcenter oder Weiterbildungen, sogar ein Hindernis darstellen können. So wollte das Arbeitsamt den beruflichen Wiedereinstieg von Petra Orange nur dann unterstützen, wenn sie einen Betreuungsplatz für ihre Kinder vorweisen konnte. Diesen jedoch sollte sie nur aufgrund eines bestehenden Arbeitsverhältnisses bekommen. Und Fritz Blau machte die Erfahrung, dass Fortbildungen ein „Karrierekiller“ (FB, 1614) sind, weil man in der Zeit nicht wahrgenommen wird und Zertifikate in seinem Fall keinerlei Relevanz besaßen.

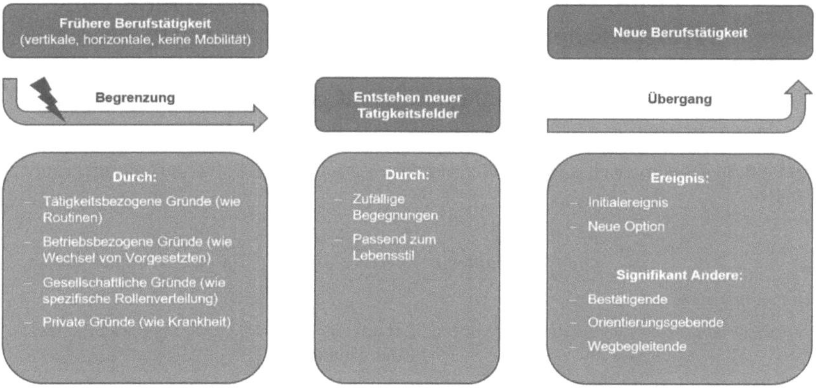

Abbildung 6.34 Phasentypik von Berufsgruppenwechseln

In den Fällen lässt sich eine Phasentypik von Berufsgruppenwechseln rekonstruieren (vgl. Abbildung 6.34), deren Ausgangspunkt eine Begrenzung beruflichen Handelns darstellt – beispielsweise durch tätigkeitsbezogene Gründe wie fehlende Herausforderungen aufgrund von Routinen, durch betriebsbezogene Gründe wie den Wechsel von Vorgesetzten, gesellschaftliche Gründe wie die zugeschriebene Rolle als Hausfrau oder private Gründe wie eine Krankheit. Diese Begrenzungen haben zur Folge, dass neue Tätigkeitsfelder virulent werden. Bei der Suche spielen Begegnungen wie mit früheren Kommiliton:innen, der eigenen Tochter oder einem Sozialberater eine Rolle und auch die Frage danach, was zum eigenen Lebensstil passt. Die beiden Prozesse der Ablösung vom alten Beruf und der Suche nach einem neuen Tätigkeitsfeld laufen teilweise jahrelang parallel nebeneinanderher. Zur Herstellung des Berufsgruppenwechsels kommt es durch ein Initialereignis wie eine Reise oder ein Coaching oder indem sich aufgrund eines betrieblichen Ereignisses wie einer Abfindungsrunde oder eines lebensphasenspezifischen Ereignisses wie des 50. Geburtstags neue Optionen ergeben. Diese dienen als Katalysator für die beiden vorangegangenen Prozesse. Signifikant Anderen kommt insofern eine bedeutsame Rolle zu, als sie zur Bestätigung für das neue Tätigkeitsfeld und damit für die Passung zum sozialen Umfeld dienen. Zudem sind sie orientierungsgebend, da sie Impulse für den Berufsgruppenwechsel setzen und die jeweiligen Personen darin bestärken. Weiterhin fungieren sie als Wegbegleiter:innen, weil sie neue Möglichkeiten eröffnen und in der Übergangspassage begleiten.

6.3.4.3 Erfahrungsräume und Bedingungskonstellation von Berufsgruppenwechseln

In der folgenden Tabelle 6.3 werden die berufsbezogenen Normen, berufsbezogenen Praxen sowie die Bedingungen des Berufsgruppenwechsels dargestellt.

Tabelle 6.3 Dimensionen konjunktiver Erfahrungsräume und Praxis des Berufsgruppenwechsels

	Flexibilität: offensiv-gestaltend	*Kampf: begrenzt-widerständig*	*Suche: passiv-anpassend*
Erfahrungsraum:			
Berufsbezogene Norm	Leistungsorientiert	Lebensunterhalt, Emanzipation	Mühsal und Ekstase
Berufsbezogene Praxis	Offenheit für und Ergreifen von Möglichkeiten	Entwicklung innerhalb vorhandener Strukturen	Orientierungslosigkeit und Orientierung an anderen
Soziogenetische Interpretation	Milieu und Organisation	Milieu	Milieu
Berufsgruppenwechsel:			
Gründe für Begrenzung des beruflichen Handelns	Ende der Karriere und Sinnfrage beziehungsweise gesundheitliche Aspekte	Krisenhafte Momente wie Krankheit oder Wechsel der Vorgesetzten	Unzufriedenheit, beispielsweise durch gleichförmige Arbeit
Wahl neuer Tätigkeitsfelder	Lebensstil	Sich bietende Berufsmöglichkeit	Biografische Passung
Eintreten des Berufsgruppenwechsels	Betriebliches Ereignis wie eine Abfindungsrunde	Persönliches Ereignis wie eine Begegnung	Initialereignis wie Tod der Eltern oder Elternzeit
Bedeutung signifikant Anderer	Bestätigende	Wegbegleitende	Orientierungsgebende
Fälle	Karl Rot, Bruno Gelb	Anna Grün, Petra Orange	Fritz Blau, Peter Grau

Beim Typ *Flexibilität* dokumentiert sich ein Erfahrungsraum, der sich durch ein komplementäres Verhältnis zwischen einer leistungsorientierten Arbeit einerseits und der Offenheit sowie dem offensiven Ergreifen von Möglichkeiten andererseits auszeichnet. Sobald bei der Arbeit die Routinen zunehmen und der Gestaltungsspielraum abnimmt, findet berufliche Mobilität statt. Findet diese zunächst vertikal statt, wird sie letztlich durch das Ende der Karriere begrenzt (und nicht durch den Ruhestand), wodurch es zu einem Nachdenken über neue

Gestaltungsspielräume in Form eines Berufsgruppenwechsels kommt, die passend zum eigenen Lebensstil eruiert werden. Möglichkeiten, die sich bieten, wie beispielsweise eine Abfindungsrunde, werden offensiv ergriffen, um in eine neue Berufsgruppe zu wechseln. Signifikant Andere, wie der Freundeskreis oder die eigene Familie dienen hier der Bestätigung des Wechsels. Soziogenetisch ist dieser Erfahrungsraum in einem behüteten Milieu verortet, in dem der Vater einen gesicherten Beruf ausübt und die Mutter sich um die Kindererziehung kümmert. Beim Typ *Kampf* lässt sich ein komplexes Verhältnis zwischen einerseits einer berufsbezogenen Norm rekonstruieren, die zuvorderst an der Sicherung des Lebensunterhalts orientiert ist und danach an Entwicklung und Emanzipation, sowie andererseits einer berufsbezogenen Praxis, die dann aktiv-widerständig wird, wenn berufliche Tätigkeiten begrenzt werden, beispielsweise durch den Wechsel eines Vorgesetzten. Die Begrenzung wird jedoch nicht selbst bewältigt, wie beim Typ *Flexibilität*, sondern signifikant Andere fungieren als temporäre Wegbegleiter:innen bei der Überwindung der krisenhaften Situation. Die neue Berufsgruppe wird nicht passend zur eigenen Person gesucht, sondern ergibt sich aufgrund zufälliger Begegnungen. Soziogenetisch kann dieser Typ in einem christlich-traditionellen Milieu verortet werden. Entsprechend den darin vorkommenden geschlechtstypischen Stereotypen erfahren die Befragten bereits in der Schule und am Übergang in die Ausbildung eine fremdbestimmte Wahl durch ihre Eltern. Obwohl sie andere Ausbildungsgänge besuchen wollen, fügen sie sich in diese Rolle ein, später dann fremdbestimmt in die zugeschriebene Rolle als Hausfrau. Erst wenn die Familienarbeit wieder Freiräume zulässt, wird ein Beruf ergriffen, der jedoch zusammen mit Haushalt und Familie organisiert werden muss. Im Erfahrungsraum des Typs *Suche* zeigt sich ein differentes Verhältnis zwischen der berufsbezogenen Norm, die sich an Mühsal und Ekstase orientiert, und der berufsbezogenen Praxis. Gleichförmige Tätigkeiten tauchen als Negativhorizont auf, wohingegen freudvolle Arbeit mit der Metapher eines Rausches beschrieben wird. Demgegenüber steht eine berufsbezogene Praxis, die vor allem durch Orientierungslosigkeit und einer damit einhergehenden Orientierung an anderen geprägt ist. Durch diese Passivität kommt es immer wieder zu einer Nichtpassung zum sozialen und beruflichen Umfeld und dementsprechend zu einer Fremdheitserfahrung. Der Berufsgruppenwechsel wird durch ein Initialereignis eingeleitet, wobei auch hier bereits eine Ablösung vom früheren Beruf stattgefunden hat. So dient beispielsweise eine Reisebekanntschaft der Vergewisserung oder ein Coaching dem Finden einer neuen Berufsgruppe. Diese signifikant Anderen nehmen auch beim Berufsgruppenwechsel die Funktion von Orientierungsgebenden ein. Soziogenetisch ist dieser Typ in einem bürgerlichen

Milieu verortet. Die Väter sind beruflich etabliert und nicht in die Kindererziehung involviert, die von den Müttern übernommen wird. Das Elternhaus wird dabei als konflikthaft erfahren. Bei der Berufswahl findet hier zunächst eine Orientierung an den elterlichen Erwartungen statt.

6.4 Weiterbildungstypik: *Qualifikation, Neues* und *Wissen* als Regulativ der Weiterbildungsbeteiligung

Im empirischen Material dokumentiert sich der Beruf als Regulativ der Weiterbildungsbeteiligung bei einem Berufsgruppenwechsel. Weiterbildung wird dann in Anspruch genommen, wenn die neue Berufsgruppe feststeht. Als Tertium Comparationis zeigt sich daher eine Beteiligung an Weiterbildung *nach* einem Berufsgruppenwechsel. In der Art und Weise der Weiterbildungsbeteiligung unterscheiden sich die Fälle jedoch und es konnten drei Weiterbildungstypen rekonstruiert werden: Weiterbildung, um verwehrte Bildungschancen zu erkämpfen; Weiterbildung, um einen berufsqualifizierenden Titel zu erlangen; Weiterbildung, um berufsspezifisches Wissen zu erhalten.

6.4.1 Typ *Qualifikation*: Nachholen und Erkämpfen verwehrter Bildungschancen

(Weiter-)Bildung nimmt für diesen Typ eine emanzipatorische Rolle ein, um aus fremdbestimmten Verhältnissen ausbrechen und biografisch verwehrte Bildungschancen nachholen zu können. Während Petra Orange der Bildungsweg über Abitur und Studium von ihren Eltern verwehrt wird (ihre Mutter war der Meinung, dass sie „was von Haushalt lernen" (PO, 26 f.) sollte), holt sie ihn im Alter von 50 Jahren nach und formuliert, „ja ich komm langsam wieder dahin wo ich war mit achtzehn" (PO, 158). Dabei dokumentieren sich jedoch eine ablehnende Haltung und Unverständnis in den Reaktionen ihres Umfeldes.

> „[H]ätte ich jetzt n Töpferkurs belegt wär in Rückengymnastik ganga und hätt noch gesagt ja ich mach mal a Wellnesswochenende dann hätt jeder gesagt ja machsch endlich was für dich. Auf diese Ausbildung noch mal und diese Weiterbildung war meistens negativ belegt." (PO, 172 ff.)

Während der Töpferkurs, die Rückengymnastik oder das Wellnesswochenende als Common-Sense-Vorstellung auftauchen, werden die Weiterbildung, das Nachholen des Abiturs, der Bildungsaufstieg und damit die einhergehende Unabhängigkeit und berufliche Verwirklichung negativ belegt. Dieser Vorstellung ihres sozialen Umfeldes fügt sich Petra Orange mit dem Ende der Sorgepflichten für die Kinder nicht (mehr) und verliert durch ihre Weiterbildungsaffinität nahezu ihren gesamten Freundeskreis. Und auch ihr Mann wollte, „dass ich mal wieder normal werd und vielleicht einfach nur im Lidl an der Kasse sitz" (PO, 191 f.). Der Norm entspricht hier die einfache Tätigkeit zum Lebenserhalt und nicht die Verwirklichung der eigenen Berufswünsche. Ein weiteres emanzipatorisches Potenzial von Weiterbildung dokumentiert sich bei diesem Typ im Aufeinandertreffen verschiedener Milieus und Generationen. So erzählt Petra Orange, wie sie eine jüngere Mitschülerin im Abendgymnasium traf, die ihr von ihrem eigenen Konto erzählte. Dies war für Petra Orange bis zu diesem Zeitpunkt undenkbar, woraufhin sie ein eigenes Konto eröffnete, ohne es ihrem Mann zu sagen, darauf etwas ansparte und so eine gewisse Form der finanziellen Unabhängigkeit von ihrem Mann und ihrer „Versorgerehe" (PO, 246) erlangte. Das Abitur am Abendgymnasium und die daran anschließende wissenschaftliche Weiterbildung[27] folgen vor allem einem berufsbiografischen Ziel, indem verwehrte Bildungschancen nachgeholt und Bildungstitel erlangt werden. Auch bei Anna Grün übernimmt die (Weiter-)Bildung die Funktion der Emanzipation von ihrer Rolle als Hausfrau. Im Gegensatz zu Petra Orange bekommt sie Unterstützung von ihrer Mutter, der ein „Vorwärtskommen" (AG, 863) sehr wichtig ist, jedoch zunächst ebenfalls nicht von ihrem Mann. Bei ihrem Berufsgruppenwechsel zur Religionslehrerin organisiert sie die berufliche Weiterbildung neben Haushalt und Familie, wobei der Haushalt, wie auch bei Petra Orange, zum zentralen Lernort wird. „Weil=ich ja neben Haushalt und Kinder musste=ich ja lernen. Also hab=ich überall alles tapeziert mit meinen Lernzetteln weil=ich wusste okay am Herd kann man schön das lernen neben=dem Kochen" (AG, 2287 ff.). Der Herd wird hier einerseits zu einem Ort, an dem die Familie versorgt wird und andererseits zum Lernort für Anna Grün. Dabei geht es auch ihr weniger um beruflich relevantes Wissen als vielmehr um die Möglichkeit, sich weiterbilden zu dürfen und zu können.

[27] Zwar handelt es sich hierbei um ein grundständiges und Erststudium von Petra Orange, jedoch kann dieses als wissenschaftliche Weiterbildung in dem Sinne verstanden werden, als es sich um eine Bildungsphase nach einer Erstausbildung und einer Berufstätigkeit handelt.

6.4.2 Typ *Neues*: Ausbruch aus dem Bestehenden

Im empirischen Material lässt sich ein zweiter Typ rekonstruieren, für den die Weiterbildung einen Ausbruch aus dem Bestehenden bedeutet. Vordergründig übernimmt sie zunächst die Funktion eines berufsqualifizierenden Titels, indem der Zielberuf bereits bekannt ist und die Weiterbildung der Berufsausübung vorgelagert wird. Dies folgt entweder der Notwendigkeit zur Erlangung eines Titels in einem stratifizierten Berufssystem (Peter Grau) oder dem Umstand, dass der Titel der Legitimation der Berufsausübung dient (Karl Rot). Die Auswahl der Weiterbildung folgt dann jedoch implizit der Suche nach etwas Neuem und dem Zurücklassen des Alten. Peter Grau beginnt eine berufliche Weiterbildung[28] zum Koch in einem abgelegenen Landgasthof und wohnt dort in einem kleinen Zimmer lediglich mit einer Matratze auf dem Boden, einem Tisch mit Stuhl und einem Kleiderständer. Dies stellt einen Kontrast zu seinem früheren Leben dar, in dem er in seinem Beruf gut verdiente und Statussymbole wichtig waren. So kaufte er sich zu Beginn seines Arbeitslebens ein eigenes, teures Auto: „[D]as erste Mal in meinem Leben ein eigenes Auto gekauft. Da war ich stolz. ((lacht)) Die heiße Liebe meines Lebens“ (PG, 305 f.). Beim neuen Beruf und der damit einhergehenden Weiterbildung auf dem abgelegenen Landgasthof wird hingegen die Einfachheit betont und in ausschweifenden und romantisierenden Erzählungen die umgebende Natur beschrieben und folgendermaßen evaluiert: „[D]ieser Flecken da das ist so unglaublich schön und romantisch“ (PG, 643 f.). Auch die wissenschaftliche Weiterbildung von Karl Rot ist der Berufsausübung vorgelagert und ermöglicht eine neue Erfahrung, indem er sich für ein Studium in Frankreich entscheidet, sein bisheriges Leben hinter sich lässt und mit seiner Frau für ein Jahr dorthin zieht. Dadurch kann er „komplett andere Erfahrungen mal machen“ (KR, 646).

6.4.3 Typ *Wissen*: Erlangen berufsspezifischen Wissens

Bei diesem Typ steht das Wissen zur Ausübung des Berufs im Vordergrund. Die Weiterbildung ist nicht notwendig für den Berufszugang, sondern der Berufsgruppenwechsel wurde bereits vollzogen (Bruno Gelb) beziehungsweise gibt es keine

---

[28] Analog handelt es sich hierbei um eine grundständige Ausbildung zum Koch, da Peter Grau jedoch eine Erstausbildung abgeschlossen und dazwischen gearbeitet hat, kann hier von einer beruflichen Weiterbildung gesprochen werden.

Zugangsbeschränkung (Fritz Blau). Für Bruno Gelb war der Berufsgruppenwechsel zum Berufsschullehrer ein Sprung ins „kalte Wasser“ (BG, 862), worin sich dokumentiert, dass er nur unzureichend darauf vorbereitet wurde. Zwar evaluiert er die begleitende betriebliche Weiterbildung als „vorbildlich“ (BG, 1895), jedoch als deutlich zu wenig, weil sie im „Schnellverfahren durchgeschleift“ (BG, 1938) wurden. So hätte er sich mehr Rückmeldung und Begleitung im Unterricht gewünscht und kritisiert, dass die Kolleg:innen ihr Unterrichtsmaterial für sich behalten. Er wechselt dabei immer wieder zwischen den Herausforderungen des Unterrichtsalltags und der guten Weiterbildung. Hier dokumentiert sich gerade die Diskrepanz zwischen einer Weiterbildung, die nicht auf den Unterrichtsalltag vorbereiten kann, und der Erfahrung, unvorbereitet einen neuen Beruf ausüben zu müssen. Auch Fritz Blau nutzt seine Coachingausbildung, um die notwendigen Fähigkeiten für die Tätigkeit als Coach zu erlernen. Bei ihm dokumentiert sich sogar ein Verständnis von Weiterbildung für den beruflichen Aufstieg als negativer Horizont. „Also äh indem man für anderthalb Jahre in ner Fortbildung verschwindet zum Beispiel das is überhaupt=das hab ich erst nachher verstanden dass das überhaupt ein Karrierekiller ist ne“ (FB, 1612 ff.). Der Weiterbildung kommt bei diesem Typ weder die Funktion eines berufsqualifizierenden Titels noch die der Verwirklichung eines Bildungsaufstiegs zu, sondern vielmehr die Funktion der Vorbereitung auf den Berufsalltag.

6.4.4 Beruf als Regulativ der Weiterbildungsbeteiligung bei Berufsgruppenwechseln

Als Regulativ der Weiterbildungsbeteiligung lassen sich berufliche Erfahrungen rekonstruieren, insofern eine Weiterbildung erst dann in Anspruch genommen wird, wenn der Berufsgruppenwechsel bereits vollzogen ist. Im Material zeigen sich dabei Weiterbildungen im Kontext von betrieblicher, beruflicher und wissenschaftlicher Weiterbildung (vgl. Tabelle 6.4).[29]

[29] Die Begriffe betriebliche, berufliche und wissenschaftliche Weiterbildung werden entsprechend dem Diskurs in der Erwachsenenbildung verwendet (vgl. Abschnitt 2.1.4). Dabei richtet sich die betriebliche Weiterbildung auf die Erhöhung des Betriebskapitals, bei der beruflichen Weiterbildung stellt der Beruf die Referenzkategorie dar (vgl. Kurtz 2002, 2017b), und eine wissenschaftliche Weiterbildung findet im Kontext von Hochschulen statt.

Tabelle 6.4 Institutioneller Kontext der Weiterbildung bei Berufsgruppenwechseln

	Typ *Qualifikation*	Typ *Neues*	Typ *Wissen*
Betriebliche Weiterbildung			Bruno Gelb
Berufliche Weiterbildung	Anna Grün	Peter Grau	Fritz Blau
Wissenschaftliche Weiterbildung	Petra Orange	Karl Rot	

Eine institutionalisierte Weiterbildungsbeteiligung findet beim Typ *Qualifikation* im Kontext des Nachholens biografisch verwehrter Bildungschancen statt. Diese bilden den Hintergrund für die Weiterbildungsbeteiligung, indem sie das Nachholen eines berufsbiografisch erwünschten Weges, der bis zu diesem Zeitpunkt verwehrt blieb, ermöglicht. Relevant wird dabei die zugeschriebene Rolle als Hausfrau (bzw. die Orientierung an dieser Identitätsnorm), die erhalten bleibt, und dass die Weiterbildung nebenher organisiert wird. In dieser prekären Situation wird entweder so viel Unterstützung vonseiten des Ehepartners gewährt, dass beides möglich wird, oder das soziale Umfeld dezimiert sich aufgrund des hohen zeitlichen Aufwandes. Der Weiterbildung und dem daran anschließenden Nachholen des beruflichen Weges kommen eine emanzipatorische Bedeutung zu, indem eine Bestätigung jenseits dieser zugeschriebenen Rolle erfahren wird. Dieser Typ unterscheidet sich vom Typ *Neues*, bei dem mithilfe der institutionalisierten Weiterbildung eine neue Erfahrung gesucht und aus dem Bestehenden ausgebrochen wird. Ausgangspunkt ist der Zielberuf, der bereits feststeht, wobei die Weiterbildung entweder als Legitimation oder als Zugang in einem stratifizierten Berufssystem wie in Deutschland benötigt wird. Bei der Wahl der Weiterbildung dokumentiert sich eine Suche nach neuen Erfahrungen. So wird eine Weiterbildung gewählt, die einen Auslandsaufenthalt ermöglicht oder ein asketisches Leben in Differenz zum bisherigen ausschweifend materiellen Leben. Auch beim dritten Typ *Wissen* steht der Zielberuf bereits fest, die Weiterbildung bezieht sich jedoch auf den neuen Beruf und das Erlangen berufsspezifischen Wissens. Entweder ist damit eine berufsbegleitende Weiterbildung verbunden, die den Berufseinstieg flankiert, oder die Weiterbildung wird entsprechend dem dafür notwendigen berufsrelevanten Wissen gewählt. In allen drei Typen dokumentiert sich damit der Beruf als Regulativ der Weiterbildungsbeteiligung. Der Zielberuf steht bereits fest und die Entscheidung für eine bestimmte Weiterbildung, für einen spezifischen institutionellen Kontext, unterscheidet sich entsprechend den beruflichen Erfahrungen der drei Typen.

6.5 Typologie von Berufsgruppenwechseln

Entsprechend dem Erkenntnisinteresse des Forschungsprojekts lassen sich eine *Berufstypik* und eine *Weiterbildungstypik* von Berufsgruppenwechseln rekonstruieren. Im Rahmen einer Typologie werden diese nun aufeinander bezogen, wobei sich die Typologie am empirischen Material der Fälle orientiert. So lässt sich beim Typ *Kampf* lediglich eine Weiterbildungsbeteiligung rekonstruieren, die dem Typ *Qualifikation* entspricht, während sich bei den Typen *Flexibilität* und *Suche* jeweils eine Orientierung an einer Weiterbildungsbeteiligung entsprechend den Typen *Neues* und *Wissen* rekonstruieren lässt (vgl. Abbildung 6.35).

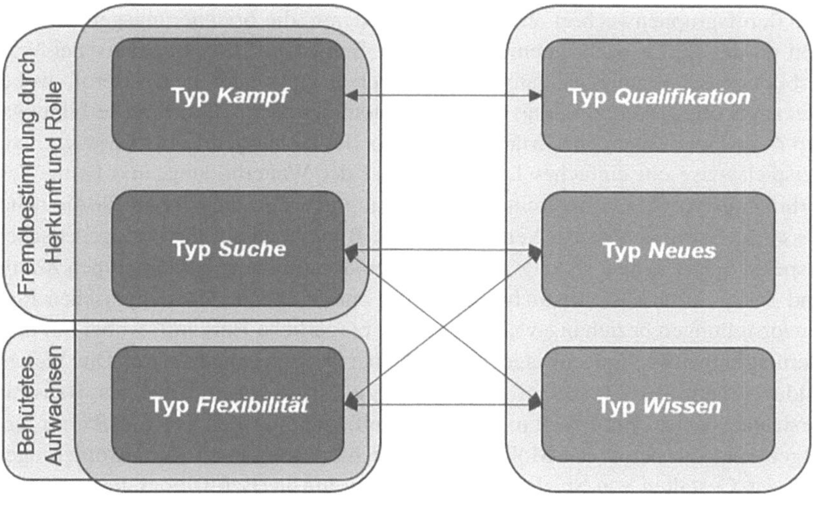

Abbildung 6.35 Typologie von Berufsgruppenwechseln

Dem begrenzt-widerständigen Erfahrungsraum des Typs *Kampf* ist der Weiterbildungstyp *Qualifikation* eigen. Hier ergibt sich die Weiterbildungsbeteiligung aus der biografischen Erfahrung eines verwehrten Bildungsweges aufgrund einer fremdbestimmt zugeschriebenen, milieutypischen Rolle und neuer Freiräume durch weniger Familienarbeit. Regulativ der Weiterbildungsbeteiligung ist das Nachholen eines Bildungsabschlusses beziehungsweise die Verwirklichung der eigenen Berufsbiografie. Weiterbildung kommt daher eine hohe biografische

Bedeutung zu, für die gekämpft wird. So ersetzt die Weiterbildung nicht die Familienarbeit, sondern sie muss weiterhin neben der Weiterbildung organisiert werden, womit der Haushalt zum Lernort wird. Sowohl beim offensiv-gestaltenden Erfahrungsraum des Typs *Flexibilität* als auch beim passiv-anpassenden Erfahrungsraum des Typs *Suche* dokumentiert sich der Weiterbildungstyp *Neues* und *Wissen*. Das Regulativ der Weiterbildungsbeteiligung beim Typ *Flexibilität* ergibt sich durch die Suche nach neuen Herausforderungen aufgrund fehlender Karrieremöglichkeiten. Hierbei wird entweder eine Weiterbildung angenommen, die eine neue Erfahrung ermöglicht, wie beispielsweise ein Studium im Ausland (Weiterbildungstyp *Neues*), oder es findet direkt ein Wechsel in eine neue Berufsgruppe statt und Weiterbildung dient als Unterstützung für die neuen beruflichen Herausforderungen (Weiterbildungstyp *Wissen*). Beim Typ *Suche* orientiert sich der Berufsgruppenwechsel an signifikant Anderen, die orientierungsgebend sind, und an der Suche nach einem Platz in der Berufswelt. Das Regulativ der Weiterbildungsbeteiligung ist damit ein zur Person passender neuer Beruf, wobei die zugehörige Weiterbildung in Kauf genommen wird. Beim Weiterbildungstyp *Neues* wird eine neue Erfahrung jenseits des bisherigen Lebens gesucht, wie beispielsweise ein einfaches Leben während der Weiterbildung, und beim Weiterbildungstyp *Wissen* wird eine Weiterbildung gewählt, die Wissen für die neue, passende Berufsgruppe zur Verfügung stellt. Blickt man auf die soziogenetischen Aspekte dieser Typen, so zeigt sich eine Fremdbestimmung bei den Typen *Kampf* und *Suche* durch das christliche Milieu mit entsprechenden stereotypischen Rollenvorstellungen beziehungsweise durch die bürgerliche Herkunft, wobei mit dem Berufsgruppenwechsel ein eigener beruflicher Weg gegangen wird. Die Weiterbildung dient der Emanzipation von der zugeschriebenen Rolle als Hausfrau beziehungsweise dem Bruch mit dem Herkunftsmilieu. Beim Typ *Flexibilität* hingegen sind die berufliche Mobilität, das Suchen nach neuen Herausforderungen und das Gestalten von Spielräumen konstitutiv für die Berufsbiografie.

Der Beruf konnte damit als Regulativ der Weiterbildungsbeteiligung bei einem Berufsgruppenwechsel rekonstruiert werden, wobei die Teilnahme an der je spezifischen Weiterbildung dem Berufsgruppenwechsel folgt und die Art und Weise der Weiterbildungsbeteiligung sich am jeweiligen (beruflichen) Erfahrungsraum orientiert.

7 Konjunktive Erfahrungsräume von Berufsgruppenwechseln – Diskussion der Ergebnisse sowie theoretische und methodologische Anschlüsse

Die empirischen Ergebnisse werden nun einerseits gegenstandsbezogen und andererseits grundlagentheoretisch-methodologisch auf ihre Anschlussfähigkeit diskutiert. Im Rahmen einer „theoretischen Empirie“ (Kalthoff et al. 2019) werden sie an die Theorie rückgebunden, um eine aus der Empirie heraus entwickelte „Theorie*bildung*“ (Kalthoff 2019: 23, H. i. O.) zu ermöglichen. Empirie und Theorie stehen sich damit nicht gegenüber, sondern sind miteinander verwoben, insofern Theorie erfahrungsgebunden und Empirie auf Theorien angewiesen ist (vgl. Hirschauer 2019: 184).

7.1 Berufsgruppenwechsel als Übergänge innerhalb von Beruf – gegenstandstheoretische Anschlüsse

Mit den empirischen Ergebnissen wird an die in Kapitel 2 dargestellten (berufs-)soziologischen Debatten zu Berufsgruppenwechseln sowie die Debatten zur erziehungswissenschaftlichen Übergangsforschung und Erwachsenenbildung angeschlossen. Empirisch konnten Übergänge zwischen Berufsgruppen rekonstruiert werden, denen strukturidentische Erfahrungen zugrunde liegen und die auf konjunktive Erfahrungsräume schließen lassen. Damit wird *erstens* deutlich, dass berufliche Wechsel kein Ende des Berufes bedeuten. *Zweitens* sind sie als soziale Prozesse zu verstehen, die in Beziehungsgeflechte eingebunden sind. *Drittens* wird der Beruf als Kontextfaktor für die Weiterbildungsbeteiligung bei einem Berufsgruppenwechsel relevant.

S. Rundel, *Begrenzte Beruflichkeit*, Theorie und Empirie Lebenslangen Lernens,
https://doi.org/10.1007/978-3-658-51888-2_7

7.1.1 Keine Erosion des Berufes durch Berufsgruppenwechsel

In der Debatte um ein Ende des Berufes (vgl. Baethge & Baethge-Kinsky 1998; Harney & Tenorth 1999; Kocka & Offe 2000b; Voß 2018) werden Berufsgruppenwechsel häufig als Indikatoren herangezogen (vgl. Behringer 2004; Mayer et al. 2010; Dütsch et al. 2013). Ausgangspunkt ist die Annahme einer Erosion des Berufs auf der Mikro-, Meso- und Makroebene (vgl. Abschnitt 2.1.3). Die Destandardisierung des Lebenslaufs, Entgrenzung der Arbeit und Entberuflichung würden dazu führen, dass der Beruf als „lebenslanger Orientierungsrahmen für individuelle Erwerbs- sowie soziale Integrationsperspektiven" (Baethge & Baethge-Kinsky 1998: 461) an Bedeutung verliert. Dies ließ sich im empirischen Material dieser Studie nicht wiederfinden. *Erstens* ist den rekonstruierten Typen gemeinsam, dass ihre Arbeit als „beglückend und bereichernd" (Herzog 2019: 11) erfahren wird. Dies basiert auf der im Beruf organisierten Arbeitsteilung, die „ein Gefühl der Solidarität" (Durkheim 1992 [1893]: 102) ermöglicht, indem es „zu einer Aufteilung von unterschiedlichen, aber aufeinander bezogenen Leistungen" (Abels 2020: 24) kommt. Beim Typ *Flexibilität* zeigt sich dies in einer Teamorientierung. Zusammen mit anderen, jeweils als Teil eines größeren Systems mit unterschiedlichen Aufgaben, wird ein Mehrwert für sich, andere und die Organisation geschaffen. In der Metapher „du warst da mittendrin" (KR, 352) dokumentiert sich sowohl das Eingebundensein in einen größeren Kontext als auch, dass Karl Rot von der Mitte aus Veränderungen zusammen mit anderen anstößt, Dinge „nach vorne pushen" (KR, 168) konnte und dadurch „ne ganze Organisation verändert" (KR, 345 f.) werden konnte. Diese immer wieder herausfordernde Arbeit in Form von Projekten hat „super Spaß gemacht" (BG, 814). Beim Typ *Kampf* hingegen geht es nicht um Veränderungen, sondern um das Erlernen von Fähigkeiten für die Aufgaben in einem arbeitsteiligen System. Sowohl Anna Grün als auch Petra Orange eignen sich Computerkenntnisse mithilfe ihrer Kinder beziehungsweise durch den Besuch von Computerkursen für die neue Berufsgruppe an. Zentral werden hier die Erfüllung der Arbeitsanforderungen und die Erfahrung von Bestätigung. So bleibt es nicht beim reinen Abarbeiten, sondern mithilfe der neu erlernten Fähigkeiten wird mit einer Softwarefirma ein neues Programm zur Stundenerfassung entwickelt oder es werden andere Mitarbeiter:innen in einem digitalen Ausleihsystem geschult. Arbeit macht auch beim Typ *Suche* „Spaß" (FB, 112; PG, 166), jedoch nicht aufgrund der Herausforderung und der Möglichkeit der Veränderung, wie beim Typ *Flexibilität*, sondern dadurch, dass ein „Rausch" (FB, 1339) erlebt wird. Dieser ist angewiesen auf andere und wird durch das gemeinsame Lösen von Aufgaben hergestellt, wie beispielsweise bei Fritz Blau (1343 ff.) in seiner Selbstständigkeit, als er mit seinem Partner bis morgens um drei Uhr arbeitete und dann fünf Stunden später wieder bei der Arbeit saß. Oder bei Peter Grau, der in seiner Tätigkeit in Ostdeutschland mit den Richter:innen zusammen „das Familienrecht mal bisschen durchgespielt ((lacht)) durchgerechnet" (PG, 136 f.) hat. Der Beruf wird so zum Ort der sozialen Integration und schafft ein Gefühl der Zugehörigkeit. Konzepte wie „Bürgerarbeit" (Beck 2000) oder neue Formen der Vergemeinschaftung (vgl. Lash 1996: 276) beispielsweise durch ehrenamtliches Engagement spielen in der Regel keine Rolle (wenn, dann nur als Notlösung beim Typ *Kampf*). Während *zweitens* – so zumindest die These der Entberuflichung – Berufstätige zwischen verschiedenen beruflichen Tätigkeiten ohne eine erneute Qualifikationsphase wechseln können sollen, sind Berufsgruppenwechsel in der vorliegenden Studie mit erneuten Bildungsphasen verbunden. Damit lässt sich keine Veränderung hin zu einem organisationsbestimmten System feststellen, bei dem im Bildungssystem erlangte Qualifikationen nicht auf Positionen im Erwerbssystem und damit verbundene berufliche Karrieren verweisen, wie dies in einem qualifikationsbestimmten System der Fall ist (vgl. Müller & Shavit 1998). Der Beruf als übergeordnetes Prinzip von Arbeit und Bildung (vgl. Abschnitt 2.1.5) gerät nicht an sein Ende, sondern Berufsgruppenwechsel werden innerhalb des Berufes vollzogen und der Zugang zu einer neuen Berufsgruppe wird nach wie vor über das Bildungssystem hergestellt. So finden entweder berufsqualifizierende Weiterbildungen statt, die den Zugang zu einer Berufsgruppe sicherstellen und neue Erfahrungen ermöglichen (Typ *Neues*) oder berufsbegleitende Weiterbildungen dienen dem Erlangen berufsqualifizierenden Wissens (Typ *Wissen*) oder der Weiterbildung kommt eine berufsbiografische Bedeutung im Sinne des Nachholens verwehrter Bildungs- und Berufschancen zu (Typ *Qualifikation*). Auch dokumentiert sich *drittens* die postmoderne Annahme erodierender Grenzen und „einer pluralisierten und fragmentierten Sozialwelt" (Eickelpasch & Rademacher 2004: 10) nicht im hier untersuchten empirischen Material. Zwar wird gegen traditionelle Rollenbilder angekämpft, ohne sie jedoch letztlich zu überwinden. Ebenso wird der Beruf im Rahmen der Familie organisiert (Typ *Kampf*), wie auch die Herkunft und elterliche Erwartungen orientierungswirksam sind (Typ *Suche*). Lediglich beim Typ *Flexibilität* zeigt sich ein berufsbezogenes Handeln, das sich von tradierten Berufsvorstellungen löst und im Kontext der These vom „Arbeitskraftunternehmer" (Voß & Pongratz 1998) interpretiert werden kann. Für diesen Typ stellt die eigene Arbeitskraft eine Ware dar, die angeboten werden kann, wobei sich bietende Möglichkeiten angenommen werden. Damit wird das

Selbst ermächtigt (wie sich exemplarisch in den materialen Bildern von Karl Rot dokumentiert), jedoch immer noch in einem notwendigerweise verbindenden Getrenntsein vom Beruf (vgl. Abschnitt 6.3.1.1). Der Arbeitnehmer löst sich nicht vom Beruf, sondern der Beruf wird zum zentralen Hintergrund für das eigene Selbst. Schließlich zeigt sich *viertens* in Bezug auf die von Martin Kohli (1985, 1994, 2003) herausgearbeitete These der Institutionalisierung des Lebenslaufs, dass es durch Berufsgruppenwechsel nicht zu einer Destandardisierung des Lebenslaufs kommt. Der Beruf prägt nach wie vor die Struktur des Lebenslaufs und wirkt als übergeordneter Rahmen orientierungsgebend. Somit bleibt der Beruf erhalten, auch wenn darin über das Bildungssystem organisierte Berufsgruppenwechsel möglich sind.

7.1.2 Kontinuität trotz Berufsgruppenwechsel: Zur identitätsstiftenden Bedeutung von Beruf

Der Wechsel beruflicher Tätigkeiten wird häufig im Kontext diskontinuierlicher Berufsbiografien (vgl. Behringer 2004) beziehungsweise atypischer Beschäftigung (vgl. Frosch 2020; Pabst 2022) diskutiert. Aufgrund von betrieblichen Faktoren (vgl. Behringer 2004), gesundheitlichen Einschränkungen (vgl. Ohlbrecht 2022) oder fehlenden Qualifikationen (vgl. Frosch 2020; Pabst 2022) werden diese als unfreiwillig und prekär gerahmt. Freiwillige Wechsel, wie die hier untersuchten Berufsgruppenwechsel, werden hingegen selten beachtet und wenn doch, dann mithilfe von Rational-Choice-Annahmen durch eine Verbesserung der Rahmenbedingungen (höheres Einkommen, bessere Arbeitsbedingungen) erklärt (vgl. Abschnitt 2.2.2). Die empirischen Ergebnisse legen hingegen eine andere Perspektive nahe. Der Beruf als nach wie vor eine „der zentralen Tatsachen moderner Gesellschaften" (Kreutzer 1999: 61) sichert nicht nur in Form von Lohnarbeit den Lebensunterhalt, verweist auf eine soziale Position und ermöglicht soziale Teilhabe, sondern ihm kommt gerade dadurch eine *identitäts*stiftende Bedeutung zu (vgl. Abschnitt 6.2). Weder verliert der Beruf seine „zentrale Rolle für Identitätsbildung und Lebensplanung, soziale Beziehungen und gesellschaftlichen Zusammenhalt", wie noch von Jürgen Kocka und Claus Offe (2000a: 11) prognostiziert, noch ist der Ausstieg aus dem Beruf eine Option. Indem Identität als „das Ergebnis von reflexiven und sozialen Identifizierungs*praktiken*" (Zirfas 2014: 567, H. d. V.) verstanden wird, kann empirisch nachgezeichnet werden, dass Berufsgruppenwechsel dann vollzogen werden, wenn Identifizierungspraktiken mit der Berufsgruppe prekär werden. Im Sinne einer Erwerbsorientierung stellt sich hier die Frage, „wie ein Mensch sich selbst zum eigenen Arbeitsvermögen und zur Erwerbstätigkeit ins Verhältnis setzt“ (Kraus 2022: 514).

Theoretisch kann an die Identitätsforschung angeschlossen werden, wodurch zweierlei von Bedeutung wird: Identität ist *erstens* nicht gegeben, sondern konstituiert sich im Sozialen und ist dadurch vermittelt (vgl. Straub 2000: 170 f.). Hierfür können die Überlegungen von George Herbert Mead (1934: 200) zur Identität *(self)*, dem Ich *(I)* und wie andere mich sehen *(me)* herangezogen werden, die in der Identitätsforschung eine zentrale Rolle einnehmen (vgl. unter anderem Straub 2000, 2018; Abels 2010, 2020; Zirfas 2014). Während das *I* „als vorsoziale, *biologische Basis*“ (Abels 2020: 94, H. i. O.) gegeben ist, ist für das *me* die „gesellschaftliche Erfahrung“ (Mead 1988 [1934]: 182), also die Auseinandersetzung mit anderen und der Umwelt, relevant, wobei beides im *self* vermittelt werden muss. Differenzen oder Diskontinuitäten müssen daher immer wieder bearbeitet und zur Kohärenz (vgl. Straub 2000: 175, 2018: 178) beziehungsweise die vielen Reaktionen der anderen mit dem Ich in einen Dialog gebracht werden (vgl. Abels 2020: 78). Identität „entsteht somit nie im gesellschaftsfernen Raum aus sich selbst heraus“ (Felden 2021: 14). Geht man von einer „reflexiven Modernisierung“ aus, als „eine zunächst unreflektierte, gleichsam mechanisch-eigendynamische Grundlagenveränderung der entfalteten Industriegesellschaft“ (Beck 1996: 29), in der die Dynamik selbst zum Gegenstand der Modernisierung wird (vgl. Beck 1996: 45),[1] dann hat dies auch Auswirkungen auf die Identität. Veränderungen und Kontingenz werden zum Strukturmerkmal gesellschaftlicher Erfahrung. „Das moderne Denken von Kontinuität *ist* geradezu, so paradox es klingen mag, ein Denken und symbolisches Bearbeiten von Kontingenz und Veränderung“ (Straub 2000: 174, H. i. O.). Im Anschluss an die empirischen Ergebnisse folgt daraus, dass sich nicht der Beruf auflöst (vgl. Abschnitt 7.1.1), sondern Veränderung und Kontingenz innerhalb des Berufes bearbeitet werden. *Zweitens* wird Identität nicht individualistisch, sondern

[1] Ulrich Beck (1996: 23 ff.) grenzt sich sowohl von dem Gedanken einer fortschreitenden Modernisierung, postmodernen Theorien als auch antimodernen Strömungen ab. Ihm geht es um eine Begriffsbildung, die dazu geeignet ist, ausgehend von der Industriegesellschaft die Phänomene der Veränderung fassen zu können (vgl. Beck 1996: 23). Dabei bedeutet für ihn reflexive Modernisierung „*Kontinuität* und *Bruch in* der Moderne“ (Beck 1996: 45, H. i. O.). Die Moderne wendet sich auf sich selbst an, indem die industriegesellschaftliche Moderne modernisiert wird (vgl. Beck 1996: 45). Damit wird die Dynamik in diesem Prozess deutlich, indem nicht von einer Transformation, einer Krise oder einer Revolution ausgegangen wird, sondern die (industriegesellschaftliche) Moderne sich reflexiv auf sich selbst anwendet – die Dynamik wird zum Strukturmerkmal einer reflexiven Moderne.

im Sinne kollektiver Identifizierungspraktiken verstanden. Empirisch konnten strukturidentische Erfahrungen bei Berufsgruppenwechseln rekonstruiert werden, die auf konjunktive Erfahrungsräume schließen lassen. Damit werden „gesellschaftliche Identitätserwartungen und Identitätsnormen“ (Bohnsack 2017: 102) als kommunikatives Wissen in Relation zur Handlungspraxis, dem konjunktiven Wissen, relevant (vgl. Abschnitt 3.2.2).

Blickt man nun auf die drei hier rekonstruierten Typen, so bezieht sich die identitätsstiftende Bedeutung von Beruf beim Typ *Flexibilität* auf das Zur-Geltung-Bringen der eigenen Person,[2] wie sich eindrücklich in den materialen Bildern von Karl Rot dokumentiert. Der Beruf fungiert als Hintergrund, durch den aufgrund von Karriere und beruflichem Aufstieg sozialer Status erlangt wird. Dies ist verbunden mit einer Leistungsnorm, bei der in kurzer Zeit viel verändert und gestaltet wird. Diese relevante berufliche Identitätsnorm kann mit zunehmenden Routinen, aufgrund derer die Leistung abnimmt, nicht mehr erfüllt werden. Neue sich im Sinne einer vertikalen beruflichen Mobilität bietende Optionen werden dann offensiv ergriffen. Mit dem Ende der Karriereleiter wird die Identifizierungspraktik mit der Berufsgruppe durch beruflichen Aufstieg und sozialen Status prekär. Infolgedessen findet ein jahrelanger Ablösungsprozess von der Berufsgruppe statt, es werden Überlegungen angestellt, ob man den „goldenen Käfig“ (BG, 834) verlassen sollte beziehungsweise ob neue Unternehmen ausprobiert werden sollten, bei denen sich jedoch erneut das Gefühl eines „more of the same“ (KR, 1009) einstellt. Schließlich wird die Identifikation mit einer neuen Berufsgruppe entlang eines am Lebensstil orientierten Berufes gefunden – bei Bruno Gelb ist es der Lehrerberuf und bei Karl Rot der Weinbau. So bringt der Beruf weiterhin die Person aufgrund von Leistung zur Geltung, nun nicht mehr verbunden mit beruflichem Aufstieg, sondern mit einer zum Lebensstil passenden beruflichen Tätigkeit.

Beim Typ *Kampf* kommt dem Beruf insofern eine identitätsstiftende Bedeutung zu, als Fähigkeiten jenseits von Haushalt und Familie eingebracht und dadurch eine Bestätigung erfahren wird. Zunächst orientiert sich dieser Typ an einer Identitätsnorm, die sich auf die Zuständigkeit für die Familienarbeit bezieht. So wird dem Wunsch der Eltern nach einer entsprechenden Ausbildung nachgekommen oder die eigenen beruflichen Ambitionen hinter die des Ehepartners

---

[2] Im Gegensatz zum Individuum und dem Subjekt wird Person hier als vergesellschaftetes Subjekt verstanden. Zuschreibungen durch soziale Akteur:innen konstituieren die Person, wobei die unterschiedlichen Zuschreibungen vom Subjekt zur Kohärenz gebracht werden müssen (vgl. Manhart 2023: 225).

angestellt. Mit weniger werdenden Familienpflichten wird jedoch zunehmend die Identitätsnorm eines selbstbestimmten beruflichen Wegs relevant, die Identitätsnorm der Zuständigkeit für die Familienarbeit als fremdbestimmt erfahren und widerständig dagegen angekämpft. In dieser „Doppelorientierung" (Alheit 2010: 232) wird zwar ein eigener beruflicher Weg errungen, dieser muss jedoch weiterhin innerhalb der Zuständigkeit für die Familienarbeit organisiert werden. Die identitätsstiftende Bedeutung von Beruf wird nun gerade daran deutlich, dass trotz der Schwierigkeiten in der Organisation von Beruf und Familie am Beruf festgehalten wird. Dadurch wird eine berufliche Entwicklung ermöglicht und verwehrte Bildungs- und Berufschancen können nachgeholt werden. Identifizierungspraktiken mit der Berufsgruppe werden dann prekär, wenn sich Rahmenbedingungen krisenhaft verändern, wie bei Krankheit oder einem Wechsel der Vorgesetzten, und einen Berufsgruppenwechsel notwendig bedingen.

Der Beruf übernimmt beim Typ *Suche* eine identitätsstiftende Bedeutung, indem er als Ort sozialer Anerkennung und Integration gilt. Wiederkehrende, komplizierte oder langwierige Aufgaben werden als hemmend und die Arbeit als mühsam und qualvoll erfahren, während Aufgaben, die gemeinsam mit anderen erledigt werden, zu einem „Rausch" (FB, 1339) führen und einen „total high" (PG, 401) machen. Damit wird die Identitätsnorm einer Sozialintegration durch Arbeit im Gegensatz zum Erfüllen von Aufgaben entsprechend dem arbeitsteiligen System relevant (vgl. Honneth 2017: 441). Die passiv-anpassende berufliche Handlungspraxis dieses Typs, die sich vor allem durch die Orientierung an signifikant Anderen auszeichnet, führt immer wieder zu einer Nichtpassung mit dem Umfeld. Gleichzeitig wird nach einem gemeinsamen Arbeitsrausch gesucht. Obwohl die Identifizierungspraktiken mit der erlernten Berufsgruppe, deren Wahl sich an einem gesellschaftlich anerkannten Beruf entsprechend der familiären Herkunft orientiert hat, immer wieder fehlschlagen, wird dennoch daran festgehalten. Erst mit lebensphasenspezifischen Ereignissen, wie dem Tod der Eltern oder einer Elternzeit, die einen Raum für neue Möglichkeiten schaffen, werden neue Perspektiven ermöglicht. Die daran anschließende Suche nach einer passenden Berufsgruppe orientiert sich zwar erneut an anderen, jedoch wird ein Platz in der Berufswelt gefunden, bei dem (zunächst) eine Kongruenz von Person und Beruf hergestellt werden kann – ganz im Sinne von Thomas von Aquin, wonach es einen Ruf zu einem Amt gibt (vgl. Paulus 1926: 453).

Wie die empirischen Ergebnisse deutlich machen, wirkt Beruf identitätsstiftend und schafft Kontinuität über die Berufsgruppenwechsel hinweg. Er löst sich nicht auf, sondern gerade aufgrund seiner identitätsstiftenden Bedeutung werden Berufsgruppenwechsel erst hergestellt und bewältigt, wenn Identifizierungspraktiken mit der Berufsgruppe prekär werden. Damit kann an das Konzept von Beruflichkeit im Sinne des Aufbaus „beruflicher Handlungsfähigkeit" und dem Ziel einer „erwerbsbiografischen Gestaltungskompetenz" (Kraus 2024, 5) angeschlossen werden. Wird Beruflichkeit begrenzt, beginnen Suchprozesse nach neuen beruflichen Tätigkeitsfeldern. Dabei spielen je spezifische Identitätsnormen und kollektive Handlungspraxen eine zentrale Rolle: Das Ende der Karriereleiter bringt die eigene Person nicht mehr entsprechend einer Leistungsnorm zur Geltung, weshalb nach einer neuen Berufsgruppe Ausschau gehalten wird, die dann offensiv ergriffen wird (Typ *Flexibilität*). Im Beruf wird eine Bestätigung jenseits von Haushalt und Familie erfahren, wobei gegen die Identitätsnorm von einer Zuständigkeit für die Familienarbeit widerständig angekämpft wird und die Identitätsnorm an einem selbstbestimmten beruflichen Weg relevant wird. Erst wenn sich Rahmenbedingungen krisenhaft verändern, wird ein Berufsgruppenwechsel erforderlich (Typ *Kampf*). Der Beruf gilt als Ort sozialer Integration und Anerkennung. Diese werden immer wieder in einer an der Herkunft orientierten Berufsgruppe gesucht, jedoch infolge einer passiv-anpassenden Handlungspraxis nur teilweise gefunden. Aufgrund von lebensphasenspezifischen Ereignissen wird die ursprüngliche Berufsgruppe verlassen und sich einer neuen zugewendet (Typ *Suche*). Im Sinne einer transitorischen Identität zeigt sich, dass Identität aufrechterhalten wird, indem Fremdes, Neues und damit auch Kontingenz zugelassen werden (vgl. Straub 2018: 178). Veränderung und Kontingenz werden somit zum konstitutiven Bestandteil von Kontinuität (vgl. Straub 2000: 174). Damit können die empirischen Ergebnisse auch an die Kritik von Jürgen Straub (2000: 168) rückgebunden werden, wonach das postmoderne Selbst als „empirisch nicht begründeter Mythos" verstanden werden kann. Die Dynamik einer reflexiven Modernisierung spiegelt sich nicht in einer inneren Pluralität wider (vgl. Straub 2000: 178), sondern berufliche Kontinuität wird durch die Bearbeitung von Kontingenz hergestellt.

7.1.3 Berufsgruppenwechsel als Übergang: Zur Bedeutung signifikant Anderer

In der neueren erziehungswissenschaftlichen Übergangsforschung werden mit Bezug auf das Konzept der Transition (vgl. Welzer 1993) zunehmend Übergänge im Erwachsenenalter betrachtet, wie bei der Familiengründung oder dem

Eintritt in den Ruhestand (vgl. Walther 2015: 41 ff.). Während auch diese (meist) an institutionelle Passagen gebunden sind, finden atypische Übergange, also Zustandswechsel zu untypischen Zeiten oder auf indirektem Wege (vgl. Schittenhelm & Küchel 2013: 93), wie ein Berufsgruppenwechsel, noch wenig Beachtung. Das Fehlen einer institutionellen Passage bedeutet dabei nicht, dass Berufsgruppenwechsel *einfach so* stattfinden oder plötzlich auftreten. Wie Harald Welzer (1993: 284, H. d. V.) hervorhebt, lassen sich Transitionen „zureichend nur als *soziale Prozesse* verstehen – das Subjekt verändert sich in den und mit den Beziehungsgeflechten, in denen es sich bewegt und von denen es ein Teil ist." Dies wird an einem von Mead eingebrachten und zu der vorliegenden Studie passenden Beispiel eines Berufsgruppenwechsels deutlich, bei dem ein Pädagoge verschwindet und später als Holzfäller wiedergefunden wird. „Das ist eine Situation, in der sich verschiedene Identitäten bilden können, und es hängt von den auftretenden gesellschaftlichen Reaktionen ab, welche Identität wir haben werden" (Mead 1988 [1934]: 185). Während bei dem Gedankenexperiment von Mead der Berufsgruppenwechsel bereits vollzogen ist und die Bedeutung der gesellschaftlichen Reaktionen für die Identität betont wird, bleibt der *Prozess* des Berufsgruppenwechsels, die Veränderung „in den und mit den Beziehungsgeflechten", wie Welzer (1993: 284) es im obigen Zitat genannt hatte, als Leerstelle zurück. Nur selten verschwindet jemand und wird mit einem neuen Beruf wiedergefunden. Vielmehr muss dieser im bestehenden sozialen Umfeld hergestellt und bewältigt werden. Dabei zeigt sich im hier untersuchten empirischen Material die Bedeutung signifikant Anderer (vgl. Abschnitt 2.4), die den Wechsel der Berufsgruppe bestätigen beziehungsweise durch Impulse von außen neue Möglichkeiten und Perspektiven schaffen (vgl. Klingovsky & Pawlewicz 2015: 61). Beim Typ *Flexibilität* wird der Freundeskreis als soziales Umfeld für die Bestätigung und den letzten Anstoß der Realisierung des Berufsgruppenwechsels relevant. Die neue, am Lebensstil orientierte Berufsgruppe steht bereits fest, wird jedoch einer sozialen Bewährung im Freundeskreis unterzogen. Zugleich wird erwogen, inwiefern sie dazu passt. Karl Rot benutzt hierfür die Metapher eines Zuges, der nach positiven Reaktionen die Station verlassen hat: „[J]etzt kommst du da fast nicht mehr raus" (KR, 1115 f.). Wie im Beispiel von Mead wird die Imagination von der neuen beruflichen Identität dem sozialen Umfeld mitgeteilt und dessen Reaktion abgewartet. So beschreibt auch Bruno Gelb, dass „die äh Reaktion durchweg positiv bei meinen Freunden" (BG, 1745) war. Das soziale Umfeld tritt beim Typ *Kampf* zunächst als Begrenzung auf, indem die Wahl des Bildungsweges und der Ausbildung maßgeblich durch die Eltern bestimmt wird und später der eigene berufliche Weg hinter den des Ehepartners zurückgestellt wird. Die

Berufsbiografie ist geprägt durch Verlaufskurven als „das Prinzip des Getriebenwerdens durch sozialstrukturelle und äußerlich-schicksalshafte Bedingungen der Existenz“ (Schütze 1983: 288). Eigene Entscheidungen stoßen auf äußere Widerstände, die sich zu einer „Fallkurve“ (Schütze 1983: 288) verdichten und dadurch den Möglichkeitsraum begrenzen. Signifikant Andere sind dabei vereinzelt Auftretende, die ein Entkommen aus dieser Fallkurve möglich machen, wodurch als „Steigkurve [...] neue Möglichkeitsräume für Handlungsaktivitäten und Identitätsentfaltung des Biographieträgers“ (Schütze 1983: 288) eröffnet werden. Diese Begegnungen sind häufig einmalig und dienen entweder dem Wiedereinstieg in den Beruf, der Ablösung von der bisherigen Berufsgruppe aufgrund sich krisenhaft verändernder Rahmenbedingungen oder der Bestätigung hinsichtlich der eigenen Fähigkeiten. Für den Typ *Suche* stellt der Beruf einen Ort der sozialen Integration dar, indem Zugehörigkeit und gemeinsame Erlebnisse erfahren werden können. Bei seiner Suche nach einem Platz in der Berufswelt folgt dieser Typ signifikant Anderen, welche die Rolle als „generalized other“ (Mead 1934: 154) einnehmen, indem sie die Haltung der für den Typ relevanten Gemeinschaft vertreten. Dabei kommt es jedoch immer wieder zu einem Sich-Fremdfühlen in der erlernten und an der Herkunft orientierten Berufsgruppe. Erst durch lebensphasenspezifische Ereignisse, wie den Tod des Vaters oder eine Elternzeit, wird die Ablösung vom erlernten Beruf möglich und der Raum für neue berufliche Möglichkeiten eröffnet. Auch dies folgt signifikant Anderen, jedoch in dem Sinne, dass sie als Vertreter:innen einer differenten Gemeinschaft neue Einsichten oder Haltungen (vgl. Mead 1934: 154) ermöglichen.

Berufsgruppenwechsel sind in Beziehungsgeflechte eingebunden und können als soziale Prozesse verstanden werden. Bedeutsam werden, wie die empirischen Ergebnisse zeigen, signifikant Andere, wie der Freundeskreis (Typ *Flexibilität*), einmalige Begegnungen (Typ *Kampf*) oder Personen, die neue Einsichten ermöglichen (Typ *Suche*). Damit lässt sich an die subjektorientierte Übergangsforschung (vgl. Stauber et al. 2007; Walther & Stauber 2013) und die erziehungswissenschaftliche Biografieforschung (vgl. unter anderem Alheit & Dausien 2006; Walther & Stauber 2007) anschließen. Im Kontext einer „reflexiven Modernisierung“ (Beck et al. 1996) wird von zunehmenden Unsicherheiten und Leerstellen im Lebenslauf ausgegangen, wodurch *„biographische Identität“* (Alheit 2010: 220, H. i. O.) erst hergestellt werden muss. Allerdings zeigt sich bei Berufsgruppenwechseln (vgl. Abschnitt 7.1.2), dass die moderne Biografie nicht riskant wird (vgl. Alheit & Dausien 2006: 432). Vielmehr werden Kontingenz, Leerstellen und Unsicherheiten sowie sich verändernde Rahmenbedingungen und

Arbeitsverständnisse (vgl. Kraus 2007: 53) im Rahmen des Berufes und kollektiv innerhalb konjunktiver Erfahrungsräume bearbeitet. Ein Berufsgruppenwechsel als Übergang muss daher hergestellt und bewältigt werden und ist in soziale Beziehungsgeflechte und gesellschaftliche Normen eingebunden (vgl. Walther & Stauber 2007: 19, 2013: 29).

7.1.4 Berufsgruppenwechsel und Weiterbildungsbeteiligung

Gerade für die Erziehungswissenschaft und speziell die Erwachsenenbildung werden bei Berufsgruppenwechseln Fragen nach Regulativen der Weiterbildungsbeteiligung relevant (vgl. Wittpoth 2018), also konkret: Warum nehmen Erwachsene an Weiterbildung teil (und warum nicht)? So reichen als Erklärung weder allein sozioökonomische Daten noch milieuorientierte Ansätze aus, sondern auch andere Kontextfaktoren wie Betrieb oder Raum werden hier relevant (vgl. Wittpoth 2018: 1156). Bei Berufsgruppenwechseln der Generation der Babyboomer:innen tritt nun der Beruf als Kontextfaktor für die Weiterbildungsbeteiligung auf, indem der Berufsgruppenwechsel bereits feststeht und die Weiterbildung entsprechend dem für die neue Berufsgruppe benötigten Wissen gewählt wird (vgl. Dörner 2017: 167). Dabei werden auch bisherige (berufs-)biografische Erfahrungen handlungsrelevant (vgl. Schmidt 2010: 142). Die Weiterbildung dient damit weder als „Problemlöser der Bewältigung der Herausforderungen des gesellschaftlichen und wirtschaftlichen Wandels" (Iller 2008: 67), wie im Rahmen der Debatte zum Lebenslangen Lernen immer wieder formuliert wird (vgl. Abschnitt 2.3.2). Noch spielen Rational-Choice-Annahmen, wie dass die Weiterbildungsaktivität als Investition in das auf dem Arbeitsmarkt verwertbare Humankapital angesehen werden kann oder dem individuellen Glück dient, eine Rolle. Auch findet kein Wandel hin zur Stabilisierung vorberuflicher Lernprozesse durch berufsbegleitende Weiterbildung statt (vgl. Baethge 1994: 252).

Vielmehr ließen sich im hier untersuchten empirischen Material in Bezug auf die Weiterbildungsbeteiligung bei Berufsgruppenwechseln drei Typen rekonstruieren: Für den Typ *Neues* sind der Titelerwerb und der Zugang zu einer neuen Berufsgruppe beziehungsweise die Legitimation für die neue Berufstätigkeit bedeutsam. Die Weiterbildung wird entsprechend der Möglichkeit neuer Erfahrungen ausgewählt, die an bisherige biografische Erfahrungen anschließt und sich gleichzeitig davon abgrenzt (beispielsweise indem ein Studium im Ausland gewählt wird, das zum Lebensstil passt). Auch beim Typ *Wissen* steht die Berufsgruppe bereits fest, die Weiterbildung dient hier jedoch der Herstellung einer Professionalität durch differenziertes, berufsspezifisches Wissen, um in kontingenten Situationen Handlungsfähigkeit zu ermöglichen (vgl. Gieseke 1991: 50). Der Weiterbildung kommt daher vor allem die Funktion einer Professionalisierung zu (vgl. Jütte & Lobe 2020: 7). Der Typ *Qualifikation* unterscheidet sich von diesen beiden Typen insofern, als die Weiterbildung dem Nachholen verpasster Bildungschancen dient. Sie stellt eine „Möglichkeit zur konstruktiven Neugestaltung des eigenen Lebens und zur Korrektur unbefriedigender Berufsverläufe" (Schmidt 2010: 142) dar. Folgte die Berufsbiografie bis zu diesem Zeitpunkt fremdbestimmten, geschlechtstypischen Rollenverhältnissen, dient sie nun der Verwirklichung eines selbstbestimmten beruflichen Weges.

Den drei Typen ist gemeinsam, dass sie an formaler Weiterbildung teilnehmen (in institutionalisierter Form an betrieblicher, beruflicher oder wissenschaftlicher Weiterbildung). Informelles Lernen spielt hingegen vor allem beim Typ *Qualifikation* eine Rolle. Das neue Aufgabengebiet dient als Lernanreiz, wobei bei den Arbeitsbezogenen Lernprozessen das soziale Umfeld relevant wird (vgl. Schmidt-Hertha & Thalhammer 2016: 316). So vermitteln beispielsweise Freund:innen berufsbezogenes Wissen oder die Kinder werden als Expert:innen für Computerkenntnisse herangezogen. Dem liegen Zeitkonkurrenzen im Alter bei der Inanspruchnahme von Weiterbildung zugrunde (vgl. Schwarz et al. 2020: 3), da der Beruf neben Familie und Haushalt organisiert werden muss (dieser Typ korrespondiert mit dem Typ *Kampf* in der Typologie für Berufsgruppenwechsel, vgl. Abschnitt 6.5).

7.1.5 Berufsgruppenwechsel innerhalb von Beruf

Ausgehend von den empirischen Ergebnissen werden für den Gegenstand des Berufsgruppenwechsels in der Generation der Babyboomer:innen folgende Thesen resümiert:

1. Der Beruf bleibt als soziales Ordnungsmodell und übergreifendes Organisationsprinzip von Arbeit und Bildung erhalten.
2. Ihm kommt (über die Berufsgruppen hinweg) eine *identitäts*stiftende Bedeutung zu. Berufsgruppenwechsel werden dann virulent, wenn Identifizierungs*praktiken* mit dem bisherigen Beruf prekär werden. Damit ergeben sich zwar Leerstellen und Unsicherheiten, die jedoch kollektiv und innerhalb der rekonstruierten konjunktiven Erfahrungsräume bewältigt werden. Ein

Alles-ist-möglich kann damit genauso als Mythos angesehen werden wie die Vorstellung eines einzigen lebenslangen Berufes (vgl. Mayer et al. 2010: 377).
3. Berufsgruppenwechsel sind im Sinne einer Transition nicht an institutionelle Passagen geknüpft, sondern müssen als „sozialer Prozess" (Welzer 1993: 284) verstanden werden. Sie sind eingebunden in bisherige kollektive berufsbiografische Erfahrungen und soziale Beziehungsgeflechte, bei denen signifikant Andere relevant werden.
4. Für die Erwachsenenbildung ist der Berufsgruppenwechsel insofern relevant, als er mit Weiterbildung einhergeht. In einer Perspektive der Regulative der Weiterbildungsbeteiligung (vgl. Wittpoth 2018) wird der Beruf als Kontextfaktor für die Weiterbildungsbeteiligung bedeutsam.

Berufsgruppenwechsel führen weder zu einem Ende des sozialen Ordnungsmodells des Berufes, noch konstituiert sich ein „neuer Sozialcharakter der Arbeit" (Baethge 1994: 246), in dem entweder bei Nichterfüllung der eigenen Bedürfnisse oder *einfach so* die Arbeit gewechselt wird (vgl. Hitzler & Honer 1994: 311). Vielmehr dokumentiert sich empirisch in der hier vorliegenden Studie die identitätsstiftende und integrative Bedeutung des Berufes. Dieser verbindet die Berufsgruppenwechsel und stellt damit Kontinuität über die diskontinuierlichen Teile hinweg her (vgl. Kohli 1994: 222). Verändern sich Rahmenbedingungen, wird die Identifikation mit der Berufsgruppe prekär und es findet eine Suche nach neuen Berufsgruppen und damit einhergehende Identifizierungspraktiken statt. Dem liegt kein subjektzentriertes Arbeitsverständnis (vgl. Baethge 1994: 253) oder eine ständig wechselnde Gruppenorientierung (vgl. Hitzler & Honer 1994: 310) zugrunde, sondern es konnten empirisch kollektive Praxen rekonstruiert werden, die in konjunktive Erfahrungsräume eingebunden sind. Dabei werden für den Berufsgruppenwechsel als Übergang sowohl berufsbezogene Normen im Sinne von institutionellen Ablaufmustern und Normalitätserwartungen als auch berufsbezogene Praxen im Sinne von Handlungsmustern relevant, bei denen signifikant Andere bedeutsam werden (vgl. Köttig 2013: 994). Der Lebenslauf bleibt als institutionelles Ablaufmuster mit den Taktgebern Beruf und Familie und untergliedert in die Bildungs-, Erwerbs- und Ruhephase orientierungswirksam (vgl. Kohli 1985). Im Anschluss an die Schule findet eine erste Bildungsphase mit anschließendem Berufseinstieg statt. Die daran anschließende Erwerbsphase wird lediglich geschlechtsspezifisch durch Familienarbeit unterbrochen. Zwar finden erneute Bildungsphasen während der Erwerbsphase statt, der Lebenslauf wird damit jedoch nicht infrage gestellt. So ermöglichen (Weiter-) Bildungsphasen den Zugang zu einer neuen Berufsgruppe (Typ *Neues*), dienen dem Erlangen berufsqualifizierenden Wissens (Typ *Wissen*) oder dem Nachholen verwehrter Bildungs- und Berufschancen (Typ *Qualifikation*). Signifikant Anderen kommt bei Berufsgruppenwechseln die Bedeutung zu, die Passung in das soziale Umfeld der nun am Lebensstil orientierten Berufsgruppe im Freundeskreis zu bestätigen (Typ *Flexibilität*), als einmalige Begegnungen ein Entkommen aus krisenhaften Situationen zu ermöglichen (Typ *Kampf*) oder neue Einsichten und eine phasenspezifische Offenheit für Neues zu eröffnen (Typ *Suche*). Zum Regulativ der Weiterbildungsbeteiligung (vgl. Wittpoth 2018) wird der Beruf dadurch, dass der Berufsgruppenwechsel bereits feststeht und die Weiterbildung lebensphasenspezifisch darauf folgt (vgl. Dörner & Schäffer 2014a: 146).

7.2 Berufsgruppenwechsel und konjunktive Erfahrungsräume – grundlagentheoretische und methodologische Anschlüsse

In diesem Kapitel werden im Anschluss an die empirischen Ergebnisse das grundlagentheoretisch entfaltete Verhältnis von Wissen und Erfahrung und die angenommene „notorische Diskrepanz“ (Bohnsack 2017: 104) von Norm und Praxis aufgrund der unterschiedlichen Sozialität diskutiert. Methodologisch-methodisch wird der Aspekt aufgenommen, dass der konjunktive Erfahrungsraum als erkenntnistheoretische Kategorie für die Forschenden nie unvermittelt zugänglich ist (vgl. Abschnitt 4.1.1). Vielmehr muss er, um dem Prinzip der intersubjektiven Überprüfbarkeit gerecht zu werden, in objektivierter Form erhoben werden. Dies geschieht in der rekonstruktiven Sozialforschung vor allem über Sprache und Bild, die letztlich in Text und materialem Bild objektiviert werden (vgl. Abschnitt 4.3.3). Damit stellt sich die Frage nach dem Verhältnis von Text und materialem Bild. Ergänzen sie sich, dokumentiert sich darin dasselbe oder widersprechen sie sich? Kann also die Erhebung verschiedener Materialsorten zu einer „Pluralisierung und Perspektivierung“ (Marotzki 1996: 79) sowie zu einer Verbreiterung und Vertiefung führen (vgl. Schäffer 2016: 44)?

7.2.1 Konjunktive Erfahrungen

Der auf Karl Mannheim (1980) zurückgehende Begriff des konjunktiven Erfahrungsraums kann als einer der zentralen erkenntnistheoretischen Begriffe der Praxeologischen Wissenssoziologie von Ralf Bohnsack (2017) angesehen werden. Während darin vor allem das Verhältnis von Norm und kommunikativem Wissen zu Praxis und konjunktivem Wissen verhandelt wird, kommt dem Begriff der Erfahrung eine untergeordnete Rolle zu. Dies ist insofern verständlich, als sich dieser Begriff in der erziehungswissenschaftlichen Debatte häufig auf die Auseinandersetzung eines Subjekts mit der Welt (vgl. Abschnitt 3.2.3) im Sinne eines *„Erfahrung-Machen]s]"* oder *„Erfahrung-Haben[s]"* (Nittel & Kilinc 2023: 195, H. i. O.) bezieht und die kollektive Praxis als zentrales Element der Praxeologischen Wissenssoziologie nicht in den Blick kommt – denn für Mannheim ist es gerade der „*gemeinschaftliche* Erfahrungszusammenhang" (Mannheim 1980: 270, H. d. V.), der relevant ist. Zwar rechnet das Individuum sein Handeln dem eigenen Erlebnisstrom zu, ist sich jedoch nicht bewusst, dass es einem „gesellschaftlichen Bewußtseinsstrom" (Mannheim 1980: 81) entspringt. Dennoch ist die fehlende Auseinandersetzung verwunderlich, denn unzweifelhaft werden Erfahrungen gemacht und als konjunktive Erfahrungen sind sie die Grundlage von Verstehen nach Mannheim (1980: 231) in konjunktiven Erfahrungsräumen (vgl. Abschnitt 3.2.1). Im Folgenden soll anhand der empirischen Ergebnisse diskutiert werden, inwiefern aus einer praxeologisch-wissenssoziologischen Perspektive der Begriff der Erfahrung gefasst werden kann und inwiefern Erfahrungen im Verhältnis zum Wissen als kollektiv verstanden werden können.

Die Erfahrung steht in der Praxeologischen Wissenssoziologie in einem doppelten Verhältnis zum konjunktiven Erfahrungsraum: Einerseits bezieht sie sich auf das Erleben des Exterioren, die gesellschaftlichen Regeln im Sinne Émile Durkheims, was Bohnsack (2017: 102) als kommunikatives Wissen versteht. Andererseits spricht Bohnsack (2017: 103) vom „konjunktiven Erfahrungswissen" als dem handlungsleitenden Wissen in der Dimension des inkorporierten und habitualisierten Wissens, das kollektiv erfahren wird, und von einem „Erfahrungswissen, welches diese komplexe Relation von habitualisierter Praxis und normativen (und identitätsbezogenen) Erwartungshorizonten insgesamt umfasst." Im Fokus stehen nicht das Subjekt und seine Auseinandersetzung mit der Welt, sondern das Erleben, die Erfahrung des Exterioren (als das Normative und kommunikative Wissen) und des Konjunktiven[3] (als die Praxis und das handlungsleitende Wissen) in ihrer jeweiligen kollektiven Dimension. Beides – kommunikatives und konjunktives Wissen – wird *erfahren*, womit der Erfahrung eine primordiale Bedeutung zu kommt. Somit ist Wissen auf Erfahrungen angewiesen und im Sinne einer typisierten Erfahrung zu verstehen (vgl. Ritter 1972:

[3] Im Gegensatz zum Wort *kollektiv* wird mit dem Wort *konjunktiv* nicht nur der Fokus auf eine Gruppe oder Gemeinschaft gelegt, sondern auch das Verbindende betont (vom lateinischen *coniungere*).

612; Knoblauch 2009: 305). Erst in der Auseinandersetzung mit dem Kollektiven, in der Erfahrung dieses Kollektiven, konstituiert sich demnach Wissen als Erfahrungswissen, das sozial vermittelt werden kann (vgl. Knoblauch 2008: 466).

Erfahrungen können dabei kaum ausgedrückt, sondern lediglich zur Darstellung gebracht werden (vgl. Bohnsack 2017: 107; Abschnitt 3.2.1). Ein Erlebnis wie die Geburt eines Kindes kann nur schwer in Worte gefasst werden, sondern wird als geteilte Erfahrung intuitiv verstanden. Joachim Bromand und Guido Kreis (2010: 13) sprechen an dieser Stelle auch von „nichtbegrifflicher Erfahrung" (vgl. Abschnitt 4.1.1). Daher ist es notwendig, einen rekonstruktiven Zugang zu wählen, der, wie die Dokumentarische Methode, sowohl durch den Wechsel der Analyseeinstellung vom Was zum Wie mit dem Common Sense bricht (vgl. Abschnitt 3.2.1) als auch durch die komparative Analyse im Rahmen der Typenbildung (vgl. Abschnitt 4.4.4) von der individuellen Darstellung abstrahiert und eine empirische Rekonstruktion konjunktiver Erfahrungen und des konjunktiven Erfahrungsraums ermöglicht. Den Forschenden kommt dabei kein privilegierter Zugang zur Handlungspraxis, keine hierarchische, sondern eine heterarchische Position zu, indem sie die Praxis aus der Praxis der Befragten heraus rekonstruieren (vgl. Bohnsack 2018a: 215 f.; Abschnitt 4.2). Methodisch wurde dies in dem hier vorliegenden Forschungsprojekt durch biografisch-narrative Interviews und materiale Bilder erreicht. Konjunktive Erfahrungen lassen sich über Erzählungen rekonstruieren (vgl. Schütze 1983: 285; Nohl 2005: 12), wie auch in materialen Bildern als Repräsentationen innerer, erfahrungsbasierter Bilder (vgl. Mitchell 2018: 40; Bohnsack 2021a: 161), beziehungsweise über die darin abgebildete Körperlichkeit oder Performanz (vgl. Brändle 2007: 97; Bohnsack 2012: 126, 2017: 145). Die soziogenetische Interpretation (vgl. Abschnitt 4.4.4.1), die Rekonstruktion generationaler, milieuspezifischer oder geschlechtstypischer Erfahrungen, ermöglicht schließlich ein Verstehen des *„seinsverbundenen Werden[s] der Standorte"* (Mannheim 1970b: 373, H. i. O.), der Entstehung konjunktiver Erfahrungsräume im „historisch-sozialen Raum" (Mannheim 1969: 228) und der Verbundenheit des „Sein[s] und Schicksal[s] mit dem Geschichtsprozeß" (Mannheim 1970b: 363).

Im hier untersuchten empirischen Material dokumentieren sich konjunktive Erfahrungen an mehreren Stellen in Form fallübergreifender, strukturidentischer Darstellungen, sowohl in Bezug auf (berufsbezogene) Normen (also die Erfahrung des Exterioren), die (berufsbezogene) Praxis (des Konjunktiven) als auch soziogenetische Aspekte. Bruno Gelb und Karl Rot (Typ *Flexibilität*) teilen die Erfahrung eines kontinuierlichen beruflichen Aufstiegs in einem Konzern, wobei der Beruf zum identitätsstiftenden Hintergrund wird. Sie orientieren sich an einer Leistungsnorm, die Bürger:innen in der Leistungsgesellschaft der Nachkriegszeit durch die Verbindung mit dem individuellen Status zu maximaler Produktivität bringen sollte (vgl. Verheyen 2018: 191). Dabei erfahren sie, inwiefern durch das offensive Ergreifen neuer Herausforderungen Leistung erbracht und damit der eigenen Person Geltung verschafft werden kann. Für die Entstehung dieses konjunktiven Erfahrungsraumes konnten zwei soziogenetische Aspekte rekonstruiert werden: einerseits die Tätigkeit in einer spezifischen Organisation, nämlich einem Konzern, der Karrieren nicht nur ermöglicht, sondern auch ein Bedürfnis dafür schafft. Dies wird daran deutlich, dass Bruno Gelb sich fragt: „[W]ie schafft es dieser Konzern dass die Leute eben immer weiterkommen wollen?" (BG, 1639 f.). Das Erbringen von Leistung ist damit nicht abgeschlossen, sondern muss handlungspraktisch durch das Ergreifen von neuen Möglichkeiten immer wieder hergestellt werden. Andererseits war die Kindheit bei beiden „behütet" (BG, 36; KR, 817). In dieser identischen Wortwahl dokumentiert sich eine milieuspezifische, strukturidentische Erfahrung, indem beispielsweise finanzielle Sorgen, familiäre oder soziale Probleme keine Rolle spielten und in diesem sicheren Rahmen vieles ausprobiert und gestaltet werden konnte.

Demgegenüber teilen Anna Grün und Petra Orange (Typ *Kampf*) die Erfahrung einer fremdbestimmten Wahl ihrer Ausbildung durch die Eltern. Beide wollten ursprünglich eine andere Ausbildung absolvieren, mussten sich jedoch den Eltern unterordnen. Die Norm eines selbstbestimmten beruflichen Weges wird durch die Norm einer sogenannten weiblichen westdeutschen Normalbiografie (vgl. Heinz & Krüger 1981: 671) begrenzt, die als Zwang (vgl. Durkheim 1984 [1895]: 106) erfahren und gegen die angekämpft wird. Dabei machen beide Personen immer wieder die konjunktive Erfahrung, dass sie mit ihrer widerständigen Praxis zwar etwas erreichen können, dies jedoch lediglich innerhalb der Begrenzungen. Die Erfahrung von normativen Begrenzungen wird konstitutiv für ihre widerständige Praxis und umgekehrt (dies dokumentiert sich homolog an anderen Stellen, beispielsweise auch bei der Geburt ihrer Kinder in Bezug auf das Gesundheitswesen). Soziogenetisch ließen sich Erfahrungen in Bezug auf geschlechtstypische Rollenbilder, die sich in einem christlichen Umfeld mit traditionell-konservativen Werten konstituieren, rekonstruieren. Petra Orange sollte bereits mit ihrer Ausbildung „was von Haushalt lernen" (PO, 26 f.), und Anna Grün hat „ganz klassisch" (AG, 75) geheiratet, Kinder bekommen und dafür ihren Beruf aufgegeben. Ein selbstbestimmter beruflicher Weg stellt insofern keine relevante berufsbezogene Norm dar, als auch weibliche berufliche Karrieren in dieser Generation selten sind. Dadurch entstehen Unsicherheiten, es fehlen Perspektiven und „Bildungsgänge [werden] nicht sofort an berufliche Ziele gekoppelt" (Wohlraab-Saar 1993: 337). Zwar kämpfen die beiden Befragten immer wieder dagegen an, erreichen auch einen selbstbestimmten beruflichen

Weg, verbleiben jedoch innerhalb der Begrenzung, indem sie beispielsweise Beruf und Familie zusammen organisieren müssen.

Bei Fritz Blau und Peter Grau (Typ *Suche*) dokumentieren sich strukturidentische Erfahrungen in Bezug auf die Suche nach Zugehörigkeit im Beruf. Dem liegt eine Norm der Sozialintegration durch den Beruf und eine passiv-anpassenden Praxis, die sich an anderen orientiert, zugrunde. Zwar wird einerseits immer wieder ein Arbeitsrausch gemeinsam mit anderen erfahren, wiederkehrende und aufwendige Arbeiten danach jedoch als mühsam und qualvoll erlebt. Andererseits kommt es in ihrer Orientierung an anderen sowohl eher zufällig zu diesem Erleben der Zugehörigkeit als auch zur Erfahrung der Nichtpassung zu ihrem Umfeld. Dies dokumentiert sich an zwei strukturidentischen Erfahrungen in Bezug auf ihre Kleidung im Studium, die sich, als Symbol des Status und der Zugehörigkeit, von derjenigen der anderen Kommiliton:innen unterscheidet. Peter Grau trägt noch Hosen aus seiner Kindheit, während die anderen bereits „schöne Hemden" (PG, 1155) tragen. Und Fritz Blau kommt in einem vollen Hörsaal nicht bis zum einzigen Studierenden mit einem ähnlichen Kleidungsstil durch. Soziogenetisch ließen sich bei ihnen strukturidentische Erfahrungen bezüglich ihres bürgerlichen Herkunftsmilieus rekonstruieren. Darin kommt dem Beruf eine hohe Bedeutung zu, indem er sozialen Status sichert und in die städtische und regionale Gemeinschaft einbindet. Beide Befragte folgen zunächst den (beruflichen) Erwartungen ihres bürgerlichen Herkunftsmilieus nach einem etablierten und anerkannten Beruf, der von ihnen jedoch als fremd erfahren wird, obwohl sie bereits in ihrer Kindheit und Jugend häufig Konflikte mit ihren Eltern hatten. Erst mit lebensphasenspezifischen Ereignissen, wie dem Tod des Vaters oder einer Elternzeit, lösen sie sich davon und wechseln die Berufsgruppe.

Konjunktive Erfahrungen konnten, wie die empirischen Ergebnisse zeigen, in Bezug auf das Erfahren der kollektiven Dimension des Normativen und der Praxis rekonstruiert werden. Zudem konnte gezeigt werden, dass soziogenetische Erfahrungen bedeutsam für die Genese des konjunktiven Erfahrungsraumes sind. Berufsbezogene Normen als kommunikatives Wissen werden in ihrem Erfahren handlungsrelevant, ebenso wie eine berufsbezogene Praxis als konjunktives Wissen und umgekehrt. Die konjunktive Dimension der Erfahrung dokumentiert sich im Material eindrücklich fallübergreifend nicht nur durch identische Themen (Kleidung während des Studiums, behütetes Aufwachsen, Begrenzungen, Bedeutung der Person), sondern vor allem durch die homologe Art und Weise ihrer Darstellung. Damit wird deutlich, dass sie kaum begrifflich ausgedrückt, sondern lediglich zur Darstellung gebracht und letztlich rekonstruiert werden müssen. Während beispielsweise die erzählte Lebensgeschichte als eine „als Einheit begriffene personale Identität" (Straub 2000: 174) verstanden werden kann,

kann über den komparativen Vergleich im Rahmen der Typenbildung und über den Bruch mit dem Common Sense ein Zugang zu konjunktiven Erfahrungen und deren Eingebundensein in konjunktive Erfahrungsräume ermöglicht werden. Das Werden und die Seinsgebundenheit dieser konjunktiven Erfahrungsräume zeigen sich schließlich im Rahmen der soziogenetischen Interpretation. Hierbei konnte bei Berufsgruppenwechseln in der Generation der Babyboomer:innen vor allem eine Milieuspezifik rekonstruiert werden.

Konjunktive Erfahrungen und konjunktive Erfahrungsräume sind zudem nicht als unveränderbar zu verstehen. Erfahrungen tragen Vergangenes und Zukünftiges in sich, indem kommende Situationen entsprechend handlungspraktisch bewältigt werden können (vgl. Fischer & Kohli 1987: 31), sind aber auch durch neuartige und irritierende Erlebnisse veränderbar (vgl. Brinkmann 2015: 537). Die sich durch Erfahrungen konstituierende, konjunktiv geteilte „Weltanschauungstotalität" (Mannheim 1970b: 320) kann daher nicht statisch sein, denn „der immer weiter strömende Prozeß treibt Gehalte empor, die verarbeitet werden wollen und rückwirkend auch systemzersetzend oder systemumgestaltend werden können" *(*Mannheim 1970b: 368*)*. Für Mannheim (1970b: 363) bedeutet dies: „[D]ie Wesenheiten sind selbst dynamisch." Gleichzeitig treten diese Wesenheiten nicht in einen „luftleeren Raum" (Mannheim 1970b: 325), sondern in eine bereits konstituierte Sozialwelt (vgl. Schütz 1932: 7). Erfahrungen sind in soziale Strukturen eingebunden (vgl. Knoblauch 2008: 471) und „nur ein beschränkter Umkreis von Erfahrungen zugänglich" (Bollnow 2013 [1968]: 38). Während beim Typ *Flexibilität* die Dynamik aufgrund neuer Erfahrungen bereits der Modus Operandi, das genetische Prinzip des Handelns ist, dokumentiert sich bei den Typen *Suche* und *Kampf*, dass für eine Veränderung und Irritation vor allem signifikant Andere bedeutsam werden (vgl. auch Abschnitt 7.1.3). Peter Grau macht die Erfahrung einer Bestärkung seines Wunsches, etwas Neues zu machen, auf einer Reise im Gespräch mit einem Ärztepaar. Und bei Fritz Blau führt ein Coach zu dem Perspektivwechsel, dass nicht er der Fremde ist, sondern ein falsches Umfeld ihn umgibt. Petra Orange wird von ihrer Tochter dazu gedrängt, aufs Abendgymnasium zu gehen, und bei Anna Grün zeigen Ärzt:innen, Berater:innen oder Bekannte immer wieder einen Weg aus krisenhaften Situationen auf. Allerdings werden damit keine *radikal* neuen Erfahrungen möglich, sondern diese sind eingebunden in die bestehenden konjunktiven Erfahrungsräume. So absolviert Peter Grau eine Ausbildung zum Koch, jedoch entsprechend seinem bürgerlichen Herkunftsmilieu in einem sehr renommierten Landgasthof mit exquisiter Kundschaft. Fritz Blau wird Coach und obwohl er dies zunächst ablehnt, orientiert er sich jedoch erneut an anderen, nämlich an seinem Coach. Petra Orange geht zwar aufs Abendgymnasium, muss jedoch weiterhin Geld verdienen und sich um den

Haushalt kümmern. Und auch bei Anna Grün finden berufliche Veränderungen lediglich in der durch Familie und Haushalt vorgegebenen Begrenzung statt.

7.2.2 Rekonstruktion konjunktiver Erfahrungsräume: Zum Verhältnis von Norm und Praxis

Für Bohnsack (2017: 104) zeichnet sich der konjunktive Erfahrungsraum durch eine „notorische Diskrepanz" von Norm und Praxis aus, die sich durch deren unterschiedliche Logiken der Sozialität ergibt (vgl. Abschnitt 3.2.2). Während sich die Norm auf kommunikatives Wissen, auf die Erfahrung von exterior gegebenen gesellschaftlichen Regeln im Sinne Durkheims, bezieht, liegt der Praxis konjunktives Wissen, konjunktive Erfahrungen, zugrunde (vgl. Abschnitt 7.2.1). Diese grundlagentheoretische Setzung hat insofern methodologische Auswirkungen, als der konjunktive Erfahrungsraum über die handlungspraktische Bewältigung dieser Diskrepanz von Norm und Praxis aus dem empirischen Material heraus rekonstruiert werden muss. Er ist nicht durch strukturelle Merkmale, wie Gruppe, Organisation oder Sozialraum, natürlich gegeben, sondern konstituiert sich innerhalb dieser als ein „gemeinschaftlicher Erfahrungszusammenhang" (Mannheim 1980: 270). Aus der Forschungspraxis ergeben sich daher drei Erkenntnisse.

Die *erste* Erkenntnis bezieht sich auf das Verhältnis von Theorie und Empirie. So hat sich gezeigt, wie auch Bohnsack (2017: 11, H. i. O.) konstatiert, dass „derzeit eine theoriegeschichtliche Forschung [im Vordergrund steht, SR], welche eine hohe Komplexität erreicht, ohne dass aber eine empirische Fundierung und eine aus der eigenen Forschungs*praxis* geschöpfte methodologische Reflexion dem zu entsprechen vermag." Diese hochgradig abstrakte Ebene in Bezug auf die Praxeologische Wissenssoziologie und Dokumentarische Methode führt in der empirischen Arbeit immer wieder zu theoretischen und methodologischen Fragen, wie beispielsweise: Was ist mit einem Orientierungsrahmen gemeint? Wie steht Wissen zu Erfahrung? Wie kommt man von der Textsortentrennung zum impliziten Wissen? Und was ist schließlich der konjunktive Erfahrungsraum? Diese Fragen lassen sich forschungspraktisch lediglich in abwechselnden Phasen der theoretischen und empirischen Arbeit klären. Ganz im Sinne einer theoretischen Empirie (Kalthoff et al. 2019) ist einerseits die empirische Arbeit auf theoretische Perspektiven angewiesen, und andererseits sind Theorien durch das empirische Material erfahrungsgebunden (vgl. Hirschauer 2019: 184). Theorie und Empirie stehen sich nicht gegenüber, sondern ergänzen sich und sind aufeinander angewiesen. Dies zeigt sich in dem vorliegenden Forschungsprojekt beispielsweise in der Bezeichnung der Kategorien als berufsbezogene Norm und berufsbezogene Praxis. Diese sind in der theoretischen Auseinandersetzung mit dem zentral gesetzten Begriff des konjunktiven Erfahrungsraumes entstanden, jedoch mit empirisch rekonstruierten Ergebnissen ausgestaltet worden. Eine Offenheit wiederum für das empirische Material jenseits der theoretischen Auseinandersetzung kann durch verschiedene Forschungskontexte wie Werkstätten, Kolloquien oder Konferenzen (vgl. Abschnitt 5.6) erreicht werden. Damit wird eine theoretisch rückgebundene Empirie möglich, ohne die Empirie der Theorie unterzuordnen.

In dieser Auseinandersetzung von Theorie und Empirie wird *zweitens* die Bedeutung des kommunikativen Wissens in Form der (berufsbezogenen) Norm (neben dem konjunktiven Wissen und der Praxis) relevant. Während Bohnsack in seinen früheren Arbeiten vor allem das implizite Wissen[4] als handlungsleitend ansieht, wird das kommunikative Wissen im Rahmen der Praxeologischen Wissenssoziologie als konstitutiv für den konjunktiven Erfahrungsraum aufgenommen (vgl. Abschnitt 3.1.3 und 3.2.1). In der Empirie hat sich einerseits die Relevanz der Norm für die Praxis gezeigt, als Normen gerade im Verhältnis zur Praxis für das Verstehen sozialen Handelns bedeutsam werden und andererseits, dass sie aus dem Material heraus rekonstruiert werden müssen. So dokumentiert sich im empirischen Material zunächst eine Orientierung an der Norm eines institutionalisierten Lebenslaufs (vgl. Kohli 1985), die auch bei Berufsgruppenwechseln nicht infrage gestellt wird. Nach der Schule wird eine Ausbildung oder ein Studium absolviert, ein Berufseinstieg vollzogen und geschlechtsspezifisch ein Beruf ausgeübt oder Familienarbeit übernommen. Der Beruf bleibt als Taktgeber für den Lebenslauf erhalten (vgl. Abschnitt 7.1.1). Für die Berufsgruppenwechsel werden dann verschiedene berufsbezogene Normen relevant, die analog zur Praxis aus den Fällen heraus rekonstruiert und im Rahmen der Typenbildung abstrahiert und verallgemeinert werden. Für den Typ *Flexibilität* wird die Erfahrung einer berufsbezogenen Leistungsnorm handlungswirksam, für den Typ *Kampf* die Norm von der Sicherung des Lebenserhalts und eines selbstbestimmten beruflichen Wegs und für den Typ *Suche* die Norm sozialer Integration und Zugehörigkeit durch den Beruf (im Sinne der Erfahrung eines Rausches zusammen mit anderen).

Diese Normen müssen nun *drittens* im Rahmen der Typenbildung für die Rekonstruktion des konjunktiven Erfahrungsraumes ins Verhältnis zur Praxis

[4] Zur Verwendung unterschiedlicher Begriffe von Bohnsack, wie implizites/explizites, konjunktives/kommunikatives, atheoretisches/theoretisches Wissen siehe Abschnitt 3.2.1.

gesetzt und deren handlungspraktische Bewältigung rekonstruiert werden. Zwar liegen Norm und Praxis unterschiedliche Logiken der Sozialität zugrunde, jedoch müssen beide verhandelt werden, worin sich gerade der konjunktive Erfahrungsraum dokumentiert. Den Ergebnissen folgend kommt es jedoch nicht zwingend zu einer Diskrepanz von Norm und Praxis. So zeichnet sich der konjunktive Erfahrungsraum des Typs *Flexibilität* durch ein komplementäres Verhältnis von Norm und Praxis aus. Die für diesen Erfahrungsraum konstitutive Leistungsnorm bringt eine offensiv-gestaltende Handlungspraxis hervor, die wiederum die Norm reproduziert. Für die Erfüllung der Leistungsnorm wird offensiv gehandelt, und durch das gestaltende Handeln werden Leistung, beruflicher Aufstieg und sozialer Status ermöglicht. Der konjunktive Erfahrungsraum spannt sich also gerade in dem komplementären Verhältnis von Norm und Praxis auf. Das Verhältnis von Norm und Praxis lässt sich beim konjunktiven Erfahrungsraum des Typs *Kampf* hingegen als komplex beschreiben. Die Norm der Sicherung des Lebenserhalts und später die eines selbstbestimmten beruflichen Wegs treten in ein Spannungsverhältnis, das mithilfe einer widerständig-begrenzten Handlungspraxis bearbeitet wird. Einerseits wird die Norm eines selbstbestimmten beruflichen Weges handlungsrelevant im Gegensatz zur Sicherung des Lebenserhalts. Andererseits verbleibt die Handlungspraxis innerhalb dieser Begrenzung – sie bringt die widerständige Handlungspraxis hervor, indem sie als Begrenzung bestehen bleibt. Beim Typ *Suche* dokumentiert sich ein differentes Verhältnis von Norm und Praxis. Hier lässt sich eine berufsbezogene Norm der sozialen Integration durch den Beruf rekonstruieren, die in rauschhaften Zuständen mit anderen erlebt wird, und eine berufsbezogene Praxis, die sich passiv-anpassend an anderen orientiert. Daraus konstituiert sich eine andauernde Suche nach einem Platz in der Berufswelt.

Für die Praxeologische Wissenssoziologie und Dokumentarische Methode ergeben sich damit Implikationen auf einer forschungspraktischen und einer theoretisch-methodologischen Ebene. Forschungspraktisch ergänzen sich theoretische und empirische Arbeit wechselseitig, wobei die eigene Standortgebundenheit immer wieder in Forschungskontexten reflektiert und zur Diskussion gestellt werden muss (vgl. Abschnitt 4.4.5 und 5.6). In Bezug auf die Weiterentwicklung von theoretischen und methodologischen Begriffen kann festgestellt werden, dass die Rekonstruktion konjunktiver Erfahrungsräume mehreren Schritten unterliegt. Entsprechend dem Vorgehen der Dokumentarischen Methode werden zunächst relevante Passagen identifiziert und erste „Typenhypothesen" (Schäffer 2020: 28) gebildet. Im Rahmen der Typenbildung werden diese zu Typen abstrahiert, differenziert und spezifiziert (vgl. Abschnitt 4.4.4). In diesem Schritt gilt es, zwischen der Erfahrung der Norm und der Praxis zu unterscheiden. Normen können den

Befragten zwar reflexiv zugänglich sein, jedoch kann nicht davon ausgegangen werden, dass sie von den Befragten explizit benannt werden und deshalb ebenfalls rekonstruiert werden müssen. Der konjunktive Erfahrungsraum lässt sich schließlich in der Rekonstruktion der handlungspraktischen Bewältigung von Norm und Praxis erfassen. In einem letzten Schritt gilt es im Rahmen der Soziogenese die Genese des Erfahrungsraumes mit seinen relevanten Normen, Praxen und deren handlungspraktischer Bewältigung zu rekonstruieren. Eine Rekonstruktion des konjunktiven Erfahrungsraumes zielt daher nicht nur auf die Rekonstruktion handlungsleitenden, impliziten Wissens, sondern auf das Verhältnis von Norm und Praxis sowie von deren handlungspraktischer Bewältigung und Genese.

7.2.3 Zur Mehrdimensionalität konjunktiver Erfahrungsräume im Kontext der Materialsorten Text und materiales Bild

Konjunktiven Erfahrungsräumen ist nicht nur durch verschiedene Kategorien, die miteinander ins Verhältnis gesetzt werden (vgl. Abschnitt 7.2.2), eine Mehrdimensionalität eigen, sondern auch dadurch, dass sich in den Fällen[5] verschiedene Dimensionen des konjunktiven Erfahrungsraumes dokumentieren (vgl. Abschnitt 4.4.4.2). In dem hier vorliegenden Forschungsprojekt liegen nun von einem Fall zwei Materialsorten vor, weshalb Fall und Materialsorte nicht identisch sind. Die beiden Materialsorten eines Falles müssen daher in die sich darin dokumentierenden Dimensionen zerlegt werden. Bei der komparativen Analyse kann dann sowohl über die Materialsorten als auch über andere Fälle zur Struktur des konjunktiven Erfahrungsraumes vorgedrungen werden. Text und materiales Bild beziehen sich damit auf unterschiedliche Dimensionen des konjunktiven Erfahrungsraumes (vgl. Abschnitt 4.3.3). Inwiefern sich Text und materiales Bild ergänzen, doppeln oder widersprechen, muss nun empirisch geklärt werden.

Zunächst zeigt sich, dass Text und materiales Bild nicht in einem validierenden Verhältnis zueinanderstehen, sondern es zu einer „Pluralisierung und Perspektivierung“ (Marotzki 1996: 79) sowie Verbreiterung und Vertiefung (vgl. Schäffer 2016: 44) kommt (vgl. Abschnitt 5.4). So dokumentieren sich einerseits Dimensionen des konjunktiven Erfahrungsraumes in beiden Materialsorten, die aufgrund der unterschiedlichen Art und Weise zu einer Vertiefung der Ergebnisse führen. Andererseits können auch Dimensionen rekonstruiert werden, die in den verschiedenen Materialsorten unterschiedlich betont werden und daher zu einer

---

[5] Als Fall gelten in diesem Forschungsprojekt die Befragten (vgl. Abschnitt 4.4).

Verbreiterung führen. Ein Widerspruch von Text- und materialer Bildinterpretation lässt sich hingegen nicht feststellen. Beim Typ *Flexibilität* führen die Ergebnisse der Bildinterpretation durch die Rekonstruktion einer Personenzentrierung, des Wechsels vom Grau zur Farbe und von eckigen zu runden Formen und das verbundene Getrenntsein von Person und Beruf zu einer Verbreiterung der Analyse, da diese Ergebnisse der Rekonstruktion im Text nicht in dieser Art und Weise relevant werden. Im Text wird vor allem die Erfahrung der Leistungsnorm und des offensiven Ergreifens von Möglichkeiten deutlich. In beiden Materialsorten dokumentiert sich die Karriereorientierung, wodurch eine Vertiefung der Analyse erreicht wird. Beim Typ *Kampf* wird die Analyse über den Aspekt der Begrenzung in Text und materialem Bild vertieft. Verbreitert wird sie durch die materialen Bilder, in denen sich die Notwendigkeit einer Struktur dokumentiert. Über den Text hingegen lassen sich die widerständige Handlungspraxis und die Emanzipation von der Norm einer sogenannten weiblichen Normalbiografie rekonstruieren. Beim Typ *Suche* dokumentiert sich im materialen Bild die Suche nach einem Platz in der Berufswelt im Sinne einer Kongruenz von Beruf und Person durch eine spezifische unordentliche Ordnung. Dies zeigt sich auch im Text anhand der Nichtpassung von Person und Umfeld beispielsweise durch die Kleidung, wodurch eine Vertiefung der Analyse stattfindet. Verbreitert wird die Analyse hingegen durch den Text, indem sich dort die Bedeutung eines Arbeits*rausches* sowie die Orientierung an anderen zeigen.

Zusammenfassend zeigen sich unterschiedliche Relevanzsetzungen durch die jeweilige Materialsorte. Texte in Form des biografisch-narrativen Interviews ermöglichen durch ihre Sequenzialität einen Zugang zur Prozessualität des Sozialen, und aus der Erzählung der Lebensgeschichte heraus können soziogenetische Aspekte rekonstruiert werden. Für den Gegenstand des Berufsgruppenwechsels wird vor allem die Bedeutung signifikant Anderer deutlich. Bei den materialen Bildern werden aufgrund ihrer Simultaneität einzelne Aspekte hervorgehoben (wie beispielsweise die Bedeutung von Begrenzungen beim Typ *Kampf*, die farbliche Veränderung durch den Berufsgruppenwechsel beim Typ *Flexibilität* oder das Finden eines Platzes in der Berufswelt beim Typ *Suche*). In Bezug auf den Gegenstand hat es sich im vorliegenden Forschungsprojekt als hilfreich erwiesen, materiale Bilder zu verschiedenen Fragestellungen zu erheben. Mit der Frage nach einem Bild zum früheren und zum aktuellen Beruf wird eine Differenz aufgebaut, die sich in den materialen Bildern dokumentiert. Interessant ist dabei, dass eine sprachliche, notwendigerweise sequenzielle Proposition (früher – aktuell) bildhaft dargestellt wird, wobei die Anordnung der materialen Bilder im Ergebnisteil wiederum eine Interpretationsleistung des Forschenden ist (vgl. Abschnitt 5.3.3). Gleichermaßen beruht jedoch auch die Sprache auf Bildern, beispielsweise bei Metaphern (vgl. Schäffer 2013). Somit können Sprache, objektiviert in Text, und Bild, objektiviert in materialen Bildern, kaum als zwei zu trennende Sphären angesehen werden. Sprache bedient sich der bildhaften Logik, und Bilder benötigen die sprachliche Logik. Mit Ernst Cassirer (2001 [1923]: 14) gesprochen, ist beiden das Zeichen gemeinsam, jedoch auf unterschiedliche Art und Weise.

7.2.4 Eckpunkte einer dokumentarischen Bildtheorie

Die meisten Forschungsarbeiten innerhalb der Dokumentarischen Methode stützen sich auf textbasiertes Material. Nur wenige Arbeiten verbinden Text und materiales Bild beziehungsweise verwenden ausschließlich bildbasiertes Material (vgl. unter anderem Dörner 2011; Dörner et al. 2011; Bohnsack 2013c, 2017; Dörner & Schäffer 2014b; Hoffmann 2015; Maschke 2015; Kanter 2016; Stützel 2019). Deshalb kann nach wie vor von einer Marginalisierung des Bildes ausgegangen werden (vgl. Bohnsack 2021a: 159). In diesem Forschungsprojekt zeigt sich jedoch das Potenzial bildbasierter Forschung im Sinne einer Verbreiterung und Vertiefung der Analyse (vgl. Abschnitt 7.2.3). Bevor näher darauf eingegangen wird und Eckpunkte einer dokumentarischen Bildtheorie formuliert werden, soll noch eine Herausforderung diskutiert werden, die sich durch den offen gewählten Stimulus ergeben hat (vgl. Abschnitt 5.3.3). So handelt es sich bei der Hälfte der materialen Bilder um selbst erstellte Fotografien oder digitale Bilder, bei denen die Befragten nicht als Abgebildete zu sehen sind. Dies ist insofern problematisch, als damit weder inkorporierte Praktiken deutlich werden (vgl. Bohnsack 2017: 194 ff.) noch diese als „Körper-Bilder" (Kanter 2015: 148) betrachtet werden können, und sich daher die Frage stellt, inwiefern sie einen Zugang zur Handlungspraxis ermöglichen. Solche materialen Bilder, auf denen die Befragten nicht zu sehen sind, können im Anschluss an die indexikalische Repräsentationsbeziehung in Fotografien (vgl. Mitchell 2018: 84) als *Indexbilder* bezeichnet werden (vgl. Abbildung 7.1). Bei ihnen können zwar keine inkorporierten Praktiken rekonstruiert werden, sie repräsentieren das Thema jedoch ebenfalls „in *authentischer* Weise" (Bohnsack 2017: 194, H. i. O.), und zwar „ohne dem von ihnen Repräsentierten im geringsten zu ähneln" (Mitchell 2018: 84). Im Forschungsprojekt konnten zwei Formen identifiziert werden: *erstens* Indexbilder als Fotografien, die von den Befragten selbst erstellt wurden. Indem „*im* Formen, *im* Gestalten [...] das Werk und dessen Idee [...] geschaffen"

(Mannheim 1970b: 342, H. i. O.) werden, verweisen sie auf die Handlungspraxis. Entsprechend dem Thema werden innere, handlungsleitende Bilder (vgl. Abschnitt 4.3.2.2) somit bildhaft dargestellt und zugänglich. Das materiale Bild einer Pusteblume von Anna Grün verweist beispielsweise auf die Fragilität des früheren Berufes, durch den zwar Neues entsteht, dem aber noch die strukturierende und festigende Begrenzung, wie in ihrem aktuellen Beruf zu sehen ist, fehlt (vgl. Abschnitt 6.3.2.1). *Zweitens* finden sich bereits vorhandene materiale Bilder, die aus digitalen Bilddatenbanken ausgewählt wurden, wie beispielsweise bei Bruno Gelb. Hier spielen „Sinnaktualisierungsprozesse", die auf „Erfahrungsbildern" beruhen (Schäffer 2010: 227), eine Rolle, indem auf der Grundlage dieser inneren, erfahrungsbasierten Bilder ein intuitives Verstehen des materialen Bildes in Bezug auf das Thema stattfindet und dieses Bild daher ausgewählt wird. Neben diesen Indexbildern können solche Bilder identifiziert werden, auf denen die Befragten selbst zu sehen sind und in denen sich damit eine soziale Praxis der Befragten dokumentiert. In Bezug auf die abbildenden Bildproduzent:innen verweisen die materialen Bilder entweder auf die Perspektive des Selbst oder es kann zu einer Perspektivüberschneidung kommen, sofern die abbildenden und abgebildeten Bildproduzent:innen nicht denselben konjunktiven Erfahrungsraum teilen (Bohnsack 2021: 164). Daher gilt es, bei materialen Bildern auch die Bild*form* bei der Interpretation zu berücksichtigen und die sich daraus ergebenden methodologischen Konsequenzen.

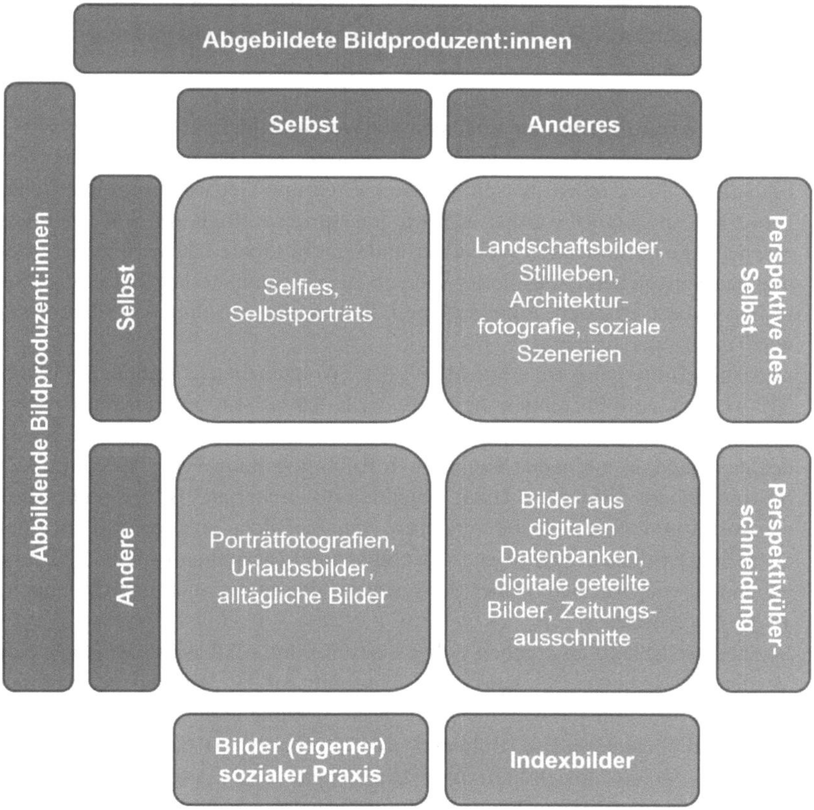

Abbildung 7.1 Bildformen

Bildern kam schon immer und kommt immer noch eine besondere Bedeutung zu (vgl. Abschnitt 4.3.2). Dies zeigt sich nicht nur historisch durch einen immer wieder auftretenden Ikonoklasmus (vgl. Helas 2019), eine Wiederholung der Hinwendung zum Bild (vgl. Mitchell 2009: 320) wie beispielsweise aktuell in Form der Durchdringung unserer Alltagswelt durch die digitale Bildkommunikation (vgl. Scheibel 2003: 133), sondern auch disziplinär durch den Versuch, eine transdisziplinäre Bildwissenschaft zu etablieren (vgl. unter anderem Sachs-Hombach 2005). Neben der methodologisch-methodischen Diskussion von Bildern innerhalb der Praxeologischen Wissenssoziologie und Dokumentarischen Methode werden daher abschließend Eckpunkte für eine dokumentarische Bildtheorie formuliert.

1. „Wir leben mit Bildern und verstehen die Welt in Bildern" (Belting 2001: 11). Damit kommt Bildern eine doppelte Bedeutung zu: Die Welt wird einerseits bildhaft erfahren, indem beispielsweise Gesten und Gebärden in mimetischen Prozessen angeeignet werden und wir uns sprichwörtlich *ein Bild von etwas* machen. Dies sedimentiert sich unter anderem in inneren, erfahrungsbasierten und handlungsleitenden Bildern. Andererseits prägen materiale Bilder die Welt in Form von Gemälden, Piktogrammen, Selfies oder auf digitalen Plattformen wie Tinder oder Instagram.
2. Materiale Bilder sind ein *„Ausdruck"* der „Weltganzheit" (Mannheim 1970b: 312, H. i. O.), ein Phänomen innerhalb der Existenz, von dem aus die Existenz bestimmt werden kann (Mannheim 1970b: 313). In ihnen dokumentiert sich der das Handeln rahmende konjunktive Erfahrungsraum (vgl. Abschnitt 3.2). Sowohl innere Bilder als auch objektivierte, materiale Bilder sind damit als kollektiv konstituiert zu verstehen. Innere Bilder sind ebenso in einen „gemeinschaftlichen Erfahrungszusammenhang" (Mannheim 1980: 270) eingebunden, wie materiale Bilder entsprechend diesen „geschaffen" (Mannheim 1970b: 342) werden.
3. Sozialwissenschaftlich ergeben sich mindestens drei bildbasierte Zugänge zum Verständnis sozialen Handelns (vgl. Abschnitt 3.1.1): Vorhandene materiale Bilder werden hinsichtlich der sich darin dokumentierenden Praxis untersucht (vgl. beispielsweise Bohnsack 2013a; Kanter 2016; Kamelski 2022) beziehungsweise hinsichtlich ihrer Handlungsrelevanz (vgl. beispielsweise Klinge & Müller 2023). Demgegenüber können materiale Bilder auch erst in Bezug auf einen Forschungsgegenstand erhoben werden (vgl. beispielsweise Hoffmann 2015; Stützel 2019).
4. Bei der Interpretation materialer Bilder gilt es, die Bild*form* zu beachten. Während bei Fotografien, auf denen Personen abgebildet sind, inkorporierte Praktiken rekonstruiert werden können, ist dies bei Indexbildern nicht möglich. Hier lässt sich ein Bezug zu den durch Erfahrung eingeprägten inneren Bildern (vgl. Abschnitt 4.3.2.1) herstellen, insofern sich diese in den materialen Bildern auf indexikalische Art und Weise repräsentieren (vgl. Mitchell 2018: 84). Dieser Blick auf die den Forschenden zur Verfügung gestellten materialen Bilder ist in der Dokumentarischen Methode bisher noch kaum beachtet worden (vgl. Hempel 2026).

5. Materiale Bilder verweisen auf Dimensionen des konjunktiven Erfahrungsraumes, ebenso wie Text und Sprache. Inwiefern es dabei zu einer Verbreiterung oder Vertiefung (vgl. Schäffer 2016: 44) kommt, gilt es empirisch herauszuarbeiten.

Mit diesen Punkten soll nicht etwa ein Primat des Bildes behauptet werden. Vielmehr ermöglicht eine dokumentarische Bildforschung mit ihrem theoretisch und methodologisch ausdifferenzierten Instrumentarium in Verbindung mit der dokumentarischen Interpretation von Sprache und Text einen Zugang zur Komplexität des konjunktiven Erfahrungsraumes und damit zu einem Verstehen von sozialem Handeln.

8 Grenzen der Studie und Ausblick

In dem vorliegenden Forschungsprojekt wurden Typen von Berufsgruppenwechseln der Generation der Babyboomer:innen und deren Eingebundensein in konjunktive Erfahrungsräume mithilfe der Dokumentarischen Methode rekonstruiert. Dabei haben sich auch Grenzen und weitere Forschungsperspektiven ergeben.

Eine Limitation der Ergebnisse bezieht sich auf das Sample des Forschungsprojektes. Dieses wurde anhand von Kriterien entlang des Forschungsinteresses erstellt (vgl. Akremi 2022: 410). Ziel des rekonstruktiven Vorgehens (vgl. Abschnitt 4.2) ist dabei nicht die Herstellung von Repräsentativität, wie bei standardisierten Verfahren, sondern die von Generalisierbarkeit. Diese „theoretische Generalisierbarkeit" (Flick 2007: 260) wird aus den Fällen heraus durch die Bildung von Idealtypen im Sinne Max Webers (1922 [1904]: 194; vgl. Abschnitt 4.2 und 4.4.4) erreicht. Die Ergebnisse, etwa dass sich im empirischen Material keine Erosion des Berufes aufgrund von Berufsgruppenwechseln dokumentiert (vgl. Abschnitt 7.1.1), sind somit auf die Generation der Babyboomer:innen und freiwillige Berufsgruppenwechsel limitiert. Inwiefern dies auf andere Generationen oder Erwerbsarbeitsverhältnisse zutrifft, müsste in weiteren Untersuchungen geklärt werden. Eine weitere Begrenzung der Ergebnisse ergibt sich durch die theoretischen und methodologischen Setzungen und die Standortgebundenheit des Forschenden (vgl. Abschnitt 4.4.5). Indem an Karl Mannheims Wissenssoziologie und Ralf Bohnsacks Praxeologische Wissenssoziologie angeschlossen wird, liegt der Fokus auf der kollektiven Praxis von Berufsgruppenwechseln, deren Herstellung und Bewältigung (vgl. Abschnitt 3.1.3). Durch andere theoretische Setzungen, wie beispielsweise eine system- oder machttheoretische Perspektive, kämen andere Aspekte im Material in den Blick (zu den Bedingungen wissenschaftlicher Erkenntnis und der Bedeutung von Begriffen vgl. Abschnitt 4.1).

S. Rundel, *Begrenzte Beruflichkeit*, Theorie und Empirie Lebenslangen Lernens,
https://doi.org/10.1007/978-3-658-51888-2_8

Im Rahmen dieser Studie haben sich zudem Forschungsdesiderate ergeben. *Erstens* würden sich Untersuchungen in Bezug auf die Frage nach Lern- und Bildungsprozessen bei Berufsgruppenwechseln anbieten, wobei an die transformatorische Bildungstheorie (vgl. Marotzki 1990; Koller 2012; Nohl et al. 2015) angeschlossen werden könnte. Leitend wäre die Frage, inwiefern sich Bildungsprozesse im Sinne einer Veränderung des Selbst- und Weltverhältnisses bei Berufsgruppenwechseln dokumentieren. Dabei könnte die rekonstruierte Phasentypik transformativer Bildungsprozesse von Arnd-Michael Nohl, Sarah Thomsen und Florian von Rosenberg (2015) herangezogen werden. So zeigen sich auch in dem hier vorliegenden Forschungsprojekt sowohl Krisen in Form des Karriereendes (Typ *Flexibilität*), der Erosion der Norm von der Zuständigkeit für die Familienarbeit (Typ *Kampf*) oder fehlender Zugehörigkeit in der Berufsgruppe (Typ *Suche*) als auch daran anschließende experimentelle und ungerichtete Erkundungen sowie eine soziale Bewährung (vgl. Abschnitt 7.1.3). *Zweitens* dokumentiert sich im empirischen Material die besondere Bedeutung von Organisationen. Hier könnte gefragt werden, inwiefern die Organisation Berufsgruppenwechsel rahmt und dadurch bedingt oder auch verhindert. Solch eine Perspektive könnte die Bedeutung der Organisationsforschung in der Erwachsenenbildung hervorheben (vgl. Herbrechter & Schrader 2018), indem beispielsweise im Rahmen der Debatte zu Regulativen der Weiterbildungsbeteiligung (vgl. Abschnitt 2.3.3) Organisationen als Kontextfaktor betrachtet werden (vgl. Dörner 2017), die bei Berufsgruppenwechseln die Karriere begrenzen, durch die sich Rahmenbedingungen verändern oder in denen Zugehörigkeit verhindert wird (vgl. Abschnitt 7.1.4). In einer organisationspädagogischen Perspektive würden Fragen nach dem Lernen in, von und zwischen Organisationen (vgl. Göhlich et al. 2016) virulent werden. Hier könnte danach gefragt werden, inwiefern sich Organisationen durch Berufsgruppenwechsel verändern und dazulernen beziehungsweise, ob diese gerade im Sinne einer Konsistenz der Organisation zu verstehen sind. Methodologisch bezieht sich das vorliegende Forschungsprojekt im Rahmen der Mehrebenenanalyse konjunktiver Erfahrungsräume *drittens* zuvorderst auf die Ebene der Gesellschaft (vgl. Abschnitt 4.4.4.2). Weitere Forschung könnte auch entsprechend den organisationspädagogischen Anschlüssen auf der Ebene der Organisation fortfahren. Schließlich könnten *viertens* in Bezug auf eine soziogenetische Typenbildung (vgl. Abschnitt 4.4.4.1) weitere Generationen einbezogen werden, um das Typische der Generation der Babyboomer:innen herausarbeiten zu können.

Literaturverzeichnis

Abels, H. (2010). *Interaktion, Identität, Präsentation. Kleine Einführung in interpretative Theorien der Soziologie* (5. Auflage). VS Verlag für Sozialwissenschaften.

Abels, H. (2020). *Soziale Interaktion.* Springer VS.

Ahrens, D. (Hrsg.). (2014). *Zwischen Reformeifer und Ernüchterung. Übergänge in beruflichen Lebensläufen.* Springer VS.

Akremi, L. (2022). Stichprobenziehung in der qualitativen Sozialforschung. In N. Baur & J. Blasius (Hrsg.), *Handbuch Methoden der empirischen Sozialforschung* (3., vollständig überarbeitete und erweiterte Auflage, S. 405–424). Springer VS.

Alexander, C. (2020). Zur Verhältnisbestimmung von Wissenschaft und gesellschaftlicher Umwelt. Eine begriffsgeschichtliche Perspektive auf Wissenschaftliche Weiterbildung. *Zeitschrift für Hochschule und Weiterbildung*, (1), 22–26.

Alheit, P. (1989). Erzählform und „soziales Gedächtnis". In P. Alheit & E. M. Hoerning (Hrsg.), *Biographisches Wissen. Beiträge zu einer Theorie lebensgeschichtlicher Erfahrung* (S. 123–163). Campus.

Alheit, P. (2010). Identität oder „Biographizität"? Beiträge der neueren sozial- und erziehungswissenschaftlichen Biographieforschung zu einem Konzept der Identitätsentwicklung. In B. Griese (Hrsg.), *Subjekt – Identität – Person? Reflexionen zur Biographieforschung* (S. 219–249). VS Verlag für Sozialwissenschaften.

Alheit, P., & Dausien, B. (2006). Biographieforschung in der Erwachsenenbildung. In H.-H. Krüger & W. Marotzki (Hrsg.), *Handbuch erziehungswissenschaftliche Biographieforschung* (2., überarbeitete und aktualisierte Auflage, S. 431–457). VS Verlag für Sozialwissenschaften.

Alznauer, M. (2021). *Tipps vom Karrierecoach. Mit Mitte 50 noch den Beruf wechseln – so kann es klappen.* Tagesspiegel. https://www.tagesspiegel.de/wirtschaft/tipps-vom-karrierecoach-mit-mitte-50-noch-den-beruf-wechseln-275383.html.

Amling, S., & Hoffmann, N. F. (2013). Die soziogenetische Typenbildung in der Diskussion. Zur Rekonstruktion der sozialen Genese von Milieus in der Dokumentarischen Methode. *Zeitschrift für Qualitative Forschung*, *14*(2), 179–198.

Aquin, T. v. (2017 [um 1270]). Über die Herrschaft der Fürsten. An den König von Cypern. In M. S. Aßländer & B. Wagner (Hrsg.), *Philosophie der Arbeit. Texte von der Antike bis zur Gegenwart* (S. 92–106). Suhrkamp.

Arendt, H. (2014 [1967]). *Vita activa oder Vom tätigen Leben* (14. Auflage). Piper.

S. Rundel, *Begrenzte Beruflichkeit*, Theorie und Empirie Lebenslangen Lernens,
https://doi.org/10.1007/978-3-658-51888-2

Aristoteles (322 n. Chr.). *Nikomachische Ethik*. Projekt Gutenberg. https://www.projekt-gutenberg.org/aristote/nikomach/.

Arnold, R., Pätzold, H., & Ganz, M. (2018). Weiterbildung und Beruf. In R. Tippelt & A. von Hippel (Hrsg.), *Handbuch Erwachsenenbildung/Weiterbildung* (6., stark überarbeitete und aktualisierte Auflage, S. 931–945). Springer VS.

Arntz, M., Blesse, S., & Doerrenberg, P. (2022). The End of Work Is Near, Isn't It? Survey Evidence on Automation Angst. *ZEW Discussion Paper 22–036*. https://www.zew.de/fileadmin/FTP/dp/dp22036.pdf.

Asbrand, B., & Martens, M. (2018). *Dokumentarische Unterrichtsforschung*. Springer VS.

Aßländer, M. S. (2001). Von der arbeitslosen zur arbeits-losen Gesellschaft – philosophiehistorische Anmerkungen zum Arbeitsverständnis der Moderne. *Zeitschrift für Wirtschafts- und Unternehmensethik, 2*(3), 385–409.

Aßländer, M. S., & Wagner, B. (Hrsg.). (2017). *Philosophie der Arbeit. Texte von der Antike bis zur Gegenwart*. Suhrkamp.

Autor:innengruppe Bildungsberichterstattung. (2024). *Bildung in Deutschland 2024. Ein indikatorengestützter Bericht mit einer Analyse zu beruflicher Bildung*. wbv.

Awork, & Appinio (2024). *Work-Happiness Report 2024*. Happiness and Work. https://www.happinessandwork.de/info/happiness_and_work_report.

Baader, H. (2019). Iconic turn. In U. Pfisterer (Hrsg.), *Metzler Lexikon Kunstwissenschaft. Ideen, Methoden, Begriffe* (S. 186–188). J. B. Metzler.

Baecker, D. (Hrsg.). (2002). *Archäologie der Arbeit*. Kadmos.

Baethge, M. (1994). Arbeit und Identität. In U. Beck & E. Beck-Gernsheim (Hrsg.), *Riskante Freiheiten. Individualisierung in modernen Gesellschaften* (S. 245–261). Suhrkamp.

Baethge, M., & Baethge-Kinsky, V. (1998). Jenseits von Beruf und Beruflichkeit? Neue Formen von Arbeitsorganisation und Beschäftigung und ihre Bedeutung für eine zentrale Kategorie gesellschaftlicher Integration. *Mitteilungen aus der Arbeitsmarkt- und Berufsforschung, 31*(3), 461–472.

Banscherus, U., & Pickert, A. (2013). *Unterstützungsangebote für nicht-traditionelle Studierende. Stand und Perspektiven*. Bundesministerium für Bildung und Forschung.

Bartels, A. (2010). Erfahrung ohne Begriffe. In J. Bromand & G. Kreis (Hrsg.), *Was sich nicht sagen lässt. Das Nicht-Begriffliche in Wissenschaft, Kunst und Religion* (S. 219–234). Akademie.

Barthes, R. (1981). *Elemente der Semiologie* (2. Auflage). Syndikat.

Barz, H., & Tippelt, R. (2004). *Weiterbildung und soziale Milieus in Deutschland. Band 2: Adressaten- und Milieuforschung zu Weiterbildungsverhalten und -interessen*. wbv.

Baur, N., & Blasius, J. (Hrsg.). (2022). *Handbuch Methoden der empirischen Sozialforschung* (3., vollständig überarbeitete und erweiterte Auflage). Springer VS.

Beck, U. (1986). *Risikogesellschaft. Auf dem Weg in eine andere Moderne*. Suhrkamp.

Beck, U. (1996). Das Zeitalter der Nebenfolgen und die Politisierung der Moderne. In U. Beck, A. Giddens, & S. Lash (Hrsg.), *Reflexive Modernisierung. Eine Kontroverse* (S. 19–112). Suhrkamp.

Beck, U. (2000). Die Seele der Demokratie. Bezahlte Bürgerarbeit. In U. Beck (Hrsg.), *Die Zukunft von Arbeit und Demokratie* (S. 416–447). Suhrkamp.

Beck, U., Giddens, A., & Lash, S. (Hrsg.). (1996). *Reflexive Modernisierung. Eine Kontroverse*. Suhrkamp.

Behringer, F. (2004). Berufswechsel als eine Form diskontinuierlicher Erwerbsbiographien. Ursachen, Häufigkeit und Folgen. In F. Behringer, A. Bolder, R. Klein, G. Reutter, & A. Seiverth (Hrsg.), *Diskontinuierliche Erwerbsbiographien. Zur gesellschaftlichen Konstruktion und Bearbeitung eines normalen Phänomens* (S. 71–93). Schneider Hohengehren.

Bellenberg, G., & Forell, M. (Hrsg.). (2013). *Bildungsübergänge gestalten. Ein Dialog zwischen Wissenschaft und Praxis*. Waxmann.

Belting, H. (2001). *Bild-Anthropologie. Entwürfe für eine Bildwissenschaft*. Fink.

Belting, H. (Hrsg.). (2007). *Bilderfragen. Die Bildwissenschaften im Aufbruch*. Fink.

Benjamin, W. (1991 [1923]). Die Aufgabe des Übersetzers. In W. Benjamin, *Gesammelte Schriften. Band 4* (S. 9–21). Suhrkamp.

Berger, P. L., & Luckmann, T. (2004 [1980]). *Die gesellschaftliche Konstruktion der Wirklichkeit. Eine Theorie der Wissenssoziologie*. Fischer.

Bermes, C. (2008). Arbeit, Beruf und Person. In W. Jäger & K. Röttgers (Hrsg.), *Sinn von Arbeit. Soziologische und wirtschaftsphilosophische Betrachtungen* (S. 45–68). VS Verlag für Sozialwissenschaften.

Bilger, F., Behringer, F., Kuper, H., & Schrader, J. (Hrsg.). (2017). *Weiterbildungsverhalten in Deutschland 2016. Ergebnisse des Adult Education Survey (AES)*. wbv.

Böder, T., & Pfaff, N. (2018a). Dokumentarische Forschung mit intermedialen Daten. Zum Verhältnis von Bild- und Textinterpretation in der sinngenetischen Typenbildung und sozialhistorischen Kontextualisierung. In R. Bohnsack, N. F. Hoffmann, & I. Nentwig-Gesemann (Hrsg.), *Typenbildung und Dokumentarische Methode. Forschungspraxis und methodologische Grundlagen* (S. 280–297). Barbara Budrich.

Böder, T., & Pfaff, N. (2018b). Zines als mediales Gedächtnis für politische Projekte in Szenen? Verhältnisbestimmungen zwischen Sozialstruktur und ästhetischer Praxis in jugendkulturellen Stilen. In JuBri-Forschungsverbund Techniken Jugendlicher Bricolage (Hrsg.), *Szenen, Artefakte und Inszenierungen. Interdisziplinäre Perspektiven* (S. 101–132). Springer VS.

Boehm, G. (1985). Zu einer Hermeneutik des Bildes. In H.-G. Gadamer & G. Boehm (Hrsg.), *Seminar. Die Hermeneutik und die Wissenschaften* (S. 444–471). Suhrkamp.

Boehm, G. (2006a [1994]). Die Wiederkehr der Bilder. In G. Boehm (Hrsg.), *Was ist ein Bild?* (4. Auflage, S. 11–38). Fink.

Boehm, G. (Hrsg.). (2006b [1994]). *Was ist ein Bild?* (4. Auflage). Fink.

Boehm, G. (2014). Ein Briefwechsel: Iconic turn. Ein Brief. In M. Rimmele, K. Sachs-Hombach, & B. Stiegler (Hrsg.), *Bildwissenschaft und Visual Culture* (S. 19–29). Transcript.

Bohn, C. (2012). Bildlichkeit und Sozialität. Welterzeugung mit visuellen Formen. *Soziale Systeme*, *18*(1–2), 40–68.

Bohnsack, R. (2003). Qualitative Methoden der Bildinterpretation. *Zeitschrift für Erziehungswissenschaft*, *6*(2), 239–256.

Bohnsack, R. (2005). Standards nicht-standardisierter Forschung in den Erziehungs- und Sozialwissenschaften. *Zeitschrift für Erziehungswissenschaft*, *8*(4), 63–82.

Bohnsack, R. (2007). Dokumentarische Methode und Praxeologische Wissenssoziologie. In R. Schützeichel (Hrsg.), *Handbuch Wissenssoziologie und Wissensforschung* (S. 180–190). Herbert von Halem.

Bohnsack, R. (2010). Zugänge zur Eigenlogik des Visuellen und die dokumentarische Videointerpretation. In M. Corsten, M. Krug, & C. Moritz (Hrsg.), *Videographie praktizieren. Herangehensweisen, Möglichkeiten und Grenzen* (S. 271–294). VS Verlag für Sozialwissenschaften.

Bohnsack, R. (2011). *Qualitative Bild- und Videointerpretation. Die dokumentarische Methode* (2., durchgesehene und aktualisierte Auflage). Barbara Budrich.

Bohnsack, R. (2012). Orientierungsschemata, Orientierungsrahmen und Habitus. Elementare Kategorien der Dokumentarischen Methode mit Beispielen aus der Bildungsmilieuforschung. In K. Schittenhelm (Hrsg.), *Qualitative Bildungs- und Arbeitsmarktforschung. Grundlagen, Perspektiven, Methoden* (S. 119–154). Springer VS.

Bohnsack, R. (2013a). Die dokumentarische Methode in der Bild- und Fotointerpretation. In R. Bohnsack, I. Nentwig-Gesemann, & A.-M. Nohl (Hrsg.), *Die dokumentarische Methode und ihre Forschungspraxis. Grundlagen qualitativer Sozialforschung* (3., aktualisierte Auflage, S. 15–98). Springer VS.

Bohnsack, R. (2013b). Typenbildung, Generalisierung und komparative Analyse. Grundprinzipien der dokumentarischen Methode. In R. Bohnsack, I. Nentwig Gesemann, & A.-M. Nohl (Hrsg.), *Die dokumentarische Methode und ihre Forschungspraxis. Grundlagen qualitativer Sozialforschung* (3., aktualisierte Auflage, S. 241–270). Springer VS.

Bohnsack, R. (2013c). „Heidi“. Eine exemplarische Bildinterpretation. In R. Bohnsack, I. Nentwig-Gesemann, & A.-M. Nohl (Hrsg.), *Die dokumentarische Methode und ihre Forschungspraxis. Grundlagen qualitativer Sozialforschung* (3., aktualisierte Auflage, S. 347–361). Springer VS.

Bohnsack, R. (2017). *Praxeologische Wissenssoziologie.* Barbara Budrich.

Bohnsack, R. (2018a). Rekonstruktion, Rationalismuskritik und Praxeologie. In M. Heinrich & A. Wernet (Hrsg.), *Rekonstruktive Bildungsforschung. Zugänge und Methoden* (S. 211–226). Springer VS.

Bohnsack, R. (2018b). Soziogenetische Interpretation und soziogenetische Typenbildung. In R. Bohnsack, N. F. Hoffmann, & I. Nentwig Gesemann (Hrsg.), *Typenbildung und Dokumentarische Methode. Forschungspraxis und methodologische Grundlagen* (S. 312–328). Barbara Budrich.

Bohnsack, R. (2020). Die Mehrdimensionalität der Typenbildung und ihre Aspekthaftigkeit. In J. Ecarius & B. Schäffer (Hrsg.), *Typenbildung und Theoriegenerierung. Methoden und Methodologien qualitativer Bildungs- und Biographieforschung* (2., überarbeitete und erweiterte Auflage, S. 21–48). Barbara Budrich.

Bohnsack, R. (2021a). *Rekonstruktive Sozialforschung. Einführung in qualitative Methoden* (10., durchgesehene Auflage). Barbara Budrich.

Bohnsack, R. (2021b). Praxeologische Wissenssoziologie. *Zeitschrift für Qualitative Forschung, 22*(1), 87–105.

Bohnsack, R., Hoffmann, N. F., & Nentwig-Gesemann, I. (Hrsg.). (2018). *Typenbildung und Dokumentarische Methode. Forschungspraxis und methodologische Grundlagen.* Barbara Budrich.

Bohnsack, R., Hoffmann, N. F., & Nentwig-Gesemann, I. (2019). Typenbildung und Dokumentarische Methode. *Jahrbuch Dokumentarische Methode,* (1), 17–50.

Bohnsack, R., Michel, B., & Przyborski, A. (Hrsg.). (2015). *Dokumentarische Bildinterpretation. Methodologie und Forschungspraxis.* Barbara Budrich.

Bohnsack, R., Nentwig-Gesemann, I., & Nohl, A.-M. (Hrsg.). (2013). *Die dokumentarische Methode und ihre Forschungspraxis. Grundlagen qualitativer Sozialforschung* (3., aktualisierte Auflage). Springer VS.

Bolder, A., Epping, R., Klein, R., Reutter, G., & Seiverth, A. (Hrsg.). (2010). *Neue Lebenslaufregimes – neue Konzepte der Bildung Erwachsener?* VS Verlag für Sozialwissenschaften.

Bollnow, O. F. (1932). Diltheys Lehre von den Typen der Weltanschauung. *Neue Jahrbücher,* (3), 234–244.

Bollnow, O. F. (2013 [1968]). Der Erfahrungsbegriff in der Pädagogik. In J. Bilstein & H. Peskoller (Hrsg.), *Erfahrung – Erfahrungen* (S. 17–50). Springer VS.

Bourdieu, P., & Boltanski, L. (1981). Titel und Stelle. Zum Verhältnis von Bildung und Beschäftigung. In P. Bourdieu & H. Köhler (Hrsg.), *Titel und Stelle. Über die Reproduktion sozialer Macht* (S. 89–115). Europäische Verlagsanstalt.

Bourdieu, P., Boltanski, L., Castel, R., Chamboredon, J.-C., Lagneau, G., & Schnapper, D. (Hrsg.). (1983). *Eine illegitime Kunst. Die sozialen Gebrauchsweisen der Photographie.* Suhrkamp.

Brändle, I. (2007). Das Foto als Bildobjekt. In H. Belting (Hrsg.), *Bilderfragen. Die Bildwissenschaften im Aufbruch* (S. 83–100). Fink.

Bredekamp, H. (2010). *Theorie des Bildakts.* Suhrkamp.

Bredekamp, H. (2015). *Der Bildakt. Frankfurter Adorno-Vorlesungen 2007.* Wagenbach.

Bredekamp, H. (2019). Bildwissenschaft. In U. Pfisterer (Hrsg.), *Metzler Lexikon Kunstwissenschaft. Ideen, Methoden, Begriffe* (S. 72–75). J. B. Metzler.

Brinkmann, M. (2015). Pädagogische Empirie. Phänomenologische und methodologische Bemerkungen zum Verhältnis von Theorie, Empirie und Praxis. *Zeitschrift für Pädagogik, 61*(4), 527–545.

Bromand, J., & Kreis, G. (2010). Begriffe vom Nichtbegrifflichen. Ein Problemaufriss. In J. Bromand & G. Kreis (Hrsg.), *Was sich nicht sagen lässt. Das Nicht-Begriffliche in Wissenschaft, Kunst und Religion* (S. 11–22). Akademie.

Brüsemeister, T. (2008). *Qualitative Forschung. Ein Überblick* (2., überarbeitete Auflage). VS Verlag für Sozialwissenschaften.

Bude, H. (1985). Der Sozialforscher als Narrationsanimateur. Kritische Anmerkungen zu einer erzähltheoretischen Fundierung der interpretativen Sozialforschung. *Kölner Zeitschrift für Soziologie und Sozialpsychologie, 37*(2), 327–336.

Bude, H. (2007). Qualitative Generationsforschung. In U. Flick, E. von Kardorff, & I. Steinke (Hrsg.), *Qualitative Forschung. Ein Handbuch* (5. Auflage, S. 187–193). Rowohlt.

Bundesministerium für Bildung und Forschung (2021). *Weiterbildungsverhalten in Deutschland 2020. Ergebnisse des Adult Education Survey. AES-Trendbericht.* Bundesministerium für Bildung und Forschung. https://www.bmftr.bund.de/SharedDocs/Publikationen/DE/1/31690_AES-Trendbericht_2020.pdf?__blob=publicationFile&v=5.

Bundesministerium für Bildung und Forschung (2024). *Weiterbildungsverhalten in Deutschland 2022. Ergebnisse des Adult Education Survey. AES-Trendbericht.* Bundesministerium für Bildung und Forschung. https://www.bmftr.bund.de/SharedDocs/Publikationen/DE/1/26667_AES-Trendbericht_2022.pdf?__blob=publicationFile&v=6.

Burri, R. V. (2008). Bilder als soziale Praxis. Grundlegungen einer Soziologie des Visuellen. *Zeitschrift für Soziologie, 37*(4), 342–358.

Burri, R. V. (2009). Aktuelle Perspektiven soziologischer Bildforschung. Zum Visual Turn in der Soziologie. *Soziologie*, *38*(1), 24–39.

Burzan, N. (2007). *Soziale Ungleichheit. Eine Einführung in die zentralen Theorien* (3., überarbeitete Auflage). VS Verlag für Sozialwissenschaften.

Carnap, R. (1974 [1928]). *Der logische Aufbau der Welt* (4. Auflage). Meiner.

Cassirer, E. (1959 [1922]). *Wesen und Wirkung des Symbolbegriffs*. Wissenschaftliche Buchgesellschaft.

Cassirer, E. (1990 [1944]). *Versuch über den Menschen. Einführung in eine Philosophie der Kultur* (2. Auflage). Fischer.

Cassirer, E. (2001 [1923]). *Gesammelte Werke. Band 11. Philosophie der symbolischen Formen. Teil 1: Die Sprache*. Meiner.

Damm, C. (2016). *Methodologie der Dokumentarischen Methode und qualitative Interpretation von Transkripten mit MAXQDA*. Academia. https://ovgu.academia.edu/ChristophDamm.

Damm, C., Frosch, U., Krüger, S.-K., Merkt, M., Vieback, L., & Wagner, I. (2018). Öffnung der wissenschaftlichen Weiterbildung im Spannungsfeld von Entgrenzung und Begrenzung. *Berufs- und Wirtschaftspädagogik – online*, (34), 1–18. https://www.bwpat.de/ausgabe34/damm_etal_bwpat34.pdf.

Daniels, K., Engeser, M., & Hollmann, J. (2013). *Sieg der Silberrücken. Beruflicher Richtungswechsel in der Lebensmitte. Zehn Neustarter verraten ihr Erfolgsgeheimnis*. Linde International.

Daston, & Galison, P. (2014). Photographie als Wissenschaft und Kunst. In M. Rimmele, K. Sachs-Hombach, & B. Stiegler (Hrsg.), *Bildwissenschaft und Visual Culture* (S. 317–332). Transcript.

Demmer, C. (2016). Interviewen als involviertes Spüren. Der Leib als Erkenntnisorgan im biografieanalytischen Forschungsprozess. *Forum: Qualitative Sozialforschung*, *17*(1), ohne Seitenzählung. https://doi.org/10.17169/fqs-17.1.2425.

Dengerink, J., Lunenberg, M., & Korthagen, F. (2015). Berufsbild „Lehrerbildnerin/Lehrerbildner". Sechs Rollen. *Beiträge zur Lehrerinnen- und Lehrerbildung*, *33*(3), 334–344.

Derrida, J. (2016 [1967]). *Grammatologie* (13. Auflage). Suhrkamp.

Dick, M., Freund, S., Ohlbrecht, H., & Unger, T. (2022). Arbeit, Job, Beruf – Zur Einführung. In M. Dick, S. Freund, H. Ohlbrecht, & T. Unger (Hrsg.), *Arbeit – Job – Beruf. Interdisziplinäre Perspektiven* (S. 1–13). Springer VS.

Dieckmann, B. (1997). Erfahrung. In C. Wulf (Hrsg.), *Vom Menschen. Handbuch historische Anthropologie* (S. 744–750). Beltz.

Dilthey, W. (1900). Die Entstehung der Hermeneutik. In B. Erdmann, C. Sigwart, W. Windelband, & H. Rickert (Hrsg.), *Philosophische Abhandlungen. Christoph Sigwart zu seinem siebzigsten Geburtstage, 28. März 1900 gewidmet* (S. 185–202). Mohr.

Dilthey, W. (1968 [1911]). Die Typen der Weltanschauung und ihre Ausbildung in den metaphysischen Systemen. In W. Dilthey, *Gesammelte Schriften. Band 8: Weltanschauungslehre* (4. Auflage, S. 75–118). Teubner.

Dittmar, N. (2004). *Transkription. Ein Leitfaden mit Aufgaben für Studenten, Forscher und Laien* (2. Auflage). VS Verlag für Sozialwissenschaften.

Döblin, A. (2019 [1929]). Von Gesichtern, Bildern und ihrer Wahrheit. In A. Sander, *Antlitz der Zeit. 60 Fotos deutscher Menschen des 20. Jahrhunderts* (S. 9–18). Schirmer/Mosel.

Dörfler-Dierken, A., & Kümmel, G. (2010). Soldat-Sein heute. Eine Einleitung. In A. Dörfler-Dierken & G. Kümmel (Hrsg.), *Identität, Selbstverständnis, Berufsbild. Implikationen der neuen Einsatzrealität für die Bundeswehr* (S. 7–18). VS Verlag für Sozialwissenschaften.

Dörner, O. (2010). Pädagogische Ordnungen in der Erwachsenenbildung(-swissenschaft). Praxeologische Perspektiven. In S. Neumann (Hrsg.), *Beobachtungen des Pädagogischen. Programm, Methodologie, Empirie* (S. 57–70). Université du Luxembourg.

Dörner, O. (2011a). Bilder „des" Sozialen. Zur dokumentarischen Rekonstruktion bildhafter Ordnungen in Weiterbildungskontexten. *Zeitschrift für Soziologie der Erziehung und Sozialisation, 31*(1), 45–61.

Dörner, O. (2011b). Überlegungen zur ikonotopischen Diskursivität lebenslangen Lernens. *Bildungsforschung, 8*(1), 167–190.

Dörner, O. (2012a). Bildanalysen in der Erwachsenenbildungsforschung. In B. Schäffer & O. Dörner (Hrsg.), *Handbuch Qualitative Erwachsenen- und Weiterbildungsforschung* (S. 291–306). Barbara Budrich.

Dörner, O. (2012b). Zum Sinn von Nicht-Beteiligung an Weiterbildung. In B. Schäffer, M. Schemmann, & O. Dörner (Hrsg.), *Erwachsenenbildung im Kontext. Theoretische Rahmungen, empirische Spielräume und praktische Regulative* (S. 113–124). wbv.

Dörner, O. (2017). Zur konstituierenden Vereinbarkeit von Weiterbildung in Organisationen. In B. Dewe & M. P. Schwarz (Hrsg.), *Beruf – Betrieb – Organisation. Innovative Perspektiven der Betriebspädagogik und beruflichen Weiterbildung* (2., aktualisierte und erweiterte Auflage, S. 165–177). Julius Klinkhardt.

Dörner, O., Loos, P., Schäffer, B., & Wilke, C. (2011). Die Macht der Bilder. Zum Umgang mit Altersbildern im Kontext lebenslangen Lernens. *Magazin erwachsenenbildung.at*, (13), 1–11. https://erwachsenenbildung.at/magazin/11-13/meb11-13_08_doerner_loos_schaeffer_wilke.pdf.

Dörner, O., & Rundel, S. (2023a). Berufsübergänge. Optimierungs- und/oder Bildungsansprüche an wissenschaftliche Weiterbildung? Zum Verhältnis von Optimierung und Bildung im Kontext organisierter Weiterbildung. In S. M. Weber, C. Fahrenwald, & A. Schröer (Hrsg.), *Organisationen optimieren? Jahrbuch Organisationspädagogik* (S. 295–308). Springer VS.

Dörner, O., & Rundel, S. (2023b). Biographieforschung und Organisationspädagogik. In D. Nittel, H. von Felden, & M. Mendel (Hrsg.), *Handbuch Erziehungswissenschaftliche Biographieforschung und Biographiearbeit* (S. 343–356). Beltz Juventa.

Dörner, O., & Schäffer, B. (2010). Weiterbildungsbeteiligung und Altersbilder der Babyboomer ('WAB'). Zu Alters-, Alterns- und Altenbilder als Regulative der Weiterbildungsbeteiligung. Erste Ergebnisse aus einem Forschungsprojekt. In C. Hof, J. Ludwig, & B. Schäffer (Hrsg.), *Erwachsenenbildung im demographischen und sozialen Wandel* (S. 155–170). Schneider Hohengehren.

Dörner, O., & Schäffer, B. (2012). Zum Verhältnis von Gegenstands- und Grundlagentheorien zu Methodologien und Methoden in der Erwachsenen- und Weiterbildungsforschung. In B. Schäffer & O. Dörner (Hrsg.), *Handbuch Qualitative Erwachsenen- und Weiterbildungsforschung* (S. 11–23). Barbara Budrich.

Dörner, O., & Schäffer, B. (2014a). Babyboomer auf der Plateauphase – ihre Altersbilder und Weiterbildungsorientierungen. *Zeitschrift für Soziologie der Erziehung und Sozialisation, 34*(2), 131–146.

Dörner, O., & Schäffer, B. (2014b). Sozialisation im Baby Boom. *Zeitschrift für Soziologie der Erziehung und Sozialisation, 34*(2), 115–130.

Dresing, T., & Pehl, T. (2020). Transkription. Implikationen, Auswahlkriterien und Systeme für psychologische Studien. In G. Mey & K. Mruck (Hrsg.), *Handbuch Qualitative Forschung in der Psychologie. Band 2: Designs und Verfahren* (2., erweiterte und überarbeitete Auflage, S. 835–854). Springer VS.

Du Bosque, J. (2025). *Berufliche Neuorientierung. Tipps für deinen erfolgreichen Jobwechsel.* WBS Training. https://www.wbstraining.de/ratgeber/artikel/berufliche-neuorientierung/.

Durkheim, É. (1984 [1895]). *Die Regeln der soziologischen Methode.* Suhrkamp.

Durkheim, É. (1992 [1893]). *Über soziale Arbeitsteilung. Studie über die Organisation höherer Gesellschaften.* Suhrkamp.

Dürscheid, C. (2002). *Einführung in die Schriftlinguistik.* Westdeutscher Verlag.

Dütsch, M., Liebig, V., & Struck, O. (2013). Erosion oder Stabilität der Beruflichkeit? Eine Analyse der Entwicklung und Determinanten beruflicher Mobilität. *Kölner Zeitschrift für Soziologie und Sozialpsychologie, 65*(3), 505–531.

Ebbers, I., & Langanka, A. (2013). Innerbetriebliche Übergänge. In W. Schröer, B. Stauber, A. Walther, L. Böhnisch, & K. Lenz (Hrsg.), *Handbuch Übergänge* (S. 991–1010). Beltz Juventa.

Ecarius, J., & Schäffer, B. (Hrsg.). (2020). *Typenbildung und Theoriegenerierung. Methoden und Methodologien qualitativer Bildungs- und Biographieforschung* (2., überarbeitete und erweiterte Auflage). Barbara Budrich.

Eickelpasch, R., & Rademacher, C. (2004). *Identität.* Transcript.

Elias, F., Franz, A., Murmann, H., & Weiser, U. W. (Hrsg.). (2014). *Praxeologie. Beiträge zur interdisziplinären Reichweite praxistheoretischer Ansätze in den Geistes- und Sozialwissenschaften.* De Gruyter.

Endress, F. (2011). Bild und Narration als konstituierendes Verhältnis von Bildräumen. Eine Skizze. *Bildungsforschung, 8*(1), 191–213.

Endress, F. (2022). Abseits des Augenpunkts. Eine ikonische Reflektion rekonstruktiver Bildinterpretation. Eine Replik zum Beitrag von Tobias Kamelski. *Jahrbuch Dokumentarische Methode,* (5), 137–154.

Endreß, M. (2007). Karl Mannheim. In R. Schützeichel (Hrsg.), *Handbuch Wissenssoziologie und Wissensforschung* (S. 77–93). Herbert von Halem.

Endreß, M., & Srubar, I. (Hrsg.). (2000). *Karl Mannheims Analyse der Moderne. Mannheims erste Frankfurter Vorlesung von 1930. Edition und Studien.* Springer Fachmedien.

Faulstich, P. (2012). Regulative und Akteure im Feld „wissenschaftlicher Weiterbildung“. In B. Schäffer, M. Schemmann, & O. Dörner (Hrsg.), *Erwachsenenbildung im Kontext. Theoretische Rahmungen, empirische Spielräume und praktische Regulative* (S. 201–212). wbv.

Faure, E., Herrera, F., Kaddoura, A.-R., Lopes, H., Petrovsky, A. V., Rahnema, M., & Ward, F. C. (Hrsg.). (1972). *Learning to be. The world of education today and tomorrow.* Unesco. https://unesdoc.unesco.org/ark:/48223/pf0000001801.

Feld, T. C., & Seitter, W. (2018). Weiterbildung/Erwachsenenbildung und Organisationspädagogik. In M. Göhlich, A. Schröer, & S. Weber (Hrsg.), *Handbuch Organisationspädagogik* (S. 83–94). Springer VS.

Felden, H. v. (2010). Übergangsforschung in qualitativer Perspektive. Theoretische und methodische Ansätze. In H. von Felden & J. Schiener (Hrsg.), *Transitionen – Übergänge vom Studium in den Beruf. Zur Verbindung von qualitativer und quantitativer Forschung* (S. 21–41). VS Verlag für Sozialwissenschaften.

Felden, H. v. (2012). Narratives Interview. In B. Schäffer & O. Dörner (Hrsg.), *Handbuch Qualitative Erwachsenen- und Weiterbildungsforschung* (S. 334–346). Barbara Budrich.

Felden, H. v. (2014). Transformationen in Lern- und Bildungsprozessen und Transitionen in Übergängen. In H. von Felden, O. Schäffter, & H. Schicke (Hrsg.), *Denken in Übergängen. Weiterbildung in transitorischen Lebenslagen* (S. 61–84). Springer VS.

Felden, H. v. (2021). *Zeitdimensionen des Biographischen. Narrative Identität – Lern- und Bildungsprozesse – Dritte Lebensphase im Längsschnitt-Design*. Springer VS.

Felden, H. v, Schäffter, O., & Schicke, H. (Hrsg.). (2014). *Denken in Übergängen. Weiterbildung in transitorischen Lebenslagen*. Springer VS.

Felden, H. v, & Schiener, J. (Hrsg.). (2010). *Transitionen – Übergänge vom Studium in den Beruf. Zur Verbindung von qualitativer und quantitativer Forschung*. VS Verlag für Sozialwissenschaften.

Felden, H. v., & Schmidt-Lauff, S. (2015). Transitionen in der Erwachsenenbildung: Übergänge im gesellschaftlichen Wandel, im Fokus von Forschung und aus Sicht pädagogischer Professionalität. In S. Schmidt-Lauff, H. von Felden, & H. Pätzold (Hrsg.), *Transitionen in der Erwachsenenbildung. Gesellschaftliche, institutionelle und individuelle Übergänge* (S. 11–16). Barbara Budrich.

Fellmann, F. (2004). Von den Bildern der Wirklichkeit zur Wirklichkeit der Bilder. In K. Sachs-Hombach & K. Rehkämper (Hrsg.), *Bild – Bildwahrnehmung – Bildverarbeitung. Interdisziplinäre Beiträge zur Bildwissenschaft* (2. Auflage, S. 187–196). Springer Fachmedien.

Fischer, W., & Kohli, M. (1987). Biographieforschung. In W. Voges (Hrsg.), *Methoden der Biographie- und Lebenslaufforschung* (S. 25–49). Springer VS.

Fischer-Rosenthal, W., & Rosenthal, G. (1997a). Narrationsanalyse biographischer Selbstpräsentationen. In R. Hitzler & A. Honer (Hrsg.), *Narrationsanalyse biographischer Selbstpräsentationen* (S. 133–164). Springer VS.

Fischer-Rosenthal, W., & Rosenthal, G. (1997b). Warum Biographieanalyse und wie man sie macht. *Zeitschrift für Sozialisationsforschung und Erziehungssoziologie, 17*(4), 406–427.

Flick, U. (2007). Design und Prozess qualitativer Forschung. In U. Flick, E. von Kardorff, & I. Steinke (Hrsg.), *Qualitative Forschung. Ein Handbuch* (5. Auflage, S. 252–265). Rowohlt.

Flick, U. (2021). *Qualitative Sozialforschung. Eine Einführung* (10. Auflage). Rowohlt.

Flick, U. (2022). Gütekriterien qualitativer Sozialforschung. In N. Baur & J. Blasius (Hrsg.), *Handbuch Methoden der empirischen Sozialforschung* (3., vollständig überarbeitete und erweiterte Auflage, S. 533–547). Springer VS.

Freitag, W., Buhr, R., Danzeglocke, E.-M., Schröder, S., & Völk, D. (Hrsg.). (2015). *Übergänge gestalten. Durchlässigkeit zwischen beruflicher und hochschulischer Bildung erhöhen*. Waxmann.

Frosch, U. (2020). *Typisch atypisch? Männer in der Haupterwerbsphase und ihr biographischer Umgang mit beruflichen Diskontinuitäten. Eine biographieanalytische Studie*. Rainer Hampp.

Garfinkel, H. (1967). *Studies in Ethnomethodology*. Prentice-Hall.

Garz, D., & Kraimer, K. (1994). Die Welt als Text. Zum Projekt einer hermeneutisch-rekonstruktiven Sozialwissenschaft. In D. Garz & K. Kraimer (Hrsg.), *Die Welt als Text. Theorie, Kritik und Praxis der objektiven Hermeneutik* (S. 7–22). Suhrkamp.

Gerst, D., Krämer, H., & Salomon, R. (2019). Harold Garfinkels „Studies in Ethnomethodology" – ein Interviewprojekt. *Forum: Qualitative Sozialforschung*, *20*(2), ohne Seitenzählung. https://doi.org/10.17169/fqs-20.2.3288.

Gesing, S., & Weber, U. (2017). *Konzept und Berufsbild des Feelgood-Managements.* Springer Gabler.

Giesecke, J., & Heisig, J. P. (2010). Destabilisierung und Destandardisierung, aber für wen? Die Entwicklung der westdeutschen Arbeitsplatzmobilität seit 1984. *Kölner Zeitschrift für Soziologie und Sozialpsychologie*, *62*(3), 403–435.

Gieseke, W. (1991). Professionalisierung. Forschungsstand und Desiderate. In Institut für Erwachsenen-Bildungsforschung (Hrsg.), *Erwachsenen-Bildungsforschung. Stand und Perspektiven* (S. 50–57). Institut für Erwachsenen-Bildungsforschung

Gieseke, W. (1996). Verschiebungen auf dem Weiterbildungsmarkt. Wie die berufliche Weiterbildung immer allgemeiner wird. *Zeitschrift für Pädagogik*, *42*(Beiheft 35), 67–88.

Glaser, B. G., & Strauss, A. L. (1971). *Status passage.* Routledge.

Glaser, B. G., & Strauss, A. L. (2017 [1969]). *The discovery of grounded theory. Strategies for qualitative research.* Routledge.

Gnahs, D. (2016). Informelles Lernen in der Erwachsenenbildung und Weiterbildung. In M. Rohs (Hrsg.), *Handbuch informelles Lernen* (S. 107–122). Springer VS.

Goffman, E. (1979). *Gender Advertisements.* Macmillan Education.

Göhlich, M., Weber, S. M., & Schröer, A. (2016). Forschungsmemorandum Organisationspädagogik. In A. Schröer, M. Göhlich, S. M. Weber, & H. Pätzold (Hrsg.), *Organisation und Theorie. Beiträge der Kommission Organisationspädagogik* (S. 307–320). Springer VS.

Göllner, C., & Grauer, T. (2015). „Wir wollen wirklich was lernen!" – Ergebnisse aus dem ANKOM Projekt Erfolgreich Studieren 40+. In W. Freitag, R. Buhr, E.-M. Danzeglocke, S. Schröder, & D. Völk (Hrsg.), *Übergänge gestalten. Durchlässigkeit zwischen beruflicher und hochschulischer Bildung erhöhen* (S. 277–296). Waxmann.

Gönisch, I. (2017). Lern- und Bildungsaktivitäten im Lebenslauf. In Statistisches Bundesamt (Hrsg.), *Wie die Zeit vergeht. Analysen zur Zeitverwendung in Deutschland* (S. 299–316). Statistisches Bundesamt.

Griebel, W., & Niesel, R. (2002). *Abschied vom Kindergarten – Start in die Schule. Grundlagen und Praxishilfen für Erzieherinnen, Lehrkräfte und Eltern.* Don Bosco.

Griebel, W., & Niesel, R. (2004). *Transitionen. Fähigkeit von Kindern in Tageseinrichtungen fördern, Veränderungen erfolgreich zu bewältigen.* Beltz.

Grienberger, K., Matthes, B., & Paulus, W. (2024). Vor allem Hochqualifizierte bekommen die Digitalisierung verstärkt zu spüren. *IAB-Kurzbericht 5/2024.* https://doku.iab.de/kurzber/2024/kb2024-05.pdf.

Grün, A. (2022). *Lebensmitte als geistliche Aufgabe* (21. Auflage). Vier-Türme-Verlag.

Günzel, S., & Mersch, D. (Hrsg.). (2014). *Bild. Ein interdisziplinäres Handbuch.* J. B. Metzler.

Gurwitsch, A. (1971). Einführung. In A. Schütz, *Gesammelte Aufsätze. 1: Das Problem der sozialen Wirklichkeit* (S. XV–XXXVIII). Nijhoff.

Gutmann, M. (2007). Erfahren, Handeln, Wissen. In R. Schützeichel (Hrsg.), *Handbuch Wissenssoziologie und Wissensforschung* (S. 345–352). Herbert von Halem.

Hall, A. (2010). Wechsel des erlernten Berufs. Theoretische Relevanz, Messprobleme und Einkommenseffekte. *Zeitschrift für Berufs- und Wirtschaftspädagogik,* (Beiheft 24), 157–174.

Hampl, S. (2010). Videos interpretieren und darstellen. Die Dokumentarische Methode. In M. Corsten, M. Krug, & C. Moritz (Hrsg.), *Videographie praktizieren. Herangehensweisen, Möglichkeiten und Grenzen* (S. 53–88). VS Verlag für Sozialwissenschaften.

Hanses, A. (2010). Biographisches Wissen. Heuristische Optionen im Spannungsfeld diskursiver und lokaler Wissensarten. In B. Griese (Hrsg.), *Subjekt – Identität – Person? Reflexionen zur Biographieforschung* (S. 251–269). VS Verlag für Sozialwissenschaften.

Harney, K., & Tenorth, H.-E. (1999). Beruf und Berufsbildung – Zur Einleitung in das Beiheft. *Zeitschrift für Pädagogik*, *45*(Beiheft 40), 7–10.

Hegel, G. W. F. (1964 [1807]). *System der Wissenschaft. Erster Theil, die Phänomenologie des Geistes*. Akademie.

Heidegger, M. (1977 [1935–1936]). Der Ursprung des Kunstwerks. In M. Heidegger, *Holzwege* (S. 1–74). Vittorio Klostermann.

Heinz, W. R., & Krüger, H. (1981). Berufsfindung unter dem Diktat des Arbeitsmarkts. Zur Entstehung weiblicher Normalbiographien. *Zeitschrift für Pädagogik*, *27*(5), 661–676.

Helas, P. (2019). Ikonoklasmus. In U. Pfisterer (Hrsg.), *Metzler Lexikon Kunstwissenschaft. Ideen, Methoden, Begriffe* (S. 198–201). J. B. Metzler.

Hempel, S. (2026). Wie kommt das Bild in die Forschung? Versuch einer Systematisierung des marginalisierten Aspekts der Bildauswahl. *Jahrbuch Dokumentarische Methode*, (6), 17–34.

Hensel, T. (2011). *Wie aus der Kunstgeschichte eine Bildwissenschaft wurde. Aby Warburgs Graphien*. Akademie.

Herbrechter, D., & Schrader, J. (2018). Organisationstheoretische Ansätze in der Erwachsenenbildung. In R. Tippelt & A. von Hippel (Hrsg.), *Handbuch Erwachsenenbildung/ Weiterbildung* (6., stark überarbeitete und aktualisierte Auflage, S. 145–160). Springer VS.

Herzog, L. (2019). *Die Rettung der Arbeit. Ein politischer Aufruf*. Hanser.

Hesiod. (2017). Werke und Tage. In M. S. Aßländer & B. Wagner (Hrsg.), *Philosophie der Arbeit. Texte von der Antike bis zur Gegenwart* (S. 31–42). Suhrkamp.

Hillebrandt, F. (2009a). Praxistheorie. In G. Kneer & M. Schroer (Hrsg.), *Handbuch Soziologische Theorien* (S. 369–394). VS Verlag für Sozialwissenschaften.

Hillebrandt, F. (2009b). *Soziologische Praxistheorien. Eine Einführung*. Springer VS.

Hinzke, J.-H., & Paseka, A. (2022). Gruppendiskussionen via Zoom durchführen und mit der Dokumentarischen Methode auswerten. Methodologische Reflexionen unter Einbezug empirischer Daten. *Jahrbuch Dokumentarische Methode*, (5), 41–64.

Hippel, A. v., & Fleige, M. (2020). Weiterbildungsprogramme und -institutionen. Spiegel gesellschaftlicher Auslegungen von Bildung im Lebenslauf. In B. Schmidt-Hertha, E. Haberzeth, & S. Hillmert (Hrsg.), *Lebenslang lernen können. Gesellschaftliche Transformationen als Herausforderung für Bildung und Weiterbildung* (S. 67–80). wbv.

Hirschauer, S. (2019). Die Empiriegeladenheit von Theorien und der Erfindungsreichtum der Praxis. In H. Kalthoff, S. Hirschauer, & G. Lindemann (Hrsg.), *Theoretische Empirie. Zur Relevanz qualitativer Forschung* (3. Auflage, S. 165–187). Suhrkamp.

Hitzler, R., & Honer, A. (1994). Bastelexistenz. Über subjektive Konsequenzen der Individualisierung. In U. Beck & E. Beck-Gernsheim (Hrsg.), *Riskante Freiheiten. Individualisierung in modernen Gesellschaften* (S. 307–315). Suhrkamp.

Hockling, S. (2014). *Berufliche Neuorientierung. Neustart im Job mit über 50.* Zeit online. https://www.zeit.de/karriere/beruf/2014-07/unzufriedenheit-job-neustart-karriere.

Hof, C. (2013). Übergänge und lebenslanges Lernen. In W. Schröer, B. Stauber, A. Walther, L. Böhnisch, & K. Lenz (Hrsg.), *Handbuch Übergänge* (S. 394–414). Beltz Juventa.

Hof, C., Meuth, M., & Walther, A. (Hrsg.). (2014). *Pädagogik der Übergänge. Übergänge in Lebenslauf und Biografie als Anlässe und Bezugspunkte von Erziehung, Bildung und Hilfe.* Beltz Juventa.

Hoffmann, N. (2015). Übergangsstrukturen im Feld der pädagogischen Beratung Erwachsener – ethnografische Perspektiven im Anschluss an Arnold van Gennep. In S. Schmidt-Lauff, H. von Felden, & H. Pätzold (Hrsg.), *Transitionen in der Erwachsenenbildung. Gesellschaftliche, institutionelle und individuelle Übergänge* (S. 85–96). Barbara Budrich.

Hoffmann, N. F. (2015). „There is no magic in triangulation" – Gruppendiskussionen und Gruppenfotos in Triangulation und Typenbildung. In R. Bohnsack, B. Michel, & A. Przyborski (Hrsg.), *Dokumentarische Bildinterpretation. Methodologie und Forschungspraxis* (S. 325–342). Barbara Budrich.

Hoffmann, S., & Rundel, S. (2022). Verstehen wir uns schon oder interpretieren wir noch? Zur Reflexion von Standortgebundenheit(en) in Forschungswerkstätten. In M. Kondratjuk, O. Dörner, S. Tiefel, & H. Ohlbrecht (Hrsg.), *Qualitative Forschung auf dem Prüfstand. Beiträge zur Professionalisierung qualitativ-empirischer Forschung in den Sozial- und Bildungswissenschaften* (S. 369–390). Barbara Budrich.

Hofmann, W. (1996). *Karl Mannheim zur Einführung.* Junius.

Hoggenmüller, S. W., & Raab, J. (2022). Bilder. In N. Baur & J. Blasius (Hrsg.), *Handbuch Methoden der empirischen Sozialforschung* (3., vollständig überarbeitete und erweiterte Auflage, S. 1581–1598). Springer VS.

Holzer, D. (2017). *Weiterbildungswiderstand. Eine kritische Theorie der Verweigerung.* Transcript.

Honneth, A. (2017). Arbeit und Anerkennung. In M. S. Aßländer & B. Wagner (Hrsg.), *Philosophie der Arbeit. Texte von der Antike bis zur Gegenwart* (S. 418–442). Suhrkamp.

Horkheimer, M. (1982 [1930]). Ein neuer Ideologiebegriff? In V. Meja & N. Stehr (Hrsg.), *Der Streit um die Wissenssoziologie. Zweiter Band: Rezeption und Kritik der Wissenssoziologie* (S. 474–496). Suhrkamp.

Hradil, S., & Pankoke, E. (Hrsg.). (1997). *Aufstieg für alle?* VS Verlag für Sozialwissenschaften.

Huber, J. (2025). *Berufliche Neuorientierung: So gelingt der berufliche Wechsel.* Haufe Akademie. https://www.haufe-akademie.de/blog/themen/coaching/berufliche-neuorientierung/.

Iller, C. (2008). Berufliche Weiterbildung im Lebenslauf – bildungswissenschaftliche Perspektiven auf Weiterbildungs- und Erwerbsbeteiligung Älterer. In A. Kruse (Hrsg.), *Weiterbildung in der zweiten Lebenshälfte. Multidisziplinäre Antworten auf Herausforderungen des demografischen Wandels* (S. 67–92). wbv.

Iller, C., & Schmidt-Hertha, B. (2020). Weiterbildung im Alter. Beteiligung, Erwartungen und Erträge. In B. Schmidt-Hertha, E. Haberzeth, & S. Hillmert (Hrsg.), *Lebenslang lernen können. Gesellschaftliche Transformationen als Herausforderung für Bildung und Weiterbildung* (S. 45–66). wbv.

Imdahl, M. (1996). *Giotto. Arenafresken. Ikonographie, Ikonologie, Ikonik* (3. Auflage). Fink.

Imdahl, M. (2006). Ikonik. Bilder und ihre Anschauung. In G. Boehm (Hrsg.), *Was ist ein Bild?* (4. Auflage, S. 300–324). Fink.

Jäger, W. (1999). *Reorganisation der Arbeit. Ein Überblick zu aktuellen Entwicklungen.* Springer Fachmedien.

Jäger, W., & Röttgers, K. (Hrsg.). (2008). *Sinn von Arbeit. Soziologische und wirtschaftsphilosophische Betrachtungen.* VS Verlag für Sozialwissenschaften.

Jütte, W., & Lobe, C. (2020). Stichwort: Professionalisierung der Hochschulweiterbildung. *Zeitschrift Hochschule und Weiterbildung*, (2), 7–10.

Jütte, W., & Schilling, A. (2005). Teilnehmerinnen und Teilnehmer als Bezugspunkt wissenschaftlicher Weiterbildung. In W. Jütte & K. Weber (Hrsg.), *Kontexte wissenschaftlicher Weiterbildung. Entstehung und Dynamik von Weiterbildung im universitären Raum* (S. 136–153). Waxmann.

Kalthoff, H. (2019). Einleitung: Zur Dialektik von qualitativer Forschung und soziologischer Theoriebildung. In H. Kalthoff, S. Hirschauer, & G. Lindemann (Hrsg.), *Theoretische Empirie. Zur Relevanz qualitativer Forschung* (3. Auflage, S. 8–32). Suhrkamp.

Kalthoff, H., Hirschauer, S., & Lindemann, G. (Hrsg.). (2019). *Theoretische Empirie. Zur Relevanz qualitativer Forschung* (3. Auflage). Suhrkamp.

Kamelski, T. (2022). Theoretical and Practical Considerations Concerning the Use of Larger Qualitative Samples for the Documentary Interpretation of Pictures. *Jahrbuch Dokumentarische Methode*, (5), 109–136.

Kamelski, T., & Olivos, F. (2025). AI-Replicas as Ethical Practice: Introducing an Alternative to Traditional Anonymization Techniques in Image-Based Research. *Qualitative Research, 25*(6), 1300–1325.

Kanter, H. (2015). Vom fotografierten Körper zum veröffentlichten Bild – Zur dokumentarischen Interpretation von Pressefotografien. In R. Bohnsack, B. Michel, & A. Przyborski (Hrsg.), *Dokumentarische Bildinterpretation. Methodologie und Forschungspraxis* (S. 147–168). Barbara Budrich.

Kanter, H. (2016). *Ikonische Macht. Zur sozialen Gestaltung von Pressebildern.* Barbara Budrich.

Kettler, D., Meja, V., & Stehr, N. (1990). Karl Mannheim und die Entmutigung der Intelligenz. *Zeitschrift für Soziologie, 19*(2), 117–130.

Kleemann, F., Westerheide, J., & Matuschek, I. (2019). *Arbeit und Subjekt. Aktuelle Debatten der Arbeitssoziologie.* Springer VS.

Klinge, D. (2019). Dokumentarische Methode und digitale Artefakte – Zur Rekonstruktion der Vermittlungsweisen von Apps. *Jahrbuch Dokumentarische Methode*, (1), 107–130.

Klinge, D. (2022). Perspektiven einer Rekonstruktiven Medienforschung. Zoom als sozialer Rahmen von Situation und Kommunikation. *Jahrbuch Dokumentarische Methode*, (5), 15–40.

Klinge, D., & Müller, C. (2023). Memes als Umgang mit der Corona-Pandemie – Aneignung und Auflehnung in Zeiten eines gesellschaftlichen Ausnahmezustandes. In D. Klinge, A.-M. Nohl, & B. Schäffer (Hrsg.), *Pädagogik des gesellschaftlichen Ausnahmezustandes. Erziehung Erwachsener in der Corona-Pandemie* (S. 317–368). Springer VS.

Klingemann, C. (2000). Zur Rezeption von Karl Mannheim im Kontext der Debatte um Soziologie und Nationalsozialismus. In M. Endreß & I. Srubar (Hrsg.), *Karl Mannheims Analyse der Moderne. Mannheims erste Frankfurter Vorlesung von 1930. Edition und Studien* (S. 213–237). Springer Fachmedien.

Klingovksy, U. (2013). Lebenslanges Lernen im Postfordismus. Zur Transformation von Begründungsfiguren des Lehrens und Lernens. *Magazin erwachsenenbildung.at*, (18), 1–10. https://erwachsenenbildung.at/magazin/13-18/meb13-18_06_klingovsky.pdf.

Klingovksy, U., & Pawlewicz, S. (2015). Übergang, Unsicherheit und Unterbrechung. Scheitern als Chance zur Differenzbildung. In S. Schmidt-Lauff, H. von Felden, & H. Pätzold (Hrsg.), *Transitionen in der Erwachsenenbildung. Gesellschaftliche, institutionelle und individuelle Übergänge* (S. 59–70). Barbara Budrich.

Knoblauch, H. (2007). Phänomenologisch fundierte Wissenssoziologie. In R. Schützeichel (Hrsg.), *Handbuch Wissenssoziologie und Wissensforschung* (S. 118–126). Herbert von Halem.

Knoblauch, H. (2008). Wissen. In N. Baur, H. Korte, M. Löw, & M. Schroer (Hrsg.), *Handbuch Soziologie* (S. 465–481). VS Verlag für Sozialwissenschaften.

Knoblauch, H. (2009). Phänomenologische Soziologie. In G. Kneer & M. Schroer (Hrsg.), *Handbuch Soziologische Theorien* (S. 299–322). VS Verlag für Sozialwissenschaften.

Knoblauch, H. (2014). *Wissenssoziologie* (3., überarbeitete Auflage). UVK.

Kocka, J. (2000). Arbeit früher, heute, morgen. Zur Neuartigkeit der Gegenwart. In J. Kocka & C. Offe (Hrsg.), *Geschichte und Zukunft der Arbeit* (S. 476–492). Campus.

Kocka, J., & Offe, C. (2000a). Einleitung. In J. Kocka & C. Offe (Hrsg.), *Geschichte und Zukunft der Arbeit* (S. 9–18). Campus.

Kocka, J., & Offe, C. (Hrsg.). (2000b). *Geschichte und Zukunft der Arbeit*. Campus.

Kohli, M. (1985). Die Institutionalisierung des Lebenslaufs. Historische Befunde und theoretische Argumente. *Kölner Zeitschrift für Soziologie und Sozialpsychologie*, *37*(1), 1–29.

Kohli, M. (1994). Institutionalisierung und Individualisierung der Erwerbsbiographie. In U. Beck & E. Beck-Gernsheim (Hrsg.), *Riskante Freiheiten. Individualisierung in modernen Gesellschaften* (S. 219–244). Suhrkamp.

Kohli, M. (2000). Arbeit im Lebenslauf. Alte und neue Paradoxien. In J. Kocka & C. Offe (Hrsg.), *Geschichte und Zukunft der Arbeit* (S. 362–382). Campus.

Kohli, M. (2003). Der institutionalisierte Lebenslauf. Ein Blick zurück und nach vorn. In J. Allmendinger (Hrsg.), *Entstaatlichung und soziale Sicherheit* (S. 525–545). Leske + Budrich.

Koller, H.-C. (2012). *Bildung anders denken. Einführung in die Theorie transformatorischer Bildungsprozesse.* Kohlhammer.

Kommission der Europäischen Gemeinschaften. (2000). *Memorandum über Lebenslanges Lernen.* Arbeitsdokument der Kommissionsdienststellen. https://www.hrk.de/uploads/tx_szconvention/memode.pdf.

Konietzka, D. (1999). Die Verberuflichung von Marktchancen. Die Bedeutung des Ausbildungsberufs für die Platzierung im Arbeitsmarkt. *Zeitschrift für Soziologie, 28*(5), 379–400.

König, R. (2022 [1959]). Wandlungen in der Stellung der sozialwissenschaftlichen Intelligenz. In R. König (Hrsg.), *Aufgaben des Soziologen und die Perspektiven der Soziologie. Schriften zur Entwicklung der Soziologie nach 1945* (2. Auflage, S. 40–55). Springer VS.

Koselleck, R. (1972). Einleitung. In O. Brunner, W. Conze, & R. Koselleck (Hrsg.), *Geschichtliche Grundbegriffe. Band 1: A-D* (S. XIII–XVII). Klett-Cota.

Köttig, M. (2013). Bigrafische Analysen von Übergängen im Lebenslauf. In W. Schröer, B. Stauber, A. Walther, L. Böhnisch, & K. Lenz (Hrsg.), *Handbuch Übergänge* (S. 991–1010). Beltz Juventa.

Kraus, K. (2007). *Vom Beruf zur Employability? Zur Theorie einer Pädagogik des Erwerbs.* VS Verl für Sozialwissenschaften.

Kraus, K. (2022). Erwerbsorientierung als Subjektivierung. Zur Bedeutung des Subjektbezugs in der erwerbsorientierten Bildung. *Zeitschrift für Weiterbildungsforschung, 45*(3), 513–528.

Kraus, K. (2024). Beruflichkeit als Form der Subjektivierung. Ein Beitrag zur Debatte der Berufsbildungstheorie zum Subjektbezug in der Berufsbildung. *Berufs- und Wirtschaftspädagogik – online*, (19), 1–23. https://www.bwpat.de/spezial19/kraus_de_spezial19.pdf.

Kreher, T., & Lempp, T. (2013). Übergänge in die Arbeitswelt. In W. Schröer, B. Stauber, A. Walther, L. Böhnisch, & K. Lenz (Hrsg.), *Handbuch Übergänge* (S. 688–704). Beltz Juventa.

Kreitz, R. (2020). Zur Beziehung von Fall und Typus. In J. Ecarius & B. Schäffer (Hrsg.), *Typenbildung und Theoriegenerierung. Methoden und Methodologien qualitativer Bildungs- und Biographieforschung* (2., überarbeitete und erweiterte Auflage, S. 105–126). Barbara Budrich.

Kreutzer, F. (1999). Beruf und Gesellschaftsstruktur. Zur reflexiven Institutionalisierung von Beruflichkeit in der modernen Gesellschaft. *Zeitschrift für Pädagogik, 45*(Beiheft 40), 61–84.

Krüger, H.-H. (2006). Entwicklungslinien, Forschungsfelder und Perspektiven der erziehungswissenschaftlichen Biographieforschung. In H.-H. Krüger & W. Marotzki (Hrsg.), *Handbuch erziehungswissenschaftliche Biographieforschung* (2., überarbeitete und aktualisierte Auflage, S. 13–34). VS Verlag für Sozialwissenschaften.

Krüger, H.-H., & Deppe, U. (2013). Erziehungswissenschaftliche Biographieforschung. In B. Friebertshäuser, A. Langer, & A. Prengel (Hrsg.), *Handbuch qualitative Forschungsmethoden in der Erziehungswissenschaft* (4., durchgesehene Auflage, S. 61–72). Beltz Juventa.

Krüger, H.-H., & Deppe, U. (2023). Geschichte, aktuelle Situation und zukünftige Herausforderungen der erziehungswissenschaftlichen Biographieforschung. In D. Nittel, H. von Felden, & M. Mendel (Hrsg.), *Handbuch Erziehungswissenschaftliche Biographieforschung und Biographiearbeit* (S. 78–94). Beltz Juventa.

Krüger, H.-H., & Marotzki, W. (Hrsg.). (2006). *Handbuch erziehungswissenschaftliche Biographieforschung* (2., überarbeitete und aktualisierte Auflage). VS Verlag für Sozialwissenschaften.

Kucharz, D., Irion, T., & Reinhoffer, B. (Hrsg.). (2011). *Grundlegende Bildung ohne Brüche.* VS Verlag für Sozialwissenschaften.

Künemund, H., & Hahmann, J. (2020). Bildungs-, Arbeits- und Ruhestandsphasen im Lebenslauf. Alternativen und Szenarien. In B. Schmidt-Hertha, E. Haberzeth, & S. Hillmert (Hrsg.), *Lebenslang lernen können. Gesellschaftliche Transformationen als Herausforderung für Bildung und Weiterbildung* (S. 241–255). wbv.

Kurtz, T. (2002). Weiterbildung zwischen Beruf und Betrieb. Zum Verhältnis von Person, Organisation und Wissen. *Zeitschrift für Pädagogik*, *48*(6), 879–897.

Kurtz, T. (2005). *Die Berufsform der Gesellschaft*. Velbrück Wissenschaft.

Kurtz, T. (2007). Berufe und Wissen. In R. Schützeichel (Hrsg.), *Handbuch Wissenssoziologie und Wissensforschung* (S. 497–504). Herbert von Halem.

Kurtz, T. (2015). Der Beruf als Form. Eine soziologische Begriffsbestimmung. In B. Ziegler (Hrsg.), *Verallgemeinerung des Beruflichen – Verberuflichung des Allgemeinen?* (S. 37–54). wbv.

Kurtz, T. (2017a). Der Bedeutungswandel des Berufs. Eine soziologische Reflexion. In A. Füser, G. Schendel, & J. Schönwitz (Hrsg.), *Beruf und Berufung. Wie aktuell ist das reformatorische Berufsverständnis?* (S. 96–120). Evangelische Verlagsanstalt.

Kurtz, T. (2017b). Organisationstheoretische Überlegungen zum Verhältnis von beruflicher und betrieblicher Weiterbildung. In B. Dewe & M. P. Schwarz (Hrsg.), *Beruf – Betrieb – Organisation. Innovative Perspektiven der Betriebspädagogik und beruflichen Weiterbildung* (2., aktualisierte und erweiterte Auflage, S. 114–126). Julius Klinkhardt.

Kutscha, G. (1991). Übergangsforschung – Zu einem neuen Forschungsbereich. In K. Beck, A. Kell, & F. Achtenberger (Hrsg.), *Bilanz der Bildungsforschung. Stand und Zukunftsperspektiven* (S. 113–156). Deutscher Studien Verlag.

Kutscha, G. (1992). „Entberuflichung" und „Neue Beruflichkeit" – Thesen und Aspekte zur Modernisierung der Berufsbildung und ihrer Theorie. *Zeitschrift für Berufs- und Wirtschaftspädagogik*, *88*(7), 535–548.

Lange, H. (1999). Die Form des Berufs. *Zeitschrift für Pädagogik*, *45*(Beiheft 40), 11–34.

Lash, S. (1996). Reflexivität und ihre Doppelungen. Struktur, Ästhetik und Gemeinschaft. In U. Beck, A. Giddens, & S. Lash (Hrsg.), *Reflexive Modernisierung. Eine Kontroverse* (S. 195–286). Suhrkamp.

Lindemann, B. (2015). Die Relevanz von sozialen Kontakten beim Übergang vom Studium in das Erwerbsleben. Ergebnisse aus einer Befragung der Münchner Magisterpädagoginnen und Magisterpädagogen. In S. Schmidt-Lauff, H. von Felden, & H. Pätzold (Hrsg.), *Transitionen in der Erwachsenenbildung. Gesellschaftliche, institutionelle und individuelle Übergänge* (S. 127–138). Barbara Budrich.

Lobe, C. (2015). *Hochschulweiterbildung als biografische Transition. Teilnehmerperspektiven auf berufsbegleitende Studienangebote*. Springer VS.

Lobe, C. (2018). Teilnehmer- und Adressatenforschung in der wissenschaftlichen Weiterbildung. In W. Jütte & M. Rohs (Hrsg.), *Handbuch Wissenschaftliche Weiterbildung* (S. 1–16). Springer VS.

Lobinger, K. (Hrsg.). (2019). *Handbuch visuelle Kommunikationsforschung*. Springer VS.

Mania, E. (2018). *Weiterbildungsbeteiligung sogenannter „bildungsferner Gruppen" in sozialraumorientierter Forschungsperspektive*. wbv.

Manhart, S. (2023). Das gekränkte Subjekt in den Mythen digitaler Technik. Das Digital Mindset zwischen analoger Individualisierung und digitaler Personalisierung. In S. Kaiser & B. Ertl (Hrsg.), *Digitale Mindsets. Chancen und Herausforderungen für Individuum und Organisation* (S. 211–236). Springer Gabler.

Mannheim, K. (1929). *Ideologie und Utopie*. Friedrich Cohen.
Mannheim, K. (1969). *Ideologie und Utopie* (5. Auflage). Schulte-Bulmke.
Mannheim, K. (1970a). Beiträge zur Theorie der Weltanschauungs-Interpretation. In K. Mannheim, *Wissenssoziologie. Auswahl aus dem Werk* (2. Auflage, S. 91–154). Luchterhand.
Mannheim, K. (1970b). Das Problem einer Soziologie des Wissens. In K. Mannheim, *Wissenssoziologie. Auswahl aus dem Werk* (2. Auflage, S. 308–387). Luchterhand.
Mannheim, K. (1980). *Strukturen des Denkens*. Suhrkamp.
Mannheim, K. (1982). Ideologische und soziologische Interpretation der geistigen Gebilde. In V. Meja & N. Stehr (Hrsg.), *Der Streit um die Wissenssoziologie. Erster Band: Die Entwicklung der deutschen Wissenssoziologie* (S. 213–231). Suhrkamp.
Manz, A. (2007). Was macht ein Coach? Nur ein Modetrend oder ernstzunehmendes Tätigkeitsfeld? *Der pädagogische Blick, 15*(1), 20–26.
Marotzki, W. (1990). *Entwurf einer strukturalen Bildungstheorie. Biographietheoretische Auslegung von Bildungsprozessen in hochkomplexen Gesellschaften*. Deutscher Studien Verlag.
Marotzki, W. (1996). Forschungsmethoden der erziehungswissenschaftlichen Biographieforschung. In H.-H. Krüger & W. Marotzki (Hrsg.), *Erziehungswissenschaftliche Biographieforschung* (S. 55–89). Springer Fachmedien.
Marotzki, W. (1999). Erziehungswissenschaftliche Biographieforschung. Methodologie – Tradition – Programmatik. *Zeitschrift für Erziehungswissenschaft, 2*(3), 325–341.
Maschke, S. (2015). Zur Triangulation der Interpretationen von Interview und Porträtfoto. Spannungskonfigurationen im Habitus am Übergang zum Lehramtsstudium. In R. Bohnsack, B. Michel, & A. Przyborski (Hrsg.), *Dokumentarische Bildinterpretation. Methodologie und Forschungspraxis* (S. 217–238). Barbara Budrich.
Maschke, S., & Felden, H. v. (2023). Übergangsforschung und Biographieforschung. In D. Nittel, H. von Felden, & M. Mendel (Hrsg.), *Handbuch Erziehungswissenschaftliche Biographieforschung und Biographiearbeit* (S. 453–466). Beltz Juventa.
Matthes, B., Burkert, C., & Biersack, W. (2008). Berufssegmente. Eine empirisch fundierte Neuabgrenzung vergleichbarer beruflicher Einheiten. *IAB-Discussion Paper 35/2008*. https://doku.iab.de/discussionpapers/2008/dp3508.pdf.
Matthes, J. (1992). The Operation Called „Vergleichen". In J. Matthes (Hrsg.), *Zwischen den Kulturen? Die Sozialwissenschaften vor dem Problem des Kulturvergleichs* (S. 75–99). Schwartz.
Matthies, H. (2021). Cooling-out in der Arbeitswelt. Berufswechsel als Folge eines Mismatches zwischen Habitus und Feld. *Berliner Journal für Soziologie, 31*(3–4), 415–443.
May, S. (2022). *Neue Arbeit, neues Glück? Radikaler Berufswechsel in der Mitte des Lebens*. Deutschlandfunk Kultur. https://www.deutschlandfunkkultur.de/berufswechsel-mitte-des-lebens-umsatteln-100.html.
Mayer, K. U., Grunow, D., & Nitsche, N. (2010). Mythos Flexibilisierung? Wie instabil sind Berufsbiografien wirklich und als wie instabil werden sie wahrgenommen? *Kölner Zeitschrift für Soziologie und Sozialpsychologie, 62*(3), 369–402.
Mead, G. H. (1934). *Mind, Self & Society. From the standpoint of a social behaviorist*. University of Chicago Press.
Mead, G. H. (1988 [1934]). *Geist, Identität und Gesellschaft. Aus der Sicht des Sozialbehaviorismus* (7. Auflage). Suhrkamp.

Mey, G., & Mruck, K. (2014). Forschungswerkstätten – Programme, Potenziale, Probleme, Perspektiven. In G. Mey & K. Mruck (Hrsg.), *Qualitative Forschung. Analysen und Diskussionen. 10 Jahre Berliner Methodentreffen.* Springer VS.

Meyer, R. (2015). Beruf als soziales Konstrukt zwischen Entberuflichung und Professionalisierung – Entgrenzungen „vorwärts nach weit" in Richtung einer professionsorientierten Beruflichkeit. In B. Ziegler (Hrsg.), *Verallgemeinerung des Beruflichen – Verberuflichung des Allgemeinen?* (S. 23–36). wbv.

Meyer-Drawe, K. (2007). Kairos. Über die Kunst des rechten Augenblicks. *Vierteljahresschrift für wissenschaftliche Pädagogik, 83*(2), 241–252.

Meyer-Drawe, K. (2012). Lernen aus Passion. In H. von Felden, C. Hof, & S. Schmidt-Lauff (Hrsg.), *Erwachsenenbildung und Lernen* (S. 9–20). Schneider Hohengehren.

Michel, B. (2010). Das Gruppendiskussionsverfahren in der (Bild-) Rezeptionsforschung. In R. Bohnsack, A. Przyborski, & B. Schäffer (Hrsg.), *Das Gruppendiskussionsverfahren in der Forschungspraxis* (2., vollständig überarbeitete und aktualisierte Auflage, S. 219–231). Barbara Budrich.

Michel, B. (2013). Dokumentarische Interpretation von Bildrezeptionsprozessen. In R. Bohnsack, I. Nentwig-Gesemann, & A.-M. Nohl (Hrsg.), *Die dokumentarische Methode und ihre Forschungspraxis. Grundlagen qualitativer Sozialforschung* (3., aktualisierte Auflage, S. 99–131). Springer VS.

Minssen, H. (2019). *Arbeit in der modernen Gesellschaft. Eine Einführung* (2. Auflage). Springer VS.

Mitchell, W. J. T. (1986). *Iconology. Image, text, ideology.* University of Chicago Press.

Mitchell, W. J. T. (1992). *The reconfigured eye. Visual truth in the post-photographic era.* Massachusetts Institute of Technology.

Mitchell, W. J. T. (1994). *Picture theory. Essays on verbal and visual representation.* University of Chicago Press.

Mitchell, W. J. T. (2005). *What do pictures want? The lives and loves of images.* University of Chicago Press.

Mitchell, W. J. T. (2007). Realismus im digitalen Bild. In H. Belting (Hrsg.), *Bilderfragen. Die Bildwissenschaften im Aufbruch* (S. 237–255). Fink.

Mitchell, W. J. T. (2009). Vier Grundbegriffe der Bildwissenschaft. In K. Sachs-Hombach (Hrsg.), *Bildtheorien. Anthropologische und kulturelle Grundlagen des Visualistic Turn* (S. 319–327). Suhrkamp.

Mitchell, W. J. T. (2018). *Bildtheorie.* Suhrkamp.

Mollenhauer, K. (1997). Methoden erziehungswissenschaftlicher Bildinterpretation. In B. Friebertshäuser & A. Prengel (Hrsg.), *Handbuch qualitative Forschungsmethoden in der Erziehungswissenschaft* (S. 247–264). Juventa.

Molzberger, G., & Büchter, K. (Hrsg.). (2022). Allgemeine und berufliche Bildung Erwachsener. Studien zu ihrer Einheit und Differenz. *Zeitschrift für Weiterbildungsforschung, 45*(3).

Müller, M. G., & Knieper, T. (2019). Terror der Bilder – Visuelle Kommunikation in Krieg und Terrorismus. In K. Lobinger (Hrsg.), *Handbuch visuelle Kommunikationsforschung* (S. 145–179). Springer VS.

Müller, W., & Shavit, Y. (1998). Bildung und Beruf im institutionellen Kontext. Eine vergleichende Studie in 13 Ländern. *Zeitschrift für Erziehungswissenschaft, 1*(4), 501–533.

Nentwig-Gesemann, I. (2013). Die Typenbildung der dokumentarischen Methode. In R. Bohnsack, I. Nentwig-Gesemann, & A.-M. Nohl (Hrsg.), *Die dokumentarische Methode und ihre Forschungspraxis. Grundlagen qualitativer Sozialforschung* (3., aktualisierte Auflage, S. 295–324). Springer VS.

Neun, O. (2022). Zur Entwicklung von Karl Mannheims Soziologie der Intellektuellen. In K. Mannheim, *Soziologie der Intellektuellen. Schriften zur Kultursoziologie* (S. 158–236). Suhrkamp.

Nisic, N., & Trübswetter, P. (2012). Berufswechsler in Deutschland und Großbritanien. *IAB-Kurzbericht 1/2012*. https://doku.iab.de/kurzber/2012/kb0112.pdf.

Nittel, D. (2018). Biographietheoretische Ansätze in der Erwachsenenbildung. In R. Tippelt & A. von Hippel (Hrsg.), *Handbuch Erwachsenenbildung/Weiterbildung* (6., stark überarbeitete und aktualisierte Auflage, S. 145–160). Springer VS.

Nittel, D., Felden, H. v., & Mendel, M. (Hrsg.). (2023). *Handbuch Erziehungswissenschaftliche Biographieforschung und Biographiearbeit*. Beltz Juventa.

Nittel, D., & Kilinc, M. (2023). Erfahrung und Biographie. In D. Nittel, H. von Felden, & M. Mendel (Hrsg.), *Handbuch Erziehungswissenschaftliche Biographieforschung und Biographiearbeit* (S. 195–209). Beltz Juventa.

Nittel, D., Kilinc, M. K., & Klusemann, S. (2022). Forschungswerkstätten. Im Spannungsverhältnis von Professionalität und Qualität. In M. Kondratjuk, O. Dörner, S. Tiefel, & H. Ohlbrecht (Hrsg.), *Qualitative Forschung auf dem Prüfstand. Beiträge zur Professionalisierung qualitativ-empirischer Forschung in den Sozial- und Bildungswissenschaften* (S. 325–346). Barbara Budrich.

Nohl, A.-M. (2005). Dokumentarische Interpretation narrativer Interviews. *Bildungsforschung*, *2*(2), 1–19.

Nohl, A.-M. (2013). Komparative Analyse. Forschungspraxis und Methodologie dokumentarischer Interpretation. In R. Bohnsack, I. Nentwig-Gesemann, & A.-M. Nohl (Hrsg.), *Die dokumentarische Methode und ihre Forschungspraxis. Grundlagen qualitativer Sozialforschung* (3., aktualisierte Auflage, S. 271–294). Springer VS.

Nohl, A.-M. (2015). Typical Phases of Transformative Learning. A Practice-Based Model. *Adult Education Quarterly*, *65*(1), 35–49.

Nohl, A.-M. (2016). Grundbegriffe und empirische Analysen als wechselseitige Spiegel. Potentiale eines reflexiven Verhältnisses zwischen Grundlagentheorie und rekonstruktiver Empirie. In R. Kreitz, I. Miethe, & A. Tervooren (Hrsg.), *Theorien in der qualitativen Bildungsforschung – qualitative Bildungsforschung als Theoriegenerierung* (S. 105–122). Barbara Budrich.

Nohl, A.-M. (2017). *Interview und dokumentarische Methode. Anleitungen für die Forschungspraxis* (5., aktualisierte und erweiterte Auflage). Springer VS.

Nohl, A.-M., Rosenberg, F. v., & Thomsen, S. (2015). *Bildung und Lernen im biographischen Kontext. Empirische Typisierungen und praxeologische Reflexionen*. Springer VS.

Nolda, S. (2011a). Ansätze bildwissenschaftlicher Erwachsenenbildungsforschung. Anwendungsgebiete und Methoden. *Report. Zeitschrift für Weiterbildungsforschung*, *34*(1), 13–22.

Nolda, S. (2011b). Bildelemente in Programmen der Erwachsenenbildung. Zur Analyse bildlicher Darstellung von Institutionen, Adressatenkonstruktionen und Wissens(-vermittlungs-)formen in Programmen der Erwachsenenbildung. *Bildungsforschung*, *8*(1), 97–123.

Nolda, S. (2015). Mediale Visualität und visuelle Vermittlung in der Erwachsenenbildung. Routine und Herausforderung. *forum erwachsenenbildung*, *48*(3), 18–21.

Oertel, J. (2021). Baby Boomer und Generation X – Charakteristika der etablierten Beschäftigten-Generationen. In M. Klaffke (Hrsg.), *Generationen-Management. Konzepte, Instrumente, Good-Practice-Ansätze* (2. Auflage, S. 47–78). Springer Gabler.

Ohlrecht, H. (2022). Welche Arbeit braucht der Mensch? Trotz oder durch Arbeit gesund? Zur Bestimmung einer Wechselbeziehung. In M. Dick, S. Freund, H. Ohlbrecht, & T. Unger (Hrsg.), *Arbeit – Job – Beruf. Interdisziplinäre Perspektiven* (S. 261–287). Springer VS.

Overwien, B. (2005). Stichwort: Informelles Lernen. *Zeitschrift für Erziehungswissenschaft*, *8*(3), 339–355.

Pabst, A. (2022). *Beruflichkeit im Wandel. Individuelles berufliches Handeln am Beispiel der Leiharbeit*. wbv.

Pallesen, H., & Matthes, D. (2020). Praxeologische Perspektiven der Lehrer*innenprofessionsforschung. Reflexionen zum Einsatz von Bildvignetten als Erzählimpulse in Lehrer*inneninterviews. *Jahrbuch Dokumentarische Methode*, (2), 119–142.

Panofsky, E. (2002 [1955]). Ikonographie und Ikonologie. Eine Einführung in die Kunst der Renaissance. In E. Panofsky, *Sinn und Deutung in der bildenden Kunst* (S. 36–67). DuMont.

Pätzold, H. (2015). Organisationale Übergänge zwischen Weiterbildung und Wirtschaft. In S. Schmidt-Lauff, H. von Felden, & H. Pätzold (Hrsg.), *Transitionen in der Erwachsenenbildung. Gesellschaftliche, institutionelle und individuelle Übergänge* (S. 279–290). Barbara Budrich.

Paulus, N. (1926). Der Berufsgedanke bei Thomas von Aquin. *Zeitschrift für katholische Theologie*, *50*(3), 445–454.

Peirce, C. S. (1983). *Phänomen und Logik der Zeichen*. Suhrkamp.

Peskoller, H. (2013). Erfahrung/en. In J. Bilstein & H. Peskoller (Hrsg.), *Erfahrung – Erfahrungen* (S. 51–78). Springer VS.

Pettenkofer, A. (2013). Das soziale Selbst und die Macht der Struktur. Mead und das Mikro-Makro-Problem. *Österreichische Zeitschrift für Soziologie*, *38*(Beiheft 1), 73–95.

Piehl, J. (2005). Bilder in meinem Kopf. In M. Scholz & U. Helmbold (Hrsg.), *Bilder lesen lernen. Wie werden Bilder rezipiert?* (S. 141–164). Springer Fachmedien.

Pilarczyk, U., & Mietzner, U. (2005). *Das reflektierte Bild. Die seriell-ikonografische Fotoanalyse in den Erziehungs- und Sozialwissenschaften*. Klinkhardt.

Pongratz, L. A. (2010). *Kritische Erwachsenenbildung. Analysen und Anstöße*. VS Verlag für Sozialwissenschaften.

Popper, K. R. (1994 [1934]). *Logik der Forschung* (10., verbesserte und vermehrte Auflage). Mohr.

Präßler, S., & Vossebein, U. (2014). Zielgruppenforschung in der wissenschaftlichen Weiterbildung. Methoden zur Ermittlung der regionalen Nachfrage. *Internationales Jahrbuch für Erwachsenenbildung, 37,* 103–122.

Przyborski, A., & Slunecko, T. (2013). Ikonizität – medientheoretisch gedacht und empirisch beleuchtet. In P. Loos, A.-M. Nohl, A. Przyborski, & B. Schäffer (Hrsg.), *Dokumentarische Methode. Grundlagen – Entwicklungen – Anwendungen* (S. 189–212). Barbara Budrich.

Przyborski, A., & Wohlrab-Sahr, M. (2022). Forschungsdesigns für die qualitative Sozialforschung. In N. Baur & J. Blasius (Hrsg.), *Handbuch Methoden der empirischen Sozialforschung* (3., vollständig überarbeitete und erweiterte Auflage, S. 123–142). Springer VS.

Raith, D. (2020). Seinsverbundenheit des Wissens. In C. Fleck & C. Dayé (Hrsg.), *Meilensteine der Soziologie* (S. 244–256). Campus.

Rat der Europäischen Union. (2005). Entscheidung des Rates vom 12. Juli 2005 über Leitlinien für beschäftigungspolitische Maßnahmen der Mitgliedstaaten (2005/600/EG). *Amtsblatt der Europäischen Union Nr. 205 vom 06.08.2005, 48,* 21–27. https://eur-lex.europa.eu/legal-content/DE/TXT/PDF/?uri=OJ:L:2005:205:FULL.

Reckwitz, A. (2003). Grundelemente einer Theorie sozialer Praktiken. Eine sozialtheoretische Perspektive. *Zeitschrift für Soziologie, 32*(4), 282–301.

Reckwitz, A. (2004). Die Entwicklung des Vokabulars der Handlungstheorien. Von den zweck- und normorientierten Modellen zu den Kultur- und Praxistheorien. In M. Gabriel (Hrsg.), *Paradigmen der akteurszentrierten Soziologie* (S. 303–328). VS Verlag für Sozialwissenschaften.

Reetz, L., & Seyd, W. (2006). Curriculare Strukturen beruflicher Bildung. In R. Arnold & A. Lipsmeier (Hrsg.), *Handbuch der Berufsbildung* (2., überarbeitete und aktualisierte Auflage, S. 227–259). VS Verlag für Sozialwissenschaften.

Reich-Claassen, J. (2010). *Warum Erwachsene (nicht) an Weiterbildungsveranstaltungen partizipieren. Einstellungen und prägende Bildungserfahrungen als Regulative des Weiterbildungsverhaltens. Eine qualitativ-explorative Untersuchung erwartungswidriger Teilnahme und Nichtteilnahme an Erwachsenenbildung.* LIT.

Reich-Claassen, J., & Hippel, A. v. (2018). Programm- und Angebotsplanung in der Erwachsenenbildung. In R. Tippelt & A. von Hippel (Hrsg.), *Handbuch Erwachsenenbildung/Weiterbildung* (6., stark überarbeitete und aktualisierte Auflage, S. 1403–1424). Springer VS.

Reichertz, J. (1993). Abduktives Schlußfolgern und Typen(re)konstruktion. In T. Jung & S. Müller-Doohm (Hrsg.), *„Wirklichkeit" im Deutungsprozess. Verstehen und Methoden in den Kultur- und Sozialwissenschaften* (S. 258–282). Suhrkamp.

Reichertz, J. (2000). Zur Gültigkeit von Qualitativer Sozialforschung. *Forum: Qualitative Sozialforschung, 1*(2), ohne Seitenzählung. https://doi.org/10.17169/fqs-1.2.1101.

Reichertz, J. (2013a). *Die Abduktion in der qualitativen Sozialforschung. Über die Entdeckung des Neuen* (2., aktualisierte und erweiterte Auflage). Springer VS.

Reichertz, J. (2013b). *Gemeinsam interpretieren. Die Gruppeninterpretation als kommunikativer Prozess.* Springer VS.

Reichertz, J. (2016). *Qualitative und interpretative Sozialforschung. Eine Einladung.* Springer VS.

Reichertz, J. (2019). Methodenpolizei oder Gütesicherung? Zwei Deutungsmuster im Kampf um die Vorherrschaft in der qualitativen Sozialforschung. *Forum: Qualitative Sozialforschung, 20*(1), ohne Seitenzählung. https://doi.org/10.17169/fqs-20.1.3205.

Renn, J. (2019). Explizierte Performanz. Ralf Bohnsacks praxeologische Wissenssoziologie. *Zeitschrift für Qualitative Forschung, 20*(2), 374–378.

Ricoeur, P. (1985). Der Text als Modell. In H.-G. Gadamer & G. Boehm (Hrsg.), *Seminar. Die Hermeneutik und die Wissenschaften* (S. 83–117). Suhrkamp.

Rimmele, M., Sachs-Hombach, K., & Stiegler, B. (Hrsg.). (2014). *Bildwissenschaft und Visual Culture*. Transcript.

Ritter, J. (1972). Erfahrung. In J. Ritter (Hrsg.), *Historisches Wörterbuch der Philosophie. Band 2: D-F* (S. 609–617). Schwabe.

Rohs, M. (2016). Genese informellen Lernens. In M. Rohs (Hrsg.), *Handbuch informelles Lernen* (S. 3–38). Springer VS.

Rorty, R. (1992 [1967]). *The linguistic turn. Essays in philosophical method, with two retrospective essays*. University of Chicago Press.

Rosenthal, G. (1995). *Erlebte und erzählte Lebensgeschichte. Gestalt und Struktur biographischer Selbstbeschreibungen*. Campus.

Rosenthal, G. (2010). Die erlebte und erzählte Lebensgeschichte. Zur Wechselwirkung zwischen Erleben, Erinnern und Erzählen. In B. Griese (Hrsg.), *Subjekt – Identität – Person? Reflexionen zur Biographieforschung* (S. 197–218). VS Verlag für Sozialwissenschaften.

Rosenthal, G. (2015). *Interpretative Sozialforschung. Eine Einführung* (5., aktualisierte und ergänzte Auflage). Beltz Juventa.

Rothland, M. (2009). Kooperation und kollegiale Unterstützung im Lehrerberuf. Empirische Befunde zum Berufsbild und zu berufsrelevanten Einstellungen angehender Lehrkräfte. *Lehrerbildung auf dem Prüfstand*, *2*(2), 282–303.

Röttgers, K. (2008). Muße. In W. Jäger & K. Röttgers (Hrsg.), *Sinn von Arbeit. Soziologische und wirtschaftsphilosophische Betrachtungen* (S. 161–182). VS Verlag für Sozialwissenschaften.

Rundel, S. (2021a). Bild und Sprache. Zum Verhältnis zwischen konjunktivem Erfahrungsraum und Bildlichkeit. Methodologische und forschungspraktische Konsequenzen. *Jahrbuch Dokumentarische Methode*, (4), 153–175.

Rundel, S. (2021b). Der Beruf als Selbstinszenierung. Berufswandel und Berufsbilder bei beruflichen Wechseln im Alter von 50+. In J. Engel, A. Epp, J. Lipkina, S. Schinkel, H. Terhart, & A. Wischmann (Hrsg.), *Bildung im gesellschaftlichen Wandel. Qualitative Forschungszugänge und Methodenkritik* (S. 45–62). Barbara Budrich.

Sachs-Hombach, K. (2003a). *Das Bild als kommunikatives Medium. Elemente einer allgemeinen Bildwissenschaft*. Herbert von Halem.

Sachs-Hombach, K. (Hrsg.). (2003b). *Was ist Bildkompetenz? Studien zur Bildwissenschaft*. Springer Fachmedien.

Sachs-Hombach, K. (Hrsg.). (2005). *Bildwissenschaft. Disziplinen, Themen, Methoden*. Suhrkamp.

Sachs-Hombach, K. (Hrsg.). (2009). *Bildtheorien. Anthropologische und kulturelle Grundlagen des Visualistic Turn*. Suhrkamp.

Sachs-Hombach, K., & Rehkämper, K. (Hrsg.). (2004a). *Bild – Bildwahrnehmung – Bildverarbeitung. Interdisziplinäre Beiträge zur Bildwissenschaft* (2. Auflage). Springer Fachmedien.

Sachs-Hombach, K., & Rehkämper, K. (2004b). Thesen zu einer Theorie bildhafter Darstellung. In K. Sachs-Hombach & K. Rehkämper (Hrsg.), *Bild – Bildwahrnehmung – Bildverarbeitung. Interdisziplinäre Beiträge zur Bildwissenschaft* (2. Auflage, S. 119–124). Springer Fachmedien.

Sachs-Hombach, K., & Totzke, R. (Hrsg.). (2011). *Bilder, Sehen, Denken. Zum Verhältnis von begrifflich-philosophischen und empirisch-psychologischen Ansätzen in der bildwissenschaftlichen Forschung*. Herbert von Halem.

Sackmann, R., & Rasztar, M. (1998). Das Konzept „Beruf" im lebenslaufsoziologischen Ansatz. In D. Blaschke, G. Engelbrech, W. R. Heinz, & W. Dressel (Hrsg.), *Was prägt Berufsbiographien? Lebenslaufdynamik und Institutionenpolitik* (Beiträge zur Arbeitsmarkt- und Berufsforschung 215, S. 25–53). Institut für Arbeitsmarkt- und Berufsforschung.

Sackmann, R., & Wingens, M. (Hrsg.). (2001). *Strukturen des Lebenslaufs. Übergang – Sequenz – Verlauf*. Juventa.

Salheiser, A. (2022). Natürliche Daten: Dokumente. In N. Baur & J. Blasius (Hrsg.), *Handbuch Methoden der empirischen Sozialforschung* (3., vollständig überarbeitete und erweiterte Auflage, S. 1507–1522). Springer VS.

Sander, A. (2019 [1929]). *Antlitz der Zeit. 60 Fotos deutscher Menschen des 20. Jahrhunderts*. Schirmer/Mosel.

Schäffer, B. (2005). Erziehungswissenschaft. In K. Sachs-Hombach (Hrsg.), *Bildwissenschaft. Disziplinen, Themen, Methoden* (S. 213–225). Suhrkamp.

Schäffer, B. (2009). Bilder lebenslangen Lernens. Anmerkungen zu einem eigentümlichen Diskurs. In C. Hof, J. Ludwig, & C. Zeuner (Hrsg.), *Strukturen lebenslangen Lernens* (S. 94–111). Schneider Hohengehren.

Schäffer, B. (2010). Abbild – Denkbild – Erfahrungsbild. Methodisch-methodologische Anmerkungen zur Analyse von Altersbildern. In J. Ecarius & B. Schäffer (Hrsg.), *Typenbildung und Theoriegenerierung. Methoden und Methodologien qualitativer Bildungs- und Biographieforschung* (S. 207–232). Barbara Budrich.

Schäffer, B. (2011). Lebenslanges Lernen als Schulalptraum? Ikonographische, ikonologische und ikonische Aspekte einer Debatte. *Bildungsforschung*, *8*(1), 125–145.

Schäffer, B. (2012). Dokumentarische Methode. Einordnung, Prinzipien und Arbeitsschritte einer praxeologischen Methodologie. In B. Schäffer & O. Dörner (Hrsg.), *Handbuch Qualitative Erwachsenen- und Weiterbildungsforschung* (S. 196–211). Barbara Budrich.

Schäffer, B. (2013). Die Versprachlichung des Bildes in bildhafter Sprache oder: Ikonizität und Metaphorik – zwei Seiten einer Medaille? In P. Loos, A.-M. Nohl, A. Przyborski, & B. Schäffer (Hrsg.), *Dokumentarische Methode. Grundlagen – Entwicklungen – Anwendungen* (S. 224–242). Barbara Budrich.

Schäffer, B. (2016). Metaphern und Zahlen in der Triangulationsdebatte oder: Vom Zählen der Interpretierenden und Interpretieren der Zählenden. In D. Verständig, J. Holze, & R. Biermann (Hrsg.), *Von der Bildung zur Medienbildung* (S. 43–60). Springer VS.

Schäffer, B. (2020). Typologien als Endprodukt von Prozessen Typenbildender Interpretation. *Jahrbuch Dokumentarische Methode*, (2), 23–48.

Schäffer, B., & Dörner, O. (2022). Empiriebasierte Erkenntnis im Verhältnis von Theorie, Methodologie und Methode. Dargestellt am Beispiel qualitativer Erwachsenenbildungsforschung. In M. Kondratjuk, O. Dörner, S. Tiefel, & H. Ohlbrecht (Hrsg.), *Qualitative Forschung auf dem Prüfstand. Beiträge zur Professionalisierung qualitativ-empirischer Forschung in den Sozial- und Bildungswissenschaften* (S. 17–46). Barbara Budrich.

Schäffer, B., Dörner, O., & Krämer, F. (2015). Lernen in Lebensphasen – eine Alternative zum Lebenslangen Lernen? *Zeitschrift für Weiterbildungsforschung*, *38*(2), 267–286.

Scheibel, M. (2003). Hyperimage – Bild und Bildkompetenz im Internet. In K. Sachs-Hombach (Hrsg.), *Was ist Bildkompetenz? Studien zur Bildwissenschaft* (S. 131–140). Springer Fachmedien.

Schelting, A. v. (1982 [1934]). Die Grenzen der Soziologie des Wissens. In V. Meja & N. Stehr (Hrsg.), *Der Streit um die Wissenssoziologie. Zweiter Band: Rezeption und Kritik der Wissenssoziologie* (S. 756–890). Suhrkamp.

Schicke, H. (2014). Beruflicher Übergang im Kontext reflexiv individualisierter Beruflichkeit. In H. von Felden, O. Schäffter, & H. Schicke (Hrsg.), *Denken in Übergängen. Weiterbildung in transitorischen Lebenslagen* (S. 85–110). Springer VS.

Schiener, J. (2010). Arbeitsmarkt und Berufseinstieg von AkademikerIinnen. Theoretische und empirische Grundlagen. In H. von Felden & J. Schiener (Hrsg.), *Transitionen – Übergänge vom Studium in den Beruf. Zur Verbindung von qualitativer und quantitativer Forschung* (S. 42–76). VS Verlag für Sozialwissenschaften.

Schittenhelm, K., & Küchel, J. (2013). Dokumentarische Bildungs- und Übergangsforschung. Mehrperspektivität durch Methodentriangulation. In P. Loos, A.-M. Nohl, A. Przyborski, & B. Schäffer (Hrsg.), *Dokumentarische Methode. Grundlagen – Entwicklungen – Anwendungen* (S. 92–108). Barbara Budrich.

Schmidt, B. (2010). Bildungsverhalten und Motive älterer Erwerbstätiger als Regulative der Weiterbildungsbeteiligung. In C. Hof, J. Ludwig, & B. Schäffer (Hrsg.), *Erwachsenenbildung im demographischen und sozialen Wandel* (S. 112–122). Schneider Hohengehren.

Schmidt-Hertha, B. (2018). Wissenschaftliche Weiterbildung für Ältere. In W. Jütte & M. Rohs (Hrsg.), *Handbuch Wissenschaftliche Weiterbildung* (S. 1–16). Springer VS.

Schmidt-Hertha, B., & Thalhammer, V. (2016). Informelles Lernen älterer Erwachsener. In M. Rohs (Hrsg.), *Handbuch informelles Lernen* (S. 303–322). Springer VS.

Schmidt-Lauff, S., Felden, H. v., & Pätzold, H. (Hrsg.). (2015). *Transitionen in der Erwachsenenbildung. Gesellschaftliche, institutionelle und individuelle Übergänge.* Barbara Budrich.

Schröer, W., Stauber, B., Walther, A., Böhnisch, L., & Lenz, K. (Hrsg.). (2013). *Handbuch Übergänge.* Beltz Juventa.

Schubbach, A. (2012). Das Bilden der Bilder. Zur Theorie der Welterzeugung und ihrer bildtheoretischen Verpflichtung. *Soziale Systeme*, *18*(1–2), 69–93.

Schuetze, H. G. (2005). Weiterbildung und die Politik des lebenslangen Lernens. In W. Jütte & K. Weber (Hrsg.), *Kontexte wissenschaftlicher Weiterbildung. Entstehung und Dynamik von Weiterbildung im universitären Raum* (S. 56–73). Waxmann.

Schulze, T. (2006). Biographieforschung in der Erziehungswissenschaft. Gegenstandsbereich und Bedeutung. In H.-H. Krüger & W. Marotzki (Hrsg.), *Handbuch erziehungswissenschaftliche Biographieforschung* (2., überarbeitete und aktualisierte Auflage, S. 35–58). VS Verlag für Sozialwissenschaften.

Schulze, T. (2013). Bildinterpretation in der Erziehungswissenschaft. Im Gedenken an Klaus Mollenhauer. In B. Friebertshäuser, A. Langer, & A. Prengel (Hrsg.), *Handbuch qualitative Forschungsmethoden in der Erziehungswissenschaft* (4., durchgesehene Auflage, S. 529–546). Beltz Juventa.

Schürmann, E. (2023). Bilder als Darstellungen von Vorstellungen. In F. Berndt & J.-N. Thon (Hrsg.), *Bildmedien. Materialität – Semiotik – Ästhetik* (S. 75–86). De Gruyter.

Schütz, A. (1932). *Der Sinnhafte Aufbau der Sozialen Welt. Eine Einleitung in die Verstehende Soziologie.* Julius Springer.

Schütz, A. (1971). *Gesammelte Aufsätze. 1: Das Problem der sozialen Wirklichkeit.* Nijhoff.

Schütze, F. (1977). Zur Konstitution von Kommunikationsschemata der Sachverhaltsdarstellung. In D. Wegner (Hrsg.), *Gesprächsanalysen* (S. 159–174). Helmut Buske.

Schütze, F. (1983). Biographieforschung und narratives Interview. *neue praxis, 13*(3), 283–293.

Schütze, F. (1987). *Das narrative Interview in Interaktionsfeldstudien. Erzähltheoretische Grundlagen* (Studienbrief der Fernuniversität Hagen. Teil I: Merkmale von Alltagserzählungen und was wir mit ihrer Hilfe erkennen können.). FernUniversität Hagen.

Schütze, F. (2016). Biographieforschung und narratives Interview. In W. Fiedler & H.-H. Krüger (Hrsg.), *Sozialwissenschaftliche Prozessanalyse. Grundlagen der qualitativen Sozialforschung* (S. 55–73). Barbara Budrich.

Schwarz, J. (2019). Zeit als Ressource der Erwachsenenbildung. *Hessische Blätter für Volksbildung*, (4), 335–343.

Schwarz, J., Hassinger, H., & Schmidt-Lauff, S. (2020). Subjektives Lernzeiterleben und kollektive Zeitpraktiken in der Erwachsenbildung. Zur empirischen Rekonstruktion von Zeitmodalitäten in Lern- und Bildungsprozessen. *Forum: Qualitative Sozialforschung, 21*(2), ohne Seitenzählung. https://doi.org/10.17169/fqs-21.2.3489.

Seibert, H. (2007). Wenn der Schuster nicht bei seinem Leisten bleibt… *IAB-Kurzbericht 1/2007*. https://doku.iab.de/kurzber/2007/kb0107.pdf.

Sennett, R. (1998). *Der flexible Mensch. Die Kultur des neuen Kapitalismus*. Berlin.

Severing, E. (2014). Weiterentwicklung von Berufen – Herausforderungen für die Berufsbildungsforschung. In E. Severing & R. Weiß (Hrsg.), *Weiterentwicklung von Berufen – Herausforderungen für die Berufsbildungsforschung* (S. 5–10). wbv.

Siebert, H. (2018). Erwachsenenbildung in der Bundesrepublik Deutschland. In R. Tippelt & A. von Hippel (Hrsg.), *Handbuch Erwachsenenbildung/Weiterbildung* (6., stark überarbeitete und aktualisierte Auflage, S. 59–88). Springer VS.

Skubella, M. (2021). *Beruflicher Neuanfang mit 40 – die do´s and don´ts*. YER. https://www.yer.de/de/magazin/berufliche-neuorientierung-mit-40/.

Sloane, P. F. E. (2010). Entwicklung beruflicher Curricula als institutionentheoretisches Phänomen. Der Ordnungsrahmen pädagogischen Handelns. In R. Nickolaus, G. Pätzold, H. Reinisch, & P. T. Tramm (Hrsg.), *Handbuch Berufs- und Wirtschaftspädagogik* (S. 213–219). Julius Klinkhardt.

Spiegler, T. (2015). *Erfolgreiche Bildungsaufstiege. Ressourcen und Bedingungen*. Beltz Juventa.

Spittler, G. (2016). *Anthropologie der Arbeit. Ein ethnographischer Vergleich*. Springer VS.

Stauber, B., Pohl, A., & Walther, A. (Hrsg.). (2007). *Subjektorientierte Übergangsforschung. Rekonstruktion und Unterstützung biografischer Übergänge junger Erwachsener*. Juventa.

Stiegler, B. (2023). How to do things with photographs. Überlegungen zu einer Praxeologie der Fotografie. In F. Berndt & J.-N. Thon (Hrsg.), *Bildmedien. Materialität – Semiotik – Ästhetik* (S. 149–161). De Gruyter.

Straub, J. (2000). Identitätstheorie, empirische Identitätsforschung und die „postmoderne" armchair psychology. *Zeitschrift für qalitative Bildungs-, Beratungs- und Sozialforschung*, (1), 167–194.

Straub, J. (2018). Identität. In J. Kopp & A. Steinbach (Hrsg.), *Grundbegriffe der Soziologie* (12. Auflage, S. 175–180). Springer VS.

Strübing, J. (2018). *Qualitative Sozialforschung. Eine komprimierte Einführung* (2., überarbeitete und erweiterte Auflage). De Gruyter.

Strübing, J., & Schnettler, B. (2004). Klassische Grundlagentexte zur Methodologie interpretativer Sozialforschung. In J. Strübing & B. Schnettler (Hrsg.), *Methodologie interpretativer Sozialforschung. Klassische Grundlagentexte* (S. 9–16). UVK.

Struck, O., Grotheer, M., Schröder, T., & Köhler, C. (2007). Instabile Beschäftigung. Neue Ergebnisse zu einer alten Kontroverse. *Kölner Zeitschrift für Soziologie und Sozialpsychologie, 59*(2), 294–317.

Stützel, K. (2018). Theorie und Theoriebildung in der praxeologischen Typenbildung. In R. Bohnsack, N. F. Hoffmann, & I. Nentwig-Gesemann (Hrsg.), *Typenbildung und Dokumentarische Methode. Forschungspraxis und methodologische Grundlagen* (S. 117–130). Barbara Budrich.

Stützel, K. (2019). *Jugendarbeit im Kontext von Jugendlichen mit rechten Orientierungen. Rekonstruktiv-praxeologische Perspektiven auf professionelles Handeln.* VS Verlag für Sozialwissenschaften.

Stützel, K. (2020). Kontraste in der Gemeinsamkeit – Zur Forschungspraxis und Mehrdimensionalität der dokumentarischen Typenbildung. *Jahrbuch Dokumentarische Methode*, (2), 49–68.

Taylor, F. (1919). *The prinicples of scientific management*. Harper & Brothers.

Teichler, U. (2014). Hochschule und Beruf als Gegenstandsbereich der Hochschulforschung. *die hochschule, 23*(1), 118–132.

Teichler, U., & Wolter, A. (2004). Zugangswege und Studienangebote für nicht-traditionelle Studierende. *die hochschule, 13*(2), 64–80.

Thomä, D. (2017). Jenseits von „Work-life balance" und „Burn-out". In M. S. Aßländer & B. Wagner (Hrsg.), *Philosophie der Arbeit. Texte von der Antike bis zur Gegenwart* (S. 529–544). Suhrkamp.

Thomas, W. I., & Znaniecki, F. (1918). *The Polish Peasant in Europe and America. Monograph of an immigrant group.* Richard G. Badger.

Tietgens, H. (2018). Geschichte der Erwachsenenbildung. In R. Tippelt & A. von Hippel (Hrsg.), *Handbuch Erwachsenenbildung/Weiterbildung* (6., stark überarbeitete und aktualisierte Auflage, S. 19–38). Springer VS.

Tillich, P. (1982 [1929]). Ideologie und Utopie. In V. Meja & N. Stehr (Hrsg.), *Der Streit um die Wissenssoziologie. Zweiter Band: Rezeption und Kritik der Wissenssoziologie* (S. 451–458). Suhrkamp.

Tippelt, R. (1990). *Bildung und sozialer Wandel. Eine Untersuchung von Modernisierungsprozessen am Beispiel der Bundesrepublik Deutschland seit 1950.* Deutscher Studien Verlag.

Tippelt, R. (2018). Sozialer Wandel und Erwachsenenbildung seit den 1980er Jahren. In R. Tippelt & A. von Hippel (Hrsg.), *Handbuch Erwachsenenbildung/Weiterbildung* (6., stark überarbeitete und aktualisierte Auflage, S. 89–106). Springer VS.

Tippelt, R. (2020). (Re-)Produktion sozialer Ungleichheit und Weiterbildung. Sozialtheoretischer Abriss und ausgewählte Grundlegungen. In B. Schmidt-Hertha, E. Haberzeth, & S. Hillmert (Hrsg.), *Lebenslang lernen können. Gesellschaftliche Transformationen als Herausforderung für Bildung und Weiterbildung* (S. 67–80). wbv.

Treiber, E. C. (2020). Das Bild als Subjekt? Eine Zusammenfassung der Kritik an Horst Bredekamps Theorie des Bildakts. *Image. Zeitschrift für interdisziplinäre Bildwissenschaft, 16*(32), 5–15.

Truschkat, I. (2013). Biografie und Übergang. In W. Schröer, B. Stauber, A. Walther, L. Böhnisch, & K. Lenz (Hrsg.), *Handbuch Übergänge* (S. 44–63). Beltz Juventa.

Türk, K. (2000). *Bilder der Arbeit. Eine ikonografische Anthologie.* Westdeutscher Verlag.

Universität Bremen. (2002). *Sonderforschungsbereich 186. Statuspassagen und Risikolagen im Lebensverlauf: Institutionelle Steuerung und individuelle Handlungsstrategien. Abschlussbericht.* Universität Bremen. https://nbn-resolving.org/urn:nbn:de:0168-ssoar-21071.

Van Gennep, A. (2005 [1907]). *Übergangsriten (Les rites de passage)* (3., erweiterte Auflage). Campus.

Velling, J., & Bender, S. (1994). Berufliche Mobilität zur Anpassung struktureller Diskrepanzen am Arbeitsmarkt. *Mitteilungen aus der Arbeitsmarkt- und Berufsforschung, 27*(3), 212–231.

Verheyen, N. (2018). *Die Erfindung der Leistung.* Hanser.

Voß, G. G. (2018). Beruf. In J. Kopp & A. Steinbach (Hrsg.), *Grundbegriffe der Soziologie* (12. Auflage, S. 35–42). Springer VS.

Voß, G. G., & Pongratz, H. J. (1998). Der Arbeitskraftunternehmer. Eine neue Grundform der Ware Arbeitskraft? *Kölner Zeitschrift für Soziologie und Sozialpsychologie, 50*(1), 131–158.

Wäckerle, M. (2018). Auf der Suche nach dem Tertium Comparationis. In R. Bohnsack, N. F. Hoffmann, & I. Nentwig-Gesemann (Hrsg.), *Typenbildung und Dokumentarische Methode. Forschungspraxis und methodologische Grundlagen* (S. 329–344). Barbara Budrich.

Walther, A. (2015). Übergänge im Lebenslauf. Erziehungswissenschaftliche Heuristik oder pädagogische Gestaltungsaufgabe? In S. Schmidt-Lauff, H. von Felden, & H. Pätzold (Hrsg.), *Transitionen in der Erwachsenenbildung. Gesellschaftliche, institutionelle und individuelle Übergänge* (S. 35–56). Barbara Budrich.

Walther, A., & Stauber, B. (2007). Übergänge in Lebenslauf und Biographie. Vergesellschaftung und Modernisierung aus subjektorientierter Perspektive. In B. Stauber, A. Pohl, & A. Walther (Hrsg.), *Subjektorientierte Übergangsforschung. Rekonstruktion und Unterstützung biografischer Übergänge junger Erwachsener* (S. 19–40). Juventa.

Walther, A., & Stauber, B. (2013). Übergänge im Lebenslauf. In W. Schröer, B. Stauber, A. Walther, L. Böhnisch, & K. Lenz (Hrsg.), *Handbuch Übergänge* (S. 23–43). Beltz Juventa.

Weber, K. (2012). Beruf als Kontext der Weiterbildungsorganisationen. In B. Schäffer, M. Schemmann, & O. Dörner (Hrsg.), *Erwachsenenbildung im Kontext. Theoretische Rahmungen, empirische Spielräume und praktische Regulative* (S. 213–228). wbv.

Weber, M. (1922 [1904]). Die Objektivität sozialwissenschaftlicher und sozialpolitischer Erkenntnis. In M. Weber, *Gesammelte Aufsätze zur Wissenschaftslehre* (S. 146–214). J. C. B. Mohr.

Weber, M. (2004 [1904]). *Die protestantische Ethik und der Geist des Kapitalismus.* C. H. Beck.

Weber, M. (2005 [1922]). *Wirtschaft und Gesellschaft. Grundriss der verstehenden Soziologie.* Zweitausendeins.

Welzer, H. (1993). *Transitionen. Zur Sozialpsychologie biographischer Wandlungsprozesse.* Edition Diskord.

Wilson, T. P. (1981). Theorien der Interaktion und Modelle soziologischer Erklärung. In Arbeitsgruppe Bielefelder Soziologen (Hrsg.), *Alltagswissen, Interaktion und gesellschaftliche Wirklichkeit* (5. Auflage, S. 189–262). Springer Fachmedien.

Wischmann, A., Spieker, S., Salomon, D., & Springer, J.-M. (Hrsg.). (2022). *Neue Arbeitsverhältnisse – Neue Bildung*. Beltz Juventa.

Wittgenstein, L. (1922). *Tractatus Logico-Philosophicus*. Kegan Paul, Trench, Trubner & Co.

Wittgenstein, L. (1999 [1945]). Philosophische Untersuchungen. In L. Wittgenstein, *Tractatus logico-philosophicus. Werkausgabe Band 1* (S. 231–485). Suhrkamp.

Wittpoth, J. (2018). Beteiligungsregulation in der Weiterbildung. In R. Tippelt & A. von Hippel (Hrsg.), *Handbuch Erwachsenenbildung/Weiterbildung* (6., stark überarbeitete und aktualisierte Auflage, S. 1149–1172). Springer VS.

Wohlrab-Sahr, M. (1993). *Biographische Unsicherheit*. VS Verlag für Sozialwissenschaften.

Wolter, A. (2005). Profilbildung und universitäre Weiterbildung. In W. Jütte & K. Weber (Hrsg.), *Kontexte wissenschaftlicher Weiterbildung. Entstehung und Dynamik von Weiterbildung im universitären Raum* (S. 93–111). Waxmann.

Wolter, A. (2011). Die Entwicklung wissenschaftlicher Weiterbildung in Deutschland. Von der postgradualen Weiterbildung zum lebenslangen Lernen. *Beiträge zur Hochschulforschung, 33*(4), 8–35.

Wolter, A. (2016). Die Heterogenität beruflich Qualifizierter im Hochschulstudium. Aktuelle Forschungsergebnisse zur Teilnahme an Hochschulweiterbildung. *Zeitschrift Hochschule und Weiterbildung*, (1), 9–19.

Wolter, A., Banscherus, U., & Kamm, C. (Hrsg.). (2016). *Zielgruppen lebenslangen Lernens an Hochschulen*. Waxmann.

Wolter, A., Kamm, C., Otto, A., Dahm, G., & Kerst, C. (2017). *Nicht-traditionelle Studierende: Studienverlauf, Studienerfolg und Lernumwelten*. Humboldt-Universität zu Berlin. https://www.dzhw.eu/pdf/21//pdf/22/Nicht-traditionelle%20Studierende_Projektbericht%202017.pdf.

Wörwag, S., & Cloots, A. (2018). *Flexible Arbeitsmodelle für die Generation 50+. Wirkungsvolle Maßnahmen gegen den vorzeitigen Austritt aus der späten Erwerbsphase*. Springer Gabler.

Zirfas, J. (2014). Identität. In C. Wulf & J. Zirfas (Hrsg.), *Handbuch pädagogische Anthropologie* (S. 567–577). Springer VS.

MIX
Papier aus verantwortungsvollen Quellen
Paper from responsible sources
FSC® C105338

If you have any concerns about our products,
you can contact us on
ProductSafety@springernature.com

In case Publisher is established outside the EU,
the EU authorized representative is:
Springer Nature Customer Service Center GmbH
Europaplatz 3, 69115 Heidelberg, Germany

Printed by Libri Plureos GmbH
in Hamburg, Germany

HUMAN-CENTERED ARTIFICIAL INTELLIGENCE

HUMAN-CENTERED ARTIFICIAL INTELLIGENCE

Research and Applications

Edited by

CHANG S. NAM

Edward P. Fitts Department of Industrial and Systems Engineering, North Carolina State University, Raleigh, NC, United States

JAE-YOON JUNG

Department of Big Data Analytics / Department of Industrial and Management Systems Engineering, Kyung Hee University, Yongin, Gyeonggi, South Korea

SANGWON LEE

Department of Interaction Science / Department of Human-Artificial Intelligence Interaction, Sungkyunkwan University, Seoul, South Korea

ELSEVIER

ACADEMIC PRESS

An imprint of Elsevier

Academic Press is an imprint of Elsevier
125 London Wall, London EC2Y 5AS, United Kingdom
525 B Street, Suite 1650, San Diego, CA 92101, United States
50 Hampshire Street, 5th Floor, Cambridge, MA 02139, United States
The Boulevard, Langford Lane, Kidlington, Oxford OX5 1GB, United Kingdom

ISBN: 978-0-323-85648-5

For information on all Academic Press publications visit our website at https://www.elsevier.com/books-and-journals

Publisher: Nikki Levy
Acquisitions Editor: Joslyn Chaiprasert-Paguio
Editorial Project Manager: Barbara Makinster
Production Project Manager: Swapna Srinivasan
Cover Designer: Matthew Limbert

Typeset by TNQ Technologies

Contents

Contributors

Miriam Tawiah Alabi Department of Industrial and Systems Engineering, North Carolina Agricultural and Technical State University, Greensboro, NC, United States

Sanghyun Choo Edward P. Fitts Department of Industrial and Systems Engineering, North Carolina State University, Raleigh, NC, United States

Emmanuel Akyirefi Dadzie Department of Industrial and Systems Engineering, North Carolina Agricultural and Technical State University, Greensboro, NC, United States

Veljko Dubljević Department of Philosophy and Religious Studies, North Carolina State University, Raleigh, NC, United States

Taehyun Ha Future Technology Analysis Center, Korea Institute of Science and Technology Information, Seoul, South Korea

Jiali Huang Edward P. Fitts Department of Industrial and Systems Engineering, North Carolina State University, Raleigh, NC, United States

Insil Huh Department of Human-Artificial Intelligence Interaction, Sungkyunkwan University, Seoul, South Korea

Jae-Yoon Jung Department of Big Data Analytics, Department of Industrial and Management Systems Engineering, Kyung Hee University, Yongin, Gyeonggi, South Korea

Sangyeon Kim Department of Interaction Science, Sungkyunkwan University, Seoul, South Korea

Wonkyung Kim Department of Public Relations and Advertising, BNU-HKBU United International College, Zhuhai, China

Wonjoon Kim Division of Future Convergence (HCI Science Major), Dongduk Women's University, Seoul, South Korea

Yong Min Kim Department of Big Data and AI, Hoseo University, Asan, South Korea

Younghoon Lee Department of Data Science, Department of Industrial Engineering, Seoul National University of Science and Technology, Seoul, South Korea

Sangwon Lee Department of Interaction Science, Department of Human-Artificial Intelligence Interaction, Sungkyunkwan University, Seoul, South Korea

Yushin Lee Major in Industrial Data Science & Engineering, Department of Industrial and Data Engineering, Pukyong National University, Busan, South Korea

Chang S. Nam Edward P. Fitts Department of Industrial and Systems Engineering, North Carolina State University, Raleigh, NC, United States

Sean M. Noble Department of Psychology, North Carolina State University, Raleigh, NC, United States

Josue Obregon Department of Industrial and Management Systems Engineering, Kyung Hee University, Yongin, Gyeonggi, South Korea

Chankyung Pak Department of Media and Communication, Kyungpook National University, Daegu, South Korea

Hoonseok Park Department of Big Data Analytics, Kyung Hee University, Yongin, Gyeonggi, South Korea

Donghyun Park Department of Big Data Analytics, Kyung Hee University, Yongin, Gyeonggi, South Korea

Yujin Park Department of Human-Artificial Intelligence Interaction, Sungkyunkwan University, Seoul, South Korea

Ilsun Rhiu Division of Future Convergence (HCI Science Major), Dongduk Women's University, Seoul, South Korea

Young June Sah Department of Media & Entertainment, Sogang University, Seoul, South Korea

Younho Seong Department of Industrial and Systems Engineering, North Carolina Agricultural and Technical State University, Greensboro, NC, United States

Min K. Sim Department of Data Science, Department of Industrial Engineering, Seoul National University of Science and Technology, Seoul, South Korea

Zachary Traylor Edward P. Fitts Department of Industrial and Systems Engineering, North Carolina State University, Raleigh, NC, United States

Sun Yi Department of Mechanical Engineering, North Carolina Agricultural and Technical State University, Greensboro, NC, United States

Myung Hwan Yun Department of Industrial Engineering, Seoul National University, Seoul, South Korea

Foreword

Artificial Intelligence (AI) remains a dominant topic within the contemporary scientific literatures and its relevance spans the gamut of social sciences, robotics, human–computer interaction, and computer science. Yet despite this burgeoning attention within the international research community, several challenges remain, including the essential element of human-centered AI. Commensurate with computational abilities and Machine Learning (ML), the human-centered aspects of AI design, test, use, and implementation are without a doubt some of the the greatest challenges facing humanity in the 21st century. How we design, test, use, and implement AI will impact humanity for generations following. Our success depends, in part, on how well we can integrate human-centered principles into this domain.

Humans play a critical role across the lifecycle of AI through design, testing, evaluation, use, and broader societal acceptance/rejection. Humans design new AI algorithms and provide the inspiration for where AI can add value to humanity—or exploit it. Humans decide which training datasets are appropriate for ML applications as well as deciding the bounds for evaluating how much and what type of training is acceptable. Given the number of recent concerns regarding topics such as bias in AI, the training and testing of AI is certainly an area that can be improved. The successful use of AI will be driven, in part, by the degree to which the AI has been integrated into human task domains as either a tool or partner, and how well the AI can coordinate with the human users. Much of this involves how well the AI can communicate and coordinate with humans, the affordances for understanding the AI, and the interfaces through which humans and AI systems interact. Finally, humans hold the keys to acceptance or ultimate rejection of AI based on the values held by broader society.

The editors should be congratulated for compiling this diverse and international set of chapters. The topic of human-centered AI is interesting, necessary, and pertinent to the future of humanity. We face epic challenges across the world in global climate change, instability, inequity, and limited resources. AI may help humanity address some (or all) of these challenges; yet, this success depends on how well human-centered principles are adopted by the broader AI community.

Joseph B. Lyons, Ph.D.
Principal Research Psychologist
United States Air Force Research Laboratory

Preface

With the spread of artificial intelligence (AI), AI-based systems are increasingly spreading around our lives. It is no longer difficult to find AI all around us, such as smartphones, social media and shopping, home appliances, intelligent personal assistants, and autonomous driving. In order for humans to work together with AI-based systems in such environments, it is imperative to develop human-centered and human-friendly AI technologies. It is time to think over how much we understand the operation and results of AI, and how AI technology cares for humans. From this perspective, this book introduces the technology and applications of human-centered AI, and intends to discuss the future direction together. The interaction between users and computers is necessarily connected to information processing. AI mimics human brain and intelligent behaviors which can be explained in terms of human information processing. AI is based on computing power and ability, which make computers more intelligent. In interacting with AI-based systems, the criteria which people consider important are now heading for subjective and affective values beyond objective and rational values. As for this, transitioning from computer-centered to user-centered perspectives accounts for the important portion of AI development. Thus, the impact of human-centered AI is large; however, there are currently few books to provide students, practitioners, and researchers, including those outsides of academia, with a single, go-to source containing state-of-the-science information regarding human-centered AI. This book provides up-to-date coverage for researchers, students, and practitioners, including those with no formal training in human-centered AI, to be able to grapple with a synopsis of key findings and theoretical and technical advances from human-centered AI fields.

This book is organized into four main parts. Part I, consisting of five chapters, provides a useful perspective on the paramount challenge of making AI models more explainable, interpretable, and understandable for human consumption (Chapter 1). If AI is to be effectively used in society, it must be interpretable and understandable by humans. The first section deals with AI explanation using model-agnostic methods (Chapter 2), example-based methods (Chapter 3), and model-specific methods for tree ensembles (Chapter 4) and deep learning (Chapter 5). Part II details methods for coordination between humans and AI through interfaces that can unlock the teaming potential between humans and

AI-based systems, such as explanation interfaces for trust (Chapter 6), anthropomorphism in human-centered AI (Chapter 7), a pragmatic explanation for the XAI system based on the user's context and background knowledge (Chapter 8), use of implicit feedback with interactive reinforcement learning (Chapter 9), and reinforcement learning in EEG-based human–robot interaction (Chapter 10). Part III presents five chapters that focus on near-term tangible applications of AI which can help the reader understand where and how AI might be applied: Consumers (Chapter 11), Brain–Computer Interfaces (Chapter 12), human behavior analysis (Chapter 13), and human decision aids (Chapter 14). Finally, the book considered the broader societal issues that will certainly shape the acceptance or rejection of AI, such as ethics of AI in academic and public discourse (Chapter 15), AI designing from policy perspectives (Chapter 16), and AI Governance (Chapter 17). Factors such as ethical considerations in the development and use of AI are both timely and necessary for this topic to advance the opportunity for implementing AI.

The current book offers readers an intellectually stimulating collection of chapters focused on some of the critical human-centered AI issues. Thus, we hope that our readers find the information presented in this book timely and useful in guiding their research. On behalf of the editorial team, we would sincerely like to thank the contributing authors for their professionalism as well as commitment to the success of this book.

Chang S. Nam

Jae-Yoon Jung

Sangwon Lee

PART I

Frameworks of explainable AI

CHAPTER

1

Are AI models explainable, interpretable, and understandable?

Jae-Yoon Jung[1,2], *and Donghyun Park*[1]

[1] **Department of Big Data Analytics, Kyung Hee University, Yongin, Gyeonggi, South Korea;** [2] **Department of Industrial and Management Systems Engineering, Kyung Hee University, Yongin, Gyeonggi, South Korea**

1.1 Artificial intelligence: human and thinking machine

Artificial intelligence (AI) has recently been recognized as one of the most promising technologies for revolutionizing human life. AI can be defined as a computing technology that mimics or transcends human intelligence such as sensing, inference, learning, and cognition to solve problems in fields such as recommendation, translation, autonomous driving, robotics, drawing and composing, and games. With the birth of computers in the mid-20th century, the concept of "Thinking Machine" began to be explored, and the term "artificial intelligence (AI)" was first used at the Dartmouth Workshop in 1956. In the early days of AI technology, it was more like a logic-based symbolism that humans can understand rather than black boxes like machine learning and deep learning that we are facing recently. Due to the low computational capacity and basic logic, the performance was much lower than it is now, but it was a more human-friendly technology in which the logic could be easily understood and controlled by humans.

AI-based systems, similarly to humans, can be composed of three large parts that (1) process sensory input such as visual, auditory, and tactile data, (2) perform thinking, such as cognition, inference, and learning, and (3) actuate motion such as robots or actuators, or generate natural language such as speech or writing, as depicted in Fig. 1.1.

Human-Centered Artificial Intelligence
https://doi.org/10.1016/B978-0-323-85648-5.00003-7

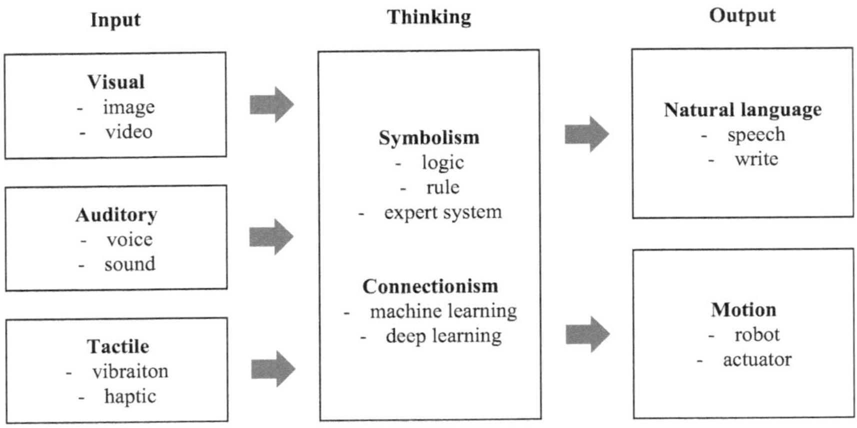

FIGURE 1.1 Concepts of artificial intelligence systems.

Recent advances in AI have improved all the three parts of the AI-based system. In the processing of input data, while traditional machine learning required hand-crafted feature extraction, deep learning technology can learn features directly from data without prior domain knowledge through representation learning. Thinking has evolved from the symbolic AI such as logic, rule, and expert systems to machine learning and deep learning, which can learn complex patterns from data. AI can solve not only typical problems such as regression, classification, clustering, and association rule learning, but also generate new models similar to the original data in some fields such as drawing, writing, and composition (e.g., AI art). In the output part, human natural languages are learned and imitated (e.g., chatbots service and deepfake video), or even human control is mimicked to control the real-world systems (e.g., acceleration and brake systems of autonomous driving), as presented in Fig. 1.2.

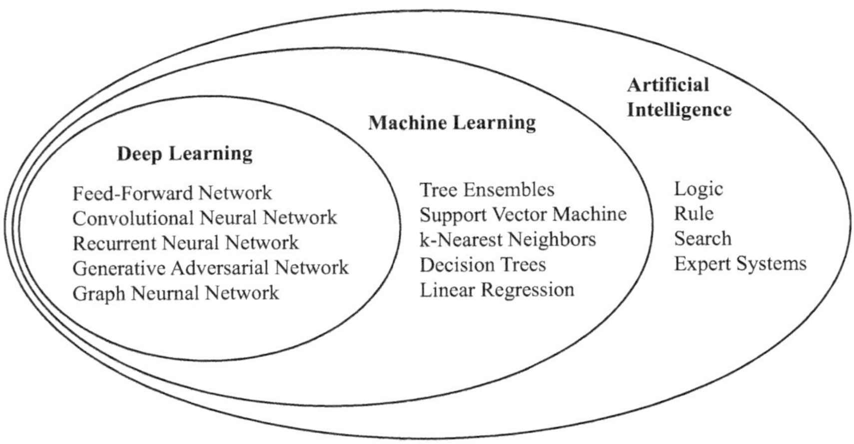

FIGURE 1.2 Relationship among artificial intelligence, machine learning, and deep learning.

As machine learning and deep learning techniques corresponding to the human brain are gradually developed, the performance of AI is rapidly developing. For example, in the field of question answering systems, IBM Watson already defeated the human ability to answer questions (question-answering) at the Jeopardy! Quiz Show in 2011, and in the field of image processing, the accuracy of deep learning in image classification problems has already surpassed human accuracy. ResNet, the winner of ILSVRC (The ImageNet Large Scale Visual Recognition Challenge) 2015, achieved the classification errors of 3.6% for the ImageNet database, which was less than the human classification errors of about 5%. In natural language processing, Google Translator lowers the barrier between languages by providing much faster acceptable machine translation between numerous languages (e.g., English, French, Chinese, etc.) incomparable to a single human being. Google DeepMind's AlphaGo achieved an overwhelming victory over 9-dan pro Go player Lee Sedol in 2016 in Go, which is known as the most difficult game that human enjoys. Google DeepMind's AlphaFold solved the protein structure problem by a large score difference between existing bioengineering researchers. The problem was a grand challenge in biology for the past 50 years.

Despite its great recent performance advances in those large-scale complex problems, deep learning models using too many network layers have resulted in much more complexity and less understandability and interpretability. The high performing AI models are getting harder for human to understand whether the AI's internal algorithm has been properly trained, whether there are partial malfunctions or misjudgments, and in which cases the judgment result will change. In the AI-based systems, all the three parts have become increasingly complex. For instance, in deep learning models, we have (1) the task of processing input data (e.g., feature representation), (2) the mechanism of judgment in the thinking part, and (3) the task of generating outputs (e.g., deepfake speech).

The reason is that advanced machine learning techniques such as deep learning and ensemble trees are used with extremely many parameters in more complex structures to learn accurate and reliable results. Fig. 1.3 shows the relationship between performance and complexity of representative machine learning techniques. The higher the performance, the more complex the model structure and the number of model parameters to be learned increase, making it difficult for humans to interpret. For example, an ensemble tree such as random forest often summarizes the results of 1000 decision trees in which each tree may contain hundreds of decision rules. Table 1.1 shows the complexity increase and error decrease of the convolutional neural network (CNN) models that ranked high in the ILSVRC challenges since 2012.

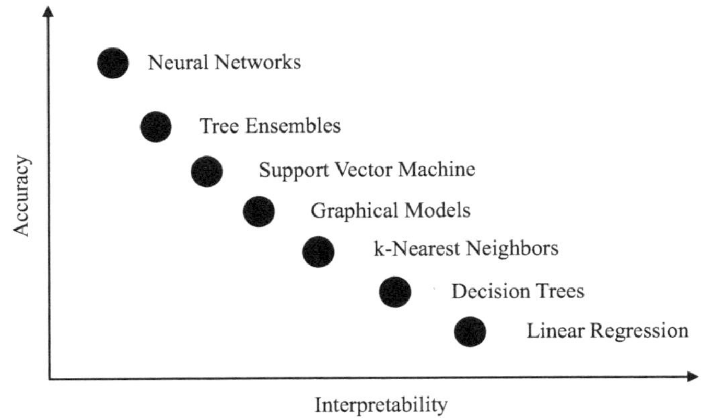

FIGURE 1.3 Trade-off between accuracy and interpretability of machine learning algorithms.

TABLE 1.1 Increase in complexity and decrease in error of the winning CNN models on ILSVRC challenges.

Year	CNN model	Layers	Parameters	Error rate (%)
ILSVRC'12	AlexNet	8	62M	16.4
ILSVRC'13	ZFNet	8	42M	11.7
ILSVRC'14	VGGNet	19	138M	7.3
ILSVRC'14	GoogLeNet	22	6.4M	6.7
ILSVRC'15	ResNet	152	60.3M	3.57

In order to trust and use AI to be applied to crucial decision making in reality, it is requisite to understand the decision criteria of the trained machine learning and deep learning models, and at least to be able to confirm that there is no serious flaw. Unfortunately, complex machine learning and deep learning techniques have different model structures, perform learning in various ways, and use different types of parameters, so it is not easy to develop a general way to understand a trained model. Furthermore, explaining the operation of highly learned machine learning and deep learning models to nonprofessionals is a challenge that requires further research in the viewpoint of cognitive science.

In this book, the process and technique of explaining the learning-based AI models in various ways so that people can understand is called XAI. In particular, it is called human–AI interaction to smoothly design a two-way interaction so that AI can learn well in the direction desired by humans and also humans can understand the behavior and results learned by AI. In particular, the other chapters of Part I introduce several methods for the narrow meaning of XAI, a technique that shows an AI model learned by an AI algorithm to humans.

1.2 Explainability, interpretability, and understandability of AI

With the rapid growth of AI technology, the concept of XAI has been considered recently in broad fields. In this section, the concept and definition of XAI are first introduced, and the conceptual difference between similar terms such as explainability, interpretability, and understandability is then discussed.

In the early era of AI research, XAI did not attract a great interest because the performance of AI was more attractive to improve than XAI in order to apply AI to practical problem solving. Moreover, the symbolic AI, such as expert systems, is relatively more comprehensible than modern AI because of its innate design and mechanisms of expressing human knowledge as logic and rules.

The concept of explainability was initially considered from *intelligent tutoring systems and expert systems* (Mueller et al., 2019). Yet, back then, the concepts only meant telling rules of the systems. The systems were not properly explained and interpreted by only the rules on how inputs are converted into outputs in the systems. The rules only justified how the systems gave the results not the explanation or interpretation. In the computer science field, when the input–output process is clearly explained in a logical or statistical way and it is also right, the process is considered as explainable. However, much more complicated systems these days such as *machine learning models and deep neural networks* are hard to be explained with the simple logical or statistical way.

The concept of XAI was first introduced by van Lent et al. (2004), considering *the ability of the system to describe the behavior of AI-controlled objects in simulation game applications* (Adadi & Berrada, 2018; Lent et al., 2004). But the spread of XAI began as the DARPA (Defense Advanced Research Projects Agency), the military research agency of the United States, led the XAI research with massive government funding. DARPA said that *the goal of XAI is developing explainable models containing high learning performances* (Gunning et al., 2019). In general, the higher explainability and the lower model performances are shown. So, researchers are trying to make novel XAI methods while maintaining high explainability without losing models' performances.

The definition of XAI has been suggested by many studies; however, there is not yet a general definition. Adadi and Berrada (2018) said that the

XAI is not just a technology term, but it is closer to a movement, initiative, and efforts for the transparency of AI and concerns in trustworthy AI technology. In this definition, they assume that an interpretable system is regarded as explainable when the behavior of the system is understandable for humans. Although there are several terms such as understandable, comprehensible, or intelligible, these terms are being used differently according to the user's expertise or background knowledge.

The concepts of interpretation and explanation are discriminated by Montavon et al. (2018). The interpretation is *a process mapping abstract concepts to the domain which humans can understand*, while the explanation means *the set of features that affect the one example*. In other words, the explanation can *tell which features affected the result of the AI model with respect to an example that is one instance* of a sample dataset.

In addition, the concept of completeness as well as the explainability and interpretability was also introduced by Gilpin et al. (2018). According to the study, the explanation of AI models can summarize the *reasons why the neural network models give these kinds of results*. This helps the users to have trust in their models and make insights in the cause of the decision made by the AI models. And they suggested that the explanation of AI models is evaluated in two ways: interpretability and completeness. The interpretability measures *how much the system is described in a good way that humans can understand*. The completeness measures *how accurately the system is described*. So, it is important to balance the two *trade-off concepts* because the degree of explanation becomes less accurate as the system is described in a more interpretable way.

The XAI helps to manage the development of an intelligent partner, make it understandable, and have trust in it. Also, the XAI gives the answer for a question about what data led to the results and how users can draw the same results when the exact same data and situation are given (Shickel et al., 2019).

1.3 Why XAI is needed?

The explanation and interpretation of AI models can be leveraged for many purposes. Adadi and Berrada (2018) clearly summarize four actions in which XAI can help for commercial benefits, for ethical concerns or for regulatory considerations. They say the AI models should be explained to justify, control, improve, and discover: (1) XAI can be used to explain the reason for a particular outcome to *justify* the AI model, (2) XAI helps to identify and correct errors to *control* the model, (3) users can utilize the XAI to improve the AI model, and (4) users can discover new facts and knowledge from the AI model.

In the real world, humans explain things for a variety of reasons. However, in this section, we assumed AI models are a kind of problem solvers for human, and then what we want to ask the XAI could be summarized in six following questions:

Is it solving the problem correctly? Many inductive approaches based on data have difficulty in finding solutions in a right way because correct guides are not given to the initial states of learning solutions. For example, a saliency map, which is an XAI method showing important area in an image, helped to find that the Fish vector method had classified many horse pictures in an incorrect way of detecting the copyright tags, not learning the contour of horses (Lapuschkin et al., 2016). In the cases where CNN models are trained with EEG signals for brain–computer interaction tasks, the areas of the brain that are activated for a specific motion imagery can be compared with prior knowledge on brain science to check whether the CNN model is working correctly.

How will the answer to that question changes? People want to know how the prediction results change when major factors change. Basic XAI methods such as Partial Dependence Plots and Individual conditional Expectation plots can provide graphically the change in results according to the change of one or two factors. Moreover, one can check whether the corresponding classification value changes by changing the value of a specific column to another test value or applying perturbation or permutation of the column values.

Is it solving the problem trustfully? Data-based techniques are very vulnerable to errors or misuse of data. XAI can give trust on the results of AI systems. There are specific circumstances where strong assurances on the AI systems are necessary, for instance, life-related events such as medical decisions or military decisions. At the time that doctors make a decision by using the AI system whether the doctors operate high risky treatments for cancer patients, they would really need the certainty of the AI system's results. They may want to know how the model gives the results as well as compare the results with their own medical knowledge, since the decision probably would be critical for the patient's life.

Is it solving the problem fairly? Data reflects reality very well, but data is not always ethically and morally desirable. In other words, when racial bias or profanity is part of the data, AI-based system itself has no systematic process to filter these out. XAI also is essential in solving the social bias problems of AI systems when the system is applied to unspecified individuals in the world. AI systems can use social features such as age, gender, race, or religion for solving a kind of problem. For example, an AI-based system for examining loans determines that someone is available to have loans from banks given his/her individual features. If the determination of the AI system is unfolded that your application for loan is denied and the result is decided mainly based on your race not your economical information such as your income or assets, would you accept this result? By using the XAI, AI system developers can prevent their system from incurring in sensible problems that could be controversial. They should make it clear that their system has no bias to any particular group and the system's result is made by the proper and fair features.

Is there any unknown knowledge to solve the problem? Many feature importance measures can describe which features are more important among all the given features. For example, importantly used features among more than hundreds of features can be evaluated in multiple trees in a tree ensemble by considering the frequency with which the feature appears in the trees and the importance of the trees. Moreover, DeepMind's AlphaGo could discover new strategies not yet known to the professional Go players, which may be able to be added to the notion book for players to learn the new strategies.

How to improve the solver? Users can see what features affect the results of their model and decide whether they accept the model's results or not. If the model gives the results by using undesirable features even though the results are correct, users should check their model if the model has some hidden flaws. By using the XAI methods, the model has an opportunity to be modified and improved after finishing the phase of model development. In other words, XAI can play a similar role to active learning so that users can expect their model to have higher performance than before.

1.4 Categorization of XAI

There are many different ways to explain and interpret AI models from different perspectives (Adadi & Berrada, 2018; Belle & Papantonis, 2021; Molnar, 2020). The authors of this book summarized the categories of XAI methods, and then presented a taxonomy of XAI methods in Fig. 1.4, which is also used along four chapters in the Part I. There are innate interpretable ML models that are relatively much easier to interpret and explain. Those models are called transparent ML models and some examples are linear regression, decision trees, and k-nearest neighbors. In contrast, advanced machine learning algorithms, such as tree ensembles, support vector machines, and deep learning, generate results that have difficulty in being interpreted directly without XAI methods. On the one hand, model-agnostic methods (in Chapter 2) can be applied to most AI models because they are not developed dependently on specific AI models, which can be subdivided to feature relevance-based XAI, surrogate models, and example-based methods (in Chapter 3). On the other hand, model-specific methods were developed specifically for the AI

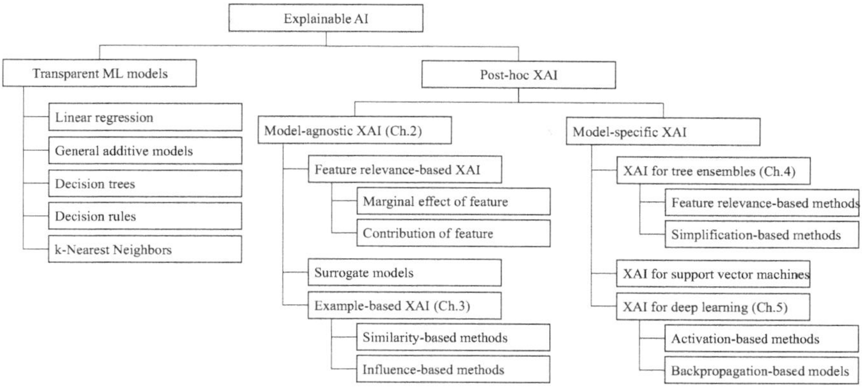

FIGURE 1.4 Taxonomy of XAI methods.

model such as tree ensembles (in Chapter 4), support vector machines, and deep learning (in Chapter 5) by reflecting the characteristics of each model. The model-agnostic methods can be also applied to transparent ML models if they are additionally required to analyze the effects on features. Meanwhile, according to the scope of applying XAI methods, the methods can also be categorized to global and local XAI methods.

1.4.1 Model-agnostic XAI

Currently, there are so many machine learning or deep learning models. Some of them are explainable inherently, for instance, linear regression or decision tree, whereas the other methods are hardly explainable in themselves, so they need additional explainable methods in other stages after the models are developed and give prediction results. The explainable methods which are used after the prediction stage are called "model-agnostic methods." Model-agnostic methods can explain any models despite the large variety of machine learning and deep learning models.

In terms of the trade-off relationship between the explainability and model performance, the model-agnostic methods are very useful (Freitas, 2014). In general, in order to improve the explainability, model performance is sacrificed since the model structure should be simple and intuitive to understand. Conversely, the higher the model performance, the lower the explainability which is because of the complex (deep) model structure. Model-agnostic methods allow the users to experiment with their model without the concerns of the trade-off between model performance and explainability by setting out the explanation stage from the prediction stage (Ribeiro et al., 2016).

Model-agnostic methods also allow users to use many kinds of machine learning models and deep learning models. The users can change their models easily toward the advancement of their entire system since the model-agnostic methods generate explanations regardless of what models are used. Additionally, the candidate models that will be applied to the user's system can be compared with the same explanation method. This results in finding the best model that fits the explanation method and makes the explanations more useful and abundant for the system (Ribeiro et al., 2016).

LIME (Local Interpretable Model-agnostic Explanations) (Ribeiro et al., 2016) is one of the well-known model-agnostic explanation methods. It provides local explanations by using linear models at specific areas of the model. The linear models locally approximate some parts of the model that cannot be explained easily in the whole model because of the complexity. Since the linear model has weights representing the importance scores of input features, it can tell users what features are used importantly for the prediction result.

In spite of the good things on the model-agnostic methods, they have inherent limitations. With the increase of model complexity for better performances, the model-agnostic methods have trouble with the models in a stable way. For example, the linear model of LIME cannot guarantee the exactness of explanation which is represented by the model's weights because of the model complexity. And the features of the linear model could be used in a different way because there are correlations among the other features.

1.4.2 Example-based XAI

Example-based method generates explanations by using instances of data. This process is similar to the thinking process of humans. People think that A is caused by B and B is similar to C, then C also can cause A. The machine learning and deep learning model gives a prediction on an instance of data and the user wants to know if this instance was helpful when the model was being trained. If it was not, the user starts to figure out the reason. The instance could be mislabeled or it could be an outlier. The important thing is the user can improve the model by labeling it correctly again or excluding the instance in the training phase.

Example-based methods allow the users to understand their data more deeply. Prototypes and criticisms (Kim et al., 2016) are the example-based methods. The prototypes are the representative data instances which means they represent the characteristics and distribution of all data. Meanwhile, the criticisms are the data instances that are not well represented by the prototypes. For example, when training a model for classifying whether input images have dogs or not, the prototypes could be the images where a dog is drawn clearly and the criticisms could be kind of vague images that have two or more dogs or have other objects. Users can see which images will give positive effects and negative effects when training their model with the prototypes and criticism.

Another way to explain by examples is influence-based explanation methods (Koh & Liang, 2017). The influence-based explanation methods give explanations by using influential instances which are important data samples for training models. The meaning of important samples here is that if the samples are removed when training, the model's performance decreases significantly. There are two ways to measure the importance of samples, in other words, to find the influential instances. The first one is deleting samples. The model training is done, and its performance is evaluated after a sample is deleted. If the performance does not change vividly, the sample is not an influential instance. Otherwise, if the performance decreases significantly, the sample is an influential instance and it is necessary to develop the model. The second way to measure the importance of samples is using influence functions. Influence functions allow not to retrain models; instead, it approximates the loss of model's parameters by using Taylor expansion and Hessian (Koh & Liang, 2017). By using these two ways, users can see which samples are important and understand how the model works more specifically.

1.4.3 XAI for tree ensembles

Ensemble model is made of multiple simple models for elevating the model's performance. It has been widely used for getting good performance of models and actually it has been proved to have powerful classification and regression abilities in many data analysis challenges like Kaggle. In general, the ensemble model is based on bagging (bootstrap aggregating) and boosting. The bagging is a method that generates multiple models in parallel by the randomly sampled data. The boosting method develops a model sequentially with the weighted sampled data. Both methods make the models have stability by the multiple sampled data that better represents the population of the data instead of only one training dataset.

Random forest, which is the most representative bagging ensemble model, uses hundreds of single decision trees and this structure shows much better performance than when using just one decision tree. In terms of the explanation, it is not easy to interpret the random forest model consisting of the hundreds of decision trees which have different properties (depth of tree or selected features) simultaneously.

There are two methods that can be applied for explaining ensemble models. One method consists in simplifying the model. Each tree in the random forest model can be transformed into if-then rules to get the classification or regression result. The rules contain several conditions involving many features and data values. Therefore, if the lots of rules of all the trees are extracted and summarized, we can understand the behavior of the model in a simple way. The second method for explaining is interpreting the feature relevance (Arrieta et al., 2020). The importance of features can be acquired by calculating the decrease of impurity when a feature is split. Alternatively, permuting the features and measuring the decrease of performance on the model can also provide the importance of features. Through the feature importance scores, users can identify which features are mainly effective to get the results and understand the models' mechanism.

1.4.4 XAI for deep learning

The explanation methods for deep learning models have been studied widely with the trend of AI. Deep learning models commonly have complex structures consisting of several neurons, several layers, and various activation functions. This structure is called artificial neural networks and it has been extended to other types of models such as CNN or recurrent neural networks. Neural networks are widely used for solving various tasks such as image classification, object detection, and time-series data classification.

Most explanation methods for deep learning models have been studied based on the image-related tasks. Most explanation methods have been developed to explain CNNs which are used for image data. These methods are commonly used to find the hidden meaning of the convolutional layers in the network. In the case of image data, the explanation results are usually described by several visualization techniques such as heatmaps or saliency maps. Thus, the explanation results can be easily evaluated because people can identify the parts of the image semantically. For example, when an image classification model predicts an image as a dog and the head of the dog is regarded as the important areas for the prediction result with heatmap, people can think that the model is looking at the right location of the image. On the other hand, if the areas that were highlighted as important are just on the background of the image, people will think the model has some problem even though the classification result was right.

In general, it is hard to explain deep learning models as they are, because the input data is multiplied with millions of weights and biases and transformed many times by various nonlinear activation functions in each layer. Many studies have tried to explain complex deep learning models in many ways. The widely used methods are occlusion methods and gradient-based methods. The occlusion methods measure the importance of features by occluding features (patches in images) and testing the effects repeatedly. The gradient-based methods use the gradient values calculated in the backpropagation stage of the network training process. It is commonly used in CNNs when the shape input data is the image. The importance of image pixels is shown by a heatmap color.

One of the well-known occlusion methods is SHAP (SHapley Additive exPlanations, Lundberg, 2017). SHAP explains one instance at a time by calculating how much each feature contributes to the prediction result. The contributions are based on the Shapley values that quantify the players' contribution to a game in game theory. Through the SHAP method, users can identify which features bring positive or negative effects to the prediction result and compare them numerically.

Grad-CAM (Gradient-weighted Class Activation Map) is one of the gradient-based methods. It shows which areas of the image give effect to the prediction of a certain class. The gradients are backpropagated to the last convolutional layer which have high-level representations. The feature maps in the last convolutional layer are averaged after weighting pixels with gradients for each class. The averaged feature maps become all positive values by the ReLU function and the values are visualized with the original image. By using the Grad-CAM visualization, users can recognize which parts of the image were used for the prediction easily and fast. However, this kind of method is difficult to apply to the time-series data since the highlighted areas in the heatmap cannot be identified as meaningful to humans.

References

Adadi, A., & Berrada, M. (2018). Peeking inside the black-box: A survey on explainable artificial intelligence (XAI). *IEEE Access, 6*, 52138–52160.

Arrieta, A. B., Díaz-Rodríguez, N., Del Ser, J., Bennetot, A., Tabik, S., Barbado, A., García, S., Gil-López, S., Molina, D., Benjamins, R., & Chatila, R. (2020). Explainable artificial intelligence (XAI): Concepts, taxonomies, opportunities and challenges toward responsible AI. *Information Fusion, 58*, 82–115.

Belle, V., & Papantonis, I. (2021). Principles and practice of explainable machine learning. *Frontiers in Big Data, 39*.

Freitas, A. A. (2014). Comprehensible classification models: A position paper. *ACM SIGKDD Explorations Newsletter, 15*(1), 1–10.

Gilpin, L.H., Bau, D., Yuan, B.Z., Bajwa, A., Specter, M., & Kagal, L. (2018). Explaining explanations: An overview of interpretability of machine learning. In *Proceedings of the 5th IEEE international conference on data science and advanced analytics (DSAA)* (pp. 80–89).

Gunning, D., Stefik, M., Choi, J., Miller, T., Stumpf, S., & Yang, G. Z. (2019). XAI—Explainable artificial intelligence. *Science Robotics, 4*(37).

Kim, B., Khanna, R., & Koyejo, O. O. (2016). Examples are not enough, learn to criticize! Criticism for interpretability. *Advances in Neural Information Processing Systems, 29*.

Koh, P. W., & Liang, P. (July 2017). Understanding black-box predictions via influence functions. In *Proceedings of the international conference on machine learning* (pp. 1885–1894).

Lapuschkin, S., Binder, A., Montavon, G., Muller, K. R., & Samek, W. (2016). Analyzing classifiers: Fisher vectors and deep neural networks. In *Proceedings of the IEEE conference on computer vision and pattern recognition (CVPR 2016)* (pp. 2912–2920).

Lundberg, S. M., & Lee, S. I. (2017). A unified approach to interpreting model predictions. In *Proceedings of the 31st international conference on neural information processing systems* (pp. 4768–4777).

Molnar, C. (2020). *Interpretable machine learning*. Lulu.com. Retrieved from https://christophm.github.io/interpretable-ml-book/.

Montavon, G., Samek, W., & Müller, K. R. (2018). Methods for interpreting and understanding deep neural networks. *Digital Signal Processing, 73*, 1–15.

Mueller, S.T., Hoffman, R.R., Clancey, W., Emrey, A., & Klein, G. (2019). Explanation in human-AI systems: A literature meta-review, synopsis of key ideas and publications, and bibliography for explainable AI. arXiv preprint arXiv:1902.01876.

Ribeiro, M. T., Singh, S., & Guestrin, C. (August 2016). "Why should I trust you?" Explaining the predictions of any classifier. In *Proceedings of the 22nd ACM SIGKDD international conference on knowledge discovery and data mining* (pp. 1135–1144).

Shickel, B., Loftus, T. J., Adhikari, L., Ozrazgat-Baslanti, T., Bihorac, A., & Rashidi, P. (2019). DeepSOFA: a continuous acuity score for critically ill patients using clinically interpretable deep learning. *Scientific Reports, 9*(1), 1–12.

Van Lent, M., Fisher, W., & Mancuso, M. (July 2004). An explainable artificial intelligence system for small-unit tactical behavior. In *Proceedings of the national conference on artificial intelligence (AAAI 2004)* (pp. 900–907). Menlo Park, CA; Cambridge, MA; London: AAAI Press; MIT Press, 1999.

CHAPTER

2

Explanation using model-agnostic methods

Min K. Sim

Department of Data Science, Department of Industrial Engineering, Seoul National University of Science and Technology, Seoul, South Korea

2.1 Introduction

In March 2016, the computer program named AlphaGo raised a global sensation for artificial intelligence by defeating the world's best Go player. In the years that followed, many additional Go programs were created and developed, and now the sense of fair competition between human and computer has become meaningless. Go programs, including AlphaGo, are now regarded to possess the god's status. They provide the correct answers for Go, which human players cannot dare to question or object to.

Artificial intelligence programs with high performance are considered as the truth. Because its mechanism is difficult to comprehend, it is inevitable for human to attempt to understand only from their superficial inputs and outputs. Just as natural scientists try to grasp the underlying processes of natural phenomena, only through superficial observation and scientists cannot know all of their essence, AlphaGo's move is an irresistible truth for those who want to play Go well and cannot know all of its essence. Therefore, the current study method for professional Go players is to observe AlphaGo's move, establish a hypothesis, conduct experiments, and understand it as much as possible. This study method is of clear contrast with the historical efforts for thousands of years in developing a new move for Go and trying to find a new approach to various stages or scenes.

Human-Centered Artificial Intelligence
https://doi.org/10.1016/B978-0-323-85648-5.00008-6

A model-agnostic[1] method refers to an approach that tries to understand the output of the model under the assumption that the essence of the model cannot be possibly understood. This is analogous to the current practice of Go study in which players attempt to understand AlphaGo's move, although it is impossible to understand its essence. The focus of model-agnostic methods is not to improve the performance of an existing model, but rather to understand the model as much as possible. Just as the efforts of becoming a better Go player is now not toward the study for Go itself but toward the study for AlphaGo, the model-agnostic methods aim to investigate not on the data itself, but on a complex model (also called as black box model in the sense of not being able to understand the inside of the model) that shows high performance on the dataset.

Model-agnostic methods serve as a messenger between a black box model and humans. Specifically, the methods summarize, extract, or mimic an existing black box model and then deliver its essential properties to a human in the form of interpretable descriptions. Another advantage of model-agnostic methods is their universality. Each model-agnostic method only needs the input and output information of a black box model; thus it can be indifferently applied to any type of black box models.

Model-agnostic methods can be broadly classified into three types according to their purpose or approach. The three following sections in this chapter discuss each of these types. The first approach is to investigate the **marginal effect** between the input features and the output response. The typical questions to be addressed through this approach are as follows: "Is there a positive/negative relationship between the second input feature and the response?" "If positive, then is the relationship super-linear, linear, or sublinear?" "What happens to the response if the value of the second input feature increases by 1% from the original value?" or "For a particular instance, how would the response be different if the instance's third input feature was changed from value *a* to *b*?" The second approach is to examine the composition of how each input feature **contributes** in determining the response value. The typical questions to be addressed through this approach are the following: "In the current black box model, which feature is the most/least important one?" "For a particular instance, how does each feature and its value constitutes the response?" The third approach is to replace an incomprehensible black box model with an interpretable model that humans can grasp well. This approach creates a **surrogate** model with similar outputs to the black box model, so that the loss of performance is minimal. For example, a complicated black box model such as ensemble model or deep neural

[1] agnostic: the view that any ultimate reality (such as God) is unknown and probably unknowable (Merriam-Webster dictionary).

network model is replaced with human interpretable models such as linear regression or decision tree.

Model-agnostic methods can be also classified by whether the area of interest in the dataset is global or local. Methods for global interest focus on understanding the role of each feature variable in generating responses. On the other hand, methods for local interest focus on understanding how each feature value of a particular instance (or its neighborhood) contributes to generating the particular response.

The classification criteria in the two previous paragraphs motivate the taxonomy of the following (Table 2.1). The upcoming discussion in this chapter will discuss each of the six elements of the table by order.

2.1.1 Lab session

In this chapter, a lab session that goes over the major components of model-agnostic methods is demonstrated using the statistical software R.

The library `randomForest` (Breiman et al., 2018) is used to create a black box model for the lab session. The library `iml` (Molnar et al., 2018) provides a wide variety of model-agnostic methods. The output graphics from the library `iml` is featured with the R package `ggplot2`. In this lab session, the graphics are displayed with black-and-white theme (`theme_bw()`) of `ggplot2`.

One of the most popular datasets in R, `mtcars`, is used for the lab session. This dataset is collected from the 1974 Motor Trend US magazines, and it is typically suitable for regression problem for fuel efficiency `mpg` (miles/gallon) using other variables. Its variables `vs` and `am` need to be redefined as categorical variables. It has 32 observations and 11 variables. We regard the variable `mpg` as a response variable and the other 10 variables as input features.

A black box model object named as `black_box` is created for the lab session.

TABLE 2.1 Taxonomy of agnostic methods.

	Global	**Local**
Marginal effect (Section 2.2)	Partial Dependence Plot (PDP)	Individual Conditional Expectation (ICE)
Contribution (Section 2.3)	Feature importance	Shapely value
Surrogates (Section 2.4)	Global surrogates	Local Interpretable Model-agnostic eexplanation (LIME)

2.2 Marginal effect of input feature

The marginal effect refers to the change of the output response in relation to the change in the input features. It helps to determine the nature of this relation, for example linear, monotone, or continuous, among others. This effect may be investigated for the global scope, or for the local scope as small as a single instance.

Let us consider a dataset containing input features and response variable. Specifically, the sets of input features X contain m number of features such as $(X^1, X^2, \ldots, X^m)$. Assume that its true response is Y, and there exists a black box model $\widehat{Y} = f(X)$. The marginal effect is formularized as a change of black box response $\widehat{Y}$ related to the change of feature variables X.

Recall that in usual practices of data analysis, a marginal effect between an input feature X^i, $i \in \{1, 2, \ldots, m\}$ and the true response Y is frequently investigated at the stage of data exploration. On the other hand, as emphasized above, agnostic methods attempt to understand the black box response $\widehat{Y}$ instead of the true response Y.

2.2.1 Partial dependence plot

Partial dependence plot (PDP) (Friedman, 2001) aims to understand the average marginal effect of a certain features in a global scope. As the name of this method suggests, this method emphasizes visualizing the average marginal effect in a plot. Due to the restriction of human perception and the three-dimensional space of the world we live in, PDP can be drawn only with one or two input features.

Let X^S be the set of selected input features whose marginal effect is to be sought, and X^C be the set of complementary input features, i.e., $X^C = X \setminus X^S$. Then, partial dependence function for input features $X^S, f_i^S(X^S)$ is defined as follows:

$$f^S(X^S) = \mathbb{E}_C\left[f\left(\{X^S, X^C\}\right)\right] = \int f\left(\{X^S, X^C\}\right) dF_C,$$

where F_C is the cumulative distribution function for X^C, and the notation $\{X^S, X^C\}$ recovers the whole feature set X. In other words, the marginal effect of the selected features X^S is quantified conditioned on the distribution of the other features X^C. The PDP displays the changes in the partial dependence function $f^S(\cdot)$ against the selected features X^S.

2.2.1.1 Lab session

From the black_box model, a PDP plot seeking marginal effect of feature `disp` is created as in (Fig. 2.1).

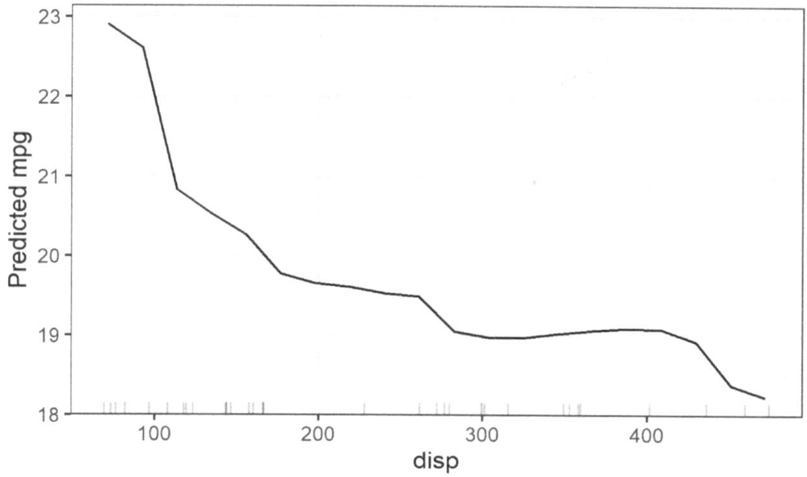

FIGURE 2.1 Partial dependence plot for the feature `disp`. It can be verified that increase in displacement decreases the response variable `mpg` on average.

2.2.2 Individual conditional expectation

After the global perspective of average marginal effects is investigated by PDP, one may often be interested in the marginal effect of a particular instance. For this purpose, individual conditional expectation (ICE) (Goldstein et al., 2015) serves as an extension of PDP to visualize the "what-if" question on an individual instance.

Suppose that the number of instances in the dataset is equal to n, then pick a particular instance X_i, $1 \leq i \leq n$. Then, an ICE function of X^S for a i-th individual instance, $f^S(X^S)$, is given as follows:

$$f_i^S(X^S) = f(\{X^S, X_i^C\})$$

By fixing the value of complementary features X^C to the value of i-th instance X_i^C, an ICE plot investigates the marginal effect input features X^S for the i-th instance.

Oftentimes, ICE plots for multiple instances can be better visualized with a single fixed point. This is called a centered ICE plot. The implementation typically uses the following treatment:

$$f_{i,\,\text{centered}}^S(X^S) = f(\{X^S, X_i^C\}) - f(\{\min(X^S), X_i^C\})$$

2.2.2.1 *Lab session*

In Fig. 2.2, an ICE plot (left) and an ICE plot with the PDP plot (right) are presented side by side.

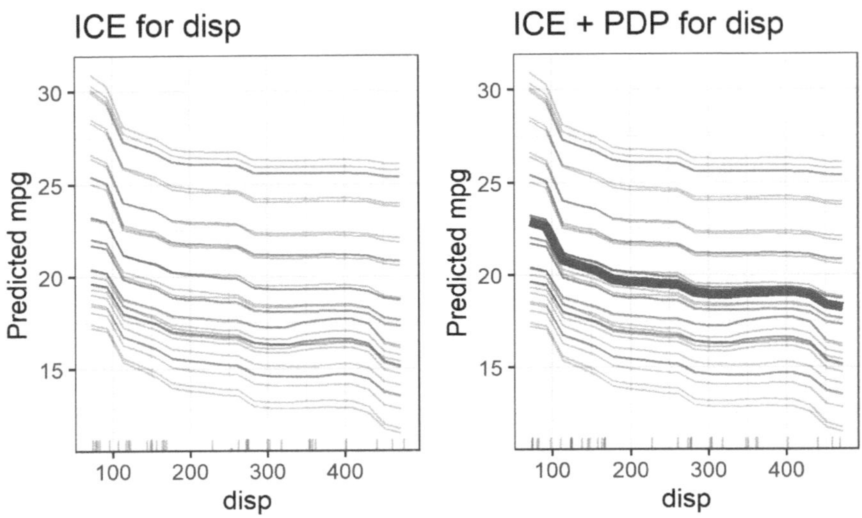

FIGURE 2.2 Individual conditional expectation for disp. (Left) For each instance, increase in displacement value would decrease predicted response. According to the black box model, this marginal effect is likely universal, considering that curves tend to be parallel to each other. (Right) A PDP plot is added to the ICE plot so that average marginal effect is clearly seen.

2.3 Contribution of each feature

In most statistical models, there is a separation between the features that majorly contribute to the model's performance and the ones that do contribute minorly. Understanding which feature contributes more or less can help to build more concise models by removing the less contributing features. Even though constructing new models is not of concern for model-agnostic method, the perspective of feature importance provides more understanding of the model.

2.3.1 Feature importance

In proposing a random forest algorithm (Breiman, 2001), the feature importance of input features in random forest was introduced. The basic idea was to measure the importance of each feature, based on the additional performance loss when each feature is permutated.

The notion of feature importance in random forest was generalized in a recent study (Fisher et al., 2019). They provided a measure of feature importance for any black box model. Let L be a loss function, then the loss of the original black box model can be expressed as $L(f(X), Y)$. Assume that we want to estimate the importance of i-th feature, X^i. Then, the basic idea is to corrupt X^i, while other features remain untouched. Specifically, the first step is to generate a dataset $X^{i\text{-permuted}}$, in which only the i-th feature is permuted, while other features are sustained. The next step is to estimate $\mathbb{E}\left[L\left(f\left(X^{i\text{-permuted}}, Y\right)\right)\right]$. Then, the importance of the i-th feature is measured as $\mathbb{E}\left[L\left(f\left(X^{i\text{-permuted}}, Y\right)\right] - L\left(f\left(X\right), Y\right)$ or $\left[L\left(f\left(X^{i\text{-permuted}}, Y\right)\right)\right] / L(f(X), Y)$. After measuring importance of all features is completed, the comparative analysis on which feature is more important can be concluded. Note that the expectation operator appears in the formula because the permutation processes result in a random dataset. Simple Monte Carlo approach may be adopted to deal with the expectation operator.

2.3.1.1 Lab session

The package `randomForest` provides a variable importance plot for random forest model. Note that the variable importance plot in Fig. 2.3 works only because the black box model is made by random forest package.

Hereafter, the input features X and the response variable Y are reclarified and used to create a proper object for the subsequent analysis.

The more general approach (Fisher et al., 2019) is applied to generate feature importance in a global scope, presented in Fig. 2.4.

2.3.2 Shapely value

The previous discussion on feature importance was presented in a global scope. In the feature importance for a local instance, values for all features are already given. Thus, the investigation of the feature

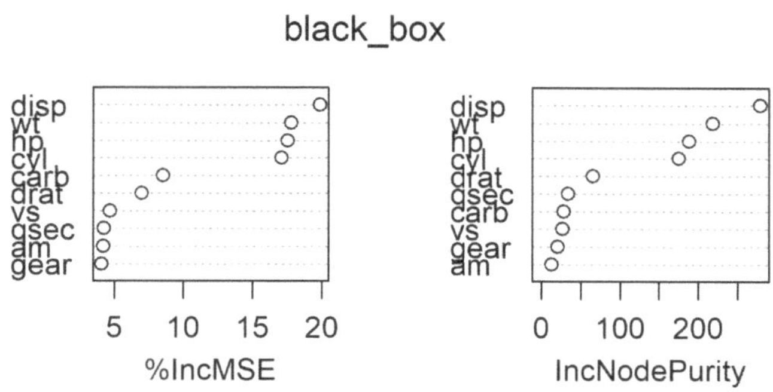

FIGURE 2.3 Variable importance of random forest model measured by the in-house method provided by the original work of Breiman L. (2001).

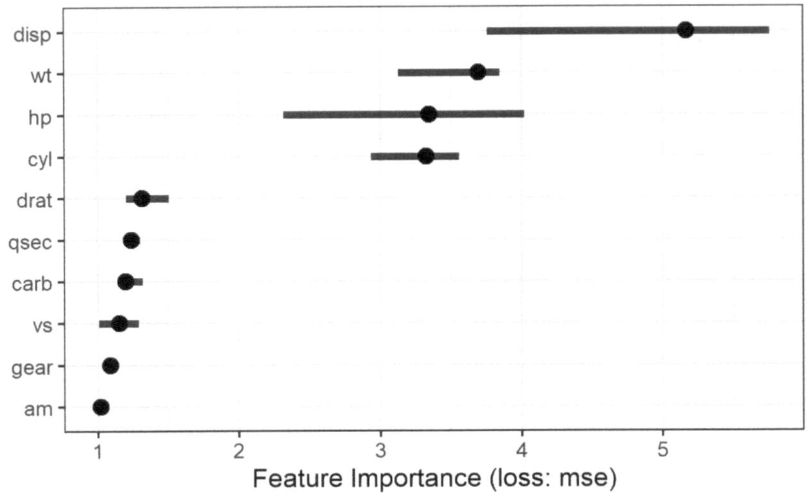

FIGURE 2.4 Feature importance in predicting response variable by the method of Fisher et al. (2019). It can be confirmed that the order of feather importance is very similar to the previous figure.

importance for an instance consists of investing the importance of the feature values. Specifically, for a pair of features values and a response, the local analysis addresses how each feature value contributes to form a response.

Shapely value proposed by Shapley (1953) is a concept from a cooperative game theory. Consider a cooperative game where multiple players form a coalition together aiming to the achieve maximum surplus. Shapely values address the question of how to distribute the surplus to each player. In other words, it addresses how important is each player to achieve the cooperative surplus. Shapely values are known for their economic efficiency and other desirable mathematical properties, including:

- Efficiency: The sum of all players' Shapely values is equal to the total surplus.
- Symmetry: If two players' Shapely values are equal, then the total surplus without the one player or the other player is equal.
- Nullity: If a player does not contribute to the surplus, then her Shapely value is equal to zero.
- Linearity: If the same set of players play another game, then the Shapely value is linear.

When applying the notion of Shapely value to machine learning, each feature is considered as a player, and the surplus of the game is defined as the deviation of the response of a particular instance from the average value of all responses.

Assume that there are m number of features for a set of features $M = \{1, 2, \ldots, m\}$. Then a surplus function $v(\cdot)$ maps all possible subset of players to a real number, i.e., $v : 2^m \rightarrow \mathrm{R}$. For a particular instance, the surplus function is defined as

v (a subset of features) = (response on the particular instance using the subset of features) – (average response of all instances)

. The Shapely value of i-th feature, $\varphi_i(v)$, is given as

$$\phi_i(v) = \frac{1}{m} \sum_{\forall S \subseteq M \setminus \{i\}} \frac{v(S \cup \{i\}) - v(\{i\})}{{}_{m-1}C_{|S|}}$$

$$= \frac{1}{(\text{\# of all features})} \sum_{S \in \text{all coalition excluding } i} \frac{(\text{marginal contribution of feature } i)}{(\text{\# of possible coalition excluding } i \text{ of size } |S|)}$$

2.3.2.1 *Lab session*

From the black box model, the shapely values of each features are calculated for the first instance of X (i.e., `x.interest = X[1,]`).

```
##    feature         phi     phi.var feature.value
## 3       hp  0.28782960 1.255144889        hp=110
## 4     drat  0.08342356 0.112411702      drat=3.9
## 9     gear  0.08195813 0.015775272        gear=4
## 8       am  0.07953933 0.005093533          am=1
## 2     disp  0.07452281 2.479099136      disp=160
## 6     qsec -0.02933754 0.021553732    qsec=16.46
## 5       wt -0.05196355 1.809809174       wt=2.62
## 1      cyl -0.10966372 1.107420743         cyl=6
## 7       vs -0.11381930 0.018503274          vs=0
## 10    carb -0.24067829 0.042304591        carb=4
```

The previous example tells that the feature value `hp=110` most positively contributes (by 0.2878) to the predicted value of `mpg` and the feature value `carb=4` most negatively contributes (by −0.2407) to the predicted value of `mpg`. This can be plotted also as the following (Fig. 2.5). Since the actual prediction is 20.62 for this instance and the average prediction is 20.06, the sum of the 10 feature values appeared in the above output is equal to 0.56 (=20.62−20.06).

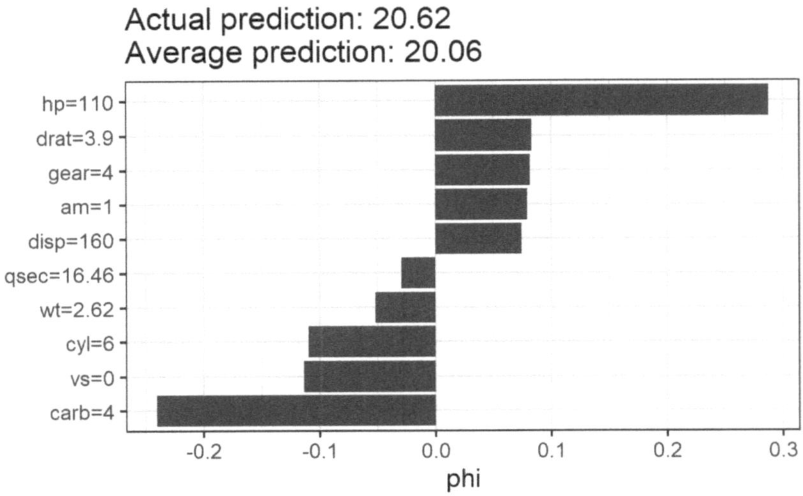

FIGURE 2.5 Shapley value for the first instance. This plot shows that feature value `hp=110` most positively affects (the deviation of) the predicted response, while `carb=4` most negatively affects (the deviation of) the predicted response.

2.4 Surrogate models

As the complexity and capacity of black box models increase, the structures of the models become increasingly difficult to understand. The surrogate model approach attempts to generate an interpretable model that replicates the behavior of the black box model of interest. Whereas the goal of typical machine learning methods is to estimate the response Y using the input features X, the purpose of a surrogate model is to estimate the black box response $\widehat{Y}$ using the set of input features X.

Two criteria can be used to evaluate the quality of a surrogate model. First, the output of a surrogate model must resemble to the output of a black box model. This is called *fidelity* of a surrogate model. Let $\widehat{\widehat{Y}}$ be the response of a surrogate model. Then, the surrogate model has high fidelity if $dist\left(\widehat{Y}, \widehat{\widehat{Y}}\right)$ is small—where $dist(\cdot, \cdot)$ measures the distance between the two arguments. Second, the performance loss using a surrogate model must be minimal as possible. In other words, the penalty of a surrogate model $L\left(Y, \widehat{\widehat{Y}}\right)$ should be not too high, compared to the penalty of the black box model $L\left(Y, \widehat{Y}\right)$.

2.4.1 Global surrogate

Global surrogate refers to an approach that creates a surrogate model that replaces the black box model in the domain of all instances. The interpretable surrogate model may replace the original black box model under practical concerns such as speed and complexity.

2.4.1.1 Lab session

Fig. 2.6 presents a single decision tree that may surrogate the original black box model.

2.4.2 Local Interpretable Model-agnostic Explanation

Local Interpretable Model-agnostic Explanation (LIME) is a recently proposed method (Ribeiro et al., 2016), which concerns in creating a surrogate model for a local instance. It uses a kernel function on the populated neighborhood data around the local point. It can consider the complexity of the surrogate model such as forcing to use less then K features.

The LIME framework allows the flexibility of choosing from several interpretable models. However, its robustness is still in question. In other words, it is reported that the same input may lead to quite different surrogate models (Alvarez-Melis & Jaakkola, 2018).

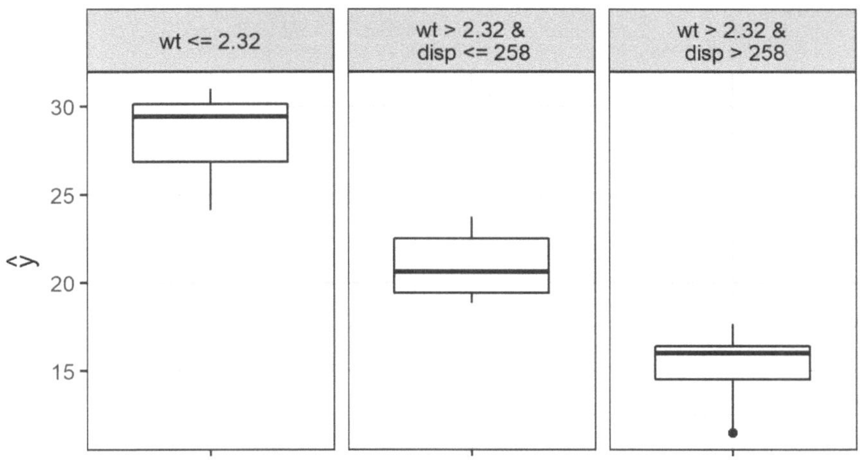

FIGURE 2.6 Surrogate decision tree. This provides a simple understanding of the black box model of interest.

2.4.2.1 *Lab session*

The `iml` package provides a similar functionality to LIME. The difference between `LocalModel()` method in `iml` package against the LIME can be found in Molnar et al. (2018). (This is why the local model below is named as `lemon`.) The following code builds a linear local model around the first instance (`x.interest = X[1,]`) using three regressors (`k=3`) at most. Notice the three features (`cyl`, `hp`, and `wt`) are selected for building a local surrogate linear model.

```
## beta x.recoded    effect x.original feature feature.value
## cyl -1.019976764    6.00 -6.119861    6       cyl     cyl=6
## hp  -0.009242316 110.00 -1.016655  110       hp      hp=110
## wt  -2.386372685    2.62 -6.252296    2.62   wt      wt=2.62
```

The contribution of each feature value is displayed in Fig. 2.7.

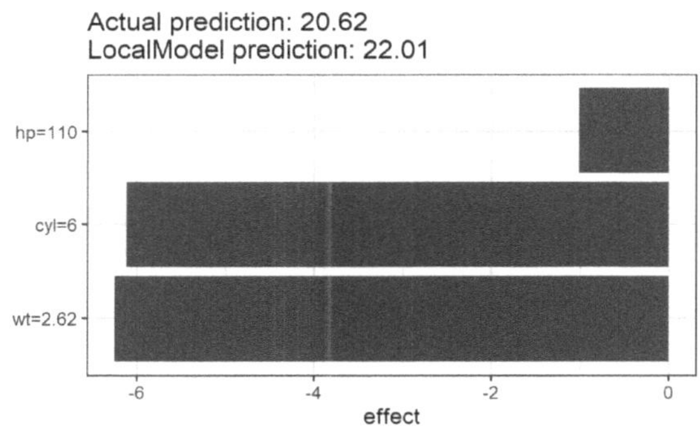

FIGURE 2.7 Contribution in local surrogate model for the first instance. Note that this result is quite different from Fig. 2.5. The results using different model-agnostic methods often vary, and it remains to the future challenges in this field of study.

Appendix

This appendix section provides the R code block for the Lab session.

Introduction

```
library(randomForest)
library(iml)
library(ggplot2)
theme_set(theme_bw())
```

```
data(mtcars) # importing
mtcars[,"vs"] <- factor(mtcars[,"vs"])
mtcars[,"am"] <- factor(mtcars[,"am"])
dim(mtcars)
```

```
## [1] 32 11
```

```
set.seed(1234)
black_box <- randomForest(mpg ~ ., data=mtcars, ntree=1000,
importance=TRUE)
```

Marginal effect of input feature

```
# For <Figure 1>
obj <- Predictor$new(black_box, data = mtcars)
pdp <- FeatureEffect$new(obj, feature = "disp", method = "pdp")
plot(pdp)
```

```
# For <Figure 2>
ice <- FeatureEffect$new(obj, feature = "disp", method = "ice")
pdp_ice <- FeatureEffect$new(obj, feature = "disp", method = "pdp+ice")

plot(ice) + ggtitle("Individual conditional expectation for disp")
plot(pdp_ice) + ggtitle("ICE + PDP for disp")
```

Contribution of each feature

```
# For <Figure 3>
varImpPlot(black_box)


Y <- mtcars$mpg
X <- mtcars[-which(names(mtcars)=="mpg")]


# For <Figure 4>
obj <- Predictor$new(black_box, data = X, y = Y)
imp <- FeatureImp$new(obj, loss = "mse")
plot(imp)


set.seed(1234)
obj <- Predictor$new(black_box, data = X)
shapely_value <- Shapley$new(obj, x.interest = X[1,])
shapely_value$results[order(shapely_value$results$phi, decreasing = TRUE),]


# For <Figure 5>
plot(shapely_value)
```

Surrogate models

```
# For <Figure 6>
set.seed(1234)
obj <- Predictor$new(black_box, data = X)
surrogate_dt <- TreeSurrogate$new(obj)
plot(surrogate_dt)


set.seed(1234)
lemon <- LocalModel$new(obj, x.interest = X[1,], k=3)
lemon$results


# For <Figure 7>
plot(lemon)
```

References

Alvarez-Melis, D., & Jaakkola, T. S. (2018). *On the robustness of interpretability methods*. arXiv preprint arXiv:1806.08049.

Breiman, L. (2001). Random forests. *Machine Learning, 45*(1), 5–32.

Breiman, L., Cutler, A., Liaw, A., & Wiener, M. (2018). *Package randomForest*. Berkeley: Berkeley, CA, USA: University of California.

Fisher, A., Rudin, C., & Dominici, F. (2019). All models are wrong, but many are useful: Learning a variable's importance by studying an entire class of prediction models simultaneously. *Journal of Machine Learning Research, 20*(177), 1–81.

Friedman, J. H. (2001). Greedy function approximation: A gradient boosting machine. *Annals of Statistics*, 1189–1232.

Goldstein, A., Kapelner, A., Bleich, J., & Pitkin, E. (2015). Peeking inside the black box: Visualizing statistical learning with plots of individual conditional expectation. *Journal of Computational & Graphical Statistics, 24*(1), 44–65.

Molnar, C., Casalicchio, G., & Bischl, B. (2018). iml: An R package for interpretable machine learning. *Journal of Open Source Software, 3*(26), 786.

Ribeiro, M. T., Singh, S., & Guestrin, C. (August 2016). "Why should i trust you?" Explaining the predictions of any classifier. In *Proceedings of the 22nd ACM SIGKDD international conference on knowledge discovery and data mining* (pp. 1135–1144).

Shapley, L. S. (1953). A value for n-person games. In *Contributions to the theory of games* (Vol. 2, pp. 307–317), 28.

Further reading

James, G., Witten, D., Hastie, T., & Tibshirani, R. (2013). *An introduction to statistical learning* (Vol. 112, p. 18). New York: springer.

Lundberg, S. M., & Lee, S. I. (December 2017). A unified approach to interpreting model predictions. In *Proceedings of the 31st international conference on neural information processing systems* (pp. 4768–4777).

Molnar, C. (2020). *Interpretable machine learning*. Lulu. com.

CHAPTER

3

Explanation using examples

Hoonseok Park[1], *and Jae-Yoon Jung*[1,2]

[1] Department of Big Data Analytics, Kyung Hee University, Yongin, Gyeonggi, South Korea; [2] Department of Industrial and Management Systems Engineering, Kyung Hee University, Yongin, Gyeonggi, South Korea

3.1 Introduction

Various methods have been developed to interpret the behavior of models owing to the black box structure of modern deep learning and machine learning models. Model-agnostic methods have the advantage of flexibility with less consideration of the types of models applied. Local interpretable model-agnostic explanations (LIME) (Ribeiro et al., 2016) and shapley additive explanations (SHAP) (Lundberg & Lee, 2017) are popular model interpretation methods. In particular, for deep learning models, heatmap-based explanation methods such as layer-wise relevance propagation (LRP) (Bach et al., 2015), DeepLIFT (Shrikumar et al., 2017), Grad-CAM (Selvaraju et al., 2017), and integrated gradients (Sundararajan et al., 2017) have been introduced for visual interpretation by exploiting the gradients or activations of a model. These methods are designed to focus the model behavior at the feature level, that is, one can interpret the model behavior by identifying the relevance of each feature in a sample.

This chapter introduces other model interpretation methods, called example-based explanations, which select examples from the training dataset to explain the model behavior. Note the examples are appropriate samples representing a dataset or explaining the model behavior. Example-based explanation methods evaluate the representativeness or influence of the training samples that affect the prediction result of the sample of interest. This concept is different from the feature-level interpretation because the example-based explanation does not provide feature relevance, but instead presents examples. Therefore, it is possible to check some remarkable examples for interpreting a model or debugging a dataset without manual screening of whole samples in a dataset.

Human-Centered Artificial Intelligence
https://doi.org/10.1016/B978-0-323-85648-5.00009-8

Before we delve into the example-based explanation in the machine learning domain, let us relate this approach to human behavioral patterns for better understanding. When a problem occurs, we often take appropriate actions based on similar cases in our memory. Moreover, we typically use examples to illustrate a problem. Behaviors and explanations based on past examples can easily be found in real life. For example, if you recommend a tour site to a friend, you will explain why you like this place based on experiences of locations you have visited in the past. If you go to a restaurant for the first time, you are more likely to choose a menu that is similar to the food you have tasted in the past or a menu that is popular for other customers. Even an expert doctor prescribes medical treatment by referring to cases similar to a patient's particular symptoms. Thus, appropriate examples help people to comprehend their decisions.

To describe the example-based explanation methods used in the machine learning domain, this chapter focuses on supervised learning for the classification problems, as shown in Fig. 3.1. Supervised learning is a type of machine learning task that learns a function mapping input features to a proper output target. Some machine learning models have trainable parameters, such as logistic regression and neural networks. Some are constructed from many decision trees aggregated using ensemble algorithms, such as random forest (Breiman, 2001) and gradient boosting machine (Friedman, 2001). If we have a well-trained model from a training set, we can use this model to classify new test samples.

Because the classifier is fitted to patterns between features and target in the training set, the performance of classifier highly depends on the quality of the training set. Each training sample has a contribution to the model parameter or decision rule. As a result, the contribution of training samples affects the prediction result of test samples. The example-based explanation focuses on the samples to explain the model behavior and to identify the characteristics of the dataset. The interpretation of model behavior is derived from the contribution of the training samples to the prediction result of a test sample without presenting the feature relevance or feature importance.

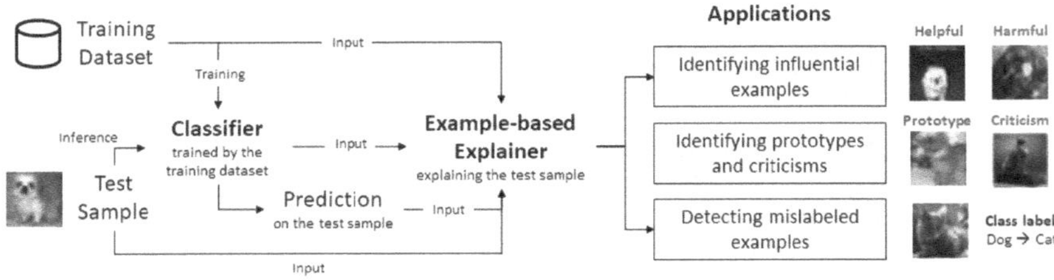

FIGURE 3.1 Example-based explanation for a classifier used in supervised learning.

Applications of these methods can be useful in several ways. For example, if influential training examples are identified for a test sample, we can understand why a classifier built using the training set predicts the test sample as a certain class. Finding prototypes representing the training set is another meaningful way to understand the characteristics of the dataset. Criticisms are far from other samples in the training set. Moreover, if the training samples negatively affect the model performance, one can debug them and fix the mislabeled samples.

The remainder of this chapter is structured as follows. Section 3.2 classifies the example-based explanation methods into two subcategories. Section 3.3 then provides brief descriptions of similarity-based methods, and Section 3.4 influence-based methods. Finally, case studies are presented in Section 3.5 using a simple binary classification dataset and the fashion-MNIST dataset.

3.2 Category of example-based explanations

Among studies on the explainable artificial intelligence, the methods addressed in this chapter are called "example-based explanation" or "explanation by example." The basic range of such methods is to select examples without any modification of the samples in a given dataset. Some examples can be chosen among the samples according to their representativeness (Arrieta et al., 2020). Several example-based explanation methods were introduced by Molnar (2020). Some examples generated or modified from original samples can be used to interpret the model behavior (Lakkaraju et al., 2020; Jeyakumar et al., 2020). Counterfactual explanations (Wachter et al., 2018), adversarial examples (Goodfellow et al., 2014), and activation maximization (Erhan et al., 2009) are popular methods that provide useful examples for the model interpretation. These methods present new examples that are slightly different from the original samples, depending on the characteristics of the model and dataset used. Examining synthetic examples is also an interesting way to understand the model behavior. This chapter focuses on the first concept of choosing original samples as examples because it is close to the basic concept of an example-based explanation.

After surveying seven methods of the example-based explanation, the categories are presented in Table 3.1. The methods were categorized according to their explainability and evaluation measures. The explainability is again divided into model-inherent and post-hoc dimensions, and the evaluation measures are also divided into similarity and influence. Methods using similarity measures exist in both the model-inherent

TABLE 3.1 Categories of example-based explanation methods.

		Explainability	
		Model-inherent	**Post-hoc**
Evaluation measure	Similarity	- k-nearest neighbors - k-medoid clustering	- Normative and comparative - Prototypes and criticism
	Influence	N/A	- Influence functions - Representer point selection - TracIn

and post-hoc dimensions. However, it was difficult to find a well-known model-inherent method using the influence measures.

Explainability is a categorizing criterion that divides the methods into model-inherent and post-hoc methods (Arrieta et al., 2020). Some machine learning models, such as linear regression and decision tree, belong to the model-inherent category because they can be interpreted by using their parameters or rules without the use of additional methods. In the context of example-based explanations, models in this category can find examples that explain their prediction results by themselves. For example, the k-nearest neighbors (k-NNs) classifier (Peterson, 2009) can present training samples with a high similarity to the test samples as examples used for classifying the test samples.

The methods belonging to the post-hoc category are more flexible for application to machine learning models. Post-hoc methods include logic or algorithms presenting explainable examples by extracting implicit information from models or datasets. They are useful for interpreting black box models, such as tree ensembles and deep neural networks. To evaluate samples, the post-hoc methods exploit the gradients of parameters or feature representations based on various optimization theorems.

To select appropriate examples from a dataset, a reasonable evaluation for each sample is required. The evaluation measures can be divided into similarity and influence. The methods in the similarity category calculate the likenesses between samples or evaluate the distance between the representations of samples. For example, a normative and comparative approach (Cai et al., 2019) is a method that evaluates the distance between feature vectors of image samples in a deep learning model, and then presents the training samples that are most similar to an input image drawn by a user. If we want to know the influence of each training sample on the model's parameters and the prediction results, influence-based methods can be used. Koh et al. (2017) proposed a method called an influence function to evaluate the influence of each sample without retraining the models. This method is efficient in evaluating samples in large-size models with long training times, such as deep neural networks.

Methods in the model-inherent category are lacking, and the following sections describe example-based explanation methods in the context of evaluation measures: similarity-based methods, and influence-based approaches.

3.3 Similarity-based methods

Similarity-based methods select examples by evaluating the similarities between samples or the representation of samples extracted from the models. After explaining the classic but intuitive k-NN search belonging to the model-inherent category, this section introduces two post-hoc methods, prototypes and criticisms, and normative and comparative explanations.

3.3.1 k-nearest neighbors

When a new sample is given, the most basic classification method is to put it into a class of known samples that have similar features. The k-NN algorithm is a classical nonparametric method that uses the similarity between samples to solve classification or regression problems (Peterson, 2009). With this method, the distance between a test sample and the training samples is first calculated to find the k closest training samples. Here, k is a hyperparameter of k-NN. The test sample is then classified into the class that is the majority of the classes to which the k closest training samples belong.

The k-NN is model-inherently explanable with examples. If one wants to know how k-NN determines the prediction result of a test sample, one can track the k training samples that were used to determine the result of the test sample.

The k-NN approach is intuitive and easy to interprete. However, it often has low performance when the number of dimensions is high. The proper distance measure and k should be chosen well according to the characteristics of the datasets.

3.3.2 Prototypes and criticisms

In general, a training set for supervised learning includes many samples for each class. The samples belonging to a class will have discriminable features against other samples belonging to different classes.

However, all samples within the same class are not exactly identical, and share some features that characterize the class. For example, dog and cat images have clearly different features for classification. However, various dog images will also have slightly different features depending on the breed, such as a Pomeranian or Retriever.

Prototypes and criticisms are the special samples that are chosen to understand a dataset with complex distributions. The *prototypes* refer to the examples that are representative of the dataset, whereas the *criticisms* are the examples in which it is difficult to explain the dataset using prototypes. Typical dog or cat images in a dataset can be prototypes, and images that have different features from most images can be criticisms.

A framework called MMD-critic (Kim et al., 2016) to select prototypes and criticisms is introduced. The MMD-critic utilizes the maximum mean discrepancy (MMD) as a theoretical basis. The MMD is a measure that evaluates the distance between two distributions. The discrepancy between potential prototypes and other samples was evaluated by the squared MMD (MMD^2). The greedy search algorithm sequentially selects those prototypes that have the largest difference between MMD^2 when the sample is selected as a prototype rather than other samples.

$$\mathrm{MMD}^2(\mathrm{X},\ \mathrm{Z}) = \frac{1}{n^2}\sum_{i,j=1}^{n} k\left(x_i, x_j\right) - \frac{2}{nm}\sum_{i,j=1}^{n,m} k\left(x_i, z_j\right) + \frac{1}{m^2}\sum_{i,j=1}^{m} k\left(z_i, z_j\right),$$

where n is the number of samples in the dataset, m is the number of prototypes, X, is a sample following a sample distribution x, $z_\cdot$ is a prototype following a sample distribution Z, and $k(\cdot)$ is a kernel function. The first term in the equation indicates the similarity between the samples, the second term is the similarity between the samples and the prototypes, and the last term is the similarity between the prototypes. Therefore, MMD^2 becomes small when the prototypes are highly similar to the samples. The kernel function is used to estimate the empirical distribution of the samples because the MMD measures the discrepancy between two distributions. The authors of this method used the radial basis function kernel, $k(x_i, x_j) = \exp(-\gamma\|x_i - x_j\|)$.

The prototypes are sufficient examples used to understand a clean dataset. However, real-world datasets often contain deviated or corrupted samples for several reasons, such as noise, mislabeling, and measuring errors. The MMD-critic uses a witness function that measures the maximum discrepancy between two distributions. A potential criticism x that is hard to explain with a prototype has a large absolute value of the witness function. Specifically, the prototypes are underfitted on a dataset where the witness function is positive. Otherwise, the prototypes are overfitted on a dataset where the witness function is negative. Criticisms are also found using the greedy search algorithm.

$$\text{witness}(x) = \frac{1}{n}\sum_{i=1}^{n} k(x,\ x_i) - \frac{1}{m}\sum_{j=1}^{m} k(x, z_j)$$

The first term is the mean similarity between a potential criticism x and samples, and the second is the mean similarity between x and the found prototypes. The procedure used for finding criticisms is independent of the prototype selection. Therefore, criticisms using the witness function can be selected with regard to the prototypes found using other algorithms, such as k-medoid clustering (Park & Jun, 2009).

3.3.3 Normative and comparative explanations

The way to present examples to human users is an important aspect of example-based explanations. Cai et al. (2019) suggested a new explanation approach to provide examples to explicate the outcome of deep learning models. They claimed that the example-based explanation can increase end users' understanding of why the model classifies input data to a particular outcome, without any direct explanation of the mechanical structures of the model. Specifically, they suggested two types of example-based explanations: The *normative* explanation refers to an explanation that provides several examples classified into the same class as a given input data, whereas the *comparative* explanation provides representative examples classified into similar but different classes from the input data. This concept of an example-based explanation was tested on the QuickDraw platform (Jongejan et al., 2016) (see Fig. 3.2).

The methods for selecting normative and comparative examples are briefly described by the authors. For *normative* explanations, a random set of training samples belonging to the same class were displayed, which the

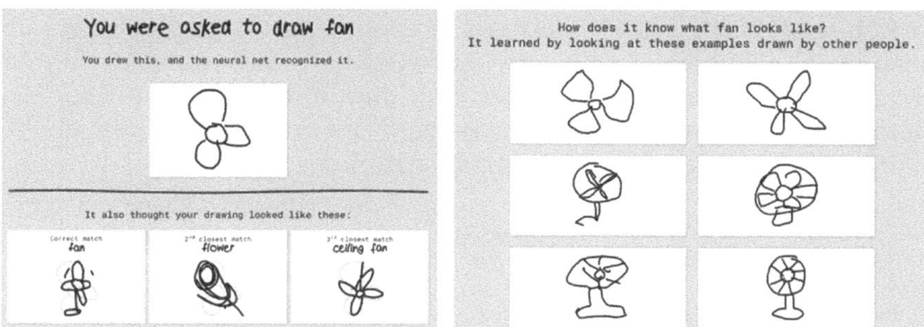

FIGURE 3.2 Explanation of prediction results in QuickDraw.

user was asked to draw from. Therefore, a user could see examples in which the model learned from. For *comparative* explanations, the nearest neighbor algorithm was applied to the precomputed embedding of the training samples. Embedding is a feature vector that can be trained by a deep learning model. Examples that have the most similar representations but within different classes are provided to the user.

In the original paper, these two explanation strategies were empirically investigated in terms of how users perceive the systems. In summary, the results showed that the normative explanation increased the perceived capability of the systems when AI resulted in a false outcome; however, the comparative explanations made users confused or surprised by unexpected examples owing to technical limitations of the deep learning model. Based on these results, the authors suggest that a normative explanation be utilized for users with a lack of trust in the system, whereas a comparative explanation be provided for users with excessive trust.

3.4 Influence-based methods

Influence-based methods evaluate the influence of each sample with regard to other samples or model parameters. We introduce a method called an influence function (Koh & Liang, 2017), and then describe the representer point selection (Yeh et al., 2018) and TracIn (Pruthi et al., 2020).

3.4.1 Influence functions

An intuitive and explicit method for evaluating the influence of each training sample on a model parameter is to retrain the model after removing each sample from the training set. The influence of the training samples on the test samples can also be evaluated by using the retrained model. However, this approach is inefficient if the model takes a long time or if there are so many samples in the training set.

Koh and Liang (2017) proposed an influence function method to evaluate the influence scores by up-weighting each sample without retraining the models. Let us start with the training procedure for the classifiers. The parameters $\boldsymbol{\theta}$ in a classifier h are updated to minimize the average loss function L with respect to sample z_i.

$$\boldsymbol{\theta}^* = \underset{\boldsymbol{\theta}}{\operatorname{argmin}} \frac{1}{n} \sum_{i=1}^{n} L(h_{\boldsymbol{\theta}}(z_i))$$

Up-weighting a training sample z has the same meaning as multiplying an infinitesimal amount of ε to the sample z. The updated parameters $\boldsymbol{\theta}^{\varepsilon}_{\{z\}}$, where the training sample z is removed from the training set, can be demonstrated with $\varepsilon = -1/n$. Koh and Liang (2017) applied the first-order Taylor series expansion to approximate the updated parameters $\boldsymbol{\theta}^{\varepsilon}_{\{z\}}$ to avoid retraining the model.

$$\boldsymbol{\theta}^{\varepsilon}_{\{z\}} = \underset{\boldsymbol{\theta}}{\operatorname{argmin}} \frac{1}{n} \sum_{i=1}^{n} L(h_{\boldsymbol{\theta}}(z_i)) + \varepsilon L(h_{\boldsymbol{\theta}}(z)) \approx \boldsymbol{\theta}^{*} - \varepsilon \mathbf{H}^{-1}_{\boldsymbol{\theta}^{*}} \nabla_{\boldsymbol{\theta}} L(h_{\boldsymbol{\theta}^{*}}(z))$$

$\mathbf{H}^{-1}_{\boldsymbol{\theta}^{*}}$ represents an inverse Hessian matrix of the parameters with regard to the loss function. Therefore, according to Cook and Weisberg (1980), the influence function of training sample z on the model parameter $\boldsymbol{\theta}^{*}$ can be estimated as follows:

$$\text{Influence}(z) = -\mathbf{H}^{-1}_{\boldsymbol{\theta}^{*}} \nabla_{\boldsymbol{\theta}} L(h_{\boldsymbol{\theta}^{*}}(z))$$

Furthermore, the influence of training sample z on test sample z' can be estimated using the chain rule because the model parameter is a product of the training samples. The $\text{Influence}(z, z')/n$ is an approximated value of loss to the test sample z', when the training sample z is removed from the training set.

$$\text{Influence}(z, z') = -\nabla_{\boldsymbol{\theta}} L(h_{\boldsymbol{\theta}^{*}}(z'))^{T} \mathbf{H}^{-1}_{\boldsymbol{\theta}^{*}} \nabla_{\boldsymbol{\theta}} L(h_{\boldsymbol{\theta}^{*}}(z))$$

The influence function method has an advantage in that it evaluates the influence of the training samples on test the samples without retraining the model. Although the authors provided an approximation method, the computation cost required to calculate the inverse Hessian matrix is expensive for large-sized deep learning models.

3.4.2 Representer point selection

The representer point selection was proposed by Yeh et al. (2018) to evaluate the representer value, which is a similar concept to the influence. The disadvantage of the influence functions is the calculation of the inverse Hessian matrix. Yeh et al. (2018) addressed this issue by developing a representer point selection method that uses the logit value of the last layer in the model and the represent theorem.

Similar to the influence function, the representer value is also calculated for each training sample z with regard to test sample z'. This value is derived by decomposing the logit value of the test sample into a weighted product between the representation of the test sample and the representation of the training sample. Let us consider a neural network with parameters $\boldsymbol{\theta} = \{\boldsymbol{\theta}_1, \boldsymbol{\theta}_2\}$, where $\boldsymbol{\theta}_1$ is the parameters for the last layer, and $\boldsymbol{\theta}_2$ is all the parameters to generate the last intermediate layer.

The representer value, which is the contribution of a training sample z on the test prediction, can be obtained as follows:

$$\text{Representer}(z, z') = -\frac{1}{2\lambda n}\Big(f(z, \boldsymbol{\theta}_2)^T f(z', \boldsymbol{\theta}_2)\Big)\nabla_{\boldsymbol{\theta}_1} L(z', \boldsymbol{\theta}_1)$$

$f(z, \boldsymbol{\theta}_2)$ is the feature vector of the last intermediate layer calculated from sample z, $\nabla_{\boldsymbol{\theta}_1} L(z', \boldsymbol{\theta}_1)$ is the gradient of the loss with respect to parameter $\boldsymbol{\theta}_1$, and λ is a scale factor. This calculation of the representer value was simpler than the influence function method. The product between two feature vectors from the last intermediate layer is weighted by the gradient of the loss for test sample z'. Therefore, the training sample has a high representer value to the test sample which resembles the training sample and has a high loss value.

The representer point selection can capture positive and negative examples for some test samples better than the influence function method. However, this method recommends conducting a line search to fine-tune only the last layer with the L2 weight decay to achieve a high stationary point.

3.4.3 TracIn

The influence functions and representer point selection methods require the high-cost computation. The influence function method should evaluate the inverse Hessian matrix of the model parameters with regard to the loss. The representer point selection uses a line search to achieve the stationary point. These characteristics are obstacles to applying the influence functions and representer point selection to practical applications.

TracIn (Pruthi et al., 2020) utilizes the first-order approximation of the gradients and the checkpoint that saves the parameters during the training procedure to evaluate the influence of the training sample on the test sample. The ideal influence of training sample z on test sample z' is defined as the total difference in loss values between iterations t and $t+1$, where t is the iteration of using z as training data. In the below equation of ideal TracIn, $\boldsymbol{\theta}_t$ denotes the parameters of the model at iteration t, and $L(z', \theta_t)$ is the loss function of the training model with parameter θ_t for z'.

$$\text{TracInIdeal}(z, z') = \sum_{t:z_t = z} \left(L(z', \boldsymbol{\theta}_t) - L(z', \boldsymbol{\theta}_{t+1})\right)$$

However, it is difficult to redistribute the total difference in loss to each sample. To approximate the change in the loss in a given iteration t, the authors applied the first-order approximation method as follows.

$$L(z', \boldsymbol{\theta}_{t+1}) - L(z', \boldsymbol{\theta}_t) = \nabla_{\boldsymbol{\theta}_t} L(z', \boldsymbol{\theta}_t) \cdot (\boldsymbol{\theta}_{t+1} - \boldsymbol{\theta}_t) + O\Big(\|\boldsymbol{\theta}_{t+1} - \boldsymbol{\theta}_t\|^2\Big)$$

If the gradient descent algorithm is applied to the training procedure, the change of parameters is $\boldsymbol{\theta}_{t+1} - \boldsymbol{\theta}_t = -\alpha_t \nabla_{\boldsymbol{\theta}_t} L(\boldsymbol{z}_t, \boldsymbol{\theta}_t)$, where α_t is the learning rate at iteration t. Then, TracIn is derived by substituting this equation into the formula of the first-order approximation while ignoring the high-order term $O\left(\left\|\boldsymbol{\theta}_{t+1} - \boldsymbol{\theta}_t\right\|^2\right)$.

$$\mathrm{TracIn}(z, z') = \sum_{t:z_t=z} \alpha_t \nabla_{\boldsymbol{\theta}_t} L(z', \boldsymbol{\theta}_t) \cdot \nabla_{\boldsymbol{\theta}_t} L(z, \boldsymbol{\theta}_t)$$

TracIn evaluates the gradients of the loss for each iteration with regard to the training and test samples. However, during the training procedure, it is difficult to determine the test samples. An alternative way to evaluate the influence is to use checkpoints that record the model parameters during the training procedure. TracInCP loads k checkpoints and evaluates the influence on each checkpoint for approximating TracIn, which calculates the influence on every iteration.

$$\mathrm{TracInCP}(z, z') = \sum_{i=1}^{k} \alpha_{t_i} \nabla_{\boldsymbol{\theta}_{t_i}} L(z', \boldsymbol{\theta}_{t_i}) \cdot \nabla_{\boldsymbol{\theta}_{t_i}} L(z, \boldsymbol{\theta}_{t_i})$$

TracInCP is easy to implement in practice if checkpoints are saved during the training procedure. It shows a better performance in detecting mislabeled examples than the influence functions and representer point selection by the authors. In other words, if the checkpoints of the model are unknown, it is difficult to evaluate its influence. In this case, retraining the model should be considered when saving the checkpoints or using other methods such as the influence functions and the representer point selection.

3.5 Case studies

This section provides two case studies to help understand example-based explanation methods. First, a simple binary classification dataset is analyzed using a k-NN and the influence functions. It then presents the application of the example-based explanation on a high-dimensional dataset based on fashion-MNIST, a popular benchmarking dataset used for image classification.

3.5.1 Simple binary classification

With supervised learning, binary classification is a basic problem that classifies samples with features into two classes. We generated a synthetic sample dataset with two classes, each of which having 50 samples consisting of two features, as shown in Fig. 3.3. This sample dataset was used

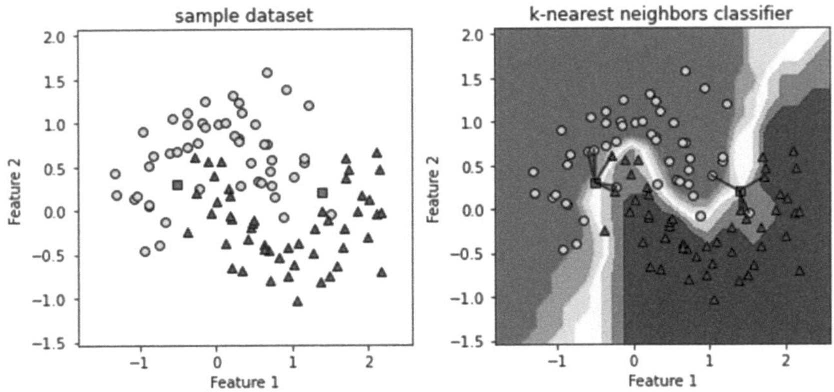

FIGURE 3.3 Sample dataset for binary classification (*left*) and decision boundary of the k-nearest neighbors classifier, where $k = 5$ (*right*). Two red (gray in print version) squares represent the test samples.

as the training dataset. To describe how the example-based explanation methods operate, two test samples were added, regardless of the training set.

Three classifiers with the training set, such as a k-NN classifier, logistic regression, and neural network, are used as training models. Let us start with the k-NN classifier, which is a model-inherent method in an example-based explanation. The k-NN classifier achieves 96% accuracy on this training set, where $k = 5$, and the similarity measure is the Euclidean distance. Although this accuracy is on the training set, it is sufficient to trust the prediction results from the model in this case study.

The two test samples in red square were classified using the k-NN classifier. The left test sample was classified as the yellow (light gray in print version) circle class, and the right test sample was classified as the blue (dark gray in print version) triangle class. The prediction results of the test samples can be interpreted by tracking the k nearest samples from the training set. For example, the k-NN algorithm presents the five nearest samples, which include three yellow (light gray in print version) circle samples for the left test sample, as shown in Fig. 3.3. Although we do not know which feature affects the prediction result, we can identify the examples that determine the prediction results from the k-NN classifier.

In this case, the k-NN classifier shows high accuracy despite its behavior being simple and transparent because the sample dataset has a few features and simple distributions. In practice, other machine learning or deep learning models are also used to solve classification problems. For these classifiers, the post-hoc methods are useful for interpreting model behaviors using examples.

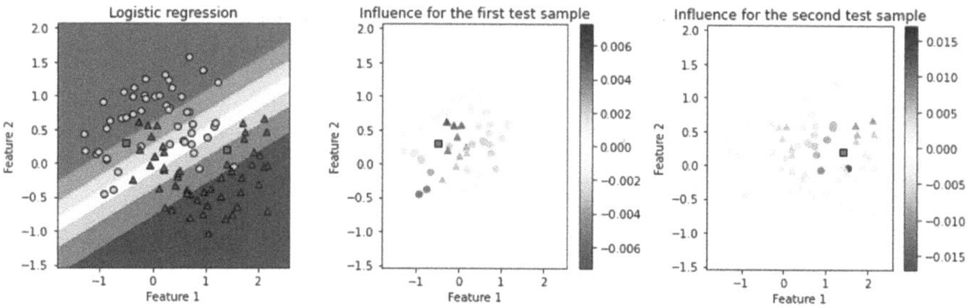

FIGURE 3.4 Decision boundary of the logistic regression (*left*) and influence of the training samples regarding the test samples used for the logistic regression (*middle, right*).

A logistic regression is a linear classifier with parameters. Its output is the probability of a certain class. We trained the logistic regression on the sample dataset, and it recorded 85% accuracy with a decision boundary, as shown in Fig. 3.4. Because the sample dataset is nonseparable with a linear function, the logistic regression has lower accuracy than the k-NN classifier.

To analyze the prediction results using examples, the influence function was applied to the logistic regression and dataset. For the first test sample, the blue (dark gray in print version) triangle samples near the first test sample have a large negative influence because the first test sample is classified as a yellow (light gray in print version) circle. The decision boundary affected by the blue (dark gray in print version) triangle samples results in high loss values with regard to the first test sample. Similarly, for the second test sample, the yellow (light gray in print version) circles have large negative influences because the second sample is classified as a blue (gray in print version) triangle. These examples will help in the development of a mental model to understand the effects of the training samples on the classifier and the prediction results.

As a nonlinear classifier, a neural network consisting of three hidden layers with 64 nodes and the ReLU activation function was trained on the sample dataset. This neural network shows 99% accuracy to the sample dataset with a nonlinear decision boundary, as shown in Fig. 3.5. The influence function method is also applied to the neural network to interpret the model behavior, similar to the logistic regression. To reduce the computation cost, we calculate the value with the parameters in the last layer.

The difference between influence scores in the neural network and the logistic regression is that in neural network, most of the training samples have near-zero values, and a few training samples have larger values than the others. For example, the yellow (light gray in print version) circle sample has a large negative influence on the second test sample. This means that the training sample has a negative influence on the

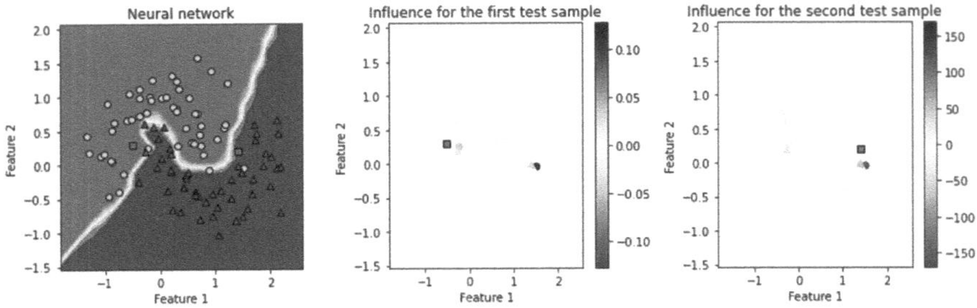

FIGURE 3.5 Decision boundary of the neural network (*left*). Influence scores of the training samples regarding two test samples for the neural network (*middle, right*).

classification of the second test sample. This training sample is close to the second test sample, but has a different class label. In the meantime, this training sample has a positive influence on the first test sample. These two samples are close in feature 2, but distinct in feature 1.

Let us consider the training sample with a high influence as a mislabeled example. In this case, it is more natural to change the class of the training sample from the yellow (light gray in print version) circle to the blue (dark gray in print version) triangle. This application uses influence-based methods. We can check the influence of the training samples and then detect whether any of the influential samples are mislabeled.

3.5.2 Multiclass classification: fashion-MNIST

In the real world, datasets such as images, texts, and speeches that consist of high-dimensional features and a large number of samples exist. For such data, there is a so-called multiclass classification problem, where the samples are classified into more than two classes. In this section, we train deep learning models on the fashion-MNIST dataset, which is a popular benchmark dataset for image classification. We interpret the behaviors of the models using examples selected by the influence functions.

The fashion-MNIST dataset includes 28×28 gray-scale images of 10 categories of clothes for the multiclass image classification problem (Xiao et al., 2017). The training set contained 60,000 samples, and the test set contained 10,000 samples. Various deep learning models based on convolutional neural networks (CNNs) have been used for image classification with high accuracy. We designed a simple CNN consisting of two convolutional layers and two fully-connected layers, and then trained the model with the training set of fashion-MNIST. The test accuracy of the simple CNN was 90%.

According to the absolute value of the influence score, we extracted the top three most helpful examples and the top three most harmful examples

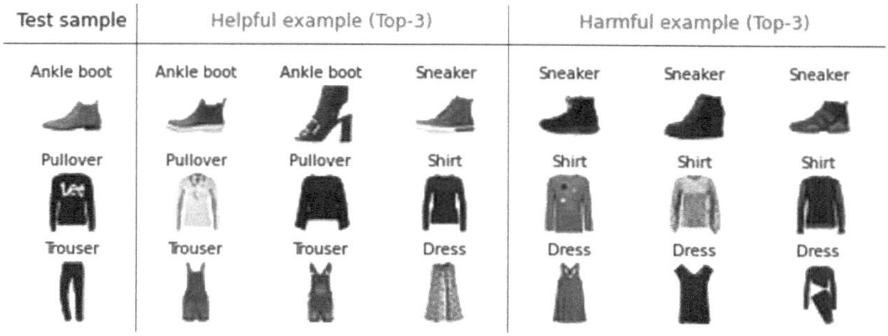

FIGURE 3.6 Influential examples for the simple CNN.

from the given test samples for the simple CNN, as shown in Fig. 3.6. The helpful examples are training samples with a positive influence. They generally belong to the sample class with a given test sample, but have various features. Even samples in different classes have a positive influence on the test samples. These helpful examples will contain useful information for classifying the given test samples. By contrast, the harmful examples are training samples with negative influence. Although their features are similar to those of the given test samples, the class labels are different. For example, there are some shirt images that look like the given pullover, and sneaker images similar to the given ankle boot. In the case of trouser, the split part of the trouser image can be confused with a dress because fashion-MNIST has a low resolution.

To show the results of another model, a neural network consisting of three hidden layers and 256 nodes for each layer was trained on the same dataset. The neural network achieved 88% of the test accuracy. The helpful examples and harmful examples of the given test samples for the neural network are presented in Fig. 3.7. These examples were selected by applying the influence functions to the model. The neural network shows different examples from a simple CNN. In particular, for the trousers, the

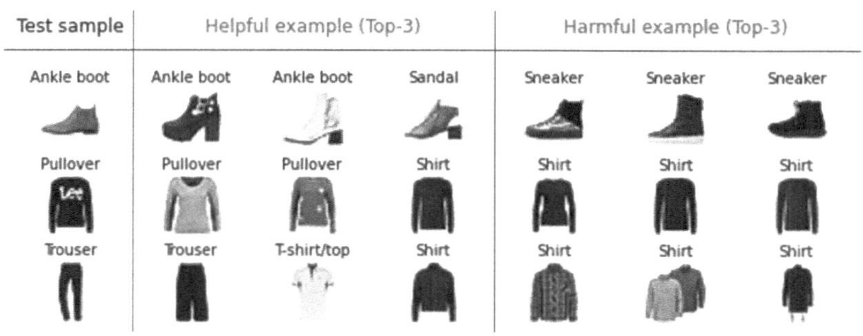

FIGURE 3.7 Influential examples for the neural network.

neural network has shirts as a harmful example, not dresses. Furthermore, in the harmful example of a trouser, an image containing two shirts can be identified. Because this example differs from other samples, it may need to be considered in the data processing.

3.6 Summary

This chapter described example-based explanation methods that support the interpretation of model behavior using examples. These methods select useful examples from datasets based on a similarity or influence. According to the examples, one can find examples related to the prediction results, understand the trained model, and detect mislabeled samples. It is helpful to use feature-relevance methods along with example-based explanation methods. The interpretation of machine learning models is a fast-growing field. Readers are encouraged to continue tracking other related studies in this field.

References

Arrieta, A. B., Díaz-Rodríguez, N., Del Ser, J., Bennetot, A., Tabik, S., Barbado, A., Garcia, S., Gil-Lopez, S., Molina, D., Benjamins, R., Chatila, R., & Herrera, F. (2020). Explainable artificial intelligence (XAI): Concepts, taxonomies, opportunities and challenges toward responsible AI. *Information Fusion, 58*, 82–115.

Bach, S., Binder, A., Montavon, G., Klauschen, F., Müller, K. R., & Samek, W. (2015). On pixel-wise explanations for non-linear classifier decisions by layer-wise relevance propagation. *PLoS One, 10*(7), e0130140.

Breiman, L. (2001). Random forests. *Machine Learning, 45*, 5–32.

Cai, C. J., Jongejan, J., & Holbrook, J. (March 2019). The effects of example-based explanations in a machine learning interface. In *Proceedings of the 24th international conference on intelligent user interfaces* (pp. 258–262).

Cook, R. D., & Weisberg, S. (1980). Characterizations of an empirical influence function for detecting influential cases in regression. *Technometrics, 22*(4), 495–508.

Erhan, D., Bengio, Y., Courville, A., & Vincent, P. (2009). Visualizing higher-layer features of a deep network. *University of Montreal, 1341*(3).

Friedman, J. H. (2001). Greedy function approximation: A gradient boosting machine. *The Annals of Statistics, 29*(5), 1189–1232.

Goodfellow, I. J., Shlens, J., & Szegedy, C. (2014). *Explaining and harnessing adversarial examples*. arXiv preprint arXiv:1412.6572.

Jeyakumar, J. V., Noor, J., Cheng, Y., Garcia, L., & Srivastava, M. (2020). How can i explain this to you? An empirical study of deep neural network explanation methods. *Advances in Neural Information Processing Systems, 33*, 4211–4222.

Jongejan, J., Rowley, H., Kawashima, T., Kim, J., & Fox-Gieg, N. (2016). *The quick, draw!-AI experiment*. Retrieved from http://quickdraw.withgoogle.com.

Kim, B., Khanna, R., & Koyejo, O. O. (2016). Examples are not enough, learn to criticize! criticism for interpretability. *Advances in Neural Information Processing Systems, 29*, 2280–2288.

Koh, P. W., & Liang, P. (July 2017). Understanding black-box predictions via influence functions. In: *Proceedings of the 34th International Conference on Machine Learning, 70,* (pp. 1885–1894). PMLR.

Lakkaraju, H., Adebayo, J., & Singh, S. (2020). *Explaining ML predictions: State-of-the art challenges, and opportunities.* NeurIPS Tutorial. https://explainml-tutorial.github.io/neurips20. (Accessed 4 January 2022).

Lundberg, S. M., & Lee, S. I. (December 2017). A unified approach to interpreting model predictions. In *Proceedings of the 31st international conference on neural information processing systems* (pp. 4768–4777).

Molnar, C. (2020). *Interpretable machine learning.* Lulu.com.

Park, H. S., & Jun, C. H. (2009). A simple and fast algorithm for K-medoids clustering. *Expert Systems with Applications, 36*(2), 3336–3341.

Peterson, L. E. (2009). K-nearest neighbor. *Scholarpedia, 4*(2), 1883.

Pruthi, G., Liu, F., Kale, S., & Sundararajan, M. (2020). Estimating training data influence by tracing gradient descent. *Advances in Neural Information Processing Systems, 33,* 19920–19930.

Ribeiro, M. T., Singh, S., & Guestrin, C. (August 2016). "Why should i trust you?" Explaining the predictions of any classifier. In *Proceedings of the 22nd ACM SIGKDD international conference on knowledge discovery and data mining* (pp. 1135–1144).

Selvaraju, R. R., Cogswell, M., Das, A., Vedantam, R., Parikh, D., & Batra, D. (2017). Grad-cam: Visual explanations from deep networks via gradient-based localization. In *Proceedings of the IEEE international conference on computer vision* (pp. 618–626).

Shrikumar, A., Greenside, P., & Kundaje, A. (July 2017). Learning important features through propagating activation differences. In *International conference on machine learning* (pp. 3145–3153). PMLR.

Sundararajan, M., Taly, A., & Yan, Q. (July 2017). Axiomatic attribution for deep networks. In *International conference on machine learning* (pp. 3319–3328). PMLR.

Wachter, S., Mittelstadt, B., & Russell, C. (2018). Counterfactual explanations without opening the black box: Automated decisions and the GDPR. *Harvard Journal of Law & Technology, 31*(2), 841–887.

Xiao, H., Rasul, K., & Vollgraf, R. (2017). *Fashion-mnist: A novel image dataset for benchmarking machine learning algorithms.* arXiv preprint arXiv:1708.07747.

Yeh, C. K., Kim, J., Yen, I. E. H., & Ravikumar, P. K. (2018). Representer point selection for explaining deep neural networks. *Advances in Neural Information Processing Systems, 31.*

CHAPTER

4

Explanation of ensemble models

Josue Obregon[1], *and Jae-Yoon Jung*[1,2]

[1] Department of Industrial and Management Systems Engineering, Kyung Hee University, Yongin, Gyeonggi, South Korea; [2] Department of Big Data Analytics, Kyung Hee University, Yongin, Gyeonggi, South Korea

4.1 Introduction

Ensemble models are built on the main idea of combining the decisions of multiple base predictive models with the goal of constructing a better model that outperforms the original base predictors. The ground concept of ensembles can be traced back to 1785, when Marquis de Condorcet presented his theorem in which a jury of voters had to decide over a binary outcome. If the probability of being correct for each voter is greater than 0.5, then adding more voters increases the probability that the jury will cast the correct decision. The theorem is applied under the assumption that the votes are independent. The idea was also explored by the statistician Sir Francis Galton at the beginning of the 20th century, where he observed in an ox weight-guessing contest in which the average of all guesses of the participants missed the actual weight by just a single pound. The basic notion behind this experiment was later referred as the "wisdom of the crowds" by the journalist James Michael Surowiecki in 2004, where he describes how the combination of information from different sources helps to make decisions that are often better than using the information from a single individual source (Sagi & Rokach, 2018).

Moving these ideas to the machine learning field, in the late 1990s, the four most important and widely used ensemble learning algorithms were introduced: AdaBoost (Freund & Schapire, 1997), bagging (Breiman, 1996), random forests (Breiman, 2001), and gradient boosting machines (GBMs) (Friedman, 2001). Section 4.2 provides more details regarding each of these algorithms. Since their introduction, the research and practical use of ensemble learning algorithms has considerably increased, as depicted in Fig. 4.1. The main reasons for the quick adoption of ensemble techniques are variance reduction, computational advantage,

Human-Centered Artificial Intelligence
https://doi.org/10.1016/B978-0-323-85648-5.00011-6

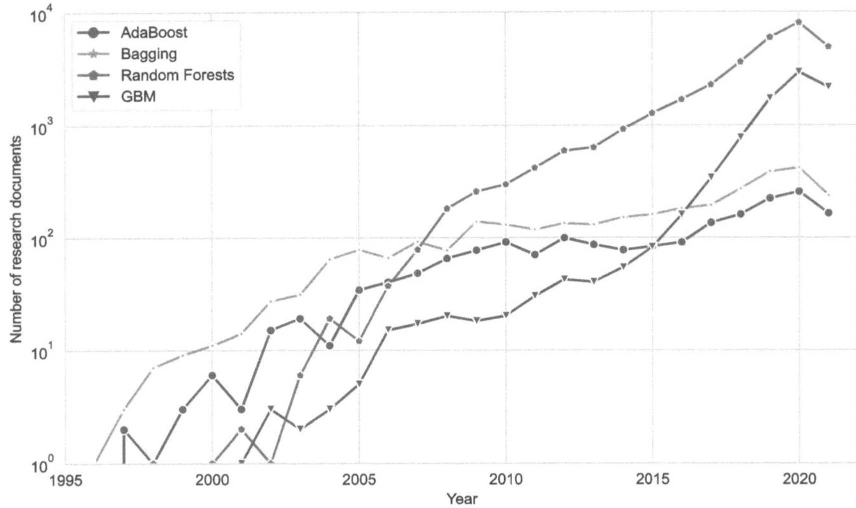

FIGURE 4.1 Trend in the number of research documents (i.e., articles, conference papers, book chapters, reviews, and short surveys) that include the keywords AdaBoost, Bagging, Random Forests, and Gradient Boosting Machines (including XGBoost, CatBoost, and LightGBM) from 1996 to 2020. The y-axis has a logarithmic scale. The data were retrieved from the Scopus database in July 2021.

and representation capacity compared with single predictive models (Dietterich, 2000b). The utilization of ensemble methods has increased since their introduction, as shown in Fig. 4.1.

Bagging was the first and most widely used ensemble algorithm until 2007, when random forest became the most widely used ensemble algorithm, which is still the case. The use of GBM was low until the development of improved versions of the algorithm, including XGBoost and LightGBM, in 2016, and now the approach is widely used.

The importance of ensemble learning algorithms in the current machine learning landscape is undeniable owing to their well-known performance gain. However, increasing the accuracy of the models is generally achieved by increasing the size of the model (i.e., the number of base learners). This is detrimental to the explainability of the model. Moreover, the combination mechanism of the ensemble also hinders the ability of the model to be transparent and easily understood by humans. The main factors that result in ensembles that are considered a black box model are studied in more detail in Section 4.3.

In the first decade after its introduction, interpretation of ensemble models was attempted by investigating the importance of the features in the model. The most relevant methods were almost exclusively presented for ensembles with decision trees as base learners. These methods include the mean decrease impurity (MDI) and mean decrease accuracy (MDA) (Louppe et al., 2013). Those works motivated the research community to further pursue the explanation of ensemble models, and various explanation posthoc methods have been presented. A posthoc ensemble explainability method usually attempts to reduce the complexity of the model in one of three ways: extracting interpretable rules, generating a simpler surrogate model, or pruning the original ensemble. These methods are the main topics of this chapter and are presented in detail in Section 4.4.

This chapter is concluded in Section 4.5 with a summary of the current landscape and challenges faced when interpreting an ensemble model.

4.2 Ensemble models

Let us begin by defining the building blocks necessary for constructing an ensemble model following the framework used by Sagi and Rokach (2018). Given a dataset $D = \{(x_i, y_i)\}$ with n samples and m features, that is, $|D| = n$, $x_i \in R^m$, and $y_i \in R$, an ensemble model H has an associated output fusion function φ that aggregates the predictions of K base learners as follows:

$$\widehat{y_i} = H(x_i) = \varphi(h_1, h_2, \ldots, h_K).$$

The output y_i is quantitative for regression problems and qualitative for classification problems.

Using the previous general framework, constructing an ensemble model essentially requires choosing the methodology for training the base learners h_k and selecting the aggregation function to combine the output of K learners.

Training base learners. The performance improvement achieved by ensemble models is mainly due to the diversity of the base predictors, which consequently causes the generation of various inductive biases (Kuncheva, 2014). Model diversity was obtained using one of the following methods:

- manipulating the training samples usually achieved through resampling methods,
- manipulating each base learner by changing its hyperparameters or starting point in the hypothesis space,
- partitioning the feature search space, or
- combining the previous methods, also known as ensemble hybridization.

Output fusion. This is the major advantage of using ensemble methods because the combination of the output of each base learner brings about a strong generalization ability (Zhou, 2012). This is the process of combining the base model outputs into a single output. For regression problems, this is usually achieved through simple or weighted averaging, and for classification problems, the general case is to use majority voting.

Ensemble algorithms are commonly divided into two frameworks: dependent and independent (Sagi & Rokach, 2018). The dependent framework consists of methods that sequentially train the base learners, which means that trained models at each step guide the subsequent learning process and affect the generation of the next learner. The methods in the independent framework build the base learners in parallel. Fig. 4.2 presents a graphical representation of the most popular and widely used ensemble learning algorithms in both frameworks: boosting and bagging. In the following subsections, we describe both algorithms with more detail.

4.2.1 Boosting

Boosting is "one of the most powerful learning ideas introduced in the last 20 years" (Hastie et al., 2009). It is a family of dependent ensemble methods in which the learners are trained one at a time and seek to overcome the errors of the previous models using various strategies depending on the specific algorithm. Boosting algorithms can convert a set of weak learners into a strong learner. In simple words, a weak learner generates models that are slightly better than random guessing, whereas strong learners produce models that have a perfect or near optimal performance. The remaining part of this subsection briefly reviews some popular boosting methods whose interpretation methods are investigated in Section 4.4.

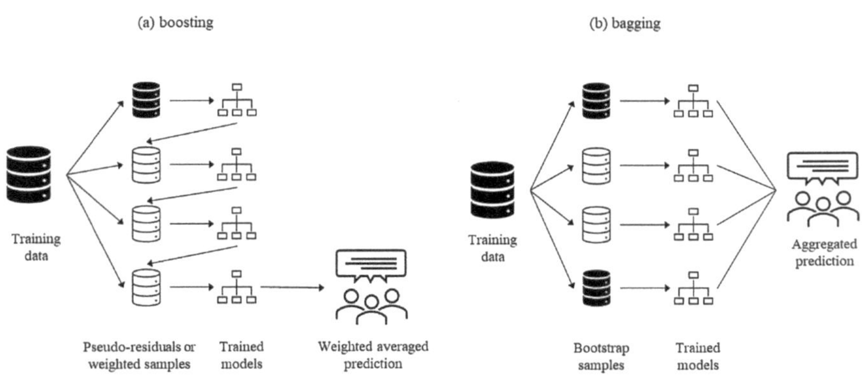

FIGURE 4.2 Graphical representation of the two most popular and widely used ensemble learning algorithms in the dependent and independent frameworks: (a) boosting and (b) bagging.

4.2.1.1 AdaBoost

AdaBoost (Freund & Schapire, 1997) is one of the most heavily used ensemble learning algorithms during the first decade after its creation. The name of the algorithm is derived from "adaptive boosting," and it starts by assigning individual weights to the training samples, usually a uniform weight of $1/n$. For each iteration, the algorithm fits a new learner, computes the error, and updates each instance weight accordingly. Misclassified instances obtain increased weight values, whereas correctly classified instances obtain decreased weight values. Thus, the algorithm can focus on the most difficult training regions of D. In addition, each weak learner receives a weight α_k that is based on the accuracy of the model, which means that the weights do not need to add up to 1. With this strategy, the algorithm sequentially builds learners using different training data versions.

4.2.1.2 Gradient boosting machines

GBMs have gained significant attention in the machine learning field in recent years (Friedman, 2001). As is well known, boosting is equivalent to conducting a forward stagewise additive expansion using an exponential loss function (Hastie et al., 2009). The strategy used is a greedy stagewise approach, in which there is an imperfect model at iteration k with the following form:

$$H_k(x) = H_{(k-1)}(x) + \beta_k \, h_k(x),$$

where α is the weight given to the current trained model; thus, in this way, GBM improves the function $H_k\ (x)$ by fitting a new model $h_k(x)$ over the so-called pseudoresiduals. Building on this, GBM allows the use of an arbitrary differentiable loss function, connecting with this stagewise additive expansion and steepest-descent minimization (Friedman, 2001).

Although GBMs were first introduced in 2001, their usage was rather low, as shown in Fig. 4.1. However, in 2016, Chen and Guestrin presented XGBoost (Chen & Guestrin, 2016), a scalable end-to-end tree boosting system that was rapidly adopted by machine learning researchers and practitioners. Furthermore, XGBoost improved the original GBM algorithm by adding a few regularization parameters, which helped reduce the generalization error of the ensemble models. Following the application success of XGBoost, Microsoft and Yandex presented LightGBM (Ke et al., 2017) and CatBoost (Prokhorenkova et al., 2018), respectively. Both algorithms improve the original algorithm in different ways. LightGBM, for example, uses the histogram-based algorithm to reduce the memory consumption and training times, whereas CatBoost, for its part, can handle categorical variables right out of the box.

4.2.2 Bagging

Bagging (Breiman, 1996) is a contraction of bootstrapping aggregation because base classifiers are built using bootstrap replicates of the training data D. In this type of ensemble, the diversity of the base models is obtained from the bootstrap process, resampling with replacement from the training data. Bagging algorithms have increased accuracy when used with high variance and low-bias base classifiers, such as decision trees (Hastie et al., 2009). Bagging models belong to the independent type of ensembles because the base models are trained in parallel. For classification, a voting scheme is used to determine the predicted class, and for regression, the average prediction of all base ensembles is returned.

4.2.2.1 Random forests

Random forests are generally the most widely used bagging and ensemble learning models (Breiman, 2001). Random forests use random decision trees as the base classifiers. In each iteration, the algorithm selects a random vector of features (i.e., a random subset of features) to construct a random tree. Therefore, the trees in the RF vary in nature and have a low correlation with each other. The generalization error of the ensemble decreases as the number of random trees increases. Although the performance of a random forest is extremely similar to boosting, it is simpler to tune and train. Therefore, it is the most widely used ensemble model by practitioners and researchers, as shown in Fig. 4.1.

4.2.3 Comparison of ensemble methods

In general, bagging and boosting yield good practical results when applied in problems of different domains. Nonetheless, they may differ in terms of each problem setting, such as class imbalance, high dimensionality, and the amount of noise in the data (Sagi & Rokach, 2018). For example, bagging reduces the variance of unstable methods, while boosting reduces both the variance and the bias of unstable methods but increases the variance of stable methods (Dietterich, 2000a). Boosting methods tend to overfit to each dataset due to the way in which each model is sequentially constructed looking to overcome the errors of the previous models. This is good if the dataset is not noisy, but it is a disadvantage if the dataset has a lot of noise. In terms of computational cost and scalability, bagging methods allow the base models to be trained in parallel, which gives an advantage over boosting methods.

4.3 Challenges of explaining ensemble models

This section first investigates the main difficulties faced by analysts and researchers when explaining an ensemble model. We present the three basic problems based on the distinction between the terms "interpretability" and "explainability" (Arrieta et al., 2020), in which the interpretability of a model comes by design, whereas the explainability of the models is usually linked to posthoc explainable methods.

Such problems can be represented by a pyramid diagram, as shown in Fig. 4.3. The base of the pyramid is the size of the ensemble. This is because, regardless of the other two factors, if the size of the ensemble is large, interpreting the model is nearly impossible for human intuition. The middle block on the pyramid is the type of base predictive model used when constructing the ensemble, that is, whether the base model is intrinsically interpretable. The top of the pyramid is related to the inner mechanisms of the ensemble, not only for constructing the model but also for combining the predictions of the base predictors. We develop these topics in more detail in the following subsections.

4.3.1 Size of ensemble

The first issue that arises when explaining an ensemble model is an intuitive problem, i.e., the size of the ensemble. As the size of the ensemble grows, the ability to explain its internal decision mechanisms becomes more difficult. Furthermore, even trying to define the size of an ensemble model presents a few challenges, such as how exactly can we measure the size of the ensemble? Is it simply the number of base models

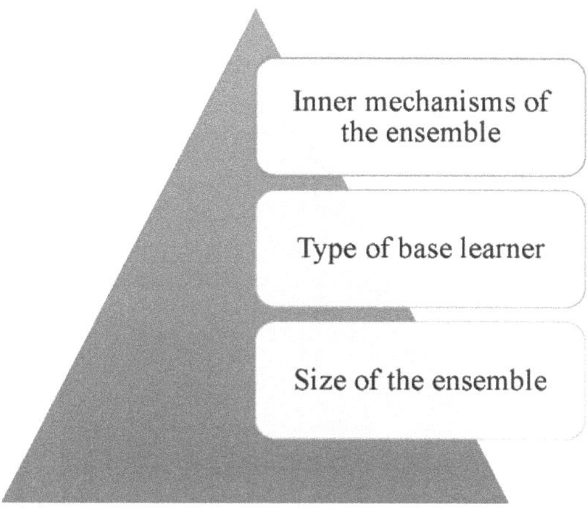

FIGURE 4.3 Pyramid representing three main problems faced by researchers and analysts when explaining an ensemble model.

or should it also include the size of each model? How can we define the size of each base model? We begin by addressing these subproblems individually.

Size of ensemble. For an extremely rough definition of the size of the ensemble, we consider the number of K base models $h_k \in H$. This simple measure is useful for providing an approximate idea of the size of the ensemble models and can also be used when comparing models with the same base learner. However, unless the base model is a simple decision stump, K is an incomplete generalization of what can be defined as the size of an ensemble model because it ignores the size of each model in the ensemble.

Size of each base model. The base model from an ensemble is not restricted to a specific type of machine learning model. Consequently, the nature, parameters, hyperparameters, and representations of the models are different; thus, it is challenging to develop a one-size-fits-all method for measuring the size of a machine learning model. For example, when using decision trees, the size of the model is usually taken as the number of leaf nodes; however, we can also include the number of internal decision nodes. For the second example, consider a neural network (NN). Although the size of the network can be regarded as the number of neurons in the network, it can also be considered as the total number of weight parameters and biases in the network. Defining the size of a machine learning model is beyond the scope of this chapter; however, we believe this is a fundamental problem that needs to be solved when presenting a robust framework for measuring and comparing the explainability of an ensemble model.

Information redundancy. Because of the model diversity obtained when constructing ensemble models, many regions of D are used multiple times to train the base models. Therefore, several predictive models within the ensemble provide the same interpretable information. For example, a split condition in a decision tree could be repeated hundreds of times in a random forest model, or a condition in a rule-based classifier could appear more than once in a bagging ensemble of rules. This is a problem intrinsic to ensemble models and is difficult to avoid.

Human comprehension capacity. From a human-centered perspective, what is considered a large and complex model? According to Miller (1956), a human can handle as many as 7 ± 2 abstract entities simultaneously. Moreover, defining an abstract entity poses another problem because we need to define what is considered a manageable "chunk" of abstract information for humans from the point of view of machine learning models. Finally, another challenge lies in the definition of requirements for an information entity to be considered informative in explaining the decision mechanisms of an ensemble model.

The size of the ensemble is the main problem addressed for the majority of posthoc ensemble explanation methods. These methods are considered ensemble simplification methods, which we present in more detail in Section 4.4.2.

4.3.2 Type of base learner

Thus far, we have mentioned that an ensemble model consists of a set of base learners. Usually, the only requirement for each base model is being built with a weak learner. The most common weak learner used is decision tree learning. In addition, various types of decision trees are used in a random forest (i.e., random trees) and gradient boosting trees (i.e., regression trees). However, other algorithms can also be used, such as a NN, support vector machines (SVMs), k-nearest neighbors, and rule-based models.

On the one hand, there are machine learning models that are intrinsically interpretable (i.e., transparent models), and from among this category, we can find decision trees and rule-based models. If the ensemble learning algorithm uses this type of base method and the size of the ensemble is sufficiently small, the model can be interpreted and explained to a certain extent. Nonetheless, this is usually not the case; in addition, handling the combination method of the predictions makes understanding the ensemble models almost impossible for human users.

By contrast, if the base learner method of the ensemble generates models that are intrinsically uninterpretable, then the ensemble model is by design uninterpretable. In this regard, noninterpretable models can be converted into interpretable models. The most representative methods for this case are rule extraction methods for an NN and an SVM. In any case, the size of the model and the ensemble mechanisms remain to be solved.

4.3.3 Inner mechanisms of the ensemble

The last problem that reduces the explainability of an ensemble model is the internal mechanism of the ensemble. These can be divided into output fusion and the prediction space of the ensemble.

Output fusion. In the first part of Section 4.2, we mentioned different methods available for an ensemble algorithm to combine the predictions of its base learners. The rationale behind the combination methods is not difficult to understand; however, if the size of the ensemble is large, keeping score of the average of the models, handling weights, or computing a majority vote become difficult for a human user.

Prediction space. This problem occurs only when the GBM algorithm is used for classification because it treats the problem as a logistic regression. For example, in the binary case, a GBM models the posterior probability $H(x) = Pr(y = 1|X)$, and relates the predictors in $H(x)$ with the logit transformation, $\log\left[\frac{Pr(y=1)}{1-Pr(y=1)}\right]$. Therefore, to reobtain the posterior probability estimate, the inverse function of the logit transformation should be used, which is a logistic function (Hastie et al., 2009). Thus, the leaf nodes on the trees contain continuous scores that are the logit values of the tree function $h_k(x)$, which are not easily interpreted by humans.

We now proceed to introduce principal XAI methods for the ensembles.

4.4 Methods for interpreting ensemble models

This section explores the main XAI methods for ensembles. Before introducing each technique, Fig. 4.4 presents a taxonomy based on the

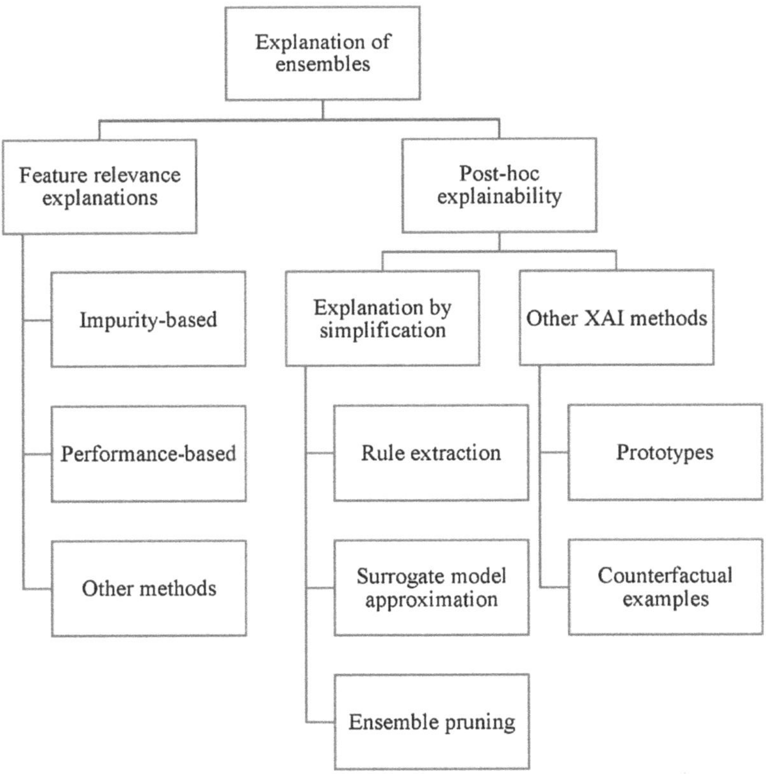

FIGURE 4.4 Taxonomy of the presented methods for explanation of ensemble models.

study of Barredo et al. (2020). Note that although model-agnostic methods can be effectively used with ensemble models, this section focuses on only the methods that are specific to ensembles. The first category, *feature relevance explanations*, contains methods that rank the features of the model according to the feature importance, relevance, or influence in the model predictions. These methods are commonly known as feature importance methods. In this category, there are three types of methods: impurity-based methods, which are specific for tree ensembles; performance-based methods, which can be applied to any type of ensemble; and other types of methods, which are methods that do not belong to the above two categories.

However, we separate the *feature relevance explanation* category from *posthoc explainability* methods, as opposed to the original taxonomy presented by Barredo et al. (2020). This is because impurity-based and performance-based methods can be calculated during the ensemble construction process.

The second category, *posthoc explainability methods*, consists of methods that are applied after the ensemble is built and aims either to simplify or reduce the size of the ensemble. In addition, in this category, we can find the experimental methods that are still being researched and are based on novel XAI methods such as counterfactual examples and prototypes.

4.4.1 Feature relevance explanations

The explanation methods that are specific to the ensemble models are introduced. In this regard, the methods presented below are specific to the tree ensembles. There are two types of tree-specific feature importance scores for ensembles of trees: impurity- and performance-based.

4.4.1.1 Impurity-based feature importance

Let us begin by briefly reviewing the concept of impurity in decision tree learning. When a tree is built, the algorithm recursively partitions the m-dimensional feature space of the predictor variables $X^1, X^2, \dots, X^m$, into more homogeneous subgroups with respect to the target variable Y. The construction of a decision tree takes n samples in training set D, and recursively identifies at each node t the best split $s_t = s^*$ for which the partition of n_t number of node samples into t_L, i.e., the left node, and t_R, i.e., the right node, maximizes the decrease of an impurity measure $i(t)$, which is denoted by $\Delta i(s,t)$ as follows:

$$\Delta i(s,t) = i(t) - p_L\, i(t_L) - p_R\, i(t_R).$$

Here, $p_L = n_{t_L}/n_t$ and $p_R = n_{t_R}/n_t$ are the proportions of the samples of the original node t going to each of the left and right child nodes, respectively

(Louppe, 2014). The impurity measure $i(t)$ could be the cross-entropy function, the Gini index, or the variance of Y, depending on the machine learning task.

The *mean decrease impurity* measure (MDI) is computed for the j-th feature, denoted by X^j with $= 1, 2, \ldots, m$, by adding up, the weighted impurity decreases $p(t)\Delta i(s,t)$ for all nodes t in the trees where the feature X^j is used for splitting a node, averaged over all trees $h_k \in H$ as follows:

$$\mathrm{Imp}\left(X^j\right) = \frac{1}{K}\sum_{k=1}^{K}\sum_{t\in h_k} I\left(j_t = j\right)\left[p(t)\Delta i(s_t, t)\right],$$

where I is the indicator function, $p(t)$ is the proportion of samples reaching node t, and j_t is the identifier of the variable used for splitting node t. Depending on the specific algorithm, the impurity measure is different. Random forests, for example, use the Gini index as the impurity measure, which is also known as the *Gini importance* or *mean decrease Gini*. Another case is the *gain score*, used by XGBoost, which also considers the model complexity.

When using MDI on single trees, the feature importance scores are given based on a single instance of the tree, whereas when MDI is used on ensembles, the feature importance score might be different because more features are used on different trees. This is especially true for Random forests, since the algorithm itself chooses random subsets of features, giving the chance for weak features to be used on some trees.

4.4.1.2 Performance-based feature importance

Another way to obtain the relevance of a feature when constructing ensemble models is to measure the *mean decrease accuracy* (MDA) or its equivalent, that is, the *mean increase in error* (Breiman, 2002). The method works by randomly permuting the values of each feature X^j and measuring the change in the out-of-bag error (i.e., the error of the samples not used for training each random tree during each iteration). The change in the error was measured each time a tree was built, and the values obtained from all K trees were averaged. As the rationale behind the method, if feature X^j is important, by randomly permuting its values, we break the relationship with the response variable Y, thus changing the predictions, and consequently, the performance of the model. In other words, the larger the increase in the error, the more important feature X^j is, and vice versa (Louppe et al., 2013).

The method is also known as *permutation importance*, and it became a model-agnostic explainable method because it can be applied to any problem, independent of the machine learning model. In addition, other performance metrics can be used to compute the feature importance measures, depending on the problem at hand. For example, if we deal with an imbalanced classification problem, more relevant measures can be used (e.g., F-measure, precision, or recall).

Both measures have been extensively used in various machine learning software (e.g., scikit-learn, XGBoost, Random Forest, LightGBM, and Catboost), and both measures have shown their practicality. However, MDI has been shown to be biased toward high cardinality features because these variables can be used more often for splitting nodes in the trees, and thus the use of MDA is generally recommended (Louppe, 2014).

4.4.1.3 Other methods

There is one additional method for *feature relevance explanations* that does not fit in the previous categories because it is based on the concept of *shapley values* from the game theory field. Recalling the SHAP method that was introduced in the chapter titled *Explanation Using Model-Agnostic Methods*, TreeSHAP (Lundberg et al., 2020) is a model-specific variant of the original method that was created for tree-based methods, such as random forests, bagging trees, or GBM. The method was adapted from the original method based on the way it computes the *shapley values* because it uses the conditional expectation values instead of the marginal expectation. The remaining elements of the method are the same as those of the original. The major advantage of TreeSHAP is the reduction in the computational complexity time from exponential to polynomial time.

4.4.2 Posthoc explainability

The principal problem for explaining a decision made by ensemble models is its size, as discussed in Section 4.3.1. Therefore, the most intuitive and simple idea is to reduce the size of the model, which is why the majority of XAI methods for ensembles belong to this category. Therefore, we can trivially reduce the size of the model by choosing the model with the best performance among all models in the ensemble and use that model to make predictions. However, recall that the main advantage of using ensembles is having multiple predictive models, thus creating model diversity. Reducing the size of the ensemble will therefore certainly reduce the predictive performance of the simplified model compared to that of the original ensemble. The challenge is to simplify the ensemble model and try as much as possible to reduce the decrease in performance. The methods in the first part of this subsection have this goal and vary in the approaches taken to achieve it.

The last part of this subsection presents some novel and experimental methods in which other XAI approaches can be used specifically to explain the ensemble models.

4.4.2.1 *Explanation through simplification*

Explanations using simplification methods have the goal of reducing the complexity of the ensembles to make their decision mechanisms easier to understand for humans, while simultaneously reducing the loss in performance at the same time. These methods are mostly applied to tree ensembles because of their popularity. In theory, some of these methods can be applied to ensembles with other types of base learners, particularly rule extraction methods; however, research and practical applications for tree ensembles have been presented. There are three categories of methods that simplify ensemble models: rule extraction methods, surrogate model approximation, and ensemble pruning. A summary of these methods is presented in Fig. 4.5, and more details are provided in the following subsections.

4.4.2.1.1 Rule extraction

Rule extraction methods are the most studied methods in the literature for simplifying rule ensembles. The goal of the method is to transform a

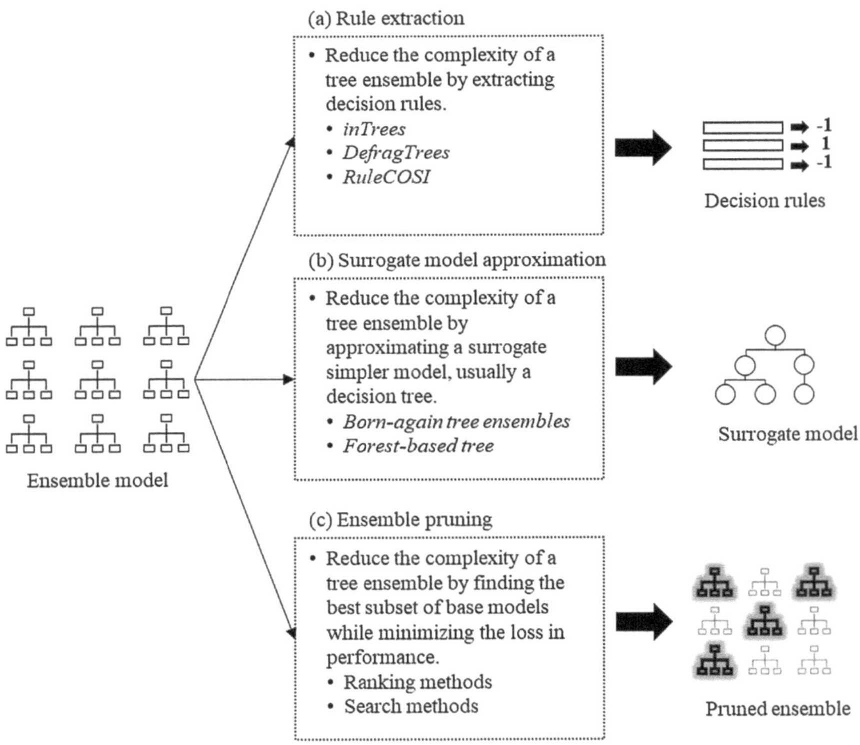

FIGURE 4.5 Summary of ensemble posthoc explainable methods through simplification: (A) rule extraction, (B) surrogate model approximation, and (C) ensemble pruning.

tree ensemble H into a set of simplified decision rules, R. The RuleFit algorithm (Friedman & Popescu, 2008) is one of the first rule extraction methods presented in the literature. RuleFit generates decision tree ensembles that are subsequently transformed into rules and fitted with LASSO regression to determine the weights of the rules and their interactions. However, the produced rulesets are usually large, and therefore, their interpretability is low. Similarly, the Rule Extraction from Ensemble Methods via Tree Induction and Combination method works by learning decision trees using the well-known C4.5 algorithm (Quinlan, 1993), after which decision rules are extracted and combined through a logic minimization technique called ESPRESSO (Iqbal, 2012, pp. 599–607).

Before introducing three rule extraction methods for tree ensembles in more detail, we provide some rule-related definitions and notations:

A rule is an implication in the form $r: \boldsymbol{A} \rightarrow y$, where $\boldsymbol{A}$ is a logical conjunction of conditions $a \in \boldsymbol{A}$, also known as the rule antecedent or rule body, and y is the rule consequent or rule head. Rules are organized into rulesets, which can be unordered or ordered. When classifying a new record, unordered rulesets evaluate all rules, and the predictions of the triggered rules are combined with different mechanisms, such as voting or averaging; in addition, ordered rules, also known as decision lists, evaluate the rules in order, and the prediction of the first triggered rule is taken as the predicted value. The rules are typically evaluated using the coverage and error of the rule. The coverage of a rule r over a dataset D is given by the fraction of records in D that trigger rule r of the ruleset. The error of a rule r for classification tasks is defined as the percentage of misclassified instances in D, and for regression tasks is usually the mean squared error.

inTrees. The *inTrees* framework contains various algorithms used to extract the rules, measure and rank them, prune irrelevant or redundant conditions in each rule, discover frequent variable interactions, and select a compact set of rules from tree ensembles (Deng, 2019). The output of the algorithm is a simplified tree ensemble learner, which is a rule-based model that can make future predictions. Although the simplified models generated by *inTrees* are much simpler than the rules generated by RuleFit, the prediction performance decreases. The *inTrees* framework can work with random forests and GBM.

The main steps taken by the *inTrees* algorithm are shown in Fig. 4.6. The first step is extracting the rules from ensemble H, and a rule r is extracted from each of the paths from the root node to the leaf nodes of all trees, $h_k \in H$. The rules are extracted without a consequent because the authors considered that the information of each tree is not complete because it was derived from a subset of the original training data D. For this reason, the next step consists of assigning the outcome y using the

Algorithm inTrees

Input: tree ensemble H, training data D
Output: STEL (Simplified tree ensemble learner) decision list
Create empty ruleset $R \leftarrow \emptyset$
for each tree $h \in H$
    for each leaf node $t \in H$
        Extract a rule $r: A \rightarrow NULL$ ▷ Do not assign an outcome yet
        $R \leftarrow R \cup \{r\}$ ▷ Append r to R
for each rule $r \in R$
    Assign the outcome y using all the training data D
    Compute coverage, error and number of conditions in r
    Prune the conditions in r that minimize the error of the rule
Use feature selection to prune redundant rules
Form STEL by using the covering algorithm with the rules in R
return STEL

FIGURE 4.6 *inTrees* algorithm.

entire training set D. Subsequently, the coverage, error, and complexity of each rule are computed, and redundant rules are then removed. The final step is to construct a decision rule list using a covering algorithm. The use of a covering algorithm is an extremely common strategy in the field of rule-learning (Fürnkranz et al., 2012). The covering algorithm starts with an empty ruleset, and during each step, the best rule is selected based on a predefined heuristic, such as the rule accuracy, and then added to the ruleset. The instances covered by the new rule are removed from the training set, and the process is repeated until some stopping criteria are met. These criteria could be some performance threshold, the moment when all training instances are covered, or when there are no more useful rules to add. Finally, a default rule must be defined to fire when none of the previous rules cover new instances. This is usually the majority class of uncovered instances for classification or the mean value for regression.

DefragTrees. This posthoc simplification method separates the prediction and interpretation in two different models: H for prediction and I for interpretation (Hara & Hayashi, 2018). The goal of the method is to obtain the simplest representation that is "essentially equivalent to the original." *DefragTrees* considers the trees in the ensemble as a set of overlapping regions in the feature space and defines a probabilistic generative model. It then derives a Bayesian model selection algorithm that optimizes the simplified model by finding a smaller set of regions that approximates the performance of the original ensemble.

The algorithm can work with random forests and different implementations of the GBM. The results obtained with *DefragTrees* are usually extremely small rulesets with reasonable predictive power.

RuleCOSI. The Rule COmbination and SImplification (RuleCOSI) (Obregon et al., 2019) algorithm is a combination heuristic method that uses all feature splits provided by the tree ensemble as well as the ensemble prediction mechanisms for generating a single rule-based classifier with a similar classification performance. The model generated by *RuleCOSI* is a rule list formed by decision rules that are easy to interpret and at the same time can be used to make predictions with a similar performance compared to that of the original ensemble. *RuleCOSI* was originally developed to work only with AdaBoost algorithms, and was later extended to support bagging trees, random forests, and several implementations of GBM, including XGBoost, LightGBM, and CatBoost. It can only conduct classification tasks.

The main steps taken by the *RuleCOSI* algorithm are shown in Fig. 4.7. The inputs are an ensemble H and training set D. The process begins transforming the trees h_n into a set of rulesets R_n, similar to *inTrees*. Then, the simplified ruleset $R^{\otimes}$ is initialized with ruleset R_1. The algorithm then sequentially processes all rules, applying a rule combination by pairs of rulesets generating an initial combined model R'. This ruleset usually contains many rules, and thus it is pruned using a sequential covering function and posteriorly simplified based on the pessimistic error, which

Algorithm RuleCOSI

Input: tree ensemble H, training data D
Output: simplified decision list $R^{\otimes}$

Create empty ruleset $R^{\otimes} \leftarrow \emptyset$
for each tree $h_n \in H$
    Extract a ruleset R_n from h_n
$R^{\otimes} \leftarrow R_1$
for $k = 2$ to K do
    Combine rulesets $R^{\otimes}$ and R_k into R'
    Prune rules in R' using sequential covering
    Simplify rules in R' using pessimistic error
    If the performance of R' is better than $R^{\otimes}$ **then**
        $R^{\otimes} \leftarrow R'$
Add default rule to $R^{\otimes}$
return return $R^{\otimes}$

FIGURE 4.7 *RuleCOSI* algorithm.

approximates the generalization error, using the training error. The growing and pruning steps of the ruleset are repeated for all R_n. At the end of each iteration, the method maintains the best model between R' and $R^{\otimes}$, and a comparison is made using a performance measure, usually the F-measure. The final step is to provide default rules.

4.4.2.1.2 Surrogate model approximation

Although these techniques resemble rule extraction methods, the approach of outlining and tackling the simplification problem relies on finding a surrogate model that should be simpler than the original ensemble, in which simpler usually means smaller, and at the same time, the surrogate model should approximate the performance compared to the original ensemble. The most common surrogate models used are decision trees. Accordingly, we present two methods for approximating a single decision tree from tree ensembles.

Born-again tree ensembles. Born again trees are tree representations of more complex predictors (Breiman & Shang, 1996). The representations are not built in the usual way (e.g., splitting the data based on impurity measures), and for that reason, they are called "born-again" trees. *Born-again tree ensembles* (Vidal & Schiffer, 2020, pp. 9743–9753) is a method that retakes this idea and applies it specifically to tree ensembles. The purpose of the method is to search for a decision tree T of minimal size that is faithful to the tree ensemble H, or in other words, $T(x_i) = H(x_i)\ \forall\ x_i \in R^m$. As expected, finding that a minimal tree is an NP-hard problem, the method uses a dynamic programming–based algorithm for pruning and bounding rules to reduce the execution time. In addition, the method implements an alternative heuristic algorithm that works faster while maintaining the faithfulness of the prediction but compromising the size of the simplified tree. The algorithm can work with random forests and significantly reduces the number of leaf nodes from the original tree ensemble.

Forest-based tree (FBT). *FBT* (Sagi & Rokach, 2020) is a method that sees the hierarchy of a tree ensemble, called *decision forests*, and views the model as a set of rule conjunctions. Thus, the first step in *FBT* is to build a set of rule conjunctions from all trees in the ensemble. For this, rules are extracted from each tree and then combined, and redundant conjunctions are then eliminated. For each conjunction, the class probabilities are computed and used to prune the conjunctions with low probability. Finally, all best rule conjunctions are organized in a tree structure by finding the best splits at each level using a procedure based on information gain and entropy. *FBT* works well with independent ensembles, such as random forests; for this reason, the algorithm was extended such that it can work with GBMs (Sagi & Rokach, 2021).

4.4.2.1.3 Ensemble pruning

Ensemble pruning methods seek to reduce the complexity of the models by finding the best subset of base models from the ensembles while maintaining a performance at least as good as the original ensemble. After the pruning process is finished, the aggregating predictions of the ensemble are made only with the selected models; therefore, these methods are also known as ensemble selection methods (Sagi & Rokach, 2018).

There are two popular approaches to ensemble pruning. One way of pruning an ensemble is ranking, which is known as a ranking method. In this approach, the base models are ranked based on some performance criteria, and the top-ranked models are then selected. Another way is to use search algorithms, known as search-based methods, in which the space of the possible base model subset is explored using a heuristic search (Rokach, 2009).

Although ensemble pruning methods can reduce the size of the ensemble model to a certain extent, the other two problems mentioned in Section 4.3 are still present. The inner mechanisms of the ensemble and the type of base learners are two important aspects, even if the size of the ensemble is reduced. The generation of single models, rule-based models, or decision trees is still preferred from the perspective of the intrinsic interpretability of the generated models and for the explainability of the original ensembles.

4.4.2.2 Other XAI methods

To conclude this section, we would like to mention a few recent methods that have been developed and researched, but do not fit into the previous categories. These types of methods are evolving along with the XAI field, and we expect that more methods of this type will be presented in the coming years.

Prototypes. *Tree space prototypes* (Tan et al., 2020, pp. 23–34) is an alternative explanation method for ensembles, based on prototypes, i.e., representative points of a dataset. The method explains the predictions by presenting similar points that represent the class of the sample. The prototypes are generated in a "tree space" rather than in a feature space, and thus the authors proposed two tree-based distance measures, one for random forests and one for GBMs. The method also uses a new class-aware prototype selection method that can choose a variable number of prototypes per class; therefore, the method can adapt and focus on the class that is more interesting to explain. In the experiments, it was found that humans better understood and predicted the output of a model by using prototypes instead of feature-relevance methods (e.g., TreeSHAP).

Counterfactual sets. The *random forest optimal counterfactual set extractor* (*RF-OCSE*) method uses counterfactual sets instead of a single counterfactual example to explain the predictions of a random forest (Fernández et al., 2020). The method guarantees that the optimal counterfactual is part of the extracted counterfactual set. The method is based on a partial fusion of the RF into a single decision tree, using a modified version of the CART algorithm. The algorithm selects counterfactuals whose distance is not greater than the closest known counterfactual. The results of the algorithm are counterfactual sets generated with regions that were not even present in the training set, allowing the method to provide explanations for unseen data.

4.5 Conclusions

Currently, ensemble models are among the most accurate predictive models used in practical machine learning. Random forests and GBMs have successful applications in manufacturing, finance, healthcare, energy, and many other industries worldwide. Therefore, there is a clear need to understand the decision-making process for accurate ensemble models. The main problems that obscure the decision process for human users were introduced. In addition, some challenges that need to be solved to accelerate the generation of explainable methods for ensemble models were also presented. The first challenge is to develop a standardized framework for measuring the size of such models. This framework should also include the notion of what is the "basic unit" or "basic chunk" of information provided by the predictive model that is understandable by humans. Defining these notions will create the capacity to measure the level of explainability of a model, and new methods can be developed and compared. This problem is not easy to solve, but it will surely push this research area forward.

Despite the lack of a standardized explainability measuring framework, several methods have been proposed to explain ensemble models. We created an initial taxonomy for explanation methods used in ensemble models that will hopefully guide other researchers in categorizing the types of techniques that need to be created to advance the field. The taxonomy can also help practitioners choose a method that will be advantageous for their practical use. Some explainability requirements can be fulfilled by providing the most relevant features, whereas other problems require a more specific explanation. In any case, while writing this chapter, we realized that there is a big interest in this research area, and we hope that it will positively evolve in the future owing to the significant results that can be obtained while using an ensemble model.

References

Arrieta, A. B., Díaz-Rodríguez, N., Del Ser, J., Bennetot, A., Tabik, S., Barbado, A., Garcia, S., Gil-Lopez, S., Molina, D., Benjamin, R., Chatila, R., & Herrera, F. (2020). Explainable artificial intelligence (XAI): Concepts, taxonomies, opportunities and challenges toward responsible AI. *Information Fusion, 58*, 82–115. https://doi.org/10.1016/J.INFFUS.2019.12.012

Breiman, L. (1996). Bagging predictors. *Machine Learning, 24*(421), 123–140. https://doi.org/10.1007/BF00058655

Breiman, L. (2001). Random forests. *Machine Learning, 45*(1), 5–32. https://doi.org/10.1023/A:1010933404324

Breiman, L. (2002). *Manual–setting up, using, and understanding random forests V4.0*. Retrieved from: https://www.stat.berkeley.edu/~breiman/Using_random_forests_v4.0.pdf.

Breiman, L., & Shang, N. (1996). *Born again trees*. Berkeley.

Chen, T., & Guestrin, C. (2016). XGBoost: A scalable tree boosting system. In *Proceedings of the ACM SIGKDD international conference on knowledge discovery and data mining, 13–17-August, 785–794*. New York, NY, USA: Association for Computing Machinery. https://doi.org/10.1145/2939672.2939785

Deng, H. (2019). Interpreting tree ensembles with inTrees. *International Journal of Data Science and Analytics, 7*(4), 277–287. https://doi.org/10.1007/s41060-018-0144-8

Dietterich, T. G. (2000a). An experimental comparison of three methods for constructing ensembles of decision trees: Bagging, boosting, and randomization. *Machine Learning, 40*(2), 139–157. https://doi.org/10.1023/A:1007607513941

Dietterich, T. G. (2000b). Ensemble methods in machine learning. *Multiple Classifier Systems. MCS*, 1–15. https://doi.org/10.1007/3-540-45014-9_1. Lecture Notes in Computer Science, 1857.

Fernández, R. R., Martín de Diego, I., Aceña, V., Fernández-Isabel, A., & Moguerza, J. M. (2020). Random forest explainability using counterfactual sets. *Information Fusion, 63*, 196–207. https://doi.org/10.1016/J.INFFUS.2020.07.001

Freund, Y., & Schapire, R. E. (1997). A decision-theoretic generalization of on-line learning and an application to boosting. *Journal of Computer and System Sciences, 55*(1), 119–139. https://doi.org/10.1006/JCSS.1997.1504

Friedman, J. H. (2001). Greedy function approximation: A gradient boosting machine. *Annals of Statistics, 29*(5), 1189–1232. https://doi.org/10.2307/2699986

Friedman, J. H., & Popescu, B. E. (2008). Predictive learning via rule ensembles. *Annals of Applied Statistics, 2*(3), 916–954. https://doi.org/10.1214/07-AOAS148

Fürnkranz, J., Gamberger, D., & Lavrač, N. (2012). *Foundations of rule learning*. Berlin, Heidelberg: Springer Berlin Heidelberg. https://doi.org/10.1007/978-3-540-75197-7

Hara, S., & Hayashi, K. (2018). Making tree ensembles interpretable: A bayesian model selection approach. In A. Storkey, & F. Perez-Cruz (Eds.), *Proceedings of the twenty-first international conference on artificial intelligence and statistics* (pp. 77–85). PMLR. Retrieved from: http://proceedings.mlr.press/v84/hara18a.html.

Hastie, T., Tibshirani, R., & Friedman, J. (2009). *The Elements of statistical learning: Data mining, inference, and prediction (second)*. New York: Springer Science and Business Media LLC. https://doi.org/10.1007/b94608

Iqbal, M. R. A. (2012). Rule extraction from ensemble methods using aggregated decision trees. In *Lecture notes in computer science (including subseries lecture notes in artificial intelligence and lecture notes in bioinformatics), 7664 LNCS(PART 2)*. https://doi.org/10.1007/978-3-642-34481-7_73

Ke, G., Meng, Q., Finley, T., Chen, W., Ma, Ye, O., & Liu, T.-Y. (2017). LightGBM: A highly efficient gradient boosting decision tree. In I. Guyon, U. v Luxburg, S. Bengio, H. Wallach, R. Fergus, S. Vishwanathan, & R. Garnett (Eds.), *Advances in neural information processing systems* (Vol. 30, pp. 3146–3154). Curran Associates, Inc. Retrieved from: https://proceedings.neurips.cc/paper/2017/file/6449f44a102fde848669bdd9eb6b76fa-Paper.pdf.

Kuncheva, L. I. (2014). *Combining pattern classifiers methods and algorithms* (2nd ed.). Hoboken, New Jersey: John Wiley & Sons.
Louppe, G. (2014). *Understanding random forests: From theory to practice.*
Louppe, G., Wehenkel, L., Sutera, A., & Geurts, P. (2013). Understanding variable importances in forests of randomized trees. *Advances in Neural Information Processing Systems, 26*, 431–439.
Lundberg, S. M., Erion, G., Chen, H., DeGrave, Prutkin, J. M., Nair, B., Katz, R., Himmelfarb, J., Bansal, N., & Lee, S. I. (2020). From local explanations to global understanding with explainable AI for trees. *Nature Machine Intelligence, 21*, 56–67. https://doi.org/10.1038/s42256-019-0138-9
Miller, George, A. (1956). The magical number seven, plus or minus two: some limits on our capacity for processing information. *Psychological Review, 63*(2), 81–97. https://doi.org/10.1037/H0043158
Obregon, J., Kim, A., & Jung, J.-Y. (2019). RuleCOSI: Combination and simplification of production rules from boosted decision trees for imbalanced classification. *Expert Systems with Applications, 126*. https://doi.org/10.1016/j.eswa.2019.02.012
Prokhorenkova, L., Gusev, G., Vorobev, A., Dorogush, A. V., & Gulin, A. (2018). CatBoost: Unbiased boosting with categorical features. *Advances in Neural Information Processing Systems, 31*, 6638–6648. Retrieved from: https://github.com/catboost/catboost.
Quinlan, J. R. (1993). C4.5: Programs for machine learning. In *Morgan kaufmann* (1st ed.). Morgan Kaufmann Publishers, Inc.
Rokach, L. (2009). *Pattern classification using ensemble methods* (Vol. 75). https://doi.org/10.1142/7238
Sagi, O., & Rokach, L. (2018). Ensemble learning: A survey. *Wiley Interdisciplinary Reviews: Data Mining and Knowledge Discovery, 8*(4), e1249. https://doi.org/10.1002/WIDM.1249
Sagi, O., & Rokach, L. (2020). Explainable decision forest: Transforming a decision forest into an interpretable tree. *Information Fusion, 61*, 124–138. https://doi.org/10.1016/J.INFFUS.2020.03.013
Sagi, O., & Rokach, L. (2021). Approximating XGBoost with an interpretable decision tree. *Information Sciences, 572*, 522–542. https://doi.org/10.1016/J.INS.2021.05.055
Tan, S., Soloviev, M., Hooker, G., & Wells, M. T. (2020). Tree space prototypes: Another look at making tree ensembles interpretable. In *FODS 2020 - proceedings of the 2020 ACM-IMS foundations of data science conference*. https://doi.org/10.1145/3412815.3416893
Vidal, T., & Schiffer, M. (2020). Born-again tree ensembles. In *International conference on machine learning*. PMLR. Retrieved from: http://proceedings.mlr.press/v119/vidal20a.html.
Zhou, Z. H. (2012). Ensemble methods: Foundations and algorithms. In *Ensemble methods: Foundations and algorithms*. Chapman and Hall/CRC https://doi.org/10.1201/B12207

CHAPTER

5

Explanation of deep learning models

Younghoon Lee

Department of Data Science, Department of Industrial Engineering, Seoul National University of Science and Technology, Seoul, South Korea

5.1 Introduction

In recent years, machine learning algorithms have made rapid progress in terms of accuracy and computational speed, and have been successfully applied to image processing, natural language processing, and speech recognition. However, most machine learning algorithms are black box systems that cannot understand how the model works. In other words, when the model makes a decision, it is difficult to understand the reason for the decision. In particular, in the case of a deep learning model with many layers, it is more difficult for humans to interpret due to its complexity.

Therefore, various explainable models are being developed to find answers such as what is the basis of the decision, whether the decision of the machine can be trusted, and how to improve when the machine outputs an incorrect result. And these efforts are particularly active in deep learning models with complex architectures.

In the explainable model based on deep learning, we will explain how to provide explanatory power in two aspects. Explainable models based on deep learning are roughly divided into two methods: Activation-Based Methods (ABMs) and Backpropagation-Based Method (BBMs).

ABMs are a method mainly used in Convolutional Neural Nets (CNNs), and are a method of deriving an explanation map by using the activation value of the convolution layer. ABMs can identify which region has affected the classification result by comparing the original image and the explanation map, but it has the disadvantage that it cannot obtain fine-grained results.

Human-Centered Artificial Intelligence
https://doi.org/10.1016/B978-0-323-85648-5.00015-3

BBMs are a more general method than ABMs, and are a method of identifying the importance of each dimension of data using back-propagation. Although this method is fast to calculate and can calculate fine-grained values, it has the disadvantage that the interpretation quality is usually low in many cases. In the section below, we will look at the detailed methodologies of ABMs and BBMs.

5.2 Activation-based models

This model uses linearly combined weights of activations from each convolutional layer to provide explanatory power. The most representative method is CAM (Class Activation Map), followed by Grad-CAM (Gradient-Class Activation Map), Guided Grad-CAM, and Grad-CAM++.

5.2.1 Class Activation Map

Due to architectures based on CNNs, the performance of image classification has increased exponentially in recent years. Considering the basic structure of this CNN, it is roughly composed of an Input layer, Convolutional layer (Conv-layer), Pooling layer, and Fully Connected-layer (FC-layer). In other words, CNN shows very excellent performance in changing the last Conv-layer to FC-layer and classifying a specific image into a specific class through the Softmax function.

However, when flattening the last layer of CNN to FC-layer, we lose the location information of each pixel that the convolution had. Therefore, no matter how excellent the classifying accuracy, we could not know what the CNN looked at and determined that the class was the class. The CAM architecture aims to obtain previously lost location information by slightly changing the structure of the FC-layer (Selvaraju, Cosgswell, et al., 2016; Selvaraju, Das, et al., 2016).

Instead of changing the final convolution to an FC-layer, applying GAP (Global Average Pooling) allows the CNN to distinguish specific locations without additional supervised learning. Looking at Fig. 5.1, it is possible to create a heat map of a specific class image through CAM. Through this heat map, we can understand how CNN predicted the image in a specific class.

Specifically, as shown in Fig. 5.2, the final Conv-layer is not flattened with FC-layer, and new weights are created through GAP. If the last Conv-layer consists of a total of n channels, each channel is represented by one weight value through GAP, and a total of n weights are generated. And at the end, it is connected to the Softmax function, and these weights are also trained through the backpropagation.

If there are 1024 channels and 10 classes, the weight w will be in the form shown in Fig. 5.3.

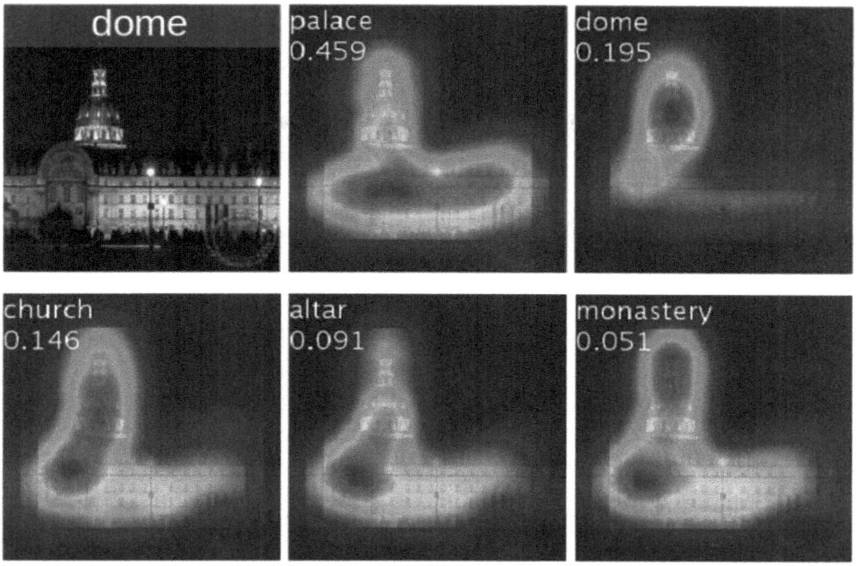

FIGURE 5.1 Example of CAM (Zhou et al., 2015).

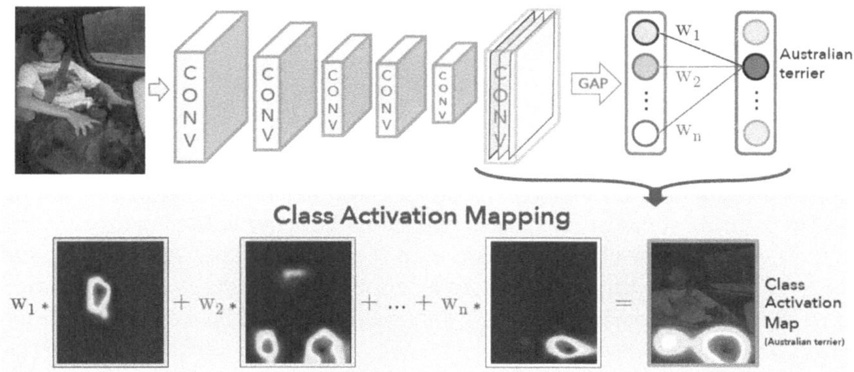

FIGURE 5.2 Architecture of CAM (Zhou et al., 2015).

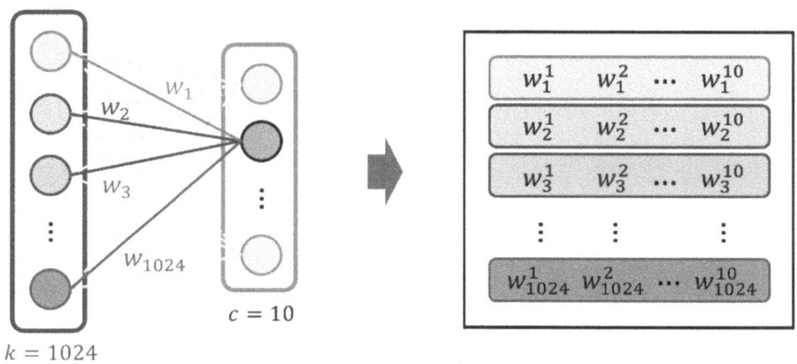

FIGURE 5.3 Example of CAM weight.

5.2.2 Grad-CAM

As discussed in the previous chapter, the existing CAM changes the structure of the CNN model by replacing the FC-layer with a Conv-layer and GAP layer. The biggest drawback of CAM is that the GAP layer is absolutely necessary. If there is no GAP layer, you cannot calculate the CAM by weights, so there must be a GAP in the last layer. There is no problem with a classification model such as GoogLeNet that includes GAP, but if not, there is a problem that you need to fine-tune again by adding GAP layer after the last Conv-layer. This structure not only degrades performance, but also has a problem that it cannot be applied to operations other than classification such as image captioning or visual question answering. Also, for the same reason, CAM results can only be obtained for the last layer.

Grad-CAM proposed an idea that does not depend on GAP using gradient (Selvaraju, Das et al., 2016). As a result, we naturally solved the problem of CAM. In other words, if you use Grad-CAM, you can obtain CAM results without modifying the model structure, even with a model with any Conv-layer. In addition, since Grad-CAM can be applied to all models with Conv-layer, it can be used in models that solve other problems such as Image Captioning and Visual Question Answering.

In the thesis, it is expressed as follows: "We make existing state-of-the-art deep models interpretable without altering their architecture, thus avoiding the interpretability versus accuracy trade-off".

$$\alpha_k^c = \frac{1}{Z}\sum_{i,j}\frac{\partial y^c}{\partial A_{ij}^k}$$

To obtain Grad-CAM, information on the gradient of the Conv-layer to be observed and the output passing through the layer is required. Let y^c be the softmax score of each class, and let $A^k{}_{ij}$ be the value corresponding to the i, j coordinates in the feature map for the k-th class. And Z indicates the sum of the feature maps of all i,j coordinates. Finally, the activation map $M_c(i,j)$ corresponding to the i, j coordinates for class c can be obtained using $\alpha^c{}_k$ in the above equation.

$$M_c(i,j) = \mathrm{ReLU}\left(\sum_k \alpha_k^c A_{ij}^k\right)$$

It is explained that the reason for applying ReLU at the end is that we are only interested in the positive influence on a certain class. In addition, when ReLU was removed experimentally, the localization performance

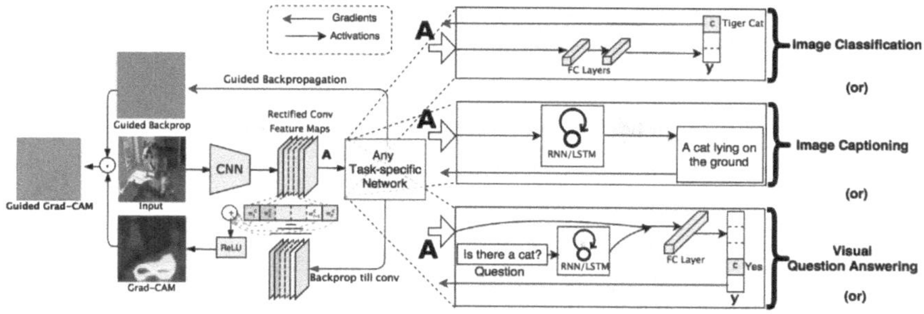

FIGURE 5.4 Architecture of Grad-CAM (Selvaraju, Cosgswell, et al., 2016; Selvaraju, Das, et al., 2016).

decreased significantly. Fig. 5.4 illustrates the entire Grad-CAM architecture.

$$S^c = \sum_k \underbrace{w_k^c}_{\text{weight}} \overbrace{\frac{1}{Z}\sum_i \sum_j \underbrace{A_{ij}^k}_{\text{feature map}}}^{\text{GAP}}$$

Additionally, you can change the order of the equation above to get the score S^c, sum of activation maps of i, j coordinates for class c, as follows. Surprisingly, you can see that Grad-CAM is a generalization version of CAM.

$$S^c = \frac{1}{Z}\sum_i \sum_j \underbrace{\sum_k w_k^c A_{ij}^k}_{L_{\text{CAM}}^c}$$

In the paper proposing Grad-CAM, the authors claim five advantages of Grad-CAM.

1. For a prediction that seems to fail, you can explain why it failed.
2. It works well for adversarial images.
3. It surpassed the performance of the previous method in weakly supervised localization task.
4. More credible for the underlying model.
5. Achieve model generalization by identifying the bias of the dataset.

5.2.3 Guided Grad-CAM

The authors who had proposed Grad-CAM also proposed Guided Grad-CAM. Grad-CAM finds the class-related part in the image roughly, but due to the influence of bilinear up-sampling, it does not capture the detail of that part well. So, for more effective observation, a method of using Guided backpropagation and Grad-CAM together was proposed.

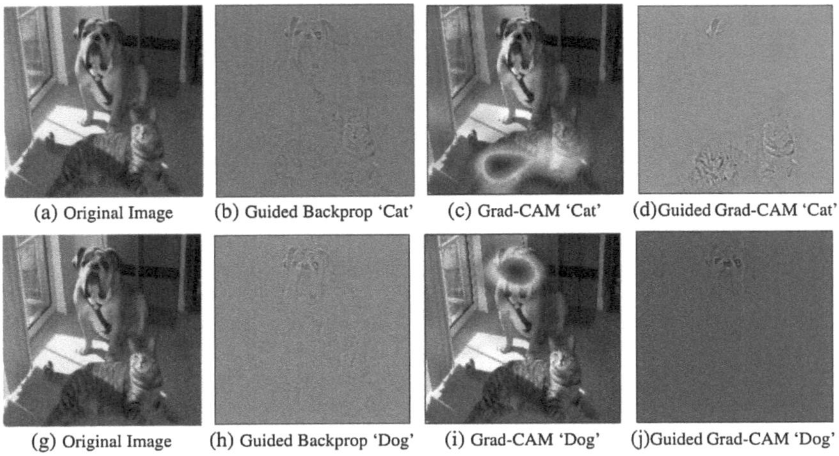

FIGURE 5.5 Example of Guided Grad-CAM (Selvaraju, Cosgswell, et al., 2016; Selvaraju, Das, et al., 2016).

Guided backpropagation has a feature that shows the detail well, but does not find the part related to a specific class well. In order to take advantage of both ideas, the author proposed Guided Grad-CAM, which can be obtained by element-wise multiplication of Grad-CAM and Guided backpropagation results.

Fig. 5.5 shows the original image and the results of Guided backpropagation, Grad-CAM, and Guided Grad-CAM. As explained above, it has the advantages of both Grad-CAM and Guided backpropagation, so you can observe the image more effectively.

Guided Grad-CAM can be easily implemented by modifying the backward propagation of the existing Grad-CAM's ReLU Activation function into Guided backward propagation. In ReLU, only the part where the activation is negative in the gradient is changed to 0, and in Guided backpropagation, the part where the activation is negative and the part where the gradient is negative are all replaced with 0. After substituting all ReLUs in the model for Grad-CAM, the result of Guided backpropagation is obtained by obtaining the gradient through backpropagation.

5.2.4 Grad-CAM++

The models mentioned above show high performance in images with a single object of the same class. However, those are not very accurate when there are multiple objects of the same class in images. Grad-CAM++ is a model proposed to solve this limitation. Grad-CAM++ creates a heatmap in every location where more than one object of a specific class exists on the image (Chattopadhay et al., 2017). This shows more robust and general results when objects of the same class are scattered. That is, Grad-CAM++ can be said to be a generalized version of Grad-CAM.

The only difference is that the equation for w_k^c

$$w_k^c = \sum_i \sum_j \alpha_{ij}^{kc} \cdot \text{ReLU}\left(\frac{\partial y^c}{\partial A_{ij}^k}\right)$$

In Fig. 5.6, the difference between Grad-CAM and Grad-CAM++ is illustrated.

Fig. 5.7 shows the success of Grad-CAM++ compared to Grad-GAM when there are multiple objects of the same class in images.

5.2.5 Applications of ABM

Due to the effectiveness of ABM, studies for explainability have been conducted in various fields, especially in the medical field. The Grad-CAM is utilized to extract crucial variables for lung cancer post-operative complication prediction (He et al., 2019), diabetic retinopathy classification (Jiang et al., 2020), or aortic stenosis (Hata et al., 2020). Also, Grad-CAM is used to visualize and localize the discriminative features in

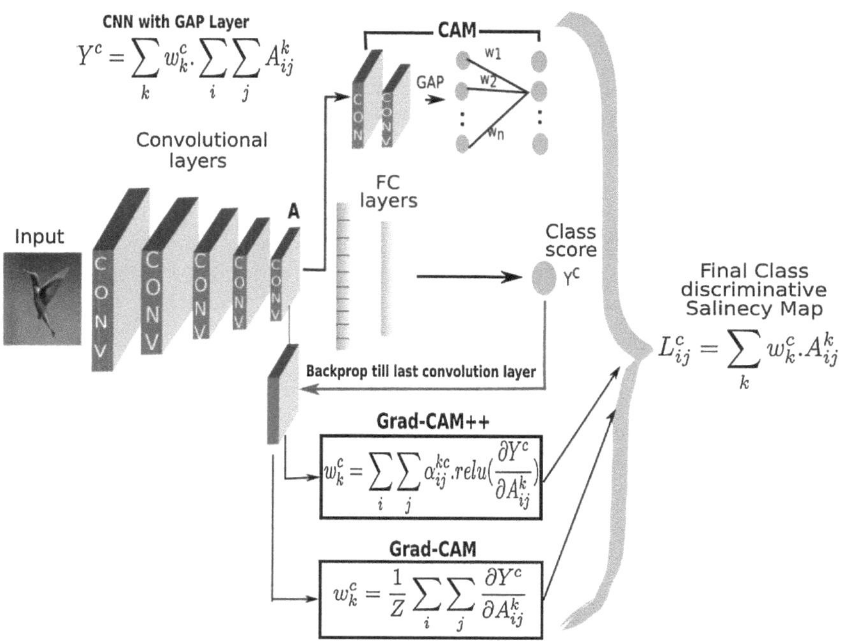

FIGURE 5.6 Architecture of Grad-CAM++.

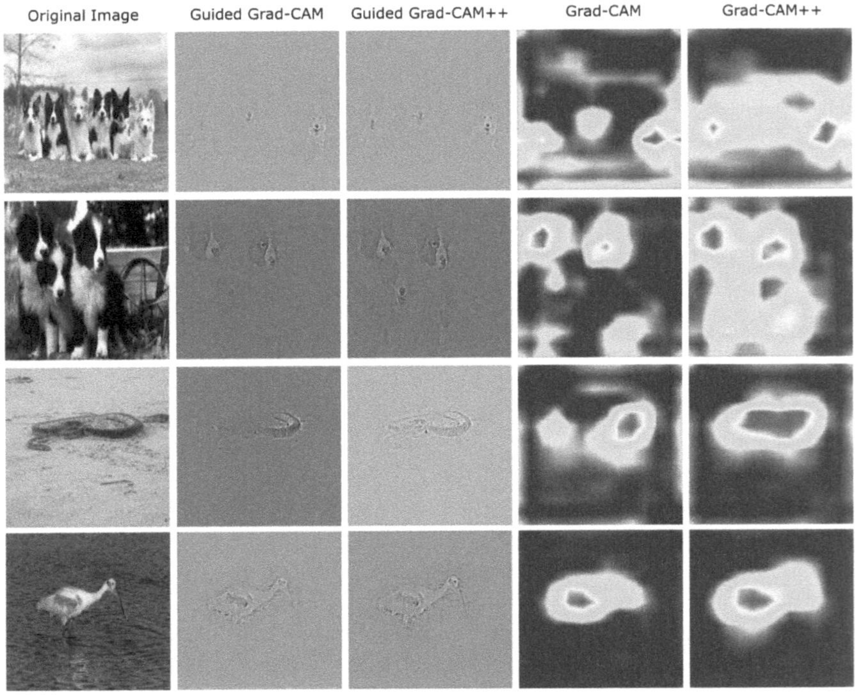

FIGURE 5.7 Success of Grad-CAM++ for multiple occurrences of the same class.

COVID-19 detection (Panwat et al., 2020), brain tumor localization (Lee et al., 2018), or hip fractures detection (Cheng et al., 2019). In addition to the medical field, Grad-CAM is also used to reveal the learning principle in the field of reinforcement learning (Joo & Kim, 2019) and recognize intentions in the field of Brain–Computer Interaction (Li et al., 2020). It is also used to extract important product attributes or competitive advantage factors in the field of product development (Lee et al., 2018).

5.3 Backpropagation-based models

Backpropagation-based models calculate the degree of error through backpropagation for the input value and express the importance of each pixel. BBMs have fast computational power and productivity to express detailed importance or relevance, but it is difficult to obtain accurate results and explainability compared to ABMs. Representative examples are Layer-wise Relevance Propagation (LRP), Deep Learning Important FeaTures (DeepLIFT) and SmoothGrad.

5.3.1 LRP

LRP is a way to help understand the results of ANN (Artificial Neural Networks) through decomposition. In details, LRP is a method of sharing the relevance score in a top-down manner from the output layer to the input layer. Basically, it is assumed that each neuron has a relevance score above a certain level, and the relevance score is preserved even when sharing.

Mathematically, the relevance score can be seen as a degree of change in output according to changes in input. Consider a basic neuron with two inputs (i.e., two weights and one bias) as shown in Fig. 5.8.

In Fig. 5.8, the contribution of each input x_1, x_2 to the output $f(x)$ can be expressed as follows:

$$\left[\frac{\partial f}{\partial x_1}, \frac{\partial f}{\partial x_2}\right]$$

Therefore, if an appropriate expression to explain the relationship between $f(x)$ and contribution can be derived, the output can be decomposed into a relevance score. LRP introduces the Taylor series. The Taylor series of any smooth function $f(x)$ is

$$f(x) = \sum_{n=0}^{\infty} \frac{f^{(n)}(a)}{n!}(x-a)^n = f(a) + \frac{f'(a)}{1!}(x-a) + \frac{f''(a)}{2!}(x-a)^2 + \cdots$$

Here, if the first-order Taylor series is written using the error term ε, it is as follows:

$$f(\boldsymbol{x}) = f(\boldsymbol{a}) + \sum_{p=1}^{d} \frac{\partial f}{\partial x_p}\Big|_{x=a}(\boldsymbol{x}-\boldsymbol{a}) + \varepsilon$$

In the above expression, the second term on the right side means how much $f(\boldsymbol{x})$ changes when $\boldsymbol{x}$ changes.

This process, applied to a single neuron, can be extended to the entire neural network in Fig. 5.9. Assume that the final output of the neural network for a specific input x_p is x_f (forward pass) as shown in the top of Fig. 5.9. Then, suppose that the relevance score R_f of the neuron at the

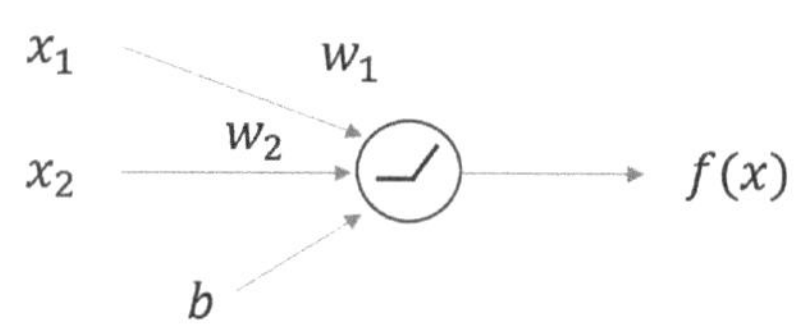

FIGURE 5.8 Basic neuron with two inputs.

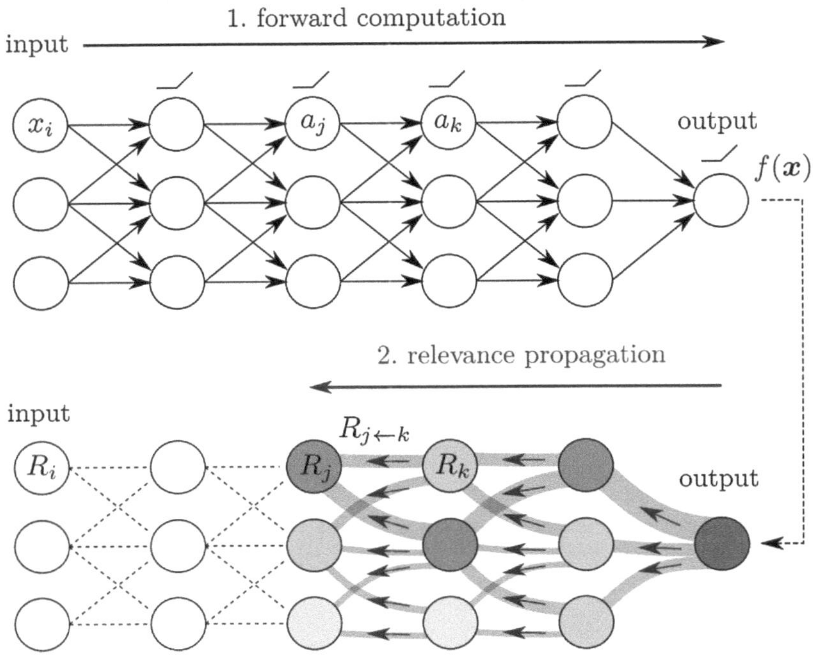

FIGURE 5.9 Entire neural network for LRP example (Montavon et al., 2018).

output stage is set equal to x_f, and then propagation is carried out to the previous layers. In this way, by continuously propagating backward to the previous layer, the relevance score of all neurons in the neural network can be calculated.

5.3.2 DeepLIFT

The core concept of DeepLIFT is that it focuses on the slope rather than the gradient that most of the methodologies described above in grasping the importance (Shrikumar et al., 2017). Whereas gradient means the amount of change in the output for the input at a specific point, slope means the amount of change in the output for the input based on the baseline. If slope is used instead of gradient, the following difference occurs in the importance calculation.

$$\text{slope} = \frac{Y - Y^{\text{baseline}}}{x_i - x^{\text{baseline}}} = \frac{\Delta y}{\Delta x}$$

In DeepLIFT, baseline is defined in terms of reference state. In other words, it means that the difference from the reference state is utilized in determining the importance by explaining difference from reference value of output in terms of difference from reference value of inputs. In this chapter, the reference state of the input means a neutral state without specific properties, which can have different meanings for each task or domain. For example, in the case of an MNIST image, a value of 0 may be the reference state, and in the case of genomic data, a meaningless shuffled sequence may be the reference state.

As mentioned, DeepLIFT aims to calculate the slope, i.e., how much the difference between the input neuron and the reference state affects the difference between the output neuron and the reference state. In DeepLIFT, these slopes are called multipliers, and calculated as $m_{\Delta x \Delta t} = \frac{C_{\Delta x \Delta t}}{\Delta x}$.

Another advantage of using slope instead of gradient is that there are no discontinuities in the importance calculation. As shown in Fig. 5.10 below, if gradient or gradient multiplied by input is used as importance, significant discontinuity occurs. Using slope can solve this disadvantage.

Fig. 5.11 shows the difference in explainability between DeepLIFT and other methods. The figures at the top of the figure are hyperparameters used by DeepLIFT, and domain knowledge may be required to select appropriate figures.

5.3.3 SmoothGrad

The SmoothGrad technique is based on a CNN model, which is the same as Grad-CAM, one of the ABMs described in the previous section (Smilkov et al., 2017). However, the difference is that Grad-CAM is a method to determine where the output of the model is mapped based on the activation value, whereas SmoothGrad is a method to find out whether the output changes the most when a point is changed.

The core idea of SmoothGrad is to add noise to the input image of class score S_c. As shown in the equation below, the final sensitivity map is

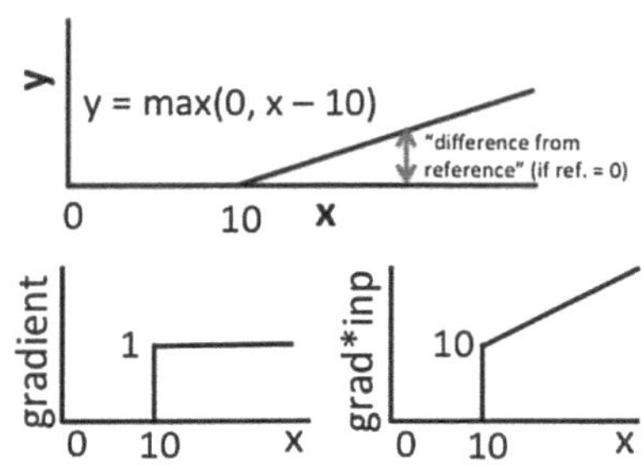

FIGURE 5.10 Discontinuities in gradient calculation (Shrikumar et al., 2017).

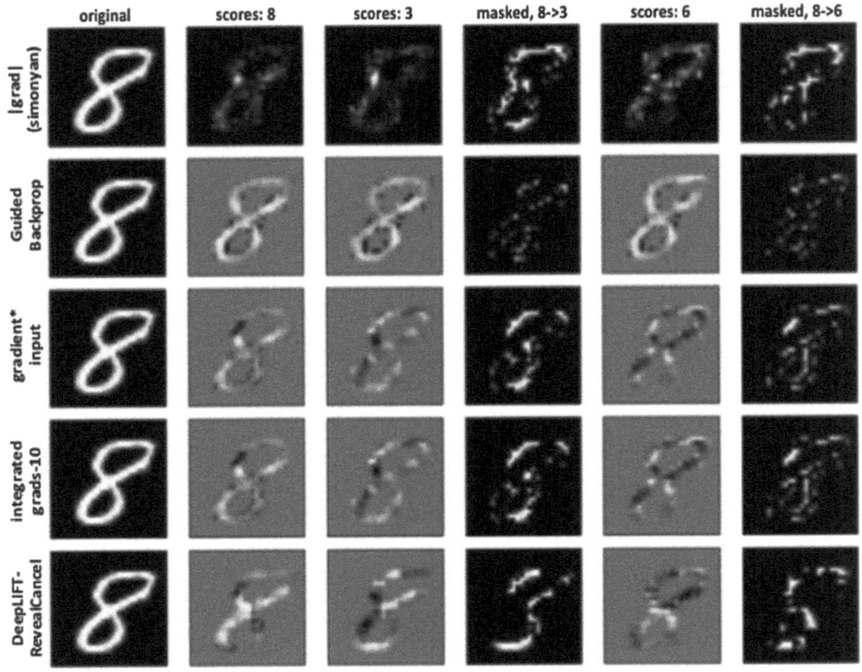

FIGURE 5.11 Experimental results of DeepLIFT (Shrikumar et al., 2017).

formed by averaging the sensitivity map generated by adding noise to the input image x.

$$M_c(x) = \frac{\partial S_c(x)}{\partial x}$$

$$\widehat{M_c}(x) = \frac{1}{n}\sum_{1}^{n} M_c\left(x + N\left(0, \sigma^2\right)\right)$$

Considering the cause of noise generated in the sensitivity map, this is due to meaningless local changes that occur meaninglessly. With general training methods, especially as long as the model uses the ReLU function, this noise cannot be easily removed. As shown in Fig. 5.12, the left is the original image x, and the right is the original image with noise with a mean of 0 and a standard deviation of 0.01 added. $t \sim N(0, \sigma^2)$ is the degree of adding noise, and indicates how much the gradient value of the image has changed according to the noise in RGB. As a result, it can be seen that although the difference is invisible to humans, there was a big change in the actual gradient.

SmoothGrad aims to solve this noise. In this methodology, it is assumed that an important part is that the value does not change rapidly

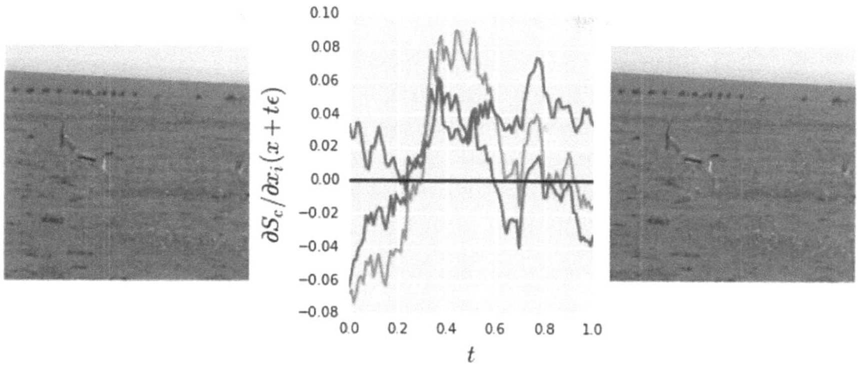

FIGURE 5.12 The partial derivative with respect to RGB values.

as a result of slightly changing the value, and based on this assumption, a new sensitivity map is proposed. In details, SmoothGrad does not create a sensitivity map for the gradient, but creates a sensitivity map through the Gaussian kernel.

As a result of the experiment, it can be understood that the SmoothGrad methodology obtains robust and accurate results compared to other methods whether there is a difference depending on the background and texture (Fig. 5.13).

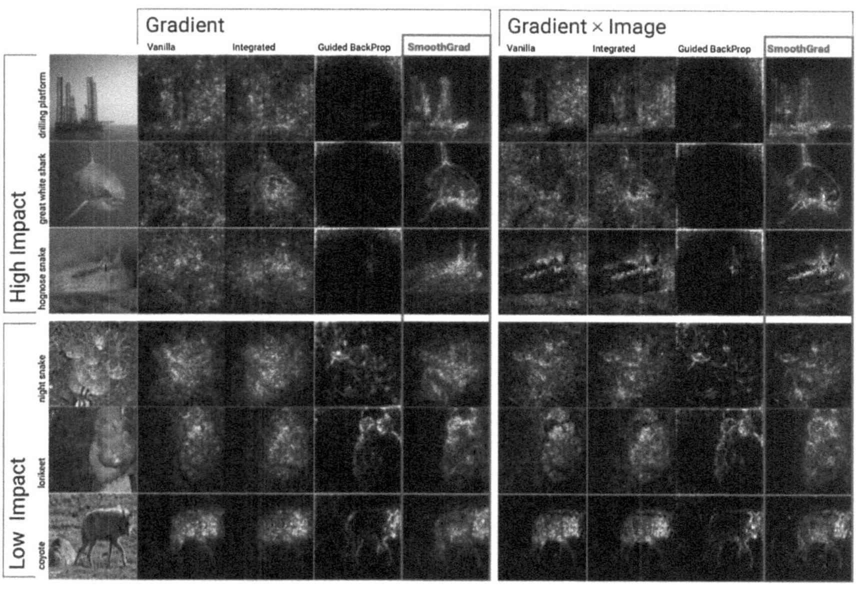

FIGURE 5.13 Qualitative evaluation of SmoothGrad.

5.3.4 Applications of BBM

Like ABM, BBM is also widely used, especially in the medical field. For instance, LRP is used to explain clinical decisions proposed by deep neural networks in Alzheimer's disease prediction (Böhle et al., 2019), sclerosis diagnosis (Eitel et al., 2019), or therapy prediction (Yang et al., 2018). In addition, due to the high expandability of BBM, it has more diverse applications than ABM. LRP is utilized to explain the key factors in protein–ligand interaction (Cho et al., 2020), machine fault diagnosis (Grezmak et al., 2019), recommendation system (Bharadhwaj, 2018a,b), text classification (Xu & Du, 2020), speech recognition (Bharadhwaj, 2018b), or face classification (Crawford et al., 2020).

References

Bharadhwaj, H. (2018a). Layer-wise relevance propagation for explainable deep learning based speech recognition. In *2018 IEEE international symposium on signal processing and information technology (ISSPIT)* (pp. 168–174). IEEE.

Bharadhwaj, H. (2018b). *Layer-wise relevance propagation for explainable recommendations*. ArXiv Preprint ArXiv:1807.06160.

Böhle, M., Eitel, F., Weygandt, M., & Ritter, K. (2019). Layer-wise relevance propagation for explaining deep neural network decisions in MRI-based Alzheimer's disease classification. *Frontiers in Aging Neuroscience, 11*, 194.

Chattopadhay, A., Sarkar, A., Howlader, P., & Balasubramanian, V. N. (2017). *Grad-cam++: Generalized gradient-based visual explanations for deep convolutional networks*. ArXiv Preprint ArXiv:1710.11063.

Cheng, C.-T., Ho, T.-Y., Lee, T.-Y., Chang, C.-C., Chou, C.-C., Chen, C.-C., Chung, I.-F., & Liao, C.-H. (2019). Application of a deep learning algorithm for detection and visualization of hip fractures on plain pelvic radiographs. *European Radiology, 29*(10), 5469–5477.

Cho, H., Lee, E. K., & Choi, I. S. (2020). Layer-wise relevance propagation of InteractionNet explains protein–ligand interactions at the atom level. *Scientific Reports, 10*(1), 1–11.

Crawford, J., Margalit, E., Grill-Spector, K., & Poltoratski, S. (2020). *Validation and generalization of pixel-wise relevance in convolutional neural networks trained for face classification*. ArXiv Preprint ArXiv:2006.16795.

Eitel, F., Soehler, E., Bellmann-Strobl, J., Brandt, A. U., Ruprecht, K., Giess, R. M., Kuchling, J., Asseyer, S., Weygandt, M., & Haynes, J.-D. (2019). Uncovering convolutional neural network decisions for diagnosing multiple sclerosis on conventional MRI using layer-wise relevance propagation. *NeuroImage: Clinical, 24*, 102003.

Grezmak, J., Zhang, J., Wang, P., Loparo, K. A., & Gao, R. X. (2019). Interpretable convolutional neural network through layer-wise relevance propagation for machine fault diagnosis. *IEEE Sensors Journal, 20*(6), 3172–3181.

Hata, E., Seo, C., Nakayama, M., Iwasaki, K., Ohkawauchi, T., & Ohya, J. (2020). Classification of aortic stenosis using ECG by deep learning and its analysis using grad-CAM. In *2020 42nd annual international conference of the IEEE engineering in medicine & biology society (EMBC)* (pp. 1548–1551). IEEE.

He, T., Guo, J., Chen, N., Xu, X., Wang, Z., Fu, K., Liu, L., & Yi, Z. (2019). MediMLP: Using grad-CAM to extract crucial variables for lung cancer postoperative complication prediction. *IEEE Journal of Biomedical and Health Informatics, 24*(6), 1762–1771.

Jiang, H., Xu, J., Shi, R., Yang, K., Zhang, D., Gao, M., Ma, H., & Qian, W. (2020). A multi-label deep learning model with interpretable grad-CAM for diabetic retinopathy classification.

In *2020 42nd annual international conference of the IEEE engineering in medicine & biology society (EMBC)* (pp. 1560–1563). IEEE.
Joo, H.-T., & Kim, K.-J. (2019). Visualization of deep reinforcement learning using grad-CAM: How AI plays atari games?. In *2019 IEEE conference on games (CoG)* (pp. 1–2). IEEE.
Lee, S., Lee, J., Lee, J., Park, C.-K., & Yoon, S. (2018). *Robust tumor localization with pyramid grad-cam*. ArXiv Preprint ArXiv:1805.11393.
Li, Y., Yang, H., Li, J., Chen, D., & Du, M. (2020). EEG-based intention recognition with deep recurrent-convolution neural network: Performance and channel selection by Grad-CAM. *Neurocomputing, 415*, 225–233.
Montavon, G., Samek, W., & Müller, K. R. (2018). Methods for interpreting and understanding deep neural networks. *Digital Signal Processing, 73*, 1–15.
Panwar, H., Gupta, P., Siddiqui, M. K., Morales-Menendez, R., Bhardwaj, P., & Singh, V. (2020). A deep learning and grad-CAM based color visualization approach for fast detection of COVID-19 cases using chest X-ray and CT-Scan images. *Chaos, Solitons & Fractals, 140*, 110190.
Selvaraju, R. R., Cogswell, M., Das, A., Vedantam, R., Parikh, D., & Batra, D. (2016). *Grad-cam: Visual explanations from deep networks via gradient-based localization*. ArXiv Preprint ArXiv: 1610.02391.
Selvaraju, R. R., Das, A., Vedantam, R., Cogswell, M., Parikh, D., & Batra, D. (2016). *Grad-CAM: Why did you say that?*. ArXiv Preprint ArXiv:1611.07450.
Shrikumar, A., Greenside, P., & Kundaje, A. (2017). *Learning important features through propagating activation differences*. ArXiv Preprint ArXiv:1704.02685.
Smilkov, D., Thorat, N., Kim, B., Viégas, F., & Wattenberg, M. (2017). *Smoothgrad: Removing noise by adding noise*. ArXiv Preprint ArXiv:1706.03825.
Xu, J., & Du, Q. (2020). Adversarial attacks on text classification models using layer-wise relevance propagation. *International Journal of Intelligent Systems, 35*(9), 1397–1415.
Yang, Y., Tresp, V., Wunderle, M., & Fasching, P. A. (2018). Explaining therapy predictions with layer-wise relevance propagation in neural networks. In *2018 IEEE international conference on healthcare informatics (ICHI)* (pp. 152–162). IEEE.
Zhou, B., Khosla, A., Lapedriza, A., Oliva, A., & Torralba, A. (2015). *Learning deep features for discriminative localization*. ArXiv Preprint ArXiv:1512.04150.

Further reading

Lee, Y., Park, J., & Cho, S. (2020). Extraction and prioritization of product attributes using an explainable neural network. *Pattern Analysis and Applications, 23*(4), 1767–1777. ISO 690.

PART II

User-centered AI design and development process

CHAPTER

6

AI as an explanation agent and user-centered explanation interfaces for trust in AI-based systems

Sangwon Lee

Department of Interaction Science, Department of Human-Artificial Intelligence Interaction, Sungkyunkwan University, Seoul, South Korea

6.1 Communication with computers: HCI and UX

6.1.1 HCI as an interdisciplinary and extending study

Human–Computer Interaction (HCI) is a relatively recently established field of study, with the current interdisciplinary veins. It is no wonder that the three important components of HCI are literally human, computer, and interaction between the two. All the things related to uses can be explained through concepts of the three components. The convergence and fusion naturally appear in the expanding process. In this extension lead, we need to redefine HCI.

"The active utilization of smarter technologies which understand people's lives and the consideration of the interactions between humans and computers which change the life paradigms".

Artificial Intelligence (AI) is based on computing capabilities. AI enables computer-based products or systems to be smarter. Therefore, HCI can be extended to Human–AI Interaction. First of all, it is necessary to better understand the study of HCI. Many disciplines are involved with HCI. They basically include computer science, human factors, design, psychology, sociology, linguistics, anthropology, etc. From a higher perspective, HCI can be linked to interaction design.

Human-Centered Artificial Intelligence
https://doi.org/10.1016/B978-0-323-85648-5.00014-1

"Designing interactive products to support the way people communicate and interact in their everyday and working lives" (Sharp et al., 2007).

According to this definition, interaction design aims to design interactive products or systems for people to communicate and interact with in their daily lives and working situations. In this sense, HCI can be the core part of interaction design. The multidisciplinary and convergent properties of HCI are addressed in various perspectives according to individual users' levels, target user groups or communities, and many types of relationships among people in networks.

6.1.2 Development of HCI and the emergence of UX

In the first period of HCI development, some concerns regarding HCI were addressed in terms of software engineering, software psychology, and computer graphics. As the importance of technology adoption and application increased, the need for formative methodologies for them became emphasized. This concern was more striking in the beginning of Graphical User Interfaces (GUIs), and accordingly, some experimental and questionnaire-based methods were established to clarify the relevant problems and fundamentals.

Before setting up HCI as an independent study, people focused their attention on tasks in prescribed processes. The foci lay on describing user behaviors and suggesting relevant paradigms in the perspectives of experimental psychology. In particular, many researchers and practitioners concentrated on addressing usability experimentally, and thus the concept of usability at that time was very simple. The objective of improving usability was limited to reducing work times and minimizing human errors, and in fact, only information in a low level could be obtained compared to expenses in a high level.

Usability, which has been a traditionally addressed concept in HCI, is a very important and basic pursued value. According to the International Organization for Standardization (ISO), usability can be defined as "the extent to which a product can be used by specified users to achieve specified goals with effectiveness, efficiency, and satisfaction in a specified context of use" (ISO, 2000). This definition of usability includes the basic properties of HCI. The definition emphasizes specific users, specific products, and specific use contexts, which correspond to "human," "computer," and "interaction," respectively, and importantly considers how effective, efficient, and satisfactory the process of accomplishing a specific use goal is.

The considerable development of HCI in design aspects has been made with the emphasis on GUIs. The research on "mouse" in Xerox

PARC (Palo Alto Research Center) in the 1970s can be considered as the starting point for HCI development. The mouse research with the concept of "WYSIWYG" (What You See Is What You Get) itself had significant contributions in HCI. This was the symbolic research which underlined the intuitiveness in use and the naturalness of interaction for computer-based products in user-centered perspectives in the beginning of HCI.

Going into the 1980s, the traditional perspectives on HCI were already established. Product development was made in iterative and cyclic processes, where some knowledge was accumulated in terms of how prototypes would be created, how formative tests were made, how usability was systematically addressed and measured, and so on. In pursuing academic robustness and setting up the relevant models and theories, it was the period when HCI was gradually integrated with user interface (UI) techniques. The awareness became generalized that HCI fundamentals ultimately needed to be considered in product/system design and development contexts. However, the intrinsic limitations of experimentation still existed.

In terms of contextual understanding, HCI in the 1990s had dramatically developed through several important events. Changes in organizational systems and consideration of IT computing approaches in business models were made, and many mobile and ubiquitous devices were developed in relation with Internet and computing technologies in our daily lives. Apparently, the World Wide Web in 1994 was placed in the center of all these things.

With regard to the present, beyond the 2000s, explaining the interactions by usability only is limited and insufficient. The importance of user experience (UX) with any products or systems has been emphasized. From UX perspectives, the product design process itself has significant meanings. For instance, aesthetics, which has been considered important following usability, is a very instinctive factor in users' perception, cognition, and judgment. Beyond satisfying the basic needs and considering the fundamental properties such as usability, we live in such a period when nonintrinsic properties such as aesthetics can be recognized as intrinsic properties.

People think as computers do, and computers have become humanized. It has been a long time since the border between human and computer collapsed, and the interface as a communication channel between them has been diversified and its definitions have grown more complex (e.g., chatbot, voice UI, social media). In this period, HCI has been popularized as an academic term. Accordingly, we find the justification of user-centered design and development, and consider HCI as a new interdisciplinary study.

6.2 Being with friends: new rationality and trust in companion AI

6.2.1 AI as a social component and the need for a new rationality

Just 10 years ago, much of the relationships and phenomena between users and computers could be explained by usability and aesthetics. As described above, the former has been traditionally emphasized in terms of outcomes and effectiveness/efficiency, and the latter has been a relatively newer concept in aspects of subjective perceptions and emotions. However, now we need to consider much more factors with the development of computing technologies. Basically including "time" and "place," a huge number of contextual factors can be involved with the development processes. With consideration of this extension, convergent, integrative, and sustainable UX can be developed.

One of the questions relating to AI in convergent and futuristic perspectives is "How will we understand AI in future societies and how will we accept it as a social component?" Before discussing this concern, we need to distinguish between "weak AI" and "strong AI." Weak AI can be described as the limited AI which is developed with a specified form in a specified domain and which is pursuing better performance and improved outcomes over limitations (Zackova, 2015), and strong AI can be referred to the extended AI in its self which can make inferential thinking as humans do in various and flexible situations (Albus, 1991).

Yet, the current AI is weak AI. For now, there exist too many obstacles to reach strong AI. It is often said that the present AI is relatively at a standstill compared to those in the past few years. The recent trend has focused on securing the variety of AI-applicable domains instead of developing the core of AI in technical facets. Even in social aspects, the current AI has obvious limitations in addressing the concerns or problems where various sociocultural contexts are involved and neither correct answers nor clear goals to be achieved exist. Not just for now, but when AI truly exceeds human intelligence in the near future, people are essentially asked to embrace a new rationality for AI. We need to address this rationality in diverse disciplines.

6.2.2 Discussion on companion AI in a future society

The discussion on AI in a future society has already begun. One famous story is the heated discussion online between Elon Musk and Mark Zuckerberg that occurred in July of 2017. Elon Musk pointed out the risk for a specific company to monopolize AI technologies and to set their development directions and emphasized the need for proactive regulation for them. On the contrary, Mark Zuckerberg said that the discussion on delaying the AI development was not understandable and stressed that technologies themselves were value-neutral thoroughly. There were divergent interpretations on where these two opposing standpoints came from. They could just be due to the propensity differences, or because of the company identities of Facebook and Tesla. However, whatever the reasons are, this kind of discussion is meaningful itself in that we as for now are somewhere between weak AI and strong AI.

More previously, in January of 2017, the European Commission devised the legislation relating to AI robots. Often called the "Robot Civil Rights Act," this has significant meaning in that the legal position of robots with AI can be admitted as "electromagnetic personality." However, the excess use of the term was pointed out, and there were opposite opinions in which some conflicting issues should be more in discretion. Even so, we need to define "injuring a human being" as not allowing a human being to come to harm. The process to get answers to this is very normative and quite serious and philosophical. This is the concern on the moral activities of AI robots, stating the need to understand the intrinsic properties of morality. In addition, this emphasizes that AI should not exceed the level of companionship. What value should be considered important in the companionship perspective? Among several criteria, trust is surely one of them. Here, one question arises "How much do people trust Artificial Intelligence?"

The present deep learning process seems to be a black box that significantly concentrates on the outcomes. The worry for AI following human negative biases and AI results caused by the biases is becoming bigger. As examples for this concern, Tay of Microsoft and an AI-based recruitment tool of Amazon had racial and sexual discriminating factors based on learning data. "Malicious AI" represented by the panda perception problem is considered as a very serious concern (Geng & Veerapaneni, 2018). The AI results can be manipulated by adding intentional and carefully crafted noises to original images. Interestingly, people see the original and the manipulated images to be identical (pandas), but deep learning does not (panda vs. gibbon). This can be a serious cause destroying trust in AI.

6.3 Explanation for trust: trustworthy AI and explainable AI

6.3.1 Fundamentals of trustworthy AI and the importance of XAI

In 2019, the European Commission declared the "Ethics Guidelines for Trustworthy AI" (European Commission, 2019). This basically emphasizes the need for trust construction for AI in user-centered viewpoints. In some respects, the suggestion of these guidelines can be interpreted as

Europe's strategic choice to be at the leading edge of human-centric AI. However, the guidelines are not just limited to such meanings, but have practical implications for AI concerns in practical domains such as medical care, education, and customer service. Again, this mentions the importance of moral, humanistic, societal, and cultural approaches.

The fundamentals of trustworthy AI are summarized in four aspects (European Commission, 2019): "respect for human autonomy," "prevention of harm," "fairness," and "explicability." On the basis of these fundamentals, trustworthy AI needs to consider the following for its realization in more detail: "human agency and oversight," "technical robustness and safety," "privacy and data governance," "transparency," "diversity, nondiscrimination and fairness," "societal and environmental wellbeing," and "accountability." These are the values and directions of AI in the close future.

In more academic perspectives, we need to pay attention to "Explainable Artificial Intelligence (XAI)," which is currently one of the noticeable technology trends. XAI can be referred to as the machine learning technology which constructs a more explainable model while maintaining high performance (Gunning et al., 2019). Explainable, provable, and transparent AI is very important in establishing trust for computing technologies. Many companies will surely think about XAI applications and extensions in practical aspects, and consider XAI as a normative requirement in a future society. In user-centered standpoints, XAI has very significant implications for interdisciplinary AI, as the discussion on the human–AI relationship and interaction deepens.

6.3.2 XAI framework and research concerns in HCI

Defense Advanced Research Projects Agency (DARPA) played a leading role in constructing the XAI concept in 2017. According to the XAI framework proposed by David Gunning (2017), the domains of XAI can be divided into three parts: (1) the construction of "Explainable model" to help understand deep learning processes through tracing prediction steps; (2) the development of "Explanation interface" for explanation methods for prediction results; and (3) the understanding of "User characteristics" in communication with AI.

In a relative viewpoint, studies on the explainable model are more involved with AI cores, while those on the explanation interface and the user characteristics are more associated with human–AI relationships and interactions. Considering that present deep learning focuses on the active utilization and extension of weak AI, the explanation interface and the user characteristics need to be importantly addressed as much as the explainable model. Studies on the explanation interface and the user characteristics can be represented by HCI and psychology. This convinces us of the importance of the interdisciplinary properties of AI.

In the future, the relationships between humans and AI will be formed more like those between two humans. To build a companionship between a human and AI, it is essential to secure trust in AI. Just like the process of trust formation between two humans, that between a human and AI should be two-way interactive. As described previously, the present and the near future is the period of weak AI, but we will finally reach the period of strong AI. The relationships with smarter and more-humanized AI need to be addressed more importantly in the perspectives of users who should use and accept it. Ultimately, humans should be in the center, and this is precisely the starting point of effective communication between users and AI-based systems. Can it be useful to equip AI with humor setting functions like Tars in the movie "Interstellar"? How about robots joking following a person's humor codes? Or, how about an AI system appealing its cuteness while making childlike mistakes? Justly, humans are more important than technology, and technology is value neutral.

As described above, we newly defined HCI: "The active utilization of smarter technologies understanding people's lives, and the consideration of the interactions changing the life paradigms through this utilization." Technology development can begin with the understanding of people's lifestyles, and in turn, people find their own lifestyles while adopting and utilizing such developed technologies. Our life paradigms will be formed in this interactive relationship. In this vein, we will consider the academic establishment and extension of Human–AI Interaction and set its development directions for effective communication between users and AI systems.

6.4 Explanation for results: AI as an explanation agent and explanation interfaces

6.4.1 AI as an explanation agent in autonomous vehicles

AI should be an agent with explanation methods and interfaces. Here, we describe the role of AI as an explanation agent in autonomous vehicles and others. Autonomous vehicles are becoming realized and popularized. In the long-term perspective, many vehicle companies plan to transition from manufacturing forms for fully built units to service forms such as autonomous driving and car sharing. Vehicles are not limited to transportation modes anymore. As the "driver" concept diminishes, the interior of a vehicle will change to another living space. In this sense, participation of and collaboration with IT companies are essential. The news about Apple's development of autonomous electric vehicles represents such flow. It is the point between manufacturing and IT sectors which holds the hegemony for autonomous vehicles. The relevant technologies have already reached Level 4 (high automation), and advanced countries including the United States have tried to commercialize autonomous vehicles in Level 5 (full automation) in the near future. In a similar vein, the National Highway Traffic Safety Administration officially admitted automated driving systems as a core part in the coming years.

There is no doubt that autonomous driving technologies will reach high levels and will be commercialized in the near future, but many people still feel anxious with autonomous vehicles. Accidents with autonomous vehicles and debates on the responsibility for the accidents increase people's anxiety. The mistrust based on malfunction in control transfer situations lies at the bottom of this anxiety. The best way to remove the anxiety is to achieve the "perfect" automation. While heightening the level of technical completion, we need to secure the universal usability for autonomous vehicles. Until the autonomous driving techniques are completely achieved (at least accepted by people), it is necessary to address the relevant concerns in users' perspectives.

"Perceived risk," which is a cause of people's anxiety for an incident, is affected by uncertainty and severity from that incident (Ha et al., 2020). For instance, in autonomous driving, passengers do not know the reason why the vehicle moves from the second lane to the first lane though the traffic in the second lane is much less than that of the first lane (uncertainty; people do not understand the autonomous vehicle's intentions and handling), and think that the vehicle can cross the center line and collide with other vehicles moving in the opposite direction (severity; it can cause a fatal accident). Consequently, people may feel very uneasy with these concerns. To resolve the anxiety, it is very important to address uncertainty and severity issues in users' standpoints.

As described above, the construction of trust with AI and the role of XAI in the companion relationships need to be emphasized. The trust formation for autonomous vehicles is connected to how AI results are explained. People do not just want highly accurate prediction results, but also want proper explanations for AI processes. According to Koo et al. (2015) study, people showed more preference and better performance in semiautonomous driving situations when provided the "how" and "why" information than when provided only the "how" information on the driving operations. This mentions the need to consider explanation interfaces for explainable autonomous vehicles and to suggest ways to explain autonomous driving situations in addressing uncertainty and severity concerns.

6.4.2 Explanation interfaces in user-centered perspectives

The design of an explanation interface is relevant for effectively providing AI results in user-centered perspectives. The explanation interface can be connected to information visualization which expresses information and data to help people's cognition and understanding. It is very important to provide and emphasize information by considering the information selection, assignment, and forms. This basically corresponds to the design of an explanation way. Yet, the related works have not shown a consistent flow and have just been applying existing theories. Among them are the following:

- Contrastive explanation: Explanation of how and why a specific result A is reached in comparison with a contrastive result A′.
- Counterfactual explanation: Explanation of causal relationships through what-if questioning by adding and removing influential factors on a specific result A.
- Example-based explanation: Normative explanation to show samples reaching a specific result A and comparative explanation to show samples deriving other results B, C, and so on.
- Attributional explanation: Explanation reflecting people's attribution processes of inferring the reasons for a specific result A.

6.4.2.1 Explanations in autonomous vehicles

Among the different types of explanations, the attributional explanation is suitable for explaining autonomous driving situations because people want to understand their cars' intentions and decisions on real-time basis in trust perspectives. According to Weiner's attribution theory (Weiner, 1979), three dimensions of attribution (focus of causality (internal and external), stability of causality (stable and unstable), and controllability of causality (controllable and uncontrollable)) produce eight different explanations for behaviors (Table 6.1). Proper explanations based on the attributional explanation can induce people to think that the judgments and responses of an autonomous vehicle are well made and consequently help them to form trust in autonomous vehicles. The autonomous driving situations basically need to be attributed to "typical effort" or "unusual effort." If they are attributed to the others (e.g., luck), people's anxiety will become even higher. Examples of the attributional explanation are as follows:

- "Typical effort" explanation: The vehicle (focus: internal) detects a speed bump ahead (stability: stable) and slows down (controllability: controllable).

TABLE 6.1 Three-dimensional model of attribution (Weiner, 1979).

	Internal		External	
	Stable	**Unstable**	**Stable**	**Unstable**
Controllable	Typical effort	Unusual effort	Consistently helped or hindered by others	Unusual help or hindrance from others
Uncontrollable	Ability	Mood	Task difficulty	Luck

- "Unusual effort" explanation: The vehicle (focus: internal) detects a person popping out (stability: unstable) and slows down rapidly (controllability: controllable).
- "Luck" explanation: A person (focus: external) pops out (stability: unstable) and the vehicle has no choice but to slow down rapidly (controllability: uncontrollable).

The explanation forms focusing on internality and controllability need to be made depending on the levels of perceived risk (uncertainty + severity). Examples of driving situations in low risk and high risk are as follows:

- Driving situation with low perceived risk: Straight running with less than 15 km/h on a general flat road with properly working traffic lights on a clear and dry day.
- Driving situation with high perceived risk: Curved running with more than 70 km/h on a curved downhill of a high-speed highway without traffic lights on a foggy day.

It is necessary to differentiate the explanations for these two driving situations. In an empirical study (Ha et al., 2020), the effects of the attributional explanation were more prominent at a low level of perceived risk than at a high level of perceived risk. The "why" and "how" explanations based on the attributional explanation can be more effective in trust formation for autonomous vehicles. However, kinder and longer explanations for autonomous driving situations at a high level of perceived risk can be a burden because people need to additionally pay attention. Considering people's behaviors in autonomous driving, the explanations need to be provided in an auditory channel and additionally in a visual channel.

6.4.2.2 Explanations in other AI systems

The explanation for AI results is necessary even in fintech. Let us consider an AI system to examine loan availability. The results for the system are "loan available" or "loan unavailable," and the examination criteria include sex, age, education, occupation, annual salary, credit rating, employment period, and so on. For those who are judged as loan unavailable, the system needs to kindly explain the reasons for the result. The contrastive explanation, the counterfactual explanation, and the example-based explanation can be applied to this case. Explanation interfaces can be considered to explain the reason why he/she is judged as loan unavailable (why not), to provide basic descriptions and examples for what he/she can do to obtain a loan (how), and to show how the result can change when he/she applies a suitable strategy (what if). The interfaces induce people to trust the results from AI systems by suggesting what to do in feasible solutions for loan availability (sex and age cannot be changed!).

In the case of Netflix, displaying recommendation results itself is an example-based explanation. Though a contrastive explanation or counterfactual explanation is possible, whether applying it to Netflix is appropriate remains a concern. An attributional explanation does not seem to be applicable. People subscribe to the Netflix service and watch movies on an unlimited basis. This subscription influences people's behavioral patterns with regard to watching Netflix movies. Often, people get lost looking for what to watch in the huge number of movies to be selected. In this sense, the recommendation is more important and meaningful, but people are not sure that the recommended movies are really what they want to watch. They still click here and there, and snoop several movies in a short time. Netflix does not limit these behaviors, and no more money is charged for them.

Meanwhile, people search the reviews of Netflix movies in a portal site and get information about movies worth watching. They reach the conclusion that word of mouth is most trustworthy in choosing movies. The movies their friends recommend are more likely to be in the Netflix recommendation list. Movie recommendation and choice seems to be very intuitive. It may not be necessary to explain the reasons for these movie recommendations one by one. In the development of recommendation algorithms, people intuit the reason why that movie is recommended. However, soon it will be the time to provide subscribers with better explanations and descriptions. From this perspective, the Netflix interface is expected to play the role of word of mouth for movie recommendations.

References

Albus, J. S. (1991). Outline for a theory of intelligence. *IEEE Transactions on Systems, Man, and Cybernetics, 21*(3), 473–509.

European Commission. (2019). *Ethics guidelines for trustworthy AI*. Retrieved from: https://digital-strategy.ec.europa.eu/en/library/ethics-guidelines-trustworthy-ai.

Geng, D., & Veerapaneni, R. (2018). *Tricking neural networks: Create your own adversarial examples*. Retrieved from: https://medium.com/@ml.at.berkeley/tricking-neural-networks-create-your-own-adversarial-examples-a61eb7620fd8.

Gunning, D. (2017). *Explainable artificial intelligence (XAI)*. Technical report. Defense Advanced Research Projects Agency (DARPA).

Gunning, D., Stefik, M., Choi, J., Miller, T., Stumpf, S., & Yang, G.-Z. J. S. R. (2019). Xai - explainable artificial intelligence. *Science Robotics, 4*(37), eaay7120.

Ha, T., Kim, S., Seo, D., & Lee, S. (2020). Effects of explanation types and perceived risk on trust in autonomous vehicles. *Transportation Research Part F: Traffic Psychology and Behaviour, 73*, 271–280.

ISO. (2000). *ISO 9241-9: Ergonomic requirements for office work with visual display terminals (VDTs) - Part 9: Requirements for non-keyboard input devices.*

Koo, J., Kwac, J., Ju, W., Steinert, M., Leifer, L., & Nass, C. (2015). Why did my car just do that? Explaining semi-autonomous driving actions to improve driver understanding, trust, and performance. *International Journal on Interactive Design and Manufacturing, 9*(4), 269–275.

Sharp, H., Rogers, Y., & Preece, J. (2007). *Interaction design: Beyond human-computer interaction* (2nd ed.). New York: John Wiley & Sons.

Weiner, B. (1979). A theory of motivation for some classroom experiences. *Journal of Educational Psychology, 71*(1), 3–25.

Zackova, E. (2015). Intelligence explosion quest for humankind. In J. Romportl, E. Zackova, & J. Kelemen (Eds.), *Beyond artificial intelligence: The disappearing human-machine divide*. Dordrecht: Springer.

CHAPTER

7

Anthropomorphism in human-centered AI: Determinants and consequences of applying human knowledge to AI agents

Young June Sah

Department of Media & Entertainment, Sogang University, Seoul, South Korea

7.1 Introduction

As agents with artificial intelligence (AI) are designed to include social characteristics, users have more opportunities to interact with human-like agents and use them in different situations than before. These social features include the human face and body (Cassell, 2000), using a human language (O'Shea, 2012), expressing emotions and feelings (Petisca et al., 2015), and taking a human role (e.g., a counselor, Kurashige et al., 2018). The adoption of social cues causes users to employ psychological processes and behavioral responses, considered appropriate when applied in human-to-human interaction. That is, users often perceive human minds (Stafford et al., 2014) and personalities from an AI agent (Miwa et al., 2001), and treat an AI agent in compliance with social rules (e.g., behaving politely to others, Nass & Moon, 2000). An extensive body of HCI studies thus explored how users respond to nonhuman agents displaying social cues, and how social cues embedded in the agents influence users' behaviors in diverse social contexts (Admoni & Scassellati, 2017; Aljaroodi et al., 2019; Belpaeme et al., 2018; Campa, 2016; Dehn & Van Mulken, 2000; Glikson & Woolley, 2020; Guo & Goh, 2015; Laranjo et al., 2018; Loveys et al., 2020; Provoost et al., 2017).

Despite the large volume of studies on user experience of AI agents, scholars do not agree upon a comprehensive account on the cognitive

Human-Centered Artificial Intelligence
https://doi.org/10.1016/B978-0-323-85648-5.00013-X

process governing the users' psychological and behavioral responses to AI agents. Developing the rationale for the effects of social cues used on AI agents, previous studies drew an analogy with human-to-human interaction and predicted that users' responses to AI agents are not substantially different from those to real humans (e.g., Nass et al., 1994). Yet, this naïve rationale can be strengthened by explicating the cognitive process of the social responses, as it allows us to identify factors facilitating or deteriorating the process, and consequences the process bring about.

To this end, the current study employed *anthropomorphism*, user's tendency to utilize human knowledge in inferring from a nonhuman target how to interpret and react to a target (Epley et al., 2007), as a theoretical framework for understanding and predicting users' experience of interacting with AI agents. Anthropomorphism can be considered as a specific sort of *knowledge activation process* (Förster & Liberman, 2007), a universal mechanism explaining individuals' psychological and behavioral responses to their environment. Building on this theoretical framework, Epley et al. (2007) explicated the anthropomorphism as the automatic activation of human knowledge and effortless application to a nonhuman target. This account provides us with a unified framework to understand and predict influence of AI agents with social cues on users' responses, regarding how people perceive, make sense of, and behave to AI agents in different social contexts. In this chapter, we first reviewed the theoretical framework of anthropomorphism, discussing how people apply human knowledge to a nonhuman target and what are the characteristics of the process. We then explored how different social cues employed in AI agents induce social responses from users. We also discussed potential consequences of anthropomorphism in a recommendation system and proposed solutions for the potential negative outcomes. In conclusion, we presented directions for future studies developed from the theoretical account of knowledge activation.

7.2 Anthropomorphism: Using human knowledge for nonhuman targets

7.2.1 The phenomenon

Despite the awareness that a target they interact with is not a real person, individuals often apply knowledge about human to the target and make inferences based on the knowledge. Applying human knowledge often results in users showing responses to a nonhuman target, which seems appropriate when those responses are applied to a real human. In an early study by Heider and Simmel (1944), for example, participants were presented with a short animation of moving figures such as a circle and triangles and asked to describe what they had seen in the animation. The participants used human knowledge to interpret the movement of the figures, imbuing them with human mental states, such as emotions, intentions, and personalities. Also, they created a meaningful story based on the mental states and social relationships inferred from the figures. Indeed, people used knowledge of human minds to understand invisible states of a variety of nonhuman targets, ranging from a pet and robot to God. Exploring individuals' perception of internal states from human and nonhuman target, Gray et al. (2007) found two distinctive mental states, experience (i.e., ability to feel emotion) and agency (i.e., ability to plan their actions), and reported that people often identify the mental states of the same type from human and nonhuman targets, depending on their perceived characteristics of the target.

Further, previous studies evidence that people apply human knowledge to nonhuman targets at the behavioral level, resulting in users interacting with the targets in ways considered appropriate when they are applied to other humans. For example, Nass et al. (1999) showed that participants were more likely to provide positive feedback for a lesson offered by a computer when reporting the feedback using the same computer for the lesson, than when using a different computer. Given that criticizing one in the face is considered impolite, this finding indicates that people comply with the social norm applicable to human-to-human interaction. Later studies explored other domains of social behaviors and demonstrated that people mindlessly conform to social norms in interacting with AI agents, such as reciprocal helping (Fogg & Nass, 1997; Liang et al., 2013) and self-disclosure (Moon, 2000).

7.2.2 The mechanism

This tendency of attributing human mental states and behaving in socially appropriate ways to nonhuman targets can be understood as individuals' interaction with a nonhuman target being guided by knowledge about humans. Epley et al. (2007) called this process *anthropomorphism*, by which individuals utilize human knowledge to infer unknown aspects of nonhuman targets. This idea of anthropomorphism is grounded on the broader theoretical framework of *knowledge activation* (Förster & Liberman, 2007; Higgins, 1989, 1996). Scholars proposed the knowledge activation process operates under several basic principles: applicability, availability, and accessibility (Förster & Liberman, 2007; Higgins, 1989, 1996). *Applicability* indicates that an instigating cue in a nonhuman target should be related to knowledge to be activated. That is, a social cue in a nonhuman target should be similar in its form or meaning to activate the corresponding mental representation of the cue in one's mind. Also, *availability* suggests that knowledge to be activated by a cue should be available in one's memory. Specifically for the anthropomorphic process, the *less* the individuals have prior knowledge on the target (i.e., unavailability of target knowledge), the more likely they apply human knowledge to the target. Otherwise, individuals would rely on the target knowledge, rather than human knowledge (Epley et al., 2007). *Accessibility* means that activated knowledge becomes more accessible than alternatives, and thus more likely to be used for later cognitive processes.

Scholars also propose that the knowledge activation process is influenced by individuals' motivations, as the process helps one to satisfy needs underlying the motivations (Dunning, 2015; Higgins & Molden, 2003; O'Shea, 2012). For the anthropomorphic process, it is known that users' motivation to be connected and communicated with other people (i.e., sociality motivation) and understand and control one's environment (i.e., competence motivation) facilitates the process. Applying human knowledge to an unknown nonhuman target makes individuals feel as if they are interacting with another person and thus fulfill the social motivation. Also, the application of human knowledge reduces uncertainty in interacting with a nonhuman target, as individuals in general are familiar with interacting with another person (Epley, Akalis, et al., 2008; Epley et al., 2007; Epley, Waytz, et al., 2008; Velasco et al., 2021; Waytz et al., 2010).

7.2.3 The automatic nature of anthropomorphism

One of the notable characteristics of knowledge activation is that the activation of knowledge automatically spreads over other concepts and knowledge relevant to the initially activated knowledge (Andersen et al., 2007; Förster & Liberman, 2007; Higgins, 1996). A social cue in a nonhuman target activates the corresponding human concept in one's memory, and the activation spreads over other human-related concepts and knowledge. The activated concepts and knowledge become more accessible than others, and thus have a higher chance to be used in further inferences such as what the target is and how I should behave to the target, depending on what type of responses the situation requires one to show (Förster & Liberman, 2007; Higgins, 1996; Loersch & Payne, 2014).

Note that the automatic spread of knowledge activation is an unaware and unintentional process (Bargh, 1989), and thus individuals showing social responses to a nonhuman target occasionally deny that they apply human knowledge or perform social behaviors (Nass & Moon, 2000). Although individuals recognize their dependence on human knowledge and its inappropriateness in using human knowledge when interacting with a nonhuman target, they are unlikely to correct their responses due to additional cognitive resources required in correcting the process (e.g., meta-cognition, Förster & Liberman, 2007).

7.3 Anthropomorphism in human–AI interaction

The theoretical framework of anthropomorphism allows us to reinterpret previous studies and identify nuances in cognitive process involved in human–AI interaction. In this section, we discussed social cues widely used in AI agents, a language for interaction and an embodied agent implemented on an interface, which are frequently explored as determinants of anthropomorphic responses in HCI literature.

7.3.1 Linguistic cues

As an attempt to make their interaction more natural and fluent, AI developers often employ language as a means of interacting with a system and turn their AI application into a conversational agent (e.g., Bickmore & Cassell, 2005). A conversational agent is often equipped with a chat window (Song et al., 2017), an embodied character (Cassell, 2000), and a voice output (Ikegami et al., 2018, pp. 1–5), depending on whether the agent is developed as a mobile application or a physically embodied object (e.g., a smart speaker), or whether it uses written texts or a spoken voice to communicate with its users. As a language has long been used in human-to-human communication (Nass & Gong, 2000), using a language to a conversational agent causes users to harness human knowledge to infer how to interact with the agent. Encountering a conversational agent, for example, users may immediately recognize the agent's ability in understanding and using a language, and start their interaction by greeting, adhering to the social rule used in human-to-human conversation (Garg & Sengupta, 2020). For this reason, users of a conversational agent may feel as if they speak to a real person (e.g., copresence, Lee et al., 2019), compared to traditional ways of interacting with AIs, such as button pressing.

Note that using a written or spoken language conveys a plenty of social cues, and users of a conversational agent may incorporate the information they obtained from the verbal and nonverbal cues in the conversational agent. For example, a voice-based conversational agent is often designed to include cues implicitly or explicitly indicating its gender in its voice, name, outfit, body, or face (Feine et al., 2020). These cues can automatically activate the knowledge associated with the gender, and users may conceive gender-stereotypic thoughts and expectations on the conversational agent (Hwang et al., 2019, pp. 1–6; McDonnell & Baxter, 2019) and follow behavioral scripts applicable to a specific gender (Lee et al., 2000, pp. 289–290).

Further, a conversational agent can show social cues indicating their emotion and feeling, particularly when the agent is embodied with a face and body (Becker et al., 2004). Individuals are an expert in relating emotion and feeling to indicators in one's face and body, and thus automatically interpret the internal states from visual cues in a conversational agent, such as gestures (Kipp & Martin, 2009; Lhommet & Marsella, 2015) and facial expressions (Ahn et al., 2013; Kaulard et al., 2012). The nonverbal cues can also reveal personality of the agent (Chen et al., 2010; Sonlu et al., 2021; Völkel et al., 2020). These human-like features expressed in different forms in AI agents may enable users to infer invisible aspects of the agent by applying their knowledge of social characteristics to the target. This inference causes users to develop expectations and beliefs on the agent, which may guide users in interacting with the target.

7.3.2 Adverse effect of visual cues

While professionals attempt to develop AI agents more realistic and human-like in the hope of producing desirable effects of social responses (Allen et al., 2001; Berry et al., 2005; Bouchet & Sansonnet, 2009; Zaga et al., 2017), other studies showed their adverse effects. The uncanny valley, proposed by Mori (1970), demonstrates that people may feel uncomfortable and unnatural toward a nonhuman agent, when agent's external cues such as appearance become extremely, but not perfectly, human-like. This adverse effect of realistic visual cues has been investigated in several studies using different visual features (Kätsyri et al., 2015; Mitchell et al., 2011; Seyama & Nagayama, 2007).

One explanation supported by empirical evidence is the perceptual mismatch account (MacDorman et al., 2009; Pollick, 2010), which explains that the uncomfortable feeling toward highly human-like target is caused by inconsistencies existing in the levels of the realism in social cues. To test this hypothesis, MacDorman et al. (2009) examined participants' responses to a human-like target, after varying the levels of realism of target's eyes and skin. Participants reported the highest eeriness toward a target with mismatched social cues in their realism levels such as highly realistic eyes, but less realistic skin. Note that this finding is in line with anthropomorphism account, particularly the automatic spreading of human–knowledge activation. The high-level realism in eyes raised expectation regarding the social nature of the target, whereas the unrealistic skin reminded participants of an idea that the target was unnatural or dead. The perceptual mismatch generated by different social cues in a nonhuman target is also inconsistent with a general idea of a real human, which conveys realistic social cues in all aspects. These mismatches may cause the feeling of discomfort toward a nonhuman target.

Expanding on this mismatch account, Gray and Wegner (2012) articulated types of knowledge activated and their mismatch when encountering different levels of realism in social cues of a nonhuman target. They proposed that a social robot may cause uncomfortable feeling, when users perceive a mental ability of experience from the social robot, which are incompatible with their general knowledge of a robot. That is, when a robot shows extremely realistic appearance, it informs perceivers of robot's ability to experience external stimuli (e.g., temperature and light), which indicates that the robot can have feelings and emotions. As individuals in general believe that a robot is unable to have feelings and emotions (Gray et al., 2007), the inference of robot's experience mismatches with the general concept of a robot, resulting in feeling of uneasiness.

7.3.3 Anthropomorphism in recommendation systems

An application often employing social features on its interface is a recommendation system. As the amount of information available for users becomes enormous, there are increased needs for filtering information and presenting relevant information to users. An online shopping mall (e.g., Amazon) or on-demand video streaming service (e.g., Netflix) often display items that the user might like to have. Recommendation system requires considerable intelligence, as recommending relevant items to users requires processing a large amount of information, such as users' preference and items, and the context.

Several studies proposed a recommendation system equipped with social features such as language use (e.g., Lee & Choi, 2017; Rhee & Choi, 2020) and embodied agent (e.g., Semeraro et al., 2003) generated positive outcomes. From the knowledge activation perspective, several advantages are expected from employing a human-like agent for a recommendation system and allow users to harness human knowledge for making sense of the situation of having items recommended from an AI agent. First, users may think an item recommended by a human-like agent is meaningful. It is not a random item presented by a system, but it is carefully selected by an intelligent being. In this case, users may perceive the agent's intention and carefulness. Thus, items recommended by a human-like agent will provide greater satisfaction to users than those presented by a machine-like recommendation system.

Another advantage of employing a social agent is that an agent can harness desirable social features and follow social norms and cause users to ascribe such social characteristics to the system. For example, a recommendation system in need of users' input may use the social rule of reciprocal self-disclosure to promote users to reveal personal information (Lee & Choi, 2017). Also, previous studies showed that a recommendation system can induce positive evaluation from users, by introducing a recommendation agent as an expert in a certain domain (Kim, 2014; Koh & Sundar, 2010; Liew & Tan, 2018). Considering that the concept of the specialist closely associated with human, one may expect that the labeling effect is more likely to occur for a recommendation system including a human-like agent.

Employing social features, however, has a potential to induce negative influence in human—AI interaction. Previous studies reported that users may think they are in less control and the system is riskier, particularly when the system utilizes personal information. For example, Laban and Araujo (2020) showed that participants conducted negative evaluations on the system when they are informed that the recommendation agent collect user's personal data such as web browsing history and social media information (Laban & Araujo, 2020). In this case, people may feel they are under surveillance by a recommendation agent and thus feel their privacy is violated, particularly for the sensitive information (Ha et al., 2021; Laban & Araujo, 2020; Puzakova et al., 2013).

One way to resolve this potential risk is to harness social bond to the agent. Previous studies propose that human can build a social bond with a nonhuman target, and this social relationship may increase the trust of the AI agent (Bickmore et al., 2005; Hoffman et al., 2021; Qiu & Benbasat, 2009; Simpson et al., 2020). Another solution is to present explanations for recommended items. Presenting reasons why these specific items are recommended for this particular time may allow users to understand the mechanism and thus feel less abrupt for the recommended items. Explanation led to increase in the perceived quality of recommendation (Pecune et al., 2019). Further, when providing explanation on the mechanism of recommendation, users are unlikely to think that the recommendation agent behaves in an unexpected way. This might stop people from using human knowledge, but it will also reduce negative consequences of applying human knowledge to the agent.

7.4 Conclusion

This chapter presented a theoretical framework, anthropomorphism, for the underlying mechanism in users' responses to an AI agent with social features. The cognitive nature of the anthropomorphic process allows us to understand better the seemingly inconsistent results reported in the previous studies on how users experience social cues in an AI agent. Also, we discussed potential consequences of the anthropomorphic process, particularly for human-like recommendation systems, and proposed possible solutions for negative outcomes predicted by harnessing human knowledge in interacting with human-like recommendation systems.

While we did not discuss them in this chapter, there exist interesting topics one can explore in future studies. One of them is related to moral judgment on an AI agent. Humans are subject to moral judgment, because they are believed to have free will (Monroe et al., 2014), particularly the ability to choose (Monroe et al., 2017). Given that users of AI agents often perceive agency (i.e., ability to plan an action) from the agent they interact with, the agent is subject to judgment of blame and wrongness. Thus, when an AI agent brings an unexpected negative outcome in interacting with its user, the user may attribute cause of the outcome to the agent.

This blame attribution can be a formidable barrier for users to entrust an AI agent with important task, such as driving. Because implementing social characteristics to an autonomous vehicle may produce desirable effects (e.g., enhanced trust, Lee et al., 2015; Waytz et al., 2014), auto makers may want to introduce and advertise their autonomous vehicle having an ability to confidently drive by itself. This frame may cause users to use human knowledge and attribute human mind of agency to the vehicle. This attribution in turn leads to users ascribing blame for an accident to the vehicle not to an external factor (Danaher, 2019; Gray et al., 2012). Future studies may explore this topic and investigate this dilemma arising in applying human knowledge in human–AI interaction.

In conclusion, articulating cognitive mechanisms governing human–AI interaction is critical, as it enables us to draw generalizable understanding from findings in numerous studies. Furthermore, by clarifying the boundary conditions of the mechanism, it allows us to understand how inconsistent results can be observed. Also, the unified theoretical framework would make it possible for scholars to develop fruitful research questions and testable predictions using the theoretical framework.

References

Admoni, H., & Scassellati, B. (2017). Social eye gaze in human-robot interaction: A review. *Journal of Human-Robot Interaction*, *6*(1), 25–63. https://doi.org/10.5898/JHRI.6.1.Admoni

Ahn, S. J. (Grace), Le, A. M. T., & Bailenson, J. N. (2013). The effect of embodied experiences on self-other merging, attitude, and helping behavior. *Media Psychology*, *16*(1), 7–38. https://doi.org/10.1080/15213269.2012.755877

Aljaroodi, H. M., Adam, M. T. P., Chiong, R., & Teubner, T. (2019). Avatars and embodied agents in experimental information systems research: A systematic review and conceptual framework. *Australasian Journal of Information Systems*, *23*. https://doi.org/10.3127/ajis.v23i0.1841

Allen, J., Ferguson, G., & Stent, A. (2001). An architecture for more realistic conversational systems. In *Proceedings of the 6th international conference on intelligent user interfaces* (pp. 1–8). https://doi.org/10.1145/359784.359822

Andersen, S. M., Moskowitz, G. B., Blair, I. V., & Nosek, B. A. (2007). Automatic thought. In *Social psychology: Handbook of basic principles* (2nd ed., pp. 138–175). The Guilford Press.

Bargh, J. A. (1989). Conditional automaticity: Varieties of automatic influence in social perception and cognition. In J. S. Uleman, & J. A. Bargh (Eds.), *Unintended thought* (pp. 3–51). Guilford Press.

Becker, C., Kopp, S., & Wachsmuth, I. (2004). Simulating the emotion dynamics of a multimodal conversational agent. In E. André, L. Dybkjær, W. Minker, & P. Heisterkamp (Eds.), *Affective dialogue systems* (pp. 154–165). Springer. https://doi.org/10.1007/978-3-540-24842-2_15

Belpaeme, T., Kennedy, J., Ramachandran, A., Scassellati, B., & Tanaka, F. (2018). Social robots for education: A review. *Science Robotics, 3*(21). https://doi.org/10.1126/scirobotics.aat5954

Berry, D. C., Butler, L. T., & de Rosis, F. (2005). Evaluating a realistic agent in an advice-giving task. *International Journal of Human-Computer Studies, 63*(3), 304–327. https://doi.org/10.1016/j.ijhcs.2005.03.006

Bickmore, T. W., Caruso, L., Clough-Gorr, K., & Heeren, T. (2005). 'It's just like you talk to a friend' relational agents for older adults. *Interacting with Computers, 17*(6), 711–735. https://doi.org/10.1016/j.intcom.2005.09.002

Bickmore, T., & Cassell, J. (2005). Social dialogue with embodied conversational agents. In J. C. J. van Kuppevelt, L. Dybkjær, & N. O. Bernsen (Eds.), *Advances in natural multimodal dialogue systems* (pp. 23–54). Springer Netherlands. https://doi.org/10.1007/1-4020-3933-6_2

Bouchet, F., & Sansonnet, J.-P. (2009). Subjectivity and cognitive biases modeling for a realistic and efficient assisting conversational agent. In *2009 IEEE/WIC/ACM international joint conference on web intelligence and intelligent agent technology* (Vol. 2, pp. 209–216). https://doi.org/10.1109/WI-IAT.2009.152

Campa, R. (2016). The rise of social robots: A review of the recent literature. *Journal of Evolution and Technology, 26*(1). https://ruj.uj.edu.pl/xmlui/handle/item/42187.

Cassell, J. (2000). Embodied conversational interface agents. *Communications of the ACM, 43*(4), 70–78.

Chen, Y., Naveed, A., & Porzel, R. (2010). Behavior and preference in minimal personality: A study on embodied conversational agents. *International Conference on Multimodal Interfaces and the Workshop on Machine Learning for Multimodal Interaction,* 1–4. https://doi.org/10.1145/1891903.1891963

Danaher, J. (2019). The rise of the robots and the crisis of moral patiency. *AI and Society, 34*(1), 129–136. https://doi.org/10.1007/s00146-017-0773-9

Dehn, D. M., & Van Mulken, S. (2000). The impact of animated interface agents: A review of empirical research. *International Journal of Human-Computer Studies, 52*(1), 1–22. https://doi.org/10.1006/ijhc.1999.0325

Dunning, D. (2015). Motivated cognition in self and social thought. In , *Attitudes and social cognition: Vol. 1. APA handbook of personality and social psychology* (pp. 777–803). American Psychological Association. https://doi.org/10.1037/14341-025

Epley, N., Akalis, S., Waytz, A., & Cacioppo, J. T. (2008). Creating social connection through inferential reproduction: Loneliness and perceived agency in gadgets, gods, and greyhounds. *Psychological Science, 19*(2), 114–120. https://doi.org/10.1111/j.1467-9280.2008.02056.x

Epley, N., Waytz, A., Akalis, S., & Cacioppo, J. T. (2008). When we need a human: Motivational determinants of anthropomorphism. *Social Cognition, 26*(2), 143–155. https://doi.org/10.1521/soco.2008.26.2.143

Epley, N., Waytz, A., & Cacioppo, J. T. (2007). On seeing human: A three-factor theory of anthropomorphism. *Psychological Review, 114*(4), 864–886. https://doi.org/10.1037/0033-295X.114.4.864

Feine, J., Gnewuch, U., Morana, S., & Maedche, A. (2020). Gender bias in chatbot design. In A. Følstad, T. Araujo, S. Papadopoulos, E. L.-C. Law, O.-C. Granmo, E. Luger, & P. B. Brandtzaeg (Eds.), *Chatbot research and design* (pp. 79–93). Springer International Publishing. https://doi.org/10.1007/978-3-030-39540-7_6

Fogg, B., & Nass, C. (1997). How users reciprocate to computers: An experiment that demonstrates behavior change. In *Proceedings of the CHI'97 extended abstracts on human factors in computing systems* (pp. 331–332). https://doi.org/10.1145/1120212.1120419

Förster, J., & Liberman, N. (2007). Knowledge activation. In A. W. Kruglanski, & E. T. Higgins (Eds.), *Social psychology: Handbook of basic principles* (2nd ed., pp. 201–231). Guilford Press.

Garg, R., & Sengupta, S. (2020). He is just like me: A study of the long-term use of smart speakers by parents and children. In *Proceedings of the ACM on interactive, mobile, wearable and ubiquitous technologies* (Vol. 4, pp. 11:1–11:24). https://doi.org/10.1145/3381002 (1).

Glikson, E., & Woolley, A. W. (2020). Human trust in artificial intelligence: Review of empirical research. *The Academy of Management Annals, 14*(2), 627–660. https://doi.org/10.5465/annals.2018.0057

Gray, H. M., Gray, K., & Wegner, D. M. (2007). Dimensions of mind perception. *Science, 315*(5812). https://doi.org/10.1126/science.1134475, 619–619.

Gray, K., & Wegner, D. M. (2012). Feeling robots and human zombies: Mind perception and the uncanny valley. *Cognition, 125*(1), 125–130. https://doi.org/10.1016/j.cognition.2012.06.007

Gray, K., Young, L., & Waytz, A. (2012). Mind perception is the essence of morality. *Psychological Inquiry, 23*(2), 101–124. https://doi.org/10.1080/1047840X.2012.651387

Guo, Y. R., & Goh, D. H.-L. (2015). Affect in embodied pedagogical agents: Meta-analytic review. *Journal of Educational Computing Research, 53*(1), 124–149. https://doi.org/10.1177/0735633115588774

Ha, Q.-A., Chen, J. V., Uy, H. U., & Capistrano, E. P. (2021). Exploring the privacy concerns in using intelligent virtual assistants under perspectives of information sensitivity and anthropomorphism. *International Journal of Human-Computer Interaction, 37*(6), 512–527. https://doi.org/10.1080/10447318.2020.1834728

Heider, F., & Simmel, M. (1944). An experimental study of apparent behavior. *American Journal of Psychology, 57*, 243–259. https://doi.org/10.2307/1416950

Higgins, E. T. (1989). Knowledge accessibility and activation: Subjectivity and suffering from unconscious sources. In J. S. Uleman, & J. A. Bargh (Eds.), *Unintended thought* (pp. 75–123). Guilford Press.

Higgins, E. T. (1996). Knowledge activation: Accessibility, applicability, and salience. In E. T. Higgins, & A. W. Kruglanski (Eds.), *Social psychology: Handbook of basic principles* (1st ed., pp. 133–168). Guilford Press.

Higgins, E. T., & Molden, D. C. (2003). How strategies for making judgments and decisions affect cognition: Motivated cognition revisited. In *Foundations of social cognition: A festschrift in honor of Robert S. Wyer, Jr.* (pp. 211–235). Lawrence Erlbaum Associates Publishers.

Hoffman, A., Owen, D., & Calvert, S. L. (2021). *Parent reports of children's parasocial relationships with conversational agents: Trusted voices in children's lives*. Human Behavior and Emerging Technologies. https://doi.org/10.1002/hbe2.271. n/a(n/a).

Hwang, G., Lee, J., Oh, C. Y., & Lee, J. (2019). It sounds like a woman: Exploring gender stereotypes in South Korean voice assistants. In *Extended abstracts of the 2019 CHI conference on human factors in computing systems*. https://doi.org/10.1145/3290607.3312915

Ikegami, Y., Sakurai, Y., Sakai, M., Fujikawa, H., Tsuruta, S., Gonzalez, A., Sakurai, E., Damiani, E., Kutics, A., & Knauf, R. (2018). *A visual counseling agent avatar with voice conversation and fuzzy response*. World Automation Congress (WAC). https://doi.org/10.23919/WAC.2018.8430301

Kätsyri, J., Förger, K., Mäkäräinen, M., & Takala, T. (2015). A review of empirical evidence on different uncanny valley hypotheses: Support for perceptual mismatch as one road to the valley of eeriness. *Frontiers in Psychology, 6*, 390. https://doi.org/10.3389/fpsyg.2015.00390

Kaulard, K., Cunningham, D. W., Bülthoff, H. H., & Wallraven, C. (2012). The MPI facial expression database—a validated database of emotional and conversational facial expressions. *PLoS One, 7*(3), e32321. https://doi.org/10.1371/journal.pone.0032321

Kim, K. J. (2014). Can smartphones be specialists? Effects of specialization in mobile advertising. *Telematics and Informatics, 31*(4), 640–647. https://doi.org/10.1016/j.tele.2013.12.003

Kipp, M., & Martin, J.-C. (2009). Gesture and emotion: Can basic gestural form features discriminate emotions?. In *2009 3rd international conference on affective computing and intelligent interaction and workshops* (pp. 1–8). https://doi.org/10.1109/ACII.2009.5349544

Koh, Y. J., & Sundar, S. S. (2010). Effects of specialization in computers, web sites, and web agents on e-commerce trust. *International Journal of Human-Computer Studies, 68*(12), 899–912. https://doi.org/10.1016/j.ijhcs.2010.08.002

Kurashige, K., Tsuruta, S., Sakurai, E., Sakurai, Y., Knauf, R., Damiani, E., & Kutics, A. (2018). Counseling robot implementation and evaluation. In *2018 IEEE international conference on systems, man, and cybernetics (SMC)* (pp. 1716–1722). https://doi.org/10.1109/SMC.2018.00297

Laban, G., & Araujo, T. (2020). The effect of personalization techniques in users' perceptions of conversational recommender systems. In *Proceedings of the 20th ACM international conference on intelligent virtual agents* (pp. 1–3). https://doi.org/10.1145/3383652.3423890

Laranjo, L., Dunn, A. G., Tong, H. L., Kocaballi, A. B., Chen, J., Bashir, R., Surian, D., Gallego, B., Magrabi, F., Lau, A. Y. S., & Coiera, E. (2018). Conversational agents in healthcare: A systematic review. *Journal of the American Medical Informatics Association, 25*(9), 1248–1258. https://doi.org/10.1093/jamia/ocy072

Lee, S., & Choi, J. (2017). Enhancing user experience with conversational agent for movie recommendation: Effects of self-disclosure and reciprocity. *International Journal of Human-Computer Studies, 103*, 95–105. https://doi.org/10.1016/j.ijhcs.2017.02.005

Lee, J.-G., Joon Kim, K., Lee, S., & Shin, D.-H. (2015). Can autonomous vehicles be safe and trustworthy? Effects of appearance and autonomy of unmanned driving systems. *International Journal of Human-Computer Interaction*. https://doi.org/10.1080/10447318.2015.1070547, 150709130001001.

Lee, S., Lee, N., & Sah, Y. J. (2019). Perceiving a mind in a chatbot: Effect of mind perception and social cues on co-presence, closeness, and intention to use. *International Journal of Human-Computer Interaction, 36*(10), 930–940. https://doi.org/10.1080/10447318.2019.1699748

Lee, E.-J., Nass, C., & Brave, S. (2000). Can computer-generated speech have gender?: An experimental test of gender stereotype. In *CHI'00 extended abstracts on human factors in computing systems*. https://doi.org/10.1145/633292.633461

Lhommet, M., & Marsella, S. C. (2015). Expressing emotion through posture and gesture. In *The Oxford handbook of affective computing* (pp. 273–285). Oxford University Press. https://doi.org/10.1093/oxfordhb/9780199942237.013.039

Liang, Y. J., Lee, S. A., & Jang, J. (2013). Mindlessness and gaining compliance in computer-human interaction. *Computers in Human Behavior, 29*(4), 1572–1579. https://doi.org/10.1016/j.chb.2013.01.009

Liew, T. W., & Tan, S.-M. (2018). Exploring the effects of specialist versus generalist embodied virtual agents in a multi-product category online store. *Telematics and Informatics, 35*(1), 122–135. https://doi.org/10.1016/j.tele.2017.10.005

Loersch, C., & Payne, B. K. (2014). Situated Inferences and the what, who, and where of priming. *Social Cognition, 32*. https://doi.org/10.1521/soco.2014.32.supp.137 (Special Issue).

Loveys, K., Sebaratnam, G., Sagar, M., & Broadbent, E. (2020). The effect of design features on relationship quality with embodied conversational agents: A systematic review. *International Journal of Social Robotics, 12*(6), 1293–1312. https://doi.org/10.1007/s12369-020-00680-7

MacDorman, K. F., Green, R. D., Ho, C.-C., & Koch, C. T. (2009). Too real for comfort? Uncanny responses to computer generated faces. *Computers in Human Behavior, 25*(3), 695–710. https://doi.org/10.1016/j.chb.2008.12.026

McDonnell, M., & Baxter, D. (2019). Chatbots and gender stereotyping. *Interacting with Computers, 31*(2), 116–121. https://doi.org/10.1093/iwc/iwz007

Mitchell, W. J., Szerszen, K. A., Lu, A. S., Schermerhorn, P. W., Scheutz, M., & MacDorman, K. F. (2011). A mismatch in the human realism of face and voice produces an uncanny valley. *I-Perception, 2*(1), 10–12. https://doi.org/10.1068/i0415

Miwa, H., Takanishi, A., & Takanobu, H. (2001). Experimental study on robot personality for humanoid head robot. In *Proceedings 2001 IEEE/RSJ international conference on intelligent robots and systems. Expanding the societal role of robotics in the the next millennium (cat. No.01CH37180)* (Vol. 2, pp. 1183–1188). https://doi.org/10.1109/IROS.2001.976329, 2.

Monroe, A. E., Brady, G. L., & Malle, B. F. (2017). This isn't the free will worth looking for: General free will beliefs do not influence moral judgments, agent-specific choice ascriptions do. *Social Psychological and Personality Science, 8*(2), 191–199. https://doi.org/10.1177/1948550616667616

Monroe, A. E., Dillon, K. D., & Malle, B. F. (2014). Bringing free will down to Earth: People's psychological concept of free will and its role in moral judgment. *Consciousness and Cognition, 27*, 100–108. https://doi.org/10.1016/j.concog.2014.04.011

Moon, Y. (2000). Intimate exchanges: Using computers to elicit self-disclosure from consumers. *Journal of Consumer Research, 26*(4), 323–339. https://doi.org/10.1086/209566

Mori, M. (1970). The uncanny valley. *Energy, 7*(4), 33–35.

Nass, C., & Gong, L. (2000). Speech interfaces from an evolutionary perspective. *Communications of the ACM, 43*(9), 36–43. https://doi.org/10.1145/348941.348976

Nass, C., & Moon, Y. (2000). Machines and mindlessness: Social responses to computers. *Journal of Social Issues, 56*(1), 81–103. https://doi.org/10.1111/0022-4537.00153

Nass, C., Moon, Y., & Carney, P. (1999). Are people polite to computers? Responses to computer-based interviewing systems. *Journal of Applied Social Psychology, 29*(5), 1093–1109. https://doi.org/10.1111/j.1559-1816.1999.tb00142.x

Nass, C., Steuer, J., & Tauber, E. R. (1994). Computers are social actors. In *Proceedings of the SIGCHI conference on human factors in computing systems* (pp. 72–78). https://doi.org/10.1145/191666.191703

O'Shea, K. (2012). An approach to conversational agent design using semantic sentence similarity. *Applied Intelligence, 37*(4), 558–568. https://doi.org/10.1007/s10489-012-0349-9

Pecune, F., Murali, S., Tsai, V., Matsuyama, Y., & Cassell, J. (2019). A model of social explanations for a conversational movie recommendation system. In *Proceedings of the 7th international conference on human-agent interaction* (pp. 135–143). https://doi.org/10.1145/3349537.3351899

Petisca, S., Dias, J., & Paiva, A. (2015). More social and emotional behaviour may lead to poorer perceptions of a social robot. In A. Tapus, E. André, J.-C. Martin, F. Ferland, & M. Ammi (Eds.), *Social robotics* (pp. 522–531). Springer International Publishing. https://doi.org/10.1007/978-3-319-25554-5_52

Pollick, F. E. (2010). In search of the uncanny valley. In P. Daras, & O. M. Ibarra (Eds.), *User centric media* (pp. 69–78). Springer. https://doi.org/10.1007/978-3-642-12630-7_8

Provoost, S., Lau, H. M., Ruwaard, J., & Riper, H. (2017). Embodied conversational agents in clinical psychology: A scoping review. *Journal of Medical Internet Research, 19*(5), e6553. https://doi.org/10.2196/jmir.6553

Puzakova, M., Rocereto, J. F., & Kwak, H. (2013). Ads are watching me. *International Journal of Advertising, 32*(4), 513–538. https://doi.org/10.2501/IJA-32-4-513-538

Qiu, L., & Benbasat, I. (2009). Evaluating anthropomorphic product recommendation agents: A social relationship perspective to designing information systems. *Journal of Management Information Systems, 25*(4), 145–182. https://doi.org/10.2753/MIS0742-1222250405

Rhee, C. E., & Choi, J. (2020). Effects of personalization and social role in voice shopping: An experimental study on product recommendation by a conversational voice agent. *Computers in Human Behavior, 109*, 106359. https://doi.org/10.1016/j.chb.2020.106359

Semeraro, G., Andersen, H. H. K., Andersen, V., Lops, P., & Abbattista, F. (2003). Evaluation and validation of a conversational agent embodied in a bookstore. In N. Carbonell, & C. Stephanidis (Eds.), *Universal access theoretical perspectives, practice, and experience* (pp. 360–371). Springer. https://doi.org/10.1007/3-540-36572-9_28

Seyama, J., & Nagayama, R. S. (2007). The uncanny valley: Effect of realism on the impression of artificial human faces. *Presence: Teleoperators and Virtual Environments, 16*(4), 337–351. https://doi.org/10.1162/pres.16.4.337

Simpson, J., Gaiser, F., Macík, M., & Breßgott, T. (2020). Daisy: A friendly conversational agent for older adults. In *Proceedings of the 2nd conference on conversational user interfaces* (pp. 1–3). https://doi.org/10.1145/3405755.3406166

Song, D., Oh, E. Y., & Rice, M. (2017). Interacting with a conversational agent system for educational purposes in online courses. In *2017 10th international conference on human system interactions (HSI)* (pp. 78–82). https://doi.org/10.1109/HSI.2017.8005002

Sonlu, S., Güdükbay, U., & Durupinar, F. (2021). A conversational agent framework with multi-modal personality expression. *ACM Transactions on Graphics, 40*(1), 7:1–7:16. https://doi.org/10.1145/3439795

Stafford, R. Q., MacDonald, B. A., Jayawardena, C., Wegner, D. M., & Broadbent, E. (2014). Does the robot have a mind? Mind perception and attitudes towards robots predict use of an eldercare robot. *International Journal of Social Robotics, 6*(1), 17–32. https://doi.org/10.1007/s12369-013-0186-y

Velasco, F., Yang, Z., & Janakiraman, N. (2021). A meta-analytic investigation of consumer response to anthropomorphic appeals: The roles of product type and uncertainty avoidance. *Journal of Business Research, 131*, 735–746. https://doi.org/10.1016/j.jbusres.2020.11.015

Völkel, S. T., Schödel, R., Buschek, D., Stachl, C., Winterhalter, V., Bühner, M., & Hussmann, H. (2020). Developing a personality model for speech-based conversational agents using the psycholexical approach. In *Proceedings of the 2020 CHI conference on human factors in computing systems* (pp. 1–14). Association for Computing Machinery. https://doi.org/10.1145/3313831.3376210

Waytz, A., Heafner, J., & Epley, N. (2014). The mind in the machine: Anthropomorphism increases trust in an autonomous vehicle. *Journal of Experimental Social Psychology, 52*, 113–117. https://doi.org/10.1016/j.jesp.2014.01.005

Waytz, A., Morewedge, C. K., Epley, N., Monteleone, G., Gao, J.-H., & Cacioppo, J. T. (2010). Making sense by making sentient: Effectance motivation increases anthropomorphism. *Journal of Personality and Social Psychology, 99*(3), 410–435. https://doi.org/10.1037/a0020240

Zaga, C., de Vries, R. A. J., Li, J., Truong, K. P., & Evers, V. (2017). A simple nod of the head: The effect of minimal robot movements on children's perception of a low-anthropomorphic robot. In *Proceedings of the 2017 CHI conference on human factors in computing systems* (pp. 336–341). Association for Computing Machinery. https://doi.org/10.1145/3025453.3025995

CHAPTER

8

Designing a pragmatic explanation for the XAI system based on the user's context and background knowledge

Sangyeon Kim[1], *Insil Huh*[2], *Yujin Park*[2], *and Sangwon Lee*[1,2]

[1] **Department of Interaction Science, Sungkyunkwan University, Seoul, South Korea;** [2] **Department of Human-Artificial Intelligence Interaction, Sungkyunkwan University, Seoul, South Korea**

8.1 Introduction

Deep learning (DL) has recently driven disruptive innovations in all industries. This algorithm shows an impressive performance in computer vision, natural language processing, and other highly intelligent tasks compared to previous machine learning (ML) algorithms. In the ever-growing concern, the algorithm has been adopted into everyday technologies such as automated vehicles, chatbots, and AI speakers. However, this kind of AI technology has a critical limitation so-called black box problem. The DL and some other ML algorithms are too complex to explain how the algorithm makes a particular decision in terms of human users and researchers. This opacity of AI models decreases the understandability of the internal structure, and consequently makes it difficult to detect the biases inherent in the data and models. This problem makes it difficult to verify whether or not the AI makes a fair decision and hard to recognize who to hold accountable if there is a problem in an AI's decision.

To solve this problem, researchers in the Defense Advanced Research Projects Agency (DARPA) have initially introduced the program for an explainable artificial intelligence (XAI) system (Gunning, 2017). The XAI

Human-Centered Artificial Intelligence
https://doi.org/10.1016/B978-0-323-85648-5.00012-8

system aims to increase a user's understanding of the learned model and its decision, thus conclusively building a trustful AI system. According to DARPA, the XAI system consists of two modules: explainable model and explanation interface. The explainable model is a newly developed or modified ML algorithm that has both high learning performance and high explainability. The explanation interface is a user interface that increases understanding of the explanation on a model's decision through human–computer interaction (HCI) principles and strategies. Considering together, the XAI model priorly produces basic information explaining the trained model or its decision to an explanation interface, and then based on this information, the interface generates and exhibits a user-friendly modified explanation through visualization, text, or other interface modalities. These two modules have a different role in detail but the same purpose of increasing explainability.

Regarding increasing the explainability of the XAI system, researchers in different domains have suggested several conceptual or technical solutions. First, researchers in engineering fields have mainly introduced a new explainable model or other technological approaches (see Arrieta et al., 2020). These studies have focused on the development of an XAI algorithm or the comparison of different XAI algorithms. Although these technologies allow an AI model interpretable, it only focuses on the exact description of the model's internals or its decision but does not consider the user's understanding of the explanation. Next, researchers in the HCI field have investigated the explanation itself under the human characteristics based on theories in philosophy and psychology, suggesting human-centered explanation approaches such as counterfactual explanation (Byrne, 2019), contrastive explanation (Miller, 2019, 2021; Mittelstadt et al., 2019), attributional explanation (Ha et al., 2020), and decision theory–driven explanation (Wang et al., 2019).

Despite these efforts, the researchers have not reached a consensus on what explanation should be generated by the XAI system. Specifically, they have not provided a clear explanation of which factors make the explanation better for the user under the rigorous theoretical perspective (Miller, 2019; Wang et al., 2019). In this chapter, we will propose a new user-centered explanation approach based on pragmatism. For this work, we first discuss primary and necessary considerations for the explanation of the XAI. Then, the discussion is extended to the contextual factors of end-users and stakeholders and their causal understanding at the everyday level. Lastly, we introduce the pragmatic explanation theory of van Fraassen and its structure for the explanation. This pragmatic explanation provides a way to avoid misunderstanding derived from arbitrarily or biasedly selected causal relationships through shared representations among a group of the same stakeholders. We believe that this pragmatic explanation can increase the user's causability on the model and phenomenon at the everyday level.

8.2 Explanation for the XAI system

8.2.1 Understandability of the explanation and context

What kind of explanation should be produced by the XAI system? This seems to be easily answered in order to the purpose of the XAI to completely describe the AI model and its decision. Unlike this simplicity, it is much more complicated to deliver these kinds of information understandable for actual users. This problem is derived from the trade-off relationship between the complete description of a complex algorithm and the understandable description for humans (Gilpin et al., 2019). It means that the more complete the description of the mechanism is, the harder the user understands the explanation of the AI model and its decision (see Fig. 8.1). The reason why it occurs is that the DL and other AI models have complex structures consisting of numerous components and huge computational processes. This complexity makes people hard to understand a model and its decision in the capability of human intelligence. On the other hand, an oversimplified explanation of the model also interferes with the user's complete understanding. These show that the explanation should be somewhat tailored into not only human-understandable but also enough informative of the model and decisions. Thus, the human-centered XAI should be primarily considered as this trade-off relationship, thus increasing understandability without a bias on the AI model.

Although considering the trade-off relationship is a good starting point for considering the user's understanding of the XAI explanation, this cannot explain everything. The understandability is influenced by various

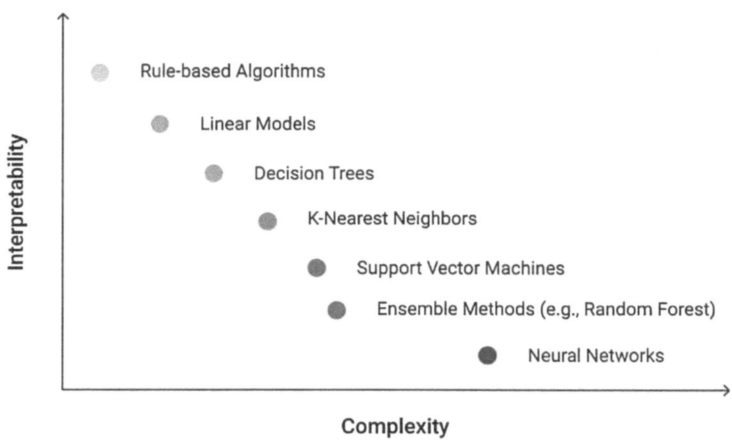

FIGURE 8.1 Trade-off between interpretability and complexity of different models.

subjective aspects in terms of the user. Specifically, the explanation is evaluated by human users who have different backgrounds and purposes. In other words, they have their own contexts to use the XAI. In this vein, it is inevitable to intervene their background knowledge in some contexts to understand the XAI explanation. Thus, for designing the user-centered XAI, it is necessary to consider this subjective and contextual understanding beyond the mere objective understandability. The following section will discuss several contextual factors and their importance in designing an XAI explanation.

8.2.2 Explanation considering the user's contextual factor

Hoffman et al. (2018) proposed a conceptual model of the explanation for XAI and evaluation metrics for the XAI system. According to their explanation model, the explanation delivered to the user influences the user's mental model which means the user's understanding of the AI model and its decision, and this revised mental model influences user system task performance. Although this conceptual model does not explicitly include the effect of the context, the authors implicitly showed the importance of the context through separating evaluation metrics for the explanation into two according to the usage context: explanation goodness and user's satisfaction. The former refers to the metrics to evaluate the goodness of the explanation regardless of use context, whereas the latter refers to the metrics to evaluate the user's satisfaction with the explanation after the use of the system. This separation shows that the context is one of the influential factors on the experience of the explanation.

If so, what makes the context so important? It is mostly derived from users or stakeholders' desiderata which refer to their interests, goals, expectations, and requirements on an AI system (Langer et al., 2021). An AI system has various stakeholders such as users, developers, deployers, and regulators who have their own purposes of using this kind of AI system in a specific context (Arrieta et al., 2020; Páez, 2019). Some of them might want to discover an algorithmic bias to improve the model for the technological purpose, and others might want to find a violation of fairness in an algorithm for the ethical purpose. All of these stakeholders expect to satisfy their desiderata from the explanation generated by the XAI system. So, how can they satisfy their desiderata via explanation? As we emphasized above the understandable explanation for users, desideratum satisfaction depends on the degree of the user's understanding of the explanation (Langer et al., 2021). This indicates that the explanation should provide a type of understanding which corresponds to a desideratum of the user or stakeholder.

Regarding the user's or stakeholder's understanding, their expertise needs to be considered as a significant contextual factor. Specifically, several types of the user and stakeholder have different levels of expertise in the AI and a specific domain (Chromik & Schuessler, 2020). For example, AI developers can easily understand the complex but detailed mechanisms for models, while doctors cannot, but instead, they have expertise in the medical domain to understand phenomena. In addition, they can be differentiated by the levels of expertise in the AI and domain. These users or stakeholders make their own mental model on an AI model and its decision which is priorly established by their background knowledge relevant to a particular desideratum (Langer et al., 2021). Putting together, the user's mental model is constituted in accordance with the user's type and level of expertise. This implies that the explanation needs to be a statement grounded on representations corresponding to the user's or stakeholder's background knowledge and context (Holzinger et al., 2020).

8.2.3 Explanation for causal understanding at the everyday level

Holzinger et al. (2019) claimed that HCI researchers should investigate the causability of the explanation interface instead of the mere explainability of an explainable model. The causability refers to "the extent to which an explanation of statement to a human expert achieves a specified level of causal understanding with effectiveness, efficiency, and satisfaction in a specified context of use" (Holzinger et al., 2019, p. 3). The authors claimed that the human fundamentally seeks causality to understand a phenomenon, thus emphasizing that the explanation and its interface should aim to support a user's causal understanding. This causality seeking has been pointed out as one of the goals for explainability; specifically, the explanation should support users to find causal relationships between variables corresponding to their prior knowledge (Arrieta et al., 2020). In addition, this causability positively influences the user perception of the XAI system's explainability and trust (Shin, 2021).

Despite this significance of causability, it is uncertain to accomplish the causal understanding through the explanation of the XAI system. According to the classic theories of scientific explanation (Hempel, 1965), the causal understanding is allowed in the generalized explanation which provides an understanding of causal relationships based on completeness and factivity (Páez, 2019; Ruben, 2015). The completeness refers to the satisfaction of all prerequisites for *explanans* and the general laws between *explanans* and *explanandum*. The factivity refers to the trueness of both the *explanans* and *explanandum*. Putting together, the explanation for causal understanding requires information on true complete causal relationships among entire variables. However, the XAI system cannot fulfill these completeness and factivity conditions. The AI and other ML models are mostly probabilistic or statistical, thus being impossible to find true causal relationships between variables beyond correlations (Arrieta et al., 2020; Holzinger et al., 2019). This shows that the explanation of the XAI system seems to be hard to accomplish fully causal understanding for users.

Against this causal explanation with rigid conditions, some XAI researchers have proposed to relax these conditions for the explanation of the XAI system (Miller, 2019; Mittelstadt et al., 2019; Páez, 2019). One of these relaxed explanations is the everyday explanation which focuses on "*why particular facts (events, properties, decisions, etc.) occurred, rather than explanations of more general relationships, such as those seen in scientific explanation*" (Miller, 2019, p. 3). This everyday explanation traces causes of facts similar to the causal explanation but focuses on partial causes which are selected by the explainer (Mittelstadt et al., 2019). To sum up, the XAI explanation should support the user's partial causal inference from an AI model which is approximately trained of limited dataset at the everyday level. This incomplete but selective explanation is more corresponding with the cognitive characteristics of the human. However, this selection should be carefully executed because it can be easily biased in their favor of the user's desiderata or oversimplify the user's understanding of the model (Páez, 2019). To solve this problem, we introduce a new explanation approach called pragmatic explanation which finds a relevant answer from the shared representations among the same stakeholders in the following section.

8.3 Pragmatic explanation of van Fraassen

In terms of explanations within the XAI system, we introduce Bas van Fraassen's pragmatic explanation theory. Van Fraassen's explanation relies on a pragmatic theory based on the context where the why-question itself occurs (Van Fraassen, 1980). When a question is given, the context includes a knowledge system K based on background information and facts. In other words, he suggested that scientific explanation should be understood in terms of science application. This is because this explanation is to provide adequate technical knowledge in the context of particular interest, understanding, or desire. If so, how are the questions and answers structured? To answer this question, van Fraassen mentioned the two contextual components of a question: "the contrast class" and "the relevance relation." Specifically, the various alternative answers accompanied by the question are in the contrast class. Therefore, the why-question can be supposed as "why is P in contrast to X?" The relevance relation serves to remove meaningless ones among alternative answers.

Considering the context, a relevant answer is determined by selecting components that have a significant relationship with the question. In sum, van Fraassen argued that context should be added, as a third component, to the scientific explanation, which is a two-placed relationship consisting only of existing theories and facts.

Van Fraassen's pragmatic view can be structured as follows. For question Q such as "Why P_k?" when a certain answer A is in the relevance relation with $<P_k, X>$, it becomes a relevant answer to that question. X is the contrast class $\{P_1, P_2, \ldots, P_k\}$, which contains the subject. The question Q is a three-term relationship, expressed as $Q = <P_k, X, R>$, and the relevance relation R is expressed as $<A, <P_k, X>>$. X and R are determined by the context where question Q is intended. Following this structure, the general form of the answer to question Q is expressed as "because of A, it is P_k in contrast to (the remainder of) X" (Van Fraassen, 1980).

Note that the pragmatic explanation should be considerately designed in the context of background knowledge. Kitcher and Salmon (1987) warned that the pragmatic explanation could not avoid the "anything goes" theory of explanation. More specifically, they argued that van Fraassen's theory is too context dependent, thus criticizing that *"the lack of any constraints on* 'relevance' *relations allows just about anything to count as the answer to just about any question"* (Kitcher & Salmon, 1987, p. 319). It means that almost anything can explain almost anything according to an explainer's interests, benefits, and background knowledge. Thus, when an explanation is required, the relevance of possible assumptions and the contrast class should be carefully determined according to the background knowledge which is pragmatically accepted among the group of same users or stakeholders in a specific context.

As a tangible example of this pragmatic explanation, consider an AI-based decision support system to judge a client's qualification for a loan. When a bank officer is requested of a loan application from a client, the officer will utilize the AI-based system to examine the application. If a loan is definitely approved, there is no problem; but if it is denied, the officer is legally obligated to explain a concrete reason to the applicant. In this case, the officer will be willing to receive an explanation from the XAI to primarily understand the reason why the system makes that decision and to inform an exact reason to the applicant. With these desiderata, the officer might want to understand the exact decision boundary of the AI model in order to know whether the application belongs to approval or rejection. Additionally, the officer will use the XAI to examine whether this decision does not have a problem. Thus, the decision and its boundary will be examined in comparison with some criteria from the legal and private guidelines on loan. In this context, the explanation should be contrastively structured in the context of background knowledge, for example, "the loan application was decided of denial in contrast to approval, because the applicant's annual income is lower than *X* dollars and credit score is lower than *Y*, and it is below the evaluation criteria of our bank."

8.4 Summary and conclusion

Several fields have recently employed AI systems for supporting their decision-making. These AI systems have been favored in terms of high accuracy but criticized in terms of low transparency. To solve this problem, several researchers have proposed the XAI system to explain the AI model's internal structure and the reason why the model makes a particular decision. Although several XAI models have been introduced in the technical and user-centered perspectives, researchers have not reached a consensus on how the explanation should be designed under the rigorous theoretical perspectives in psychology, philosophy, and other humanity or social science. Thus, we first examined basic and necessary considerations of the explanation for the XAI system under the trade-off relationship between interpretability and completeness. Next, the importance of contextual factors was discussed, specifically focusing on a user's desiderata, the type, and level of a user's expertise. After then, we discussed the relation between the causal understanding and the explanation and concluded that the explanation of the XAI system needs to support the user's causal understanding at the everyday level. Finally, we introduced a new explanation approach based on the pragmatism of van Fraassen. This pragmatic explanation suggests the contrastive explanation grounded on the relevance relation and the contrast class in a specific context. To sum up, the explanation of the XAI system can accomplish everyday causal understanding of users by contrastively describing AI's possible decisions based on the background knowledge shared in a user group. Thus, it is necessary for designing XAI explanation to primarily explore the contextual elements of users and investigate what causal reasoning is utilized for a phenomenon. We believe that all the discussions and the pragmatic explanation will provide a theoretical foundation and practical insights for the XAI system designers, thus suggesting the future direction of designing the XAI explanation.

Acknowledgment

This research was supported by the MSIT (Ministry of Science, ICT), Korea, under the High-Potential Individuals Global Training Program (No. 2020001560) supervised by the IITP (Institute for Information and Communications Technology Planning and Evaluation).

References

Arrieta, A. B., Díaz-Rodríguez, N., Del Ser, J., Bennetot, A., Tabik, S., Barbado, A., Garcia, S., Gil-Lopez, S., Molina, D., Benjamins, R., Chatila, R., & Herrera, F. (2020). Explainable Artificial Intelligence (XAI): Concepts, taxonomies, opportunities and challenges toward responsible AI. *Information Fusion, 58*, 82–115. https://doi.org/10.1016/j.inffus.2019.12.012 (October 2019).

Byrne, R. M. J. (2019). Counterfactuals in explainable artificial intelligence (XAI): Evidence from human reasoning. In *Proceedings of the twenty-eighth international joint conference on artificial intelligence* (pp. 6276–6282). https://doi.org/10.24963/ijcai.2019/876

Chromik, M., & Schuessler, M. (2020). A taxonomy for human subject evaluation of black-box explanations in XAI. In *Proceedings of the IUI workshop on explainable smart systems and algorithmic transparency in emerging technologies (ExSS-ATEC'20).*

Gilpin, L. H., Bau, D., Yuan, B. Z., Bajwa, A., Specter, M., & Kagal, L. (2019). Explaining explanations: An overview of interpretability of machine learning. In *Proceedings - 2018 IEEE 5th international conference on data science and advanced analytics, DSAA 2018* (pp. 80–89). https://doi.org/10.1109/DSAA.2018.00018

Gunning, D. (2017). *Explainable artificial intelligence (XAI).* DARPA.

Ha, T., Kim, S., Seo, D., & Lee, S. (2020). Effects of explanation types and perceived risk on trust in autonomous vehicles. *Transportation Research Part F: Traffic Psychology and Behaviour, 73*, 271–280. https://doi.org/10.1016/j.trf.2020.06.021

Hempel, C. G. (1965). *Aspects of scientific explanation*. Free Press.

Hoffman, R. R., Mueller, S. T., Klein, G., & Litman, J. (2018). *Metrics for explainable AI: Challenges and prospects*. http://arxiv.org/abs/1812.04608.

Holzinger, A., Carrington, A., & Müller, H. (2020). Measuring the quality of explanations: The system causability scale (SCS): Comparing human and machine explanations. *KI - Kunstliche Intelligenz, 34*(2), 193–198. https://doi.org/10.1007/s13218-020-00636-z

Holzinger, A., Langs, G., Denk, H., Zatloukal, K., & Müller, H. (2019). Causability and explainability of artificial intelligence in medicine. *Wiley Interdisciplinary Reviews: Data Mining and Knowledge Discovery, 9*(4), 1–13. https://doi.org/10.1002/widm.1312

Kitcher, P., & Salmon, W. (1987). Van fraassen on explanation. *The Journal of Philosophy, 84*(6), 315–330. https://doi.org/10.2307/2026782

Langer, M., Oster, D., Speith, T., Hermanns, H., Kästner, L., Schmidt, E., Sesing, A., & Baum, K. (2021). What do we want from explainable artificial intelligence (XAI)? – a stakeholder perspective on XAI and a conceptual model guiding interdisciplinary XAI research. *Artificial Intelligence, 296*, 103473. https://doi.org/10.1016/j.artint.2021.103473

Miller, T. (2019). Explanation in artificial intelligence: Insights from the social sciences. *Artificial Intelligence, 267*, 1–38. https://doi.org/10.1016/j.artint.2018.07.007

Miller, T. (2021). Contrastive explanation: A structural-model approach. *The Knowledge Engineering Review, 36*. https://doi.org/10.1017/S0269888921000102

Mittelstadt, B., Russell, C., & Wachter, S. (2019). Explaining explanations in AI. In *Proceedings of the 2019 conference on fairness, accountability, and transparency* (pp. 279–288). https://doi.org/10.1145/3287560.3287574

Páez, A. (2019). The pragmatic turn in explainable artificial intelligence (XAI). *Minds and Machines, 29*(3), 441–459. https://doi.org/10.1007/s11023-019-09502-w

Ruben, D.-H. (2015). *Explaining explanation*. Routledge. https://doi.org/10.4324/9781315634739

Shin, D. (2021). The effects of explainability and causability on perception, trust, and acceptance: Implications for explainable AI. *International Journal of Human-Computer Studies, 146*, 102551. https://doi.org/10.1016/j.ijhcs.2020.102551 (April 2020).

Van Fraassen, B. C. (1980). *The scientific image*. Oxford University Press.

Wang, D., Yang, Q., Abdul, A., & Lim, B. Y. (2019). Designing theory-driven user-centric explainable AI. In *Proceedings of the 2019 CHI conference on human factors in computing systems* (pp. 1–15). https://doi.org/10.1145/3290605.3300831

CHAPTER

9

Interactive reinforcement learning and error-related potential classification for implicit feedback

Sanghyun Choo, and Chang S. Nam

Edward P. Fitts Department of Industrial and Systems Engineering, North Carolina State University, Raleigh, NC, United States

9.1 Introduction

Unlike other machine learning (ML) paradigms (e.g., supervised and unsupervised learning), reinforcement learning (RL) approaches complex problems from the perspective of trial and error, focusing on how an "agent" aims to maximize its cumulative reward by dynamically interacting with the "environment" (Niv, 2009; Sutton & Barto, 2018). It has been widely applied in a variety of areas (e.g., robot control (Johannink et al., 2019), game (Mnih et al., 2015), and recommender systems (Huang et al., 2021)) successfully. This is because it is robust in problems involving sequential decision-making, where the state of the environment may change from time to time in response to the agent's actions that adapt to such changes (Bertsekas, 2019). However, one primary issue is that it requires sufficient time and resources to achieve good model performance (Bignold et al., 2020; Cruz, Magg, et al., 2018; Cruz, Parisi, et al., 2018; Mnih et al., 2015). In particular, this issue is crucial in online environment settings (Ayala et al., 2019; Millán et al., 2019).

To address the RL issue, interactive RL (IRL) has been devised. IRL provides human feedback (e.g., demonstration (Argall et al., 2009), instruction/advice (Cruz, Magg, et al., 2018; Cruz, Parisi, et al., 2018; Krening & Feigh, 2019; Kunapuli et al., 2013), and evaluative feedback (Knox & Stone, 2009; Knox et al., 2013) to assist the RL agent and improve

https://doi.org/10.1016/B978-0-323-85648-5.00005-0

the learning process. This helps RL agents accelerate their apprenticeship by using a parent-like tutor to help them learn, giving them helpful advice in specific episodes (Cruz, Magg, et al., 2018; Cruz, Parisi, et al., 2018). In contrast to an agent exploring completely autonomously, this allows for a smaller search space and faster learning of the mission (Cruz et al., 2015; Suay & Chernova, 2011). The feedback can be subdivided according to strategy and type. In the perspective of strategy, there are two strategies to provide interactive feedback: (1) evaluative feedback and (2) corrective feedback (Najar & Chetouani, 2021). First, evaluative feedback, also called reward-shaping, is when a trainer modifies or accepts the reward derived from the environment to provide it to the agent (Brys et al., 2014; Ng et al., 1999). Second, corrective feedback, also called policy-shaping, is a method where the trainer suggests alternative actions to perform, which is different from the action by the current policy (Griffith et al., 2013; Li et al., 2019). Several studies showed that the policy-shaping method is more effective than the reward-shaping method by comparing them in terms of the optimal policy (Bignold, 2019; Griffith et al., 2013). This is because the policy-shaping is robust toward infrequent human feedback signals, whereas the reward shaping causes inconsistent optimal policy in that situation (Ng et al., 1999). When it comes to feedback type, there are two types for the feedback: (1) explicit feedback and (2) implicit feedback (Xu et al., 2021). First, explicit feedback provides human feedback explicitly for RL learning, which includes the form of demonstration (Argall et al., 2009), evaluative feedback (Knox & Stone, 2009; Knox et al., 2013), and other modalities of communication (Admoni & Scassellati, 2017; Chernova & Thomaz, 2014; Cui & Niekum, 2018; Sadigh et al., 2017). Second, implicit feedback implicitly delivers individual feedback for RL learning (e.g., error-related potentials; ErrP (Xu et al., 2021)). The explicit feedback is effective in providing accurate feedback information, but it severely burdens the human when interacting with the RL agent. Also, many studies for the RL assumed the feedback is noiseless (Daniel et al., 2015; El Asri et al., 2016; Wang et al., 2016), but there must be noise in the real world (e.g., autonomous driving and disabled users (Xu et al., 2021)). On the other hand, implicit feedback allows noise and does not burden the users, so that it is a more suitable feedback type than explicit feedback in the real world.

ErrPs can be utilized as representative implicit feedback for the RL learning. The ErrP is a component of the event-related potential (ERP) in EEG that can be detected when a brain–computer interface (BCI) user detects errors in a system's operation (Falkenstein et al., 2000). There are several advantages of ErrPs as the primary modality of the implicit feedback in the RL. First, it enables real-time sensing since EEG has a high temporal resolution (Luo et al., 2018). This means that the ErrPs can provide real-time feedback without putting pressure on humans for the feedback. Second, it is hard to disguise the system as compared to other modalities (e.g., speech and facial expression (Mao et al., 2014; Zhang et al., 2016)). This is because the ErrPs are signals generated from the brain automatically. Therefore, the ErrP-based implicit feedback can provide accurate feedback to the RL agent when the accuracy of the ErrP classifier is high enough. With these advantages, several studies have demonstrated that the ErrPs can be applied to the RL as the implicit feedback successfully (Kim et al., 2017; Luo et al., 2018; Xu et al., 2021). However, there is one main issue in the ErrP-based implicit feedback: classification accuracy. The classification accuracy of the ErrP classifier should be significantly high, otherwise, the RL agent will get incorrect feedback, resulting in poor performance of the RL. Therefore, building a reliable ErrP classifier is essential in the ErrP-based RL algorithm.

Human-in-the-loop in the RL (e.g., IRL) teaches the RL agent more efficiently and effectively by providing human feedback explicitly or implicitly and is closely related to the HCAI field since human feedback is directly involved in the artificial intelligence (AI) agent. However, an understanding of how to classify ErrP and develop the IRL based on human feedback is still needed for researchers in the HCAI field. Therefore, this book chapter introduces state-of-the-art ErrP classification techniques for implicit human feedback and an IRL methodology to help the readers interested in the implicit feedback-based IRL.

9.2 ErrP classification methods for implicit human feedback in RL

9.2.1 Dataset and preprocessing

We utilized the public EEG data from the "BCI Challenge" hosted by Kaggle (https://www.kaggle.com/c/inria-bci-challenge) (Margaux et al., 2012). The following details a brief description of this dataset. A total of 26 subjects (16 for the training set, 10 for the test set) participated in a P300 speller task, which shows random flashing characters on the 6×6 grid for the P300 response (Krusienski et al., 2008). The competition's goal was to detect whether the feedback of the task was correct or not based on the subject's brain wave. The EEG signals were originally collected at 600 Hz with 56 passive AG/AgCl EEG electrodes measured at the extended 10–20 system positions. Each subject had a total of 340 trials with ground truth labels. Before EEG analysis, the EEG signals were downsampled at 200 Hz, band-pass filtered (1–40 Hz), and epoched at [0, 700]ms post feedback presentation. After all basic preprocessing, channel-wise Gaussian normalization was applied to the EEG signals. The test dataset was then transformed based on the parameters (mean and standard deviation) decided by the training dataset.

9.2.2 ErrP classifiers

There are two main approaches to classify EEG signals with annotated labels: (1) feature-based classification and (2) raw EEG-based classification. First, feature-based classification is a classification method where we extract EEG features (e.g., temporal, spatial, and spectral information) then classify the features using ML algorithms. This classification method has the advantage of excluding redundant information and focusing directly on related neural features or biomarkers of cognitive states we want to classify. Unfortunately, this method requires intensive feature extraction and selection tasks to achieve good performance (Alotaiby et al., 2015; Khorshidtalab & Salami, 2011). The second option, raw EEG-based classification, aims at classifying minimally preprocessed EEG signals using ML. This approach directly inputs raw EEG signals to the ML models to maximize the capabilities of representations learning of EEG features without any hand-crafted EEG features so that those who do not have expertise in the EEG can use it without burden. This section introduces these two representative models for ErrP classification using conventional ML and deep learning (DL) models.

9.2.2.1 Conventional ML approach with EEG feature

As a conventional ML approach for EEG classification, classifiers based on Riemannian geometry (RG) have been useful in BCIs due to their transfer learning capabilities and robustness (Congedo et al., 2017). The central idea behind RG is to describe data as a symmetric positive definite covariance matrix, which is then directly mapped on the Riemannian manifold (Li et al., 2020). However, this can lead to much computation that would be time consuming and cause statistical deviations in high-dimensional data (Lotte et al., 2018). To overcome the limitation, xDAWN spatial filter can be used to reduce the dimension of data, which is devised for ERP (Rivet et al., 2009). This filter aims to find an optimal transformation structure that can reduce the dimension of EEG data and improve the signal-to-noise ratio simultaneously. Combining xDAWN spatial filters and RG can estimate covariance matrices and project them into the tangent space, which plays a role in dimension reduction and improvement of the signal-to-noise ratio. In the "BCI Challenge NER 2015," ElasticNet LR won using both techniques, xDAWN and RG (Congedo et al., 2017). (See Barachant (2015) for more information and an open-source implementation.)

There are lots of ML algorithms to be used with the xDAWN + RG for error-related negativity (ERN or also called ErrP) classification. Linear discriminant analysis (LDA), support vector machine (SVM), and logistic regression (LR) with ElasticNet are the most representative classifiers for the EEG features by the xDAWN + RG due to their effectiveness for binary classification problems. The LDA is an extended version of Fisher's linear discriminant seeking the optimal linear combination of features to maximize class separation while minimizing within-class variance (Ye & Li, 2005). The goal of the SVM is to solve the dual problem of primal optimization by finding a hyperplane that maximizes margins between feature spaces in the data (Cortes & Vapnik, 1995). The ElasticNet is a regularized regression approach that combines the L1 and L2 penalties of the lasso and ridge methods in a linear fashion (Zou & Trevor, 2005). It can be used with linear or LR models (Zou & Trevor, 2005). Each of them determines the optimal decision boundary for binary classification by changing the values of each parameter. (See Pedregosa et al. (2011) for more information and open-source implementations for them).

9.2.2.2 Raw EEG classifiers based on convolutional neural network

A convolutional neural network (ConvNet or CNN) is a type of DL algorithm especially for image processing based on its unique layers (e.g., convolution and pooling) (LeCun et al., 1998). Due to its effectiveness in classifying images, it has also been applied to EEG classification where EEG features take the form of an image (e.g., spectrogram by wavelet transform (Alotaiby et al., 2015)). However, the EEG feature-based DL classifier still has the limitation of requiring hand-crafted feature extraction and selection. To overcome the limitation, researchers have developed raw EEG-based CNN classifiers (e.g., EEGNet (Lawhern et al., 2018), ShallowConvNet (Schirrmeister et al., 2017), and DeepConvNet (Schirrmeister et al., 2017)) that classify without requiring any feature extraction and selection. EEGNet, ShallowConvNet, and DeepConvNet are the-state-of-the art representative CNN models for raw EEG classification. They commonly apply temporal and spatial filtering using convolution layers to extract EEG features automatically, with the main differences between them being the network architectures. EEGNet is a more compact structure, including fewer parameters than ShallowConvNet and DeepConNet (see Lawhern et al. (2018) for details). On the other hand, ShallowConvNet has more dense layers to extract temporal and spatial features for EEG than EEGNet, but less than DeepConvNet (see Schirrmeister et al. (2017) for details). Although they utilized raw EEG signals for EEG classification, they have shown reliable classification performances in a variety of EEG applications (e.g., P300 visual-evoked potential; P300, error-related negativity; ERN, sensory-motor rhythm; SMR) as compared to the traditional EEG classifiers (Lawhern et al., 2018). They provide open-source codes to implement EEGNet, ShallowConvNet, and DeepConvNet in Keras and TensorFlow environments for users (https://github.com/vlawhern/arl-eegmodels).

9.2.3 Validation

To validate all ErrP classifiers, subject-dependent classification was performed. For each subject, the mean area under the curve (AUC) by fivefold cross-validation was extracted as a performance metric for ErrP classification. For the conventional MLs (LDA, SVM, ElasticNet LR classifiers), we performed hyperparameter tuning using a grid search algorithm (Pedregosa et al., 2011) to get the best parameters training dataset. The following shows the tuned hyperparameter lists for each ML:

- LDA: solvers (singular value decomposition, least squares, and eigenvalue decomposition) and shrinkage values (from 0 to 1 with 0.01 scale)
- SVM: kernel functions (linear, polynomial, radial basis, and sigmoid), kernel coefficients (1, 0.1, 0.01, 0.001), and regularization parameters (0.1, 1, 10, and 100)
- ElasticNet LR: L1 ratio (from 0 to 1 with 0.01 scale)

The remaining parameters not listed above were set with default values defined in the scikit-learn package (Pedregosa et al., 2011). The hyperparameters for EEGNet, ShallowConvNet, and DeepConvNet were explored by Lawhern et al. (2018). We followed the values of the hyperparameters for them from Lawhern et al. (2018). The overall experiments were performed with the following environments: CPU (Intel i7-10,870H), GPU (NVIDIA GeForce RTX 3080), RAM (32 GB), and software (scikit-learn, pyRiemann, Keras, and TensorFlow).

9.2.4 Results

Fig. 9.1 shows all mean AUCs of subjects depending on EEG classifiers. As shown in this figure, the best EEG classifier for each subject varied. On average, AUC values of LDA, SVM, ElasticNet LR, EEGNet, DeepConvNet, and ShallowConvNet were 0.85 (std. = 0.11), 0.86 (std. = 0.10), 0.83 (std. = 0.11), 0.82 (std. = 0.12), 0.78 (std. = 0.10), and 0.75 (std. = 0.14), respectively, as shown in Table 9.1. All EEG feature-based

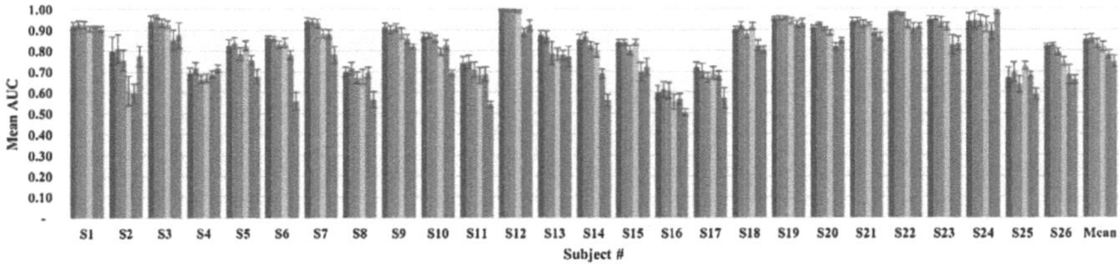

FIGURE 9.1 Mean AUCs for subjects depending on ErrP classifiers.

TABLE 9.1 Grand mean AUCs for EEG classifiers.

Model	LDA	SVM	ElasticNet LR	EEG.	Deep.	Shall.
Mean AUC (std.)	0.85 (0.11)	0.86 (0.10)	0.83 (0.11)	0.82 (0.12)	0.78 (0.10)	0.75 (0.14)

classifiers (xDAWN + RG + LDA/SVM/ElasticNet LR) had higher AUC values than raw EEG-based CNN classifiers (EEGNet/DeepConvNet/ShallowConvNet). SVM showed the highest AUC performance among the EEG feature-based ML classifiers (LDA and ElasticNet LR). On the other hand, EEGNet was the best classifier among the raw EEG-based CNN classifiers.

9.3 Interactive reinforcement learning

9.3.1 Basic RL formulation

RL can be defined as a learning process in which agents take optimal action for higher rewards in a given environment. To solve the RL problem, the Markov decision process (MDP) provides mathematical fundamentals. The main property of the MDP is the future transitions and rewards depend on only the current state and the selected action at that state (Puterman, 1994). In general, an MDP is specified by a tuple (S, A, δ, r), where S is a finite set of states $(s \in S)$, A is a finite set of actions $(a \in A)$, δ is the transition function $(\delta : S \times A \rightarrow S')$, and r is the immediate reward function $(r : S \times A \rightarrow R)$. To extract optimal policy for the RL agent, we aim at maximizing long-term returns. In the current state $s_t \in S$ at time step t, the RL agent selects an action $a_t \in A$ to perform in the environment. When it comes to the action, the environment provides a reward $r_t(s_t, a_t)$, and the agent's current state is changed into the future state $s_{t+1} = \delta(s_t, a_t)$. With this process, the RL agent attempts to find a policy $\pi : S \rightarrow A$ with the largest discounted reward (Sutton & Barto, 2018). Mathematically, it is defined as follows:

$$Q^{\pi}(s_t, a_t) = r_t + \gamma \cdot r_{t+1} + \gamma^2 \cdot r_{t+2} + \ldots = \sum_{k=0}^{\infty} \gamma^k \cdot r_{t+k} \tag{9.1}$$

where $Q^{\pi}(s_t, a_t)$ is the action-value function of the policy π from a state s_t and γ is the discount factor ranging from 0 to 1, which decides the importance degree between the immediate and the future rewards (e.g., small γ represents immediate reward is more important than the future).

To find an optimal policy π^*, we extract the maximum action-value function $Q^*(s_t, a_t)$ as follows:

$$Q^*(s_t, a_t) = \max\left(\mathbb{E}_\pi\left[\sum_{k=0}^{\infty} \gamma^k \cdot r_{t+k} | s_t = s,\ a_t = a\right]\right) \tag{9.2}$$

The optimal policy π^* is π that satisfies $Q^*(s_t, a_t)$.

Q-Learning is a prevalent algorithm in the RL, an off-policy temporal difference algorithm, and a value-based method (Sutton & Barto, 2018). As shown in Formula (9.2), Q-Learning also seeks to learn a policy maximizing the total reward. For Q-Learning, there are three basic steps. First, the agent starts in a state, takes actions in the state, and then receives a reward. Second, the action in the state is based on the Q-table, which stands for quality, and epsilon ε for random action. Depending on the value of ε, the agent determines whether the action is decided randomly or using max Q value among possible actions. Third, given the two processes, the Q-values are updated with the Q-Learning algorithm (see Sutton and Barto (2018) for the detailed algorithm).

9.3.2 Interactive reinforcement learning based on trainer-agent

As shown in Fig. 9.2, the IRL receives some advice from the external trainer (trainer-agent) before deciding action at the current state. There are two main problems when the external agent (trainer-agent) provides advice to the RL agent. First, we should decide how much advice to give. For instance, if the trainer-agent gives too much advice, the RL agent will not explore the environment for stated problems enough, resulting in it not training other alternatives (Taylor et al., 2014). Second, the advice of the trainer-agent should be consistent. This is because inconsistent advice would confuse the RL agent in training. Cruz, Magg, et al. (2018), Cruz, Parisi, et al. (2018) have shown that conflicting advice of the trainer-agent might be highly harmful during the learning process of the RL agent, resulting in lower performance. To overcome those issues, teaching advice budget-based approaches (e.g., early advising, importance

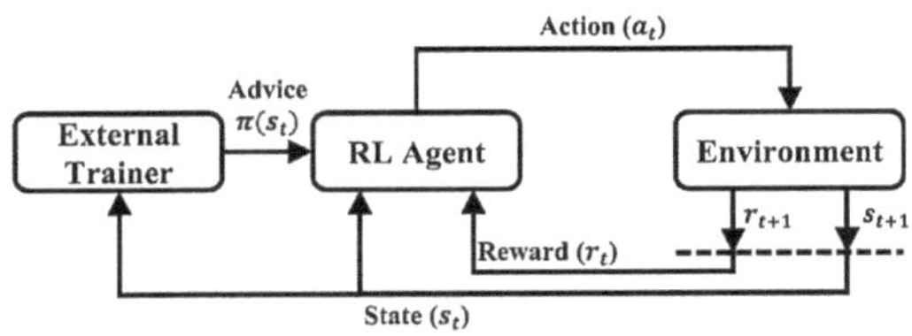

FIGURE 9.2 Interactive reinforcement learning diagram.

advising, and mistake correcting) have been developed (Cruz, Magg, et al., 2018; Cruz, Parisi, et al., 2018; Taylor et al., 2014; Torrey & Taylor, 2013). They have the teaching advice budget, which is a fixed constant indicating how often the trainer-agent can interfere during a learner's learning episode to propose action in common (Cruz et al., 2017). Early advising considers only this advice budget, but importance advising utilizes the budget and additional importance function simultaneously. The importance of function's role is to intervene in situations where the trainer-agent considers necessary under specific criteria. As the importance functions, many types have been suggested (e.g., the maximal difference between Q-values for the state, their variance, and deviation) (Taylor et al., 2014). On the other hand, the mistake correcting approach combines the budget and the importance function with the mistake correction function. The main idea of mistake correcting is that if the learner-agent makes the right decision, then the budget should not be spent (see Cruz et al. (2017) for detailed algorithms for all approaches). In this book chapter, we apply the mistake correcting approach for the IRL method since it is more applicable for ErrPs than others.

9.3.3 Simulation study with OpenAI Gym

To apply IRL using mistake correcting, we utilized a taxi problem (v3) provided by OpenAI Gym (Brockman et al., 2016). It consists of a 5×5 grid world in which a taxi can move. The objective is to pick up a passenger from one of four locations and drop him off at another. Fig. 9.3 shows the example environment for each character (R, G, B, Y), representing possible destinations and locations for the passenger. Red and blue colors indicate destination and passenger location, respectively, and green and yellow taxi colors indicate occupied and empty ones.

```
+---------+
|R: | : :G|
| : : : : |
| : : : : |
| | : | : |
|Y| : |B: |
+---------+
```

FIGURE 9.3 Example of taxi problem provided in OpenAI Gym (https://gym.openai.com/envs/Taxi-v3/).

As the state space, there are 500 states, including a 5×5 grid for taxi locations, five locations for the passenger (R, G, B, Y, and taxi), and four destination locations (R, G, B, Y). For the action space, there are a total of six actions, including "move south," "move north," "move east," "move west," "pick up passenger," and "drop off a passenger." For the rewards, the following shows each reward for the actions: all movements: -1, Pick up/Drop off: -10, and Correct destination with the drop off: $+20$.

We solved the problem using interactive Q-Learning and the mistake correcting approach, which combines original Q-Learning and IRL with mistake correcting. Fig. 9.4 shows a pseudocode for the IRL. All procedures are similar to the original Q-Learning algorithm (see Sutton and Barto (2018)). However, the main difference is in advising (lines 6 to 10 in the code). The advice of the trainer-agent is involved when the action of the learner-agent differs from the one of the trainer-agent and the budget size b and the importance function $I(S)$ are greater than zero and a

Algorithm: Interactive Q-Learning using Mistake Correcting

Algorithm parameter: number of episode N, number of time-step T, number of budget b, thresholds th

1: Initialize $Q(s,a)$ for all $s \in S$, $a \in A$, arbitrarily.
2: for $n = 1, 2, \ldots, N$ do (Episode)
3:     Initialize state S
4:     for $t = 1, 2, \ldots, T$ do (Time-step)
5:         Choose A from S using policy derived from Q (e.g., ϵ-greedy)
6:         if $b > 0$ and $I(S) \geq th$ and $A \neq \pi(S)$ then
7:             $b \leftarrow b - 1$
8:             $A \leftarrow \pi(S)$
9:         end if
10:         Take action A, observe reward R and next state S'
11:         $Q(S,A) \leftarrow Q(S,A) + \alpha\left[R + \gamma \max_a Q(S',a) - Q(S,A)\right]$
12:         $S \leftarrow S'$
13:     end for
14: end for

FIGURE 9.4 Interactive Q-learning algorithm.

threshold value *th*, respectively. Additionally, the importance function is defined as follows:

$$I(S) = \frac{1}{|A|} \sum_{i=1}^{|A|} \left| Q(S, A) - \overline{Q(S, A)} \right| \tag{9.3}$$

where $|A|$ is the number of actions in the problem and $\overline{Q(S, A)}$ represents the average Q-value at the state S and the action A.

9.3.4 Validation

To make an artificial trainer-agent, we utilized Q-Learning with the following parameter settings: learning rate (α): 0.1, discount factor (γ): 0.9, exploration rate (ε): 0.1, # of iteration: 100, # of episodes: 1000, time-step length: until completing episode. Given the settings, we extracted optimal Q values and used them to calculate optimal policy for the advising at a state. With the advice of the trainer-agent, our IRL was trained with the following settings: learning rate (α): 0.1, discount factor (γ): 0.9, exploration rate (ε): 0.1, # of iteration: 100, # of episodes: 500, time-step length: until completing an episode, number of budget b: 100, thresholds th: 0.02. We assumed that the classification accuracy of the implicit feedback is 100%. Also, an original Q-Learning for the comparison was trained with the same settings of the IRL except for the parts of the advising (b and th). To compare the performance of the original RL and the IRL, we used cumulative rewards and time-step lengths per episode.

9.3.5 Results

As shown in Fig. 9.5, the IRL can be seen that convergence was faster in both the cumulative reward and the time-step length than in the

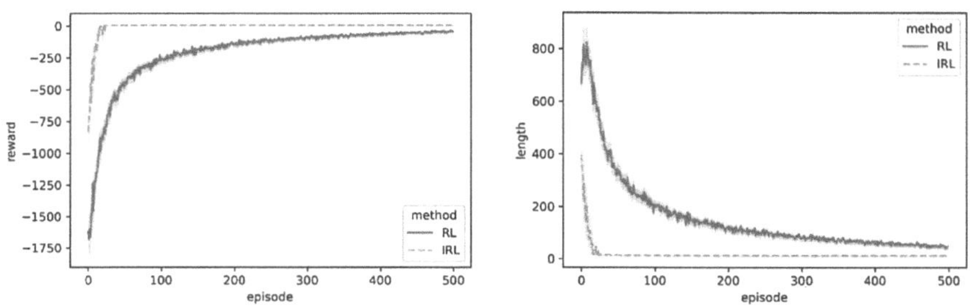

FIGURE 9.5 Performance comparisons of RL and IRL in terms of cumulative rewards (right) and time-step lengths (left) per episode (Note: each *line* represents the mean results of iterations.).

original RL. In addition, the IRL eventually had higher cumulative rewards and lower time-step lengths than the original RL. Based on these results, the IRL provides an RL agent with faster convergence rates, greater rewards, and lower time-step lengths. Therefore, the IRL is effective in improving the performance of the original RL algorithm.

9.4 Discussion

9.4.1 ErrP classification performance by classifiers

As implicit feedback for the IRL, ErrP is a promising method, and the performance of its classifier is also essential for accurate ErrP detection. To classify the ErrP, we can utilize feature-based and raw EEG-based methods. As shown in Table 9.1, xDAWN + RG-based conventional MLs (LDA, SVM, and LR) had higher mean AUC than raw EEG-based CNNs. However, their performance differences were not so great. If the CNN models are fine-tuned, their classification performance for the ErrP can reach or outperform the conventional MLs. In this case, we can expect the following advantages of the raw EEG-based CNN models. First, it makes the EEG classification pipeline into an end-to-end model which would not require hand-crafted EEG feature engineering. Thus, a nonexpert can apply this EEG classifier easily for their task. Second, the CNN classifiers can classify EEG signals faster by omitting the hand-crafted feature extraction/selection parts. This is important when applying the EEG classifier for the BCI since real-time processing is vital in the domain. Further, raw EEG-based CNN classifiers are useful beyond the ErrP classification task, having proved effective at many EEG classification problems. They are extremely useful as a "one-size-fits-all" tool for EEG classification, only needing time and channel information from EEG signals to produce a useful result.

9.4.2 IRL using mistake correcting

As shown in Fig. 9.4, the performance of the IRL was superior to the one of the RL in terms of cumulative rewards per episode and time-step lengths per episode. However, the IRL assumed the accuracy detecting action errors of the learner-agent is 100%. This is impossible in a natural environment requiring a classification model. As shown in the classification performance of the ErrP (see Section 9.2.4), the best AUC performance was 0.86. It is challenging to obtain 100% accuracy for the ErrP classification due to EEG's characteristics (e.g., nonstationarity (Wang et al., 2018), ease to be contamination (Alarcao & Fonseca, 2019), and training data scarcity (Choo & Nam, 2020)). Due to them, the trainer-agent will provide inconsistent feedback to the learner-agent, resulting in lower performance of the RL (Cruz, Magg, et al., 2018; Cruz, Parisi, et al., 2018). Therefore, the IRL should be studied considering the uncertainty of implicit feedback. In addition, a systematic analysis of how much uncertainty is recognized in the IRL model is required.

9.5 Conclusion

In this book chapter, we introduced a state-of-the-art methodology for ErrP detection as implicit feedback and mistake correcting-based IRL. For the ErrP classification methods, we explained feature-based conventional ML using xDAWN and RG and raw EEG-based CNN models. From the results, we confirmed that the traditional ML models were better than the CNN classifiers to detect ErrP in terms of the mean AUCs. Also, we implemented original Q-Learning and interactive Q-Learning and analyzed their performances in terms of cumulative rewards and time-step lengths. We showed that the IRL using the mistake correcting approach was superior to the original RL in terms of convergence speed, cumulative rewards, and time-step lengths per episode. These results showed that the IRL approach could improve the performance of the original RL method. Like this IRL, human feedback can be directly involved in the computational algorithm of the RL to improve its performance. This can be a type of human-in-the-loop system. Also, it is closely related to the field of HCAI in that human interacts with the RL agent. We want to finalize this book chapter by listing future studies for readers interested in the implicit feedback-based IRL.

- For more accurate implicit feedback by the ErrP, EEG feature extraction/selection/classifier should be improved.
- Many studies have applied the IRL method, especially in games and robotics. It should be applied in other applications (e.g., manufacturing, finance) to validate its effectiveness.
- There are lots of RL algorithms (e.g., DQN, A2C, PPO) besides Q-Learning we utilized. Researchers would be able to explore the effects of the IRL on other RL algorithms.
- It is challenging to classify implicit feedback as 100% accurate. Thus, an IRL method considering uncertain implicit feedback would be an excellent future IRL study.

References

Admoni, H., & Scassellati, B. (2017). Social eye gaze in human-robot interaction: A review. *Journal of Human-Robot Interaction, 6*(1), 25. https://doi.org/10.5898/jhri.6.1.admoni

Alarcao, S. M., & Fonseca, M. J. (2019). Emotions recognition using EEG signals: A survey. *IEEE Transactions on Affective Computing, 10*(3), 374–393. https://doi.org/10.1109/taffc.2017.2714671

Alotaiby, T., El-Samie, F. E. A., Alshebeili, S. A., & Ahmad, I. (2015). A review of channel selection algorithms for EEG signal processing. *EURASIP Journal on Advances in Signal Processing, 2015*(1). https://doi.org/10.1186/s13634-015-0251-9

Argall, B. D., Chernova, S., Veloso, M., & Browning, B. (2009). A survey of robot learning from demonstration. *Robotics and Autonomous Systems, 57*(5), 469–483. https://doi.org/10.1016/j.robot.2008.10.024

Asri, L. El, Piot, B., Geist, M., Laroche, R., & Pietquin, O. (2016). Score-based inverse reinforcement learning. In *Proceedings of the 2016 international conference on autonomous agents & multiagent systems.*

Ayala, A., Henríquez, C., & Cruz, F. (2019). Reinforcement learning using continuous states and interactive feedback. In *APPIS'19: Proceedings of the second international conference on applications of intelligent systems, 29* pp. 1–5). https://doi.org/10.1145/3309772.3309801

Barachant, A. (2015). *PyRiemann: Biosignals classification with riemannian geometry.* Retrieved from: https://pyriemann.readthedocs.io/en/latest/.

Bertsekas, D. (2019). *Reinforcement Learning and Optimal Control* (1st ed.). Athena Scientific.

Bignold, A. (June 2019). *Rule-based interactive assisted reinforcement learning*. Ph.D. thesis. Ballarat, Australia: Federation University. https://doi.org/10.13140/RG.2.2.27422.48962

Bignold, A., Cruz, F., Taylor, M. E., Brys, T., Dazeley, R., Vamplew, P., & Foale, C. (2020). *A conceptual framework for externally-influenced agents: An assisted reinforcement learning review.* Retrieved from: http://arxiv.org/abs/2007.01544.

Brockman, G., Cheung, V., Pettersson, L., Schneider, J., Schulman, J., Tang, J., & Zaremba, W. (2016). *OpenAI gym* (pp. 1–4). Retrieved from: http://arxiv.org/abs/1606.01540.

Brys, T., Nowé, A., Kudenko, D., & Taylor, M. E. (2014). Combining multiple correlated reward and shaping signals by measuring confidence. In *Proceedings of the twenty-eighth AAAI conference on artificial intelligence* (Vol. 18, pp. 1687–1693).

Chernova, S., & Thomaz, A. L. (2014). Robot learning from human teachers. In *Synthesis lectures on artificial intelligence and machine learning* (Vol. 28) https://doi.org/10.2200/S00568ED1V01Y201402AIM028

Choo, S., & Nam, C. S. (2020). DCGAN based EEG data augmentation in cognitive state recognition. In *Proceedings of the 2020 IISE annual conference* (pp. 1–6). Retrieved from: https://proxying.lib.ncsu.edu/index.php/login?url=https://www.proquest.com/scholarly-journals/dcgan-based-eeg-data-augmentation-cognitive-state/docview/2522431698/se-2?accountid=12725.

Congedo, M., Barachant, A., & Bhatia, R. (2017). Riemannian geometry for EEG-based brain-computer interfaces; a primer and a review. *Brain-Computer Interfaces, 4*(3), 155–174. https://doi.org/10.1080/2326263X.2017.1297192

Cortes, C., & Vapnik, V. (1995). Support vector networks. *Machine Learning, 20*, 273–297.

Cruz, F., Magg, S., Nagai, Y., & Wermter, S. (2018). Improving interactive reinforcement learning: What makes a good teacher? *Connection Science, 30*(3), 306–325. https://doi.org/10.1080/09540091.2018.1443318

Cruz, F., Parisi, G. I., & Wermter, S. (2018). Multi-modal feedback for affordance-driven interactive reinforcement learning. In *Proceedings of the international joint conference on neural networks, 2018–July.* https://doi.org/10.1109/IJCNN.2018.8489237

Cruz, F., Twiefel, J., Magg, S., Weber, C., & Wermter, S. (2015). Interactive reinforcement learning through speech guidance in a domestic scenario. In *Proceedings of the international joint conference on neural networks, 2015–September.* https://doi.org/10.1109/IJCNN.2015.7280477

Cruz, F., Wuppen, P., Magg, S., Fazrie, A., & Wermter, S. (2017). Agent-advising approaches in an interactive reinforcement learning scenario. In *Proceedings of the joint IEEE international conference on development and learning and epigenetic robotics ICDL-EpiRob* (pp. 209–214). https://doi.org/10.1109/DEVLRN.2017.8329809

Cui, Y., & Niekum, S. (2018). Active reward learning from critiques. In *Proceedings - IEEE international conference on robotics and automation* (pp. 6907–6914). https://doi.org/10.1109/ICRA.2018.8460854

Daniel, C., Kroemer, O., Viering, M., Metz, J., & Peters, J. (2015). Active reward learning with a novel acquisition function. *Autonomous Robots, 39*(3), 389–405. https://doi.org/10.1007/s10514-015-9454-z

Falkenstein, M., Hoormann, J., Christ, S., & Hohnsbein, J. (2000). ERP components on reaction errors and their functional significance: A tutorial. *Biological Psychology, 51*(2–3), 87–107. https://doi.org/10.1016/S0301-0511(99)00031-9

Griffith, S., Subramanian, K., Scholz, J., Isbell, C. L., & Thomaz, A. (2013). Policy shaping: Integrating human feedback with reinforcement learning. *Advances in Neural Information Processing Systems, 1–9.*

Huang, L., Fu, M., Li, F., Qu, H., Liu, Y., & Chen, W. (2021). A deep reinforcement learning based long-term recommender system. *Knowledge-Based Systems, 213,* 106706. https://doi.org/10.1016/j.knosys.2020.106706

Johannink, T., Bahl, S., Nair, A., Luo, J., Kumar, A., Loskyll, M., Ojea, J. A., Solowjow, E., & Levine, S. (2019). Residual reinforcement learning for robot control. In *Proceedings - IEEE international conference on robotics and automation, 2019-may* (pp. 6023–6029). https://doi.org/10.1109/ICRA.2019.8794127

Khorshidtalab, A., & Salami M.J.E. (2011). EEG signal classification for real-time brain-computer interface applications: A review. *4th International Conference on Mechatronics (ICOM)* (pp. 1–7).

Kim, S. K., Kirchner, E. A., Stefes, A., & Kirchner, F. (2017). Intrinsic interactive reinforcement learning–using error-related potentials for real world human-robot interaction. *Scientific Reports, 7*(1), 1–16. https://doi.org/10.1038/s41598-017-17682-7

Knox, W. B., & Stone, P. (2009). Interactively shaping agents via human reinforcement: The TAMER framework. In *K-CAP'09 - proceedings of the 5th international conference on knowledge capture* (pp. 9–16). https://doi.org/10.1145/1597735.1597738

Knox, W. B., Stone, P., & Breazeal, C. (2013). Training a robot via human feedback: A case study. In *Lecture notes in computer science (including subseries lecture notes in artificial intelligence and lecture notes in bioinformatics), 8239 LNAI.* https://doi.org/10.1007/978-3-319-02675-6_46

Krening, S., & Feigh, K. M. (2019). Newtonian action advice: Integrating human verbal instruction with reinforcement learning socially interactive agents track. In *Proceedings of the international joint conference on autonomous agents and multiagent systems, AAMAS* (Vol. 2, pp. 720–727) (AAMAS).

Krusienski, D., Sellers, E., McFarland, D., Vaughan, T., & Wolpaw, J. (2008). Toward enhanced P300 speller performance. *Journal of Neuroscience Methods, 167*(1), 15–21. https://doi.org/10.1016/j.jneumeth.2007.07.017

Kunapuli, G., Odom, P., Shavlik, J. W., & Natarajan, S. (2013). Guiding autonomous agents to better behaviors through human advice. In *Proceedings - IEEE international conference on data mining, ICDM* (pp. 409–418). https://doi.org/10.1109/ICDM.2013.79

Lawhern, V. J., Solon, A. J., Waytowich, N. R., Gordon, S. M., Hung, C. P., & Lance, B. J. (2018). EEGNet: a compact convolutional neural network for EEG-based brain–computer interfaces. *Journal of Neural Engineering, 15*(5), Article 056013. https://doi.org/10.1088/1741-2552/aace8c

LeCun, Y., Bottou, L., Bengio, Y., & Haffner, P. (1998). Gradient-based learning applied to document recognition. In *Proceedings of the IEEE* (Vol. 86, pp. 2278–2323). https://doi.org/10.1109/5.726791 (11).

Li, G., Gomez, R., Nakamura, K., & He, B. (2019). Human-centered reinforcement learning: A survey. *IEEE Transactions on Human-Machine Systems, 49*(4), 337–349. https://doi.org/10.1109/THMS.2019.2912447

Li, F., Xia, Y., Wang, F., Zhang, D., Li, X., & He, F. (2020). Transfer learning algorithm of P300-EEG signal based on XDAWN spatial filter and riemannian geometry classifier. *Applied Sciences, 10*(5). https://doi.org/10.3390/app10051804

Lotte, F., Bougrain, L., Cichocki, A., Clerc, M., Congedo, M., Rakotomamonjy, A., & Yger, F. (2018). A review of classification algorithms for EEG-based brain–computer interfaces: a 10 year update. *Journal of Neural Engineering, 15*(3), Article 031005. https://doi.org/10.1088/1741-2552/aab2f2

Luo, T. J., Fan, Y. C., Lv, J. T., & Zhou, C. L. (2018). Deep reinforcement learning from error-related potentials via an EEG-based brain-computer interface. In *Proceedings - 2018 IEEE international conference on bioinformatics and biomedicine, BIBM 2018* (pp. 697–701). https://doi.org/10.1109/BIBM.2018.8621183

Mao, Q., Dong, M., Huang, Z., & Zhan, Y. (2014). Learning salient features for speech emotion recognition using convolutional neural networks. *IEEE Transactions on Multimedia, 16*(8), 2203–2213. https://doi.org/10.1109/ACIIAsia.2018.8470393

Margaux, P., Emmanuel, M., Sébastien, D., Olivier, B., & Jérémie, M. (2012). Objective and subjective evaluation of online error correction during P300-based spelling. *Advances in Human-Computer Interaction, 2012*, 1–13. https://doi.org/10.1155/2012/578295

Millán, C., Fernandes, B., & Cruz, F. (April 2019). Human feedback in continuous actor-critic reinforcement learning. In *Esann 2019 - proceedings, 27th European symposium on artificial neural networks, computational intelligence and machine learning* (pp. 661–666).

Mnih, V., Kavukcuoglu, K., Silver, D., Rusu, A. A., Veness, J., Bellemare, M. G., Graves, A., Riedmiller, M., Fidjeland, A. K., Ostrovski, G., Petersen, S., Beattie, C., Sadik, A., Antonoglou, I., King, H., Kumaran, D., Wierstra, D., Legg, S., & Hassabis, D. (2015). Human-level control through deep reinforcement learning. *Nature, 518*(7540), 529–533. https://doi.org/10.1038/nature14236

Najar, A., & Chetouani, M. (June 2021). Reinforcement learning with human advice: A survey. *Frontiers in Robotics and AI, 8*, 1–20. https://doi.org/10.3389/frobt.2021.584075

Ng, A. Y., Harada, D., & Russell, S. (1999). Policy invariance under reward transformations: Theory and application to reward shaping. In *Sixteenth international conference on machine learning 3*, 278–287.

Niv, Y. (2009). Reinforcement learning in the industry. *Journal of Mathematical Psychology, 53*(3), 139–154.

Pedregosa, F., Varoquaux, G., Gramfort, A., Michel, V., Thirion, B., Grisel, O., Blondel, M., Prettenhofer, P., Weiss, R., Dubourg, V., Vanderplas, J., Passos, A., Cournapeau, D., Brucher, M., Perrot, M., & Duchesnay, E. (2011). Scikit-learn: Machine learning in python. *Journal of Machine Learning Research, 12*, 2825–2830.

Puterman, M. (1994). *Markov decision processes: Discrete stochastic dynamic programming*. Hoboken, NJ,USA: Wiley.

Rivet, B., Souloumiac, A., Attina, V., & Gibert, G. (2009). xDAWN algorithm to enhance evoked potentials: Application to brain-computer interface. *IEEE Transactions on Biomedical Engineering, 56*(8), 2035–2043. https://doi.org/10.1109/TBME.2009.2012869

Sadigh, D., Dragan, A. D., Sastry, S., & Seshia, S. A. (2017). Active preference-based learning of reward functions. *Robotics: Science and Systems, 13*. https://doi.org/10.15607/rss.2017.xiii.053

Schirrmeister, R. T., Springenberg, J. T., Fiederer, L. D. J., Glasstetter, M., Eggensperger, K., Tangermann, M., Hutter, F., Burgard, W., & Ball, T. (2017). Deep learning with

convolutional neural networks for EEG decoding and visualization. *Human Brain Mapping, 38*(11), 5391–5420. https://doi.org/10.1002/hbm.23730
Suay, H. B., & Chernova, S. (2011). Effect of human guidance and state space size on Interactive Reinforcement Learning. In *Proceedings - IEEE international workshop on robot and human interactive communication* (pp. 1–6). https://doi.org/10.1109/ROMAN.2011.6005223
Sutton, R. S., & Barto, A. G. (2018). *Reinforcement learning: An introduction*. Cambridge, MA, USA: MIT Press.
Taylor, M. E., Carboni, N., Fachantidis, A., Vlahavas, I., & Torrey, L. (2014). Reinforcement learning agents providing advice in complex video games. *Connection Science, 26*(1), 45–63. https://doi.org/10.1080/09540091.2014.885279
Torrey, L., & Taylor, M. E. (2013). Teaching on a Budget: Agents advising agents in reinforcement learning. In *12th international conference on autonomous agents and multiagent systems 2013, AAMAS 2013* (Vol. 2, pp. 1053–1060).
Wang, S. I., Liang, P., & Manning, C. D. (2016). Learning language games through interaction. In *54th annual meeting of the association for computational linguistics, ACL 2016 - long papers* (Vol. 4, pp. 2368–2378). https://doi.org/10.18653/v1/p16-1224
Wang, F., Zhong, S., Peng, J., Jiang, J., Liu, Y. (2018). Data augmentation for EEG-based emotion recognition with deep convolutional neural networks. In K. Schoeffmann et al., (Eds.), *MultiMedia Modeling*. *MMM* 2018. *Lecture Notes in Computer Science*. vol. 10705. Cham: Springer.
Xu, D., Agarwal, M., Gupta, E., Fekri, F., & Sivakumar, R. (2021). Accelerating reinforcement learning agent with EEG-based implicit human feedback. *Neurocomputing, 460*(14), 139–153. https://doi.org/10.1016/j.neucom.2021.06.064
Ye, J., & Li, Q. (2005). A two-stage linear discriminant analysis via QR-decomposition. *IEEE Transactions on Pattern Analysis and Machine Intelligence, 27*(6), 929–941. https://doi.org/10.1109/tpami.2005.110
Zhang, Y. D., Yang, Z. J., Lu, H. M., Zhou, X. X., Phillips, P., Liu, Q. M., & Wang, S. H. (2016). Facial emotion recognition based on biorthogonal wavelet entropy, fuzzy support vector machine, and stratified cross validation. *IEEE Access, 4*, 8375–8385. https://doi.org/10.1109/ACCESS.2016.2628407
Zhong, P., Wang, D., & Miao, C. (2020). EEG-based emotion recognition using regularized graph neural networks. *IEEE Transactions on Affective Computing, 3045*(c), 1–1. https://doi.org/10.1109/taffc.2020.2994159.
Zou, H., & Hastie, T. (2005). Erratum: Regularization and variable selection via the elastic net. *Journal of the Royal Statistical Society - Series B: Statistical Methodology, 67*(5), 768. https://doi.org/10.1111/j.1467-9868.2005.00527.x

CHAPTER

10

Reinforcement learning in EEG-based human-robot interaction

Jiali Huang, and Chang S. Nam

Edward P. Fitts Department of Industrial and Systems Engineering, North Carolina State University, Raleigh, NC, United States

10.1 Introduction

The modern era calls for the help of automation to achieve high efficiency and stability. Robots capable of interacting with humans and the environment around them are essential to achieve such goals. Either in factories, hospitals, restaurants, or other service industries, intelligent robots that can adapt and learn from the environment could assist human operators with accuracy and safety. In human-robot interaction (HRI), the communication of instructions and feedbacks could take several different forms. Robots could either learn from demonstration trajectories (e.g., imitation learning) or learn from their experience in the world (e.g., reinforcement learning, RL) (Kroemer et al., 2021).

Traditional robot learning methods need to know the model of the system in advance. The robot relies on predefined interaction mechanisms to carry out actions. This is often impossible in practice. The use of RL, on the other hand, enables the robot to autonomously discover an optimal behavior through interactions with the physical world (Kober et al., 2013). Therefore, RL is widely used in automation domains. Its applications include autonomous vehicles, robotic arm manipulations, and humanoid robots (Wang et al., 2019).

The inception of reinforcement learning dates back to the 1980s when the animal learning problem in psychology was combined with the optimal control problem in mathematical optimization (Sutton & Barto, 2018). In the robotics domain, it depicts the process in which the robot

Human-Centered Artificial Intelligence
https://doi.org/10.1016/B978-0-323-85648-5.00020-7

(*agent*) makes an observation of variables specifying the current environment (*state*), then it takes an *action* based on some learned (or still evolving) *policy* and receives a *reward* for that action. The RL problem is to design an algorithm to find an optimal policy that maximizes the long-term sum of rewards. The formalization of the RL problem can be found in Section 10.2.

There are many challenges in applying RL in HRI. Collecting physical interacting experiences is often time-consuming, costly, and dangerous. Simulation could solve part of the problem but usually cannot replace the real interaction practice (Kober et al., 2013). Another challenge is to define appropriate reward functions that elicit the desired behavior (Hadfield-Menell et al., 2016). It is also difficult to communicate accurate human feedback to the robot in the loop as human operators would be burdened with extra workload. This could lead to lowered efficiency and HRI performance, and even cause serious safety concerns (Michalos et al., 2015). A solution to combat such problem is to use human brain signals as feedback. This took advantage of the spontaneity of certain components of electroencephalography (EEG) signals as the human in the loop could elicit such signals without extra effort. Accurately classified EEG could represent human intentions truthfully, making it a great candidate as the reward in RL problems. Studies also utilized RL to better the use of EEG. More details are discussed in Section 10.3.

The goal of this chapter is to present a state-of-the-art survey on the use of RL in HRI using EEG. The remainder of this chapter is organized as follows: a brief introduction and formalization of the RL problem are given in Section 10.2. Section 10.3 summarizes the usage of RL in EEG signal classification. Section 10.4 discusses the usage of RL in the robot learning process. Finally, conclusions and future directions are discussed in Section 10.5.

10.2 The reinforcement learning problem

In robot learning scenarios, tasks addressed are usually episodic (Kroemer et al., 2021), meaning tasks last a finite amount of time. The robot tries to maximize the episode's total rewards which are given by the system's performance (Kroemer & Peters, 2011). There are usually a fixed number of steps or terminal states that mark the end of the episode (e.g., robot reaching the objective destination).

In the standard RL model, an agent is connected to the environment through interactions. The agent selects an action a from the set containing all possible actions A ($a \in A$). Consequently, that action changes the state s of the environment ($s \in S$, S denotes the set of all possible states). The value of such state transition is communicated to the agent through a reward, R. The goal is to find a policy π that maps states to actions and maximizes the expected reward. The policy π could either be deterministic or probabilistic. In the deterministic case, the same action is taken for a given state in the form $a = \pi(s)$. In the probabilistic case, an action is a sample drawn from a distribution when it encounters a state $a \sim \pi(s, a) = P(a|s)$. To find the maximal reward, the agent needs to learn the relations between states, actions, and rewards. In doing so, the agent also needs to balance the trade-off between exploration and exploitation (Sutton & Barto, 2018). The agent has to exploit what it has already experienced in the past, but at the same time, it needs to explore state-action spaces that it has not yet gone to so it can make better action selections in the future.

The reward functions in RL problems take different forms. For example, adhering to the Markov principle, there are rewards depending only on the current state $R = R(s)$, rewards depending on the current state and action $R = R(s, a)$, and rewards including the transitions $R = R(s', a, s)$ (Kober et al., 2013). But with the task complexity and the real-world restrictions imposed, it is often difficult to specify appropriate reward functions.

One of the most popular techniques in RL is Q-learning (Clifton & Laber, 2020). This method has been widely used in robotics, either to provide frameworks and toolkits for designing robot actions or to facilitate robot operating in human living environments (Jang et al., 2019). In this setting, the agent is given a finite number of states and actions, and a reward for each transition to a different state. The updating rule for Q-learning is formulated as follows:

$$Q_{t+1}(S_t, A_t) \leftarrow Q_t(S_t, A_t) + \alpha\left[R_{t+1} + \gamma \max_a Q_t(S_{t+1}, a) - Q_t(S_t, A_t)\right]$$

where $\alpha \in [0, 1]$ expresses the learning rate denoting how big a leap should be taken in finding the optimal policy, and $\gamma \in [0, 1]$ denotes the discount factor stating the importance of rewards from previous iterations.

In the context of robotics, consider a pick-and-place robot, where the goal is for the robot to pick and place objects steadily and correctly. The action, in this case, could be the electrical voltage applied to the motor, and the state could be the direction and velocity. A positive reward is given to the robot when the object is successfully picked and placed, and a negative reward is given when the acceleration exceeds a reasonable range. The reward is either predefined for the system or the human in the HRI is responsible for the reward assignment. In fact, the use of human feedback as the reward function is advantageous in real-world robotic applications (Kim et al., 2017). Using implicit human feedback, such as brain activity, in HRI problems has been proposed. There are also attempts to use RL in the classification of human brain signals, the result of which could theoretically be used to communicate the system's reward. More details are discussed in Section 10.3.

10.3 Reinforcement learning in EEG classification

As mentioned in the early sections, brain activity (e.g., EEG) serves as a reliable feedback to the robot in the HRI. The human is present in the system throughout the task, and the subjective sense of correctness represented by the EEG signals is more relevant than formal predefined reward (Kim et al., 2017). Previous studies have shown error-related potential (ErrP), an event-related potential component, can be successfully detected on a single-trial basis. The detection of an ErrP corresponding to the robot error can be represented as a negative reward value in RL, thus punishing the action taken and updating the policy (Chavarriaga et al., 2014).

Besides the usage of ErrP as the feedback, there are also attempts to use RL techniques in the EEG classification process. The result of such classification could be used to direct consequent robot actions. Albeit there are only a handful of attempts, those studies still showed the possibility of framing such classification process as an RL problem. This section discusses the usage of RL in meaningful segment identification, suitable classifier choosing, and classifier building processes.

10.3.1 Identify meaningful EEG segment

Because the EEG signals recorded during tasks are often long and have low signal-to-noise ratio, some studies used RL to identify EEG segments that are representative and meaningful to the task. Zhang et al. (2019) designed a reinforced selective attention model by combining the deep reinforcement learning and attention mechanism, to automatically extract the robust and distinct deep features. The reward function was designed to encourage the model to select the best attention zone (segment of EEG signals) that leads to the highest classification accuracy. The authors replicated and shuffled the channel vectors to provide more potential dimension combination and performed a reinforced selective attention process where the state is defined as the position of the attention zone and action denotes whether to choose or dispose the zone. The reward function contains a normalized exponential function that encourages the finding of a state that leads to higher classification accuracy, and a penalty part to keep the length of the zone shorter. Although the author noted that the proposed method needs to be reconsidered according to different sensor combinations, their attempt still showed the feasibility and advantages of incorporating RL in EEG classification process.

Another example of using RL in EEG segment identification is described in Ming et al. (2021). They introduced deep reinforcement learning to analyze EEG data captured in a driving safety experiment. Past driving safety driving research usually discard a large amount of

EEG recordings during the experiment due to the lack of reaction time (RT) information. The authors argue that using RL-based RT method they could identify the meaningful EEG segments and utilize the corresponding RT to trace the variations of mental state and in turn detect drowsiness during driving. In this setting, the state is defined as one piece of the segmented EEG session data, and the action indicates the operation of the internal RT tracer. The reward is set as the negative of the absolute difference between the measured RT and the traced RT when the current state covers the measured RT. Zero is given as a reward when the measured RT is not covered. The author argued that their work showed great potential in utilizing RL in brain-computer interface applications by taking advantage of its high efficiency of data utilization and low dependency on the quality of the label information.

Besides RL, deep learning algorithms were widely used to automatically extract features from EEG recordings. But Seok et al. (2020) argued the results of this method are a lot of times difficult to interpret. They proposed an RL algorithm to find the optimal feature set within features extracted with conventional machine learning and deep learning methods. Features in both frequency domain and time domain are calculated and entered into an RL-based classifier. In this classifier, the state is defined as a set containing a drawn EEG sample with the class label, and a selected feature. Action is defined as the action of classification of mental state or the action of taking a new feature not selected previously. The reward is a function of state and action, assigning a negative value if the agent needs to take in another feature. If the current selection of features is sufficient, the episode is terminated and a reward of −1 is given if the EEG sample does not match the class label, and a reward of 0 if the sample matches the label. Using this method, this paper tested the EEG recordings from 11 subjects, and showed the proposed method reached a stable accuracy and precision level in classifying vigilance.

10.3.2 Using RL to choose appropriate classifier

Recent years have witnessed the development of using deep learning in classifying human brain signals (Craik et al., 2019). Studies have shown that the use of convolutional neural networks (CNNs) and recurrent neural networks to classify EEG signals could bring about a steady and accurate performance. One challenge of using deep learning in EEG classification is the choice of appropriate classifiers and parameters. RL technique poses a potential solution to such problems.

Park and Lee (2018) presents a novel EEG signal classification framework that used deep reinforcement learning to find a trial-by-trial control strategy that switches between a CNN, a long short-term memory

(LSTM), and a CNN + LSTM. They argued if the subject's internal state drifts when performing a task, a memory-based neural network (e.g., LSTM) should be used. If the subject uses a consistent and stable strategy in performing the task, a memoryless neural network (e.g., CNN) would be a better choice. They trained an RL agent to switch between the neural networks to classify EEG data for each trial. The state is defined as the temporal characteristics of EEG signals. Action is defined as the choice of CNN, LSTM, or CNN + LSTM-based classification method. A positive reward is given to the RL agent if the classification prediction matches the true label of the data. Their simulation results demonstrated the ability of RL in discovering a near-optimal policy that finds a trade-off between memoryless and memory-based EEG classifiers.

To find the optimal parameters for the CNN-based EEG classifier, Yang et al. (2021) proposed an RL-based framework. Hyperparameters such as the number and size of the convolution kernels greatly impact the performance of the CNN model, but the designing process for such parameters can be time consuming and domain specific. The author designed an RL agent where possible model structures form a state space. The agent's action is defined as the choice of a specific edge within the convolution network. The reward is used to reflect the validation accuracy of the designed CNN architecture. Using the proposed deep Q network, the depth of convolutional layers and the connection modes among layers are decided, and the number and size of convolution kernels were fine-tuned using the particle swarm optimization algorithm. The resulted CNN-based EEG classifier showed great performance in EEG-based sleep stage classification and driver drowsiness evaluation tasks.

Dong et al. (2021) took a similar approach of using RL to facilitate the fast reconstruction of CNN-based EEG classifier. They generated a CNN model with a determined structure and hyperparameters. Then Q-learning method is used to optimize the CNN model. The network structure is defined as state, and action is defined as the next layer to add. The reward is defined as the validation accuracy of the model with architecture (current state) and new layer (current action). They tested the proposed method on an Autism Spectrum Disorder evaluation task and showed the performance would drop 12% if such reconstruction method is not applied.

10.4 Reinforcement learning using EEG in robot learning

Studies have attempted to use ErrPs as rewards to train RL systems. As early as 2010, Chavarriaga and Millán (2010) constructed a probability-based RL to facilitate automated cursor control. A Gaussian classifier, whose parameters are tuned using stochastic gradient descent on square error, was used to classify the brain signals. The state is defined as the location of the cursor and action is the movement to a direction. Their results showed that the optimal strategy is acquired within 50 trials.

Iturrate et al. (2010) demonstrated the possibility of distinguishing small error and big error and used subsequent EEG-based reward signals in RL to train robot arms. Two participants observed a virtual robot on-screen performing a reaching task. 32-channel EEG signals were collected and later went through AdaBoost classification algorithm where a functional decision tree classifier was trained. Then the participants freely designated another correct destination for the reaching task and a Q-learning algorithm was implemented using the results from the previously trained classifier as rewards. Although the Q-learning did not always converge to the correct action, the results showed the feasibility of ErrP-based RL. They went on to use the Q-learning algorithm in a shared-control reaching task where both discrete and continuous actions were implemented (Iturrate et al., 2013). They used a regularized linear discriminant analysis classifier (rLDA) to classify EEG collected during the discrete actions, and a support vector machine (SVM) to classify the continuous actions. An inverse reinforcement learning algorithm was implemented to first compute offline optimal policies and then perform an online policy matching. Their results showed the classification accuracy had a great impact on the time needed to reach the optimal target. In 2015, Iturrate et al. (2015) extended their previous 1D work to tasks with more complexity. They used RL modeled by a Markov decision process to train a robotic arm in movement selection tasks. ErrPs were decoded using a linear discriminant analysis (LDA) classifier and the results were used to obtain the reward function in RL which was implemented as a Q-learning iterative algorithm. They demonstrated using this method that the control policies can be easily acquired without the need to retrain the ErrP decoder, thus opening the possibility of overcoming the hard-to-generalize property of RL.

Ehrlich and Cheng (2018) went a step further to use a trained classifier to classify and adjust robot behavior online. They trained a subject-specific rLDA decoder with temporal features, then implemented the Q-learning algorithm to promote action adjustment by the humanoid robot. The state was defined as the robot gaze and the action is the head-turning motion of the robot. Their results demonstrated the usability of EEG-based ErrPs as a feedback signal for RL in mediating coadaptation in HRI. Similarly, Kim et al. (2017) chose the LinUCB algorithm (an algorithm that assumes the expected payoff of an action is linear in its feature using an upper confidence bound) as the RL method and carried out experiments on both simulated and actual HRI. EEG patterns were used as feedback to train SVM. They presented the feasibility of using intrinsic interactive RL approach using ErrP-based human feedback to enable learning of adaptive behaviors of a robot in HRI. Schiatti et al. (2018) trained SVM classifiers and used the classification results of ErrPs as rewards in a Markov Decision Process–based Q-learning RL algorithm, implemented in an online robot reaching experiment. They defined state space as the set of all discrete positions that the robot can assume, and action as the movement in a certain direction. In a more complex HRI game play setting, Bartolome et al. (2020) used the results of the ErrP classification (implemented using five different classifiers) as the reward for each movement of the robot and trained a Q-learning-based algorithm in an offline scheme. They showed the ErrP signals can be classified and used to train an agent effectively. However, it is worth noting that their results also confirmed the futility of using transfer learning, where a classifier trained using one task data does not increase the robot performance when tested on another task.

The performance of the RL agent in the HRI paradigm using EEG-based feedbacks heavily relies on classification accuracy. In addition to the LDA and SVM approaches, Xu et al. (2021) used a Riemannian geometry–based ErrP classifier to obtain human feedback when observing an agent learning to play games. The classification results were used as auxiliary reward function to help the RL agent using a full access method. This method asks for the EEG feedback in every training step to reach the maximum number of possible queries. The authors argued that this method has the fastest training convergence rate. Another approach for high-accuracy ErrP classification rate is proposed and tested in Luo et al. (2018). They implemented a high-efficiency CNN architecture to classify the ErrP signals and applied the results as the human preference rewards to train a deep RL system. They reported a 15.21% efficiency improvement in robot learning process and concluded that their method can facilitate the construction of intuitive HRI systems. Overall, these results showed the high potential of introducing implicit human psychophysiological signals into the learning process of an intelligent agent.

10.5 Conclusions

This chapter introduced the reinforcement learning problem, especially in the EEG-based HRI domain. The RL-based EEG classification method and robot learning using EEG as reward signals were discussed. The performance of an RL algorithm relies on the design of the task, training data sets, and in human feedback-based reward cases, the accuracy of EEG classification. Even though the total number of studies in this field is not big enough, recent years have witnessed rapid progress in the implementation of RL in robot learning. Questions are raised by researchers include how to exploit data sets better, how to design reward function that better represent the intention of the human in the loop, and how to deal with model errors. Future studies should also consider robot control in a continuous setting, compared to the discrete assumption made in current studies. For reproducing purposes, future studies should also take the comparability and consistency of reported results into consideration.

References

Bartolome, F., Moreno, J. P., Navas, N., Vitali, J. A., Ramele, R., & Santos, J. M. (2020). Training a gaming agent on brainwaves. *IEEE Transactions on Games, 1502*(1), 1–9. https://doi.org/10.1109/TG.2020.3042900

Chavarriaga, R., & Millán, J. D. R. (2010). Learning from EEG error-related potentials in noninvasive brain-computer interfaces. *IEEE Transactions on Neural Systems and Rehabilitation Engineering, 18*(4), 381–388. https://doi.org/10.1109/TNSRE.2010.2053387

Chavarriaga, R., Sobolewski, A., Millán, J., & del, R. (July 8, 2014). Errare machinale est: The use of error-related potentials in brain-machine interfaces. *Frontiers in Neuroscience, 8*, 1–13. https://doi.org/10.3389/fnins.2014.00208

Clifton, J., & Laber, E. (2020). Q-learning: Theory and applications. *The Annual Review of Statistics and Its Application*, 279–303.

Craik, A., He, Y., & Contreras-Vidal, J. L. (2019). Deep learning for electroencephalogram (EEG) classification tasks: A review. *Journal of Neural Engineering, 16*(3). https://doi.org/10.1088/1741-2552/ab0ab5

Dong, H., Chen, D., Zhang, L., Ke, H., & Li, X. (2021). Subject sensitive EEG discrimination with fast reconstructable CNN driven by reinforcement learning: A case study of ASD evaluation. *Neurocomputing, 449*, 136–145. https://doi.org/10.1016/j.neucom.2021.04.009

Ehrlich, S. K., & Cheng, G. (2018). Human-agent co-adaptation using error-related potentials. *Journal of Neural Engineering, 15*, 0–18. https://doi.org/10.1088/1478-3975/aa9768

Hadfield-Menell, D., Dragan, A., Abbeel, P., & Russell, S. (2016). Cooperative inverse reinforcement learning. *Advances in Neural Information Processing Systems*, 3916–3924.

Iturrate, I., Chavarriaga, R., Montesano, L., Minguez, J., & Millán, J. D. R. (2015). Teaching brain-machine interfaces as an alternative paradigm to neuroprosthetics control. *Scientific Reports, 5*, 1–10. https://doi.org/10.1038/srep13893

Iturrate, I., Montesano, L., & Mínguez, J. (2010). Robot reinforcement learning using EEG-based reward signals. In *Proceedings - IEEE international conference on robotics and automation* (pp. 4822–4829). https://doi.org/10.1109/ROBOT.2010.5509734

Iturrate, I., Omedes, J., & Montesano, L. (2013). Shared control of a robot using EEG-based feedback signals. In *ACM international conference proceeding series* (pp. 45–50). https://doi.org/10.1145/2493525.2493533

Jang, B., Kim, M., Harerimana, G., & Kim, J. W. (2019). Q-learning algorithms: A comprehensive classification and applications. *IEEE Access, 7*, 133653–133667. https://doi.org/10.1109/ACCESS.2019.2941229

Kim, S. K., Kirchner, E. A., Stefes, A., & Kirchner, F. (2017). Intrinsic interactive reinforcement learning-using error-related potentials for real world human-robot interaction. *Scientific Reports, 7*(1), 1–13. https://doi.org/10.1038/s41598-017-17682-7

Kober, J., Bagnell, J. A., & Peters, J. (2013). Reinforcement learning in robotics: A survey. *The International Journal of Robotics Research, 32*(11), 1238–1274. https://doi.org/10.1177/0278364913495721

Kroemer, O., Niekum, S., & Konidaris, G. (2021). A review of robot learning for manipulation: Challenges, representations, and algorithms. *Journal of Machine Learning Research, 22*(30), 1–82. http://arxiv.org/abs/1907.03146

Kroemer, O., & Peters, J. (2011). Active exploration for robot parameter selection in episodic reinforcement learning. In *IEEE SSCI 2011: Symposium series on computational intelligence - ADPRL 2011: 2011 IEEE symposium on adaptive dynamic programming and reinforcement learning* (pp. 25–31). https://doi.org/10.1109/ADPRL.2011.5967378

Luo, T. J., Fan, Y. C., Lv, J. T., & Zhou, C. L. (2018). Deep reinforcement learning from error-related potentials via an EEG-based brain-computer interface. In *Proceedings - 2018 IEEE international conference on bioinformatics and biomedicine, BIBM 2018* (pp. 697–701). https://doi.org/10.1109/BIBM.2018.8621183

Michalos, G., Makris, S., Tsarouchi, P., Guasch, T., Kontovrakis, D., & Chryssolouris, G. (2015). Design considerations for safe human-robot collaborative workplaces. *Procedia CIRP, 37*, 248–253. https://doi.org/10.1016/j.procir.2015.08.014

Ming, Y., Wu, D., Wang, Y. K., Shi, Y., & Lin, C. T. (2021). EEG-based drowsiness estimation for driving safety using deep Q-learning. *IEEE Transactions on Emerging Topics in Computational Intelligence, 5*(4), 583–594. https://doi.org/10.1109/TETCI.2020.2997031

Park, J., & Lee, S. W. (2018). Solving the memory-based memoryless trade-off problem for EEG signal classification. In *Proceedings - 2018 IEEE international conference on systems, man, and cybernetics, SMC 2018* (pp. 505–510). https://doi.org/10.1109/SMC.2018.00095

Schiatti, L., Tessadori, J., Deshpande, N., Barresi, G., King, L. C., & Mattos, L. S. (2018). Human in the loop of robot learning: EEG-based reward signal for target identification and reaching task. In *Proceedings - IEEE international conference on robotics and automation* (pp. 4473–4480). https://doi.org/10.1109/ICRA.2018.8460551

Seok, W., Yeo, M., You, J., Lee, H., Cho, T., Hwang, B., & Park, C. (2020). Optimal feature search for vigilance estimation using deep reinforcement learning. *Electronics, 9*(1), 9–11. https://doi.org/10.3390/electronics9010142

Sutton, R. S., & Barto, A. G. (2018). *Reinforcement learning: An introduction*. MIT Press.

Wang, W., Chen, Y., Li, R., & Jia, Y. (2019). Learning and comfort in human – robot interaction: A review. *Applied Sciences, 9*(5152).

Xu, D., Agarwal, M., Gupta, E., Fekri, F., & Sivakumar, R. (2021). Accelerating reinforcement learning agent with EEG-based implicit human feedback. *Neurocomputing*, 1–13. http://arxiv.org/abs/2006.16498.

Yang, Y., Gao, Z., Li, Y., & Wang, H. (2021). A CNN identified by reinforcement learning-based optimization framework for EEG-based state evaluation. *Journal of Neural Engineering, 18*(4). https://doi.org/10.1088/1741-2552/abfa71

Zhang, X., Yao, L., Wang, X., Zhang, W., Zhang, S., & Liu, Y. (2019). Know your mind: Adaptive brain signal classification with reinforced attentive convolutional neural networks. In *International conference on data mining*. http://arxiv.org/abs/1802.03996.

PART III

Applications in human–AI interaction

CHAPTER

11

Shopping with AI: Consumers' perceived autonomy in the age of AI

Wonkyung Kim

Department of Public Relations and Advertising, BNU-HKBU United International College, Zhuhai, China

11.1 Application of AI in advertising—its influence on consumers

Artificial intelligence (AI) technologies have penetrated every aspect of our lives, ranging from simple automated product recommendations to autonomous cars. The proliferation of AI-empowered technologies is grounded in their merit, which undeniably saves time and effort for human agents. AI has brought great convenience to consumers by providing a shortcut for their shopping journey. We no longer are required to put unnecessary time and effort into searching for the product we want. Instead, AI has brought us hyperpersonalized customer experiences through the data accumulated from our smart devices.

The built-in AI algorithm in e-commerce reflects consumers' browsing history and accumulated shopping preferences to give accurate recommendations for shoppers. Moreover, AI offers gadgets for consumers to simplify shopping journey. By scanning products, consumers can get to the merchant's web page immediately. AI serves as a window for customer services as well. AI virtual agents give instant feedback on comments or inquiries from former or potential customers. Such AI features have received favorable responses from consumers in that there was a high click rate to try product recommendations.

AI learns from human cognition and behavior and makes decisions based on what humans would make; therefore, it naturally requires humans' behavioral and personal data to arrive at its own judgment.

Human-Centered Artificial Intelligence
https://doi.org/10.1016/B978-0-323-85648-5.00007-4

Consumer data driven by thousands of touchpoints during their shopping journey serves as a useful resource for AI. Retail giants such as Amazon have patented predictive stocking technology in 2014 (On Marketing, 2014), which alerts consumers before they are short on their necessities. This means that consumers do not need to worry about running out of necessities, and there will be no sudden grocery trips at nighttime anymore. The predictive stocking combined with AI speakers shows the synergistic effect where the AI agent lowers the perceived intrusiveness of traditional advertisement's nature in general.

Now with the AI-driven algorithm, the concept of intelligent advertising (Li, 2019) has been introduced wherein AI supplements the tasks in every step of advertising campaign—from ad creation to measuring campaign effectiveness. The recent explosive growth of digital marketing can be attributed to the adoption of programmatic advertising based on real-time bidding that automates the media planning process. By meaningfully utilizing consumers' data, advertisers bid for ad exposure with their competitors in the ad platform. It is expected that programmatic advertising will take over 88% of total advertising expenditure, which equates to approximately 81 billion dollars by 2021 in the United States (eMarketer, 2019). After placing the ad, the ad machine learning algorithm quickly analyzes the ad performance. For instance, AI creates highly relevant ads to consumers based on real-time behavioral data in addition to gender, age, location, personality, preferences, etc. A recommender system is another common way where AI exposes relevant products on a platform, which is a form of advertising (Malthouse et al., 2019). Not only that, AI is lessening the burden of designers for creating banner ads in that, through the deep learning technology, it can automatically generate different types of banners, which in turn gain a high click-through rate. For instance, Luban, Alibaba's AI graphic designer, creates 8000 banner ads in a second based on the product information (Qin & Jiang, 2019).

Consumers routinely utilize AI to satisfy their various needs and goals, with or without being conscious of its influence. The influx of AI-based algorithms, ironically, often neglects consumers' autonomy for their choice. On several occasions, consumers' choices are rather forced than chosen under the name of recommendation. For instance, when the same online ad constantly appears across different websites and digital devices, consumers would feel that their autonomy for product choice is being threatened. Consumers are well aware of the sponsored or suggested content, and they know that advertisement they are being exposed to is not a coincidence (Lambrecht & Tucker, 2013; Morey et al., 2015). Still, sometimes it is rather vague for them to realize how much their data was capitalized for such recommendations (Smit et al., 2014; Ur et al., 2012).

The use of AI in our everyday life leads us to question how much of our decisions are influenced by AI. As a human being who is known as a "cognitive miser" (Taylor, 1981), some may overly rely on AI to arrive at a better judgment, while others may have concerns about the breadth and depth of the AI recommender system as well as breach of privacy. This book chapter discusses key influencers and inhibitors on the adoption of AI with the example of hyperpersonalized ads. Moreover, suggestions for improving consumer perceptions toward AI are provided based on the framework of FATE and the concept of autonomy.

11.2 Prospects and concerns for AI-based advertising

11.2.1 Breaking through the advertising clutter with AI

> Half the money I spend on advertising is wasted; the trouble is I don't know which half. ***John Wanamaker (1838–922)***

Now with AI, every penny spent on digital advertising is measurable. Advertisers are no longer concerned about spending ad dollars with uncertainty. Advertising, by nature, is an endless competition among advertisers to gain consumers' attention. The development of new media has stirred this competition by creating multiple touchpoints to stimulate conversations between brands and consumers. An increase in advertising clutter has caused fatigue to consumers, which in turn led to unfavorable responses such as advertising skepticism and ad avoidance. Ever since the first banner ad appeared in the 90s, consumers have gradually developed a strategy for avoiding banner ads. Banner blindness is a concept that captures what happens when consumers are overwhelmed by the excessive amount of banner ads. By not putting their visual information to where the banner is typically placed on web environments, consumers are blind to the information that banner ads carry. As a way to break through the ad clutter, personalized ads driven by consumers' past as well as current behavior, demographics, and location (Liu-Thompkins, 2019) have emerged.

As a way to maximize the advertising effectiveness while mitigating ad avoidance, personalized ads predominated online as well as traditional advertising. A body of research has demonstrated the effectiveness of ad personalization in that it increased personal relevance and attention while decreasing ad skepticism (Baek & Morimoto, 2012; Maslowska et al., 2016; Sahni et al., 2018). Proponents of personalized ads argue that people would prefer the relevant ads to the irrelevant counterparts since personalized content lessens the feeling of irritation.

Contextual advertising is a type of personalized advertising in that it deals with relevance and accuracy by matching the thematic relevance between the editorial content and the advertised brand/product. Research has shown that ad-context congruency improves ad recognition (Heinz et al., 2013; Reiger et al., 2015; Simola et al., 2013; Zanjani et al., 2011), recall (Hervet et al., 2011), and attitude toward the ad (Rieger et al., 2015; Segev et al., 2014; Yoo, 2009) and purchase intention (Choi & Rifon, 2002; Segev et al., 2014). In addition to contextual advertising, the advancement of technology stimulated the use of personal information and behavioral data. Hyperpersonalization enabled by AI opened up the era of intelligence advertising, defined as "consumer-centered, data-driven, and algorithm-mediated brand communication" (Li, 2019, p. 333). By consenting to provide personal information and allowing tracking of activities online, hyper-personalized ads and recommendations await consumers across the different platforms.

There are great benefits from both advertisers and consumers in regard to AI-driven personalized ads. A study demonstrated that hyper-personalized advertising positively affects persuasive outcomes such as brand engagement, attachment, and loyalty (Shanahan et al., 2019). Surrounded by highly personalized ads, consumers are becoming acquainted with the fact that their activities are monitored and used. Some even question when they see some irrelevant ads and become curious about why such ads were shown. As an informed consumer, it is unavoidable to consider the risks of AI-driven ads. Some may feel anxious about abuse and misuse of data, while others may enjoy benefits regarding financial incentives, customization, and social benefits (Smith et al., 2011).

Privacy calculus theory (Culnan & Armstrong, 1999) explains the dilemma that consumers face when using AI. According to privacy calculus theory, self-disclosure behavior would take place when the benefit outweighs the risk. When individuals put great importance on their data and worry about unwanted consequences, they will be less likely to agree on disclosing their personal information (Malhotra et al., 2004). While weighing the trade-offs between benefits and risks, online privacy concern is a factor that plays a crucial role (John et al., 2011; Phelps et al., 2000). The next section discusses individuals' online privacy concerns focusing on its determinants and outcomes.

11.2.2 Inhibitor of AI-driven ads: consumers' online privacy concern

Information privacy is the extent to which individuals exert control over information and reveal it to others (Westin, 1967). When consumers recognize that their personal information is collected and used without permission, it heightens their concerns about privacy (Cespedes & Smith, 1993; Nowak & Phelps, 1995). Online environments make information privacy prominent due to its nature, where browsing history is stored and tracked. After witnessing a series of incidents where private information was abused by third-party platforms, consumers have begun to exhibit heightened privacy concerns which further led them to equip themselves with software capable of blocking online ads such as Ad Blockers, Ghostery and Block Tracking, and many more.

To meet the needs of those who are concerned with their information privacy, most internet browsers offer a "secret tab," which prevents others from viewing one's browsing and viewing history. The recent heated debate between Apple and Facebook over Apple's iOS 14 app tracking transparency illustrates the conflict between those who want to strengthen their selling point (i.e., information security) and those who wish to build their business model around utilizing consumers' data by providing the accurate and effective advertisement. Traditionally, consumers perceived advertisements as a means to have access to free media content and bear with advertisements. Nevertheless, such perception is gradually changing by considering the cost of their private information to advertisers in return (Helberger, Huh, Milne, & Strycharz, 2020a; Helberger, Huh, Milne, Strycharz, & Sundaram, 2020b).

Although AI-driven algorithms make decisions based on data coming from consumers' personal information, privacy concern is a concept that received a lot of scholarly attention from AI researchers. Araujo et al. (2020) showed that privacy concern is an inhibiting factor for perceiving AI as fairer and useful than the human agent. Although AI was perceived as a more useful decision-maker compared to human agents, privacy concern was negatively associated with lower trust in AI's automatic decision-making (Araujo et al., 2020).

Privacy concern is known as the antecedent of the avoidance of personalized ads (Baek & Morimoto, 2012). An experimental study by Hanson et al. (2020) demonstrated that consumers who had a high level of privacy concern showed negative reactions to AI-driven ads when the personalized ad accurately reflected their personal information such as surname, romantic partner's name, preference of cuisine, etc. Privacy concern can be considered as a personal trait that varies by individuals. Depending on individuals, the extent to which people feel at ease to reveal their private information may vary. It is a subjective evaluation of oneself to consider a piece of information sensitive or not sensitive. General trend is that females (Jensen et al., 2005; Fogel & Nehmad, 2009; O'Neil, 2001), young people (Blank et al., 2014; Marwick & Boyd, 2014), and highly educated (Blank et al., 2014; O'Neil, 2001; Rainie et al., 2013, p. 5) exhibited a higher level of privacy concerns thus less likely to information disclosure. Still, it cannot be concluded that females have a general tendency to be more sensitive to the revelation of personal information in that Semerádová and Weinlich (2019) found that, based on the actual data, the average profit made out of females was slightly greater than males. This somehow contradicts the findings that females have a high privacy concern. Privacy paradox (Norberg et al., 2007) actually can help to explain such phenomena since some users ironically show disclosure behavior rather than acceptance. Such discrepancy arises from reward risk. Under the condition of anonymity, some would want to trade their data with free services. In addition to demographic factors, some researchers studied the association between privacy concerns and personality traits represented by the big five. They found that agreeableness (Junglas et al., 2008; Kim et al., 2018) and conscientiousness (Kim et al., 2018) are positively associated with privacy concerns. In addition, cultural values, internet experience, regulatory differences (Bellman et al., 2004), and risk avoidance personality, as well as types of information required by websites (Hong et al., 2019), have been found to influence privacy concerns.

It should be noted that not only the type of information (Hong et al., 2019) but the chance of information to be shared with other third party (Cranor et al., 1999) affect one's willingness to divulge information. Although one may feel comfortable sharing a piece of information, one can find it offensive when a piece of information is shared with a third party without notice. Hence, the extent to which consumers trust the platform serves as a determinant of information disclosure. After reviewing issues regarding online privacy concerns revolving around AI, it leads us to question what can be done to alleviate growing distrust and concerns from consumers toward AI advertising. Moreover, how can we be assured that personal data provided to AI-driven ads will not be abused and misused? The next section introduces a framework of FATE which includes four components that would have a positive impact on willingness to disclose personal information. Finally, the perceived autonomy will be discussed as a remedy for distrust and skepticism toward AI.

11.3 Challenges in AI-driven ads: a way to garner consumers' trust

11.3.1 FATE: to build trust

In regards to information disclosure, trust plays a crucial role in personal information disclosure (Metzger & Flanagin, 2013). Trust is regarded as "a belief or attitude about others or a willingness to accept vulnerability or the behavioral state of vulnerability" (Kee & Knox, 1970). Although AI can provide great convenience to consumers, it first needs to gain trust for them to continuously use it and be assisted by it. To describe the components of trust, Mayer et al. (1995) introduced the ABI framework, namely, ability (skills, competencies), benevolence (altruism, loyalty), and integrity (consistency, fairness, and value congruence). Based on the ABI framework, we can make an inference of how AI can gain trust of consumers. Given that the ABI framework was originally constructed for explaining interpersonal trust, Siau and Wang (2018) argued that trust toward AI can be different from other technology. Due to the unique nature of the interaction between human and human-like technology, trust toward AI and AI-empowered advertisement might have different antecedents.

FATE is the framework that explains the adoption behavior of a new information system. FATE is an acronym for four principles: fairness, accountability, transparency, and explainability. According to the fairness principle, AI algorithms should not have any biased view that results in discrimination or prejudices against people based on their attributes such as gender, race, and ethnicity (Diakopoulos, 2016). Unfair algorithm results would bring negative consequences like reinforcing or even shaping unfair views in humans. For instance, the recent incident with job ads provided by Google illustrates the unfair treatment between male and female users; for female users, Google's job ads with less salary were displayed in comparison to male users (Datta et al., 2015). In addition, it appeared to have racial prejudices by not recognizing nonwhite people's faces compared to success rate of recognizing the faces of white people. Somehow, it seems that such biases and prejudices are unavoidable in AI since it is based on data which is coming from human input. Algorithms make a continuous effort to think like humans, and unfortunately, human beings are not bias free. As such, fairness became a critical issue for AI developers. A study found that online privacy concern is negatively associated with the fairness and usefulness of AI (Araujo et al., 2020).

Accountability refers to the extent to which algorithms are under the control of the providers, such that providers took responsibility for the unintended or unpredictable outcomes of AI (Diakopoulos, 2016). Firms and developers are in a unique position to design and control algorithmic decisions; therefore, they are to take on the responsibility of decisions to include possible harms associated with the decision system (Martin, 2019). Moreover, algorithms should be auditable by third party (Shin, 2021), meaning that the third party can judge the behaviors of algorithms.

Transparency refers to the extent to which the algorithm's decision process is transparent to the public thus understandable for them (Ananny & Crawford, 2018). The process by which algorithms generate outcomes should be open and clear to users (Cramer et al., 2008; Shin & Park, 2019). It is found that Internet users would be more willing to disclose their information under the condition where it explicitly mentions how the information will be used (Kehoe et al., 1997). Transparency, however, does not seem to be always appreciated by internet users. On Facebook, transparency was shown to hinder information processing of consumers by disturbing information flows (Kim et al.,

2019). Kim et al. (2019)'s experimental study which showed that consumers follow an offline norm for online as well, and they show favorable attitudes when they see the transparency of ads that actually follows the norms on information flow. Their findings imply that ad transparency does not generate favorable responses toward the ad. It seems that academic consensus has been achieved on the statement that transparency does not help for accountability. A possible reason behind this would be that when the explanation for AI applied in ads is given, it stimulates critical thinking of the consumer and thus lowers the effectiveness of the advertising. Zarouali et al. (2017) showed that explanation for retargeting increased advertising skepticism, compared to when the explanation was not given, which led to lowered purchase intention. Therefore, it would be critical for advertisers to consider the condition which generates favorable responses from consumers while maintaining ethics as advertisers.

Explainability refers to how the algorithm results are made available and understood by humans (Bolin & Schwarz, 2015). Laypersons typically do not understand why such decisions or suggestions are made for them (Renijith et al., 2020). Indeed, algorithms are a mystery for most people (Ur et al., 2012). Facebook and Google have a feature where users can click the ad to know why it is displayed to them in addition to making a preference of what type of ads they want to see. However, according to Andreou et al. (2018), Facebook's explanation is still vague and sometimes inaccurate. In their study, individual pages on Facebook were generated to see whether the ad considers the audience attributes such as demographics, behavior, and interests. Although Facebook tries to give a clear explanation on why ads were shown based on their attributes that can be inferred from Facebook profile data, lookalike audience, mobile data, social neighborhood, it is still vague since it tries not to tell some rare attributes that consumers might consider as sensitive personal information. All in all, trust in AI applications is affected by explainability and transparency since how black box functions should be at least justifiable (Siau & Wang, 2018).

While FATE principles introduce how AI can generate trust from users, Shin (2021) demonstrated that causability, which belongs to the properties of users, played as a significant mediator for the path between fairness, accountability, and transparency to trust toward algorithm-driven recommendation. Causability refers to "the extent to which an explanation of a statement to a human expert achieves a specified level of causal understanding with effectiveness, efficiency and satisfaction in a specified context of use" (Holzinger et al., 2019, p. 3). To increase the user's causability, developers should consider providing intuitive explanation. In addition, adopting some features which can get feedbacks from the users to indicate their understanding of explanation provided by the system would be helpful for developers to come up with an efficient explanation.

11.3.2 Perceived autonomy: what is autonomy and why is it important?

11.3.2.1 The role of autonomy in decision-making

AI lessons efforts for making decisions by reminding consumers of past preferences and choices. Meanwhile, AI restricts one's options by providing accurate but somehow limited recommendations based on their own preferences. Due to its somehow contradictory nature, no conclusive judgment can be made on AI's ability to fulfill consumers' needs for autonomy.

Autonomy is a crucial factor for consumer experiences using AI (André et al., 2018). To have high perceived autonomy, consumers should feel that they made their choices out of their own will and value when making decisions. The term autonomy can be understood by its Greek roots. "Auto" means "self," and "nomos" means "rule, law, or government." Simply put, autonomy refers to the capacity of self-rule. Autonomy should be distinguished from the state of no constraints in options at all since the autonomous person abides by self-rule and value (Sneddon, 2013).

Although emerging technologies such as curated content allow us to enjoy convenience driven by algorithms, some are conscious of their rights to choose what they want based on their own standards and values. Previous studies have found that perceived value, usefulness, and enjoyment to be influencers of autonomy for AI users (André et al., 2018).

Self-determination theory (Deci & Ryan, 1985) lists relatedness, competence, and autonomy as drivers of intrinsic motivation that lead to persistent action and behavior. Therefore, it is suggested that the extent to which consumers feel autonomous in their AI usage would lead to their behavioral intention. When autonomy or freedom is threatened, psychological reactance can occur as a negative consequence (Brehm, 1966). Psychological reactance leads to the state where individuals resist or even refute persuasion. In an effort to restore the feeling of freedom, consumers may formulate their attitudes opposite to the message source's opinion (e.g., boomerang effect) (Quick & Stephenson, 2007). In an AI-driven ad context, when consumers feel they have no choice but forced to make choices driven by an automated algorithm, they will develop the feeling of threat to one's freedom which in turn leads to reactance (Brehm, 1966). Youn and Kim (2019) highlighted the critical role of consumers' perceived autonomy which serves as a bumper for the ad intrusiveness and lessens ad avoidance.

André et al. (2018) listed some benefits of autonomy for decision-making. First, choosing an option out of free will heighten the utility since individuals tend to attribute positive outcomes to themselves (Decharm, 1968). Indeed, choice made out of strong willpower was deemed more useful than the choice driven by temptation (Dhar & Wertenbroch, 2012). Second, the act of making autonomous choices itself empowers consumers. Consumers experience pleasure out of the act of making one's autonomous decisions. They feel more satisfied with consumption, and this even reduces postpurchase dissonance when the chosen option is not satisfactory.

Although autonomy brings benefits to consumers, it also has some trade-offs. Autonomy, on the one hand, empowers consumers in the decision-making process and heighten satisfaction with their choices. On the other hand, autonomy may bombard consumers with endless choices, leading to information overload, especially when they need to make a choice among a number of alternatives (André et al., 2018). This leaves us room to speculate the boundary condition under which algorithms equips consumers with a sense of autonomy as well as convenience in decision-making with an adequate level of personalization.

11.4 Implications

This chapter explored how AI-driven technologies empower advertisers and consumers. Moreover, it discussed issues related to AI-empowered advertising from the perspective of consumers. The framework of FATE as well as perceived autonomy was discussed as a way to alleviate growing concerns of consumers in the age of AI. Predicting consumers' potential concerns regarding the usage of their personal information and proactively dealing with it in advance would set consumers free from worries of data misuse. The public is familiar with sci-fi novels and films portraying AI as a threat that destroys humanity, and recent incidents of data breaches planted a negative perception of AI in consumers. Still, firms and developers can ease AI-related concerns by providing more explanations and sometimes exposing explanations in advance. For advertisers and marketers, it is important to consider the level of brand involvement. Findings from Li and Liu (2017) suggest that, in addition to personalized factors, consumers' brand involvement greatly affects persuasive outcomes. AI applications in the advertising industry should put effort into how to balance transparency and explainability to gain trust from consumers. It is of great importance to let consumers have a feeling of autonomy to ensure the system is credible and transparent.

To enhance the transparency and fairness of AI algorithms and promote a sustainable digital ecosystem, standards and regulations are being established. For instance, General Data Protection Regulation (GDPR) from European Union alerts consumers to be aware of the perceived risks of disclosing information by establishing requirements on a firm's data collection. Moreover, Digital Service Act from the EU and Algorithmic Accountability Act from the United States have been proposed to cope with the adverse effect of AI algorithm recommendation services.

Most importantly, AI literacy, an ability to understand and critically evaluate AI, should be improved. Consumers should be involved in learning AI-driven technologies and how they operate. Having sufficient knowledge of AI can empower consumers to discern what they want from what they want to avoid. With the unavoidable assistance of AI nowadays, consumers should be the one taking control of their choices since they are the one who faces consequences of providing their information, often sensitive one. By being mindful of our usage of AI and its impact, we can contribute to making sustainable AI for advertising along with the effort of industry practitioners as well as policymakers.

References

Ananny, M., & Crawford, K. (2018). Seeing without knowing: Limitations of the transparency ideal and its application to algorithmic accountability. *New Media and Society, 20*(3), 973–989.

André, Q., Carmon, Z., Wertenbroch, K., Crum, A., Frank, D., Goldstein, W., & Yang, H. (2018). Consumer choice and autonomy in the age of artificial intelligence and big data. *Customer Needs and Solutions, 5*(1), 28–37.

Andreou, A., Venkatadri, G., Goga, O., Gummadi, K., Loiseau, P., & Mislove, A. (2018). Investigating ad transparency mechanisms in social media: A case study of Facebook's explanations. In *NDSS 2018-network and distributed system security symposium* (pp. 1–15).

Araujo, T., Helberger, N., Kruikemeier, S., & De Vreese, C. H. (2020). In AI we trust? Perceptions about automated decision-making by artificial intelligence. *AI and Society, 35*(3), 611–623.

Baek, T. H., & Morimoto, M. (2012). Stay away from me. *Journal of Advertising, 41*(1), 59–76.

Bellman, S., Johnson, E. J., Kobrin, S. J., & Lohse, G. L. (2004). International differences in information privacy concerns: A global survey of consumers. *The Information Society, 20*(5), 313–324.

Blank, G., Bolsover, G., & Dubois, E. (August 2014). A new privacy paradox: Young people and privacy on social network sites. In *Prepared for the annual meeting of the American sociological association* (Vol. 17).

Bolin, G., & Andersson Schwarz, J. (2015). Heuristics of the algorithm: Big data, user interpretation and institutional translation. *Big Data and Society, 2*(2), 2053951715608406.

Brehm, Jack W. (1966). *A theory of psychological reactance*. New York: Academic Press.

Cespedes, F. V., & Smith, H. J. (1993). Database marketing: New rules for policy and practice. *MIT Sloan Management Review, 34*(4), 7.

Choi, S. M., & Rifon, N. J. (2002). Antecedents and consequences of web advertising credibility: A study of consumer response to banner ads. *Journal of Interactive Advertising, 3*(1), 12–24.

Cramer, H., Evers, V., Ramlal, S., Van Someren, M., Rutledge, L., Stash, N., & Wielinga, B. (2008). The effects of transparency on trust in and acceptance of a content-based art recommender. *User Modeling and User-Adapted Interaction, 18*(5), 455.

Cranor, L. F., Reagle, J., & Ackerman, M. S. (1999). Beyond concern: Understanding Net users attitudes about online privacy. In *AT&T labs-research technical report TR 99.4. 3*. Retrieved April, 14, 1999.

Culnan, M. J., & Armstrong, P. K. (1999). Information privacy concerns, procedural fairness, and impersonal trust: An empirical investigation. *Organization Science, 10*(1), 104–115.

Datta, A., Tschantz, M. C., & Datta, A. (2015). Automated experiments on ad privacy settings. *Proceedings on Privacy Enhancing Technologies, 1*, 92–112.

DeCharms, R. (1968). *Personal causation*. New York: Academic Press.

Deci, E. L., & Ryan, R. M. (1985). Conceptualizations of intrinsic motivation and self-determination. In *Intrinsic motivation and self-determination in human behavior* (pp. 11–40). Boston, MA: Springer.

Dhar, R., & Wertenbroch, K. (February 2012). Self-signaling and the costs and benefits of temptation in consumer choice. *Journal of Marine Research, 49*, 15–25.

Diakopoulos, N. (2016). Accountability in algorithmic decision making. *Communications of the ACM, 59*(2), 56–62.

eMarketer. (2019). *US programmatic digital display ad spending* (pp. 2016–2021). https://www.emarketer.com/content/us-programmatic-ad-spending-forecast-2019.

Fogel, J., & Nehmad, E. (2009). Internet social network communities: Risk taking, trust, and privacy concerns. *Computers in Human Behavior, 25*(1), 153–160.

Hanson, J., Wei, M., Veys, S., Kugler, M., Strahilevitz, L., & Ur, B. (2020). Taking data out of context to hyper-personalize ads: Crowdworkers' privacy perceptions and decisions to disclose private information. In *Conference on human factors in computing systems—proceedings*.

Heinz, S., Hug, M., Nugaeva, C., & Opwis, K. (2013). Online ad banners: The effects of goal orientation and content congruence on memory. In *CHI'13 extended abstracts on human factors in computing systems* (pp. 1875–1880).

Helberger, N., Huh, J., Milne, G., & Strycharz, J. (2020a). Macro and exogenous factors in computational advertising: Key issues and new research directions. *Journal of Advertising, 0*(0), 1–17.

Helberger, N., Huh, J., Milne, G., Strycharz, J., & Sundaram, H. (2020b). Macro and exogenous factors in computational advertising: Key issues and new research directions. *Journal of Advertising, 49*(4), 377–393. https://doi.org/10.1080/00913367.2020.1811179

Hervet, G., Guérard, K., Tremblay, S., & Chtourou, M. S. (2011). Is banner blindness genuine? Eye tracking internet text advertising. *Applied Cognitive Psychology, 25*(5), 708–716.

Holzinger, A., Langs, G., Denk, H., Zatloukal, K., & Müller, H. (2019). Causability and explainability of artificial intelligence in medicine. *Wiley Interdisciplinary Reviews: Data Mining and Knowledge Discovery, 9*(4), e1312.

Hong, W., Chan, F. K. Y., & Thong, J. Y. L. (2019). Drivers and inhibitors of internet privacy concern: A multidimensional development theory perspective. *Journal of Business Ethics, 168*(3), 539–564.

Jensen, C., Potts, C., & Jensen, C. (2005). Privacy practices of Internet users: Self-reports versus observed behavior. *International Journal of Human-Computer Studies, 63*(1–2), 203–227.

John, L. K., Acquisti, A., & Loewenstein, G. (2011). Strangers on a plane: Context-dependent willingness to divulge sensitive information. *Journal of Consumer Research, 37*(5), 858–873.

Junglas, I. A., Johnson, N. A., & Spitzmüller, C. (2008). Personality traits and concern for privacy: An empirical study in the context of location-based services. *European Journal of Information Systems, 17*(4), 387–402.

Kee, H. W., & Knox, R. E. (1970). Conceptual and methodological considerations in the study of trust and suspicion. *Journal of Conflict Resolution, 14*(3), 357–366.

Kehoe, C., Pitkow, J., & Morton, K. (1997). *Eighth WWW user survey.* Retrieved September, 17, 2002.

Kim, T., Barasz, K., & John, L. K. (2019). Why am I seeing this ad? The effect of ad transparency on ad effectiveness. *Journal of Consumer Research, 45*(5), 906–932.

Kim, Y., Choi, B., & Jung, Y. (2018). Individual differences in online privacy concern. *Asia Pacific Journal for Information Professionals, 28*(4), 274–289. https://doi.org/10.14329/APJIS.2018.28.4.274

Lambrecht, A., & Tucker, C. (2013). When does retargeting work? Information specificity in online advertising. *Journal of Marketing Research, 50*(5), 561–576.

Li, H. (2019). Special section introduction: Artificial intelligence and advertising. *Journal of Advertising, 48*(4), 333–337.

Li, C., & Liu, J. (2017). Effects of using social networking sites in different languages: Does Spanish or English make a difference? *Computers in Human Behavior, 74*, 257–264.

Liu-Thompkins, Y. (2019). A decade of online advertising research: What we learned and what we need to know. *Journal of Advertising, 48*(1), 1–13.

Malhotra, N. K., Kim, S. S., & Agarwal, J. (2004). Internet users' information privacy concerns (IUIPC): The construct, the scale, and a causal model. *Information Systems Research, 15*(4), 336–355.

Malthouse, E. C., Hessary, Y. K., Vakeel, K. A., Burke, R., & Fudurić, M. (2019). An algorithm for allocating sponsored recommendations and content: Unifying programmatic advertising and recommender systems. *Journal of Advertising, 48*(4), 366–379.

Martin, K. (2019). Ethical implications and accountability of algorithms. *Journal of Business Ethics, 160*, 835–850. https://doi.org/10.1007/s10551-018-3921-3

Marwick, A. E., & Boyd, D. (2014). Networked privacy: How teenagers negotiate context in social media. *New Media and Society, 16*(7), 1051–1067. https://doi.org/10.1177/1461444814543995

Maslowska, E., Smit, E. G., & Van den Putte, B. (2016). It is all in the name: A study of consumers' responses to personalized communication. *Journal of Interactive Advertising, 16*(1), 74–85.

Mayer, R. C., Davis, J. H., & Schoorman, F. D. (1995). An integrative model of organizational trust. *Academy of Management Review, 20*(3), 709–734.

Metzger, M. J., & Flanagin, A. J. (2013). Credibility and trust of information in online environments: The use of cognitive heuristics. *Journal of Pragmatics, 59*, 210–220.

Morey, T., Forbath, T., & Schoop, A. (2015). Customer data: Designing for transparency and trust. *Harvard Business Review, 93*(5), 96–105.

Norberg, P. A., Horne, D. R., & Horne, D. A. (2007). The privacy paradox: Personal information disclosure intentions versus behaviors. *Journal of Consumer Affairs, 41*(1), 100–126.

Nowak, G. J., & Phelps, J. (1995). Direct marketing and the use of individual-level consumer information: Determining how and when "privacy" matters. *Journal of Direct Marketing, 9*(3), 46–60.

On Marketing. (January 28, 2014). *Why amazon's anticipatory shipping is pure genius. Forbes.* https://www.forbes.com/sites/onmarketing/2014/01/28/why-amazons-anticipatory-shipping-is-pure-genius/?sh=19618aeb4605.

O'Neil, D. (2001). Analysis of Internet users' level of online privacy concerns. *Social Science Computer Review, 19*(1), 17–31.

Phelps, J., Nowak, G., & Ferrell, E. (2000). Privacy concerns and consumer willingness to provide personal information. *Journal of Public Policy and Marketing, 19*(1), 27–41.

Qin, X., & Jiang, Z. (2019). The impact of AI on the advertising process: The Chinese experience. *Journal of Advertising, 48*(4), 338–346.

Quick, B. L., & Stephenson, M. T. (2007). The reactance restoration scale (RRS): A measure of direct and indirect restoration. *Communication Research Reports, 24*(2), 131–138.

Rainie, L., Kiesler, S., Kang, R., Madden, M., Duggan, M., Brown, S., & Dabbish, L. (2013). *Anonymity, privacy, and security online*. Pew Research Center.

Renjith, S., Sreekumar, A., & Jathavedan, M. (2020). An extensive study on the evolution of context-aware personalized travel recommender systems. *Information Processing and Management, 57*(1), 102078.

Rieger, D., Bartz, F., & Bente, G. (2015). Reintegrating the ad. *Journal of Media Psychology, 27*(2), 64–77.

Sahni, N. S., Wheeler, S. C., & Chintagunta, P. (2018). Personalization in email marketing: The role of noninformative advertising content. *Marketing Science, 37*(2), 236–258.

Segev, S., Wang, W., & Fernandes, J. (2014). The effects of ad–context congruency on responses to advertising in blogs: Exploring the role of issue involvement. *International Journal of Advertising, 33*(1), 17–36.

Semerádová, T., & Weinlich, P. (2019). Computer estimation of customer similarity with Facebook lookalikes: Advantages and disadvantages of hyper-targeting. *IEEE Access, 7*, 153365–153377.

Shanahan, T., Tran, T. P., & Taylor, E. C. (2019). Getting to know you: Social media personalization as a means of enhancing brand loyalty and perceived quality. *Journal of Retailing and Consumer Services, 47*, 57–65.

Shin, D. (2021). The effects of explainability and causability on perception, trust, and acceptance: Implications for explainable AI. *International Journal of Human-Computer Studies, 146*, 102551.

Shin, D., & Park, Y. J. (2019). Role of fairness, accountability, and transparency in algorithmic affordance. *Computers in Human Behavior, 98*, 277–284.

Siau, K., & Wang, W. (2018). Building trust in artificial intelligence, machine learning, and robotics. *Cutter Business Technology Journal, 31*(2), 47–53.

Simola, J., Kivikangas, M., Kuisma, J., & Krause, C. M. (2013). Attention and memory for newspaper advertisements: Effects of ad–editorial congruency and location. *Applied Cognitive Psychology, 27*(4), 429–442.

Smith, H. J., Dinev, T., & Xu, H. (2011). Information privacy research: An interdisciplinary review. *MIS Quarterly: Management Information Systems, 35*(4), 989–1015. https://doi.org/10.2307/41409970

Smit, E. G., Van Noort, G., & Voorveld, H. A. (2014). Understanding online behavioural advertising: User knowledge, privacy concerns and online coping behaviour in Europe. *Computers in Human Behavior, 32*, 15–22.

Sneddon, A. (2013). *Autonomy*. London: Bloomsbury Academic.

Taylor, S. E. (1981). The interface of cognitive and social psychology. *Cognition, Social Behavior, and the Environment, 1*, 189–211.

Ur, B., Leon, P. G., Cranor, L. F., Shay, R., & Wang, Y. (July 2012). Smart, useful, scary, creepy: Perceptions of online behavioral advertising. In *Proceedings of the eighth symposium on useable privacy and security* (pp. 1–15).

Westin, A. F. (1967). *Privacy and freedom Atheneum* (Vol. 7, pp. 431–453). New York.

Yoo, C. Y. (2009). Effects beyond click-through: Incidental exposure to web advertising. *Journal of Marketing Communications, 15*(4), 227–246.

Youn, S., & Kim, S. (2019). Understanding ad avoidance on Facebook: Antecedents and outcomes of psychological reactance. *Computers in Human Behavior, 98*, 232–244.

Zanjani, S. H., Diamond, W. D., & Chan, K. (2011). Does ad-context congruity help surfers and information seekers remember ads in cluttered e-magazines? *Journal of Advertising, 40*(4), 67–84.

Zarouali, B., Ponnet, K., Walrave, M., & Poels, K. (2017). "Do you like cookies?" Adolescents' skeptical processing of retargeted Facebook-ads and the moderating role of privacy concern and a textual debriefing. *Computers in Human Behavior, 69*, 157–165.

CHAPTER

12

Use of deep learning techniques in EEG-based BCI applications

Zachary Traylor, and Chang S. Nam

Edward P. Fitts Department of Industrial and Systems Engineering, North Carolina State University, Raleigh, NC, United States

12.1 The electroencephalogram and brain–computer interfaces

In a general sense, the electroencephalogram (EEG) records the electrical activity of the brain. As neurons depolarize and repolarize in response to stimuli and neural processing, they produce waves of electrical current from neuron to neuron. EEG electrodes pick up on gross changes in these flows of current through many neurons on the cortical surface of the brain (Teplan, 2002). The source of these EEG measurements, electricity at the cortical surface, is simultaneously responsible for some of the greatest strengths and weaknesses of EEG data. EEG electrodes are placed directly on the subject's scalp, allowing for relatively fast set up time, and require only an amplifier, analog-digital converter, and a computer to process data making a highly portable system (Nicolas-Alonso & Gomez-Gil, 2012). These benefits are especially tangible when compared to other neuroimaging techniques like fMRI that require whole rooms and incredibly expensive setups. The electrical nature of EEG also allows incredible temporal resolution, allowing for measurements of neural activity at an order of thousandths of a second. This same principle limits the spatial resolution of the method however (usually to only around 256 electrodes/channels), as the electrical signals tend to propagate outwards from the point of origin and may be detected by a number of electrodes at the same time (Vallabhaneni et al., 2005).

The low cost, ease of application, temporal resolution, and portability of EEG combine to make it a very popular neuroimaging technology for brain–computer interfaces (BCIs). A BCI is "a system that measures CNS [central nervous system] activity and converts it into artificial output that

Human-Centered Artificial Intelligence
https://doi.org/10.1016/B978-0-323-85648-5.00016-5

replaces, restores, enhances, supplements, or improves natural CNS output" (Wolpaw & Wolpaw, 2012), with the core stages being the measuring of brain activity, converting it to a signal, and actuating some device with it. A large amount of research and discourse has gone into the second of these stages, more colloquially known as classification. In the case of motor imagery (MI) EEG, or the detection of a BCI user's imagined motor movement, this classification is not only essential but rather difficult to perform mathematically. Classification requires the removal of artifacts (such as eye blinks, movement of the head, and filtering of noise), extraction of relevant features in the data (such as activity within specific frequencies of EEG activity), and finally classification of these features to determine the user's intent. This traditional classification process requires a great deal of knowledge about the structures and patterns of EEG activity (Khorshidtalab & Salami, 2011), and serve as large hurdles to the field. Linear classifiers, most notably linear discriminant analysis and support vector machines, offer the benefits of simple structure and fast model training times; their simple mathematical nature, focusing on establishing a hyperplane to divide data into one of several possible classes, lends to low computational requirements and efficient real-time sessions (Lotte et al., 2007). Recently however, more and more research in the BCI field has been looking toward AI and neural network classifiers due to aspects such as their generalizability and fault tolerance: facets not as prevalent in traditional classification (Nam et al., 2018). BCI facilitate human-centered systems in that they place the neural activity of the user in the driver's seat, so to say. The introduction and expansion of artificial intelligence in these systems then facilitates human-centered artificial intelligence, allowing human brain signals (paired with artificial agents) to achieve heightened performance in these BCI applications.

12.2 Deep learning and EEGNet

Before diving too far into artificial intelligence and its applications in BCIs and EEG data processing, it is important to clearly define several terms. Due partly to media presence, artificial intelligence terminology is often overlapping and confusing. For the sake of this chapter, and human-centered artificial intelligence in general, "artificial intelligence" refers to the practice of using computers to simulate the functions of the human brain. Within this we find the subset of "machine learning," wherein the program is able to modify itself and learn from results. Lastly, "Artificial neural networks" refer to programs that mimic the structure and function of human neural pathways, often allowing for complex functions *such as* machine learning and complex classification. "Deep learning" or "deep neural networks" are simply artificial neural networks that employ a large

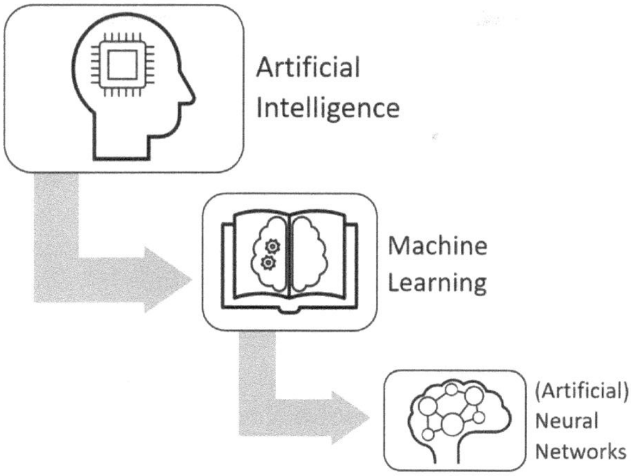

FIGURE 12.1 The hierarchy of AI terminology used in this chapter.

number of layers. From these definitions, we develop a hierarchy of terminology (demonstrated in Fig. 12.1) and an indication of how human cognition sits at the center of these tools.

With terminology understood, the more practical applications of artificial intelligence can be discussed. Researchers have known of the usefulness of deep learning techniques in processing large datasets as well as automating a wide variety of tasks e.g., agriculture (Kamilaris & Prenafeta-Boldú, 2018), chemistry (Mater & Coote, 2019), and computer vision (Voulodimos et al., 2018). Deep neural networks are trained on examples to make their own conclusions, a process markedly similar to the classification problem discussed previously. This training by examples results in a need for large amounts of data, a common problem in the analysis of EEG data where large enough datasets may be few and far between (Al-Saegh et al., 2021). Regardless of these data constraints, deep learning allows for a BCI not reliant on hand-picked feature extraction and much more resilient to intersubject variability (Litjens et al., 2017). One subsection of deep neural networks in particular, the convolutional neural network or CNN, has shown the ability to extract features from raw data alone (Schirrmeister et al., 2017), expediting the BCI pipeline. It is worth noting that CNNs are a popular neural network architecture in the field of deep learning; however, "shallow" CNN classifiers do exist and have seen some success (see "Shallow ConvNet" from Schirrmeister et al., 2017). This chapter will not go into the specifics of the field and terminology, but it is important to know that many different variations on the neural network structures presented here exist and all provide their own benefits and drawbacks. In general, a CNN is a collection of neural network layers where every layer transforms one volume of activations to another through some differentiable function. These layers usually contain an input layer, some number of convolutional layers that perform the bulk of the network's computation, a pooling layer or layers (usually one for each convolutional layer) to reduce the dimensions of the network, a fully connected layer, and some output layer to produce a classification result (Aggarwal & Chugh, 2019). The main advantage of this convolutional structure is its ability to apply kernels (also known as filters) to a dataset and extract relevant features from it and reduce model complexity (e.g., total number of parameters) simultaneously.

Due to the popularity of CNNs for classification of MI EEG data in particular, with one survey finding that the CNN was applied in 73% of the surveyed MI classification literature (Guragai et al., 2020), this chapter will focus on detailing the installation, configuration, and application of one of the most popular CNN architectures for EEG-based BCIs: EEGNet. EEGNet is a prime example of the CNN architecture's ability to classify EEG data. Originally designed for BCI applications, EEGNet performs well across the major BCI paradigms: the P300 event-related potential, error-related negativity, movement-related cortical potentials, and sensorimotor rhythms or MI (Lawhern et al., 2018). The entire project was programmed using the Python programming language, specifically using the Tensorflow and Keras packages, which are deep learning libraries. The available and understandable code, paired with the high performance reported in the original publication, has led to a large amount of published research augmenting EEGNet's performance or modifying the network to suit a specific purpose. Table 12.1 contains some examples of recent EEGNet-based projects at the time of writing.

Beside direct expansion on EEGNet, even more articles cite the work or compare their findings to it. This ease of availability paired with the wide body of literature experimenting with modifications to the network

TABLE 12.1 A small sample of publications rooted in the EEGNet architecture.

Literature	Key findings
Low power/embedded PC application of EEGNet (Wang et al., 2020)	Only 0.31%–2.51% accuracy loss on 2, 3, and 4 class MI, with up to 15× memory footprint reduction
Separable S-EEGNet applying bilinear interpolation (Huang et al., 2020)	77.9% accuracy on MI and ~89% accuracy on emotion classification
8-Bit quantized parallel Q-EEGNet (Schneider et al., 2020)	Accuracy loss of only 0.4% on 4-class MI, with up to 85% reduction in memory footprint
Temporary-constrained sparse group lasso–based TSGL-EEGNet (Deng et al., 2021)	81.34% and 88.89% classification accuracy BCI competition IV 2a and BCI competition III IIIa, respectively

supports the decision to detail the installation, configuration, execution, and understanding of the EEGNet CNN in an MI classification problem.

12.3 Preparing the environment

Configuring a TensorFlow environment can range from incredibly simple to unimaginably complex depending on the system configuration and the tools that are needed. This chapter assumes a fresh installation of Python and, for the sake of brevity, will detail how to install TensorFlow on the large majority of Windows 10 computers *without* graphics processing unit (GPU) compatibility. Neural network training can sometimes require tens of millions of parameters that must be trained and tested (Al-Saegh et al., 2021), so often times a computer's GPU rather than the CPU is employed to speed up the operation. The process of configuring TensorFlow for use with GPUs is incredibly component specific, and will require drivers, software, and installations specific to each system. For the sake of running a simple example model such as this, CPU execution will be sufficient. For increased performance, TensorFlow offers tutorials regarding GPU support.

TensorFlow and its neural network focused module Keras are both run in the Python programming language. This language is known for its learnability, ease of use, and ubiquity among software projects around the world (the latter potentially due to the two former). Installing Python is as simple as going to the official Python website and downloading the installer for whatever version is needed. As EEGNet is slightly old at the time of writing, it has been tested only in Python 3.7 and 3.8, so any subversion of these will work. Ensure that the correct architecture has been selected as well, as again this chapter covers installation and execution on Windows 10 machines (specifically the 64-bit variety, as these are the most common). The installer is straightforward and installing Python should only take a matter of minutes to complete. While there are a large number of possible programming environments, or IDEs, available to expedite python programming and code management, these are wholly optional and up to personal preference. The default editor, IDLE, is powerful enough to get the job done and is installed with Python during the previous step. At this point, any readers more familiar with Python and its packages may want to configure a virtual environment to install the following modules. As for readers less familiar with the language, the Python module virtualenv allows for easier version control when many different projects require many different configurations and versions (TensorFlow being a large offender in this area). Installation and usage of virtual environments is beyond the scope of this chapter; however, they are generally very useful during neural network programming and their use is encouraged and more information on them may be found in the official documentation. Python modules are extremely diverse, useful, and multitudinous; however, to run our example EEGNet, we only need three: numpy (Numerical Python), mne (Python module for EEG data handling), and tensorflow. It should be noted that TensorFlow may take a long time to build; however, once these modules have installed without error, the system should be ready to run our example code.

As deep learning requires a large amount of data, freely available datasets are of vital importance. As a large body of EEG BCI literature is focused on the ERS/ERD and the MI signal, this chapter will train and test on the BCI Competition IV 2a dataset. This dataset contains the 22-channel EEG recordings of nine subjects undergoing a four class (left hand, right hand, feet, and tongue) MI task (Tangermann et al., 2012). This dataset is well suited for the purpose of this chapter, not only because of its well-studied nature, with dozens of papers referencing the data, but also because of its use in the original EEGNet publication as the training data for their ERS/ERD tests (Lawhern et al., 2018). A link for downloading the 2a dataset is available upon request at the competition's official website. The dataset employs the Graz paradigm involving a 2 s fixation cross, a 1 s imagination cue (to one of the four classes), a 4 s MI recording period, and a 1.5 s rest (Brunner et al., 2008). All files within this dataset are stored in the general data format (GDF) for biomedical signals, with each subject having a training and evaluation dataset. This separation was intended to test the performance of the original competitors for the BCI Competition; however, for the case of this example, the training and evaluation data are functionally identical and will be combined to effectively double our training sample size.

12.4 Building and running the model

This chapter will guide the reader through constructing and running a simple Python script that defines the EEGNet architecture, loads and preprocesses BCI Competition IV 2a data, and then trains and tests the model's performance. First, it is necessary to import all of the Python modules that will be employed (Fig. 12.2).

Following this, the EEGNet model is defined as a Python function. All of the parameters for this model as well as their purpose are defined in both the EEGNet publication (Lawhern et al., 2018) as well as in their source code at Dr. Lawhern's Github page. As this chapter looks to create a wholly self-contained Python program with as few dependencies as possible, the model will merely be implemented herein, with an explanation of each layer's individual function left to the source literature (Fig. 12.3).

```
import numpy as np

# mne imports
import mne
from mne import io

# EEGNet imports
from tensorflow.keras import utils as np_utils
from tensorflow.keras.callbacks import ModelCheckpoint
from tensorflow.keras import backend as K
from tensorflow.keras.models import Model
from tensorflow.keras.layers import Dense, Activation, Permute, Dropout
from tensorflow.keras.layers import Conv2D, MaxPooling2D, AveragePooling2D
from tensorflow.keras.layers import SeparableConv2D, DepthwiseConv2D
from tensorflow.keras.layers import BatchNormalization
from tensorflow.keras.layers import SpatialDropout2D
from tensorflow.keras.regularizers import l1_l2
from tensorflow.keras.layers import Input, Flatten
from tensorflow.keras.constraints import max_norm
```

FIGURE 12.2 Necessary module imports for the Python script, also indicative of this tutorial's dependencies.

The loading and preprocessing of our EEG data will be done by the MNE module, designed specifically to handle EEG and MEG data in a Python environment. The initial step is to define the location of the BCI Competition dataset. The dataset, once fully extracted, should contain A0XT.gdf and A0XE.gdf where X ranges from 1 to 9 based on the 9 subjects provided in the dataset and T or E indicates training or evaluation which, as mentioned earlier, will be treated as identical for this analysis. These files, using the "general data format," contain all of the EEG signal as well as event markers denoting when the participants were instructed to imagine each motor movement. Here, each file is denoted manually which, while not the most elegant method, allows for easy and intuitive selection of what subjects and sessions are desired for the model. Training time, CPU usage, and memory usage all increase as the input data grows larger, so users on lower powered computers may seek to load only one subject's data rather than all nine. In some BCI applications, it may only be necessary to train a model on a single subject's data, so that option is recommended here for a shorter overall run time in this example (Fig. 12.4).

Once all of the raw data has been loaded by MNE, the events and event markers need to be extracted in order to mark where each stimulus was presented to the subject. The BCI Competition dataset contains 10 total event markers; however, this is cut down to the four main MI events to match the number of classes in the classifier (Fig. 12.5).

Next, excess channels outside of the 22 EEG channels of interest are removed as this model is focused solely on EEG classification. MNE then extracts the epochs based on the epoch window used by the EEGNet paper (500 ms after stimulus presentation to 2.5 s after presentation).

```
def EEGNet(nb_classes, Chans = 64, Samples = 128,
        dropoutRate = 0.5, kernLength = 64, F1 = 8,
        D = 2, F2 = 16, norm_rate = 0.25, dropoutType = 'Dropout'):
  """
  Inputs:

   nb_classes      : int, the number of classes
   Chans, Samples  : int, number of channels/time points
   dropoutRate     : float, dropout percentage
   kernLength      : int, length of temporal convolution in first layer,
                   Typically set to be half the EEG sampling rate.
   F1, F2          : int, number of temporal filters (F1)/number of pointwise
                   filters (F2). F2 = F1 * D.
   D               : int, number of spatial filters within each temporal
                   convolution.
   dropoutType     : string, either "SpatialDropout2D" or "Dropout"

  """

  if dropoutType == 'SpatialDropout2D':
    dropoutType = SpatialDropout2D
  elif dropoutType == 'Dropout':
    dropoutType = Dropout
  else:
    raise ValueError('dropoutType must be SpatialDropout2D or Dropout')

  input1   = Input(shape = (Chans, Samples, 1))

  block1     = Conv2D(F1, (1, kernLength), padding = 'same',
                  input_shape = (Chans, Samples, 1),
                  use_bias = False)(input1)
  block1     = BatchNormalization()(block1)
  block1     = DepthwiseConv2D((Chans, 1), use_bias = False,
                  depth_multiplier = D,
                  depthwise_constraint = max_norm(1.))(block1)
  block1     = BatchNormalization()(block1)
  block1     = Activation('elu')(block1)
  block1     = AveragePooling2D((1, 4))(block1)
  block1     = dropoutType(dropoutRate)(block1)

  block2     = SeparableConv2D(F2, (1, 16),
                  use_bias = False, padding = 'same')(block1)
  block2     = BatchNormalization()(block2)
  block2     = Activation('elu')(block2)
  block2     = AveragePooling2D((1, 8))(block2)
  block2     = dropoutType(dropoutRate)(block2)

  flatten    = Flatten(name = 'flatten')(block2)

  dense      = Dense(nb_classes, name = 'dense',
               kernel_constraint = max_norm(norm_rate))(flatten)
  softmax    = Activation('softmax', name = 'softmax')(dense)

  return Model(inputs=input1, outputs=softmax)
```

FIGURE 12.3 A functional definition of EEGNet, constructed here to be used later during training and testing.

```
# Define the location of the BCI Competition IV 2a subject data
raw_fnames = ['C:/Path/to/BCI Competition IV 2a/A01T.gdf',
       'C:/Path/to/BCI Competition IV 2a/A01E.gdf']

# Concatenate all of the selected files and load them
raw = mne.concatenate_raws(
  [io.read_raw(f, preload=True, verbose=False) for f in raw_fnames]
  )
```

FIGURE 12.4 Loading a single subject of the BCI Competition IV 2a dataset; note that the path to local files will differ from what is presented here.

```
# Pull the event markers from the data's annotations
events, temp_id = mne.events_from_annotations(raw)
# Select only the 4 events we are looking to classify
# (event codes denoted in Competition description)
desired = ('769', '770', '771', '772')

# Remove all events that aren't the desired 4
event_id = {}
for key, value in temp_id.items():
  if key in desired:
    event_id[key] = value
```

FIGURE 12.5 Extracting the events from the data automatically. Applications involving other datasets may involve different event codes and extraction methods (other than events_from_annotations()).

Important variables are then assigned, including the raw data (X), the data labels (Y), the number of convolutional kernels, channels, samples, and classes. The raw data is scaled by 1000 to better resemble the 0–1 range that deep learning classifiers prefer to work within (Fig. 12.6).

Lastly, the data is segmented into training, testing, and validating sets. The training set, the largest of the three, will be used to train the many parameters of the model. The performance of the model at each iteration of training will be validated with the validation set. Upon completion of the training phase, the model will be tested against the last set: the testing set. The proportion of these three sets may vary; however, 80%/10%/10% for train/test/validate has been chosen for this model (Fig. 12.7).

Before the model can be run, the data needs to be transformed into a format more conducive to neural networks. The first step is to convert all labels (the Y sets) to "one-hot vectors." This means that events are no longer indicated by event code numbers, instead there is an array with length N (where N is the number of classes) and a 1 in any given position indicates a specific event. Essentially, an array of [1, 0, 0, 0] indicates an event of class 1 and none of classes 2–4. The data (the X sets) must also be transformed into NWHC format (N, Height, width, channel). This is the default in TensorFlow for handling input, though the labeling of these components is rather counterintuitive for EEG data. A simpler way of

```
# Mark certain channels as "bad", in our case we just don't need them
raw.info['bads'] = ['EOG-left', 'EOG-central', 'EOG-right']
# Exclude the "bad" channels
picks = mne.pick_types(raw.info, meg=False, eeg=True, stim=False, eog=False,
                exclude='bads')

# Read epochs, starting 500ms post stimulus and ending 2500ms post stimulus
tmin, tmax = 0.5, 2.5
epochs = mne.Epochs(raw, events, event_id, tmin, tmax,
              proj=False, event_repeated='merge',
              picks=picks, baseline=None, preload=True, verbose=False)
# Grab the event labels
labels = epochs.events[:, -1]

# Extract the raw data
X = epochs.get_data()*1000
# Set our Y variable to contain all the event labels
Y = labels

# Using only 1 kernel to slide or "convolve" over the data
kernels = 1
# Dynamically assigning the number of channels
chans = epochs.info["nchan"]
# Dynamically assign the total number of samples
samples = len(epochs.times)
# Dynamically assign the number of classes
classes = len(desired)
```

FIGURE 12.6 Epoching of the data and establishing constants that describe the data.

```
# take 80/10/10 percent of the data as train/test/validate sets (arbitrarily)
X_train, X_test, X_validate = np.split(X, [int(len(X)*0.8), int(len(X)*0.9)])
Y_train, Y_test, Y_validate = np.split(Y, [int(len(Y)*0.8), int(len(Y)*0.9)])
```

FIGURE 12.7 Creating the train/test/validate sets; These values can be tuned depending on the amount of data available.

visualizing this is as (trials, channels, samples, kernels) in terms of the competition data (Fig. 12.8).

Finally, the model can be configured and run. This is done first by initiating a model object through the EEGNet() function defined at the very start of the script. Most of the parameters of this function will remain at their default values for this example; however, it is important that the number of classes (nb_classes), channels (Chans), and samples is properly defined for the competition data. The model must then be compiled, specifying the same loss function and optimizer used by the EEGNet publication. A checkpoint callback is established, which functions as an indicator of network performance at each step of training. Here, checkpoints are also saved to a local file; the file is only updated when the model performance increases so that upon completion, it contains the highest performing model parameters. The model is now ready to be trained, an operation performed by the model.fit() function. Here, the training and validation data is fed to the model as well as the callback

```
# Convert labels to one-hot encodings, 1 indicates an event and 0 indicates none

# "difference" allows us to adjust Y so that our classes are 0-4 not 7-10
# (This assumes classes are consecutively labelled in the event channel 7,8,9...)
difference = min(Y)
Y_train    = np_utils.to_categorical(Y_train-difference)
Y_validate = np_utils.to_categorical(Y_validate-difference)
Y_test     = np_utils.to_categorical(Y_test-difference)

# Convert data to NHWC (trials, channels, samples, kernels) format needed by Keras
X_train    = X_train.reshape(X_train.shape[0], chans, samples, kernels)
X_validate = X_validate.reshape(X_validate.shape[0], chans, samples, kernels)
X_test     = X_test.reshape(X_test.shape[0], chans, samples, kernels)
```

FIGURE 12.8 Formatting the data into one-hot encoding and NHWC for use in the neural network. Note that the Y sets are defined using the quirk that classes are consecutively labeled in the event channel. Other datasets may require a different approach.

sample size for the sake of preserving memory and speeding up training time.

```
# Configure the EEGNet model
model = EEGNet(nb_classes = classes, Chans = chans, Samples = samples,
        dropoutRate = 0.5, kernLength = 32, F1 = 8, D = 2, F2 = 16,
        dropoutType = 'Dropout')

# Compile the model and set the optimizers
model.compile(loss='categorical_crossentropy', optimizer='adam',
        metrics = ['accuracy'])

# Set a valid path for your system to record model checkpoints to be loaded later
checkpointer = ModelCheckpoint(filepath='C:/Path/to/checkpoint.h5',
                verbose=1, save_best_only=True)

# Fit the model. Small samples may lead to noise from run-to-run
fittedModel = model.fit(X_train, Y_train, batch_size = 64, epochs = 300,
                verbose = 2, validation_data=(X_validate, Y_validate),
                callbacks=[checkpointer])
```

FIGURE 12.9 Configuring and training the EEGNet model; note that the path to local files will differ from what is presented here.

function chosen. The training epochs, not to be confused with EEG epochs, indicate how many "rounds" of training to perform and the batch_size indicates how many samples to run through the model at a time. This size is usually less than the total sample size for the sake of preserving memory and speeding up training time (Fig. 12.9).

The remaining lines of code allow us a gauge of network performance after training. The highest performing checkpoint is loaded into the model and the test set that was set aside previously is then classified by the newly trained model. This classification accuracy is the final output, allowing a metric of how well the network will perform on data that it has never seen before (Fig. 12.10).

An optional final portion is included to assist in visualizing the results more clearly. By installing the matplotlib package the same way the

```
# load optimal weights from training (fitting)
model.load_weights('C:/Path/to/checkpoint.h5')

# Make predictions on our test set
probs    = model.predict(X_test)
preds    = probs.argmax(axis = -1)
acc      = np.mean(preds == Y_test.argmax(axis=-1))
print("Classification accuracy: %f " % (acc))
```

FIGURE 12.10 Performing the final assessment on the test set, again noting the path to local files.

previous Python modules were installed, the performance of the network over the length of its training can be visualized. The following code creates a convenient plot for demonstrating the increase in classifier accuracy (both on the training data and validation data) as well as the decrease in loss over each epoch of training. Accuracy should ideally increase over the duration of training while loss decreases (Fig. 12.11).

```
# Import the Python plot-making function matplotlib
import matplotlib.pyplot as plt

plt.plot(fittedModel.history['accuracy']) # first variable
plt.plot(fittedModel.history['val_accuracy']) # second variable
plt.plot(fittedModel.history['loss']) # third variable
plt.title('model accuracy and loss over time') # title
plt.xlabel('epoch') # x axis
plt.legend(['accuracy', 'validation accuracy', 'loss'],
        loc='upper left') # legend
plt.show() # display plot
```

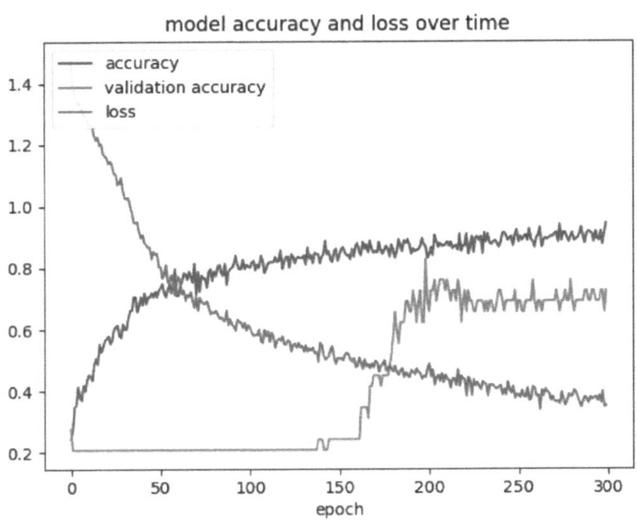

FIGURE 12.11 Generating a plot to visualize model performance. Note that accuracy and loss have different ranges ([0, 1] and [0, ∞), respectively) and are overlaid here for simplicity.

12.5 Understanding the model

Running the model may take some time; for example, training on all nine subjects may take over an hour to complete. Upon completion, however, especially if the optional performance plot section is included, several metrics for gauging the network's performance will be presented. The primary measures (classification, validation, and test accuracy) are rather straight forward. Classification accuracy details how well the network performs when classifying data it was trained on. This metric is useful for identifying overfitting, as if classification accuracy is incredibly high throughout the training; while validation and test accuracy fail to climb, it can be concluded that the network is fit too tightly to the training data and is not handling other datasets well (i.e., overfitting). Conveniently, the EEGNet authors include the dropout technique, which helps prevent overfitting when the sample size is small (Srivastava et al., 2014). Validation and test accuracy on the other hand show some indication of how well the network will perform on data it has not been trained on, however, with some caveats. Due to limitations in the data the model is working with, the validation and test set are still collected from the same BCI session as the training set. If running this example in a real-world scenario, factors may change in the data collection after model training that influence its accuracy. Other methods exist to increase the robustness of neural networks to novel data, such as introducing adaptivity to the parameters and allowing them to change over time as EEG properties tend to be nonstationary (Lotte et al., 2018); however, these are outside the scope of this example.

Lastly, there is the loss value of the network, which can be summarized as the difference between the network's predicted output and the correct output for a given input. The farther a network's prediction is from the correct label provided, the greater the error will be. The loss reported at the end of each network epoch is the accumulated error of each output predicted during the epoch. Naturally, this value should be decreasing throughout the training process, as this loss value is actually being actively minimized by the loss function throughout model fitting. A final note on network performance metrics: the validation method performed here is known as a "hold-out validation," where data is split into a training, validation, and final testing set. This method is quick to implement and fast to execute; however, it offers less confidence than other methods. For example, if by chance the final test set that has been "held out" happens to contain artifacts that increase or decrease the model's accuracy, this will affect the final classification accuracy of the network. A more robust (and notably more popular) validation option is the k-fold cross-validation test. To put it simply, a k-fold cross-validation test involves training and testing a model on a new portion of the data k times and then averaging the results. In the present example, this would be akin to modifying which 10% of the data is selected for the test set 10 times (such that every 10% chunk gets to be the test set once), thus making a 10-fold cross-validation test. This can be done manually by rerunning the code of this example with different sets defined or automated with various Python tools such as scikit-learn and even TensorFlow itself. This method helps to smooth over possible sampling mistakes and allows the network to be trained and tested with a larger combination of possible inputs. Unfortunately, this method drastically increases training time, as the network must be trained and tested K times rather than just 1. For the sake of brevity and simplicity, this example has chosen to demonstrate only hold-out validation; however, it is important to note that a more realistic example would necessitate K-fold cross-validation.

With a cursory understanding of the model construction and the metrics used to plot its performance, the next step is to ask how it can be improved. The EEGNet publication achieved a highest accuracy on MI EEG data of around 70% in a fourfold cross-validation test within-subjects. The "within-subjects" qualifier indicates that the model was trained and tested on one subject's data. In the testing and creating of this example, within-subjects accuracy of around 68% was very achievable, with some trials scoring as high as 72% accuracy. While these numbers are marketed as comparable, in the context of BCI devices and realistic applications, the performance becomes less astounding. In the example of a BCI-controlled wheelchair, where MI such as this is used to instruct a robotic wheelchair's motion, accuracy is key. If a future paralyzed individual is relying on the classifier to correctly navigate in their daily life, they would never place themselves in a wheelchair that only moved the correct direction less than 3/4 of the time. Thus, it is necessary to improve the network's performance, as indeed many researchers have.

One straightforward way to achieve this is through improving the input data. While the phrase "garbage in, garbage out" may be too harsh for this scenario, the quantity and quality of input data is incredibly important. As mentioned at several points in this walkthrough, small sample sizes can introduce a host of problems. Data augmentation has been demonstrated as an effective way to artificially enlarge a sample size and improve network performance: Martinez et al. (2020) detail the use of generative neural networks to create fake samples from the already collected data to train on, while Schirrmeister et al. (2017) employ a simpler cropping approach to generate unique samples from existing data. Less straightforward, though perhaps with greater potential, is modifying the network structure itself. While EEGNet was lauded for its robust performance to a variety of BCI paradigms, other neural network architectures have taken the approach of tuning their construction specifically to the task at hand. A recent paper took the approach of a branching network, where multiple individual CNNs simultaneously classify MI EEG data and combine their predictions at the end (Dai et al., 2020). This approach allowed each branch to be tuned to a specific aspect of the EEG data and increased the overall sensitivity and performance of the network (85.5% average accuracy on the BCI Competition IV 2a dataset).

12.6 Conclusions

While this chapter is far from an exhaustive explanation of neural networks and simultaneously far from an exhaustive review of deep learning BCI literature, ideally it functions as a palatable middle ground. As demonstrated herein, the field of deep learning and its applications to BCI research is vast and at times confusing. The goal of this chapter is not to serve as an end-all be-all for applying neural networks to EEG processing, but rather a brief introduction to the capabilities of inner workings of the technology and its applications. More research is undoubtedly necessary in the field, and for BCIs to become commonplace technology approaches such as deep learning will be vital in achieving high levels of accuracy. At the very least, this guide serves to give a basic example of an EEGNet implementation; however, at the very most, this guide hopes to give its readers the tools to join the field and help achieve the many goals of BCI research.

References

Aggarwal, S., & Chugh, N. (August 2019). Signal processing techniques for motor imagery brain computer interface: A review. *Array, 1–2*, 100003. https://doi.org/10.1016/j.array.2019.100003

Al-Saegh, A., Dawwd, S. A., & Abdul-Jabbar, J. M. (2021). Deep learning for motor imagery EEG-based classification: A review. *Biomedical Signal Processing and Control, 63*, 102172. https://doi.org/10.1016/j.bspc.2020.102172 (October 2020).

Brunner, C., Leeb, R., Muller-Putz, G. R., Schlogl, A., & Pfurtscheller, G. (2008). *BCI competition 2008—Graz data set A. Berlin brain-computer interface.* https://github.com/bregydoc/bcidatasetIV2a.

Dai, G., Zhou, J., Huang, J., & Wang, N. (2020). HS-CNN: A CNN with hybrid convolution scale for EEG motor imagery classification. *Journal of Neural Engineering, 17*(1). https://doi.org/10.1088/1741-2552/ab405f

Deng, X., Zhang, B., Yu, N., Liu, K., & Sun, K. (2021). Advanced TSGL-EEGNet for motor imagery EEG-based brain-computer interfaces. *IEEE Access, 9*, 25118–25130. https://doi.org/10.1109/ACCESS.2021.3056088

Guragai, B., AlShorman, O., Masadeh, M., & Heyat, B. B. (2020). A survey on deep learning classification algorithms for motor imagery. In *32nd international conference on microelectronics*.

Huang, W., Xue, Y., Hu, L., & Liuli, H. (2020). S-EEGNet: Electroencephalogram signal classification based on a separable convolution neural network with bilinear interpolation. *IEEE Access, 8*, 131636–131646. https://doi.org/10.1109/ACCESS.2020.3009665

Kamilaris, A., & Prenafeta-Boldú, F. X. (2018). Deep learning in agriculture: A survey. *Computers and Electronics in Agriculture, 147,* 70–90. https://doi.org/10.1016/j.compag.2018.02.016. July 2017.

Khorshidtalab, A., & Salami, M. J. E. (2011). EEG signal classification for real-time brain-computer interface applications: A review. In *2011 4th international conference on mechatronics: Integrated engineering for industrial and societal development, ICOM'11—conference proceedings, May,* (pp. 17–19). https://doi.org/10.1109/ICOM.2011.5937125

Lawhern, V. J., Solon, A. J., Waytowich, N. R., Gordon, S. M., Hung, C. P., & Lance, B. J. (2018). EEGNet: A compact convolutional neural network for EEG-based brain-computer interfaces. *Journal of Neural Engineering, 15*(5), 1–30. https://doi.org/10.1088/1741-2552/aace8c

Litjens, G., Kooi, T., Bejnordi, B. E., Setio, A. A. A., Ciompi, F., Ghafoorian, M., van der Laak, J. A. W. M., van Ginneken, B., & Sánchez, C. I. (2017). A survey on deep learning in medical image analysis. *Medical Image Analysis, 42,* 60–88. https://doi.org/10.1016/j.media.2017.07.005

Lotte, F., Bougrain, L., Cichocki, A., Clerc, M., Congedo, M., Rakotomamonjy, A., & Yger, F. (2018). A review of classification algorithms for EEG-based brain-computer interfaces: A 10 year update. *Journal of Neural Engineering, 15*(3). https://doi.org/10.1088/1741-2552/aab2f2

Lotte, F., Congedo, M., Lécuyer, a, Lamarche, F., & Arnaldi, B. (2007). A review of classification algorithms for EEG-based brain-computer interfaces. *Journal of Neural Engineering, 4*(2), R1–R13. https://doi.org/10.1088/1741-2560/4/2/R01

Martinez, P., Lopez, J., Rodriguez, F. J., Wiggins, J. B., & Boyer, K. E. (2020). A survey on deep learning based brain-computer interface: Recent advances and new frontiers. *Annual Conference on Innovation and Technology in Computer Science Education, ITiCSE, 1*(1), 1291. https://doi.org/10.1145/1122445.1122456

Mater, A. C., & Coote, M. L. (2019). Deep learning in chemistry. *Journal of Chemical Information and Modeling*. https://doi.org/10.1021/acs.jcim.9b00266

Nam, C. S., Nijholt, A., & Lotte, F. (2018). *Brain–computer interfaces handbook: Technological and theoretical advances*. CRC Press.

Nicolas-Alonso, L., & Gomez-Gil, J. (2012). Brain computer interfaces, a review. *Sensors, 12*(2), 1211–1279. https://doi.org/10.3390/s120201211

Schirrmeister, R. T., Springenberg, J. T., Fiederer, L. D. J., Glasstetter, M., Eggensperger, K., Tangermann, M., Hutter, F., Burgard, W., & Ball, T. (2017). Deep learning with convolutional neural networks for EEG decoding and visualization. *Human Brain Mapping, 38*(11), 5391–5420. https://doi.org/10.1002/hbm.23730

Schneider, T., Wang, X., Hersche, M., Cavigelli, L., & Benini, L. (2020). Q-EEGNet: An energy-efficient 8-bit quantized parallel EEGNet implementation for edge motor-imagery brain-machine interfaces. In *Proceedings—2020 IEEE international conference on smart computing* (pp. 284–289). SMARTCOMP 2020. https://doi.org/10.1109/SMARTCOMP50058.2020.00065

Srivastava, N., Hinton, G., Krizhevsky, A., & Salakhutdinov, R. (2014). Dropout: A simple way to prevent neural networks from overfitting. *Journal of Machine Learning Research, 15*(56), 1929–1958. http://jmlr.org/papers/v15/srivastava14a.html.

Tangermann, M., Müller, K. R., Aertsen, A., Birbaumer, N., Braun, C., Brunner, C., Leeb, R., Mehring, C., Miller, K. J., Müller-Putz, G. R., Nolte, G., Pfurtscheller, G., Preissl, H., Schalk, G., Schlögl, A., Vidaurre, C., Waldert, S., & Blankertz, B. (July 2012). Review of the BCI competition IV. *Frontiers in Neuroscience, 6,* 1–31. https://doi.org/10.3389/fnins.2012.00055

Teplan, M. (2002). Fundamentals of EEG measurement. *Measurement Science Review, 2*(2).

Vallabhaneni, A., Wang, T., & He, B. (2005). Brain—computer interface. *Neural Engineering,* 85–121. https://doi.org/10.1007/0-306-48610-5_3

Voulodimos, A., Doulamis, N., Doulamis, A., & Protopapadakis, E. (2018). *Deep learning for computer vision: A brief review.* Computational Intelligence and Neuroscience. https://doi.org/10.1155/2018/7068349

Wang, X., Hersche, M., Tömekce, B., Kaya, B., Magno, M., & Benini, L. (2020). *An accurate EEGNet-based motor-imagery brain—computer interface for low-power Edge computing.* ArXiv.

Wolpaw, J., & Wolpaw, E. W. (2012). *Brain-computer interfaces: Principles and practice.* Oxford University Press.

CHAPTER

13

AI in human behavior analysis

Myung Hwan Yun[1], Ilsun Rhiu[2], Wonjoon Kim[2], Yushin Lee[3], and Yong Min Kim[4]

[1] Department of Industrial Engineering, Seoul National University, Seoul, South Korea; [2] Division of Future Convergence (HCI Science Major), Dongduk Women's University, Seoul, South Korea; [3] Major in Industrial Data Science & Engineering, Department of Industrial and Data Engineering, Pukyong National University, Busan, South Korea; [4] Department of Big Data and AI, Hoseo University, Asan, South Korea

13.1 Introduction

In this chapter, outstanding developments and trends in human behavior analysis using the AI technology are presented as they are affecting the dramatic changes of human behavior analysis, the core content of ergonomics research and development.

Since its rapid developments in the recent years, AI technology continues to receive an increasing attention mainly as the means to provide answers to a complex decision problem while keeping the cost of implementing the data-driven system economically optimized. The advancement of AI-related analysis technique also benefits many academic researches since more and more AI-related analysis models are being created with this initiative.

Existing ergonomic behavior analysis systems can produce a standardized workload data using various microlevel task measurement and task analysis (Sanchez-Lite et al., 2013), but the traditional behavior analysis cannot produce a fast analysis of human physical and cognitive state that can be used in real time. Therefore, existing behavior analysis and task analysis tools are being used in the context of "pre-measurement—post-analysis" paradigm meaning the activity of evaluating the changes in the human status during interactions between humans and the work environment is analyzed separately in the later

Human-Centered Artificial Intelligence
https://doi.org/10.1016/B978-0-323-85648-5.00010-4

time although they sometimes use various physiological/cognitive science/subjective measurement tools in real time.

Ergonomics research is conducted through observation, measurement, and analysis of human behavior, and thus, it has been closely synchronized with the technologies related to observation, measurement, and analysis of human action.

In the late 19th century, Frederic Winslow Taylor began the study of ergonomics in the modern sense. He used a stopwatch as a form of Time Study to measure the "time" of operation and then calculated the appropriate daily production. At the time, the best observation was to observe with eyes, the best equipment was a stopwatch measuring, still the most important human behavior variable, the time, of course the best equipment to calculate daily yield was his writing recorded on paper. Frank and Lillian Gilbreth have used a movie camera in Motion Study to improve human behavior. As such, the emergence of new observation equipment, measuring equipment, and calculating equipment has been closely related to the development of ergonomics and human factors as a discipline.

As the technological limit of recording time is slowly being disappeared, complete human actions theoretically can be recorded. Besides, due to the development of computing technology, it has become possible to record human behavior in 3D data using motion capture technology. Also, the invention of the eye tracker and smart glasses made it possible to observe the first-person view rather than the third-person view of the human action.

The development of various sensor technologies has broadened the scope of observation including biohealth data such as heart rate, skin temperature, and even blood pressure levels as well as the basic human locomotion data such as strides. The development of measurement equipment has evolved into a direction in which the accuracy of measurement is increased, and objects of measurement are diversified. The boundary between measurement technology and observation technology also has become blurred.

These days, biosignal measurement has become dramatically cost-effective, affordable, and accurate including sophisticated measurements such as electromyography (EMG), galvanic skin response (GSR), electroencephalography (EEG), electrocardiogram (ECG/EKG), and respiratory responses. This is a result of the combined development of various technologies such as electronic device, sensor technology, and ICT. As measurement accuracy increases, minute changes can be measured and even for areas that cannot be observed using conventional methods. Advances in computer and sensor technology have made it possible to measure static data as well as real-time time-series data. To process this massive amount of data and time-series data, the researchers used various statistical tools to process the data. Thus, complex and powerful statistical methods such as discriminant analysis, principal component analysis (PCA), and logistic regression are now commonly used in human factors and ergonomics. And

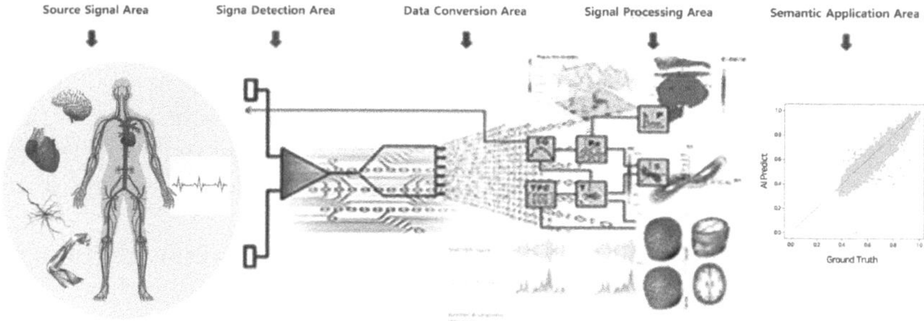

FIGURE 13.1 Schematics of a general human behavior analysis using AI.

also, with the help of advanced ICT technology, big data, and artificial intelligence (AI), it is now possible to apply these powerful methods to the traditional behavior analysis in a fast, convenient, and often in real-time situation. A general schematic diagram of using AI to analyze human behavior is shown in Fig. 13.1.

However, considerable technical and conceptual challenges exist as there is wide gap between the AI technology itself and its application in human factors and ergonomics due to the fact that needs and experiences of the human factors and ergonomics do not perfectly suit the technology configuration and design of the typical AI tools. A sufficient understanding of user characteristics and user context where AI technology is used in our field should be accompanied for the successful application of AI technology on the human factors and ergonomics, specifically, the human behavior analysis, the main topic of this chapter.

13.2 Human behavior analysis using AI

As users or workers, humans continuously experience changes in their physical/cognitive state while using products, services, and systems. Traditionally, ergonomics has developed and used methods to evaluate workload from cognitive evaluation models such as NASA-TLX (Hart & Staveland, 1988) to OWAS (Karhu et al., 1977), RULA (McAtamney & Corlett, 1993), and the physical evaluation model represented by PLAS (Chung et al., 2005). In particular, in the field of behavior monitoring, various methods (self-monitoring, physiological signal changes, third party observation, response to stimulation) that can prevent human error are being used.

Images of human work and motion data can be used as objective indicators for inferring the physical state of workers, while bio signals, eye tracking, and facial expressions can be used for inferring the driver's cognitive state. It is well known that the state of physical load can be predicted relatively precisely through heart rate, motion, and facial expression data (Jabon et al., 2010; Liu et al., 2017; Tjolleng et al., 2017). In particular, the heart rate is an important biomarker for measuring various health conditions and load conditions, and the time and extent of the rise or fall of the heart rate changes depending on the influence of respiration, posture, hormones, blood pressure, etc.

In the case of the analysis of manual load, in accordance with the work characteristics in the work environment, the physical load and fatigue of local body parts such as neck, hand, and wrist are measured by physiological signals such as EMG and heart rate (ECG) and can be objectively evaluated by analyzing the movement of the human body (Cheng et al., 2013), and it has also been used in many research studies (Ahn et al., 2016; Kwon et al., 2016).

However, these legacy methodologies do have some limitations. One of the main concerns is their dependence on a fixed model or functional form. For example, discriminant analysis from multivariate data uses linear summation of independent variables to differentiate one category from another (Huberty & Lowman, 1997). Logistic regression also makes use of linear summations of independent variables, incorporated into a logistic function (Myers, 1990). Koza et al. (1999) observed that both techniques use regression to discover numerical coefficients for predetermined models. However, this parametric model may not be a suitable model when the result cannot be predicted or classified based on simple linear summation of independent variables.

Machine learning research offers the human factors professional a reasonable alternative for classification model development. Decision tree and genetic programming are two of these machine learning approaches. Unlike the traditional statistical methods, these methods do not rely on predetermined models of linear summations of independent variables. Decision tree induction has been used in the past to identify common patterns associated with specific automotive accident outcomes (Sohn & Shin, 2001). Genetic programming has been used to discover solutions to various ergonomics design problems involving control panels (Pham & Onder, 1992) and lifting tasks (Carnahan & Redfern, 1998a). (Carnahan & Redfern, 1998b) also used genetic programming to develop models that accurately classify lifting tasks as posing high or low risk of occupational back injury.

Machine learning techniques itself have also evolved to create various methods such as K-nearest neighbors' algorithm (KNN), principal component analysis (PCA), hidden Markov models (HMMs), and support vector machines (SVMs). Artificial neural network (ANN) technique eventually developed to the deep learning, which extracts features of data and optimizes hierarchically, has become a more accurate technology with the help of big data.

The CNNs are a type of deep neural networks that are mainly used to classify and recognize data such as images, speech, and texts (Fasel, 2002; Wang et al., 2017). The typical multilayer neural networks (MNNs) have a structure consisting of an input/hidden/output layer and compute the output directly on the original data. On the other hand, CNN has features of extracting features of original data and classifying extracted features, so that it extracts features of original data without calculating them directly (Deng et al., 2018).

The general structure of CNN consists of five layers: input, convolution, pooling, fully connected, and output (Long et al., 2015). The layer of convolution and pooling performs extracting features of original data, and the layer of fully connected conducts classifying features. Since the general MNN performs computation for all nodes, the number of parameters to be learned is large. However, since CNN carry out operations of convolution and pooling when extracting features, the size of extracted features is smaller than the original data and shares the weight. Therefore, the number of parameters to learn is small.

LeNet-5 is the CNN architecture used for handwritten digit recognition in the early days and successfully used to solve other visual-related problems (Lin et al., 2016; Sarvadevabhatla & Babu, 2015). As shown in Fig. 13.2 the LeNet-5 model consists of an input, three convolution layers, two subsampling layers, a fully connected layer, and an output layer (LeCun et al., 1998). The C1 layer performs convolution operations on 32×32 images to obtain six 28×28 feature maps. In the S2 layer, subsampling is performed on 6 28×28 feature maps and reduced to 14×14 feature maps. The C3 layer extracts 16 10×10 feature maps by performing a convolution operation on 6 14×14 feature maps. In the S4 layer, subsampling is performed on 16 10×10 feature maps and reduced to 16 5×5 feature maps. In the C5 layer, 120 1×1 feature maps are calculated by 16 5×5 feature maps. The F6 layer links the results of C5 to 84 units. The output layer tells the class the image belongs to.

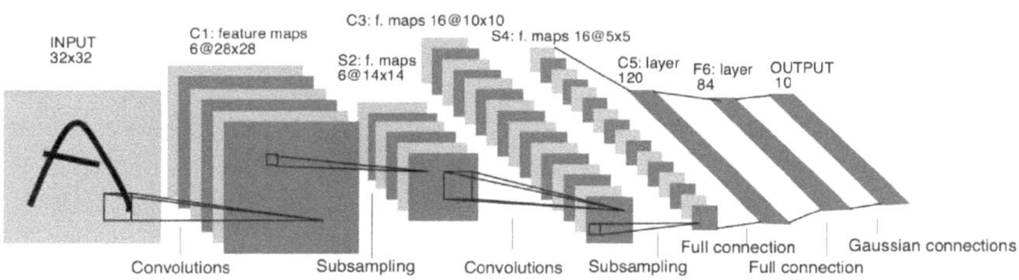

FIGURE 13.2 Layer structure of LeNet-5 (LeCun et al., 1998).

For data measured in real time, machine learning–based algorithms such as linear discriminant analysis, ANN, and convolutional neural network and the latest image analysis technology are increasingly utilized in recent research. Applying mathematical models such as spatial filtering and adaptive filtering to overcome the limitations of existing machine learning together with optimizing the input variables for the classification algorithm (Hajinoroozi et al., 2015; Hincks et al., 2016; Müller et al., 2008) is also being used (Kim et al., 2014; Kim et al., 2018; Kim, Jin et al., 2019; Kim, Ko, et al., 2019; Rhie et al., 2018).

Long Short-Term Memory (LSTM) is a special kind of recurrent neural network (RNN), capable of learning long-term dependencies and remembering information for prolonged periods as a default. LSTM is a special kind of RNN that can learn long-term dependencies and remember long-term information. The LSTM model consists of a chain structure. However, the structure of the repeat module is different. Four layers interact with unique communication methods instead of a single neural network like standard RNN (Gers et al., 2000). Le et al. (2019) also predicted the flow of water to 99% NSE using LSTM.

In our study with OWAS prediction, we used a video collection of 8-year (from 2007 to 2016) study of musculoskeletal disorder analysis data on a GM plant in South Korea. In the actual prediction model, 1586 data from 2007 to 2014 were used as training data, and 226 data from 2016 were used as test data.

The analysis feature must be carefully extracted from the working video to be learned and verified using the deep learning algorithm at that time. Since the format of the collected image is not from the same background, it is converted into the same form. All images were converted to AVI format with 5fps. Since only human body motion is extracted from the image with JSON, the resolution is not converted to the same shape.

OpenPose library is used to extract human motion from videos. OpenPose is a library developed by Carnegie Mellon University that detects the human body, hands, face, and feet in a single image. OpenPose uses deep learning technology to extract human motion from any image into a skeleton.

The process of extracting human motion from an image can be shown in Fig. 13.3. Human body motion was extracted by applying OpenPose to the image converted to 5 fps. We removed the background from the image and derived a JSON file. The learning model used LSTM, a kind of RNN. The preprocessed image data was used as input data, and the evaluation results of each evaluation tool were used as output data.

Table 13.1 shows the performance of our model which predicts the OWAS action category. The accuracy of the overall classification is 0.531. The recall value of Action category 1 is 0.550, the precision value is 0.686, and the F1-score value is 0.610. The recall value of Action category 2 is

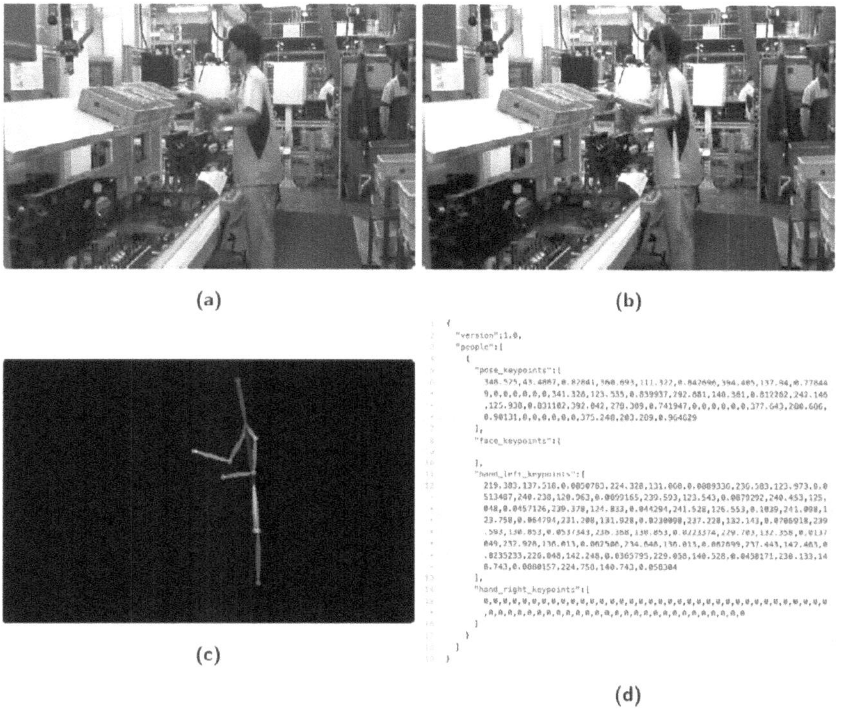

FIGURE 13.3 Extracting human posture data from (A) working posture, (B) extraction using OpenPose, (C) removing background, and (D) JSON coding.

TABLE 13.1 Sample confusion matrix of OWAS action category prediction using CNN.

Actual	Predicted AC						
AC	1	2	3	4	Total	Recall	F1-score
1	72	59	0	0	131	0.550	0.610
2	29	48	0	0	77	0.623	0.485
3	3	10	0	0	13	0	0
4	1	4	0	0	5	0	0
Total	105	121	0	0	Accuracy		
Precision	0.686	0.397	0	0	0.531		

0.623, the precision value is 0.397, and the F1-score value is 0.485. The recall value of Action category 3 is 0, the precision value is 0, and the F1-score value is 0. The recall value of Action category 4 is 0, the precision value is 0, and the F1-score value is 0.

Apparently, the accuracy was not very high, but the approach we have taken showed a meaningful result showed the possibility that in the future human involvement in workload estimation can be minimized when sufficient data is accumulated with the prediction model becoming more advanced with training.

13.3 Sitting posture analysis using AI algorithms

Ergonomists tried to solve sitting posture problems by measuring and analyzing the sitting posture in various ways. The camera was used to measure and capture the sitting posture (Boulay et al., 2005). As shown in Fig. 13.4, the silhouette was extracted by taking a picture of a person using a camera and compared with the silhouette of a person who created it using a virtual 3D scene generator. As a classification technique, a region model that recognizes and compares regions of an image was used. General postures such as standing posture (standing with one arm up, standing with arms along with the body, and T-shape posture), sitting postures (sitting on a chair and sitting on the floor), bending postures, and lying postures (lying with spread legs and lying with curled up legs) were classified with more than 70% accuracy.

Sensors can also be attached to the user's body to recognize the behavior of motion data and sitting postures. In Foerster et al. (1999)'s study, four piezoresistive sensors were attached to the sternum, wrist, thigh, and lower legs to classify lying, sitting, sitting/talking, sitting/ operating, standing, walking, walking/downstairs, walking/upstairs, and cycling. The number of measurements in each posture varies from 2 to 210, but the accuracy is 0.667.

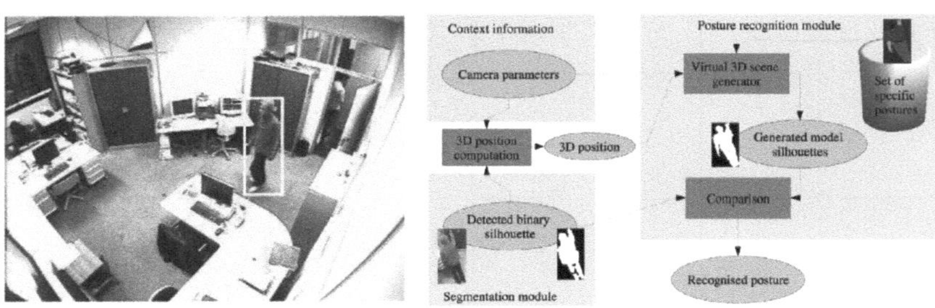

FIGURE 13.4 A procedure to recognize the actual person's posture by comparing the figure of the person who was photographed with the camera and the 3D model (Boulay et al., 2005).

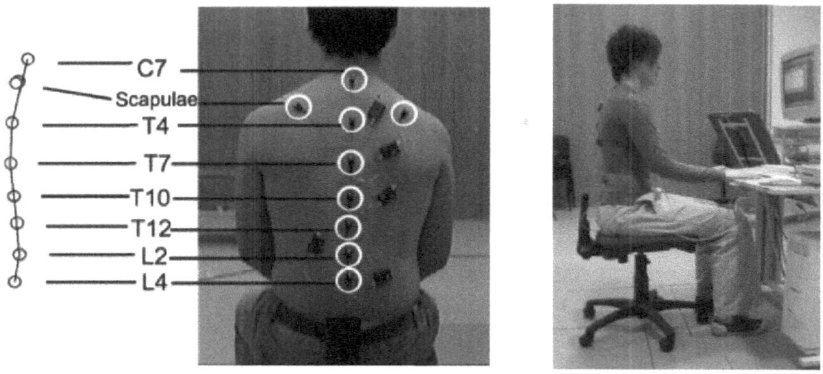

(a) Infrared markers (b) Garment with sensors

FIGURE 13.5 Using the infrared marker attached at the position of (A), the position of the sensor suitable for posture monitoring was derived and the garment was made as shown in (B) (Dunne et al., 2008).

In Dunne et al. (2008)'s study, the infrared marker was installed in nine spines shown in Fig. 13.5 (C7, L Scapula, R Scapula, T4, T7, T10, T12, L2, and L4) and the 3D motion capture system was used to analyze the spinal posture, and C7, T7, and L4 were regarded as the optimal sensor positions for posture measurement. Garment with cyber-optic bend sensing was proposed as a wearable monitoring of seated spinal posture.

Although there are differences in the position and number of sensors attached, most studies were performed by measuring and classifying the posture by attaching pressure sensors directly to the chair. Tan et al. (2001) classified 14 postures by measuring body pressure distribution using a 42 by 48 pressure sensing sheet attached to the seat and back. As a result of classifying body pressure distribution using PCA, the accuracy of the users (30 people) included in the training data was 96%. The accuracy of the users (8 people) not included in the training data was 79%. There is a big difference in accuracy, depending on whether the subject is familiar with it.

Mota and Picard (2003) measured nine postures for 10 children aged 8–11 years and classified them using HMM. The accuracy was 82.2% when the test subject's information was included, and 76.4% when it was not included.

Among previous studies that performed posture prediction on sitting postures, the number of sensors used varied from 3 to 4032. The number of posture classification subjects ranged from 5 to 52. There were cases in which gender was distinguished and in cases where gender was not distinguished. In many cases, information about the age of the subjects was not provided. The number of postures classified in each study ranged from 4 to 14. The accuracy derived from each study ranged from 0.56 to 0.995. The general process of predicting sitting posture from the seat pressure sensor data is shown in Fig. 13.6.

In our study, we classified seven sitting postures using 64 FSR sensors only on the seat pan Figs. 13.7 and 13.8. The accuracy of classification was shown to be improved significantly when using an advanced form of

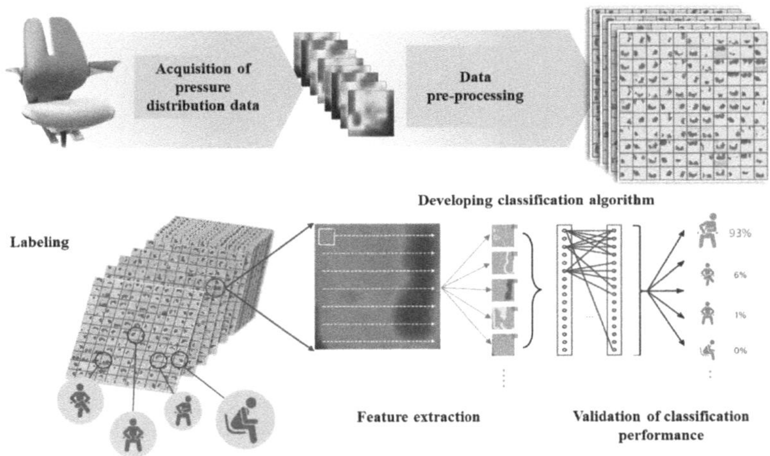

FIGURE 13.6 A typical process of posture prediction from seat pressure data.

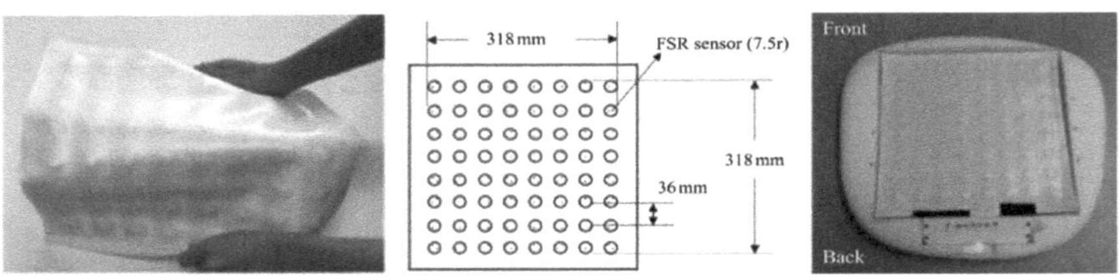

FIGURE 13.7 A pressure sensor map for seat pressure measurement.

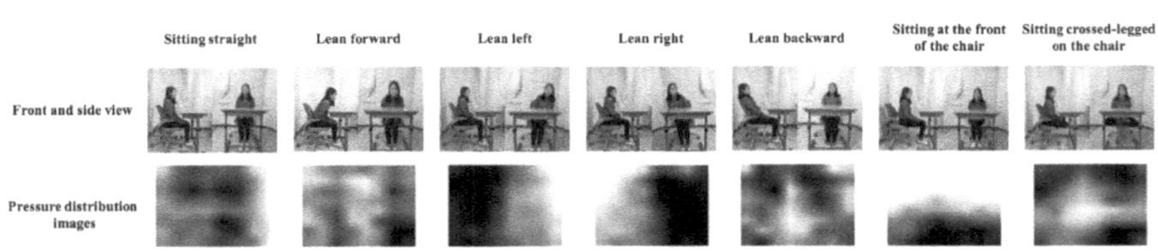

FIGURE 13.8 Classification of seating postures used in the prediction and the corresponding heatmap of the seating posture.

CNN. We found that the average value of accuracy derived from CNN was superior to traditional classification methods in both studies Kim et al. (2018) and Kim, Jin, et al. (2019), which averaged around 97.5%. The result was also superior to most of the studies with similar conditions.

13.4 Conclusion

In various studies that explored the possibility of using AI algorithms in human behavior analysis, the outcome proved that the advanced algorithms in deep learning such as CNN can contribute significantly and efficiently in solving traditional ergonomics problems. Most of studies on posture prediction with video data, including the two studies by the authors of this chapter, showed either superior or equivalent result to the classical analysis. However, the result was heavily dependent upon the quality and amounts of data to be analyzed, such as various sensor data collected in real-time and video data recorded. One promising trend is that the amount of data needed can also be increased dramatically due to the rapid development of motion capture technology and the deployment of video capturing devices such as CCTV.

In the case of body pressure distribution data, we used to derive a model for posture prediction; the data was collected in real-time through deep learning. The system currently can sample two body pressure distribution images every second; it is simply impossible for the researcher to analyze them in real-time using a conventional method, while AI algorithm can perform the task in real time. In this case, the AI technique based on deep learning will be able to open a significant chapter in real-time posture prediction from body pressure distribution image data, especially on the domains such as posture monitoring in a car. If real-time monitoring of a driver posture can be made possible, this will generate many great functions and features that can be used to increase the comfort and safety of an automobile driving. The LeNet-5, which is not even a complete deep learning model, used in our study classified seven postures with an accuracy of 0.616. The logistic regression classified seven postures with an accuracy of 0.507. Although LeNet-5 was an early CNN method, it showed better performance than logistic regression.

Based on these findings, driver behavior can also be performed with advanced human behavior analysis system we are studying. Fig. 13.9 shows the author's three-year research sponsored by Korean National Research Foundation for so-called RWMS, a Real-Time Workload Monitoring System; the system is trying to monitor and assess the physical and

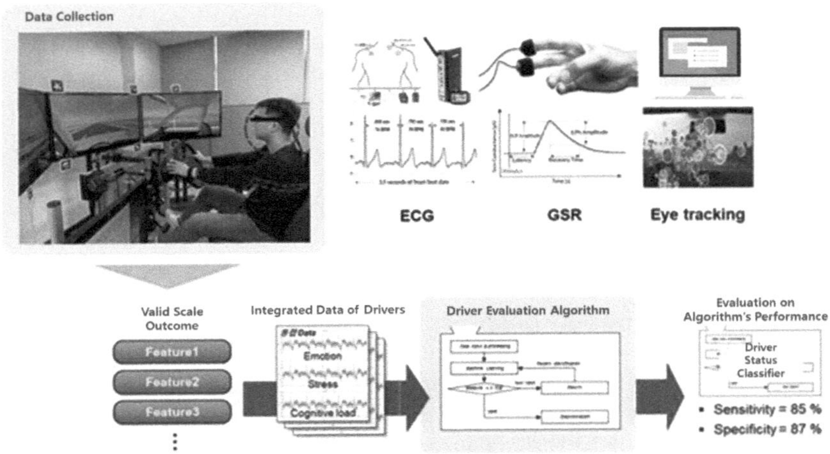

FIGURE 13.9 Structure of real-time workload monitoring system applied to driving tasks.

cognitive state of the driver in real time using AI algorithm so that the data can be used in various applications in ADAS (Advance Driving Assistance System). To implement the proposed system, significant effort should be made on both data collection and model building. When a target driving task is selected, in order to improve the reasoning accuracy of the human physical/cognitive state monitoring, (1) simulating the data in the real driving environment through driving simulator in the laboratory; (2) securing images, biosignals and facial expressions during actual driving; and (3) repetitive trial and simulations using the proposed RWMS are required.

AI algorithms such as deep learning techniques are developing very rapidly in various areas. They can also be integrated or combined easily depending on the nature of the data. Deep learning can be applied directly to real data as well as it can also be applied as a preprocess to filter individual data. OpenPose library, which is used to extract human body motions from factory workers' work images, is also a motion extraction library developed through deep learning. In this way, the result obtained through deep learning can be reused to obtain another result.

Ergonomic analysis using AI algorithms does not mean AI will replace ergonomic research studies. AI algorithm is a mean for expanding the horizon of ergonomic analysis available to researchers. Of course, ergonomic knowledge and know-how will still be a critical element in modeling a feasible and logical AI model.

References

Ahn, S. H., Kwon, S., Bahn, S., Yun, M. H., & Yu, W. (2016). Effects of grip curvature and hand anthropometry for the unimanual operation of touchscreen handheld devices. *Human Factors and Ergonomics in Manufacturing & Service Industries, 26*(3), 367–380.

Boulay, B., Bremond, F., & Thonnat, M. (2005). Posture recognition with a 3D human model. In *Imaging for crime detection and prevention, 2005. ICDP 2005. The IEE international symposium on, crime detection and prevention* (pp. 135–138).

Carnahan, B. J., & Redfern, M. S. (1998a). Application of genetic algorithms to the design of lifting tasks. *International Journal of Industrial Ergonomics, 21*(2), 145–158.

Carnahan, B. J., & Redfern, M. S. (1998b). Building a low back injury risk classifier using evolutionary computation. In *Proceedings of the human factors and ergonomics society annual meeting* (Vol. 42, pp. 881–885). Los Angeles, CA: SAGE Publications Sage CA.

Cheng, T., Migliaccio, G. C., Teizer, J., & Gatti, U. C. (2013). Data fusion of real-time location sensing and physiological status monitoring for ergonomics analysis of construction workers. *Journal of Computing in Civil Engineering, 27*(3), 320–335.

Chung, M. K., Lee, I., & Kee, D. (2005). Quantitative postural load assessment for whole body manual tasks based on perceived discomfort. *Ergonomics, 48*, 492–505.

Deng, F., He, Y., Zhou, S., Yu, Y., Cheng, H., & Wu, X. (June 2018). Compressive strength prediction of recycled concrete based on deep learning. *Construction and Building Materials, 175*, 562–569.

Dunne, L. E., Walsh, P., Hermann, S., Smyth, B., & Caulfield, B. (2008). Wearable monitoring of seated spinal posture. *IEEE Transactions on Biomedical Circuits and Systems, 2*(2), 97–105.

Fasel, B. (2002). Robust face analysis using convolutional neural networks. In *Proceedings 16th international conference on pattern recognition* (pp. 40–43). IEEE.

Foerster, F., Smeja, M., & Fahrenberg, J. (1999). Detection of posture and motion by accelerometry: A validation study in ambulatory monitoring. *Computers in Human Behavior, 15*(5), 571–583.

Gers, F. A., Schmidhuber, J., & Cummins, F. (2000). Learning to forget: Continual prediction with LSTM. *Neural Computation, 12*(10), 2451–2471.

Hajinoroozi, M., Jung, T. P., Lin, C. T., & Huang, Y. (2015). Feature extraction with deep belief networks for driver's cognitive states prediction from EEG data. In *IEEE China summit and international conference on signal and information processing (ChinaSIP)* (pp. 812–815).

Hart, S. G., & Staveland, L. E. (1988). Development of NASA-TLX (task load index): Results of empirical and theoretical research. In *Advances in psychology* (Vol. 52, pp. 139–183). Elsevier.

Hincks, S. W., AferganR, D., & Jacob, R. J. K. (2016). Using fNIRS for real-time cognitive workload assessment. *Lecture Notes in Computer Science, 9743*, 198–208.

Huberty, C. J., & Lowman, L. L. (1997). Discriminant analysis via statistical packages. *Educational and Psychological Measurement, 57*(5), 759–784.

Jabon, M., Bailenson, J., Pontikakis, E., Takayama, L., & Nass, C. (2010). Facial expression analysis for predicting unsafe driving behavior. *IEEE Pervasive Computing, 10*(4), 84–95.

Karhu, O., Kansi, P., & Kuorinka, I. (1977). Correcting working postures in industry: A practical method for analysis. *Applied Ergonomics, 8*(4), 199–201.

Kim, W., Jin, B., Choo, S., Nam, C. S., & Yun, M. H. (2019). Designing of smart chair for monitoring of sitting posture using convolutional neural networks. *Data Technologies and Applications*.

Kim, W., Kim, G., Lee, Y., & Yun, M. H. (2014). Deriving the relationship between user satisfaction on engine sounds and affective variable sets based on classification algorithms. In *Paper presented at the 2014 IEEE international conference on industrial engineering and engineering management*.

Kim, W., Ko, T., Rhiu, I., & Yun, M. H. (2019). Mining affective experience for a kansei design study on a recliner. *Applied Ergonomics, 74*, 145–153.

Kim, Y. M., Son, Y., Kim, W., Jin, B., & Yun, M. H. (2018). Classification of children's sitting postures using machine learning algorithms. *Applied Sciences, 8*(8), 1280.

Koza, J. R., Bennett, F., Andre, D., & Keane, M. A. (1999). Genetic programming III: Darwinian invention and problem solving [Book review] *IEEE Transactions on Evolutionary Computation, 3*(3), 251–253.

Kwon, S., Bahn, S., Ahn, S. H., Lee, Y., & Yun, M. H. (2016). A study on the relationships among hand muscles and form factors of large-screen curved mobile devices. *International Journal of Industrial Ergonomics, 56*, 17–24.

Le, X. H., Ho, H. V., Lee, G., & Jung, S. (2019). Application of long short-term memory (LSTM) neural network for flood forecasting. *Water, 11*(7).

LeCun, Y., Bottou, L., Bengio, Y., & Haffner, P. (1998). Gradient-based learning applied to document recognition. *Proceedings of the IEEE, 86*(11), 2278–2324.

Lin, S., Cai, L., Lin, X., & Ji, R. (2016). Masked face detection via a modified lenet. *Neurocomputing, 218*, 197–202.

Liu, Y., Liu, Q., Lv, C., Zheng, M., & Ji, X. (2017). A study on objective evaluation of vehicle steering comfort based on driver's electromyogram and movement trajectory. *IEEE Transactions on Human Machine Systems, 48*(1), 41–49.

Long, J., Shelhamer, E., & Darrell, T. (2015). Fully convolutional networks for semantic segmentation. *Proceedings of the IEEE Conference on Computer Vision and Pattern Recognition*, 3431–3440.

McAtamney, L., & Corlett, E. N. (1993). RULA: A survey method for the investigation of work-related upper limb disorders. *Applied Ergonomics, 24*(2), 91–99.

Mota, S., & Picard, R. W. (2003). Automated posture analysis for detecting learner's interest level. Conference on. In *Computer vision and pattern recognition workshop, 2003. CVPRW'03* (Vol. 5)IEEE, 49-49.

Müller, K.-R., Tangermann, M., Dornhege, G., Krauledat, M., Curio, G., & Blankertz, B. (2008). Machine learning for real-time single-trial EEG-analysis: From brain–computer interfacing to mental state monitoring. *Journal of Neuroscience Methods, 167*(1), 82–90.

Myers, R. (1990). *Traditional and modern regression with applications*. PWS Publishers. ISBN: 0-87150-946-6.

Pham, D., & Onder, H. (1992). A knowledge-based system for optimizing workplace layouts using a genetic algorithm. *Ergonomics, 35*(12), 1479–1487.

Rhie, Y. L., Lim, J. H., & Yun, M. H. (2018). Queueing network based driver model for varying levels of information processing. *IEEE Transactions on Human-Machine Systems, 49*(6), 508–517.

Sanchez-Lite, A., Garcia, M., Domingo, R., & Sebastian, M. A. (2013). Novel ergonomic postural assessment method (NERPA) using product-process computer aided engineering for ergonomic workplace design. *PLoS One, 8*(8).

Sarvadevabhatla, R. K., & Babu, R. V. (2015). *Freehand sketch recognition using deep features*. arXiv preprint arXiv:1502.00254.

Sohn, S. Y., & Shin, H. (2001). Pattern recognition for road traffic accident severity in Korea. *Ergonomics, 44*(1), 107–117.

Tan, H. Z., Slivovsky, L. A., & Pentland, A. (2001). A sensing chair using pressure distribution sensors. *IEEE/ASME Transactions On Mechatronics, 6*(3), 261–268.

Tjolleng, A., Jung, K., Hong, W., Lee, W., Lee, B., You, H., Son, J., & Park, S. (2017). Classification of a Driver's cognitive workload levels using artificial neural network on ECG signals. *Applied Ergonomics, 59*, 326–332.

Wang, L.-H., Zhao, X.-P., Wu, J.-X., Xie, Y.-Y., & Zhang, Y.-H. (2017). Motor fault diagnosis based on short-time Fourier transform and convolutional neural network. *Chinese Journal of Mechanical Engineering, 30*(6), 1357–1368.

CHAPTER

14

AI in nondestructive condition assessment of concrete structures: Detecting internal defects and improving prediction performance using prediction integration and data proliferation techniques

Younho Seong[1], *Emmanuel Akyirefi Dadzie*[1], *Sun Yi*[2], *and Miriam Tawiah Alabi*[1]

[1] Department of Industrial and Systems Engineering, North Carolina Agricultural and Technical State University, Greensboro, NC, United States; [2] Department of Mechanical Engineering, North Carolina Agricultural and Technical State University, Greensboro, NC, United States

14.1 Introduction

Artificial intelligence (AI) is a technical field that continuously strives to give machines human learning and reasoning capabilities. As a branch of AI, machine learning (ML) is a soft computing technique that evolved from pattern recognition and computational learning theory in AI. This computational technique utilizes the study and construction of algorithms capable of learning and making predictions from data. These algorithms can build models from training datasets of input observations and later make data-driven predictions or decisions as outputs instead of the job-flow type of program output (Provost & Kohavi, 1998). Recently,

Human-Centered Artificial Intelligence
https://doi.org/10.1016/B978-0-323-85648-5.00001-3

machine learning and data mining have become the center of attention andthe most popular topics among the research community. These combined fields of study analyze multiple possibilities of characterization of databases (Hinton et al., 2006).

> What we call data are observations of real-world phenomena. [...] Each piece of data provides a small window into a limited aspect of reality (Zheng & Casari, 2018).

Machine learning encapsulates numerous techniques for different learning tasks. Supervised learning is the technique that builds models using labeled data for classification and regression tasks. This approach requires an algorithm to train on a sample dataset with output as labels and subsequently test on an unlabeled dataset to predict the instances' output. Examples of supervised learning algorithms are Decision Tree, Naïve Bayes, and Support Vector Machines (SVMs). Further, unsupervised learning algorithms learn features from data that has no labels. The algorithm uses the learned features to recognize the class of new data introduced to the model. This technique is helpful for clustering and feature reduction. Examples of this learning approach include K-Means Clustering and Principal Component Analysis. The capabilities of both supervised and unsupervised learning are combined to form semi-supervised learning, which is useful for situations where the unlabeled data is already present and getting the labeled data is a tedious process (Zhu & Goldberg, 2009). Other learning methods include Reinforcement, Multitask, Ensemble, Neural Network (NN), and Instance-Based Learning.

14.2 Machine learning algorithms and applications

There are numerous machine learning algorithms for building regression and classification models. Literature reveals that machine learning algorithms outperformed logistic regression models in capturing linear and nonlinear judgment policies. Therefore, the authors concluded that machine learning algorithms could produce valuable decision support applications models (Nuamah & Seong, 2019). The description of a few of these algorithms is elaborated in the following paragraphs.

First, the k-nearest neighbor algorithm (k-NN) is a nonparametric method used for classification and regression (Altman, 1992). This algorithm is a lazy learning type where offline training is not required. In k-NN classification, the class membership is based on the plurality vote of the objects neighbors. The object is assigned the most common class among its neighbor. The letter "k" represents the number of neighbors, which takes a positive integer value. A larger value of k reduces the effect of noise on the data. Second, the algorithm uses a distance metric to compare test data to all the training data points. The most widely used distance function is the Euclidean distance. Other functions include cosine similarity measure (Manning et al., 2008), Minkowski (Batchelor, 2012), Manhattan, correlation, and chi-square (Michalski et al., 1981). However, the distance function employed for different data types affects the algorithm's performance (Hu et al., 2016). Third, the k-NN algorithms suffer the curse of dimensionality (Beyer et al., 1999). Hence, dimension reduction is required for datasets with a larger number of features.

SVMs construct hyperplane(s) in a high or infinite-dimensional space to achieve classification or regression tasks. The optimum hyperplane is defined as the one that provides the greatest distance to the nearest training data point of any class to minimize generalization error (Hastie et al., 2005). The coordinates of the points at a minimum distance from the hyperplane are called the support vectors. The basic hyperplane is linear, which is sometimes inadequate for specific datasets. The kernel function was introduced to facilitate the formation of nonlinear hyperplanes that performs adequately with many datasets (Press et al., 2007). Few kernel functions aside linear are poly, sigmoid, and radial basis function. SVM has been employed in many domains for both classification and regression problems. For example, one application used SVM to classify EEG signals recorded during the execution of intuition- and analysis-inducing tasks. The SVM model produced satisfactory results (scores above 80%) based on three performance metrics, namely, classification accuracy, average sensitivity, and average area under the curve (Nuamah & Seong, 2017).

The decision tree algorithm is built as a model to predict the value of a target variable. This algorithm is a flowchart-like structure consisting of nodes, branches, and leaves. Each interior node represents an input variable; the branches split a parent node into children with possible input variable values. Each leave represents a target class or variable. A decision tree can be used for both regression and classification. A tree is constructed by splitting the source set, consisting of the tree's root node, into subsets or children. The splitting is based on the classification features using a set of rules or metrics (Shalev-Shwartz & Ben-David, 2014). These metric includes Gini impurity used in classification and regression trees (CART), information gain used in ID3, C4.5, and C5.0, and variance reduction introduced in CART (Breiman et al., 1984). The splitting process is iterated for each subset in a recursion called recursive partitioning.

Naïve Bayes classification algorithms are probabilistic classifiers based on the Bayes theorem with naïve independence assumptions between the features. These classifiers are scalable and require several parameters which are linear to the number of variables in the learning problem. Training is achieved by comparing the unlabeled variable to the dataset to evaluate closed-form expression, using linear time rather than multiple computationally expensive iterations (Russell & Norvig, 1995). A naïve Bayes classifier considers each input feature to contribute independently to the probability, regardless of any possible correlations between the features.

In its basic form, the logistic regression classifier uses the logistic function to model a binary dependent variable. This technique is extended for other complex scenarios involving multiple classes. The model uses probability to predict the class of an unlabeled variable by estimating the likelihood of the variable belonging to that class. The variable is assigned the class if the probability value exceeds a defined threshold.

14.2.1 Machine learning in building infrastructure assessment

Civil infrastructure's security, unwavering quality, and functionality are essential to specialists, proprietors, and general society. This concern results from the consequences of the breakdown, operational end, or decommissioning of these massive structures. Therefore, these constructions should go through routine and period appraisal to assess the present status and the future conditions for proper maintenance and upgrade to satisfy the developing need for their use. Machine learning algorithms and their advancements have provided beneficial tools for creating predictive models using input observations to make data-driven decisions as output. These computational techniques have proven very effective in countless domains, which utilize predictive analytics such as condition assessment of civil infrastructures.

14.2.1.1 Condition assessment of concrete using nondestructive testing methodology

Nondestructive testing (NDT) is a methodology utilized in diagnosing the material's durability by evaluating the interior matrix without compromising the structural integrity of the test element. The materials that NDT methods could be applied on include concrete, timber, steel, soils, etc. The material, in this case, concrete, is subject to many vulnerabilities that negatively impact its durability. The degrading mechanisms that deteriorate concrete include physical factors (overloading, fatigue, erosion, etc.), chemical factors (corrosion, carbonation, the reaction between materials, etc.), and biological factors (plants, microbes, and animals). These adverse factors alter the properties of the concrete material, which could be geometrical (displacements, deformations, and dimensional alterations), material discontinuity (cracks, fractures, and delaminations), alterations in macro and microstructure, and chemical compositional changes (Bień, 2010). The changes in these properties are detectable using NDT methods, which offer tremendous opportunities in evaluating the health of concrete structures while keeping them intact.

NDT techniques have provided scientists and engineers in the damage assessment of material a fast, noninvasive, and low-cost approach to evaluate the internal defects of materials. These techniques have been developed over the years for the detection of internal defects of concrete structures. Researchers have reviewed several NDT methods, for instance (Azari et al., 2014; Hertlein, 2013; Hoła et al., 2015; McCann & Forde, 2001), for the condition assessment of concrete. A few of the NDT methods include ultrasonic pulse, impact echo, and ground-penetrating radar technologies. Researchers proposed a taxonomy for NDT methods applicable for evaluating the durability of concrete structures (Hoła et al., 2015). The authors grouped the methods into the following: optical, acoustic, radiological, electromagnetic, laser, sclerometric, thermographic, and proof load methods.

This section of the book addresses the integration of acoustic methods (that is, impact echo) and machine learning techniques to assess the internal health of concrete structures. This section's authors detailed the problems encountered in their studies and the strategies employed to solve those challenges. The proposed methodology aims to proffer a valuable approach to improve the detection of internal defects of concrete material in a data-deprived case scenario.

14.2.1.2 *Integration of NDT methods and machine learning techniques*

Numerous investigations have endeavored to interpret the output of NDT from different methods in evaluating internal deformities in concrete samples. The outcome of some of the research reveals that visual identification of corrosion-induced anomalies is a much more accurate approach to mapping defects than numerical plotting of amplitude in the assessment of concrete using ground-penetrating radar (Tarussov et al., 2013). Galietti et al. (2007) used different NN architecture to detect and dimension defects hidden in the concrete-FRP interface using data from infrared thermography as a noninvasive and fast testing technique.

Additionally, other researchers used Echo State Networks (ESNs) and Extreme Learning Machines (ELMs) in defect detection in concrete due to their proven fast and efficient training procedures surpassing traditional NNs. The results indicated that the ELM approach offered a significant improvement in performance for a single tendon-reinforced structure. In contrast, the ESN approach showed relatively performance for a mesh-reinforced concrete structure (Butcher et al., 2014). Furthermore, a full assessment of concrete elements using impact echo (IE) signals and ELM techniques was achieved by Zhang et al. (2016). Their proposed methodology characterized the internal concrete defect by the type, size, and location simultaneously. This study used wavelet decomposition to extract signatures or features from the raw IE signals and apply ELMs as classification models for full condition assessment.

14.2.2 Improve performance of algorithm models using prediction integration

Algorithm models are as good as the data that builds them. However, the performance of these models becomes uncertain when the data is small or noisy. Inadequate data makes the algorithms fail to create an efficient mapping function between the inputs and the problem's output. One way of achieving satisfactory results in data-derived scenarios is to create an ensemble that unifies the output of the constituent algorithms.

> ... data preparation can make or break a model's predictive ability. Different models have different sensitivities to the type of predictors in the model; how the predictors enter the model is also important. ***Applied predictive modeling* (2013, pp. 27).**

Dadzie et al. (2020) proposed integrating predictions from separate algorithm models when their performance proved unsatisfactory. The authors proposed this method to maximize the detection performance of an NDT-based system purposed to identify different types of internal defects in concrete. Their application first evaluated the performance of the individual ML models created from algorithms including k-Nearest Neighbor (k-NN), Decision Tree (DT), Naïve Bayes (NB), Logistic Regression (LR), and Support Vector Machine (SVM). The results indicated varying model accuracy (as presented in Table 14.1) across the selected algorithms. Furthermore, cross-validation results further corroborate the inconsistency in performance exhibited by the models.

Subsequently, the investigation employed varying strategies to combine the output of the separate ML models using mathematical

TABLE 14.1 Summary results of individual ML models.

Algorithms	Cross-validation (CV)	Model accuracy
SVM - linear	0.6000 ± 0.3023	0.5385
SVM - poly	0.6917 ± 0.2888	0.5385
SVM - RBF	0.3666 ± 0.2892	0.6154
SVM - sigmoid	0.0917 ± 0.1417	0.3846
Naïve Bayes	0.7250 ± 0.1493	0.5385
Logistic regression	0.4917 ± 0.2250	0.7692
Decision tree	0.5500 ± 0.3145	0.8462

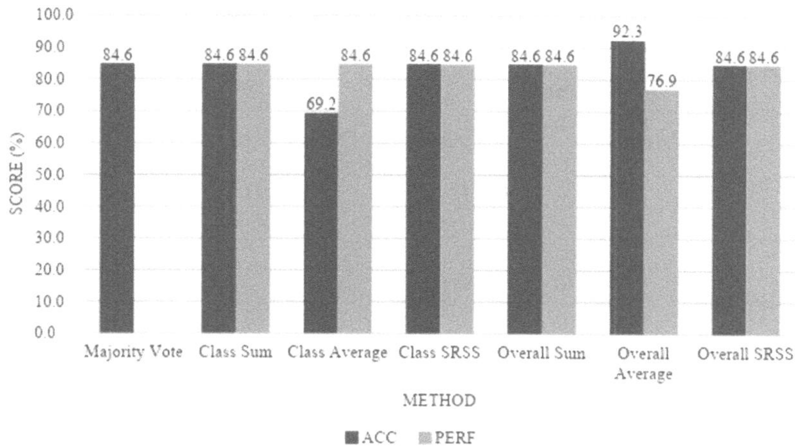

FIGURE 14.1 Results of the prediction integration for the proposed strategies based on the separate performance measures.

formulation. The integration was formulated as an optimization problem where the different strategies represented the objective function. The performance metric used in the integration was model accuracy and sensitivity and specificity (PERF for short). The models' output was integrated using the overall accuracy as well as class accuracy of the models. Fig. 14.1 displays the outcome of the prediction integration for the study. The integration produced consistently high prediction performance across most strategies offering reliability for detecting defects in concrete materials.

14.2.3 Improve performance of algorithm models using data proliferation

An alternative solution to the ensemble of algorithms in the case of an insufficient dataset is data multiplication. Monte Carlo methods provide the computational tools to sample input parameters by exploring the entire input space with a reasonable sample size. These methods are traditional techniques that use random or pseudorandom numbers to sample from a probability distribution. The standard Monte Carlo (SMC) method samples from anywhere within the range of the input distribution. This technique is capable of recreating the input distribution based on the law of large numbers. The higher the number of iteration, the closer the simulated distribution to the actual. However, the clustering of samples may arise when the number of iterations is small. Therefore, the SMC emphasized the unique clusters corresponding to the dataset's defect types, as illustrated in Fig. 14.2.

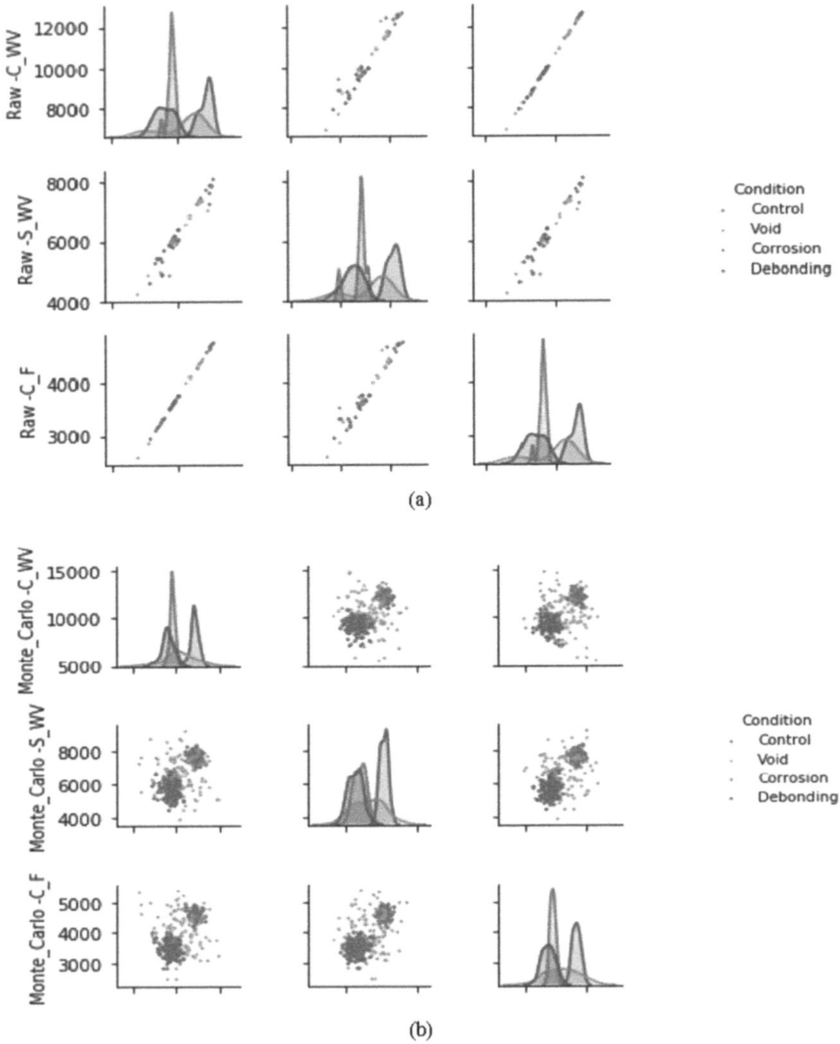

FIGURE 14.2 The scatter matrix of the raw IE dataset (A) and the generated dataset from standard Monte Carlo simulation (B).

Machine learning models created using the insufficient raw IE dataset yielded low to moderate prediction performance (shown in Fig. 14.3). The ML models built from the composition of both the raw data and the simulated data produced significantly high performance. In this case, the models' performance improved with simulation size (Fig. 14.4

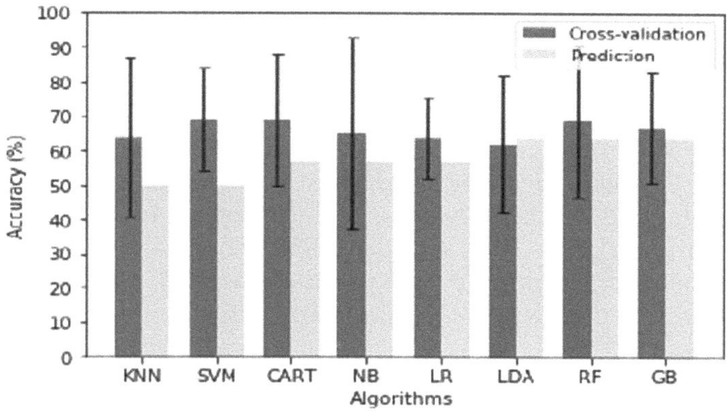

FIGURE 14.3 The performance of the individual algorithm models created using the raw IE dataset.

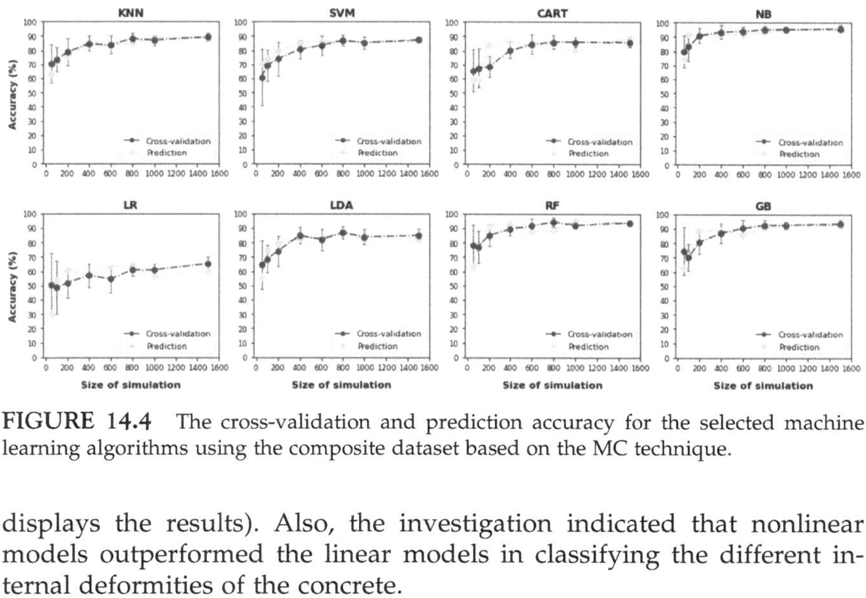

FIGURE 14.4 The cross-validation and prediction accuracy for the selected machine learning algorithms using the composite dataset based on the MC technique.

displays the results). Also, the investigation indicated that nonlinear models outperformed the linear models in classifying the different internal deformities of the concrete.

On the other hand, Quasi-Monte Carlo (QMC) methods avoid clustering by ensuring low discrepancies between points. These methods use deterministic sequences that are randomly generated to ensure equidistance among the sampled points. This sampling approach enables the recreation of the underlying distribution with fewer iterations. This feature reduces the computational cost considerably. Many QMC techniques exist, and a few explored in this literature include Latin Hypercube Sampling (LHS), Halton sampling, and Sobol's sampling.

The LHS method divides the probability distribution into equal intervals corresponding to the iteration number or sample size. A random value is then taken from each interval (or stratum) of the input distribution. The resulting estimate matches closely to the input distribution even with a smaller number of iterations. The central limit theorem does not apply with this method, but random stratified samples are obtained. This sampling method can be viewed as a k-dimensional extension of Latin square sampling (Raj, 1968, pp. 206–209). The Halton sequence is a deterministic point generator that produces a set of points, which are uniformly distributed with a low discrepancy that appears to be random. This sequence is a generalization of the one-dimensional van der Corput sequences. The van der Corput sequence is based on the radical inverse function, which converts a nonnegative integer into a fractional value between 0 and 1 by reflecting the digit about its radix point after being transformed into a numerical base. Sobol sequences are designed to generate samples of multiple parameters as uniformly as possible over the multidimensional parameter space (Saltelli et al., 2010). The most significant difference to pseudorandom numbers is that the sample values are chosen under the previously sampled points, thus avoiding clusters and gaps.

Similar to the scatter matrix produced by the SMC, the QMC methods made the patterns within the raw IE dataset more pronounced and ensured equidistance among the points. Fig. 14.5 present the scatter matrices of Halton and Sobol simulations, revealing the different clusters of defects. The prediction accuracy of the models displayed in Fig. 14.6 shows increasing performance with increasing simulation size. Sobol's dataset outperformed the LHS and Halton for most of the algorithms. Furthermore, the nonlinear models produced relatively higher performance than the linear ML models. In comparison, both SMC and QMC produced models that outperformed the models created from the minuscule raw dataset. The models from the simulated data further improved as the data size increased, which further reduced model variance, improving the consistency of the individual models.

14.3 Discussion and conclusions

This chapter of this book demonstrated the use of NDT methods and machine learning techniques to assess the internal conditions of concrete structures. It enumerates the types and uses of the various NDT methods available and their applications in the engineering field. The authors further describe a few machine learning models and their implementation in different domains. Finally, they detail the integration of NDT and ML in

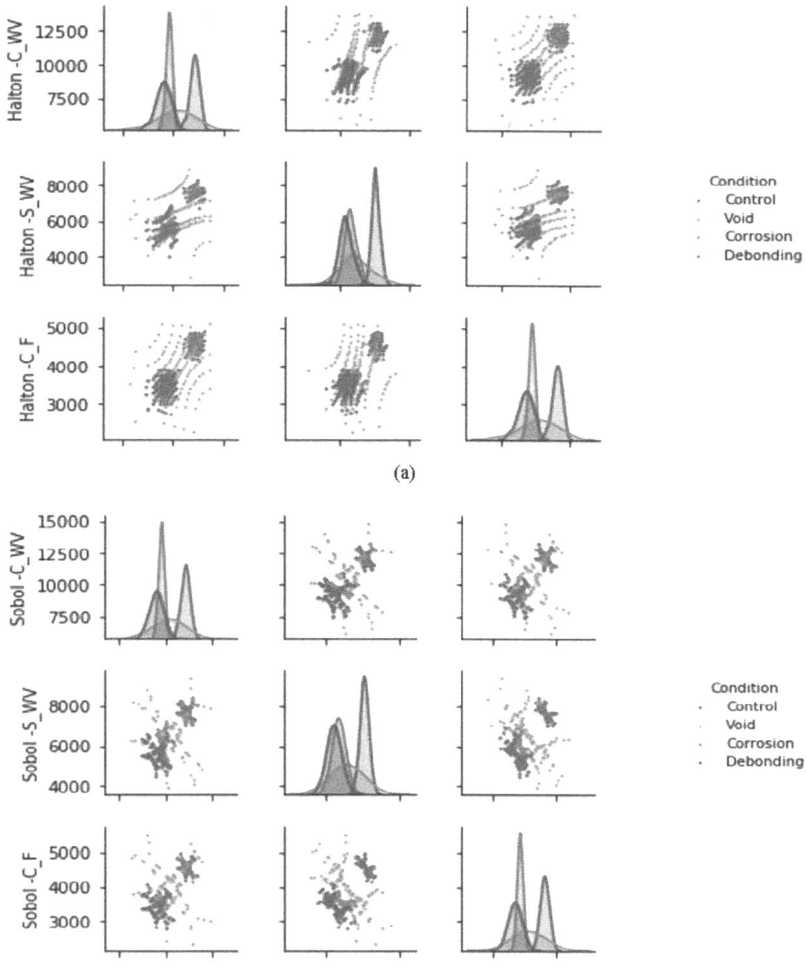

FIGURE 14.5 The scatter matrix of Halton-based simulated dataset (A) and the generated dataset from Sobol's sampling (B).

the condition assessment of concrete structures. The authors' study involved using the impact echo equipment to estimate the mechanical properties of concrete samples with different internal defects and the development of several ML models to classify these defects. However, the data samples were insufficient to create a good model for the classification problem due to limited resources. Hence, they proposed two unique methods to improve the performance of the ML models by harnessing the advantages of other computational techniques.

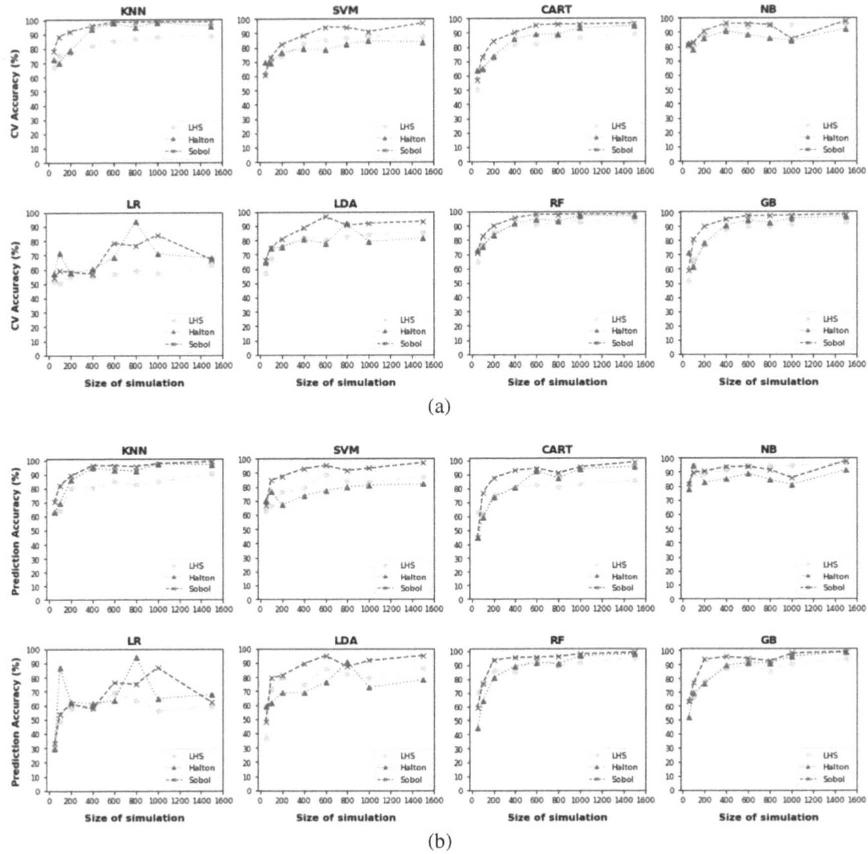

FIGURE 14.6 The cross-validation (A) and prediction accuracy (B) for the selected machine learning algorithms using the composite dataset based on the QMC techniques.

Machine learning algorithms offer useful tools to build good predictive models to classify NDT datasets, but their performance becomes uncertain when the data is small or noisy. The negative impact of inadequate data was revealed by the models developed directly from the raw dataset in the study. These models exhibited low accuracy and high variance in their results. This low output necessitated two approaches: (1) prediction integration and (2) data proliferation. First, in the prediction integration, our numerical experimentation involved the unique combination of the output of the separate ML algorithm models using an optimization method to result in a unified prediction. The outcome of the unified prediction is computed using the performance of each algorithm as the weight on the specific prediction made by that algorithm, which is subsequently aggregated. Furthermore, we explored different aggregating strategies to evaluate their influence on performance. As a result, the unified model produced relatively higher performance and lower variance. Second, the data proliferation approach exploited the capabilities of SMC and QMC techniques to multiply the raw dataset, increasing the data's variability, ensuring more robust models to be developed. In both SMC and QMC techniques, the algorithm models were trained and tested with a composite dataset (a blend of the simulated and raw data). Also, the size of the simulated data was varied to assess its impact on performance. Our results indicate that multiplying the raw data using proliferation techniques improves model accuracy and reduces model variance. The results further reveal that the model accuracy and variance continuously improve with increasing data simulation size but converges at a point depending on the algorithm and the simulation technique. Additionally, nonlinear algorithm models outperformed the linear ones indicating that the dataset was complex and not easily separable using linear boundaries.

In conclusion, our study presented the methodology for assessing the internal condition of concrete structures using nondestructive methods and machine learning techniques in a data-deprived scenario. Our application further employed prediction integration and data simulation techniques to produce more robust models with high accuracy and low variance than the models created from the small original dataset. The proposed methodology helps build high-performing classification models for the detection of different internal defects in concrete elements. The researchers suggest that this methodology is not limited to the domain of NDT-based assessment of concrete. They are motivated that the proposed method can be harnessed in other domains that utilize machine learning algorithms to achieve high-performing predictive models.

References

Altman, N. S. (1992). An introduction to kernel and nearest-neighbor non-parametric regression. *The American Statistician, 46*(3), 175–185.

Azari, H., Nazarian, S., & Yuan, D. (2014). Assessing sensitivity of impact echo and ultrasonic surface waves methods for non-destructive evaluation of concrete structures. *Construction and Building Materials, 71*, 384–391.

Batchelor, B. G. (2012). *Pattern recognition: Ideas in practice.* Springer Science & Business Media.

Beyer, K., Goldstein, J., Ramakrishnan, R., & Shaft, U. (1999). When is "nearest neighbor" meaningful?. In *Paper presented at the international conference on database theory.*

Bień, J. (2010). *Damage to bridge structures and its diagnosis.* Wydawnictwo Komunikacji i Łączności Warsaw (in Polish).

Breiman, L., Friedman, J. H., Olshen, R. A., & Stone, C. J. (1984). *Classification and regression trees* (Vol. 432, pp. 151–166). Belmont, CA: Wadsworth. International Group.

Butcher, J. B., Day, C., Austin, J., Haycock, P., Verstraeten, D., & Schrauwen, B. (2014). Defect detection in reinforced concrete using random neural architectures. *Computer-Aided Civil and Infrastructure Engineering, 29*(3), 191–207.

Dadzie, E. A., Seong, Y., Yi, S., Hamoush, S., & Plummer, J. (March 2020). Integrating predictions for improving defect classification accuracy in NDT-based assessment of concrete. In *Proceedings of waste management symposia, Phoenix, Arizona, USA.*

Galietti, U., Luprano, V., Nenna, S., Spagnolo, L., & Tundo, A. (2007). Non-destructive defect characterization of concrete structures reinforced by means of FRP. *Infrared Physics and Technology, 49*(3), 218–223.

Hastie, T., Tibshirani, R., Friedman, J., & Franklin, J. (2005). The elements of statistical learning: Data mining, inference, and prediction. *The Mathematical Intelligencer, 27*(2), 83–85.

Hertlein, B. H. (2013). Stress wave testing of concrete: A 25-year review and a peek into the future. *Construction and Building Materials, 38*, 1240–1245.

Hinton, G. E., Simon, O., & Yee-Whye, T. (2006). A fast learning algorithm for deep belief nets. *Neural Computation, 18*, 1527–1554.

Hoła, J., Bień, J., & Schabowicz, K. (2015). Non-destructive and semi-destructive diagnostics of concrete structures in assessment of their durability. *Bulletin of the Polish Academy of Sciences, Technical Sciences, 63*(1), 87–96.

Hu, L.-Y., Huang, M.-W., Ke, S.-W., & Tsai, C.-F. (2016). The distance function effect on k-nearest neighbor classification for medical datasets. *SpringerPlus, 5*(1), 1304.

Manning, C. D., Raghavan, P., & Schutze, H. (2008). An introduction to information retrieval. *Cambridge University Press, Cambridge.*

McCann, D., & Forde, M. (2001). Review of NDT methods in the assessment of concrete and masonry structures. *NDT & E International, 34*(2), 71–84.

Michalski, R. S., Stepp, R. E., & Diday, E. (1981). A recent advance in data analysis: Clustering objects into classes characterized by conjunctive concepts. In *Progress in pattern recognition* (pp. 33–56). North-Holland.

Nuamah, J. K., & Seong, Y. (September 2017). Neural correspondence to human cognition from analysis to intuition—implications of display design for cognition. In *Proceedings of the human factors and ergonomics society annual meeting* (Vol. 61, No. 1, pp. 51–55). Los Angeles, CA: SAGE Publications Sage CA.

Nuamah, J. K., & Seong, Y. (2019). A machine learning approach to predict human judgments in compensatory and noncompensatory judgment tasks. *IEEE Transactions on Human-Machine Systems, 49(4)*, 326–336.

Press, W. H., Teukolsky, S. A., Vetterling, W. T., & Flannery, B. P. (2007). Section 16.5. Support vector machines. In *Numerical recipes: The art of scientific computing.*

Provost, F., & Kohavi, R. (1998). Glossary of terms. *Journal of Machine Learning, 30*(2–3), 271–274.

Raj, D. (1968). *Sampling theory.* New York: McGraw-Hill.

Russell, S., & Norvig, P. (1995). Intelligent agents. *Artificial Intelligence: A Modern Approach, 74*, 46–47.

Saltelli, A., Annoni, P., Azzini, I., Campolongo, F., Ratto, M., & Tarantola, S. (2010). Variance-based sensitivity analysis of model output. Design and estimator for the total sensitivity index. *Computer Physics Communications, 181*(2), 259–270.

Shalev-Shwartz, S., & Ben-David, S. (2014). *Understanding machine learning: From theory to algorithms.* Cambridge university press.

Tarussov, A., Vandry, M., & De La Haza, A. (2013). Condition assessment of concrete structures using a new analysis method: Ground-penetrating radar computer-assisted visual interpretation. *Construction and Building Materials, 38*, 1246–1254.

Zhang, J.-K., Yan, W., & Cui, D.-M. (2016). Concrete condition assessment using impact-echo method and extreme learning machines. *Sensors, 16*(4), 447.

Zheng, A., & Casari, A. (2018). *Feature engineering for machine learning: principles and techniques for data scientists,* (p. 1). O'Reilly Media, Inc.

Zhu, X., & Goldberg, A. B. (2009). Introduction to semi-supervised learning. *Synthesis Lectures on Artificial Intelligence and Machine Learning, 3*(1), 1–130.

PART IV

Ethics, privacy, and policy in human–AI interaction

CHAPTER

15

Ethics of AI in organizations

Sean M. Noble[1], *and Veljko Dubljević*[2]

[1] Department of Psychology, North Carolina State University, Raleigh, NC, United States; [2] Department of Philosophy and Religious Studies, North Carolina State University, Raleigh, NC, United States

15.1 Introduction

The continued use of AI will have social, psychological, financial, legal, environmental, and trust ramifications for years to come (Bauer & Dubljević, 2019; Bird et al., 2020; Fjeld et al., 2020; Ouchchy et al., 2020). AI-based systems provide useful information and services to human users; given the pervasiveness and quick social penetration of this technology, AI promises dramatic improvements and changes to the lives of many people (Bauer & Dubljević, 2019). Advancements in information technology and data science have enabled computation of large quantities of data at unprecedented speeds. These developments have led to the creation of new data science methods, including machine learning (ML), that have equipped industries with new competitive strategies. New financial and human capital insights generated by big data analysis, web scraping, social media analytics, algorithmic screening, gamified assessment, and chatbot technologies are catalyzing new operations and organizational strategy. For this reason, professional organizations such as the Society for Industrial and Organizational Psychology have identified AI as the most important workplace trend in recent years (Haynes, 2020; Rebar, 2019). AI offers the possibility to improve organizational productivity by automating many cognitive tasks which were once only able to be completed by humans. In theory, these tasks will be less limited by the physiological requirements (e.g., sleeping, eating, etc.) and prejudices (e.g., ageism, sexism, racism) of human workers (Kleinberg et al., 2018).

Yet, as much as AI has the potential to do good, it also has the potential to do harm. When used poorly, AI-based systems conceal prejudiced models behind ostensibly objective decision-making, create ambiguity

Human-Centered Artificial Intelligence
https://doi.org/10.1016/B978-0-323-85648-5.00019-0

about the liability of manufacturers and users of AI-based systems, and invade the privacy of those subjected to AI scrutiny (Dodgson et al., 2020). When developing and deploying AI in organizations, it is important to consider how to do so in a manner consistent with ethical best practices.

A poor implementation of AI resulted in a headline story for Mr. Ibrahim Diallo, 8 months into a 3-year contract with a Los Angeles-based organization (Wakefield, 2018). He woke up one morning to a panicked call from his recruiter who had just been notified that Diallo's contract with the organization had been terminated. Despite his manager's reassurance that he had not been fired, over the next several days Diallo found that his entry keycard no longer functioned, and that he had been locked out of the organization's computer systems. Eventually, the issue made its way to his director, who assured Diallo that she would sort the problem out. Diallo returned to his workstation to find that the system lockout had led to a catastrophic issue on the tool he was working on, which could have resulted in a significant amount of performance loss and project time wasted. Diallo was able to fix the issue, but only by using extra time and resources to circumvent normal protocols. Meanwhile, the director's ticket to resolve the issue was immediately closed without a solution, and not too long after, the building's security came to escort Diallo out of the building. Diallo later learned that he had been terminated because an automated system had taken over his contract when a previous manager neglected to renew the agreement. The system promptly fired Diallo once the contract expired, and it took several weeks for the issue to be solved. At that point, Diallo had missed 3 weeks' worth of pay and left the position as soon as he was able (Diallo, 2018). Diallo's story exemplifies the pressing need for ethical AI. Intelligent systems installed and utilized by organizations without guiding principles result not only in worker harm, but also negative organizational outcomes, particularly among teams engaged in complex tasks. In this instance, had Diallo's company properly maintained human control and oversight over the system's decisions, the organization might have retained a valuable team member.

That is not to say that organizational leaders and researchers fail to consider the ramifications of unethical practice. Far from it, there has been a great deal of research on the topic of business ethics (see De Cremer & Moore, 2020). Organizational theories that encourage ethical behavior, including organizational justice theory and corporate social responsibility (CSR), are well established within the business literature. Their constructs and concepts are well studied, and their utility and usability can be readily translated to organizational leaders. The same cannot be said for the practice of ethical AI. Determining how to use AI ethically is more easily said than done; there are myriad of possible ethical principles of AI accessible to organizations today (Perrault et al., 2019). It is therefore difficult if not impossible to inform organizations of the best practices of ethical AI when there is neither an agreed upon set of guidelines concerning what constitutes ethical AI, nor a clear link between those principles and existing organizational theories that currently inform ethical practices. The first step in bridging this gap would be to determine a set of ethical principles of AI and map them to relevant organizational theory, such that those links could be later verified and utilized. This chapter serves as that first step. In the following paragraphs, we discuss (a) the proposed nine principles of ethical AI, (b) existing organizational theory relevant to these principles, and (c) where these principles align with existing organizational theory.

15.2 What are the principles of ethical AI?

Before describing the principles of ethical AI, we clarify our operative definition of AI ethics. Ethics is a set of reflected norms, rules, precepts, and principles that govern and guide the behavior of individuals or groups (Dubljević et al., 2018; Miller, 1999; Racine et al., 2017). AI ethics, therefore, concerns the important question of what principles should govern and guide the design and use of AI-based systems. Many governmental and private organizations in various countries have put forth their own guidelines for the ethical use of AI. Between 2016 and 2019, an estimated 59 ethical AI frameworks were produced by various private, academic, and government institutions (Perrault et al., 2019). Accordingly, a more parsimonious number of principles of ethical AI must first be determined.

The Berkman Klein Center for Internet and Society at Harvard University recently compiled 36 of the most eminent sets of these guidelines to condense them into eight principles: fairness and nondiscrimination, privacy, safety and security, human control of technology, transparency and explainability, accountability, promotion of human values, and professional responsibility (Fjeld et al., 2020). These 36 approaches to principles of ethical AI are notable in that they represent international and multistakeholder perspectives of what constitutes the basic tenets of ethical AI, including those from prominent institutions such as Microsoft and the Institute of Electrical and Electronics Engineers. Since this report appeared, the United Nations Educational, Scientific, and Cultural Organization (UNESCO) has also published their own recommendation for the ethics of AI (UNESCO, 2020). While much of the UNESCO report reiterates the same themes outlined in The Berkman Klein Center report, it adds another crucial principle to this list: sustainability. Combined, we propose that these nine principles of ethical AI represent global thinking on the ethical creation and use of these technologies. Recent research examining public discourse of AI suggests that there are three common themes under which AI ethics are discussed: undesired results, acting responsibly, and lack of ethics in AI (Ouchchy et al., 2020). We categorize the current principles within these three themes, reframing them from reactionary to prescriptive (see Racine et al., 2017). We explain these nine principles here in detail, summarized in Table 15.1, and strive to elucidate the underlying major themes which unite and guide ethical reflection on this topic.

TABLE 15.1 Principles of ethical AI.

Principle	Description	Source
Avoiding undesired results		
1. Fairness and nondiscrimination	AI algorithms that are nondiscriminatory, fair, inclusive, representative, and free from human biases.	Fjeld et al. (2020), UNESCO (2020)
2. Privacy	AI use that enables consent, protection from surveillance, and right to control the use of data gathered.	Fjeld et al. (2020), UNESCO (2020)
3. Safety and security	AI that does no harm to humans and resists external threats.	Fjeld et al. (2020), UNESCO (2020)
4. Human control of technology	AI that remains under human control and enables review by those impacted.	Fjeld et al. (2020), UNESCO (2020)
Acting responsibly		
5. Transparency and explainability	AI that enables oversight and can be parsimoniously explained, understood, and recognized.	Fjeld et al. (2020), UNESCO (2020)
6. Accountability	Continuous assessment, evaluation, refinement, of AI use, as well as the creation of new regulations and subsequent liability for failure to meet these regulations.	Fjeld et al. (2020), UNESCO (2020)
Adding ethics to AI		
7. Promotion of human values	AI that is used to benefit society, human civilization, and human rights.	Fjeld et al. (2020), UNESCO (2020)
8. Professional responsibility	AI that is designed purposefully and collaboratively with relevant stakeholders.	Fjeld et al. (2020), UNESCO (2020)
9. Sustainable development	AI that benefits or does not hinder the development of sustainable societies and objectives.	UNESCO (2020)

15.2.1 Avoiding undesired results

The first and largest category of these principles we suggest is "avoiding undesired results." This category includes four principles outlined in both the Fjeld et al. (2020) and UNESCO (2020) report: fairness and nondiscrimination, privacy, safety and security, and human control of technology. Within this category are the principles concerned with avoiding the dangers of AI when used for unethical or immoral purposes, whether intentionally or unintentionally.

First within this category is the principle of fairness and nondiscrimination. This principle suggests that AI should utilize only representative and high-quality data, be used impartially and equally across demographics, and consider a diverse array of stakeholders in its design and implementation (Fjeld et al., 2020). Notably, prejudice constitutes the most discussed topic in media reporting on AI ethics (Ouchchy et al., 2020). While AI can reduce or even eliminate prejudice and discrimination in organizations by operating without human prejudice, there is an equal danger that the AI might be created in such a way that institutionalizes such prejudice (Kleinberg et al., 2018). Amazon, for example, canceled the development of an AI-based recruiting software which began to favor men over women (Dastin, 2018). Care needs to be taken during both the creation and use of AI-based systems to ensure that human prejudice is not ingrained into the system before or after its initial deployment.

Meanwhile, privacy is also at the forefront of academic discussion (see Stahl et al., 2016) and public debate regarding ethical issues in AI, as evidenced by a recent study reporting that privacy is the second most common topic in media discussion of AI ethics (Ouchchy et al., 2020). The right to privacy from AI includes the right to consent to AI-based data collection and analysis and a measure of control over the subsequent use of that data. Additionally, the principle of privacy includes the right to deny AI-based analysis of one's own data, the right to rectify data collected from or analyzed by AI-based systems, and the right to erase personal data. An example of this principle in practice is to develop an AI-based system from inception with the intent of preserving the privacy of all stakeholders involved. However, some sources suggest that ethical guidelines may not be enough to ensure sufficient privacy from AI and recommend that these guidelines be enshrined by law (Fjeld et al., 2020; UNESCO, 2020). For example, the European Union (EU) has already taken steps to ensure the protection of its constituents' personal data through a law known as the General Data Protection Regulation (GDPR; European Union, 2016).

The principle of safety and security proposes that AI be protected from both internal and external threats (Fjeld et al., 2020). For instance, several years ago, Equifax made national headlines in the United States after the personal data (e.g., names, social security numbers, addresses, and credit scores) of 147 million individuals was stolen by anonymous hackers (FTC, 2020). Federal prosecutors have charged four foreign intelligence officers for this breach (Geller, 2020). If true, such a large volume of important, connected, and AI-collated data represents a real and present danger to national security and the financial safety of those individuals. Using ML algorithms, patterns identified in such data can be harnessed to conduct espionage or identity theft against those exposed. Additionally, the information harnessed in such data breaches could lead to more successful security breaches as AI-based systems are used in ever more sophisticated phishing attempts. While it is unrealistic to expect that AI would not be used to enable such behavior, the ethical use of AI in an organization would prioritize creating equally powerful algorithms which humans can utilize to assist in the defense against hacking, both of the AI-based system itself as well as the systems under its protection.

The principle of human control of technology maintains that the outcomes of AI are ultimately within human governance. Put another way, results and decisions stemming from AI technologies should be able to be reviewed, opted-out of, challenged, or otherwise managed by people (Fjeld et al., 2020). This principle would have been particularly helpful in preventing Mr. Diallo's crisis. Human control of technology is closely connected to proposals to implement the "society-in-the-loop" model (Rahwan, 2017). This model is grounded simultaneously on the ideas of a human-in-the-loop model and social contract theory. The society-in-the-loop model is geared toward embedding "the general will into an algorithmic social contract" (Rahwan, 2017, p., 8) in order for society to better exert their collective will over AI technology. The principle of human control of technology, as evidenced by the model, is necessary to ensure society's normative expectations are implemented into governance structures.

15.2.2 Acting responsibly

The second theme of the ethical principles of AI is "acting responsibly." Principles within this category suggest that AI be designed and utilized both under appropriate scrutiny and within legal boundaries. Within this category are the principles of (a) transparency and explainability and (b) accountability.

Transparency and explainability in the context of AI ethics refers to development of AI-based systems that may be easily managed and understood both by experts and nonexperts (Fjeld et al., 2020). Simply put, transparency refers to the notion that AI is understandable, and explainability refers to the ability to explain the processes of the AI as well as the related, human-decided applications (Ai, 2019). This does not mean that experts and nonexperts should have an equal understanding of the system. Rather, systems should be designed in such a way that both experts and nonexperts can understand the system well enough to make informed decisions regarding its usage, methods, and output. Furthermore, this principle recommends that individuals be made aware when they are interacting with an AI-based system, as well as when it makes a decision about the individual. For example, if biases cannot be completely removed from an AI-based system as recommended by principle 1, fairness and nondiscrimination, then what biases remain should be made apparent to the individual subject to the AI-based system. Finally, while perhaps unrealistic in practice, developers should consider creating and users should consider utilizing open-source AI systems with important outcomes regularly disclosed to stakeholders.

Accountability refers to establishing who is liable for a decision made by the AI-based system. Accountability may be further subdivided into three categories: before, during, and after AI deployment. Before deployment, AI-based systems must be designed such that the validity of its assessment is able to be verified, it is reliable when given the same inputs, and is itself subject to impact assessment. During deployment, AI-based systems should be continuously monitored and audited to ensure both consistency as well as iterative improvement, preferably by a committee or structure established by its users or creators. This should include the ability for individuals subject to the AI to appeal its assessment. After an AI-based system's deployment, regulatory systems should exist to rectify unjust decisions made by the AI-based system, in addition to legal liability for those that cause harm using AI (Fjeld et al., 2020).

15.2.3 Adding ethics to AI

Like any other technology, AI is inherently amoral. However, unlike other technologies which are used by human beings to make relevant decisions and actions, AI technology acts and makes decisions without the benefit of human moral intuition. We address this issue in this category, "ameliorating the lack of ethical values in AI," through three ethical principles: (a) promotion of human values, (b) professional responsibility, and (c) sustainability.

The first, the promotion of human values, suggests that AI should be used for the common good. AI-based systems should be developed and deployed in a manner consistent with prevailing human values, widely available and distributed, and for the benefit of society at large (Fjeld et al., 2020). What is less clear is exactly which values AI needs to be imbued with, primarily because such values vary across cultures. However, there are some globally agreed-upon values worth considering.

UNESCO (2020) offers an international, collaboratively developed set of values that inform their thinking on ethical AI: human dignity, human rights, and fundamental freedoms, leaving no one behind, living in harmony, trustworthiness, diversity and inclusiveness, and protection of the environment. Additionally, achieving social justice is an important value across the globe (Miller, 1999), though there is ample disagreement on how this may be done.

Second in this category is professional responsibility. This principle suggests that AI be designed meticulously, purposefully, and with the input of stakeholders across a variety of levels. Furthermore, creators of AI-based systems should consider the long-term outcomes of its intended and unintended usage and should create in AI-based systems in a manner that is reliable, valid, and otherwise guided by scientific principles (Fjeld et al., 2020). Of all the principles described thus far, the principle of professional responsibility is most relevant to developers and researchers of AI because it pertains almost exclusively to the creation of AI rather than its use. However, users of AI can support this principle by utilizing only AI-based systems that are developed in accordance with professional responsibility.

The final principle within this category is sustainable development. Sustainable development in the context of AI refers to creating AI technologies that enable maintainable solutions to global problems such as healthcare and equality, minimizing resource waste, and environmental responsibility. Though the theme of sustainability is not present in the Berkman Klein Center report, the authors acknowledge that while sustainability did not seem warranted as a principle based upon the guidelines it sourced its recommendations from, future guidelines and frameworks might indicate it as a more prominent theme (Fjeld et al., 2020). Accordingly, UNESCO (2020) explicitly includes sustainability as a prominent theme, suggesting that impacts of AI on sustainability across a wide variety of metrics should be continuously evaluated, including those established as the United Nations (UN) Sustainability Development Goals (SDGs). The SDGs are a set of global, prosocial goals intended to be fulfilled by 2030. In 2018, there were an estimated 135 known instances of AI supporting the accomplishment of these goals (Chui et al., 2018). More recently, it is estimated that AI can help enable the accomplishment of 71% of the SDGs (Vinuesa et al., 2020). For example, practices such as increased email traffic contribute to global warming (Molloy, 2020). The environmental impact of mass email spamming should be considered, and ethical AI would not be developed or utilized to further propagate this wasteful communication. Given scientists' unified stance on the importance of climate change (Chichilnisky & Rezai, 2020), it is crucially important that any ethical principles of AI advocate for the avoidance of the potentially disastrous outcomes of global warming.

15.3 Existing organizational theory

The Principles of Ethical AI described here will help stakeholders shape future policy concerning the creation and deployment of AI-based systems. However, there are existing theoretical frameworks within the organizational sciences that also align with these principles. Though it is beyond the scope of this chapter to address all possible theories which support these nine principles, we discuss two particularly relevant theories (i.e., Organizational Justice Theory and Corporate Social Responsibility) before integrating them with the aforementioned principles.

15.3.1 Organizational justice theory

Organizational justice theory is a literature which bridges scholarship and practice (Cascio, 2008) and is a critical component for understanding collaborative work behavior. While the principles of ethical AI detailed earlier in this chapter prescribe how AI should be designed and utilized, organizational justice theory frames both how stakeholders will interpret these principles and why such principles are important. The concept of justice, closely tied to fairness, is also intimately tied to ethics (Colquitt et al., 2005). This is likely because justice as a concept is rooted largely in the basic ethical assumptions of how individuals are meant to be treated; the violation of justice at work is a violation of deontological ethics (Folger et al., 2005). Modern discussions of justice in organizational literature focus not on what justice should be, as Aristotle once did, but on how individuals uniquely perceive justice at work (Colquitt et al., 2005).

Organizational justice literature typically spans three issues: the origins of fairness concerns, the process through which fairness is evaluated, and the outcome of fairness reactions. Human concern for justice seems to be ubiquitous across individuals, and in an organizational context, originates primarily from feelings of uncertainty. This might include uncertainty about the trustworthiness of the situation, one's own status as a worker, the morality of the situation, the relevance of the situation to goal progress, or anything else relevant to work that evokes uncertainty (Colquitt & Zipay, 2015). These justice concerns are then processed through some combination of deliberate cognitive processing, evaluations based on heuristic knowledge, and interpretations of one's own feelings (Colquitt & Zipay, 2015). From this process, perceptions of justice are formed.

Justice perceptions exist in one of four dimensions: distributive justice, procedural justice, interpersonal justice, and informational justice (Colquitt, 2012; see Table 15.2). The dimension of justice through which an individual will perceive the situation largely depends on the organizational process in question; for example, procedural justice concerns often

TABLE 15.2 Connections of organizational justice and corporate social responsibility to principles of ethical AI.

Term	Description	Example	Connections to principles of ethical AI
Distributive justice	Fairness of decision outcomes.	Perceived fairness of a manager's promotion decision, such as the degree to which the employee promoted "deserved" the promotion.	(1) Fairness and nondiscrimination, (4) human control of technology, (5) transparency and explainability, (6) accountability, (7) promotion of human values, (8) professional responsibility
Procedural justice	Fairness of the decision-making processes	Perceived fairness of an organization's hiring process, such as the appropriateness of the test for the job in question.	(1) Fairness and nondiscrimination, (4) human control of technology, (5) transparency and explainability, (6) accountability, (7) promotion of human values, (8) professional responsibility
Informational justice	Degree to which honesty and truthful information is used to justify the decision.	Perceived fairness of the information, such as quality feedback and amount of information provided, for the decision to reject a job application.	(2) Privacy, (3) safety and security, (5) transparency and explainability
Interpersonal justice	Degree of respect and propriety of questions during the decision-making process.	Perceived fairness of treatment received by a trainer during a training seminar.	(4) Human control of technology
Corporate social responsibility (CSR)	An organization's responsibility to act not only in the interest of its stockholders, but to all stakeholders in the organization's scope.	Triple Bottom Line: Equal prioritization of stakeholders (people), sustainability and the environment (planet), and stockholder value and revenue (profit).	(6) Accountability, (7) promotion of human values, (9) sustainable development

arise during recruitment and selection processes or performance appraisals. Beyond deontological reasoning that justice is innately significant, perceptions of justice are important because they influence a variety of important work outcomes such as performance, job satisfaction, trust in organization, and turnover intentions (Cohen-Charash & Spector, 2001; Greenberg, 2011; Skitka et al., 2003).

15.3.2 Corporate social responsibility (CSR)

Another important organizational theory when discussing ethical AI is CSR. CSR has become a noteworthy concept in a future where the burden of enforcing and regulating ethical behavior has fallen largely outside the scope of national governments and unions, and lies primarily in the hands of multinational, globe-spanning organizations (Voegtlin & Greenwood, 2016).

While the definition of CSR is highly value laden and has thus varied across both time and culture, it is generally understood to refer to organizations' responsibility to act not only in the interest of their shareholders, but to all stakeholders in their scope (Carroll, 1999; Garriga & Melé, 2004; Voegtlin & Greenwood, 2016). While this part of the definition is largely consistent, the degree of this responsibility (i.e., whether this necessitates voluntary or simply legal behaviors) and what it means to act in the interest of stakeholders, as well as how wide the "domain" of stakeholders extends (i.e., whether that includes society, economy, or environment), can vary (Dahlsrud, 2006). This variance may be in-part attributable to the fact that CSR is rooted more in ethics than in science (Bansal & Song, 2017). In many instances, CSR is the framework under which widely recognized organizational ethics frameworks exist, such as the triple bottom line (TBL), which calls for the equal prioritization of people, planet, and profit (Elkington, 1997).

Because of the wide variety of concepts that could or could not be considered CSR, comparative to a more conceptually discrete theory such as organizational justice, it remains difficult to draw conclusions about the work-relevant outcomes of CSR. Some scholars suggest that CSR improves an organization's reputation, and by extension, leads to improved work outcomes such as increased revenue (e.g., Knox & Maklan, 2004). Furthermore, some authors have suggested that CSR behaviors are those that exist beyond the immediate, short-term interests of the business (see Carroll, 1999). One of the founding thinkers of CSR, Keith Davis, once defined the concept as "decisions and actions taken for reasons at least partially beyond the firm's direct economic or technical interest" (Davis, 1960, p. 70). Regardless, given CSR's ethical roots, it is a natural fit to help inform the ethical deployment of AI-based systems.

15.4 Integrating ethical principles of AI with organizational theory

Having discussed both the proposed principles of ethical AI as well as the organizational theories that align with these principles, we conclude by suggesting the areas of overlap which ultimately form the basis of our recommendations for developers and users of AI. We begin our recommendations by returning to organizational justice.

Each dimension of organizational justice informs what stakeholders will consider when assessing the fairness of AI in organizational contexts. The first of these, procedural justice, is related to the perceived fairness of the decision-making process (see Table 15.2). Procedural justice concerns are those related to the formal characteristics of the procedure itself and include the relatedness of the procedure to the job (job relatedness), the perceived opportunity to demonstrate relevant skills and abilities (opportunity to perform), whether one's results can be rechecked (reconsideration opportunity), and whether the procedure is standardized between applicants (consistency; Gilliland, 1993). In many ways, then, the ethical principles of AI align with the same rules that govern human perceptions of a fair process. Metaanalyses of procedural justice research suggest that fair and nondiscriminatory processes improve important work outcomes such as performance, job satisfaction, trust in organization, and turnover (Cohen-Charash & Spector, 2001; Greenberg, 2011; Skitka et al., 2003). Therefore, beyond the ethical and legal ramifications of using biased hiring systems, the use of ethical AI for recruitment and selection would be helpful to organizations from an outcomes perspective. For example, AI-based systems are currently being deployed in recruitment and hiring contexts to administer and score job seeker's applications, resumes, and interviews, and to decide whether a candidate advances to the next phase of the selection process. Two dimensions of procedural justice are the previously described job relatedness and opportunity to perform rules (Gilliland, 1993). Applied to ethical AI, these rules align with our principles of professional responsibility (principle 7) and fairness and nondiscrimination (principle 1; see Table 15.1). Job relatedness, opportunity to perform, and professional responsibility would together suggest that an AI-based system be created to gauge metrics that have high face validity to applicants. Similarly, fairness and nondiscrimination would suggest that AI-based systems assess all relevant skills and abilities regarding those metrics, and that AI creators and users utilize the power of AI to assess previously overlooked ways of assessing skills and abilities rather than entrench existing human prejudices into these AI-based systems.

There are other dimensions of organizational justice important to consider as well. Distributive justice was the first dimension of organizational justice to be highly researched and published (see Colquitt, 2012; Colquitt et al., 2005), and perceptions of distributive justice are thought to be determined by three allocation norms: equitable distribution of outcomes relative to contributions (desert), equal allotment of outcomes between recipients (equality), and that recipients with the greatest need receive the most (need; Miller, 1999; see Table 15.2). Important to note is the distinction between the perceived fairness of the outcome (distributive justice) and whether the outcome benefits the individual (outcome favorability). The two are conceptually distinct, though outcome favorability has a strong effect on distributive justice and satisfaction (Skitka et al., 2003). For example, during a promotion decision, outcomes may not be able to be distributed *equally* as there is often only one position available, and the employee with the greatest *need* for the promotion (e.g., whose spouse recently lost his job) may not be who receives it. However, in any organizational decision outcome, results can still be distributively just by being equitable and clear in terms of the justice criterion being used; in this way, organizations can work to ensure distributive justice in their decisions.

As procedural justice and distributive justice imply, there is a distinction between organizational processes and the decisions based on those processes. However, in a present where AI has the potential to be both the process for decision-making as well as the decision-maker, the principles described in this chapter provide guidelines for ensuring that AI-based system decisions are both procedurally and distributively just. Designing AI systems that are trained and evaluated by human stakeholders (principle 8) and are explicitly weighted to factor equity as well as validity (principle 7) may help ensure that AI-based systems produce fair decisions. While developers must be cautious not to allow human prejudice into the system by human trainers, fair and nondiscriminatory AI (principle 1) is another principle of ethical AI that should already be under consideration. Additionally, any decision made by AI-based systems should ultimately be reviewed by a person, such as a manager or hiring manager, who can assess the system's decision using the unique power of human judgment (principle 4). For managers to be able to make such assessments and explain them to the recipients, and for those recipients to accept the outcomes as fair, the AI must be designed and used in such a way that its outputs are easily interpreted and understood (principle 5). Finally, equitable AI systems should be continuously monitored and subjected to internal or external (i.e., legal) liability (principle 6), in the form of organization-specific oversight panels or industry-level and national-level regulatory bodies.

The last dimension of organizational justice is interactional justice. The most recent literature on interactional justice suggests that the dimension is comprised of two independent subdimensions: informational and interpersonal justice (see Table 15.2). Of the two, informational justice is the more immediately relevant dimension to ethical AI as it concerns the information used to justify a decision rather than an interpersonal exchange. Informational justice reinforces the need for transparent and explainable AI (principle 5) given that it is primarily concerned with the amount of feedback given to candidates or employees about the decision process (Dubljević, 2006), as well as transparency regarding the information used to justify the decision. In the particular case of AI, which has the potential to reidentify individuals with their data, it is important that organizations collect and store these data in a safe and secure manner (principle 3) and ensure that any possible identifying information is removed from the data set once no longer necessary (principle 2). Communicating to stakeholders how the organization is enacting these safeguards should be a part of the decision process.

Concerning interpersonal justice, recommendations for ethical AI are less well defined, as research on human–artificial intelligence interaction is still new. Research on human–robot interaction suggests that more intelligent, autonomous robots are perceived as more humanlike (e.g., Furlough et al., 2021; Yagoda & Gillan, 2012). What is still unclear is whether interaction with AI-based system could ever constitute "interpersonal" interaction in the minds of individuals. Some research suggests so (e.g., Lee & Nass, 2010), but this is still debated. Considering that a not insignificant number of individuals will perceive AI as incapable of interpersonal interaction, organizations may wish to ensure that a human representative on behalf of the organization remains a part of the decision process (principle 4). In the case of rejected applicants, where this is least feasible for organizations if there are a great deal of applicants, an opportunity to contact a hiring representative to have one's results reconsidered or to receive feedback from a human being may suffice.

Finally, CSR also informs how and why principled AI should be researched and deployed. While the precise definition of CSR is still debated, its importance is well defined given the increased number of social, environment, and economic challenges facing global society today (George et al., 2016). A concern with current integration of CSR practices is that organizations often neglect to wholly integrate CSR in their core business model, instead relying on symbolic gestures to "greenwash" profit-oriented business strategies as being people and planet oriented (Stahl et al., 2020). What is evident, however, is that fundamental restructuring of core business models will be necessary to truly address the grand challenges facing the world today. During his tenure as Secretary General of the UN, Ban Ki-moon often remarked that "We don't have a plan B because there is no planet B." Because AI is one of the factors driving current global challenges, and therefore at particular risk to exacerbate these issues, especially conscientious care should be taken to develop CSR-compliant practices. The Principles of Ethical AI provide a suitable set of guidelines to develop AI-based systems in this manner. Because CSR in part means for organizations to act ethically, any of the Principles of Ethical AI could be suggested as a way for organizations to engage in CSR.

However, using the TBL framework of "people, planet, profit," we propose three principles that most align with each of these categories. First, the promotion of human values (principle 7) is the most purely "people" oriented of the Principles of Ethical AI, suggesting that AI-based systems be introduced to organizations in a manner that improves the quality of life for organizational stakeholders rather than introduce stress and anxiety into the workplace. Second, sustainable development (principle 9) most directly aligns with the notion of "planet," meaning that organizations should use AI-based systems which support (or at the very least avoid harming) sustainable goals and development. Organizations should develop AI-based systems which minimize computing power and energy consumption and do not fall into the trap of maximizing effectiveness at the cost of maximizing waste. Mission-focused organizations such as nongovernment organizations may also wish to develop their own AI-based systems, given that AI has the potential to help accomplish almost three-fourths of the UN's SDGs (Vinuesa et al., 2020). Concerning "profit," the principle of accountability (principle 6) offers a way for organizations to act both ethically and profitably. Research suggests that CSR activities are mostly discretionary on the part of organizations, and that the inclusion of fields such as human resource management is mostly compliance-, strategy-, or values based (Stahl et al., 2020). There are several notions that can be drawn from this idea, which suggest that increased accountability in AI is in organizations' profit interest: (a) regulation on the ethical use of AI will constrain the activities of organizations who would otherwise use AI-based systems unethically to maximize profit, (b) ethical AI can be part of an organization's core strategy, and (c) ethical AI will help restore faith in current institutions and economic systems. Therefore, increased accountability of AI in organizations will help create an economic landscape where using AI ethically does not oppose profit.

15.5 Conclusion

In summary, AI has sweeping implications for global society and for the organizations that operate within it. In this chapter, we have provided a set of what we believe to be the current best practice recommendations for organizations to research, develop, and deploy AI-based systems in an ethically principled manner. By overlaying these principles with organizational science, we show how these principles are in alignment with extant theory. We acknowledge the concern of some scholars (e.g., Bansal & Song, 2017; Stahl et al., 2020) that there exist inevitable tensions between social, environmental, and economic concerns. Regardless, AI is an especially disruptive technology which will continue to mold institutions, economic systems, and perhaps society itself. It is therefore critical and practical to consider ethics through every stage of the AI lifecycle, as well as to continue to research these links between principles of ethical AI and organizational theory. In doing so, we may ensure that AI remains a force for progress and the common good.

Acknowledgments

The authors would like to thank for their valuable discussion and feedback the members of the NeuroComputational Ethics Research Group at NC State University—in alphabetical order, Iris Coates McCall, Allen Coin, Elizabeth Eskander, Megan Mulder and Anirudh Nair, as well as the following members of the 4D Lab—Chelsi Campbell, Jenna McChesney, and Jason Saville. Special thanks to Dr. Nirav Ajmeri and Dr. Timothy Menzies for expert feedback, and Abigail Presley for editorial assistance.

References

Ai, H. (2019). *Ethics guidelines for trustworthy AI.* https://ec.europa.eu/newsroom/dae/document.cfm?doc_id=60419.

Bansal, P., & Song, H. C. (2017). Similar but not the same: Differentiating corporate sustainability from corporate responsibility. *The Academy of Management Annals, 11*(1), 105–149. https://doi.org/10.5465/annals.2015.0095

Bauer, W. A., & Dubljević, V. (2019). AI assistants and the paradox of internal automaticity. *Neuroethics, 13*(3), 303–310. https://doi.org/10.1007/s12152-019-09423-6

Bird, E., Fox-Skelly, J., Jenner, N., Larbey, R., Weitkamp, E., & Winfield, A. (2020). *The ethics of artificial intelligence: Issues and initiatives [White paper].* Panel for the Future of Science and Technology. https://www.europarl.europa.eu/RegData/etudes/STUD/2020/634452/EPRS_STU(2020)634452_EN.pdf.

Carroll, A. B. (1999). Corporate social responsibility: Evolution of a definitional construct. *Business & Society, 38*(3), 268–295. https://doi.org/10.1177/000765039903800303

Cascio, W. F. (2008). To prosper, organizational psychology should... bridge application and scholarship. *Journal of Organizational Behavior, 29*(4), 455–468. https://doi.org/10.1002/job.528

Chichilnisky, G., & Rezai, A. (Eds.). (2020). *Handbook on the economics of climate change.* Edward Elgar Publishing. https://doi.org/10.4337/9780857939067

Chui, M., Harryson, M., Manyika, J., Roberts, R., Chung, R., Heterson, V. A., & Nel, P. (2018). *Notes from the AI frontier: Applying AI for social good.* McKinsey Global Institute. https://www.mckinsey.com/~/media/mckinsey/featured%20insights/artificial%20intelligence/applying%20artificial%20intelligence%20for%20social%20good/mgi-applying-ai-for-social-good-discussion-paper-dec-2018.ashx.

Cohen-Charash, Y., & Spector, P. E. (2001). The role of justice in organizations: A meta-analysis. *Organizational Behavior and Human Decision Processes, 86*(2), 278–321. https://doi.org/10.1006/obhd.2001.2958

Colquitt, J. A. (2012). Organizational justice. In S. W. J. Kozlowski (Ed.), *Oxford library of psychology. The Oxford handbook of organizational psychology* (pp. 526–547). Oxford University Press.

Colquitt, J. A., Greenberg, J., & Zapata-Phelan, C. P. (2005). What is organizational justice? A historical overview. In J. Greenberg, & J. A. Colquitt (Eds.), *Handbook of organizational justice* (pp. 3–56). Lawrence Erlbaum Associates Publishers.

Colquitt, J. A., & Zipay, K. P. (2015). Justice, fairness, and employee reactions. *Annual Review of Organizational Psychology and Organizational Behavior, 2*, 75–99. https://doi.org/10.1146/annurev-orgpsych-032414-111457

Dahlsrud, A. (2006). How corporate social responsibility is defined: An analysis of 37 definitions. *Corporate Social Responsibility and Environmental Management, 15*(1), 1–13. https://doi.org/10.1002/csr.132

Dastin, J. (October 10, 2018). *Amazon scraps secret AI recruiting tool that showed bias against women*. Reuters. https://www.reuters.com/article/us-amazon-com-jobs-automation-insight/amazon-scraps-secret-ai-recruiting-tool-that-showed-bias-against-women-idUSKCN1MK08G.

Davis, K. (1960). Can business afford to ignore social responsibilities? *California Management Review, 2*(3), 70–76. https://doi.org/10.2307/41166246

De Cremer, D., & Moore, C. (2020). Toward a better understanding of behavioral ethics in the workplace. *Annual Review of Organizational Psychology and Organizational Behavior, 7*, 369–393. https://doi.org/10.1146/annurev-orgpsych-012218-015151

Diallo, I. (June 17, 2018). *The machine fired me*. iDiallo. https://idiallo.com/blog/when-a-machine-fired-me.

Dodgson, K., Hirani, P., Trigwell, R., & Bueermann, G. (April 1 , 2020). *A framework for the ethical use of advanced data science methods in the humanitarian sector*. International Organization for Migration (IOM) Data Science Initiative. https://migrationdataportal.org/resource/framework-ethical-use-advanced-data-science-methods-humanitarian-sector.

Dubljević, V. (2006). Organizational justice. *Žurnal za sociologiju, 4*(1), 76–85.

Dubljević, V., Sattler, S., & Racine, E. (2018). Deciphering moral intuition: How agents, deeds and consequences influence moral judgment. *PLoS One, 13*(10). https://doi.org/10.1371/journal.pone.0204631

Elkington, J. (1997). *Cannibals with forks: The triple bottom line of 21st-century business*. John Wiley & Sons.

European Union. (2016). *Regulation (EU) 2016/679 of the European parliament and of the council*. https://eur-lex.europa.eu/eli/reg/2016/679/oj.

Fjeld, J., Achten, N., Hiligoss, H., Nagy, A. C., & Srikumar, M. (2020). *Principled artificial intelligence: Mapping consensus in ethical and rights-based approaches to principles for AI*. Berkman Klein Center for Internet & Society. https://dash.harvard.edu/handle/1/42160420.

Folger, R., Cropanzano, R., & Goldman, B. (2005). What is the relationship between justice and morality? In J. Greenberg, & J. A. Colquitt (Eds.), *Handbook of organizational justice* (pp. 215–245). Lawrence Erlbaum Associates Publishers.

FTC. (January 2020). *Equifax data breach statement*. https://www.ftc.gov/enforcement/cases-proceedings/refunds/equifax-data-breach-settlement.

Furlough, C., Stokes, T., & Gillan, D. J. (2021). Attributing blame to robots: I. The influence of robot autonomy. *Human Factors, 63*(4), 592–602. https://doi.org/10.1177/0018720819880641

Garriga, E., & Melé, D. (2004). Corporate social responsibility theories: Mapping the territory. *Journal of Business Ethics, 53*(1–2), 51–71. https://doi.org/10.1023/B:BUSI.0000039399.90587.34

Geller, E. (2020). *U.S. charges Chinese military hackers with massive Equifax breach*. Politico. https://www.politico.com/news/2020/02/10/us-charges-chinese-spies-with-massive-equifax-hack-113129

George, G., Howard-Grenville, J., Joshi, A., & Tihanyi, L. (2016). Understanding and tackling societal grand challenges through management research. *Academy of Management Journal, 59*(6), 1880–1895. https://doi.org/10.5465/amj.2016.4007

Gilliland, S. W. (1993). The perceived fairness of selection systems: An organizational justice perspective. *Academy of Management Review, 18*(4), 694–734. https://doi.org/10.5465/amr.1993.9402210155

Greenberg, J. (2011). Organizational justice: The dynamics of fairness in the workplace. In S. Zedeck (Ed.), *APA handbook of industrial and organizational psychology, Maintaining, expanding, and contracting the organization, 3* (pp. 271–327). American Psychological Association. https://doi.org/10.1037/12171-008

Haynes, M. (February 13, 2020). *Top 10 workplace trends for 2020*. Society for Industrial and Organizational Psychology (SIOP). https://www.siop.org/Research-Publications/Items-of-Interest/ArtMID/19366/ArticleID/3361/Top-10-Workplace-Trends-for-2020.

Kleinberg, J., Ludwig, J., Mullainathan, S., & Sunstein, C. R. (2018). Discrimination in the age of algorithms. *Journal of Legal Analysis, 10*, 113–174. https://doi.org/10.1093/jla/laz001

Knox, S., & Maklan, S. (2004). Corporate social responsibility: Moving beyond investment towards measuring outcomes. *European Management Journal, 22*(5), 508–516. https://doi.org/10.1016/j.emj.2004.09.009

Lee, J. R., & Nass, C. I. (2010). Trust in computers: The Computers-Are-Social-Actors (CASA) paradigm and trustworthiness perception in human-computer communication. In D. Latusek, & A. Gerbasi (Eds.), *Trust and technology in a ubiquitous modern environment* (pp. 1–15). IGI Global. https://doi.org/10.4018/978-1-61520-901-9.ch001

Miller, D. (1999). *Principles of social justice*. Harvard University Press.

Molloy, D. (November 19, 2020). *Climate change: Can sending fewer emails really save the planet?* BBC News. https://www.bbc.com/news/technology-55002423.

Ouchchy, L., Coin, A., & Dubljević, V. (2020). AI in the headlines: The portrayal of the ethical issues of artificial intelligence in the media. *AI and Society, 35*, 927–936. https://doi.org/10.1007/s00146-020-00965-5

Perrault, R., Shoham, P., Brynjolfsson, E., Clark, J., Etchemendy, J., Grosz, B., Lyons, T., Manyika, J., Mishra, S., & Niebles, J. C. (2019). *The AI index 2019 annual report*. AI index steering committee. Human-Centered AI Institute, Stanford University https://hai.stanford.edu/research/ai-index-2019.

Racine, E., Dubljević, V., Jox, R., Baertschi, B., Christensen, J. F., Farisco, M., Jotterand, F., Kahane, G., & Müller, S. (2017). Can neuroscience contribute to practical ethics? A critical review and discussion of the methodological and translational challenges of the neuroscience of ethics. *Bioethics, 31*(5), 328–337. https://doi.org/10.1111/bioe.12357

Rahwan, I. (2017). Society-in-the-loop: Programming the algorithmic social contract. *Ethics and Information Technology, 20*, 5–14. https://doi.org/10.1007/s10676-017-9430-8

Rebar, J. (January 9, 2019). *It's the same, only different*. Society for Industrial and Organizational Psychology (SIOP). https://www.siop.org/Research-Publications/Items-of-Interest/ArtMID/19366/ArticleID/1639/It%E2%80%99s-the-Same-Only-Different.

Skitka, L. J., Winquist, J., & Hutchinson, S. (2003). Are outcome fairness and outcome favorability distinguishable psychological constructs? A meta-analytic review. *Social Justice Research, 16*(4), 309–341. https://doi.org/10.1023/A:1026336131206

Stahl, G. K., Brewster, C. J., Collings, D. G., & Hajro, A. (2020). Enhancing the role of human resource management in corporate sustainability and social responsibility: A multi-stakeholder, multidimensional approach to HRM. *Human Resource Management Review, 30*(3). https://doi.org/10.1016/j.hrmr.2019.100708

Stahl, B. C., Timmermans, J., & Mittelstadt, B. D. (2016). The ethics of computing: A survey of the computing-oriented literature. *ACM Computing Surveys, 48*(4), 1–38. https://doi.org/10.1145/2871196

UNESCO. (2020). *First draft of the recommendation on the ethics of artificial intelligence*. https://unesdoc.unesco.org/ark:/48223/pf0000373434

Vinuesa, R., Azizpour, H., Leite, I., Balaam, M., Dignum, V., Domisch, S., Felländer, A., Langhans, S. D., Tegmark, M., & Nerini, F. F. (2020). The role of artificial intelligence in achieving the Sustainable Development Goals. *Nature Communications, 11*(1), 1–10. https://doi.org/10.1038/s41467-019-14108-y

Voegtlin, C., & Greenwood, M. (2016). Corporate social responsibility and human resource management: A systematic review and conceptual analysis. *Human Resource Management Review, 26*(3), 181–197. https://doi.org/10.1016/j.hrmr.2015.12.003

Wakefield, J. (June 21, 2018). *The man who was fired by a machine*. BBC News. https://www.bbc.com/news/technology-44561838.

Yagoda, R. E., & Gillan, D. J. (2012). You want me to trust a ROBOT? The development of a human–robot interaction trust scale. *International Journal of Social Robotics, 4*(3), 235–248. https://doi.org/10.1007/s12369-012-0144-0

CHAPTER

16

Designing XAI from policy perspectives

Taehyun Ha

Future Technology Analysis Center, Korea Institute of Science and Technology Information, Seoul, South Korea

16.1 Introduction

Since the concept of artificial intelligence (AI) was discussed in the Dartmouth summer research project on AI in 1956, various techniques of AI have contributed to solving challenging problems in the world. One of the most representative techniques that facilitated the rapid advance of AI was the artificial neural network (ANN). McCulloch and Pitts (1943) suggested a theoretical basis of ANNs, and later researchers developed the concept of ANNs focusing on its applications. Some significant works were provided by Rosenblatt (1958), who suggested the concept of perceptron and Dreyfus (1973) and Linnainmaa (1976), who suggested methods to adjust parameters based on error gradients. The early ANNs were only able to solve linear problems (Minsky & Papert, 1969). However, Rumelhart et al. (1986a,b) developed a backpropagation algorithm for ANNs with multilayer perceptrons and provided a way to address nonlinear problems using ANNs. With advanced computing power and backpropagation algorithms, ANNs with many layers learned and predicted complex patterns. This kind of approach has been called deep artificial neural networks (DNNs) and evolved into convolutional neural networks and recurrent neural networks (LeCun et al., 2015).

DNNs have been applied to various products and services of AI. Recommendation services allow browsing personalized content, and autonomous vehicles are expected to enable safer driving than humans. Healthcare services employ deep learning models and detect severe

Human-Centered Artificial Intelligence
https://doi.org/10.1016/B978-0-323-85648-5.00004-9

diseases and cancers. Media companies are trying to detect fake news and inappropriate posts and providing warning information to users (Esmaeilzadeh, 2020; Mahir et al., 2019; Zhang & Chen, 2018). However, because DNNs were literally deep and could not track how the input was processed into the output, some users started to raise concerns about issues such as transparency and responsibility of the algorithm. Focusing on the issues, government agencies started to establish guidelines for guaranteeing the rights of users. For example, the European Union enacted a General data protection regulation (2016) and provided a basis for protecting people's right to obtain an explanation. With the increasing discussion for AI algorithms, researchers have developed explainable AI (XAI) and facilitated the guidelines in developing AI products and services. In this chapter, I introduce two psychological concerns in AI and three major techniques of XAI for addressing the psychological concerns effectively. Following the introduction, I also discuss several political implications for AI and the remaining issues.

16.2 Two psychological concerns in AI

16.2.1 Fear of the unknown

The deep architecture of DNNs has led to notable advances in AI. However, as people could not fully understand how inputs were processed into outputs (this is often called a black box problem), unpredictability and uncontrollability of the DNNs and people's fear of the unknown in AI have increased together. According to Carleton (2016), the fear of the unknown can be defined as "an individual's propensity to experience fear caused by the perceived absence of information at any level of consciousness or point of processing." He described the process of feeling fear of the unknown in terms of stimuli (unknown), response (fear of the unknown), moderator (intolerance of uncertainty), and series response (perceptions and desires for predictability and controllability). Fig. 16.1 shows this relational model. In the context of AI, the unknown in

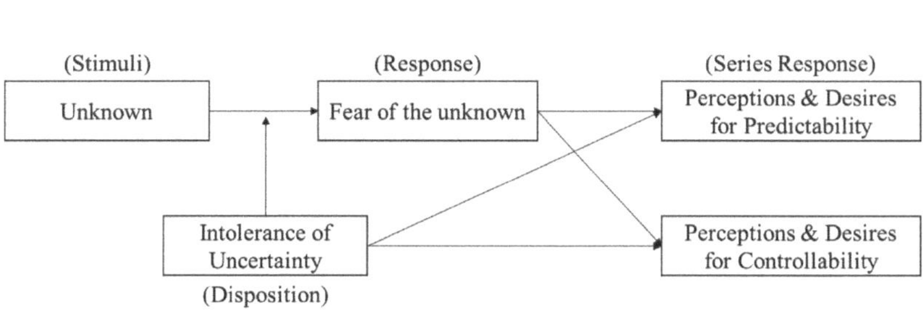

FIGURE 16.1 A relational model for fear of the unknown.

a specific AI system affects fear of the unknown in AI, and the individual's intolerance of uncertainty moderates this effect. The fear of the unknown and intolerance of uncertainty cause perceptions and desires for predictability and controllability. In other words, the model implies that explanations for the unknown process of AI systems can reduce people's fear of the unknown and desires for predictability and controllability.

The fear of the unknown also has been discussed by several AI researchers. Researchers argued that AI systems could reach wrong goals by accident, but we may not notice it because they would be more complex and exceed our cognitive capacity (Russell & Norvig, 2020). Several solutions for this problem have been provided, such as kill switch (Bostrom, 2014) and isolation on a heavily restricted channel (Chalmers, 2010). However, rather than concerning the dark side, recent policy approaches focus on benefits and suggest guidelines for designing and using AI products and services in the right way. For example, the European Commission set up the high-level expert group on AI (AI HLEG) in 2018 and published a document titled policy and investment recommendation for trustworthy AI in 2019 (AI HLEG., 2019). The document emphasizes the importance of clarity of the prediction process, protection of personal data, and individuals' right to control their data to reduce the fear of the unknown, unpredictability, and uncontrollability. Although the guidelines are not compulsory yet, the demand for trustworthy AI is steadily increasing.

16.2.2 Bias in prediction

To yield accurate results, AI systems must be trained with a massive amount of data. Statistically, some biased characteristics in data can be diminished as the size of data increases. Thus, some people believe that the results of AI predictions represent the general properties of data. However, the results of AI predictions can be biased in not only intended but also unintended ways. For example, if the data contains people's stereotypes or highly skewed labels, the results of AI predictions would be biased. Kay et al. (2015) showed that results of Google image search exhibit gender stereotypes of the occupation, and Buolamwini and Gebru (2018) found that commercial AI-based facial recognition services revealed better performance on lighter-skinned males than darker-skinned females. Another area that often faces the bias problem is medicine. Whereas researchers can easily gather image data for ordinary people, it was hard to gather image data for cancer patients. Although some techniques provide a way to address the bias in data issues (e.g., augmentation, resampling, and weighting), a legal issue for data modification can arise.

Recent policy approaches have provided several guidelines for regulating the proper use of data. In 2016, the European Union announced a general data protection regulation and provided several principles for the proper use of data (EU, 2016). Fundamental rights agency (FRA) in the European Union also introduced the bias issue and suggested some guidelines for improving and protecting the high quality of data (FRA, 2019). These regulations and guidelines provided a basis for using data for AI but focused on preventing improper uses rather than promoting modification of the data to remove bias. As mentioned above, the bias in data can exist depending on the context, and some additional techniques should be applied to remove the bias and yield a proper result. With clarifying the process of AI systems, data modification needs to be encouraged to remove the bias in prediction.

16.3 Explainable AI

While several researchers realized the importance of the explainability of AI, the first official project was announced by the defense advanced research projects agency (DARPA). In DARPA, Gunning (2017) launched a research program and named it explainable AI (XAI). Research areas of XAI can be divided by explainable model and explanation interface, and data analytics and autonomy, respectively (see Fig. 16.2). A representative field where XAI has been used for data analytics is medicine. Once XAI systems learn the medical data and provide prediction results and explanations to users, humans review the results and explanations and provide feedback to the system to improve performance. While repeating the iterative process, XAI systems enhance accuracy and explainability. On the other hand, the military has employed XAI to improve the autonomy of military hardware such as UAVs. While autonomous military systems execute actions and check their results, the autonomous systems improve the quality of explanations for their decisions (decision policy).

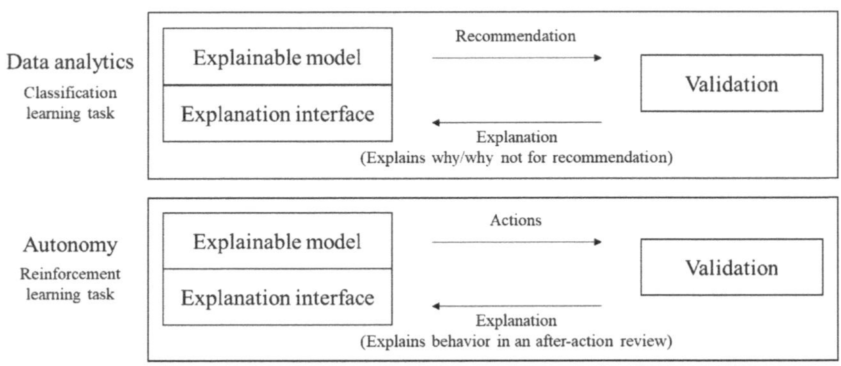

FIGURE 16.2 Research areas of XAI (Gunning, 2017).

16.3.1 Techniques for explaining the output of AI systems

Various studies have provided techniques to implement XAI. Bach et al. (2015) suggested a way of explanation by decomposing the output of models, named layer-wise relevance propagation (LRP). LRP assumes that every neuron in an ANN has specific relevance for the output of ANN and calculates relevance scores for each neuron by redistributing the relevance for the output with a Taylor decomposition technique (relevance propagation). Fig. 16.3 graphically shows how LRP works. Based on the datasets of PASCAL visual object classes, modified national institute of standards and technology (MNIST) digits and ImageNet large-scale visual recognition challenge (ILSVRC), and pretrained DNNs, they showed that LRP was effective to display pixel contributions for the output of models.

Ribeiro et al. (2016) proposed an algorithm for explaining any classifier or regressor and named it local interpretable model-agnostic explanation (LIME). Generally, it is hard to secure global fidelity for the unknown model. However, local fidelity for a single input data can be secured by identifying decision functions based on local samples. To gather local samples for estimating decision functions, LIME generates perturbed samples from the normal distribution and assigns weights to them depending on distances from the input data. Weighted regressions are constructed based on the samples, and these models are used for explaining input data (decision functions). Fig. 16.4 shows the graphical explanation for the LIME algorithm.

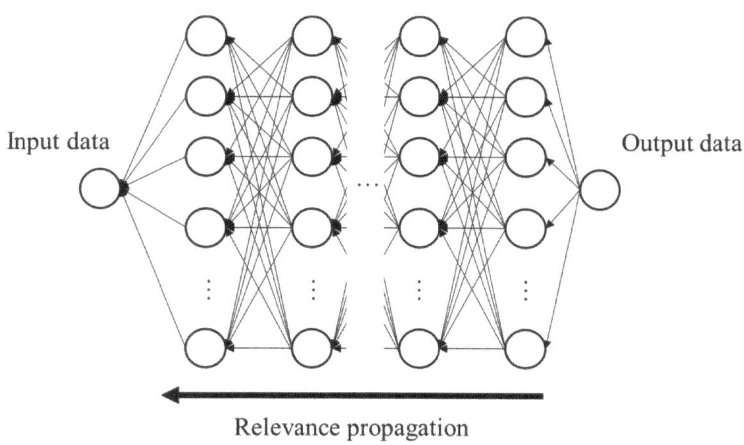

FIGURE 16.3 Graphical explanation for LRP (Batch et al., 2015).

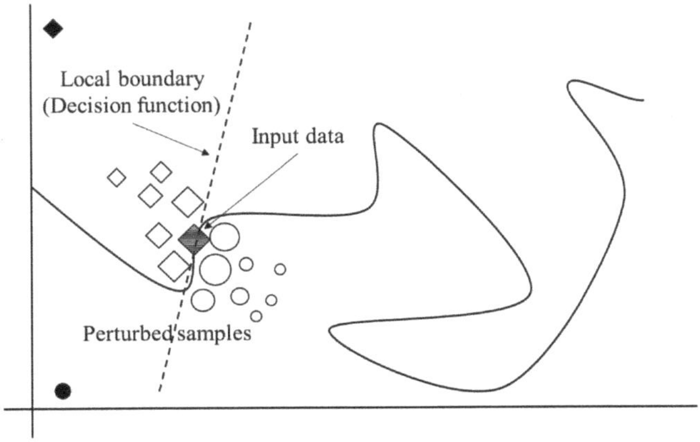

FIGURE 16.4 Graphical explanation for LIME. *Redrawn based on Ribeiro et al. (2016).*

Similar to Lime, Lundberg and Lee (2017) also focused on the local fidelity but considered a game-theoretical approach to explain the output of AI systems. They named the approach Shapley additive explanations (SHAP). SHAP employed the concept of Shapley value which was used for estimating the average of marginal contributions in cooperative game theory and utilized it to develop kernel SHAP. Based on the kernel, SHAP estimates Shapley values and local boundaries for agnostic models. Lundberg and Lee (2017) reported that SHAP revealed higher performance than LIME in terms of consistency with human intuition.

16.3.2 Policy implications for the use of techniques

From a narrow perspective, some techniques for explaining the output of AI such as LRP, LIME, and SHAP may not be included in the area of XAI because they do not provide an interpretable or explainable model but provide posthoc approaches to track the output of a model. In other words, these approaches are not focused on global fidelity, but local fidelity and are applicable to any model (model agnostic). Compared to explainable models, these posthoc approaches are frequently employed because people can utilize existing AI models already tested to solve the target problem. Identifying an effective structure of DNN is challenging work requiring many trials and errors. Thus, rather than employing a new model that can explain all prediction processes, researchers could prefer using existing models with a posthoc approach for the explanation because it guarantees a high performance without losing explainability.

A good policy should protect the rights of users. Users have to be notified of how their data is gathered and used for developing AI systems. When an output of AI is provided to users, a policy needs to guarantee users' right to request an explanation for the process of AI products and services. Many current policies for the use of AI are focused on protecting these rights. At the same time, however, a good policy should not invade the right to use models and data excessively. For example, we cannot force a company to use decision trees or regression analyses only and prohibit the use of DNNs because of the explainability issue. Even though some algorithms and models have bad explainability, several existing approaches support tracking how their outputs are given. In particular, because posthoc approaches enable interpreting an existing model without detailed instruction for the model design and can be applied to any models, policymakers can develop an AI policy that can encourage the unrestricted use of algorithms while guarantying the users' rights to explanation.

16.4 Remaining technical and political issues

Based on the policy guideline, people can develop AI products and services that provide accurate and unbiased results. However, sometimes this attempt can fail because of a technical problem. For example, if a certain AI system provides an accurate result but conflicts with human values, how can we accept it? As we reviewed above, an AI system can yield results against human rights, such as gender discrimination and racism. One of the reasons for this problem could be a bias in data that the AI system learned. In this case, researchers can address this problem by removing the bias in data. However, in some cases, researchers find it is hard to fix the problem, not because of the property of data but the nature of our world. For instance, Google apologized for an unanticipated event that AI in Google photos recognized a black couple as gorillas and promised that they would solve the problem from that time onward (BBC News, 2015). However, a later news article reported that Google addressed this problem by removing the gorillas from the image tagging technique (Vincent, 2018). In 2020, Google removed gender tags such as man and woman from the technique (Lyons, 2020). Amazon employed AI for recruiting employees but stopped it after checking it had a bias against women (Dastin, 2018).

The above cases suggest that some results of AI systems can conflict with human values. Problems can arise from prejudice and discrimination in society and natural features of the world. Regardless of the reason, fixing a problematic AI product or service is not an easy task. For example, suppose a certain system reveals a biased prediction result against women or a certain race. In that case, one can consider that the problem is related to the class imbalance problem and try to solve this problem by rebalancing the class of data. However, it cannot be sure that the bias problem comes from the data imbalance problem. Controlling the result of AI systems in an intended way is a challenging problem because current AI systems have very complex architecture, and small changes can cause unexpected results. Thus, even though researchers realize a certain AI system causes a problem that conflicts with human values, researchers may fail to solve the problem and be forced to terminate the system.

If a policy forces termination of AI systems whenever facing a complex problem to solve, AI products and services would be permitted to be used only in limited areas. A reasonable approach to this issue is to lead users to recognize that some problems can occur from AI systems and data limitations. While clarifying the details of algorithms and data, researchers can demonstrate that their AI products and services are not designed to yield results conflicting with human values (e.g., feature importance map of the model and statistical properties of data). Indeed, this kind of approach is recommended by several existing AI policies (e.g., EU, 2016). However, this can cause another legal issue because intellectual property rights can protect specific AI algorithms and data details. Determining a proper level of exposure of the algorithm still remains a challenging issue.

16.5 Conclusion

In this chapter, I reviewed two major issues of AI and argued how existing policies are related to these issues. Based on the concept of XAI and three posthoc approaches for explaining the output of AI systems, I also discussed how these policies could be applied to existing AI systems. Although the policies provide guidelines for the proper use of AI, some issues such as data modification and intellectual property rights remain. To remove the bias in data, researchers can consider rebalancing the data class by removing or augmenting certain classes. However, such data modification can be regarded as a violation of ethics. Also, even though the bias in data can be removed, specific AI systems can yield a result conflicting with human values. Exposing the detail of algorithms and data could be a solution because it shows a result is not intended to be biased. However, it could be a problem because intellectual property rights can protect the algorithms and data. These issues are controversial and need to be discussed further to develop an improved AI policy.

References

AI HLEG. (2019). *Policy and investment recommendations for trustworthy Artificial Intelligence*. Retrieved from (Brussels, Belgium).

Bach, S., Binder, A., Montavon, G., Klauschen, F., Müller, K.-R., & Samek, W. (2015). On pixel-wise explanations for nonlinear classifier decisions by layer-wise relevance propagation. *PLoS One, 10*(7), e0130140.

BBC News. (2015). *Google apologises for photos app's racist blunder.* Retrieved from: https://www.bbc.com/news/technology-33347866.

Bostrom, N. (2014). *Superintelligence: Paths, dangers, strategies.* Oxford, UK: Oxford University Press.

Buolamwini, J., & Gebru, T. (2018). Gender shades: Intersectional accuracy disparities in commercial gender classification. In *Paper presented at the Conference on fairness, accountability and transparency.*

Carleton, R. N. (2016). Fear of the unknown: One fear to rule them all? *Journal of Anxiety disorders, 41*, 5–21.

Chalmers, D. (2010). The singularity: A philosophical analysis. *Journal of Consciousness Studies, 17*(9–10), 7–65.

Dastin, J. (2018). *Amazon scraps secret AI recruiting tool that showed bias against women.* Retrieved from: https://www.reuters.com/article/us-amazon-com-jobs-automation-insight/amazon-scraps-secret-ai-recruiting-tool-that-showed-bias-against-women-idUSKCN1MK08G.

Dreyfus, S. (1973). The computational solution of optimal control problems with time lag. *IEEE Transactions on Automatic Control, 18*(4), 383–385.

Esmaeilzadeh, P. (2020). Use of AI-based tools for healthcare purposes: A survey study from consumers' perspectives. *BMC Medical Informatics and Decision Making, 20*(1), 1–19.

EU. (2016). *Data protection in the EU: The General Data Protection Regulation (GDPR), the Data Protection Law Enforcement Directive and other rules concerning the protection of personal data.* Retrieved from https://ec.europa.eu/info/law/law-topic/data-protection/data-protection-eu_en.

FRA. (2019). *Data quality and artificial intelligence — mitigating bias and error to protect fundamental rights.* Vienna, Austria: European Union. Retrieved from: https://fra.europa.eu/sites/default/files/fra_uploads/fra-2019-data-quality-and-ai_en.pdf.

General data protection regulation. (2016).

Gunning, D. (2017). *Explainable artificial intelligence (XAI).* Defense Advanced Research Projects Agency (DARPA).

Kay, M., Matuszek, C., & Munson, S. A. (2015). Unequal representation and gender stereotypes in image search results for occupations. In *Paper presented at the proceedings of the 33rd annual ACM conference on human factors in computing systems.*

LeCun, Y., Bengio, Y., & Hinton, G. (2015). Deep learning. *Nature, 521*(7553), 436–444.

Linnainmaa, S. (1976). Taylor expansion of the accumulated rounding error. *BIT Numerical Mathematics, 16*(2), 146–160.

Lundberg, S. M., & Lee, S.-I. (2017). A unified approach to interpreting model predictions. In *Paper presented at the advances in neural information processing systems, Long Beach, CA.*

Lyons, K. (2020). *Google AI tool will no longer use gendered labels like 'woman' or 'man' in photos of people.* Retrieved from: https://www.theverge.com/2020/2/20/21145356/google-ai-images-gender-bias-labels-people.

Mahir, E. M., Akhter, S., & Huq, M. R. (2019). Detecting fake news using machine learning and deep learning algorithms. In *Paper presented at the proceedings of the 7th international conference on smart computing & communications (ICSCC)* (pp. 1–5). IEEE.

McCulloch, W. S., & Pitts, W. (1943). A logical calculus of the ideas immanent in nervous activity. *The Bulletin of Mathematical Biophysics, 5*(4), 115–133.

Minsky, M., & Papert, S. A. (1969). *Perceptrons: An introduction to computational geometry.* Cambridge, MA: MIT press.

Ribeiro, M. T., Singh, S., & Guestrin, C. (2016). "Why should I trust you?" Explaining the predictions of any classifier. In *Paper presented at the proceedings of the 22nd ACM SIGKDD international conference on knowledge discovery and data mining.*

Rosenblatt, F. (1958). The perceptron: A probabilistic model for information storage and organization in the brain. *Psychological Review, 65*(6), 386.

Rumelhart, D. E., Hinton, G. E., & Williams, R. J. (1986a). Learning representations by back-propagating errors. *Nature, 323*(6088), 533–536.

Rumelhart, D. E., Hinton, G. E., & Williams, R. J. (1986b). Parallel distributed processing. In J. L. McClelland, D. E. Rumelhart, & P. R. Group (Eds.), *Explorations in the microstructure of cognition* (Vol. 2, pp. 318–362). Cambridge, MA: MIT Press.

Russell, S., & Norvig, P. (2020). *Artificial intelligence: A modern approach* (4th ed.). Hoboken, NJ: Pearson.

Vincent, J. (2018). *Google 'fixed' its racist algorithm by removing gorillas from its image-labeling tech.* Retrieved from: https://www.theverge.com/2018/1/12/16882408/google-racist-gorillas-photo-recognition-algorithm-ai.

Zhang, Y., & Chen, X. (2018). *Explainable recommendation: A survey and new perspectives.* arXiv preprint arXiv:1804.11192.

CHAPTER

17

Responsible AI and algorithm governance: An institutional perspective

Chankyung Pak

Department of Media and Communication, Kyungpook National University, Daegu, South Korea

17.1 Introduction

As previous chapters have elaborated, human–computer interaction (HCI) perspectives of machine learning (ML) have achieved relative success in bringing the mysterious black box closer to human understanding.[1] However, ML-based automated systems are often adopted to aid *institutions*, which are systems designed by their human constituents, yet impose rules over them. When automated classification systems are used to generate scores that quantify things like the probability of cancer, recidivism, plagiarism, friend requests, etc., they are evaluated according to an institution's objectives. Such institutions include medical, judiciary, academia, and social media platforms, and are made up of individuals categorized according to the systems' structures and goals. The distinction between institutions and individual users implies the possibility that human-centered artificial intelligence (AI) or ML contradicts institutional goals. For instance, the controversial removal of leading responsible AI scholar Timnit Gebru from Google demonstrates the conflict that can ensue when market institutions try to adopt humane or ethical AI/ML while still preserving profit-seeking goals (Tiku, 2020). Put another way, companies' business goals are often at odds with their adoption of ethical AI.

[1] See Chapter 1 of this book by Jae-Yoon Jung and Donghyun Park for an overview.

https://doi.org/10.1016/B978-0-323-85648-5.00018-9

This chapter delineates the potential conflicts between institutions and ethical algorithms, with particular focus on two major attempts by the ML community—fair ML and interpretable ML—to make algorithms more responsible. These ventures draw on different ways of computationally conceptualizing ethical principles, which create the tension with institutional goals, culture, and norms. Computer scientists, legal scholars, philosophers, and social scientists have presented both *immanent* and *external* critiques regarding the formalization of responsible AI/ML. Such critiques have been based on the computational or mathematical complexity of creating fair, transparent algorithms as well as on the argument that computational solutions cannot accurately account for the entirety of social problems and could potentially worsen them. The institutional perspective is especially relevant to considerations of *polycentric governance* over sociotechnical platforms in the embedding of automated decision systems, where cooperation among users, civic societies, regulatory entities, and related firms is required to secure systems' regularity and integrity (Gorwa, 2019).

In what follows, I review existing critiques of fair and interpretable ML from different fields to clarify the dimensions of the social problems they aim to solve. I specifically show how critiques of responsible AI/ML stem from the fact that an automated system is not designed to address the complexities of social problems in their entirety; rather, it is designed to work effectively with clearly defined subtasks. The partiality of responsible AI/ML does not prove such systems are technically impossible, nor that they are a misleadingly technical solution to social problems. I instead posit that such a recognition provides an interdisciplinary vision where ethical AI/ML *in its abstraction* can be used as a heuristic for the creation of windows through which social problems can be inscribed into automated systems, as opposed providing a fully packaged automated solution. I further argue that an institutional approach to algorithms (Napoli, 2014) distinguishes the individualist-regulatory approach that has dominated discussions of ethical AI/ML in terms of governance. In this way, intraorganizational factors, interorganizational cooperation, and information sharing become important, alluding to new demands for responsible AI/ML in emergent attempts to govern algorithm-based automated platforms.

17.2 Fair machine learning

Although it is routinely accepted that decisions should be "fair," fairness is not a theoretically well-defined term. In some cases, it refers to the "disparity" in certain outcomes among different groups. In others, it refers to "equal" opportunities or "nondiscriminatory" decisions, justifiable decision-making procedures, and so on. What is more, these terms are often used interchangeably. In the field of legal studies, the question of what is fair has been a highly debated issue. For example, Barocas and Selbst (2016) showed that U.S. antidiscrimination and case laws tend to conflate disparate "impact" and disparate "treatment," which Binns (2018) has argued stem from different philosophical backgrounds.

Indeed, many scholars have argued that the possibility of a fair algorithm is hindered by the problems of human decision-making and that further complexities arise regarding who is responsible. This ambiguity is certainly something computer scientists cannot put up with. To address this ambiguity and make automated decision-making fair and computationally manageable, they have mathematized fairness concepts, clarified the relationships between legal and ethical principles, and developed fair ML algorithms and related data processing practices based on these relationships. At the center of such discussions is the ACM conference on Fairness, Accountability, and Transparency (ACM FAccT; formally known as ACM FAT).[2]

While these efforts have done much to advance scholarship on responsible AI/ML, social scientists have critiqued the extent to which fair ML can "fix" widespread social problems and highlighted the possibility that fair ML can be abused. Yet, it is also important to note that this strand of research has evolved alongside the constructive tensions between computer and social scientists, such that the aforementioned critiques have become resources for the future advancement of algorithms. In a similar spirit, the goal of this section is to clarify how the concept of fairness has been implemented in the language of science and to show this concept connects to commonsense expectations of fairness. To do so, I present the critique of fair ML by science and technology studies (STS) scholars to show how some are rooted in misunderstanding and how others can further advancement of fair ML and coordination between ML developers and practitioners.

17.2.1 Conceptualizing fairness and fair ML

The mathematical conceptualization of fairness is built upon different conditional probability statements and conditional independence modeling of data subjects' attributes in classification algorithms. This mathematical formalism helps clarify the confusions of colloquial use of the word "fairness," and other related terms. Textbook notations from Barocas et al. (2019) explain the following:

[2] The community has also developed ideas about fair ML education as a substantive field of study. Interested readers can refer to https://fairmlbook.org/index.html for curriculum, reading lists, a preprint textbook, and other teaching materials.

- A: sensitive attributes (e.g., gender, race, religion, etc.)
- Y: target variable (the truth)
- R: classification outcome or score (some literature distinguishes score from discrete classification outcomes)
- X: quantified features of the subject other than A

The following have come to indicate different conceptions of fairness:

(1) Unawareness

$$P(R = 1 \mid X, A) = P(R = 1 \mid X)$$

This means the classifier does not have the sensitive attributes as its predictor. However, variables in X can be substantially correlated with sensitive attributes, thus working as *proxies* of sensitive attributes (e.g., ZIP codes). This problem has long been recognized not only in the context of automated classifiers, but also in manual classification. As such, modern fair ML starts with recognition of proxies, which starts from the next fairness concept. In addition, it is sometimes desirable to explicitly incorporate sensitive attributes into a model to make algorithms fairer (Barocas & Selbst, 2016).

(2) Independence

$$P(R=1 \mid A=a) = P(R=1 \mid A=b)$$

This fairness concept is also called *demographic parity, statistical parity, group fairness,* and *disparate impact* (note that X is now "marginalized out"). It generally refers to situations where "all groups have the same probability to be classified." As one can easily see, this egalitarian notion has garnered criticism because sensitive attributes can be correlated with target variables and can thus harm decision makers and the achievement of institutional goals. For example, this particular argument was at the center of the affirmative action controversy and 20–80 rule in antidiscrimination cases in the United States. In such a context, this definition of fairness can induce "laziness," where a decision maker makes a qualified decision for one group, while making random choices for another group to meet the qualification above.

(3) Separation

Given the above, other approaches have introduced Y (the truth or baseline) into the notion of fairness.

$$P(R = 1|Y = 1, A = a) = P(R = 1|Y = 1, A = b)$$
$$P(R = 1|Y = 0, A = a) = P(R = 1|Y = 0, A = b)$$

This is also called *accuracy parity, positive rate parity, or accuracy parity*. Importantly, these terms can mean slightly different things depending on different variants, but the core idea is bringing *accuracy* to the concept of fairness. In general, separation means the classifier should be equally accurate for different groups and is based in an understanding of fairness as more procedural. Relatedly, qualified individuals in employment scenarios should be hired with equal probability as a qualified person in another group. Given this, separation has been associated with the commonsense notion of "equality of opportunity." As everyday life indicates, separation fairness will not help close the gaps across different groups and will thus not help make society "fairer."

(4) Sufficiency

The opposite way of looking at the accuracy is possible:

$$P(Y=1 \mid R=r, A=a) = P(Y=1 \mid R=r, A=b)$$

This definition of fairness and its variants are also called *predictive rate parity, calibration, or calibration by group*. The concept is based on accuracy in that the scores returned from a given prediction algorithm (R) should reflect the real target value. In employment scenarios, a candidate's score should reflect her true ability to undertake the job (Zhong, 2018). Its difference from separation is analogous to the difference between *recall* and *precision*, both common accuracy concepts in ML. Whereas separation and precision emphasize the degree to which deserving ones receive high scores (validity), sufficiency focuses on the extent to which an algorithm includes the detection and classification (completeness) of deserving ones similar to recall.

Once a fairness concept is mathematically operationalized, it can become part of an ML algorithm's objectives or constraints. In other words, given the goal or restriction of the fairness in question, developers desiring to keep their algorithms fair will modify classification algorithms, redesign data sampling schemes, and fine-tune hyperparameters. In this way, the different approaches to achieving a mathematically defined fairness goal become "remedies" to disparity. Although many methods for implementing these remedies have been introduced, they can be roughly categorized into three classes: preprocessing, at training time, and postprocessing (Barocas et al., 2019):

- Preprocessing: adjusting input, e.g., (de)selecting input features and manipulating samples
- At training time: making fairness concepts a constraint of the learning problem

- Postprocessing: adjusting trained classifiers, e.g., adjusting classification criterion

In general, many studies in the field of fair ML have proposed some variation of the above approaches. It is important to note that such approaches already assume a specifically chosen fairness concept, which is where critiques of fair ML come into play.

17.2.2 Critiques

The most fundamental, immanent critique is the *impossibility theorem*, or the idea that it is impossible to achieve more than one fairness condition at a time. In other words, there is a fundamental trade-off between the different dimensions of what we call fairness. As many scholars have implicitly pointed out (Angwin et al., 2016; Chouldechova, 2017; Dieterich et al., 2016; Pleiss et al., 2017), the impossibility theorem was comprehensively formalized by Kleinberg et al. (2016). In more particular, they mathematically proved that any pair of independence, separation, and sufficiency cannot simultaneously hold, except for very exceptional (statistically degenerate) cases. They also found that more relaxed or approximated versions of the fairness concepts that allow reasonable amounts of error cannot hold together.

On one hand, this is a critical problem insofar as it has been shown to be a "theoretical dead end." On the other hand, it is yet another example of how a formal model cannot capture all the complexities of real-world phenomena. A model, however, can be useful in many cases due to its ability to take complexities apart into abstraction. This happens when a good model is adopted for the problem it is designed to target. Indeed, impossibility theorem is not uncommon in formal social scientific theorization attempts where social structure is expressed in a mathematical language that abstracts reality. For instance, in economics, Kenneth Arrow (1951) showed that no voting system satisfies (mildly defined) democratic ways of aggregating individual preferences into group preference. Neoclassical (mainstream) macroeconomics has similarly suffered from the impossibility of defining aggregate production function, a critique known as *Cambridge Capital Controversy*. The Marxian political economy tradition, for instance, has a well-known "transformation problem" as its theoretical impasse. However, these disciplines have still produced useful knowledge about individual choices, economic policies, and socioeconomic inequality when applied to theoretically and empirically warranted jurisdictions. Additionally, what we can learn from the impossibility theorem of fairness is that we are, in fact, handling separate dimensions of fairness rather than hastily concluding that fairness is impossible to achieve with an algorithm. Thus, it may be worth considering weighting particular dimensions of fairness differently depending on institutions' objectives and what is agreed to be fair in certain contexts.

Critiques from "outside" have mostly arisen in response to the application of fair ML to real-world domains without recognizing that fairness defined within the formality of algorithms cannot resolve social problems. STS and legal scholars have specifically argued that the disparate impact (i.e., discrimination) of algorithms in reality mainly comes from outside the formality of the algorithm. In such cases, the algorithm's input is a key cause of unfair ML. Barocas and Selbst (2016) summarized the different paths through which data can bias an algorithm:

- Labeling examples: e.g., prelabeled data, subjective labeling, behavioral labeling
- Data collection: biased sampling
- Feature selection
- Proxies: discrimination produced by having seemingly nonsensitive features but highly correlated sensitive features

This is a vintage "garbage in, garbage out" observation—if inputs to classification algorithms already embed biases that prevail in reality, it is difficult to expect a clever algorithm design would automatically fix the bias. Yet, this observation also implies that careful sample weighting, deliberative label generation, and the assessment of features that are potentially correlated with sensitive categories can remedy some of these problems before the adoption of ethics-aware MLs. In this regard, fair ML scholars have pointed out that careful preprocessing based on awareness of "unintended" discrimination by inputs can largely cure the aforementioned issues (Zemel et al., 2013). Further, the constraints based on probabilistic models of fairness have the potential to minimize the impact of proxies (variables that are seemingly uncorrelated with sensitive categories but that can be used as a substitute for the sensitive categories) (Dwork et al., 2012). On this basis, the fair ML community has developed internal solutions for classification systems, offering a path through which societal consideration can enter the inner workings of automated algorithms.

Yet, some STS scholars have posed even more profound parity issues by situating algorithms in the broader *context* of which an automated system is only a partial recommender apparatus for larger social decisions. In particular, they have argued fair ML alone cannot guarantee fair outcomes because automated systems are often used to aid specific decisions by making recommendations rather than final decisions. Even in cases where systems make final decisions for clearly defined tasks, there are usually other related decisions to be made, whose dependence on each other can produce larger, potentially unexpected biased outcomes. In other words, STS scholars have suggested that it is important to recognize that classification algorithms and the decision support systems based on them are *subsystems* of an institution. Selbst et al. (2019) warned that computer scientists' nature of abstracting the real world into pure mathematical problems risks detaching them from the complexity of real-world decision-making processes and that such a "trap" can induce them to propose an unrealistic or even detrimental solutions.

Many STS scholars have thus suggested that ML developers recognize how the externality of automated systems that are not modeled as a part of the mathematical artifacts in question potentially negates algorithmically produced fairness. In such instances, *lasting residuals* can incapacitate fair ML. Here, the residuals refer to parts of social problems the ML-based system tries to tackle and the human decision-making process that cannot be fully internalized by algorithms. This critique directly follows the observation that an automated classification system can only handle mathematically well-defined and relatively simple decisions, regardless of how many features are intertwined to make the decision in a nonlinear manner, which are likely to be subproblems of a broader social problem. For even if an algorithmically defined subproblem produces fair outcomes, this does not necessarily mean that the outcome moved a collection of decisions for the broader problem toward a fair solution. Importantly, Barocas and Selbst (2016) warned of the possibility of *masking*, where a malicious decision maker hides her discriminatory intent by exploiting indirect ways to bias an algorithm. For example, a malicious employer could invite unqualified candidates from protected groups and induce fair ML that is blind to sensitive attributes and thereby produces biased outcomes.

Further, institutions employing algorithmic systems may not be able to implement algorithmically produced fair outcomes due to institutional constraints and politics. It is likely they can be solved in the long term, yet immediately implementing suboptimal solutions instead of pursuing optimal solutions with long-term institutional reformation can provide more benefits to minority groups. As such, many authors have suggested facing such complexities in real-world group decision-making processes head on, condemning the belief that social problems can be essentially formalized as an algorithm as "formalism trap" or "solutionism" (Selbst et al., 2019).

Relatedly, automated decision support systems can be based on *spurious problematization*. This critique addresses the possibility that decision makers can cast flawed questions, which would in turn yield flawed answers from an algorithm. Again, this critique is a corollary to the observation that an ML-based automated decision support system can only address part of a problem in the larger goal of an institution. When an institutional goal is based on a flawed evaluation of currency or when the broader objective of an organizational operation is erroneously set, an algorithm's pursuit of a fair outcome will be erroneous. For example, Green and Viljoen (2020) illustrated that, although data scientists' work on optimizing ambulance dispatch can indeed enhance the fair treatment of different neighborhoods, it can fall short of accounting for reformation of Emergency Medical Services (EMS) departments. This is due to a growing scarcity of resources; said resources were invested in more urgent matters for minority groups in the communities, such as homelessness, mental illness, and drug addiction. Here, it is important to note that the contribution of an algorithm to a fairness goal should be evaluated relative to the resources and institutions have to achieve a broader goal. I explore the importance of this matter in relation to the proposed institutional turn (Napoli, 2014) of algorithm assessment in the conclusion of this chapter.

Finally, scholars have argued that humans affected by algorithms will *change their behavior* and even "game the system" (Gillespie, 2017; Kroll et al., 2016; Selbst & Barocas, 2018). They have specifically argued that algorithms trained by past behavioral data does not guarantee the production of fair outcomes for the future. This argument is similar to what economists call *the Lucas critique*. Robert Lucas, a 1995 Nobel laureate, famously argued that fiscal and monetary policy based on macroeconomic models consisting of economic outcome variables can be largely misleading because economic agents will change their behavior in response to policy changes (Lucas, 1976). Since then, the macroeconomic model has evolved to include "deep parameters" that describe human behavioral adjustments to economic environments (microfoundation). Similarly, some may argue that ML algorithms can and should parametrize the human behavioral and/or institutional changes in models, which makes the feasibility of such models harder to achieve. A more feasible alternative would be constant updating and monitoring of institutional reactions and fine-tuning algorithms based upon the results.

All in all, the critiques of fair ML are based on the observation that they are only impactful when interacting with the institutional conditions in which they are used. Input data, broader goals, norms and culture, and limited resources are among the many institutional factors that influence the extent to which an algorithm can contribute to the fairness goal of an institution and to the sophistication of computationalized fairness concepts. This critique does not necessarily derogate the creation of fair ML. Instead, it demands ML systems be assessed within the contexts of their respective institutional uses, and that constant effort must be made to retune them to help institutions achieve their goals, rather than entrusting decision-making to the one-shot solution of implementing a smart algorithm. This critique should be distinguished from the argument that efforts to create fair ML are misguided. When one points out that "by abstracting away the social context in which these systems will be deployed, fair-ML researchers miss the broader context" (Selbst et al.,

2019), such a statement is only partially true because algorithms are, by definition, an abstraction of reality. By this very means, algorithmic mechanisms reflect the social values of fair ML developers. What may be needed to avoid confusion is a clear distinction between *algorithms in abstraction* and *algorithms in practice*, and a recognition that, for the latter, there is still much to understand in the accurate alignment of diverse tools. In other words, fair ML algorithms should feature careful data sampling and choice, and implement a mindful mix of them to address institutional goals and ethics.

17.3 Explainable machine learning

Discussions on governance as applied to algorithm-based socio-technical systems have emphasized the ability to necessitate "an understanding of technical systems" (Gorwa, 2019) because the blackboxedness of automated decision-making (support) systems inherently restricts information regarding the inner workings of governance objectives, which is necessary for sustainable and effective polycentric rule-making (Ostrom, 2010). Thus, *accountability*, or "the obligation to explain and justify conduct" (Bovens, 2007), is at the center of the scholarly considerations of algorithmic governance. One emerging, highly debated way of implementing accountability is an *explainable* system. Many scholars have pointed out that the passivity of the adjacent concept of *transparency* can reduce the concept to an obligation to simply "publicize" decisions and the mechanisms by which they are made (Fisher, 2004). Such scholars note that this falls short of enhancing users' understanding of the systems and that some expect explainability requires response to users' contingent inquiry and is thus an efficacious way of helping users understand cores (Wachter et al., 2018).

This expectation has been matched by legal discussions on the right to explanation that some believe to have been enacted by the European General Data Protection Regulation (GDPR; Goodman, Bryce, & Flaxman, 2017). Although the legal interpretation and existence of such a right in the clauses has been debated (e.g., Edwards & Veale, 2017; Kaminski, 2019), many researchers agree that such rights will improve human understanding of algorithms and the decisions they aid, thereby endorsing governance over automated decision-making systems (Selbst & Barocas, 2018).

However, the legal obligation of (or the right to) explanation does not open the black box by itself. As earlier chapters have elaborated, making algorithms explainable while minimizing the associated costs is a technical challenge. In the following section, I discuss how the two lines of fair ML efforts that have independently emerged from different fields—i.e., legal studies/social science and computer science—converge and diverge, and how conceptual and practical issues to make them work together to advance algorithm governance in democratically "auditable" systems (Sandvig et al., 2014).

17.3.1 Explainable/interpretable machine learning

As previous chapters have explicated, explainable/interpretable ML is a fast-growing subfield of ML that encompasses an array of approaches to ML. To avoid overlap with earlier chapters, I only summarize ideas central to interpretable ML that have direct relevance to algorithmic governance issues (i.e., connections with accountability in legal/ethical discussions).

In a textbook treatment, Molnar (2019) categorized different interpretable ML approaches into three classes:

- Interpretable models
- Model-agnostic methods (aggregation- and approximation-based)
- Example-based methods (including counterfactual)

Interpretable models refer to statistical models that naturally provide intuitive interpretations. For instance, one can easily understand the coefficients of a linear regression model as the marginal impact of a given feature on a dependent variable if one can comprehend linear functions. Thus, achieving interpretability by adopting interpretable models inherently raises the trade-off between a model's simplicity and its performance in nonlinear and complex ML models (Selbst & Barocas, 2018). Given this, more attention has been paid to the two approaches that do not necessarily restrict prediction models, what Selbst and Barocas (2018) and Lipton (2018) alternatively called the *posthoc approach*.

Model-agnostic methods refer to the approach that summarizes an estimation using approximation/aggregation. This class of methods includes techniques that illustrate the global importance of inputs by aggregation or global approximation with a simpler model, such as Partial Dependence Plot and Global Surrogate, as well as tools focused on local impacts, such as salience maps and Local Surrogate. Visualization and text generation techniques can also be adopted to create human-interpretable explanations (Lipton, 2018, p. 15).

Although posthoc methods do not sacrifice model performance because of their independence from the predictive model, many of these methods suffer another trade-off:

- Greater simplicity of the approximation/aggregation tends to lower the accuracy of the explanation

- More theoretically rigorous methods like Shapley Value are often complex themselves or tend to call the main model too often, eventually slowing down the predictive model
- If there are many features in the model, the explanation model itself can be hard to understand (Selbst & Barocas, 2018, p. 1115)
- There is risk of misleadingly generalizing the local interpretation to the global (Selbst & Barocas, 2018)

Example-based methods differ from model-agnostic methods in that the former relies on specific instances (e.g., specific classification outcomes) to provide explanations instead of aggregation or summarization. Counterfactual approach is an exemplar of example-based methods. *Counterfactual* is conceptualized as the "closest possible world," or the smallest change to the world with a different outcome for the given instance (Wachter et al., 2018). In other words, this approach provides data subjects with explanations of what they could have done to obtain alternative outcomes from algorithms. The following is an example of a counterfactual explanation for a denied loan from the original study by Wachter et al. (2018): "You were denied a loan because your annual income was £30,000. If your income had been £30,000, you *would have been* [emphasis added] offered a loan" (p. 844).

This approach is designed to present limited number features as "causes" of a decision so data subjects do not have to understand the full complexity generated by the nonlinear interplay of hundreds of variables in an algorithm. While this approach has an immediate appeal for cases in which individual consumers and users need action in relation to algorithmic decisions, data subjects will immediately need more information about an algorithm's mechanisms than an intentionally simplified illustration if they want more than to educate themselves and change their own behavior, like in cases where they need to contest decisions (Selbst & Barocas, 2018).

17.3.2 What do we want from explainability?

Notably, a number of scholars have recognized the link between interpretable ML and explainability in a real-life context. There have been two strands of discussion in this regard: the legal perspective and the HCI perspective.

Legal scholars, specifically, have identified clauses and doctrines that can be interpreted as explainability requirements from existing rules as well as desirable principles that are expected/preferred to be adopted in the future to accommodate technological changes in law. The hottest debate has centered on whether GDPR, the new European data protection regulations, includes what Goodman and Flaxman (2017) termed "right to an explanation." Although there is much controversy as to how much explanation should be provided and when, authors tend to agree that GDPR's requirement for meaningful information on algorithmic decision-making means the logic of the automated decision-making process beyond the reasoning of an individual outcome. On the other hand, in the U.S. regulatory scheme, the Fair Credit Reporting Act (FCRA) and the Equal Credit Opportunity Act (ECOA) require "adverse action notice," or a statement of "specific reasons" for the denial of a credit application (Selbst & Barocas, 2018).

This distinction between an outcome-based explanation and a logic-based explanation is consistent in most legal studies (e.g., Edwards & Veale, 2017; Wachter et al., 2017), and relatively coherent with the categories of different interpretable ML algorithms. For example, interpretable models and global posthoc approaches accord with the logic-based explanation that requires transparency of the broad mechanism by which automated systems work. On the other hand, local posthoc and example-based approaches are well aligned with the requirements of an outcome-based explanation.

Legal scholars have additionally drawn up principles that explainability improves data subjects' rights to determine the decisions made by automated systems. For example, Selbst and Barocas (2018) found *awareness, education,* and *nondiscrimination* to be goals explainability can and should achieve from U.S. regulations. Whereas *awareness* is straightforward in that it only requires data subjects' consciousness of the fact their information is being used by an automated system, *education* raises more complex issues: (a) Does a local explanation about a certain decision adequately improve consumers' *understanding*? And (b) conversely, does being *transparent* about the complex logic of algorithms improve understanding?

Nondiscrimination as a goal implies data subjects' action beyond understanding. Relatedly, Wachter et al. (2018) introduced the distinction between explanations to *contest decisions* and explanations to *alter future decisions* in terms of taking action. While they argued counterfactual explanations can be useful for taking actions, Selbst and Barocas (2018) expressed skepticism about this vision because contestability is likely to require understanding the logic of decision making under current legal arrangements and because such explanations can be used to "shift responsibility for bad outcomes from the designers of the automated decisions to those affected by them" (p. 1122).

Although this discussion seems to be about what is legally required and what MLs can do to address social problems, it is ultimately about *what forms of information* can be effectively understood by a those who desire to learn how decisions effecting them were made and take appropriate action (Kroll et al., 2016). In the same vein, Selbst and Barocas

(2018) argued that more scrutable ML does not necessarily provide intuitively understandable explanations to human data subjects. Similarly, the question about "meaningful" explanations required in GDPR comes down to whether a human data subject can understand the explanation or not. Therefore, computer scientists have developed assessment criteria for explainability from an HCI perspective.

For example, Lipton (2018) listed *desiderata* against which an ML algorithm can be evaluated as human interpretable as follows: (a) when end users understand how the system works so well that they feel comfortable relinquishing control (trust); (b) when associations ML systems find can be understood as causal relationships to human users (causality); (c) when end users can generalize knowledge gained from the results to other situations (transferability); (d) when prediction results and ML system mechanisms provide insights to decision makers (informativeness); and (e) when the interpretation of the ML algorithm assures a system's fairness and ethical outcomes.

Moreover, Doshi-Velez and Kim (2017) proposed a taxonomy of evaluation methods for ML interpretability including interpretability assessed by domain experts (application grounded), by lay-human users (human grounded), and by formal definitions of interpretability (functionally grounded). Using these methods, it is easy to think of experimental studies that compare different algorithms or posthoc methods to test which are more interpretable by different groups of users or to evaluate the trade-off between efficiency of the interpretation apparatus (e.g., accuracy, computing time, etc.) as a synthesized evaluation method. Another possible example is the discovery of factors that compose interpretability from human responses to the interpretability apparatus so factors can be used later to evaluate other algorithms using the functionally grounded evaluation method.

17.3.3 Explainability for polycentric governance

One overarching presumption that foregone discussions based on the legal and HCI perspective share is that the interpretation of automated systems is conducted by individual users or data subjects. The examples most often used are those that frame interpreters of algorithms as individual classification objects in the context of credit granting, medical testing, college admission, or recidivism prediction, and that hypothesize disagreement with automated decisions as well as how these cases can be handled in court. However, this framework focuses on the relationship between a decision maker and data subject at the expense of other relationships involved in algorithm development and implementation.

In fact, institutional arrangements governing platform companies are embeded in the extensive use of algorithms with different forms. As

Gorwa (2019) has noted, governance over platform companies is sometimes *self-regulatory*, or based on their terms of service and codes of ethics. This was particularly predominant up until a few years ago and is close to *command and control*, as in Germany's Network Enforcement Act (Network Enforcement Act; NetzDG) or the EU Audiovisual Media Services Directive (AVMSD). In such cases, governing arrangements are designed to be based on cooperation between platform companies and international governmental/nongovernmental organizations, as in the Global Network Initiative (GNI) and the Global Internet Forum to Counter Terrorism (GIFCT). Although these initiatives were mainly pushed forward in Europe, some scholars in the United States promote tighter, platform-specific antitrust regulations based on the flow of attention instead of price (Wu, 2017) and the creation of regulatory bodies specific to digital intermediaries (Morton et al., 2019). Even the founder of Facebook, Mark Zuckerberg, has recognized the need for the creation of an "oversight body" after years of incidents and controversies.[3]

Despite the diversity, however, what is clear is that most of these arrangements involve more than one organization, if not many. As envisioning the wide adoption of polycentric governance for many fields, a Nobel laureate Ostrom (2010) emphasized good communication and the availability of information as to the setting of rules regarding users and resources as crucial factors for successful governance design. Further, Ostrom and her colleagues found that information sharing and clear communication about rules, resources, and users become even more critical when it comes to international, large-scale cooperation among heterogeneous institutional agents with high possibilities of conflict (Dietz et al., 2003). As opposed to ex post regulation, it appears routine information sharing is becoming an essential part of algorithmic governance, as observed in information disclosure requirements for gatekeepers included in the Digital Market Acts (DMA) and local algorithmic registration rules in Amsterdam and Helsinki (Floridi, 2020). In this view, Sandvig et al. (2014) proposed a reconceptualization of Internet platform accountability toward "auditability" that allows routine information sharing.

This particular point has been missing in discussions on explainable ML. Many issues of privacy (e.g., the spread of hate speech, disinformation, and cyber terrorism) cannot be fully dependent on individual lawsuits, criminal cases, or consumer complaints; not only because posthoc treatments are "too late" compared to the potential seriousness of harm, but also because the subjects of those wrongdoings are not well defined (Helberger, Peirson, & Poell, 2018). Thus, emerging polycentric

[3] The Facebook post can be found at https://m.facebook.com/nt/screen/?params=%7B%22note_id%22%3A751449002072082%7D&path=%2Fnotes%2Fnote%2F&_rdr.

governance efforts do not only include ex post investigation and punitive methods that antitrust (FTC) or communication regulations (FCC) have been traditionally limited to, but also ex ante remedies that require disclosure of information about personalized ranking mechanisms, service deletion, and information as in EU's new Digital Service ACT (DSA). Furthermore, in contrast to command and control regulations, governance over algorithms and platforms requires cooperation among multiple firms, regulatory entities, civic society, and academia (Gorwa, 2019). Algorithmic classification systems, for example, are not solely controlled by platform companies, but are also indirectly controlled by marketers, advertisers, and users via labeling and data generations (Cotter et al., 2021). Whereas the traditional ex post regulatory approach requires one-time information disclosure when a specific case is filed, cooperative, polycentric governance requires constant information sharing among them. To use Sandvig et al.'s (2014) term, when institutional cooperation matters, auditability instead of explainability targets human understanding and should be located at the center of accountable algorithm design.

Thus, the questions cast in relation to individual consumers need to be recasted in relation to institutions:

- What information is needed for institutional cooperation?
- How can sensitive information be restricted while also making sure the information shared is useful for cooperation?
- What form and depth should shared information be in when it becomes an input to other institutions' systems instead of individual consumers' review?

Although we have witnessed related attempts like Facebook's data sharing to academia through the Social Science One project in the past years, it has been widely criticized for falling short of filling the gaps in the era of the "APIcalypse" (Bruns, 2019) due to the opaqueness of data sharing criteria, the limited nature of the shared data, and one-sidedness in data sharing decision processes. On the other hand, we know generating individual-level, large-scale data hashed for privacy protection is costly. Thus, developing less costly tools that generate auditing data from a large-scale predictive model with sufficient details and speed for relatively flexible purposes could be the next big challenge for interpretable ML.

17.4 Conclusion

Although algorithms are mere descriptions of sequential behaviors that computers are required to follow, they produce outcomes that their designers do not expect as they interact with environments. These outcomes can result from pure randomness to input data or small tweaks of the hyperparameters governing algorithmic objectives. Most importantly, the input data are chosen, filtered, subsetted, aggregated, and masked in accordance with organizations' institutional goals, cultures, politics, and resources. As such, interactions with their environment make *algorithms in practice* fundamentally different from *algorithms in abstraction* in that the former includes human and institutional factors to be an essential component, without which its impacts cannot be accurately assessed.

Fair ML and interpretable ML can therefore be understood as efforts to direct interactions between algorithms and their institutional environments into socially desirable ways. Fair ML includes the restrictions by which an organization induces outcomes to comply with fairness as it is defined by the organization itself. Interpretable ML can make algorithms understandable to humans to ensure the algorithm is complying with ethical and legal standards. In these two fields of research, technological advancement has been notably spurred by cooperation between computer scientists, legal scholars, and social scientists. Given this, I conclude this chapter with additional implications of the critiques of fair ML and interpretable ML that can be meaningful to future development of ethical AI, especially in the context of the swiftly evolving discussions on algorithmic governance and emergent regulatory regimes.

First, as STS scholars have emphasized, smart algorithms (in abstraction) do not cure the unfair outcomes within potentially unfair or ill-oriented organizations. In spite of this, it is unfair to criticize the project of algorithms *in abstraction* wholesale on the basis of aberrant cases from algorithms *in practice*; it is recognizable that practitioners (probably more often than developers) fall into what STS scholars have termed *abstraction bias* or *solutionism* (Selbst et al., 2019), as if smart algorithms can magically solve institutional problems. It is important to note that algorithm-based automated decision-making is a subsystem vulnerable to injustice in and of an institution. Thus, contributions to the study of ethical AI should be evaluated against their impacts on the ethical goals of an institution as a whole rather than that on narrowly defined goals within subsystems.

Relatedly, although they cannot solve ethical problems by themselves, algorithms in abstraction can still provide windows through which to observe the inner workings of automated systems and of the social and institutional values they interact with in a somewhat controlled manner. This aspect boils down to the rigorous formalization of socially and legally accepted concepts and principles to a form that can be operationalized as a part of an algorithm, just as we saw in the examples of fairness and explainability. Although they do not have to be and should not necessarily be precisely aligned with legal or colloquial concepts (Kroll et al., 2016), such windows provide human users with ways to translate organizational values into algorithmic behaviors and algorithmic outcomes into institutional evaluation. Here, a tension that reemerges is that between association and causality. As opposed to socially *unaware* algorithms that only focus on predictive power, human users require answers to causal questions like whether a protected class variable (instead other variables) caused an unfavorable decision for a data subject. Given this, it seems the more ethical AI tries to provide more windows to social problems, the more it will have to reincorporate causality as a core component.

Finally, polycentric governance, where interorganizational cooperation rather than communication with individual users, may require different types of information to create ethical AI. While a number of computer scientists have tried to evaluate the usability of ethical AI under the constraints of individual users' psychology and bounded rationality, the capacity of information processing that institutional partners (e.g., civic monitoring groups, marketers, and international governance groups) require under emerging algorithm governance regimes must be fundamentally different. Moreover, what information can and should be shared by socially aware algorithms will have to be discussed under such new environments.

Like it or not, it is likely that decision makers will be required to present socially acceptable and understandable answers to external institutions about outcomes of the automated systems they adopt. In this way, the emerging governance regime over algorithmic systems is forcing the already complex problem of ethical AI according to the complexity of organizations and institutions. As we saw the emergence of HCI from encounters between computer science and psychology, the new phase of algorithm governance may herald new encounters between computer science and institutional studies.

References

Angwin, J., Larson, J., Mattu, S., & Kirchner, L. (May 23, 2016). *Machine bias*. ProPublica. Retrieved from https://www.propublica.org/article/machine-bias-risk-assessments-in-criminal-sentencing.

Barocas, S., Hardt, M., & Narayanan, A. (2019). *Fairness and machine learning*. http://www.fairmlbook.org.

Barocas, S., & Selbst, A. D. (2016). Big data's disparate impact. *California Law Review, 104*(3), 671–732.

Binns, R. (2018). Fairness in machine learning: Lessons from political philosophy. *Proceedings of Machine Learning, 81*, 1–11.

Bovens, M. (2007). Analysing and assessing accountability: A conceptual framework. *European Law Journal, 13*(4), 447–468.

Bruns, A. (2019). After the 'APIcalypse': Social media platforms and their fight against critical scholarly research. *Information, Communication and Society, 22*(11), 1544–1566.

Chouldechova, A. (2017). Fair prediction with disparate impact: A study of bias in recidivism prediction instruments. *Big Data, 5*(2), 153–163.

Cotter, K., Medeiros, M., Pak, C., & Thorson, K. (2021). "Reach the right people": The politics of "interests" in Facebook's classification system for ad targeting. *Big Data and Society* (Advance online publication).

Dieterich, W., Mendoza, C., & Brennan, T. (July 8, 2016). *COMPAS risk scales: Demonstrating accuracy equity and predictive parity.* Retrieved from https://go.volarisgroup.com/rs/430-MBX-989/images/ProPublica_Commentary_Final_070616.pdf.

Dietz, T., Ostrom, E., & Stern, P. C. (2003). The struggle to govern the commons. *Science, 302*(5652), 1907–1912.

Doshi-Velez, F., & Kim, B. (2017). *Towards a rigorous science of interpretable machine learning.* arXiv preprint arXiv:1702.08608.

Dwork, C., Hardt, M., Pitassi, T., Reingold, O., & Zemel, R. (January 2012). Fairness through awareness. In *Proceedings of the 3rd innovations in theoretical computer science conference* (pp. 214–226).

Edwards, L., & Veale, M. (2017). Slave to the algorithm: Why a right to an explanation is probably not the remedy you are looking for. *Duke Law and Technology Review, 16*(18), 19–84.

Fisher, E. (2004). Accountability in the European union. *Oxford Journal of Legal Studies, 24*(3), 495–515.

Floridi, L. (2020). Artificial intelligence as a public service: Learning from Amsterdam and Helsinki. *Philosophy and Technology, 33*(4), 541–546.

Gillespie, T. (2017). Algorithmically recognizable: Santorum's Google problem, and Google's Santorum problem. *Information, Communication and Society, 20*(1), 63–80.

Goodman, B., & Flaxman, S. (2017). European Union regulations on algorithmic decision making and a "Right to Explanation". *AI Magazine, 38*(3), 50–57.

Gorwa, R. (2019). The platform governance triangle: Conceptualising the informal regulation of online content. *Internet Policy Review, 8*(2), 1–22.

Green, B., & Viljoen, S. (January 2020). *Algorithmic realism: Expanding the boundaries of algorithmic thought. ACM FAT*.* https://doi.org/10.1145/3351095.3372840. Barcelona, Spain. Retrieved from https://dl.acm.org/.

Helberger, N., Pierson, J., & Poell, T. (2018). Governing online platforms: From contested to cooperative responsibility. *The Information Society, 34*(1), 1–14.

Kaminski, M. E. (2019). The right to explanation, explained. *Berkeley Technology Law Journal, 34,* 189–218.

Kleinberg, J., Mullainathan, S., & Raghavan, M. (November 17, 2016). *Inherent trade-offs in fair determination of risk scores.* arXiv preprint arXiv:1609.05807.

Kroll, J. A., Barocas, S., Felten, E. W., Reidenberg, J. R., Robinson, D. G., & Yu, H. (2016). Accountable algorithms. *University of Pennsylvania Law Review, 165,* 633–705.

Lipton, Z. C. (2018). The Mythos of Model Interpretability: In machine learning, the concept of interpretability is both important and slippery. *ACM Queue, 16*(3), 31–57.

Lucas, R. E., Jr. (January 1976). Econometric policy evaluation: A critique. In *Carnegie-Rochester conference series on public policy* (Vol. 1, pp. 19–46) (North-Holland).

Molnar, C. (2019). *Interpretable machine learning: A guide for making black box models explainable.* Retrieved from https://christophm.github.io/interpretable-ml-book/.

Napoli, P. M. (2014). Automated media: An institutional theory perspective on algorithmic media production and consumption. *Communication Theory, 24*(3), 340–360.

Ostrom, E. (2010). Beyond markets and states: Polycentric governance of complex economic systems. *The American Economic Review, 100*(3), 641–672.

Pleiss, G., Raghavan, M., Wu, W., Kleinberg, J., & Weinberger, K. Q. (November 3, 2017). *On Fairness and calibration.* arXiv:1709.02012, Vol. 1.

Sandvig, C., Hamilton, K., Karahalios, K., & Langbort, C. (2014). Auditing algorithms: Research methods for detecting discrimination on internet platforms. *Data and Discrimination: Converting Critical Concerns into Productive Inquiry, 22,* 4349–4357.

Scott Morton, F., Bouvier, P., Ezrachi, A., Jullien, B., Katz, R., Kimmelman, G., Melamed, A. D., & Morgenstern, J. (2019). *Committee for the study of digital platforms: market structure and antitrust subcommittee report. Draft*. Chicago: Stigler Center for the Study of the Economy and the State, University of Chicago Booth School of Business. https://research.chicagobooth.edu/-/media/research/ stigler/pdfs/market-structure—report-as-of15-may-2019.pdf.

Selbst, A. D., & Barocas, S. (2018). The intuitive appeal of explainable machines. *Fordham Law Review, 87*, 1085–1139.

Selbst, A. D., Boyd, D., Friedler, S. A., Venkatasubramanian, S., & Vertesi, J. (January 2019). Paper presentation. *Fairness and abstraction in sociotechnical systems* (Vol. 19). Atlanta: ACM FAT.

Tiku, N. (December 23, 2020). Google hired Timnit Gebru to be an outspoken critic of unethical AI. Then she was fired for it. *Washington Post*. Retrieved from https://www.washingtonpost.com/technology/2020/12/23/google-timnit-gebru-ai-ethics/.

Wachter, S., Mittelstadt, B., & Floridi, L. (2017). Transparent, explainable, and accountable AI for robotics. *Science Robotics, 2*(6).

Wachter, S., Mittelstadt, B., & Russell, C. (2018). Counterfactual explanations without opening the blackbox: Automated decisions and the GDPR. *Harvard Journal of Law and Technology, 31*(2), 841–887.

Wu, T. (2017). Blind spot: The attention economy and the law. *Antitrust Law Journal, 82*(3).

Zemel, R., Wu, Y., Swersky, K., Pitassi, T., & Dwork, C. (2013). Learning fair representations. *International Conference on Machine Learning*, 325–333.

Zhong, Z. (October 22, 2018). *A tutorial on fairness in machine learning*. Retrieved from https://towardsdatascience.com/a-tutorial-on-fairness-in-machine-learning-3ff8ba1040cb.

Author Index

'Note: Page numbers followed by "f" indicate figures and "t" indicate tables.'

C

H

L

M

P

Q

R

S

T

U

V

W

Subject Index

'*Note:* Page numbers followed by "f" indicate figures and "t" indicate tables.'

G

H

Kolibri 360 GmbH
Ferdinand-Jühlke-Straße 7
99095 Erfurt, Deutschland
produktsicherheit@kolibri360.de